U0840146

管道施工技术手册

张志贤　主编
蓝　天　主审

中国建筑工业出版社

图书在版编目（CIP）数据

管道施工技术手册/张志贤主编. —北京：中国建筑工业出版社，2009

ISBN 978-7-112-10657-8

Ⅰ. 管… Ⅱ. 张… Ⅲ. 管道施工-技术手册 Ⅳ. TU81-62

中国版本图书馆 CIP 数据核字（2009）第 003718 号

本书包括的主要内容有：基础知识与常用资料；施工准备；施工机具及其使用和维护；基本操作技术与管道的加工预制；建筑给水排水管道系统安装；采暖系统安装；一般公用管道安装；阀门、补偿器及附件；管道支架；钢管、管件及连接方式；钢管及有色金属管安装；铸铁管道施工；塑料管、复合管及新型给排水管安装等内容。本书兼顾知识性和实用性。

本书可供建筑安装企业的广大从业人员使用，也可供从事房地产开发、工程监理、工程设计、质量管理等人员使用。

* * *

责任编辑：胡明安
责任设计：赵明霞
责任校对：刘 钰 陈晶晶

管道施工技术手册
张志贤 主编
蓝 天 主审
*
中国建筑工业出版社出版、发行（北京西郊百万庄）
各地新华书店、建筑书店经销
霸州市顺浩图文科技发展有限公司制版
北京蓝海印刷有限公司印刷
*
开本：787×1092 毫米 1/16 印张：33¾ 字数：842 千字
2009 年 4 月第一版 2009 年 4 月第一次印刷
印数：1—3000 册 定价：**78.00** 元
ISBN 978-7-112-10657-8
(17590)

前　言

管道工程涉及到工业和民用工程的许多领域。管道工程技术不是一项独立的工程技术，而是某些工程技术的组成部分，例如在给水排水、暖通空调、锅炉机组、制冷装置及各种动力工程、各种石油化工生产装置中，都有大量的管道工程。在工程施工方面，管道安装早已作为一个专业独立存在了。

管道工程可以分为几个主要方面：石油化工、锅炉电站、核装置、长输管道和属于建筑业的管道工程。前四种管道的特点体现在管道材质和焊接方面，且都有各自的行业规范、规程。属于建筑业的管道工程范围较广，在整个社会生产中占的比重也最大。近年来有几种版本的《施工工艺标准》面世，其共同特点是，把每一种不同用途管道的施工过程格式化地分成几部分，如：材料要求、主要机具、作业条件、操作工艺、质量标准、成品保护等，对施工起到了积极作用。但也有不利的一面，如限于表达形式的格式化，不可避免的有较多重复内容，而且对专业知识性内容无法表达。

为此，本手册试图兼顾知识性和实用性，以满足房地产开发公司，监理公司，尤其是施工企业众多从业人员的需要。这些单位中有相当一部分人员需要充实专业理论知识。

本手册内容可分成三部分：第一章至第四章为基础性内容；第五章至第八章侧重专业知识性内容，并汲取了最新设计规范的有关内容；第九章至第十三章侧重施工技术性内容，并融合了最新施工规范、技术规程的相关规定。本手册以民用工程中的管道为主，也纳入了一部分属于公用或工业管道方面的内容。由于燃气管道均由各地煤气公司统一施工，一般施工单位难以介入，故未涉及。

本手册以管道施工技术人员和房地产业、监理单位的专业人员以及具备一定文化基础的高、中级以上技术工人为主要读者对象，对设计人员也具有一定参考价值，现在的设计院所很多，从业不久的年轻人虽然有较高的学历，但因实践经验不足，在施工图设计中也常犯基础性错误。

本手册由张志贤主编并拟就编写提纲和统稿。第一、二章由杨霞编写，第三、四、九章由祝俊川编写，第十一章由张辉编写，第五章第四、五、六节及第八章由蓝天编写，第六章由孙悦编写，第十章由樊仁林编写，第十二章由鞠英杰编写，第十三章由张秦梅编写，其余内容由张志贤编写。全书由蓝天审校。张良才、曾凯、张钧棠为图稿的整理绘制和文字电脑录入作了大量工作。

在编写过程中，参考了多种技术书籍和期刊，不便一一列出，在此谨向各位编著者致谢。由于本手册编者水平有限，书中难免有疏漏或失误之处，敬请读者提出宝贵意见。

编　者

目　录

第一章　基础知识与常用资料

第一节　常用计量单位及其换算

一、长度单位

（一）米制单位

米制单位即公制单位。长度的基本单位是米，符号是 m，米以下的单位依次是分米（dm）、厘米（cm）、毫米（mm）及很少用到的微米（μm）。把分米、厘米、毫米分别称为公寸、公分、公厘是过去的习惯叫法，现在来说是不规范的。千米（km）仍可以称为公里。以上长度单位的符号只能采用小写字母，不能使用大写字母。

（二）英制单位

英制单位中较常用到的是英寸、英尺和码。英寸的符号是 in，英尺的符号是 ft。管子螺纹只能用英寸标注，而不能将英制尺寸换算为米制尺寸标注，如 2 英寸的螺纹，可在数值的右上角用“″”表示英寸，写为 2″。

（三）长度单位的换算关系

常用长度单位及其换算关系见表 1-1。

常用长度单位及其换算关系　　**表 1-1**

制　别	单位名称	单位符号及换算关系	不同制别的主要换算关系
米制	米 分米 厘米 毫米 微米	m(1m=10dm) dm(1dm=10cm) cm(1cm=10mm) mm(1mm=1000μm) 1μm	1m=1.094yd 1m=3.281ft 1yd=0.9144m 1ft=30.48cm 1in=25.4mm
英制	码 英尺 英寸	yd(1yd=3ft) ft(1ft=12in) in	

二、面积单位

常用面积单位及其换算关系见表 1-2。

三、体积（容积）单位

常用体积（容积）单位及其换算关系见表 1-3。

常用面积单位及其换算关系　　**表 1-2**

制　别	单位名称	单位符号及换算关系	不同制别的主要换算关系
米制	平方千米(平方公里)	km^2(1km^2=1×10^{6}m^2)	1m^2=1.196yd^2
	平方米	m^2(1m^2=100dm^2)	1m^2=10.764ft^2
	平方分米	dm^2(1dm^2=100cm^2)	1ft^2=0.0929m^2
	平方厘米	cm^2(1cm^2=100mm^2)	
	平方毫米	mm^2	
英制	平方码	yd^2(1yd^2=9ft^2)	1in^2=6.45cm^2
	平方英尺	ft^2(1ft^2=144in^2)	1 市亩=666.67m^2
	平方英寸	in^2	
市制	市亩	1 市亩=60 平方市丈	
	平方市丈		

常用体积（容积）单位及其换算关系　　**表 1-3**

制　别	单位名称	单位符号及换算关系	不同制别的主要换算关系
米制	立方米	m^3(1m^3=1000L)	1m^3=35.315ft
	升	L(1L=1000mL)	1L=0.220UKgal
	毫升	mL	1L=0.2642USgal
英制	立方英尺	ft^3(1ft^3=1728in^3)	1ft^3=28.32L
	立方英寸	in^3	1ft^3=1728in^3
	美加仑	UKgal(1UKgal=277.42in^3)	1in^3=16.39mL
	英加仑	USgal(1USgal=231in^3)	1UKgal=3.785L
			1USgal=4.546L

四、质量（重量）单位

常用质量（重量）单位及其换算关系见表 1-4，这里所说的质量是指物质量的多少，但人们的生活和生产活动在地球的引力环境中进行，也就是只好把质量与重量单位当作一回事。

常用质量（重量）单位及其换算关系　　**表 1-4**

制　别	单位名称	单位符号及换算关系	不同制别的主要换算关系
米制	吨	t(1t=1000kg)	1t=0.9842ton
	千克(公斤)	kg(1kg=1000g)	1t=1.1023shtn
	克	g(1g=1000mg)	1kg=22046lb
	毫克	mg	
英制	英吨	ton(1ton=2240lb)	1ton=1.12shtn
	美吨	shtn(1shtn=20001b)	
	磅	lb(1lb=16oz)	1lb=453.6g
	盎司	oz	1oz=28.35g

在计量金银和药品成分重量时，英制中的盎司则采用金衡盎司（oz tr），1 盎司等于 31.1035 克。我国发行的金银币也是以盎司计量的。

第二节　有关力和重力、压力的基础知识

一、力和重力

我国法定计量单位规定，力和重力的单位是牛顿，简称牛，符号是 N。1N 是使质量为 1kg 的物体产生 1m 二次方秒（$1m/s^2$）加速度所需要的力，即：

$$1N=1kg \cdot 1m/s^2=1kg \cdot m/s^2$$

在工程单位制中，力和重力的基本单位是千克力（即公斤力）。1 千克力等于质量为 1 千克的物体，在北纬 45°海平面上所受的重力。千克力的符号是 kgf。

牛顿与千克力的换算关系是：

$$1N=0.102kgf$$

$$1kgf=9.81N$$

二、压强和应力

压强和应力都是指单位面积上力的大小，在管道工程中，常把压强称为压力。压强和应力的单位是帕斯卡，简称帕，符号是 Pa。1Pa 是在 $1m^2$ 面积上均匀的垂直作用 1N 的力所产生的压力，即：

$$1Pa=1N/m^2$$

1000Pa 即为 1kPa；1000kPa 即为 1MPa。由此，可以推算出工程中最常用的换算关系：

$$1N/mm^2=1MPa$$

三、压力、压强的单位

（一）工程大气压

工程大气压的单位是 kgf/cm^2（公斤力/平方厘米），我国曾长期使用这个单位，在工程上使用十分方便，现在不少国家仍是用这类单位。它与帕斯卡、工程大气压的换算关系是：

$$1kgf/cm^2=0.098MPa$$

$$1MPa=10.2kgf/cm^2$$

（二）标准大气压

地球表面有几十公里厚的稠密大气层。大气对地面产生的压力称为大气压力。在同一地点，大气压力随着季节、气候的变化而变化，大气压力随着海拔高度的增加而减小。通常以空气温度为 0℃时，北纬 45°海平面上的平均压力 760mmHg 作为一个标准大气压，符号是 atm。

标准大气压与帕斯卡的换算关系是：

$$1atm=0.101MPa$$

$$1MPa=9.87atm$$

$$1atm=1.033kgf/cm^2$$

$$1kgf=0.968atm$$

（三）英制压力单位

英制压力、压强单位常用 $1b/in^2$（磅力/英寸^2），至今在有些进口设备中还在使用此类压力表。英制压力单位与习用和法定压力单位的换算关系为：

$$1kgf/cm^2=14.22lb/in^2 \quad 或 \quad 1lb/in^2=0.07kgf/cm^2$$

$$1kPa=0.145lb/in^2 \quad 或 \quad 1lb/in^2=6.89kPa$$

$$1MPa=145lb/in^2 \quad 或 \quad 1lb/in^2=0.00689MPa$$

（四）毫米汞柱

毫米汞柱是指 1mm 高的汞（水银）柱所产生的压力，符号是 mmHg，它与帕斯卡的换算关系是：

$$1mmHg=133.3Pa$$

$$1Pa=7.5\times10^{-3}mmHg$$

（五）毫米水柱和米水柱

毫米水柱是指 1mm 高的水柱所产生的压力，符号是 mmH_2O；米水柱是指 1m 高的水柱所产生的压力，符号是 mH_2O。毫米水柱、米水柱与帕斯卡的换算关系是：

$$1mmH_2O=9.8Pa$$

$$1mH_2O=9.8kPa(1mH_2O=0.1kgf/cm^2)$$

$$1Pa=0.102mmH_2O$$

作用在单位面积上的流体静压力，称为单位静压力。在液面以下，某处的单位静压力的大小决定于液体的密度和深度。对同一种液体来说，液面以下任何一处的静压力均与深度成正比。

例如，在水面以下 10m 处的静压力 P 为：

$$P=\gamma\cdot h=9.8kN/m^3\cdot10m=98kN/m^2=98kPa$$

γ 采用水的重力密度（$1000kg/m^3=9.8kN/m^3$）。

（六）巴

在现行的有关管道组件压力分级和法兰技术标准中，还使用巴（符号为 bar）作为压力单位，1bar 等于 10^5Pa，也就是 $1.02kgf/cm^2$，与工程大气压十分接近。

四、绝对压力和相对压力

绝对压力是以没有气体存在的完全真空为零点起算的压力值。

相对压力是以周围环境的大气压力为零点起算的压力值，压力表指示出来的各种管道、容器内的压力就是相对压力，也称为表压力。

相对压力加上外部的大气压力（一般取标准大气压，大体相当于 0.1MPa），即为绝对压力。因此也可以说，相对压力就是绝对压力减去大气压力。

当管道或容器内的绝对压力小于周围环境的大气压力时，称为真空状态。真空状态并不是绝对的真空。

第三节　水 和 蒸 汽

水是自然界中最常见的物质，在管道系统的施工和运行中，经常接触到水和蒸汽，因此，对它们的性质必须有一个基本的了解。

一、水

一般物质具有热胀冷缩的性质，但水却有着与其他物质不同的特点。水在4℃时的密度最大，若温度升高或者降低，水的体积都将发生膨胀。在1个标准大气压下，4℃的水的密度是1000kg/m³，0℃时的密度是999.87kg/m³。在0℃时，冰的密度为916.8kg/m³，也就是说，一定数量的水结成冰以后，体积膨胀率达8%以上。

如果水在管道中结冰，管壁将承受相当大的压力，其数值可高达200MPa以上，对于任何管材来说是无法承受的。因此，不论何种材质的管道，在施工和运行过程中，都要避免冰冻。

二、蒸汽

水由液态变为汽态的过程称为汽化；由汽态变为液态的过程称为液化，也就是冷凝。汽化是吸热过程，而液化是放热过程。蒸汽锅炉就是将水进行汽化的装置，在运行过程中要消耗大量的燃料；蒸汽—水热交换器则是液化装置，蒸汽在热交换器中冷凝为水，同时放出大量的热能，将经过热交换器的循环水加热。

（一）蒸发和沸腾

当水的表面以上是自由空间时，水分子会吸收水体中的热量而飞逸到水面以上的自由空间中去，这样在水体表面进行的汽化过程称为蒸发。

如果对水进行加热，水温就会升高，蒸发也会相应加快，当水温升高到沸点时，就会沸腾。沸腾是水体内部和表面同时进行剧烈汽化的过程。沸腾现象不仅用加热的方法可以实现，而且用减压的方法也可以实现。如果对过热水或热水进行减压，就会产生大量蒸汽。在蒸汽锅炉房里，就有根据减压沸腾的原理制造的设备，以便对锅炉排污时排出的过热水的余热加以利用。

蒸发和沸腾是汽化的两种形式。前者发生在水的表面，并且在任何温度下都能进行；后者则发生在水的内部，只有水温达到相应压力下的沸点时才能发生。

（二）饱和蒸汽和过热蒸汽

如果在密闭容器中对水进行加热，水的分子由水面逸出成为蒸汽分子，当这种蒸发达到一定极限时，蒸汽分子的浓度就不会再增加了，此时由水变为蒸汽的分子数量和从蒸汽中返回水体的分子数量达到平衡状态，也就是汽、液两相处于动态平衡，称为饱和状态。饱和状态下的水称为饱和水，蒸汽称为饱和蒸汽。饱和状态下的压力称为饱和压力，温度称为饱和温度，即沸点。

饱和压力和饱和温度是密切相关的。对应于一定的压力，就有一个确定的饱和温度，与此相对应，一定的饱和温度下，就有一个确定的饱和压力。因此，也可以说，饱和温度随着压力的增大而升高，饱和压力随着温度的升高而增大。通过以下饱和蒸汽简表（见表1-5），饱和压力（表中采用绝对压力）和饱和温度的对应关系就看得更清楚了。

表1-5中压力单位采用10^5Pa，是为了照顾业内人员的习惯，也是为了便于使用。前面介绍过，1bar等于10^5Pa，也就是1.02kgf/cm²。因此，10^5Pa大体相当于1.0kgf/cm²。但需注意表中栏目中是绝对压力而非相对压力。

按绝对压力 10^5Pa 排列的饱和蒸汽简表 表 1-5

绝对压力 $P(10^5\text{Pa})$	饱和温度 t(℃)	蒸汽密度 $\gamma''(\text{kg/m}^3)$	焓(kJ/kg)		汽化热 γ(kJ/kg)
			饱和水 h'	蒸汽 h''	
1.0	99.63	0.5901	417.51	2675.7	2258.2
1.2	104.81	0.6998	439.36	2683.8	2244.4
1.4	109.32	0.8084	458.42	2690.8	2232.4
1.6	113.32	0.9160	475.38	2696.8	2221.4
1.8	116.93	1.0228	490.70	2702.1	2211.4
2.0	120.23	1.1288	504.7	2706.9	2202.2
2.5	127.43	1.3912	535.4	2717.2	2181.8
3.0	133.54	1.6505	561.4	2725.5	2164.1
3.5	138.88	1.9075	584.3	2732.5	2148.2
4.0	143.62	2.1625	604.7	2738.5	2133.8
4.5	147.92	2.4159	623.2	2743.8	2120.6
5.0	151.85	2.6680	640.1	2748.5	2108.4
6.0	158.84	3.1765	670.4	2756.4	2086.0
7.0	164.96	3.6665	697.1	2762.9	2065.8
8.0	170.42	4.1615	720.9	2768.4	2047.5
9.0	175.36	4.6546	742.6	2773.0	2030.4
10.0	179.88	5.1567	752.6	2777.0	2014.4
11.0	184.06	5.6373	781.1	2780.4	1999.3
12.0	187.96	6.1275	798.4	2783.4	1985.0
13.0	191.60	6.6173	814.7	2786.0	1971.3
14.0	195.04	7.1063	830.1	2788.4	1958,3
15.0	198.28	7.5959	844.7	2790.4	1945.7
16.0	201.37	8.0854	858.6	2792.2	1933.6
17.0	204.30	8.5756	871.8	2793.8	1922.0
18.0	207.10	9.0654	884.6	2795.1	1910.5

饱和蒸汽有湿饱和蒸汽和干饱和蒸汽之分。所谓湿饱和蒸汽是指含有水分的饱和蒸汽，例如锅炉上汽包内部，由于剧烈的沸腾，其上部的蒸汽中含有不少水分，蒸汽经过汽水分离器输出以后，水分明显减少，接近干饱和蒸汽状态。干饱和蒸汽是指蒸汽中不含水分，水分子完全成为汽态的蒸汽。

在压力不变（即定压）条件下，对干饱和蒸汽进行加热，便成为过热蒸汽，过热蒸汽脱离了饱和状态，它能够吸收或放出比饱和蒸汽更多的热量。

平时生产和生活中使用的饱和蒸汽，实际上属于湿饱和蒸汽。只有当湿饱和蒸汽从汽包进入过热器刚刚开始加热时，蒸汽中所带的水分完全蒸发为蒸汽，而温度尚未提高的短暂时间里，才是真正意义上的干饱和蒸汽。

饱和蒸汽在输送过程中会产生凝结水，当蒸汽变为同温度的凝结水时，会释放出大量的热能。过热蒸汽在输送过程中起初不产生凝结水，只是蒸汽温度的逐渐降低，当温度降低到对应压力的饱和温度以后，才产生凝结水。

第四节 水力计算基础知识

一、管道的阻力

流体（液体或气体）介质在管道里流动时，由于介质与管壁的摩擦及其自身的摩擦，因而在流动过程中产生一种阻力，这种阻力称为沿程摩擦阻力，简称沿程阻力。流体由于克服沿程阻力而造成的水头损失，称为沿程水头损失，对压力管道来说，水头损失就表示压力的下降。

管道的总阻力由沿程阻力和局部阻力两部分组成。

（一）沿程阻力

从水力学的原理上讲，沿程阻力的计算公式为：

$$h_f=\lambda\frac{L}{d}\cdot\frac{v^2}{2g}$$

式中 h_f——沿程水头损失，m；

λ——沿程阻力系数，无因次量；

L——管段长度，m；

d——管道直径，m；

v——管道断面平均流速，m/s；

g——重力加速度，$g=9.81\mathrm{m/s^2}$。

由以上公式可以看出，沿程水头损失除了与管道长度成正比以外，还与管径、流速和沿程阻力系数λ（沿程阻力系数λ的大小，与流体的种类、流速及管道内壁的粗糙度有关，其值由实验确定）等多种因素有关，但有一个重要因素是介质的流速。当其他条件一定时，介质的流速越高，摩擦阻力和水头损失也就越大。阻力基本上与流速的平方成正比，可见流速与阻力和水头损失有极为密切的关系。

阻力与管径成反比关系，即当介质流速与管道长度一定时，管径越小，阻力越大。

对于压力管道来说，上游A点到下游B点之间的阻力，即为A点与B点的压力降，即水头损失，也就是介质在流动过程中要克服的总阻力，这是靠消耗介质本身的压力能来实现的。A、B两点之间的压力差越大，介质的流速就越高。当然，管道两点之间的压力差，对于液体介质管道来说，要考虑到其高程不同而产生的静压差；对于气体介质管道，由于气体都比较轻，因高程不同而产生的静压差一般可忽略不计。

为了简化计算，沿程阻力采用下式计算：

$$h_f=iL$$

式中 h_f——沿程水头损失，Pa；

i——每米管道长度的水头损失（或称水力坡降），Pa/m；

L——管道长度，m。

每米管道长度的水头损失（或称水力坡降）i值的计算公式为：

$$i=\lambda\frac{1}{d_j}\cdot\frac{v^2}{2g}$$

在各种设计手册中，管道的沿程水头损失是采用计算表来计算的，不同管材、不同流速、不同介质都有相应的计算表，而不必用公式进行繁琐的计算。由于值i实在太小，因而在设计手册的水力计算表中多采用1000i作为计算单位。

（二）局部阻力

流体介质在管道中流经三通、弯头、阀门等零部件时，由于边界条件发生变化而产生的阻力，称为局部阻力。流体由于克服局部阻力而造成的水头损失，称为局部水头损失。

水力学中计算局部水头损失的公式为：

$$h_j=\xi\frac{v^2}{2g}$$

式中 h_j——局部水头损失，m；

ξ——局部阻力系数，无因次量；

v——与局部阻力系数相对应的断面平均流速，m/s；

g——重力加速度，$g=9.81m/s^2$。

计算局部水头损失是很繁琐的，不同零部件条件下的ξ值就有许多种，我国尚不具备测定局部阻力系数ξ值的条件。实际上，在设计工作中不是用计算的方法确定管道的局部阻力，而是根据管道的具体情况，参照有关经验资料，采用管道沿程阻力的一定百分比进行估算。不同用途的管道，其局部阻力占沿程阻力的百分比见表1-6推荐的数值。

各种管道局部阻力占沿程阻力的百分比 **表1-6**

适用条件		局部阻力占沿程阻力的(%)
室外	厂外给水	10～15
	厂区给水	15～20
	高压蒸汽	20
	低压蒸汽	30～50
	压缩空气	15～25
室内	生活给水、热水	20～30
	生产给水	15～20
	消火栓给水	10～15
	自动喷水给水	20
	生活、生产、消防共用给水	20
	温水采暖	40～50
	高压蒸汽	25
	低压蒸汽	50～60
	高压凝结水	25
	压缩空气	15～25

二、流量与流速

管道在一定时间里流过液体或气体介质的数量称为管道的流量。流量等于流速与管道截面积的乘积，即：

$$Q=v\cdot F$$

式中 Q——流量；

v——流速；

F——管道的截面积。

计算时要注意计量单位的对应关系：

Q采用m^3/s时，则v采用m/s，F采用m^2；

Q采用L/s时，则v采用dm/s，F采用dm^2；

当流量Q采用m^3/h，则计算公式为：

$$Q=3600vF$$

式中，v 的单位为 m/s，F 的单位为 m^2。

以上流量 Q 均系体积流量。流量也可以用质量（俗称重量）流量表示，其计算公式为：

$$G=\gamma vF$$

式中 G——质量流量，kg/s；

γ——流体的密度，kg/m^3；

v——流速，m/s；

F——管道截面积，m^2。

由以上公式可以知道，流量与流速、管道截面积成正比。当管道截面积不变时，流速提高几倍，流量也增大几倍；或者当流速不变时，管道截面积增加几倍，流量也增大几倍。

当然，介质流速的选定要受多种因素的制约。一般说来，气体介质的流速高于液体介质的流速。液体介质中，水的流速高于油品介质的流速。油品介质中，黏度小的可以选用较高的流速，黏度大的应选用较低的流速。就不同管材来说，管壁光滑，使用过程中不易结垢或产生附着物的，可以选用较高的流速，如相反，则应选用较低的流速。对同一种介质和相同管材，管径小的应选用较低的流速，管径大的可以选用较高的流速。

显然，如果选用较高的流速完成预定的流量输送，可以减小管道直径，从而减少工程建设投资，但流速的提高会急迅增大介质输送过程中的阻力和水头损失。当管道直径不变时，阻力几乎与流速的平方成正比，即流速提高到原来的 2 倍时，阻力约提高 4 倍；流速提高到原来的 3 倍时，阻力约为原来的 9 倍。阻力的增加必然增大电能消耗，极大的提高运行的能源成本和常年运行费用。如果选用的流速偏低，虽然可以降低运行费用，但却加大了管径，使工程建设成本提高。可见，必须进行经济技术比较，以便选用合理、经济的允许流速。常见介质的允许流速见表 1-7。

常见介质的允许流速 **表 1-7**

管道及介质	公称直径 *DN*	允许流速(m/s)
室外给水	75～100 350～500	0.6～1.1 0.8～1.5
室内生活给水	≤40 支管 ＞40 干管、立管	0.6～1.2 1.0～2.0
室内消防给水		1.5～2.5
车间生产给水		1.0～2.0
水泵吸水管	＜200 ＞200	1.0～1.2 1.2～1.5
水泵出水管	＜200 ＞200	1.5～2.0 2.0～2.5
热水及压力回水	≤50 50～80 ≥100	0.5～1.0 1.0～1.6 2.0

续表

管道及介质	公称直径 DN	允许流速(m/s)
饱和蒸汽	≤32 4080 100～150 ≥200	10～20 15～30 25～35 30～40
压缩空气	≤50 ≥70	8～12 10～20

第五节　温度和热量

一、温度

温度表示物体冷热的程度。不同的温度标准，称为温标。最常用的是摄氏度、华氏度和热力学温度三种温标。

摄氏温标把水在一个标准大气压下的冰点作为零度，把水的沸点作为100度，摄氏度用符号℃表示。

热力学温标过去也称为绝对温标或国际温标，单位为开尔文，简称开，用符号 T 表示，单位用K表示，不能用°K表示。热力学温度以绝对零度（约相当于－273℃）为起点，其分度值与摄氏度是一样的，这样0℃便相当于273K，100℃便相当于373K，也就是说：

开尔文＝摄氏度＋273

至今，在英、美等国仍使用华氏度，用符号℉表示。摄氏度、华氏度及开尔文的换算关系见表1-8。

温度单位换算关系　　**表1-8**

温　　度	摄氏度 t(℃)	华氏度 t_1(℉)	开尔文 T(K)
水的冰点	0	32	273
水的沸点	100	212	373
摄氏度 t(℃)	t	$\frac{9}{5}t+32$	$t+273$
华氏度 t_1(℉)	$\frac{9}{5}(t_1-32)$	t_1	$\frac{9}{5}(T-32)+273$
开尔文 t_2(K)	$T-273$	$\frac{9}{5}(T-273)+32$	T

二、热量

焦耳是热量的法定计量单位，也是能量和功的法定计量单位，焦耳简称焦，符号用J表示。常用单位还有千焦（kJ）、兆焦（MJ）。从物理学知识可以知道，1kg水的温度升高或降低1K（也可以理解为1℃）时，吸收或放出的热量是1千卡（1kcal），即1000卡(1000cal)，相当于 4.187×10^3J。因此，焦耳与卡的换算关系为：

1卡（1cal）＝4.187焦（J）

1焦（1J）＝0.239卡（0.239cal）

单位质量的某种物质，温度升高或降低1K时，吸收或放出的热量，称为这种物质的比热容，比热容的单位是J/(kg·K)。表1-9为几种常见物质的比热容，从中可以知道，水的比热容最大，是很好的载热体。

几种常见物质的比热容　表1-9

名　称	比热容 [J/(kg·K)]	名　称	比热容 [J/(kg·K)]
水	4.19×10^3	砂石	9.2×10^2
冰	2.09×10^3	钢铁	4.6×10^2
煤油	2.13×10^3	铝	8.78×10^2
干泥土	8.37×10^2	铅	1.3×10^2

第六节　管道组件的有关标准

一、管道组件的公称通径

管道和管道附件的公称直径，也称为公称通径。公称直径是名义直径，既不等于管道的内径，也不等于管道的外径，但与内径比较接近。对于阀门来说，公称直径则是指其与管道连接处的内径。公称直径的代号是*DN*（过去的代号采用*Dg*），尺寸单位采用毫米，但不必标注出来，例如公称直径50mm，即写为*DN*50。管道组件的常用公称直径系列见表1-10。

管道组件的常用公称直径（mm）　表1-10

10	40	125	350	600	1100
15	50	150	400	700	1200
20	65(70)	200	450	800	
25	80	250	500	900	
32	100	300	550	1000	

注：*DN*＜10及*DN*＞1200的均未列入。

管道工程中使用的无缝钢管、直缝焊接钢管和螺旋缝焊接钢管，应采用外径乘壁厚的形式标注，但在实际工作中，常出现采用以公称直径或公称直径乘壁厚标注这样的不规范的标注方式。

二、管道组件的公称压力

公称压力是指与管道组件的机械强度有关的设计给定压力，用代号*PN*（过去用P_g）表示。金属管道组件的压力分级见表1-11。

三、金属材料的机械强度与温度的关系

金属材料的机械强度与温度有关。对于以钢材为代表的金属材料来说，温度越高，机械强度越低。管道组件的公称压力也和温度有关，对于碳素钢和优质碳素钢，其基准温度

为 200℃。当工作温度在基准温度以下时，最大工作压力可以等于其公称压力，如果工作温度超过 200℃，其最大工作压力必须按表 1-12 计算。

金属管道组件的压力分级［MPa（10bar）］ **表 1-11**

0.05(0.5)	0.8(8)	4.0(40)	16(160)	42(420)	125(1250)
0.1(1.0)	1.0(10)	5.0(50)	20(200)	50(500)	160(1600)
0.25(2.5)	1.6(16)	6.3(63)	25(250)	63(630)	200(2000)
0.4(4)	2.0(20)	10(100)	28(280)	80(800)	250(2500)
0.6(6)	2.5(25)	15(150)	32(320)	100(1000)	335(3350)

注：1bar=10^5Pa=1.02kgf/cm^2。

优质碳素钢制件公称压力与工作压力的关系 **表 1-12**

温度等级	温度范围（℃）	最大工作压力	温度等级	温度范围（℃）	最大工作压力
1	0～200	PN	7	351～375	0.67PN
2	201～250	0.92PN	8	376～400	0.64PN
3	251～275	0.86PN	9	401～425	0.55PN
4	276～300	0.81PN	10	426～435	0.50PN
5	301～325	0.75PN	11	436～450	0.45PN
6	326～350	0.71PN			

对于合金钢管、铸铁制件、铜制件等，其基准温度都是不一样的，应根据有关技术标准确定。

四、试验压力

在管道施工中，经常对阀门和管道系统进行压力试验，但试验压力（P_s）不像公称压力那样有一个特定的概念，要视具体情况而定。对于管道安装工程来说，试验压力是指按设计要求或施工验收规范的规定，对整个管道系统的强度和严密性进行试验的压力。当管材或阀件安装前需要进行压力试验时，应根据有关产品标准的规定，确定试验方法、试验用介质和试验压力。对于制造厂家来说，管材或阀门出厂前要按产品技术标准的规定，全部或抽样进行压力试验。其技术标准规定的管材试验压力远大于整个管道系统安装后强度试验的压力。

第七节 关于压力管道

1996 年，国家劳动行政主管部门颁发了《压力管道安全管理与监察规定》（以下简称《监察规定》），将压力管道列入继锅炉、压力容器、起重机械之后由国家劳动行政部门实施安全监察的范围，这一做法与发达国家是接轨的。

一、压力管道的范围

《监察规定》将压力管道按其用途划分为工业管道、公用管道和长输管道，并分别制定了监察规定。工业管道是指企、事业单位所属的用于输送工艺介质的工业管道，公用工程管道及其他辅助管道的工业管道；公用管道指城市或乡镇范围内的用于公用事业或民用的燃气管道和热力管道；长输管道指跨越省、地、市输送商品介质的管道。

《监察规定》适用的压力管道及附属设施包括：

1. 输送 GB 5044《职业性接触毒物危害程度分级》中规定的毒性程度为极度危害介质的管道；

2. 输送 GB 50160《石油化工企业设计防火规范》及 GB 50016《建筑设计防火规范》中规定的火灾危险性为甲、乙类介质的管道；

3. 最高工作压力大于或等于 0.1MPa（表压），输送介质为气（汽）体、液化气体的管道；

4. 最高工作压力大于或等于 0.1MPa（表压），输送介质为可燃、易爆、有毒、有腐蚀性的，或最高工作温度高于等于标准沸点的液体的管道；

5. 前 4 项规定的管道的附属设施及安全保护装置等。附属设施主要指用于压力管道的管道用设备、支吊架、牺牲阳极保护装置等；安全保护装置主要指超温、超压控制装置和报警等装置。

二、《监察规定》不适用的管道

《监察规定》对下述管道不适用：

1. 设备本体所属管道；

2. 军事装备、交通工具上和核装置中的管道；

3. 输送无毒、不可燃、无腐蚀性气体，其管道公称直径小于 150mm，且其最高工作压力小于 1.6MPa 的管道；

4. 入户（居民楼、庭院）前最后一道阀门之后的生活用燃气管道及热力点（不含热力点）之后的热力管道。

三、《监察规定》的基本要求

（一）设计单位

压力管道的设计单位应取得省级以上有关主管部门颁发的设计资格证，并报省级以上劳动行政主管部门备案；设计单位应对所设计的压力管道安全技术性能负责。劳动行政部门在接受备案后，进行设计资格编号并发给备案标记“印模”，该印模应盖在设计总图上。

（二）制造单位

压力管道用管子、管件、阀门、法兰、补偿器、安全保护装置等产品制造单位应向省级以上劳动行政主管部门或省级劳动行政主管部门授权的地（市）级劳动行政主管部门申请安全注册。安全注册的审查工作由劳动部门会同同级有关主管部门认可的评审机构进行。审查合格后，劳动部门向制造单位颁发《压力管道组件制造单位安全注册证书》，并授予“安全标记钢印”，制造单位必须在产品上标注安全标记。制造单位应对其产品安全质量负责。

（三）安装单位

压力管道安装单位必须持有劳动行政主管部门颁发的压力管道安装许可证。压力管道安装单位资格认可的评审工作，由劳动行政主管部门会同有关主管部门认可的评审机构进行。审查合格后，劳动行政主管部门向安装单位颁发《压力管道安装许可证》。安装单位对其安装施工的压力管道工程安全质量负责。

（四）使用单位

压力管道的使用单位负责本单位的压力管道安全管理工作，建立健全各项管理制度。

（五）检验单位

压力管道检验单位应具备一定条件，并取得相应的检验资格，具有公正的第三方地位。检验单位的资格审查由劳动行政部门分级进行，并颁发资格证书。压力管道检验员必须经考核并取得资格证书。检验单位和检验员必须在资格证书允许的范围内从事检验工作，并接受劳动行政部门的监督检查和业务指导。检验单位应对其出具的检验结果的正确性负责。

新建、扩建、改建的压力管道应由有资格的检验单位对其安装质量进行检验；在用压力管道应由有资格的单位进行定期检验。

（六）修理改造单位

压力管道修理改造单位应具备一定的条件，能满足所修理改造压力管道所要求的技术力量、工装设备、检测手段及质量管理。对压力管道进行重大改造时，其技术和管理要求应与新建压力管道的要求一致。

四、工业管道与压力管道的关系

根据现行规范《工业金属管道工程施工及验收规范》GB 50235—97 的规定，该“规范”适用于设计压力不大于 42MPa，设计温度不超过材料允许的使用温度的工业金属管道。这一规定显然与压力管道的适用范围有交叉。在实际工作中，应当采取压力管道优先的原则，即凡是属于压力管道范围的，应当按《压力管道安全管理与监察规定》的有关规定执行。

第二章 施工准备

第一节 技术准备

一、技术资料准备

（一）熟悉技术资料

安装管道前，必须事先熟悉有关施工图纸、规范、规程、标准图及其他技术资料，以便全面掌握工程概况、特点和技术要求。

（二）图纸会审

安装管道前，必须会同设计单位、建设单位和监理单位，进行图纸会审，一旦发现设计上有遗漏、失误或与土建工程或其他安装专业有冲突的地方，应及时与设计单位和建设单位协商解决，并及时办理好技术变更核定单。

（三）编写施工组织设计或和施工方案

1. 施工组织设计。施工组织设计是以一个单位工程为对象，在单位工程开工前对单位工程施工所作的全面安排，如确定具体的施工组织、施工方法、技术措施等。由直接施工的基层单位编制，内容要详细、具体，并经技术负责人批准，是指导单位工程施工的技术经济文件，是施工单位编制作业计划的重要依据。

（1）施工组织设计一般应包括以下内容：

1）工程概况：单位工程地点、建筑面积、结构形式、工程特点、工程量、工作量、工期要求等；

2）施工技术方案：包括确定主要项目的施工顺序和施工方法的选择。主要安装施工机械的选择及有关技术、质量、安全、季节施工措施等；

3）施工进度计划：包括划分施工项目、计算工程量、计算劳动量和机械台班量，确定分部、分项工程的作业时间，并考虑各工序的搭接关系，编制施工进度计划并绘制施工进度图表等；

4）各工种劳动力需用计划及劳动组织；

5）材料、加工件需用计划及施工机械需用计划；

6）施工准备工作计划：包括为该单位工程施工所作的技术准备、现场准备、机械设备、工具、材料、加工件的准备等，并编制施工准备工作计划图表；

7）施工平面规划图：用来表明单位工程所需施工机械、加工场地、材料和加工件堆放场地及临时运输道路、临时供水、供电、供热管线和其他临时设施的合理布置并绘成施工平面图，以便按图进行布置和管理；

8）确定技术经济指标。

(2) 施工组织设计编制的依据是：

1) 施工图：包括本工程的全部施工图纸、设计说明以及规定采用的标准图；

2) 土建的施工进度计划，相互配合交叉施工的要求以及对该工程开竣工时间的规定和工期要求；

3) 施工组织总设计对该工程的规定和要求；

4) 国家的有关规定、规范、规程及省、市地区的操作规程、工期定额、预算定额和劳动定额；

5) 设备、材料申请订货资料（引进设备、材料的到货日期)。

2. 施工方案。施工方案是以一个较小的单位工程或难度较大、技术复杂的分部（分项）工程，或新技术项目为对象，内容比施工组织设计更简明扼要。它主要围绕工程特点，对施工中的主要工序、施工方法、时间配合和空间布置等方面进行合理安排，以保证施工作业的正常进行。

施工方案的内容基本上与单位工程施工组织设计内容相同，但比单位工程施工组织设计简单。内容上应突出技术措施、组织措施和施工方法。

(1) 施工方案一般应包括以下内容：

1) 工程概况简要说明；

2) 主要施工方法和技术组织措施；

3) 施工进度计划；

4) 保证工程质量和安全生产的措施；

5) 主要劳动力、材料、机具、加工件计划；

6) 施工区域的平面布置图。

(2) 施工方案编制的依据是：

1) 施工图：该项目的全部施工图纸、设计说明以及设计选用的标准图；

2) 现行的施工定额、规范、规程；

3) 施工组织设计对该工程项目的规定和要求；

4) 土建的施工作业计划及相互配合交叉施工的要求。

二、安装程序

对于各种管道的安装，一般可按以下程序进行：

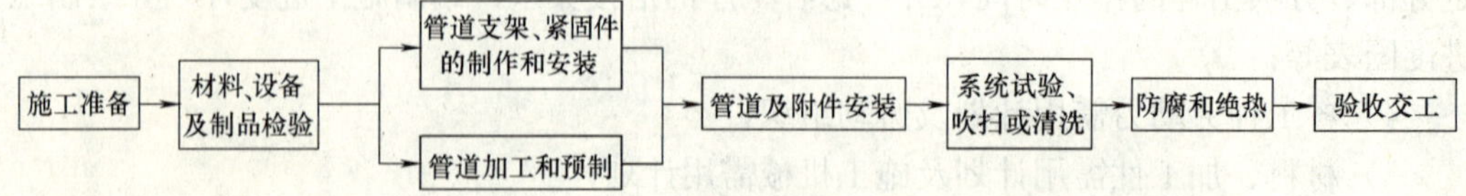

三、施工质量管理

（一）建立质量责任制度

施工现场质量管理应有相应的施工技术标准，健全的质量管理体系、施工质量检验制度和综合施工质量水平评定考核制度。

施工单位应推行生产控制和合格控制的全过程质量控制，应有健全的生产控制和合格控制的质量管理体系。这里既包括原材料控制、工艺流程控制、施工操作控制、每道工序质量检查、各道相关工序间的交接检验以及专业工种之间等中间交接环节的质量管理和控制要求，还应包括满足施工图设计和功能要求的抽样检验制度等。

施工单位应通过内部的审核与管理者的评审，找出质量管理体系中存在的薄弱环节，并制订改进措施，使单位的质量管理体系不断健全和完善。

同时施工单位还应重视综合质量控制水平，应从施工技术、管理制度、工程质量控制和工程质量等方面制订对施工企业综合质量控制水平的指标，以达到提高整体素质和经济效益。

（二）施工质量控制的主要方面

1. 用于工程的主要材料、设备和成品、半成品应进行进场验收，凡涉及安全、功能的产品，应按各专业工程质量验收规范规定进行复验，并应经监理工程师（建设单位技术负责人）检查认可。

2. 控制每道工序的质量，每道工序完成后，应进行检查。在每道工序的质量控制中强调按企业标准进行控制，这是考虑企业标准的控制指标应严于行业和国家标准指标；

3. 施工单位每道工序完成后除了自检、专职质量检查员检查外，还强调了工序交接检查，上道工序还应满足下道工序的施工条件和要求；同样相关专业工序之间也应进行中间交接检验，并形成记录。未经监理工程师（建设单位技术负责人）检查认可，不得进行下道工序施工。

（三）施工质量验收的基本要求

工程质量验收的基本要求是：参加建筑工程质量验收各方人员应具备的资格；建筑工程质量验收应在施工单位检验评定合格的基础上进行；检验批质量应按主控项目和一般项目进行验收；隐蔽工程的验收；涉及结构安全的见证取样检测；涉及结构安全和使用功能的重要分部工程的抽样检验以及承担见证试验单位资质的要求；观感质量的现场检查等。具体可分为以下几点：

1. 施工应符合工程设计文件的要求；

2. 施工质量应符合相关专业验收规范和《建筑工程施工质量验收统一标准》GB 50300的规定；

3. 参加工程施工质量验收的各方人员应具备规定的资格；

4. 工程质量的验收均应在施工单位自行检查评定的基础上进行；

5. 隐蔽工程在隐蔽前，应由施工单位通知有关单位进行验收，并应形成验收文件；

6. 检验批的质量应按主控项目和一般项目验收；

7. 对涉及结构安全和使用功能的重要分部工程应进行抽样检测；

8. 承担见证取样检测及有关结构安全检测的单位应具有相应资质；

9. 工程的观感质量应由验收人员通过现场检查，并应共同确认。

四、技术培训与技术交底

由于施工企业安装人员的技术水平差别较大，有的企业大量使用民工，而管道安装是一项专门技术，施工单位应根据工程特点和工人素质进行有针对性的技术培训，必要时应考核合格后上岗。

安装管道前，应由专业技术负责人或工长向施工人员进行技术交底，其中应包括工程内容、安装技术特点、安装方法、施工程序、质量要求及安全注意事项。

五、核实坐标和标高

安装管道前，应根据管道的设计坐标与标高，对现场情况进行实际核对，如发现有错误、遗漏或与土建结构以及其他安装工程相矛盾的地方，应及时提请有关技术部门予以核实解决。

第二节 物资准备

一、落实安装条件

安装管道前，应全面落实下列条件：

1. 设备、材料及制品等的到货情况和预期到货时间；
2. 工具、机具、量具和专用机具的准备情况；
3. 土建进度计划和现场条件；
4. 暂设工程、水源、电源及气源的具备情况；
5. 所需工种的配备情况。

二、材料设备管理

（一）质量证明文件

安装管道前，应对管道工程所需的管材、管件、配件、器具及设备必须是认证厂家生产的合格品，并有质量合格证明文件。消防器材的规格、型号及性能检测报告应符合国家技术标准要求。对怀疑有质量问题的关键材料、设备等，应重新进行试验和鉴定，合格者方可使用。

（二）进场验收及保管

安装管道前，应按照管道工程材料计划，应对进场材料的品种、规格、外观等进行验收，不合格的材料不得入库，材料包装应完好，表面无伤痕及破损。材料应分类挂牌存放，对不锈钢、有色金属制品等材料，应与碳钢制品分开堆放，不得相互混淆。主要器具和设备要有安装使用说明书，并妥善保管，在交工时移交建设单位。

（三）阀门压力试验

在《建筑给水排水及采暖工程施工质量验收规范》GB 50242、《通风与空调工程施工质量验收规范》GB 50243（空调水部分）、《自动喷水灭火系统施工及验收规范》GB 50261（2003年版）和《工业金属管道工程施工及验收规范》GB 50235等规范中，对通用阀门在施工现场的压力试验，具体规定并不完全一样，施工中可依工程性质，按各自的规范进行。

当上述几种规范规定的压力试验方法不能满足要求时，或施工现场各方（建设单位、监理单位、施工单位）对阀门密封性有异议时，应参照第八章第二节内容，对阀门进行压力试验。

（四）成品弯头的外径和壁厚

管道上使用的焊接连接的成品弯头，其外径应与管道外径相同或尽可能接近，壁厚应稍大于与之相连接的管道壁厚，至少应相等。多年以来，成品弯头与焊接钢管的外径不一致已经成为一种质量通病。

施工中常见下列做法应予纠正：

1. *DN*50 焊接钢管（实际外径 ϕ60）不应使用外径 ϕ57 无缝弯头，应使用外径 ϕ60 弯头；

2. *DN*100 焊接钢管（实际外径 ϕ114）不应使用外径 ϕ108 无缝弯头，应使用外径 ϕ114 弯头；

3. *DN*125 焊接钢管（实际外径 ϕ140）不应使用外径 ϕ133 无缝弯头，应使用外径 ϕ140 弯头；

4. *DN*150 焊接钢管（实际外径 ϕ165）不应使用外径 ϕ159 无缝弯头，应使用外径 ϕ168 弯头。

在无缝钢管产品目录中，有外径为 ϕ60、ϕ114、ϕ140、ϕ168 的无缝钢管，有的厂家为了降低成本，只采用外径为 ϕ57、ϕ108、ϕ133、ϕ159 的常用无缝钢管规格制作弯头，而施工单位采购时又不提出异议，于是形成了管道与弯头外径相差较大的现象，不但加大了阻力，还会使焊缝质量不能保证。只要施工单位订货采购时都提出外径和壁厚方面的要求，上述不规范的情况自然会改变。对于外径为 ϕ57、ϕ108、ϕ133、ϕ159 无缝钢管，当然应当是用同样外径的无缝弯头。

三、预埋预留

土建施工过程中，应按照管道设计和有关规范、规程的要求，密切配合土建施工进度，及时做好安装管道前的孔洞预留和套管、固定件的预埋工作。

1. 管道穿过地下外墙。管道穿过建筑物地下室外墙，应按设计要求预埋柔性或刚性套管，位置要准确，套管外表面不得刷油漆，并应与钢筋焊接固定，以防振捣混凝土时套管移位。严禁在地下室外墙上打洞、凿孔。

2. 管道穿过墙壁。管道穿过墙壁时应按设计要求设置金属或塑料套管，套管两端应与墙壁饰面相平。穿墙套管与管道之间的缝隙应用阻燃密实材料填实，且端面应光滑。管道的接口不得设在套管内。

3. 管道穿过楼板。管道穿过楼板，应设置钢套管，套管内部没有管道接口。穿过楼板的套管底部应与楼板底面相平。套管顶部一般应高出装饰地面 20mm，在卫生间、厨房等易积水房间，套管顶部应高出装饰地面 50mm。穿过楼板的套管与管道之间，缝隙应用阻燃密实材料和防水油膏填实，且端面光滑。

四、对有关土建工程的检查验收

安装管道前，必须对土建单位或其他工种已完成的管墩、管架、管廊、地沟、预留孔洞和预埋铁件等，按照设计图纸或有关规范要求进行检查和验收。

第三章 施工机具及其使用和维护

第一节 常用工具

一、手锤和八角锤

（一）手锤

手锤又叫榔头，是管工最常用的工具，由锤头和锤柄两部分组成。锤头用碳素工具钢制成，两端锤击面要经淬火硬化和磨光处理。锤柄要选用坚固而富有弹性的木料制成（如檀木、胡桃木、水曲柳等），断面一般为椭圆形，其长度约为350～400mm，但可以因人而异，最适宜相当于操作者的前臂长度。

锤柄的安装要牢固可靠，为了防止锤头脱落，必须在端部打入楔子，将锤头锁紧。

手锤的规格用锤头的重量表示，见表3-1。

手锤规格 **表3-1**

锤头重量									
锤头重量	kg	0.11	0.22	0.34	0.45	0.68	0.91	1.13	1.36
	lb	0.25	0.5	0.75	1	1.5	2	2.5	3

注：lb表示磅。

（二）八角锤

八角锤俗称大锤，锤头用碳素工具钢制成，并经表面淬火处理，锤柄用富有弹性的柞木、檀木、水曲柳制成，长度约1000mm。

八角锤的规格用锤头的重量表示，见表3-2。

八角锤规格 **表3-2**

锤头重量											
锤头重量	kg	2.7	3.6	4.5	5.4	6.3	7.2	8.1	9	10	11
	lb	6	8	10	12	14	16	18	20	22	24

（三）使用注意事项

1. 根据工作需要，大锤的打法可分为抱打、轮打、横打（左右撇）、仰打（朝天锤）。使用时应握住锤柄，拇指压在食指上，手的虎口对准锤头，并使锤柄尾部露出15～30mm。挥锤时肘部和腕部应同时用力；

2. 锤面应平整，有裂痕或缺口的锤头不得使用；

3. 锤柄不得有弯曲、节疤和蛀孔等缺陷。锤柄装好后，端头应用楔铁楔紧，并经常检查，不得有松动现象；

4. 锤柄和锤头上均不得有油脂，操作者手掌上有油时应擦干净。严禁戴手套，以防锤杆滑出；

5. 注意防止锤柄端部搅拌衣袖，发生走锤的危险；两人操作时，避免相互对面，以防锤头脱出飞往对面，发生伤人事故。

二、活扳手和管活两用扳手

（一）活扳手

活扳手的开口可以调节，可用于装拆一定尺寸的六角头或方头螺栓、螺母。活扳手的规格见图 3-1 及表 3-3。

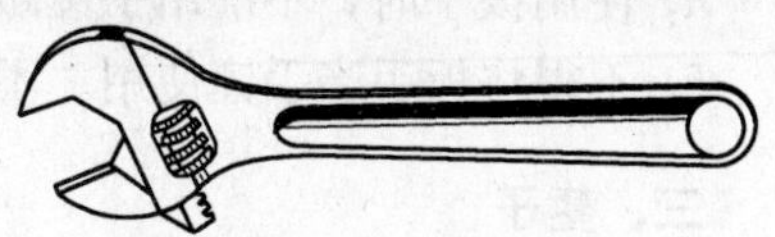

图 3-1　活扳手

活扳手的规格（mm）　　**表 3-3**

规　格	100	150	200	250	300	375	450	600
最大开口尺寸	13	18	24	30	36	46	55	65

（二）管活两用扳手

管活两用扳手的结构特点是固定钳口制成带有细齿的平钳口，活动钳口一端制成平钳口，另一端制成带有细齿的凹钳口，向下按动蜗杆，活动钳口可迅速取下，调换钳口位置。如利用活动钳口的平钳口，即当活扳手使用，装拆六角头或方头螺栓、螺母，利用凹钳口，可当管子钳使用，装拆管子或圆柱形零件。见图 3-2 及表 3-4。

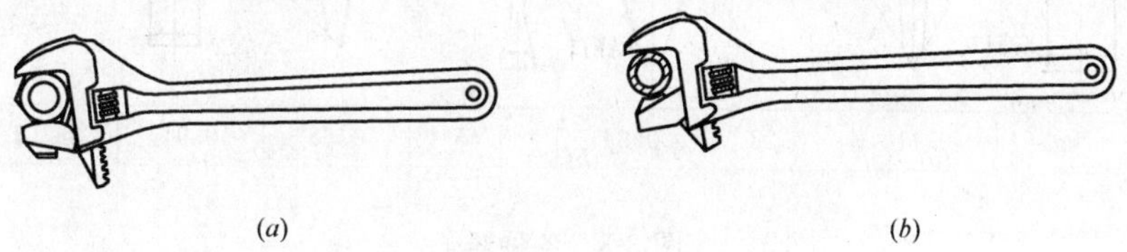

(*a*)　　(*b*)

图 3-2　管活两用扳手

(*a*) 当活扳手使用；(*b*) 当管子钳使用

管活两用扳手规格（mm）　　**表 3-4**

形　式	Ⅰ型		Ⅱ型			
长度	250	300	200	250	300	375
夹持六角对边宽度≤	30	36	24	30	36	46
夹持管子外径≤	30	36	25	32	40	50

（三）梅花扳手

梅花扳手俗称眼睛扳手。其特点是只要转过 30°，就能调换位置，比开口扳手强度高，适用狭窄处操作。

（四）套筒扳手

套筒扳手是由一套尺寸不等的梅花型套筒和扳杆组成。作为力臂的扳杆可自行调节角度，适用于狭窄处操作，它比梅花扳手更为灵活。

（五）使用扳手注意事项

1. 各种扳手应按螺栓的规格、种类和螺栓所在位置选用合适的规格；

2. 用活扳手时，应选用合适的规格，套在螺钉或螺母上后，应调节到不能晃动的程度，并应放到底；如果螺栓或螺母上有毛刺时，应另行处理，不得用手锤等将扳手打入；

3. 使用扳手时，应将扳头钳口紧靠螺帽或螺栓，不得在扳头开口中加垫片。活扳手在每次旋紧前应将钳口收紧，并让固定钳口受主要作用力；

4. 使用扳手时，不准用手锤敲击，也不得加套管接长手柄；

5. 不得将扳手当手锤使用。不得使用扳手拧扳手的方法进行工作。

三、錾子

（一）錾子的种类

錾子的种类很多，管工常用的錾子有扁錾、尖錾和克子，如图 3-3 所示。

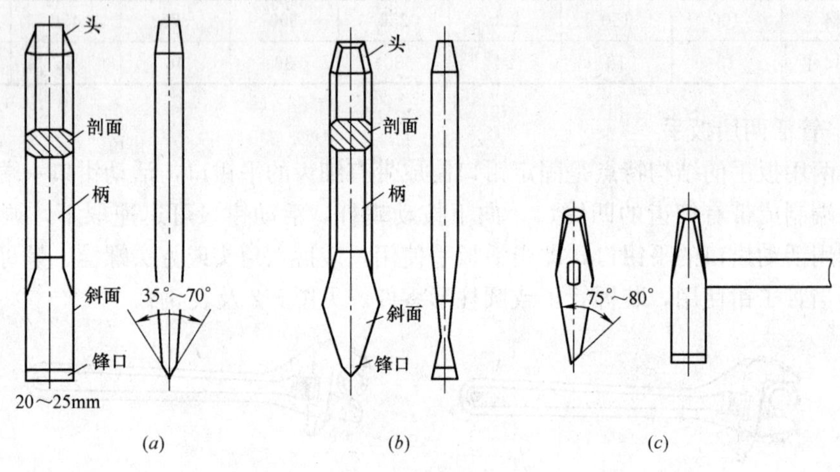

图 3-3　各种錾子

(*a*) 扁錾；(*b*) 尖錾；(*c*) 克子

錾子目前还没有标准化和商品化，通常都是自己动手，用工具钢烧红锻打后，经刃磨淬火而成。

扁錾［图 3-3 (*a*)］主要用来錾切平面和分割材料，如铲坡口，切断铸铁管等；尖錾［图 3-3 (*b*)］用于錾各种槽和切断铸铁管；克子［图 3-3 (*c*)］用于錾切和分割板材、铸铁管等。

（二）錾子的淬火

各种錾子的刃口必须经淬火才能使用。淬火的方法如下：

将錾子刃部长约 15～20mm 处加热到暗桔红色（温度约在 780～800℃）后，垂直放入常温的盐水中，浸入 4～6mm，当錾子刃口露出水面部分变成黑红色时，立即从盐水中取出，利用其上部余热进行余热回火。回火时，注意錾刃颜色变化：刚出水时是白色，刃口的温度逐渐上升，颜色也逐渐改变成浅黄色、棕黄色、紫色、蓝色、蓝灰色、最后变成灰色。当錾子刀口呈现蓝色时，把錾子全部放入水中冷却，叫做淬蓝火。蓝火錾子的刀口硬度适当，有较好的韧性，最适宜錾切。

錾子出水后，刀口部分的颜色逐渐转变的过程只有几秒钟，所以淬火时，必须十分注意掌握火候，才能使淬火恰到好处。

（三）錾子的使用

錾子刃口应保持锋利。磨錾口时应两面交替进行，并应经常蘸水冷却。进行錾切操作时，视线应集中在刃口上，握錾应尽量灵活自然，錾尾端应高出手的虎口 10～20mm，錾子不宜握得过紧，手锤敲击做到准确有力。錾子尾端的毛刺和翻边应及时打磨掉。

四、铁水平尺

水平尺用于测量管道的水平度和垂直度。常用的水平仪有条形水平仪（尺）和框式水平仪（方水平）两种。管道工用的是条形水平尺，它由铁壳和带水泡的玻璃管组成。在平面中央装有一个横向水泡玻璃管，作检查平面水平度用；另一个垂直水泡玻璃管，用作检查垂直度。玻璃管面上有刻度线，管内装有色液体，并有气泡，当气泡在玻璃管刻度中间位置时，则说明已达到水平或垂直的位置。水平尺的规格是以长度划分的，常用的规格有 150、200、250、300、350、400、450、500、550、600mm 等几种。

使用水平尺时，应先在标准面上检查其自身的精度，且应轻拿轻放，不得碰撞，也不得在所测表面上拖来拖去。水平尺使用完毕应擦拭干净，保护好标准面，存放时应放在专用箱内，不得与其他工具混放在一起。

五、钢角尺

钢角尺用于检验弯管的角度、法兰安装的垂直度、划垂直线及型钢划线等工作。角尺的类型有宽座角尺、扁钢角尺、法兰角尺、万能角尺等。管道工常用宽座角尺和扁钢角尺两种。

（一）宽座角尺

它由长臂和短臂（即宽座）两部分组成。长臂上有长度的刻度。常用于各类型钢的划线，以及检验法兰安装的垂直度。管道工常用的规格有 63×40，125×80，200×125（长边×短边，mm）三种。

（二）扁钢角尺

扁钢角尺与宽座角尺的不同之处是长臂和短臂是用同样规格相等厚度的扁钢制成。其规格无一定标准，一般按实际需要用宽 20～50mm（厚度 3～5mm）的扁钢自制。扁钢角尺是管道工制作虾壳弯及摵制 90°弯管时用的量具。

六、管子钳和链条钳

（一）管子钳

管子钳是用来紧固和拆卸各种螺纹的管子及配件的工具。

管子钳适用于小口径管道，它是由钳柄和活动钳口组成，活动钳口用套夹与钳柄相连。根据管径的大小通过调整螺母以达到钳口的适当开度，钳口上有轮齿，以便咬牢管子转动。

（二）链条钳

链条钳适用于较大管径及在狭窄的地方拧动管子，由钳柄、钳头和链条组成。与管子钳不同的是，链条钳是用链条来咬住管子转动的。

管子钳和链条钳的规格是以长度划分的，分别应用于相应的管子和配件，其规格及适用范围见表 3-5。

管子钳、链条钳的规格及适用范围　　表 3-5

名　称	规格 mm	规格 in	应用范围 DN(mm)
管子钳	250	10	10～20
	350	14	15～25
	450	18	32～50
	600	24	40～65
	900	36	65～100
	1200	48	>100
链条钳	900	36	50～100
	1000	40	80～150
	1200	48	>150

（三）使用注意事项

1. 应根据管径的大小选用适当规格的管子钳和链条钳；

2. 使用管子钳时，两手动作应协调，钳口松紧适度，扳动手柄时，不得用力过猛，以防钳口打滑伤人；

3. 不可用套管接长管子钳手柄。当手柄尾端高出人头时，不得采取正面攀吊的姿势扳动手柄；

4. 链条钳口和链条不得沾油，以免打滑；

5. 不得用管子钳拧镀铬零件和不锈钢管，如必须使用时，钳口与管件之间须垫软金属片；

6. 不得用管子钳去拧紧六角螺栓等带棱工件；不得将管子钳当作撬杆或手锤使用。

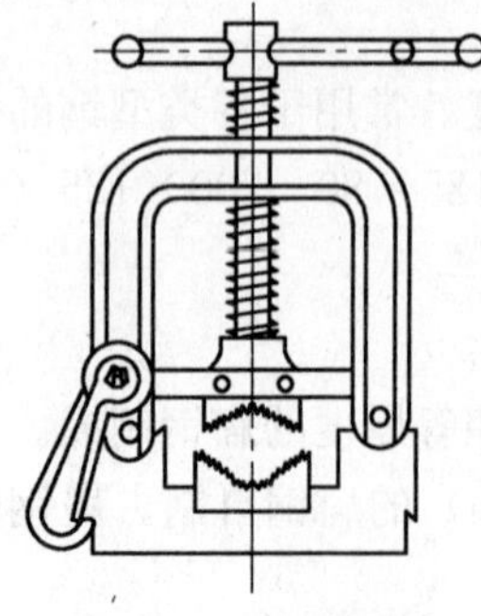

图 3-4　管子压力钳

七、管子压力钳

（一）管子压力钳的规格

管子压力钳也叫管子台虎钳、龙门轧头。用来夹持金属管材以便于切断管子、套丝、装管件等。管子压力钳上有齿式夹块以便夹持钢管或其他工件，是管道工必备的工具，如图 3-4。管子压力钳的规格用能夹持最大管子的直径来表示，见表 3-6。

管子压力钳规格和适用范围　　表 3-6

规格(号数)	1	2	3	4	5	6
夹持管子最大直径(mm)	50	80	100	150	200	300

（二）管子压力钳使用注意事项

1. 管子压力钳必须垂直和牢固地固定在工作台上，钳口应与工作台边缘相平或稍往里一点，不得伸出工作台边缘；

2. 固定好后的管子压力钳，下钳口应牢固可靠，上钳口在滑道内应能自由滑动，对压紧螺杆和滑道应加油润滑；

3. 不得将不适合钳口尺寸的工件上钳；对于过长的工件，必须将其伸出部分支承起来；

4. 装夹脆性或质软的工件时，应用布、铜皮等包裹工件，且不能夹得过紧；

5. 装夹工件时，必须穿上保险销。旋紧螺杆时，用力应适当，严禁用锤击或加套管的方法来扳手柄。工件夹紧后，不得再去挪动其外伸部分；

6. 使用完毕后，应擦去油污，合上钳口。

八、普通台虎钳

普通台虎钳又叫老虎钳，一般安装在钳台上，用来夹持工件。其规格用钳口的宽度表示，常用的有 100mm、125mm 和 150mm 等规格。台虎钳有固定式和转盘式两种，见图 3-5。

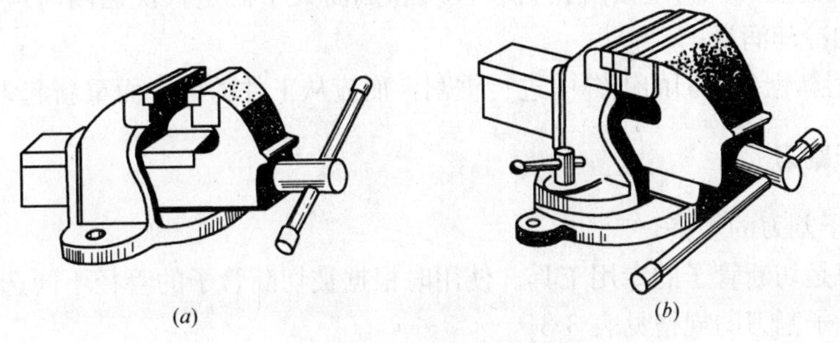

图 3-5 普通台虎钳
(*a*) 固定式；(*b*) 转盘式

台虎钳的使用和维护注意事项：

1. 装在工作台上的台虎钳钳口应在钳台边缘之外，以保证夹持长条形工件时，工件的下端不受钳台边缘的阻碍；

2. 台虎钳必须牢固地固定在钳台上，钳座螺栓应拧紧，使工作时钳身没有松动现象，否则容易损坏台虎钳和影响工作质量；

3. 夹紧工件时，只允许依靠手的力量来扳动手柄，不能用手锤敲击手柄或随意套上长管子扳紧手柄；

4. 在进行强力作业时，应尽量使力量朝向固定钳身，否则将额外增加丝杠和螺母的受力，以致造成螺纹的损坏；

5. 除钳座后侧的砧面上可敲打小工件外，不得以钳口或其他部分当砧子。不要在活动钳身的光滑平面上进行敲击工作，以免降低它与固定钳身的配合性能；

6. 夹紧精度较高或表面光滑的工件时，工件与钳口之间应垫以软金属垫片；夹紧脆或软的材料制成的工件时，不得用力过大；

7. 在丝杆、螺母和其他活动表面上，应保持清洁，并经常加油润滑，防止生锈。

九、手锯

（一）管道常用锯条规格

手锯锯条的锯齿粗细等级应按工件的材料和断面厚度进行选择，一般可参照表 3-7 的规定。

手锯锯条的粗细等级及其适用范围 表 3-7

锯齿类别	齿距(mm)	每英寸(25.4mm)长度内的齿数	适用范围
粗	1.8	14～16	软钢、铝、紫铜、塑胶制品
中	1.2～1.4	18～22	中等硬度钢、型钢、铸铁、黄铜
细	0.8～1.0	24～32	小而薄的板材、薄壁管

（二）手锯使用注意事项

1. 装锯条时，锯齿的前倾面应朝前推的方向，且应松紧适当；

2. 推锯应使用锯条的全长，回程时不得施加压力；

3. 推锯的速度和压力应按所锯材料性质和截面大小而定，快锯断时应放慢速度，锯割中宜加机油冷却润滑；

4. 不得用新锯条在旧的锯缝中进行锯割，而应从工件的另一面重新起锯。

十、管子割刀

（一）管子割刀的规格

管子割刀是切断管子的专用工具。使用时根据被切断管子的管径不同选用相应规格的管子割刀，管子割刀的规格见表 3-8。

管子割刀的规格及其适用范围 表 3-8

规格号	1	2	3	4
切割管子的公称直径(mm)	≤25	15～50	25～80	50～100

（二）管子割刀的使用

1. 使用管子割刀时，应始终让割刀在垂直于管子中心线的平面内平稳地切割，不得偏斜。每转动 1～2 周，进刀一次，但进刀量不宜过大，并应对切口处加油润滑。

2. 当管子快要被切断时，即应松开割刀，取下管子割刀，再用手折断管子，严禁一割到底。管子切割后，内径应用刮刀或半圆锉修光。

3. 管子割刀使用完后，应除净油污，妥善存放，长期不用应涂油。

十一、圆板牙及套丝

圆板牙用于在圆钢上的套丝。

（一）圆板牙

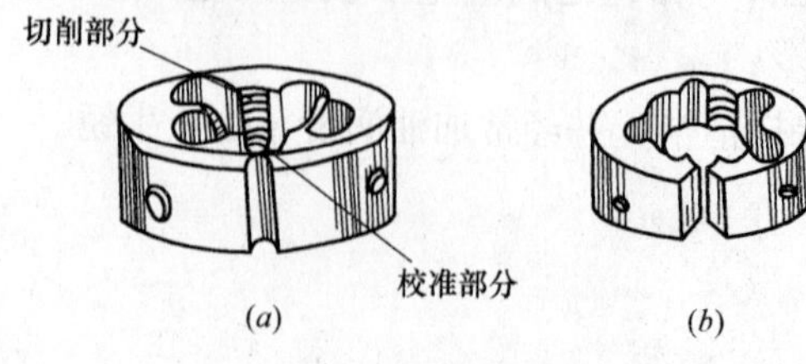

图 3-6 圆板牙
(a) 固定式；(b) 可调节式

板牙是用工具钢制成的，用于在圆杆上套丝。最常用的是圆形板牙，它有固定式和可调节式两种，见图 3-6。

固定式板牙由切削部分和校准部分组成。切削部分是板牙螺纹两端的锥形部分，其锥角一般为 30°～60°。切削部分的前角为 15°～25°，后角为 7°～9°。螺纹的中间部分为校准部分，它的前角要小些，后角为零。

可调节式板牙，其螺纹孔的大小可作微量调节，它的内孔至外圆开了一条槽，调整槽缝边的两个小螺钉，可使槽缝胀开或缩小，以调节螺纹孔的大小。

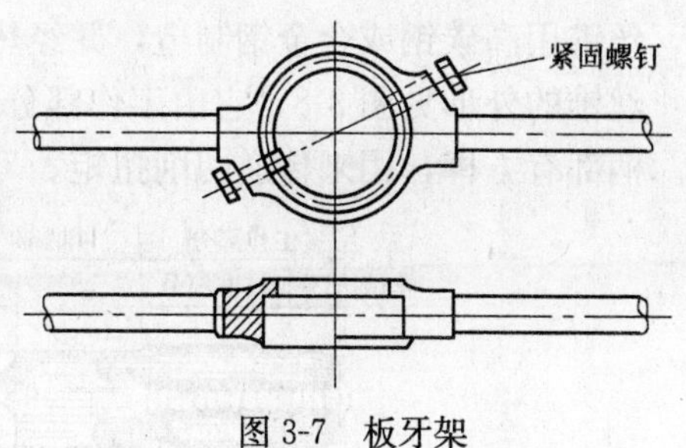

图 3-7 板牙架

（二）板牙架

板牙架是用来安装板牙，并带动板牙旋转进行套扣的工具，见图 3-7。安装板牙部分的内部形状，随板牙外部形状而定，板牙放入后用螺钉紧固。

（三）圆杆直径的确定

用板牙在钢料上套丝时，其牙尖要被挤高一些，所以，圆杆直径应比螺纹的外径小一些。

圆杆直径可用下列公式计算：

圆杆直径 $$D \approx d-0.13t$$

式中 d——螺纹外径，mm；

t——螺距，mm。

圆杆直径也可由表 3-9 查得。

板牙套粗牙普通螺纹丝时圆杆的直径（mm） **表 3-9**

螺纹直径	螺距	螺杆直径	
		最小	最大
M6	1	5.8	5.9
M8	1.25	7.8	7.9
M10	1.5	9.75	9.85
M12	1.75	11.75	11.9
M16	2	15.7	15.85
M20	2.5	19.7	19.85

（四）套丝的方法

为了使板牙容易切入工件，圆杆端部要倒成 15°～20°的锥度，即圆杆端部锥体的直径要比螺纹内径小，否则，螺纹起端容易发生卷边而影响螺母的拧入。

套丝时切削力矩较大，圆杆一定要夹紧，圆杆套丝部分离钳口要尽量近一些。为了使板牙切入工件，要在转动板牙时施加轴向压力，转动要慢，压力要大。待板牙已旋入圆杆并切出螺纹时，就不要再加压力了，以免损坏螺纹和板牙。为了断屑，板牙也要时常倒转一下。

在圆钢上套丝要加润滑冷却液，以提高螺纹光洁度和延长板牙寿命。一般用乳化液或机油来润滑和冷却。

十二、丝锥

用丝锥（螺丝攻）在工件孔中攻出内螺纹的操作叫攻丝。

（一）丝锥

丝锥用高碳钢或合金钢制造，并经热处理而成，是加工内螺纹的工具。

丝锥的外形见图 3-8，它由工作部分和柄部组成。工作部分又分为切削部分和校准部分。柄部有方榫，用来传递切削扭矩。

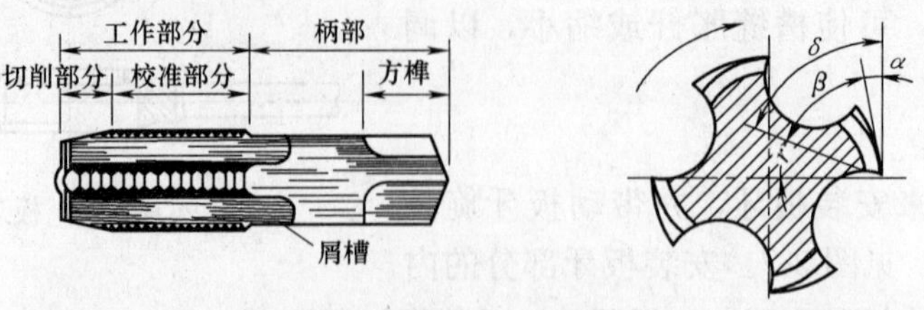

图 3-8　丝锥的外形

丝锥分手工用丝锥和机用丝锥，常用的是手工用丝锥，由两支或 3 支组成一套，分头锥、二锥或头锥、二锥、三锥。

（二）丝锥铰手

丝锥铰手也叫丝锥扳手是用来夹持丝锥柄部方头，以转动丝锥旋转攻丝的工具，最常用的是活动铰手，见图 3-9。其方孔的大小可以调整，即通过手柄 5 的转动，带动可动钳牙 2 前后移动，使方孔扩大或缩小，以适合夹持不同尺寸的丝锥方头。

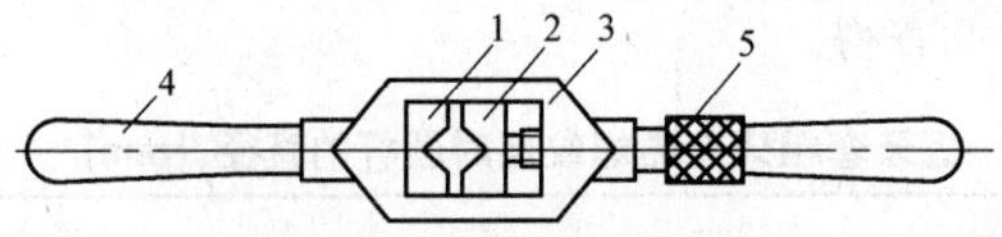

图 3-9　活动铰手

1—有直角缺口的不动钳牙；2—有直角缺口的可动钳牙；3—方框架；4—固定手柄；5—活动手柄

（三）底孔直径的确定

攻丝前，首先要钻底孔。攻丝底孔的直径可根据被加工螺纹的外径和螺距，通过查表或简单计算的方法来确定。

简单计算法常用以下经验公式：

硬性材料　　$D=d-1.1t$

韧性材料　　$D=d-t$

式中　D——底孔直径，mm；

d——螺纹外径，mm；

t——螺距，mm。

低、中碳钢属韧性材料，铸铁属于硬性材料

（四）攻丝方法

先备好攻丝的工具，根据螺纹外径确定底孔直径。将工件夹持好，把头锥装在铰手上并插入孔内，使丝锥与工件表面垂直，右手握住铰手中间，加适当的压力，并顺时针转动(若攻左旋螺纹则应逆时针转动)。当切削部分吃入工件 1～2 圈时，再目测校正丝锥与工件表面的垂直度，然后继续旋转铰手，不需施加压力。攻丝过程中要经常向反方向转动约 1/4 圈，以使切屑断排出孔外。头锥攻完后，再用二锥或三锥攻丝。先用手把丝锥旋入已攻过的螺孔中，然后装上铰手进行攻丝。在较硬的材料上攻丝时，要头锥、二锥交替使用，以防止丝锥扭断。

十三、管螺纹铰板

管螺纹铰板也叫管子丝板或代丝，是手工加工管螺纹的常用工具。普通式管螺纹铰板的规格及其适用范围见表 3-10。

管螺纹铰板与板牙的规格及其适用范围 **表 3-10**

管螺纹铰板规格	板牙规格(in)
114	1/2～3/4,1～1¼,1～1½,1～1¼～2
117	2½～3,3½～4

使用管螺纹铰板套丝应注意以下事项：

1. 使用管螺纹铰板套丝时，铰板与板牙的规格应根据管子公称直径选取，应符合表 3-10 的规定；
2. 铰板配装板牙时，必须依照其顺序号，并按规定位置插入，不得错位；
3. 旋紧或松开铰板背面的挡脚或进刀手把、活动标盘时，不得采用锤击或加套管的方法；
4. 不同管径应有不同的套丝次数：DN20mm 以内者，可以一次套成；DN25～DN40 者，至少两次；DN50mm 以上者，必须三次以上完成套丝；
5. 套丝过程中，套到 2/3 长度时，板牙应逐渐放松，以使丝头产生锥度；
6. 套丝过程中，应经常加油润滑冷却；
7. 套丝时，操作者应站在铰板手柄的旁侧，且不得采用加套管等接长手柄的方法进行操作；
8. 套完一道丝后，应松开背面挡脚和进刀手把，再轻轻取下板牙和扳手，不得回旋退出；
9. 铰板使用过后，应清除的铁屑和油污，妥善保管。

十四、千斤顶

千斤顶按结构分类有齿条式千斤顶、螺旋式千斤顶和液压千斤顶 3 种。

（一）齿条式千斤顶

齿条式千斤顶由手柄、棘轮、棘爪、齿轮和齿条组成，起重能力一般为 3～5t，最大起重高度 400mm。

齿条千斤顶升降速度快，能顶升离地面较低的设备，操作时，转动千斤顶上的手柄，即可顶起设备，停止转动时，靠棘爪、棘轮机构自锁。设备下降时，放松齿条式千斤顶，注意不能突然下降，使棘爪与棘轮脱开，要控制手柄缓慢的逆动，防止设备重力驱动手柄飞速回转而导致事故发生。

（二）螺旋式千斤顶

螺旋式千斤顶是利用螺纹的升角小于螺杆与螺母间的摩擦角，因而具有自锁作用，在设备重力作用下不会自行下落。

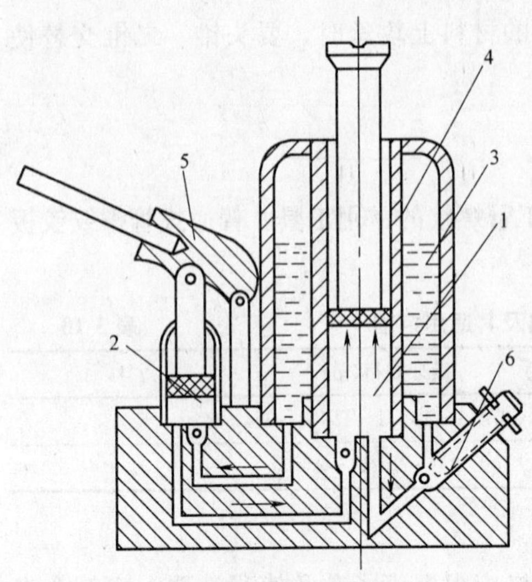

图 3-10 液压千斤顶

1—工作油缸；2—液压泵；3—液体；4—活塞；5—摇把；6—回液阀

Q 型固定螺旋千斤起重能力一般为 5～20t，起重高度为 240～370mm。

（三）液压千斤顶

液压千斤顶最为常用，其结构如图 3-10 所示，主要由工作油缸、起重活塞、柱塞泵、手柄等几部分组成。它以液体为介质，通过油泵将机械能转变为压力能，进入油缸后又将压力能转变为机械能，推动油缸活塞，顶起重物，其工作原理是利用液压原理。液压千斤顶的起重能力，不仅与工作压力有关，还与活塞直径有关，液压千斤顶起重量大、效率高、工作平稳，有自锁性，回程简便，液压千斤顶的技术性能见表 3-11。

液压千斤顶只能直立放置使用，禁止做永久支撑，需较长时间支撑设备时，应在设备下搭设支座，以保证安全。

油压千斤顶工作环境温度在－5～35℃时，使用专用锭子油或仪表油，并须保持油量及油质清洁。

常用 YQ_1 型液压千斤顶技术性能　　表 3-11

型号	起重量 (t)	起升高度 (mm)	最低高度 (mm)	公称压力 (kPa)	手柄长度 (mm)	手柄作用力 (N)	自重 (kg)
$YQ_1$1.5	1.5	90	164	33	450	270	2.5
$YQ_1$3	3	130	200	42.5	550	290	3.5
$YQ_1$5	5	160	235	52	620	320	5.1
$YQ_1$10	10	160	245	60.2	700	320	8.6
$YQ_1$20	20	180	285	70.7	1000	280	18

（四）千斤顶的使用

使用千斤顶时，应先确定起重物的重心，正确选择千斤顶的着力点，考虑放置千斤顶的方向，以便手柄操作方便。

用千斤顶顶升较大和较重的卧式物体时，可先抬起一端但斜度不得超过 3°(1∶20)。并在重物与地面间设置保险垫。

如选用两台以上千斤顶同时工作时，每台千斤顶的起重能力不得小于其计算载荷的 1.2 倍，以防止顶升不同步而使个别千斤顶超载而损坏。

十五、手拉葫芦

手拉葫芦又称倒链或神仙葫芦、链条葫芦，它具有体积小、重量轻、结构紧凑、手拉力小、携带方便、使用安全等特点，不仅用于吊装，还可用于桅杆、缆风绳的张紧，设备短距离的水平拖动，起重量一般不超过 10t，最大的可达 20t，起重高度一般不超过 6m。

目前使用较多的是国产 HS 型手拉葫芦，其技术性能见表 3-12。

HS型手拉葫芦技术性能 表3-12

型号	HS1	HS2	HS3	HS5	HS7.5	HS10
起重量(t)	1	2	3	5	7.5	10
标准起升高度(m)	2.5	2.5	3	33	3	3
满载链拉力(N)	310	320	350	350	395	400
净重(kg)	10	14	22	24	48	68

手拉葫芦使用注意事项：

1. 使用前应检查其传动、制动部分是否灵活可靠，传动部分应保持良好润滑，但润滑油不能渗到摩擦片上，以防影响制动效果，链条应完好无损，销子牢固可靠。查明额定起重能力，严禁超载使用。当手拉葫芦的吊钩磨损量超过10%时，必须更换新钩；

2. 使用时，在拉拉链时应避免小链条跳出轮槽或吊钩链条打扭，在倾斜或水平方向使用时，拉链方向应与链轮方向一致，以防卡链或掉链，接近满负载时，小链拉力应在400N（40kgf）以下，如拉不动，应查明原因，不得用增加人数的方法强拉硬拽。使用中，链条葫芦的大链严禁放尽，至少应留3扣以上；

3. 已吊起的设备如需停留时间较长时，必须将手拉链拴在起重链上，以防时间过久而自锁失灵，另外，除非采取了其他能单独承受重物重量吊挂或支承的保护措施，否则操作人员不得离开。

第二节 电动机具

一、钻孔设备

常用的钻孔设备有台钻、立钻和手电钻。

（一）台钻

台钻是一种小型钻床，通常安放在钳台上，用来钻12mm以内的孔。

（二）立式钻床

立式钻床简称立钻，一般用来钻中型工件上的孔，其最大钻孔直径规格有25mm、35mm、40mm、50mm等数种。这类钻床可以自动进给，它的功率和机械强度都允许用较大的切削量，具有较高的生产效率和加工精度。

立式钻床一般都有冷却装置，由专用泵供应加工时所需的冷却液。冷却液贮存在底座的空腔内，冷却泵直接装在底座上。

（三）手电钻

常用的手电钻有手提式和手枪式。当工件较大，或由于孔的位置关系不能把工件放在钻床上钻孔时，可用手电钻钻孔。常用手电钻的规格有6mm、10mm、13mm等几种。电源一般用220V和36V两种。此外还有电池式电钻（螺丝刀），可以用于高空及不方便接电源的场合。

手电钻和台钻是用于工件钻孔的常用电动工具。常用手电钻的型号、规格见表3-13。

常用手电钻的型号、规格　　表 3-13

型号	规格	类型	额定输出功率（W）	额定转矩（N·m）	重量（kg）
J1Z-10C	ϕ10	C型	≥140	≥1.5	—
J1Z-10A		A型	≥180	≥2.2	2.3
J1Z-10B		B型	≥230	≥3.0	—
J1Z-13C	ϕ13	C型	≥200	≥2.5	—
J1Z-13A		A型	≥230	≥4.0	2.7
J1Z-13B		B型	≥320	≥6.0	2.8

使用注意事项：

1. 使用前，应检查电源电压是否相符，外壳接地和绝缘是否良好，使用手电钻时，还应检查电源线有无破损和漏电现象，开关是否灵活，空负荷运转是否良好；

2. 钻孔前先打好中心冲眼，钻孔时钻头应与工件垂直，进刀量要均匀，在孔将要钻通时，须减小进刀量，以免发生钻头扭断或伤人事故；

3. 小工件钻孔时，必须用钳子夹住或压板压住工件，不得用手握持工件；

4. 清除切屑应使用铁勾或刷子，不得使铁屑卷得太长。钻头未停稳，严禁用手握钻杆、钻头；

5. 使用电钻必须穿绝缘鞋或戴绝缘手套，不准戴纱布手套进行操作，且袖口必须扎紧，女工应戴工作帽，并将头发塞入帽内。

二、冲击电钻和电锤

（一）冲击电钻

冲击电钻有两种运动形式，当调节至第一旋转状态时，配用麻花钻头，可与电钻一样，使用与对金属、木材、塑料件钻孔；当调节至旋转带冲击状态时，配用镶硬质合金冲击钻头，适用于对砖、轻质混凝土、陶瓷等脆性材料钻孔。常用冲击电钻规格见表 3-14。

常用冲击电钻规格　　表 3-14

型　号	Z1J-10	Z1J-12	ZIJ-16	ZIJ-20
规格(mm)	10	12	16	20
额定输出功率(W)	≥160	≥200	≥240	≥280
额定转矩(N·m)	≥1.4	≥2.2	≥3.2	≥4.5
额定冲击次数(次/min	≥17600	≥13600	≥11200	≥9600
重量(kg)	1.6	1.7	2.6	3

（二）电锤

电锤配用镶硬质合金的电锤钻头，可对混凝土、岩石、砖墙等进行钻孔、开槽、凿毛等作业。电锤具有冲击、旋转，旋转冲击等功能，是一种多用途的手持工具，是装配膨胀螺栓必备的施工机具。电锤的型号规格应符合 GB/T 7443—1996 的规定，其常用规格见表 3-15。

（三）使用注意事项

1. 使用前，检查开关、插头、插座等，确认良好时，方可接通电源。

电锤的常用规格　　**表 3-15**

型号	Z1C-16	Z1C-18	Z1C-20	Z1C-22	Z1C-26	Z1C-32
规格(mm)	16	18	20	22	26	32
钻削率(cm^3/min)	≥15	≥18	≥21	≥24	≥30	≥40
脱扣力矩(N·m)	35	35	35	45	45	50
重量(kg)	3	3.1	3.5	4.2	4.4	6.4

2. 钻头的旋转方向从操作端看为顺时针。电机旋转方向在出厂时已经接好，维护时不要随意更改，切忌反转。

3. 使用冲击电钻时，可通过其工作头上的调节手柄进行调节，使钻头实现只旋转无冲击或者既旋转又冲击。冲击钻孔应在钻头运转正常后才能进行，且用力不得过猛。如果发生转速变慢、火花过大、温度升高、响声不正常或有异常气味等现象时，应立即切断电源，停止使用。

4. 使用电锤时将钻头顶在工作面上，然后揿动开关，以免只旋转、不冲击。电锤工作时不宜过分用力推进，应尽力做到操作平稳，用力适宜。在钻孔过程中，如钻头碰到钢筋时，应立即退出，重新选位打孔。有条件时，应先使用金属探测器来探明钢筋的位置和深度，避开主钢筋进行钻孔。

5. 在钻头被卡住时，安全离合器自动打滑。离合器出厂前已调好。若打滑频繁，扭力不足，可适当调整，旋紧压紧螺帽。电刷磨损到 5mm 时，应及时更换新的电刷，经常清除换向器上的污垢，并应保持所有滚珠轴承和减速齿轮的清洁，经常往里面添加润滑脂。

6. 长期停用后，使用前必须进行电气和机械性能检查，若绝缘电阻小于 2MΩ 时应进行干燥处理。

三、砂轮切割机

砂轮切割机可切割管材、型钢，切割效率比手工切割提高十几倍，尤其是切割不锈钢管更有它突出的优点。砂轮切割机由电动机带动砂轮片（一般为 $\phi400\times20\times3$mm）使其高速旋转，线速度达到 40m/s 以上。为了安全使用，砂轮片上有能遮盖 180°以上的防护罩。底架上装有夹钳用以夹紧被切割工件，并能在底座上转动调整被切割工件与砂轮片间的角度。

使用注意事项：

1. 在使用前应确保电源接线正确无误和接地良好，且防护罩齐全。砂轮片不得破损或受潮；

2. 砂轮的旋转方向必须与防护罩上的标致一致，不得反向旋转；

3. 被切割的工件必须先垫稳、放平和夹紧，然后开机，待砂轮片空转到最大转速时，平稳地下压手柄进行切割，到快切断时应及时减小下压力。操作者应站在砂轮片侧边，严禁正对砂轮片，也不得在砂轮片侧面磨削工件；

4. 切割中出现异常杂声时，应立即松开手柄，停机检查原因；

5. 应经常对砂轮切割机各注油孔加油。每半年全面检修一次，彻底清除内部的灰尘、油污，并清洗其轴承；

必须手握机体，不能提拎电缆线；

2. 磨光机应定期检查保养，经常检查碳刷磨损情况，以便及时更换；检查磨光机时，必须拔下电源插头；

3. 长期不用的磨光机，在使用前先检查砂轮片和机械是否良好。再空转10～20min，然后再使用；如接通电源后，电机不转，应检查电源是否有电，磨光机接头是否松动，开关和碳刷接触是否良好；

4. 必须保持风道通畅，定期清除机内的尘埃和油污；要特别注意换向器的保养工作，如发现火花增大等异常现象，应立即停机，并做必要的检查和修理；

5. 使用时用力不要过大，凡遇转速异常降低时，应立即减小压力。如在正常压力下磨光机过度发热，则应检查电机绕组是否受潮，装配是否正确等，并分别予以处理；

6. 磨光机为高速工具，故对减速箱、轴承室等部分必须经常保持润滑与清洁。

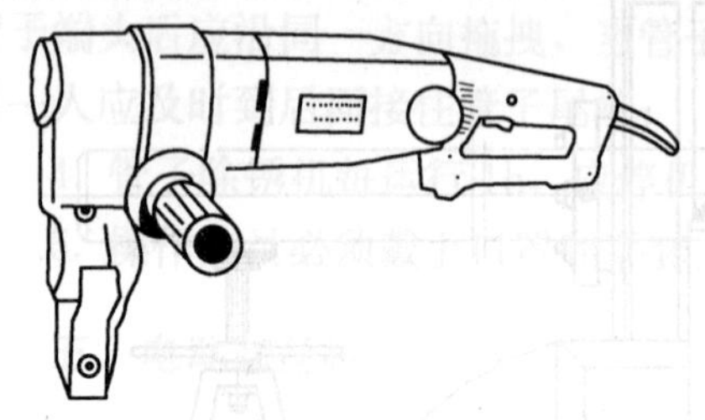

图3-13　电动焊缝坡口机

（三）电动焊缝坡口机

手持电动焊缝坡口机用于在气焊或电焊之前对金属构件开各种形状（如V形、双V形、K形，Y形等）、各种角度（20°、25°、30°、37.5°、45°、50°、55°、60°）的坡口。手持电动焊缝坡口机的外形见图3-13，性能见表3-17。

电动焊缝坡口机性能　　**表3-17**

型号	切口斜边最大宽度(mm)	输入功率(W)	冲击频率(Hz)	加工速度(m/min)	加工材料厚度(mm)	重量(kg)
J1P1-10	10	2000	80	≤2.4	4～25	14

七、数控管道切割机

上海气焊机械厂生产的CNCG-500系列数控管道切割机是一种对钢管端部结合处作自动计算和切断的设备，广泛应用于建筑、化工、石油、机械、冶金等行业的管道结构件的切割加工。这些行业中的管道工程不能完全使用成品管件，对于大量的结合相贯线孔和相贯线端头，还有俗称“虾米节”的弯头，大多采用制作样板、画线、人工放样、手工气割、打磨等传统方法进行。采用CNCG-500数控管道切割机能十分方便地切割此类工件，而且操作人员不需编程，只需要输入相互配合管子的半径、相交角度等参数，机器就能自动切割出管子的相贯线、相贯孔以及焊接坡口。

CNCG-500系列数控管道切割机采用圆柱坐标系数控，控制轴数有2轴和3轴两种机型。

2轴控制的方案为被切割管子的转动，火焰沿管子轴线的移动，2轴联动的机器可在支管上切割相贯线以及定角度焊接坡口，适用于管壁较薄、支管与主管直径比例较大的工件。

3轴控制的方案为被切割管子的转动，火焰沿管子轴线的移动及在管子轴线剖面内的摆动，3轴联动的机器可在支管上切割相贯线以及变角度焊接坡口。适用于管壁较厚、支管与主管直径比例较小的工件。

CNCG-500 系列数控管道切割机的数控控制界面以图形与数据结合，操作十分简单：工件装夹后的定位、割炬移动、工件转动等由控制箱点动进行，将主管和支管的半径，相交角度，切割速度等参数输入电脑。然后进行的自动点火、预热、切割等均由控制箱进行操作。软件中设计了合理的切割引入引出线，使切割面的质量得到保证，每次切割后的参数可保存为文件，供以后相同工件使用。

CNCG-500 系列数控管道切割机的切割方式可根据用户要求选择氧-乙炔气割、氧-液化气气割或等离子切割，最大、最小切割管径及管子长度均可根据用户要求进行设计制造。CNCG-500 系列数控管道切割机的性能参数见表 3-18，可切割的形状如图 3-14 所示。

CNCG-500 系列数控管道切割机的性能参数 **表 3-18**

序号	项目	单位	参数
1	切割管子外径	mm	ϕ60～ϕ600
2	最大负荷载重	kg	800
3	切割厚度	mm	5～80
4	工件长度	mm	500～6500
5	工件材料	—	低碳钢（如不锈钢、铝合金需使用附属的等离子切割机）
6	切割速度	mm/min	80～1500
7	控制轴数	—	2 轴（旋转轴，火焰移动轴）或 3 轴（旋转轴，火焰移动轴，割炬摆动轴）
8	火焰移动距离	mm	700
9	切断方式	—	氧＋乙炔、氧＋液化气、空气等离子体等可供选择

八、弯管机（电动、液压）

弯管机分手动、电动、液压、中频、火焰弯管机等多种。电动弯管机是在冷态下，采用芯棒或不采用芯棒弯曲管子的设备。弯管机一般由机身、夹紧导向机构、尾架和电、液操作箱等几部分组成。

弯管机使用注意事项：

1. 操作人员必须熟悉弯管机机械性能和操作方法；弯管机周围应有足够的操作场地；

2. 弯管机的电气设备、限位开关的性能必须良好，润滑系统贮油器的油位应保持在规定范围内；

3. 胎具与机器应保持清洁、光滑，胎具凹槽应与管子外径相同，弯管前应做好角尺样板，并调好弯曲角度。成批进行弯管时，应先加工出一个合格样品，以此定好限位器的位置，然后逐个进行加工；

4. 弯管到位后，应先将夹具退开，再启动电机使胎具回到原来位置，然后用撬棍取出弯管；

5. 弯管过程中，如发现运转异常情况，应立即停机检查；

6. 弯管机长期停用时，应切实做好胎具和设备的保管工作。

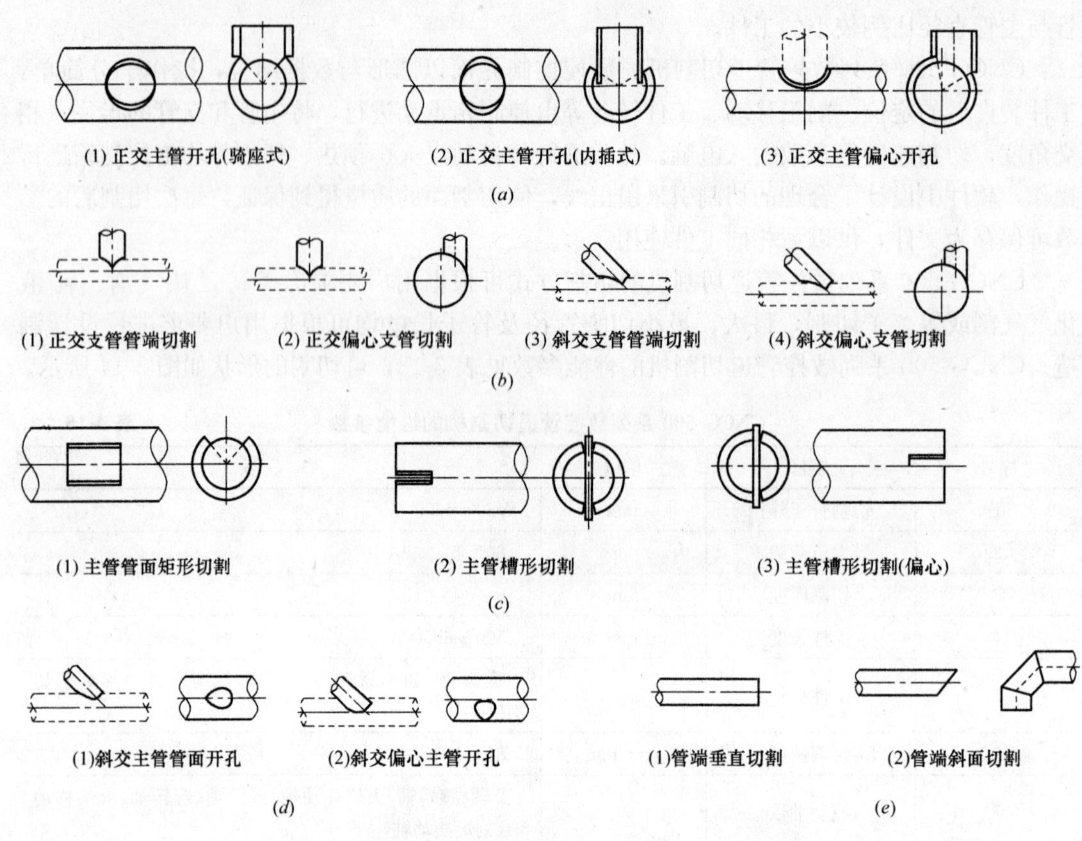

图 3-14　CNCG-500 系列数控管道切割机的切割形状

（a）正交主管开孔；（b）支管切割；（c）主管槽形、矩形切割；（d）斜交主管开孔；（e）管端切割

九、试压泵（手动和电动）

使用试压泵时应注意以下事项：

1. 试压泵应放置平稳，与试压管道系统的连接管不宜过长；

2. 试压泵出口管上的压力表精度等级应符合要求，压力表下面应装有缓冲管。吸水管底部应装有滤网；电动高压泵上应装有安全阀；

3. 试压用水应清洁，并应待所试管道或容器内灌满水并排出空气后，方可进行打压；

4. 用手动泵打压时，速度应均匀，不得过猛。如装有高、低活塞者，当低压活塞打压吃力时，应及时切换使用高压活塞；

5. 当所试管道系统或容器的压力达到要求时，即关闭与试压泵相连的阀门，计时观察压力下降情况；

6. 试压完毕，应将水有序排放到室外污水或雨水管网中，不得随意在工地排放；

7. 搬运试压泵时，应将压力表和易损部件卸下；长期停用时，应清洗涂油，妥善存放。

十、小型离心水泵

施工现场小型离心水泵的使用应注意以下事项：

1. 小型离心水泵应平稳地装设在木垫上或临时的基础上，不得任意在地面上放置；

2. 在水泵的吸水管上，必须装有吸水底阀，吸水底阀应开闭灵活、可靠；

3. 启动水泵前，必须核实：叶轮转动时有无碰撞声，填料函的密封、润滑良好，联轴器的装配应正确、可靠；

4. 启动水泵时应按照下列步骤：（1）关闭出水阀，开启泵体上的放气阀；（2）将水泵和吸水管充满水，并关闭排气阀；（3）启动电动机，使水泵运转；（4）缓慢地开启出水阀；

5. 水泵运转应有专人负责，并在运转过程中经常检查，润滑部位应经常加注润滑油；

6. 冬天使用水泵，若环境温度有可能骤变至0℃时，停泵后应立即将泵内存水排净。

第四章　基本操作技术与管道的加工预制

第一节　基本操作技术

在管道加工预制和安装过程中，要用到各种施工机具，作为一名施工操作人员，要熟悉机械的性能、使用及维护方法，具备安全操作知识，对于要求持证上岗的工种，一定要经过培训考核，取得上岗证后方可上岗。

对于常用施工机具，已在前面作了一般性介绍。在实际工作中，要注意阅读机具的使用说明书，严格遵守本单位机械管理部门制订的操作规程。

一、钢管的调直

由于运输、装卸或堆放不当，管子容易产生弯曲。有弯曲的管子在安装或加工前，要进行调直。

一般来说，当管径大于100mm时，管子产生弯曲的可能性较小，即使弯曲也不易调直。若有弯曲部分，可将其去掉，用在其他可以使用的地方。管径小于100mm的管子可以调直，调直的方法有冷调及热调两种。

（一）冷调

冷调是将管子在常温状态下调直，一般用于*DN*50mm以下、且弯曲程度不大的管子。

1. 杠杆（扳别）调直法。将管子弯曲部位作支点，用手施力，见图4-1。调直时要不断变动支点部位，使弯曲管均匀调直而不变形损坏。

2. 锤击调直法。锤击法用于小直径的长管上的慢弯调直。调直时将管子放在两根相距一定距离的平行的粗管上，一个人在管子的一端，一边转动管子一边观察出弯曲部位，另一个人按观察人的指点，用一把手锤顶在管子的凹面，再用另一把手锤稳稳的敲打凸面，两把手锤之间应有50～150mm的距离，使两个力产生一个弯矩，经过反复敲打，管子即可调直，见图4-2。

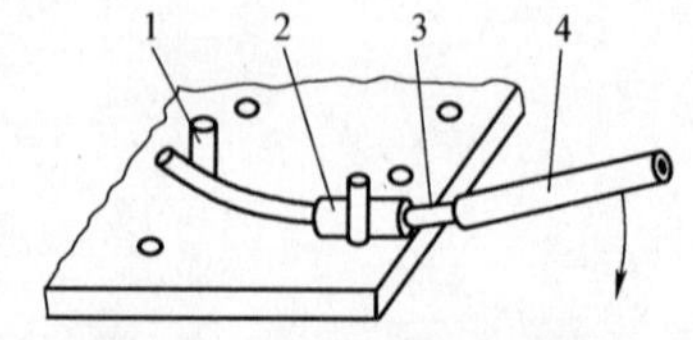

图4-1　杠杆（扳别）调直

1—铁桩；2—弧形垫板；3—钢管；4—套管

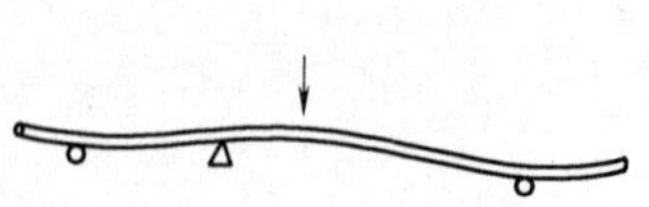
图4-2　弯管的锤击调直

3. 平台法。将管子置于工作平台上，用木榔头锤击弯处，不能用手锤，以防锤击处凹瘪变形。

（二）热调

当管径大于50mm以上时，冷调则不易调直，用采用热调。热调是将管子在加热的状态下调直，调直时先将管子（不装砂子）放到烘炉上加热至600～800℃（表面呈深红、樱红、浅红色），再抬至平行设置的钢管上，使管子靠其自身重量，在来回滚动的过程中调直，在弯管和直管部分的接合部，滚动前应浇水冷却，以免接合部在滚动过程中产生变形。应边滚动边冷却，以保持不再产生新的弯曲，见图4-3所示。弯度较大者可以将弯背向上，轻轻向下压直再滚。为加速冷却，可用废机油均匀地涂在火口上。

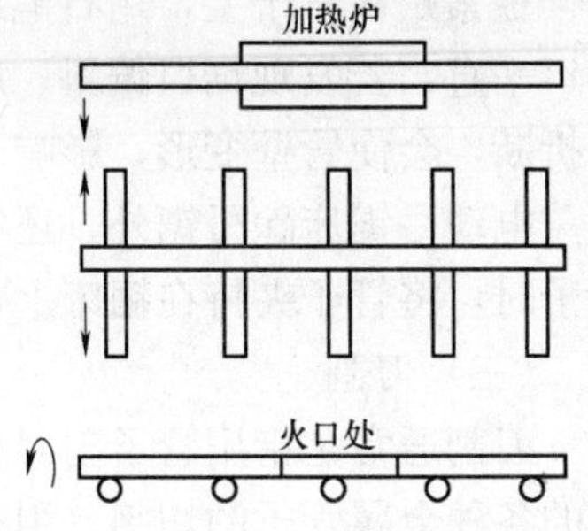

图4-3 弯管的加热滚动调直

二、有色金属管的调直和整圆

铜、铝管一般包装较好，运输装卸都较仔细，很少需要调直。铅管因质软而容易弯曲，可用木锤在平台上轻轻敲打调直。为便于检查和操作，常把铅管紧贴角钢的内侧，根据管子和角钢边的间隙拍打调直。

铅管除需调直外，管口还需整圆，公称直径大于50mm的铅管整圆，可用一根外径小于铅管内径的钢管（管端最好有一半球形封头）穿在铅管内，并把钢管的两端放在支撑架上，然后用木锤敲打铅管被压扁的地方，随打随转动管子，直到将铅管整圆为止。

直径不大于50mm的铅管整圆，可将铅管两端堵塞，在管内通入压力为0.3～0.4MPa的压缩空气，然后用焊炬对准压扁的地方加热，使管内的压缩空气把管子胀圆。用焊炬加热时，要注意使加热部分受热均匀，升温不要太快，当管子被胀圆时，应立即停止加热。

三、管子表面的清理和清洗

在加工预制前，应根据设计和生产工艺要求的不同，对管子进行表面清理。多数情况下，是除去铁锈后刷一道防锈底漆，其余各层涂料或油漆应在预制或安装后涂刷。

由于设计和生产工艺要求的不同，有的仅要求对管子外表面进行一般性除锈，有的要求对管子内表面进行除锈和防腐处理，有的要求必须用喷砂方法除锈，有的要求用酸洗方法除锈，有的要求在酸洗后作磷化处理，有的要求管子作脱脂处理。由于管子表面的清理和清洗的内容较多，其施工工艺和操作方法应按设计和相关规范、规程进行。

四、管子的切割

（一）砂轮切割

砂轮切割机是当前在施工现场应用最广泛的小型切割机械。用于切割的砂轮片直径400mm，厚度3mm。砂轮切割机的切割效率较高，并且切断面光滑，但有少许熔融状态飞边需要清理。砂轮切割机常用于切割管子和型钢。

（二）锯割

锯割钢管常用钢锯和锯床。

钢锯由锯弓和锯条组成，锯弓长度可以调节。细齿锯条的齿距小，在锯割时锯齿吃力小，不易卡掉锯齿，但锯切速度缓慢，适用于锯割管径在50mm以下的钢管和韧性强的不锈钢管的切割；粗齿锯条在锯切时，锯齿与管壁断面接触的齿数较少，容易卡掉锯齿，但切割速度较快，适用于切割50～150mm的钢管和材质较脆的铸铁管、铝管等。

为防止管子锯口偏斜，为此需先划好锯割线。划线的方法是用一边平直的纸板或油毡为样板紧贴在管子上，用石笔或彩色笔划出切割线。锯切时锯条应与管轴线垂直，以保证锯口平直，若发现锯口偏斜，应将锯弓调换方向再锯。锯切时要锯至锯口底部，如果将剩余折断，会使管壁变形，影响下道工序的质量。

电动弓锯床除弓锯外，还有电机、传动装置、床架、夹具等设施，用电动弓锯床锯切管子时，将管子夹持在锯床上，锯条对准切割线即可切割，适于切割各种材质的管子。

（三）刀割

刀割通常是指用管子割刀切断管子，通常用于切割直径100mm以下除铸铁管和铅管外的各种金属管子的切割。用割刀切割管子比锯条速度快，断面也较光滑，缺点是切割口因受挤压而使管内径缩小，对于直径15mm、20mm等小直径管子而言，内径缩小的相对比例是比较大的，所以在用切割后还应当用铰刀刮去其内径缩小部分。如果在切割时，每次进刀浅一些，则管径收缩较小。

刀割的另一种方法是利用车床进行切割。车床切割管子的速度快、质量好，可以把焊接时要求的坡口一并加工出来，加工成的切口几乎不用修整。车床切割特别适用于管道预制工厂化，它能切割各种金属管子。

刀割的第三种类型是各种切管机的切割，如锯床切割（最大直径约为250mm）、靠刀具和管子相对运动，以切削方式切割管子的大管径便携式割管机。

（四）气割

气割是利用氧气-乙炔焰切断钢管的方法。常用于直径大于100mm的钢管的切割。气割工具或设备，除传统的手工操作的氧-乙炔焰切割炬外，现在有能在管上自行回转的氧-乙炔焰切割机。这种机器的切割口平整光滑，火焰角度容易掌握，因此能切割出平整的坡口来。用这种热加工方法加工的坡口，要用角向砂轮打磨后才能进行焊接。

（五）等离子切割

等离子切割是利用等离子切割机通过割炬来完成的。等离子弧能量比电弧更加集中，喷嘴处温度高达24000～30000K，生产率高，热影响区小，变形小，切割质量高，可以切割氧-乙炔焰和电弧所难以切割或不能切割的不锈钢、铜、铝、铸铁以及一些高熔点的金属与非金属材料。

五、管子端面坡口加工

（一）坡口形式及要求

1. 管子坡口形式和尺寸应符合设计要求或有关施工规范的规定；

2. 坡口面应平整光洁，不得有凹凸不平、毛刺和飞边等缺陷。

管子的具体坡口形式将在管道焊接部分介绍。

（二）不同管材的坡口要求

1. 一般碳素钢管坡口。直径小于50mm时，可用手工锉加工坡口；直径大于50mm时，宜用各种坡口机加工坡口；直径大于300mm时，可采用氧-乙炔焰切割，但必须除净坡口表面的氧化层，并用锉刀或角向砂轮机将凸凹不平处打磨平整。

2. 高压管子坡口。碳素钢管和合金钢管的坡口应采用车床加工。

3. 不锈钢和有色金属管坡口。直径小于 50mm 时，可用手工锉加工；直径大于 50mm 时，应采用坡口机或车床加工；直径大于 300mm 时，可采用等离子切割机加工，但事后必须打磨掉割口表面的热影响层。

（三）坡口的加工

钢管壁厚等于或大于 3.5mm 时应进行坡口加工。加工管子坡口最好用机械方法，如各种固定式或手持式电动坡口机、手动坡口机（一般只适用于 100mm 以下的管子坡口）、角向砂轮打磨机，也可采用等离子弧、气割等热加工方法。采用热加工方法加工的坡口，应除去坡口表面的氧化皮、熔渣及影响接头质量的表面层，并将凹凸之处打磨平整。

1. 锉坡口。锉坡口就是用锉刀加工坡口。主要用于铝合金管、铅和铅合金管以及塑料管的坡口加工。对其他金属管道也可采用，但效率低，体力消耗量大，所以不常用。

2. 刮坡口。刮坡口就是用刮刀加工坡口。只用于铅管的坡口加工，其他管道很少采用。

3. 割坡口。割坡口就是用氧-乙炔焰、等离子弧等热加工方法，顺着管子圆周根据所需角度进行切割。切割后，坡口不大平整光滑，往往有氧化铁熔渣附在坡口上，所以还需要用锉刀、手砂轮、角向磨光机、扁錾等工具清除熔渣和氧化皮进行平整、打磨。割坡口主要用于大直径的碳钢管，在中、低压管道施工中应用很广泛，但不锈钢管、有色金属管、高压管不能用氧-乙炔焰切割的方法。

4. 磨坡口。磨坡口就是用砂轮机加工坡口，常用的是手把砂轮机，有高速手把砂轮和普通手把砂轮两种，可用于金属管和硬塑料管的坡口加工。高速手把砂轮又叫角向磨光机，有磨光、切割、坡口等多种功能，在施工中，应用极为广泛。

5. 錾坡口。錾坡口就是用扁錾或风铲沿管口按规定的角度开出坡口，这种方法管道施工中不常用，只在特殊情况下使用。

6. 车坡口。车坡口就是用车床加工坡口，常用的车床有普通车床和管螺纹车床（管床）。可加工各种形式的坡口，效率高，质量好，主要用于高压管和不锈钢管的坡口。其他金属和硬塑料管也可采用这种方法。

双 V 形和 U 形坡口需要用车床加工。加工后的管坡口除形状、尺寸应符合标准要求外，在管口的 50mm 范围内必须除去油脂、锈斑。

7. 坡口机坡口。目前坡口机的种类和形式虽然很多，但总的说来可以分成两大类。一类是管子不动、刀具绕管口作旋转切削，如前面介绍过的 J1P1-10 型电动焊缝坡口机就属于这一类型。另一类是将管子卡在坡口机的卡盘上同卡盘一起旋转，刀具固定在刀架上作进给运动，同车床坡口相似。

六、管口翻边

（一）管口翻边的用途

活套法兰与管子的装配采用套装法，即法兰的内径与管子的外径之间有一定间隙，使法兰可以转动。活套法兰连接有焊环活套法兰和翻边活套法兰两种，

焊环活套法兰与管子装配时，先把活套法兰套在管子上，再将焊环套在管端并与管子焊接在一起，焊环的密封面要朝管口外，不可装反。焊环与管子的焊接方法和要求与平焊

法兰与管子的焊接方法和要求基本相同。

翻边活套法兰与管子装配时，也是先将活套法兰套在管子上，一定要使法兰内孔倒棱的一面与翻边或焊环接触，不可装反。然后在管端焊上一个翻边环或直接在管口进行翻边。

（二）翻边加工

1. 翻边试验。翻边连接的管子，应每批抽1%，且不得少于两根进行翻边试验。当有裂纹时，应进行处理，重做试验。当仍有裂纹时，该批管子应逐根试验，不合格者，不得使用。

2. 翻边前的管端处理。不锈钢和有色金属管在翻边前，管端可不加热；但翻边有困难者，可适当加热；不锈钢管的翻边加热温度为400℃左右，铜管加热温度为300～350℃，铝管加热温度为150～200℃。加热方法宜用中频感应电热法；如无条件时，也可采用氧-乙炔焰加热。

聚氯乙烯管翻边时用130～140℃的介质加热管端5～10min，使之变软；然后将其扩成喇叭口状，再用胎具翻边压平，冷却后即可。

3. 冲压成型翻边。金属管的翻边应按配套内模件数分次进行，冲压一次更换一次内模，一般可用压力机或千斤顶来完成。

4. 手工翻边。将翻边管段套上法兰，管口露出法兰面的长度应等于翻边肩圈的宽度，然后用手锤从管口内向外敲打，逐渐翻成90°的肩圈。

对于不锈钢管、铜管和铝管的翻边，应使用不锈钢鎯头或铜鎯头，铅管的翻边应使用木榔头。敲打时用力应均匀适度，不可过猛，不得在密割面上敲出凹坑或麻点。

几种常用管口的翻边方法见图4-4。

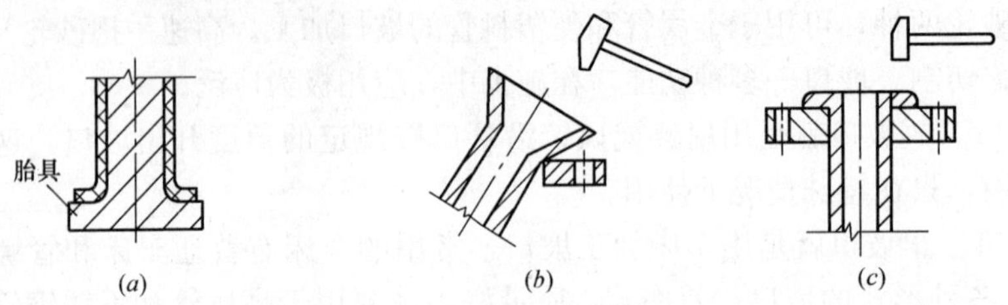

图4-4　管口翻边方法

(a) 塑料管翻边；(b) 铜管翻边；(c) 铅管翻边

5. 管口翻边要求

(1) 管口翻边肩圈直径和转角圆弧半径应符合相关标准的规定；

(2) 管口翻边后，肩圈应有良好的密封面，密封面上不得有裂纹、折皱和凹凸不平等缺陷；

(3) 翻边端面应与管子中心线垂直，其偏差不得大于1mm，厚度减薄率不得大于10%；

(4) 翻边底面与法兰的接触应均匀、良好，翻边肩圈的外径不得影响法兰螺栓的穿过。

七、管螺纹的加工

管螺纹的手工加工是使用管螺纹铰板进行的，管径为15～20mm，可由一人操作；管径在25～80mm时，可由两人以上共同操作。为了防止板牙过度磨损和减轻劳动强度，

32mm 以下的钢管螺纹应该分两次加工而成，直径大于 40mm 应该分三次加工而成。在前一次或前两次套丝时，铰板的活动标盘刻度要略大于固定标盘的相应刻度，以减少金属的切削量。

为了使管子与管件连接的密封性能良好，螺纹应加工成圆锥管螺纹。螺纹锥度是利用加工过程中逐渐松开板牙扣柄来形成的，因此在螺纹加工达到一定长度时，要一边旋转板牙套丝，一边逐渐松开扣柄，使套出来的螺纹带有锥度。

如果遇到管件的螺纹不端正，则要求管子的螺纹有相应的偏扣（俗称歪牙）。偏扣最大不能超过 15°。加工偏扣的方法是将管螺纹铰板套进管子一、二扣丝之后，把后卡爪把根据所需的偏度略为松开，使铰板向一侧倾斜，用这种方法即可加工出偏扣螺纹。

八、铸铁管的切断

（一）铸铁管的錾切

錾切法适用于材质较脆的管子，如无水泥砂浆内衬的普通灰口铸铁管，混凝土管，陶土管等，但不能用于性脆易裂的管子。凿切工具为手锤、大锤和錾子、剁斧。

小口径铸铁管的凿切工具用手锤和錾子，大、中口径铸铁管的凿切工具用大锤和剁斧。操作时先在管子切断处沿外径画线，把厚木板垫于切断处，然后一边沿切断线轻轻地錾切，一边转动管子，经 1～2 圈即在切断线上凿出沟槽印记，然后一边转动管子，一边沿沟槽印记适当加大击打力度，再经过 2 圈连续击打，即可切断管子。

切断钢筋混凝土管时，要在钢筋暴露出来以后，先把钢筋锯断才能断管，否则混凝土管易破裂。

切断操作时，需注意，打击錾子或剁斧的方向要垂直通过管子中心线，不能偏斜。小口径铸铁管由一人用手锤和錾子操作，大直径的管子可由两人操作，一人掌握錾子或剁斧，一人打大锤。錾子或剁斧应把握端正，管子切断口两侧不要站人，以防铁屑飞出伤人。

（二）液压铡管机断管

灰口铸铁管的断管还可以使用如图 4-5 所示的液压铡管机，适用于直径 100～300mm 铸铁管的铡断。通过手动油泵和工作油缸，可产生 63MPa 工作压力作用于刀框，把管子铡断。液压铡管机刀框的规格及尺寸见表 4-1。

液压铡管机刀框的规格及尺寸　　表 4-1

规格(mm)		100	150	200	250	300
主要尺寸(mm)	长 度	226	292	357	420	500
	宽 度	192	264	324	380	460
	厚 度	60	80	80	83	90
重量(kg)		8	13.5	17	26.5	36

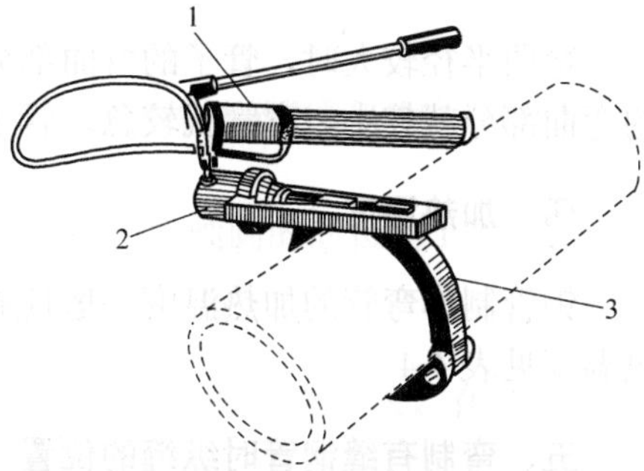

图 4-5　液压铡管机

1—手动油泵；2—工作油缸；3—刀框

七、管子冷弯和热弯后的热处理

普通壁厚的钢管，无论冷弯或热弯，一般不进行热处理。

当符合下列条件时，管子冷弯和热弯后应按表 4-6 的规定进行热处理：

1. 当表 4-6 所列的中、低合金钢管进行冷弯时，对公称直径大于或等于 100mm，或壁厚大于或等于 13mm 的，应按表 4-6 的要求进行热处理；

2. 碳素钢管热弯时，除温度自始至终保持在 900℃以上的情况外，壁厚大于 19mm 的碳素钢管制作弯管后，应按表 4-6 的规定进行热处理。换言之，在 900℃以下制作的壁厚大于 19mm 弯管，皆需进行热处理；

3. 当表 4-6 所列的中、低合金钢管进行热弯时，对公称直径大于或等于 100mm，或壁厚大于或等于 13mm 的，应按设计文件确定采用进行完全退火、正火加回火或回火处理；

4. 不锈钢和有色金属管冷弯后可不进行热处理。当设计文件要求热处理时，应按设计文件规定进行。

弯常用管材热处理条件 表 4-6

<table>
<tr><th>管材类别</th><th>管材牌号</th><th>热处理温度(℃)</th><th>加热速率</th><th>恒温时间</th><th>冷却速率</th></tr>
<tr><td>碳素钢</td><td>10、15、20、25</td><td>600～650</td><td rowspan="8">当加热温度升至 400℃时，应控制加热速率不大于 $205\times\frac{25}{T}$℃/h</td><td rowspan="8">恒温时间应为每 25mm 壁厚 1h，且不得少于 15min，在恒温期间内，最高与最低温差波动应小于 65℃</td><td rowspan="8">恒温后的冷却速率不应超过 $260\times\frac{25}{T}$℃/h，且不得大于 260℃/h，400℃以下可自然冷却</td></tr>
<tr><td rowspan="7">中、低合金钢</td><td>16Mn、16MnR</td><td>600～650</td></tr>
<tr><td>09MnV、15MnV</td><td>600～700</td></tr>
<tr><td>16Mo、12CrMo</td><td>600～650</td></tr>
<tr><td>15CrMo</td><td>700～750</td></tr>
<tr><td>12Cr2Mo</td><td>700～760</td></tr>
<tr><td>5CrlMo、9CrlMo</td><td>700～760</td></tr>
<tr><td>12CrlMoV</td><td>700～760</td></tr>
</table>

注：T 为管壁厚度，mm。

八、弯管的质量要求

1. 无裂纹、分层和过烧等缺陷，且不宜有皱纹。

2. 测量弯管任一截面上的最大外径与最小外径之差（过去习惯用椭圆率表示，实质上是一样的），不得超过表 4-7 的规定。

弯管最大外径与最小外径之差 表 4-7

<table>
<tr><th>管子类别</th><th>最大外径与最小外径之差</th></tr>
<tr><td>高压管（设计压力 $P\geqslant 10$MPa）、输送剧毒流体的钢管（不论压力等级）</td><td>不大于制作弯管前管子外径的 5%</td></tr>
<tr><td>中低压钢管（设计压力 $P<10$MPa）</td><td rowspan="3">不大于制作弯管前管子外径的 8%</td></tr>
<tr><td>铜合金管、铝合金管</td></tr>
<tr><td>钛管</td></tr>
<tr><td>铜管、铝管</td><td>不大于制作弯管前管子外径的 9%</td></tr>
<tr><td>铅管</td><td>不大于制作弯管前管子外径的 10%</td></tr>
</table>

3. 壁厚减薄率。弯管制作弯管前、后的壁厚之差（过去习惯用壁厚减薄率表示，实质上是一样的），不得超过表 4-8 的规定。

弯管制作弯管前、后的壁厚之差　　**表 4-8**

管子类别	弯管制作弯管前、后的壁厚之差
高压管（设计压力 $P \geqslant 10$MPa）、输送剧毒流体的钢管（不论压力等级）	不得超过制作弯管前管子壁厚的 10%
中低压管（设计压力 $P < 10$MPa）及其他弯管	不得超过制作弯管前管子壁厚的 15%，且不小于管子的设计计算壁厚

4. 弯管管端中心偏差值。任意角度 α 的弯管，其管端中心偏差值 Δ（见图 4-10）应符合下列规定：

高压管（设计压力 $P \geqslant 10$MPa）及输送剧毒流体的弯管，其管端中心偏差值 Δ 不得超过 1.5mm/m，当直管长度 L 大于 3m 时，其偏差不得超过 5mm。

其他类别的弯管，管端中心偏差 Δ 值不得超过 3mm/m，当直管长度 L 大于 3m 时，其偏差不得超过 10mm。

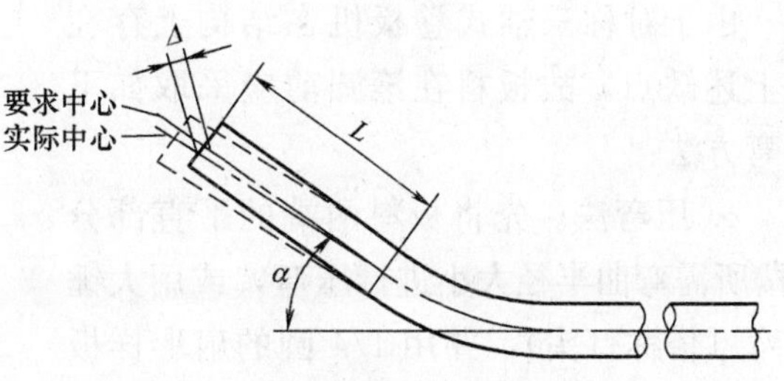

图 4-10　弯曲角度及管端中心偏差

5. 高压弯管表面无损探伤。高压钢管制作弯管后，应进行表面无损探伤（需要热处理的应在热处理后进行）；当表面有缺陷时，可进行修磨。修磨后的弯管壁厚不得小于管子公称壁厚的 90%，且不得小于设计计算壁厚。高压弯管加工合格后，应按规范规定填写“高压管件加工记录”。

第三节　钢板卷管加工

一、划线下料

卷管加工所用钢板下料前应清扫干净，如用成卷的钢板下料，首先应进行平板工作，然后再下料。下料的步骤和方法如图 4-11 所示：

1. 用粉线在钢板的一端弹出 AB 线；
2. 分别以 A 点、B 点为圆心，AB 长为半径画弧交于一点 O；
3. 连接 AO、BO，并在延长线上取 $OE=OF=AB$；
4. 用粉线弹出 AE、BF 直线，并在 AE、BF 线上分别取

$$AD=BC=\pi(D-t)$$

式中　π——圆周率，取 3.14；

D——钢板卷管外径，mm；

t——钢板厚度，即管子壁厚，mm。

5. 连接 CD，矩形块 $ABCD$ 即为所需卷管的展开料。划好线之后，打上样冲眼，用

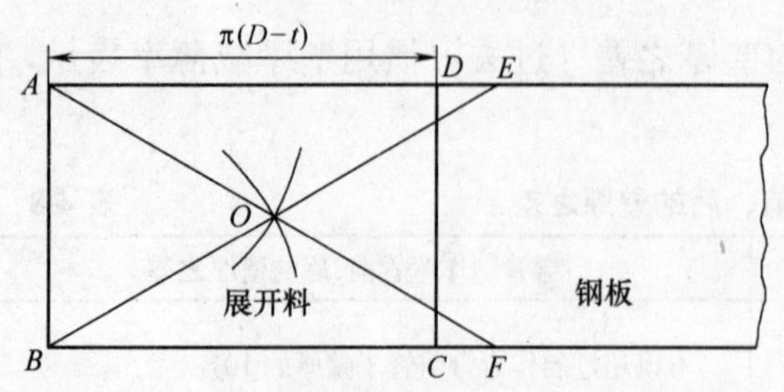

图 4-11　钢板卷管划线下料

剪板机或气割将板料切割下来，按规定开好坡口，清除氧化铁渣和毛刺，即完成卷管的下料工作。

二、板料的滚圆

（一）板料滚圆方法

板料滚圆一般是在对称三轴式卷板机上进行的。板料滚圆时，由于卷板机上的三根滚轴呈等腰三角形，在板料的两端各约有 100～200mm 的距离 a 是无法弯曲的，这是因为上滚轴即使下降到最低位置，则沿着滚轴的切线方向，还是有一段 a 的距离保持直线，如图 4-12 所示。

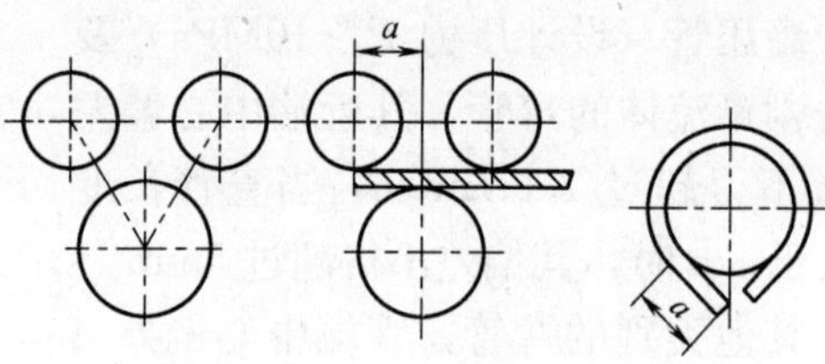

图 4-12　板料的滚圆

由于对称三轴式卷板机在结构上存在着上述缺点，故板料在滚圆前应采取如下预弯方法：

1. 压弯法。先将板料两端的平直部分 a 按所需弯曲半径大小进行压弯，或用大锤打弯（俗称打头），并用 1/4 圆的扇形样板检查，直至合格。

2. 垫压法。批量加工时，可先制作一块内侧弯曲半径与管子外侧弯曲半径相同的垫板，厚度为弯曲板料厚度的 2 倍，长度比弯曲板料略长，放置在两根下滚轴上，再将要弯曲的板料一起进行滚压，这样即可消除两端的平直部分，见图 4-13。

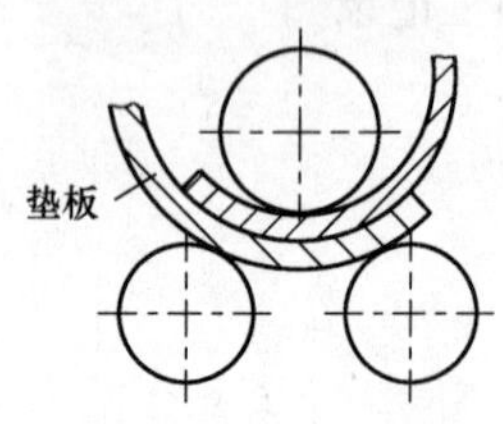

图 4-13　垫压法

3. 焊滚法。对于直径较大板料较薄的圆管，在滚圆时，待两端接口闭合后，可先在滚圆机上直接进行焊接（即两端弯曲前不进行预弯），随后修磨好焊缝，再轻微往复滚压 2～3 次，成形后，卸下活动支架，从滚轴内取出。

（二）卷管的校圆样板

卷管的校圆样板的弧长应为管子周长的 1/6～1/4；样板与管内壁的不贴合间隙应符合下列规定：

1. 对接纵缝处不得大于壁厚的 10％加 2mm，且不得大于 3mm；

2. 离管端 200mm 的对接纵缝处不得大于 2mm；

3. 其他部位不得大于 1mm。

（三）卷管纵缝的组对与焊接

钢板卷管的组对应先进行纵缝的组对与焊接，然后再进行环缝的组对与焊接。纵缝的组对可以在筒节从卷板机上取下来之前，直接在卷板机上进行点焊，合格后再从滚轴内取出，进行手工或自动焊接。如两边对不齐，可用如图 4-14 所示 F 形扳手（撬棍）调整。

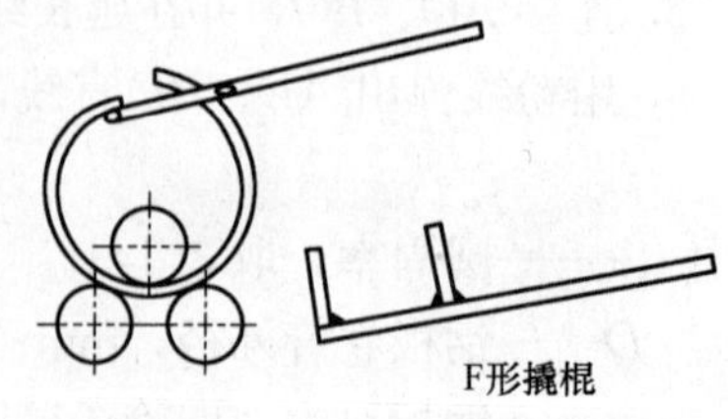

图 4-14　用 F 形撬棍调整纵缝

环缝的组对方法与管子的对口方法相同。

（四）卷管加工中的修磨

在卷管加工过程中，应防止板材表面损伤。对有焊疤和严重伤痕的部位，必须进行修磨，使其圆滑过渡，且修磨处的壁厚不得小于设计壁厚。

三、卷管的周长偏差及圆度偏差

卷管的周长偏差及圆度偏差应符合表 4-9 的规定。

周长偏差及圆度偏差（mm）　　**表 4-9**

公称直径	＜800	800～1200	1300～1600	1700～2400	2600～3000	＞3000
周长偏差	±5	±7	±9	±11	±13	±15
圆度偏差	外径的 1%，且不应大于 4	4	6	8	9	10

四、端面与中心线的偏差

卷管端面与中心线的垂直偏差不得大于管子外径的 1%，且不得大于 3mm。平直度偏差不得大于 1mm/m。

五、焊缝设置

钢板卷管加工对焊缝设置有如下要求：

1. 卷管的同一个筒节上的纵向焊缝不宜大于两条；两条纵向焊缝的间距不宜小于 200mm；

2. 组对卷管筒节时，两个筒节上的纵向焊缝间距应大于 100mm。支管外壁距焊缝不宜小于 50mm；

卷管对接焊缝的内壁错边量不宜超过壁厚的 10%，且不大于 2mm；

3. 焊缝不能双面成型的卷管，当公称直径大于或等于 600mm 时，宜在管内进行封底焊。

第四节　钢管件的制作与组对

一、焊接弯头制作

（一）焊接弯头的弯曲半径和最少节数

焊接弯头俗称虾米腰或虾壳弯，是用现成的管子割裁成断节，组装焊接而成的，图 4-15 是 90°焊接弯头的组装图。

焊接弯头的弯曲半径 R，一般为管子外径的 1～1.5 倍，即 $R=(1\sim1.5)D$，只有在设计提出要求时，才采用 $R=2D$ 及其以上的弯曲半径。

从图 4-15 中可以知道，90°焊接弯头是由两个 15°的半个断节和两个 30°的对称断节组成的。如果去掉一个对称断节，可以拼成 60°焊接弯头；如果去掉两个对称断节，剩余的

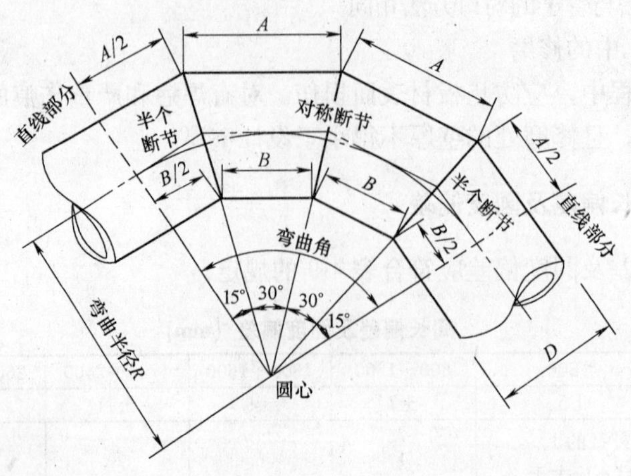

图 4-15 焊接弯头

两个 15°的半个断节可以拼成 30°焊接弯头。可见，对一定直径、一定弯曲半径的 30°、60°、90°焊接弯头来说，其对称断节、半个断节的尺寸是一样的，展开放样时只需采用一个样板就可以了。焊接弯头的最少节数见表 4-10。

焊接弯头的最少节数 **表 4-10**

弯头角度	节数	节数组成			
		端节数	每节角度	节数	每节角度
90°	4	2	15°	2	30°
60°	3	2	15°	1	30°
45°	3	2	11¼°	1	22½°
30°	2	2	15°	0	—
22 1/2°	2	2	11¼°	0	—

公称直径大于 400mm 焊接弯头可增加中间节数，但其内侧的最小宽度（也称腹高）不得小于 50mm。

大直径管道要适当增加焊接弯头的中间节数，节数越多，介质流动就越顺畅，阻力会更小。

焊接弯头如果用钢板卷制时，还应检查其周长偏差：当 $DN>1000$mm 时，不超过±6mm；当 $DN\leqslant1000$mm 时，不超过±4mm。

（二）焊接弯头断节的展开图

在实际工作中，展开图往往画在油毡上，经剪裁成为样板。

现以管子外径为 108mm、弯曲半径 $R=160$mm 的 90°焊接弯头为例，说明 30°断节展开图的画法，如图 4-16 所示。

1. 先按给定条件（管子外径为 108mm，$R=160$mm）画出一个 15°断节。以管端为直径画出半圆，并将半圆 8 等分，从点 2～8 共 7 个点上引出平行线与断节的斜面相交，此时断节平面与斜面间各线段的尺寸应依次为：28.5、29、32、…57.5（mm）。

2. 断节的展开先画一条中线，按管子外径计算出周长（108×3.14=339mm）取定并 16 等分，通过各等分点画出与中线相垂直的线段 1-1、2-2、…16-16、1-1 在中线上下两

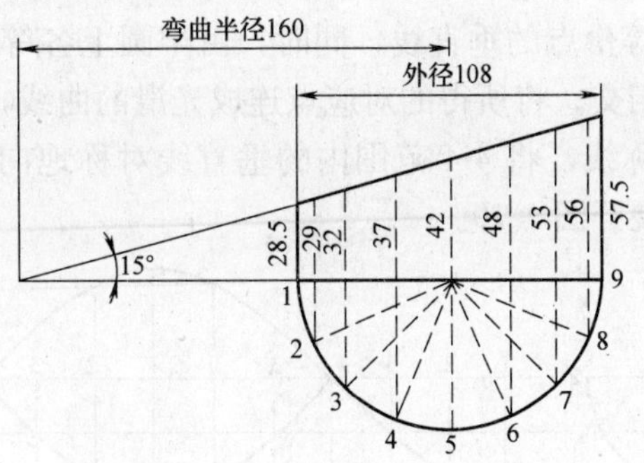

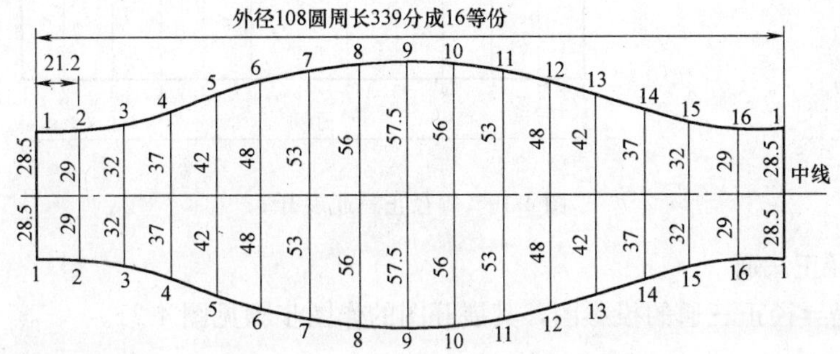

图 4-16　断节展开

侧按图示相应截取 28.5、29、32……57.5（mm）的各个尺寸，将其交点连为两条光滑曲线，便成为一个 30°的断节样板，如果只使用其一半（以中线分），即为 15°断节样板。

3. 采用同样的方法，可以画出 45°、$22^{1}/_{2}$°弯头所用的 $11^{1}/_{4}$°断节样板，见图 4-17。

二、焊接正三通制作

（一）等径正三通

图 4-18 是等径正三通的立体图和投影图，其展开图（图 4-19）的作图步骤如下：

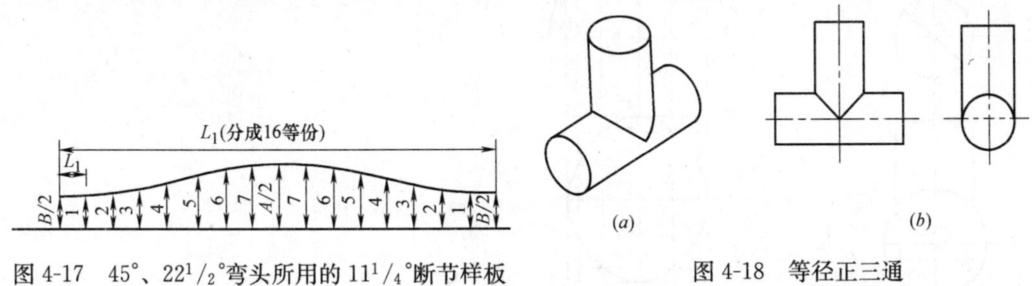

图 4-17　45°、$22^{1}/_{2}$°弯头所用的 $11^{1}/_{4}$°断节样板

图 4-18　等径正三通
（a）立体图　（b）投影图

1. 以 O 为圆心，以二分之一管外径$\left(即\dfrac{D}{2}\right)$为半径作半圆并六等分之，等分点为 4′、3′、2′、1′、2′、3′、4′；

2. 把半圆上的直径 4′-4′，向右引延长线 AB，在 AB 上量取管外径的周长并分成 12

等份。自左至右等分点的顺序标号为1、2、3、4、3、2、1、2、3、4、3、2、1；

3. 作直线 AB 上各等份点的垂直线，同时，由半圆上各等分点（1′、2′、3′、4′）向右引水平线与各垂直线相交。将所得的对应点连成光滑的曲线，即得支管展开图；

4. 以直线 AB 为对称线，将4-4范围内的垂直线对称地向上截取，并连成光滑的曲线，即得主管上开孔的展开图4-19。

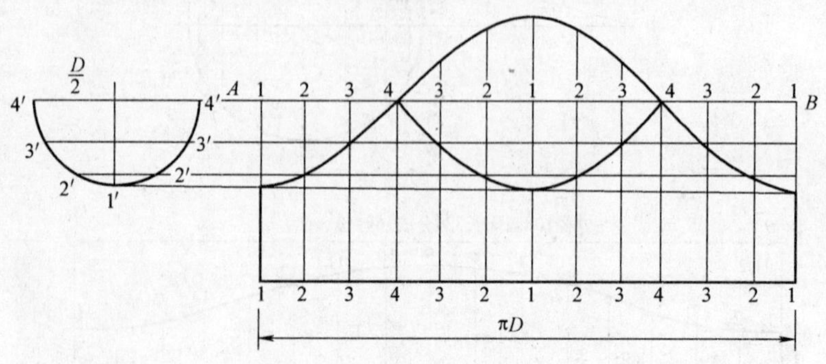

图4-19　等径正三通展开

（二）异径正三通

图4-20是异径正三通的投影图，其展开图的作图步骤见图4-21。

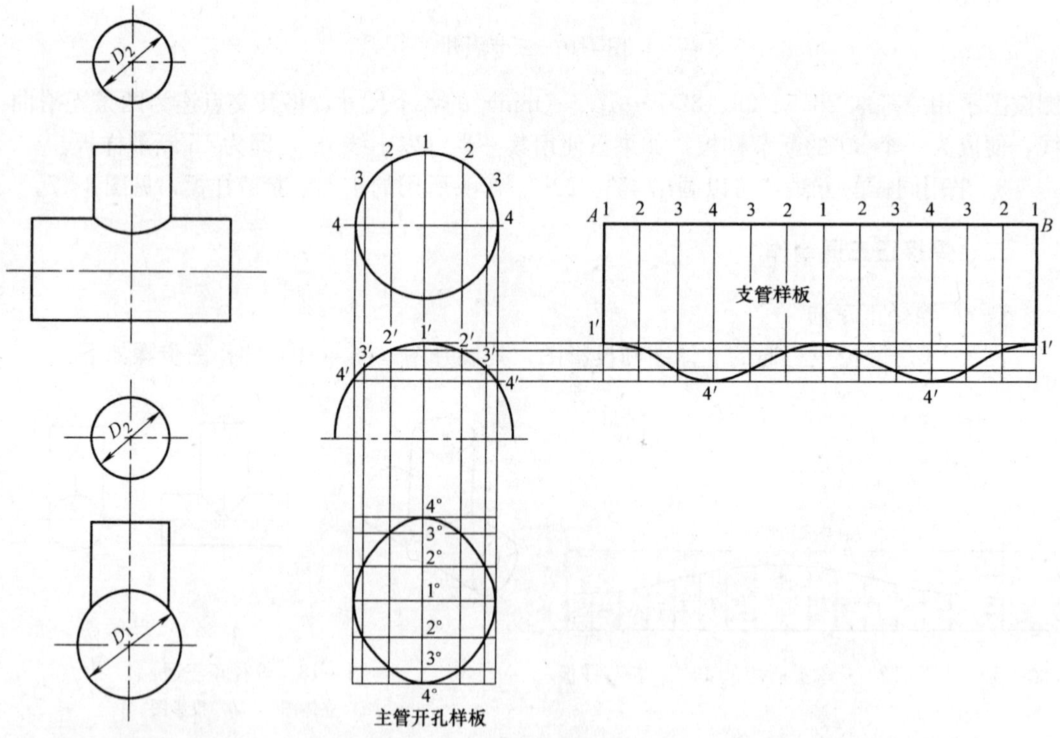

图4-20　异径正三通　　　　图4-21　异径正三通的展开

1. 根据主管的外径 D_1 及支管的外径 D_2 在一根垂直轴线上画出大小不同的两个圆（主管画成半圆）；

2. 将支管上半圆弧分成六等份，分别注标号 4、3、2、1、2、3、4，然后从各等份点向下引垂直的平行线与主管圆周相交，得相应交点 4′、3′、2′、1′、2′、3′、4′；

3. 将支管圆直径 4-4 向右引水平线 AB，使 AB 等于支管外径的周长并分成 12 等份，自左至右等份点的顺序标号是 1、2、3、4、3、2、1、2、3、4、3、2、1；

4. 由直线 AB 上的各等份点引垂直线，然后由主管圆周上各交点向右引水平线与之对应相交、将对应交点连成光滑的曲线、即得支管展开图；

5. 延长支管圆中心的垂直线，在此直线上以点 1°为中心，上下对称量取主管圆周上的弧长$\widehat{1'2'}$、$\widehat{2'3'}$、$\widehat{3'4'}$得交点 2°、3°、4°、2°、3°、4°；

6. 通过这些交点作垂直于该线的平行线，同时将支管半圆上的六等份垂直线延长与这些平行直线分别相交，用光滑曲线连接各相应交点，即成主管上开孔的展开图。

三、焊接斜三通制作

（一）等径斜三通

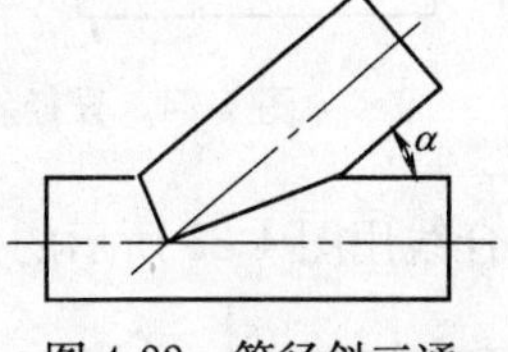

图 4-22 等径斜三通

图 4-22 是等径斜三通的投影图，从图中可知支管与主管的交角为 α，其展开图（图 4-23）的作图步骤如下：

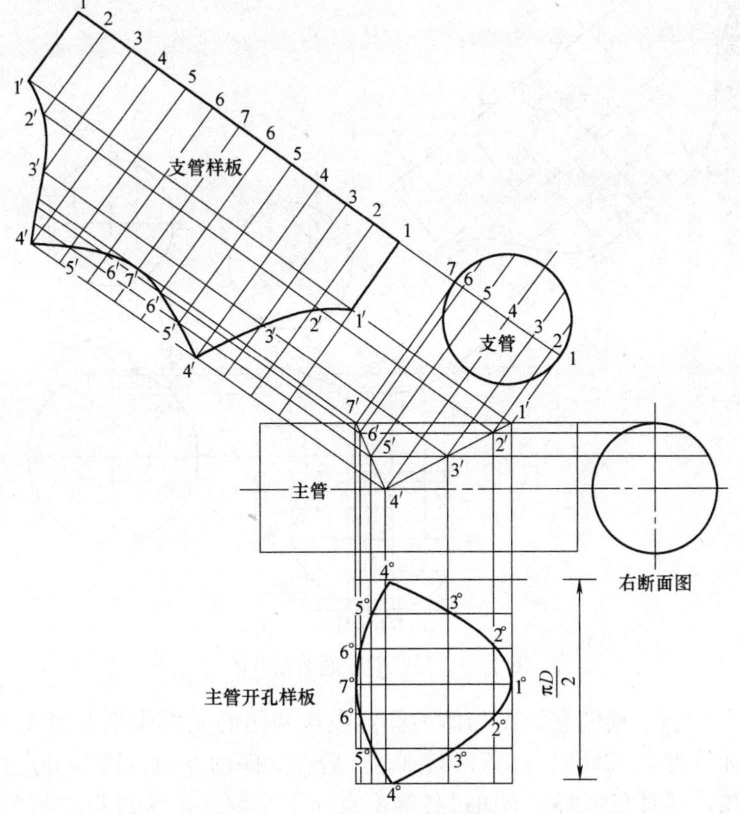

图 4-23 等径斜三通展开

1. 根据主管和支管外径和交角 α 画出等径斜三通的正立面投影图；

2. 在支管的顶端画半圆并六等份，由各等份点向下画出与支管中心线相平行的斜直线，使之与主管右断面上部半圆六等份线相交得直线 11′、22′、33′、44′、55′、66′、

77′，将这些线段移至支管周长等份线的相应线段上，得点 1′、2′、3′、4′、5′、6′、7′、6′、5′、4′、3′、2′、1′，用光滑曲线将这些点连接起来即是支管的展开图；

3. 将等径斜三通正立面图上的交点 1′、2′、3′、4′、5′、6′、7′，向下引垂直线，与半圆周长 $\left(\frac{\pi D}{2}\right)$ 的各等分线相交，得点 1°、2°、3°、4°、5°、6°、7°，用光滑曲线将这些点连接起来即是主管开孔的展开图。

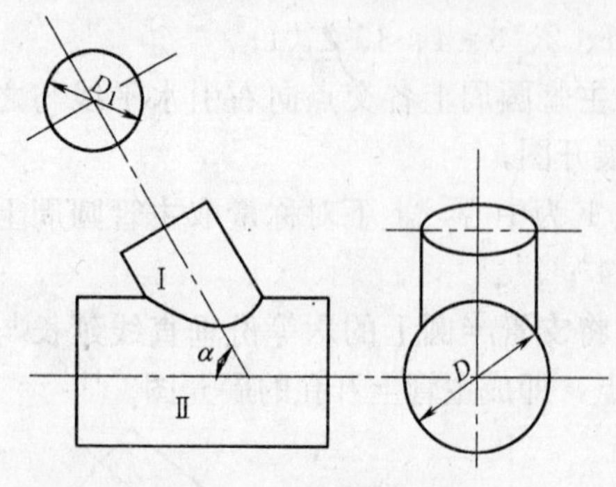

图 4-24　异径斜三通

（二）异径斜三通

图 4-24 是异径斜三通的投影图，从图中可知主管外径为 D、支管外径为 D_1、支管与主管轴线的交角为 α。

要画出支管的展开图和主管上开孔的展开图，要先求出支管与主管的接合线（即相贯线）。接合线用图 4-25 所示的作图方法求得：

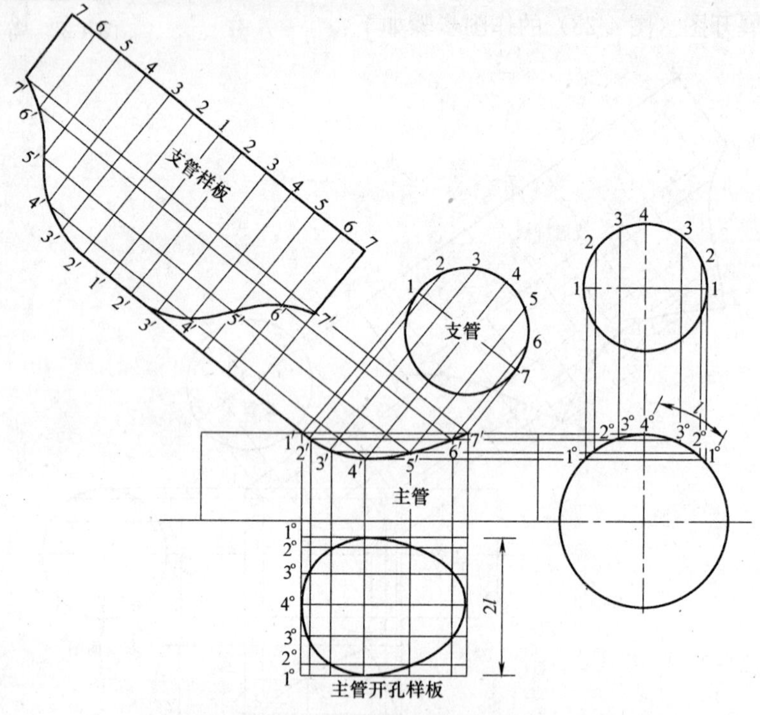

图 4-25　异径斜三通的展开图

1. 先画出异径斜三通的立面图与侧面图，在该两图的支管端部各画半个圆并分成六等份，等分点标号为 1、2、3、4、3、2、1。然后在立面图上通过诸等分点作平行于支管中心线的斜直线，同时在侧面图上通过各等份点向下作垂线，这组垂线与主管圆周相交，得交点 1°、2°、3°、4°、3°、2°、1°；

2. 过点 1°、2°、3°、4°、3°、2°、1°向左分别引水平线、使之与立面图上支管斜平行线相交，得交点 1′、2′、3′、4′、5′、6′、7′。将这些点用光滑曲线连接起来，即为异径三通的接合线。

求出异径斜三通的接合线后，就得到完整的异径斜三通的正立面图，再按照等径斜三通展开图的画法，画出主管和支管的展开图，即图 4-25 所示的支管样板和主管开孔样板。

四、钢管大小头制作

利用钢管制作大小头有摔制和抽条两种方法。

（一）摔制大小头

当管径较小，且两根管道的直径相差在 25%以内时，可以用摔制的方法在钢管端头制作大小头。具体方法是在管端摔制部位先用氧-乙炔焰割炬加热至约 800℃（管壁呈浅红色），边加热，边锤打，边转动。注意管子锥度过渡要均匀，手锤击打时锤面要放平，以免表面产生凹坑，经过几次加热、转动和锤打，直至端头缩小至要求的直径为止。大小头的长度应大于大管与小管直径差的 2.5 倍。

如果摔制偏心大小头，管端下部不必加热，其余部位仍需加热和边转动边锤打，直至达到偏心大小头的要求。

（二）钢管抽条焊接大小头

在较大直径的中低压管道上，如果工程设计没有要求使用工厂生产的成品管件，就可以在管道变径达 50mm 以上时，使用钢管抽条焊接大小头。这种大小头的制作方法是采用大端直径的管子，在一端割去若干个三角形，然后将剩余部分用割炬加热收拢、整形，焊接成大小头，见图 4-26。

从管端抽去的若干部分呈等腰三角形，其高度 h 一般等于或大于大小头的大端等径，抽去的三角形的底边尺寸按下式计算：

$$a=\frac{(D_W-d_w)\cdot\pi}{n}$$

式中 a——抽去的三角形底边尺寸，mm；

D_W——大头直径，mm；

d_w——小头直径，mm；

n——抽去的条数，一般取 5～8，管经越大，取条数越多。

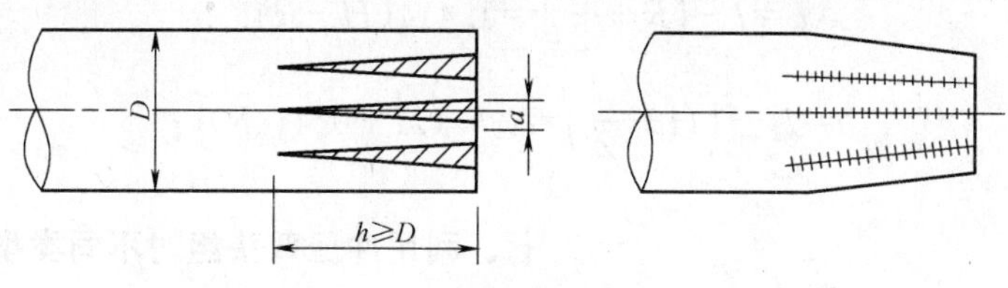

图 4-26 钢管抽条焊接大小头

五、利用冲压弯头组对来回弯

（一）冲压弯头组对来回弯的计算

如图 4-27 所示，冲压弯头的角度 α 可按下式计算：

$$\cos\alpha= l-\frac{h}{2R}$$

式中 h——来回弯管中心距；

R——冲压弯头弯曲半径。

来回弯的全长为：

$$l=2R\sin\alpha$$

（二）冲压弯头对接来回弯放样下料

如图 4-28 所示，作垂直线 $OM\perp ON$，画出弯头外形图。自 A 点取 $AB=\frac{h}{2}$，过 B 点作 $BD/\!/OM$，交弯头中心线于 C 点，连结 O、C 两点，得出的 α 角就是所求来回弯的角度，BC 就是 $\frac{l}{2}$。这里，h 和 l 分别为来回弯的心距和全长。

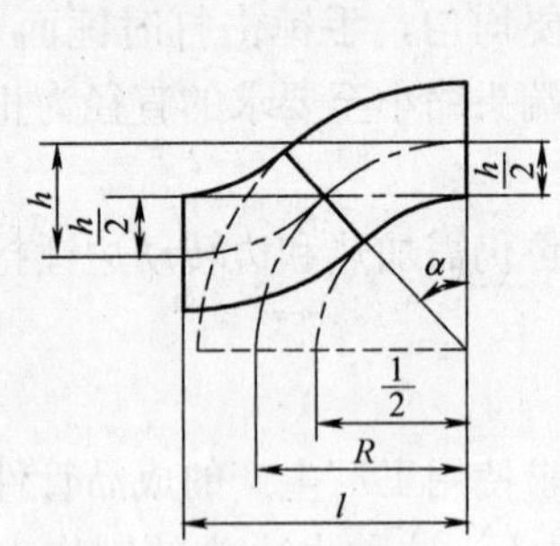

图 4-27 冲压弯头组对来回弯

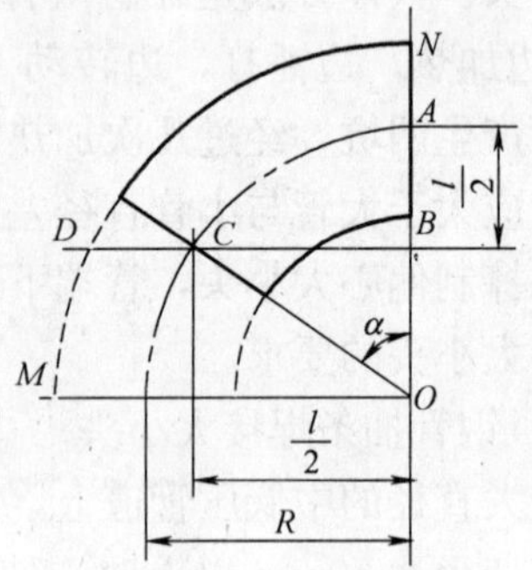

图 4-28 冲压弯头对接来回弯放样下料

六、利用冲压弯头组对 45°摆头弯

45°摆头弯的计算如图 4-29 所示，已知摆头弯挡宽 H，摆头角 $\alpha=45°$，弯头弯曲半径 R，长度 l，计算各管段长度 a、b、$\frac{c}{2}$。

$$\frac{c}{2}=R\cdot \mathrm{tg}\,\frac{\alpha}{2}=0.414R$$

$$l=\frac{H}{\sin\alpha}=1.414H$$

$$a=l-\left(R+\frac{c}{2}\right)=1.414(H-R)$$

$$b=l_1-\left(H+\frac{c}{2}\right)=l_1-(H+0.414R)$$

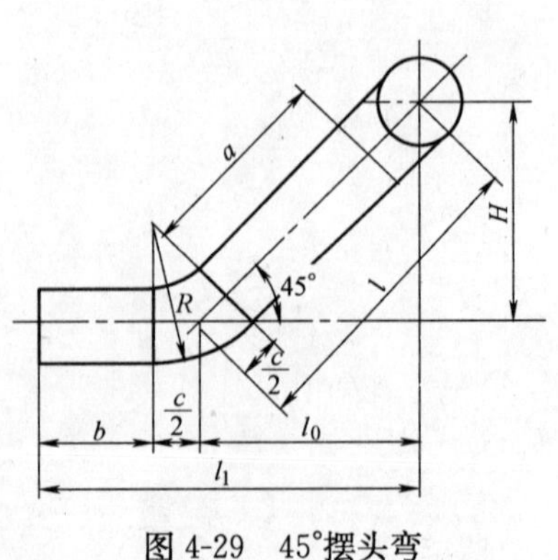

图 4-29 45°摆头弯

七、利用冲压弯头组对不同类型摆头弯

摆头弯也叫摇头弯，根据其挡宽与弯头弯曲半径的关系，可分为三种类型：

（一）摆头弯（$H\geqslant 2R$）的放样下料

$H\geqslant 2R$ 的摆头弯的放样下料见图 4-30。

（二）摆头弯（$2R>H>R$）的放样下料与计算

摆头弯（$2R>H>R$）的放样下料见图 4-31。

1. 摆头弯（$2R>H>R$）的计算

求弯头弦长 JZ：

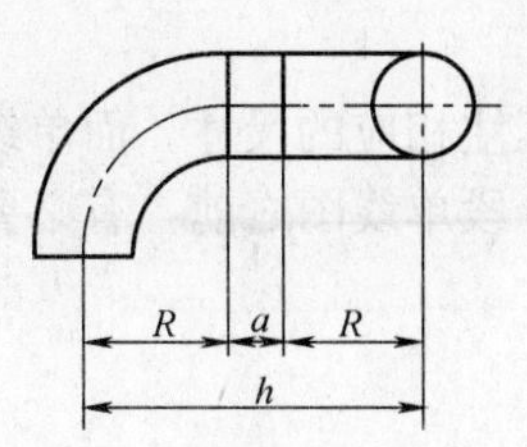

图 4-30 摆头弯（$H \geqslant 2R$）

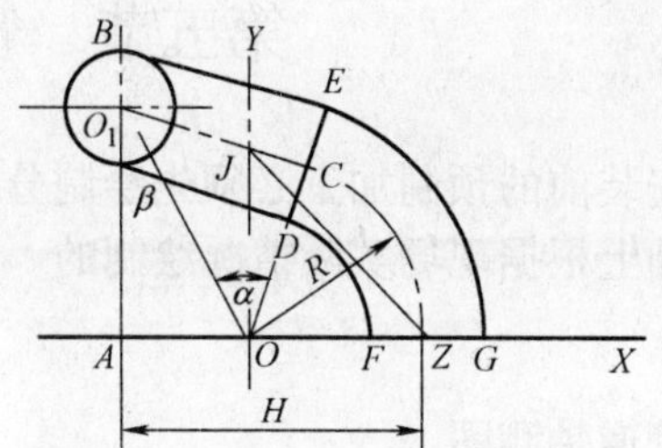

图 4-31 摆头弯（$2R>H>R$）

$$JZ=\sqrt{2}R=1.414R$$

求$\angle JOO_1=\angle AO_1O=\beta$

$$\sin\beta=\frac{AO}{OO_1}=\frac{H-R}{\sqrt{2}R}$$

用计算器或查表可求得 β 值。

求$\angle JOC$：

$\because \Delta COO_1$ 为等腰直角三角形，$\alpha=45°$

$\therefore \angle JOC=\alpha-\beta=45°-\beta$

用$\angle JOC$ 即可求出切去的弧长。

2. 摆头弯（$2R>H>R$）的放样下料

作 $OX \perp OY$，画出 90°弯头外形。由弯头下端中心点 Z，在 OX 上截取 $ZA=H$，过 A 点作 $AB /\!/ OY$。以 O 为圆心，R 为半径画弧，交弯头中心线于 C 点。连结 OC 并延长，交弯头于 DE，则 $DEFG$ 即为所求弯头部分。再与另一弯头组合，即为所要求之摆头弯。

（三）摆头弯（$H<R$）计算与放样下料

摆头弯（$H<R$）计算与放样见图 4-32。

1. 摆头弯（$H<R$）的计算

求$\angle COJ$：

在直角三角形 OAO_1 中：

$$OA=R-H$$

$$OO_1=JZ=\sqrt{2}R$$

$$\therefore \sin\beta=\frac{OA}{OO_1}=\frac{R-H}{\sqrt{2}R}$$

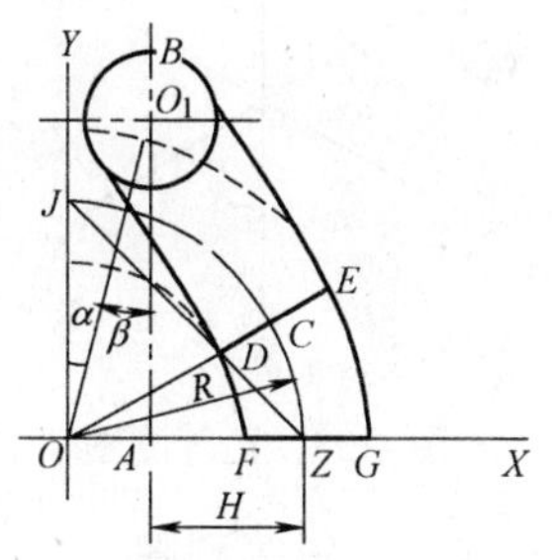

图 4-32 摆头弯（$H<R$）

用计算器或查表可得 β 角。又 $\alpha=\beta$，在直角等腰三角形 OCO_1 中，$\angle OO_1C=45°$

$$\therefore \angle COJ=45°+\beta$$

用$\angle COJ$ 即可求出切去的弧长。

2. 摆头弯（$H<R$）放样下料

作 $OX \perp OY$，画弯头外形图。自 Z 点截取 $ZA=H$，过 A 点作 $AB /\!/ OY$，以 O 为圆心，ZJ 为半径画弧交 AB 线于 O_1；以 O_1 为圆心，R 为半径画弧交弯头中心线于 C。连接 CO 并延长，交弯头于 D、E，则 $DEGF$ 即为所求弯头部分，再与另一弯头组合，即为所求之摆头弯。

第五节　管道的预制加工

管道安装前的预制加工必须先绘制分段单线图，并标注相应的尺寸。而单线图是在轴测图的基础上根据现场实际情况绘制的。因此，在介绍分段单线图之前，有必要先介绍一下轴测图。

一、管道轴测图

管道轴测图是根据平行投影原理绘制的管道系统在长、宽、高三个方向布置形状的立体图。轴测图可分为正等测图和斜等测图两种。

（一）正等测图

如图 4-33 所示，先画出 *OZ*、*OY*、*OX* 三个轴，它们之间构成的夹角均为 120°，且 *OZ* 轴必须是垂直的，这样 *OY*、*OX* 轴与水平面的夹角也是固定的，并且相等。

绘制正等测图时，垂直走向的立管与 *OZ* 轴方向一致，也就是平行关系；前后走向的管道可以取 *OX* 方向，此时左右走向的管道要取 *OY* 方向。由于 *OX* 和 *OY* 可以换位，所以前后走向的管道如果取 *OY* 方向，则左右走向的管道要取 *OX* 方向，但 *OZ* 表示垂直方向是固定不变的。

为了画图方便起见，*OZ*、*OY*、*OX* 三个轴的缩短率均采用 1∶1，也就是说，管道各个方向的长度是多少，在相应测轴上的长度都按同样的比例画出。画轴测图时，可以根据需要在图 4-33 所示的三个轴箭头的相反方向延长，如图 4-34 中的 3 号管段。

在图 4-34 中，立面图中的立管 1、4 在正等测轴中与 *OZ* 方向一致，平面图中前后走向的管段 2、5 与 *OX* 方向一致，左右走向的管段 3、6 与 *OY* 方向一致。

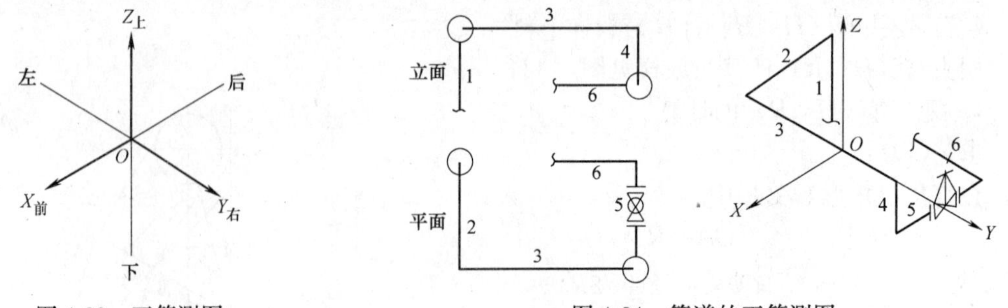

图 4-33　正等测图　　　　图 4-34　管道的正等测图

（二）斜等测图

管道的斜等测图则是把 *OZ*、*OX*、*OY* 三个轴布置成图 4-35 所示的形式。

画斜等测图时，凡是垂直走向的立管均与 *OZ* 轴平行，左右走向的水平管均与 *OX* 轴平行，而前后走向的水平管则与 *OY* 轴平行，见图 4-36。与正等测图一样，*OZ*、*OX*、*OY* 三个轴的缩短率均为 1∶1。

上面已经介绍了正等测图和斜等测图的画法，可从图 4-34 与图 4-36 的对比中了解正等测图与斜等测图的差异。在实际工作中绘制正等测图或斜等测图时，*OZ*、*OX*、*OY* 三个轴线是不需要画出来的。当图中管道线条发生交叉时，其表示方法的基本原则是，先看到的管道全部画出来，后看到的管道在交叉处要断开，如图 4-36 中的立管 1 与水平管段 3 交叉时，就要断开。

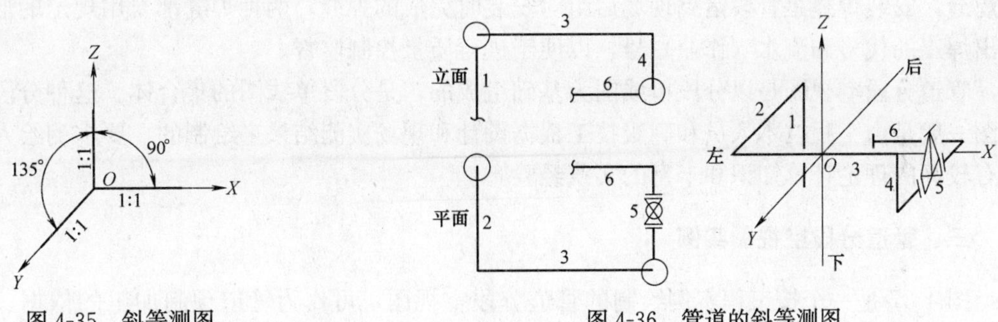

图 4-35　斜等测图　　　图 4-36　管道的斜等测图

(三) 轴测图的绘制

绘制工艺管道的轴测图时，可用细实线或双点划线将设备外形用轴测图画出。如果设备较为密集，也可以不再画设备，只用粗实线画出设备与管道的接口，以达到简化图面的目的。

在轴测图中画阀门时，一般用细实线按其图例符号的样式画出，并注意正确运用阀杆和手轮的不同画法表达其安装方向。管道图中常用的阀门画法见表 4-11。

管道图中常用的阀门画法　　**表 4-11**

名　称	俯　视	仰　视	主　视	侧　视	轴测投影
截止阀					
闸阀					
蝶阀					
弹簧式安全阀					

注：本表以阀门与管道法兰连接为例。

二、分段单线图和管道分段空视图

在工艺管道施工中，由于要求较高，往往需要先绘制单根管线的轴测图，也称为分段单线图，以便于进行预制加工后运输到现场进行组装。预制管线的分段要考虑到运输和现场安装的实际情况，管段的焊缝分为制作焊缝和安装焊缝。制作焊缝是预制加工阶段完成的焊缝，安装焊缝是管段运到现场后组对安装时完成的焊缝，两种焊缝都要用规定的形式标出焊工的代号和流水（作业）号，以便于进行质量控制监督。

管道分段空视图是以分段单线图为基础组成的，是分段单线图的集合体。这种分段空视图一般是由工程技术人员和高级技工根据设计和现场实测结果来绘制的，要求测绘人员具有较高的理论计算知识和丰富的实践经验。

三、管道分段空视图实例

图 4-37 是一个按工程实例绘制的管道分段空视图，可作为管道预制加工的依据。图中管线旁边的数字为长度（mm），管线中的黑点为预制焊口，SC 表示现场焊口，即分段的界线；圆圈内的字母表示分段管段的编号。为使图面不致过分繁杂，省略了管径标注。

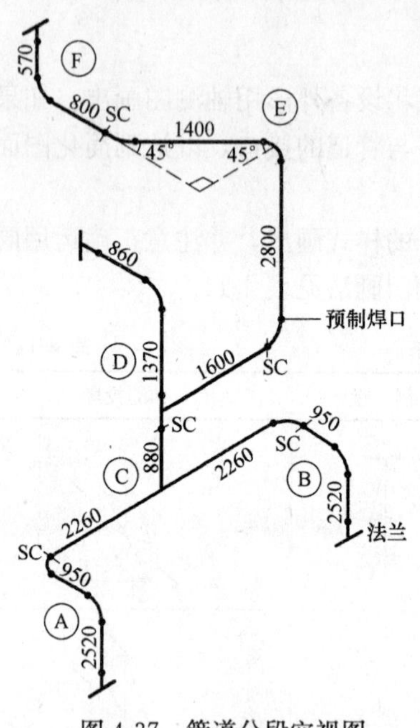

图 4-37　管道分段空视图

四、管道预制的分段原则

管道预制需分段进行，分段原则如下：

1. 每一预制管段应有利于采用最简便的方法进行安装；

2. 预制管段应便于运输和吊装，其外形尺寸和重量不得超出运输和吊装设备的能力；

3. 预制管段应具有足够的刚度，以保证在运输和吊装的过程中不致产生永久变形；

4. 现场焊口应设在便于焊工施焊操作的位置；

5. 对于可能出现误差的现场焊口处，管段宜长一些，留出约 50mm 左右的调节长度，并在图纸和实物上标注清楚。

五、分段预制配料表与集中预制

工艺管道的分段预制配料表应根据管道分段空视图进行编制，每一管段编制一表，表中除标明管段编号和有关尺寸外，还应标明管道材质和规格、管道附件型号或标准号、各道工序的技术要求及其他有关说明。

管道集中预制的程序和要求如下：

1. 工艺管道安装应尽可能采取先集中预制，后组合装配的安装工艺；

2. 按要求对管子内、外壁采用机械、人工除锈或喷砂除锈，或按需要进行酸洗和脱脂；

3. 对管子进行划线、切割、坡口、套丝、弯曲等项加工制作，宜采用机械加工，流水作业；

4. 采用专用的工具或夹具组对管口、组装管件、组合件，并进行焊接；

5. 预制好的管段的外形尺寸，管道附件的规格、型号、材质等均应符合设计要求；

6. 焊接质量和液压试验应符合工程设计或施工规范的规定。

六、管段组合尺寸允许偏差

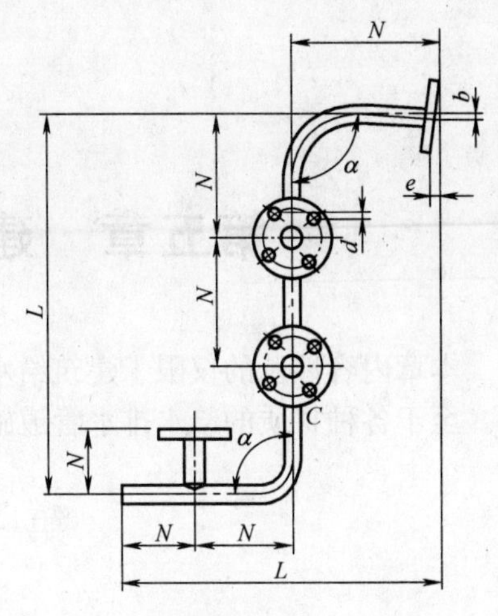

图 4-38 管段组合尺寸允许偏差示例

中、低压管道预制管段组合尺寸的偏差不得超过图 4-38 所示的各项要求：

1. 每个方向总长度 L 偏差不大于±5mm；

2. 间距尺寸 N 偏差不大于±3mm；

3. 角度 α 的偏差不大于±3mm/m，沿管段全长最大偏差 b 不大于±10mm；

4. 支管与主管的横向偏差（三通同心度）c 不大于 1.5mm；

5. 法兰螺栓孔应跨中安装，其偏差 d 不大于 1mm；

6. 法兰密封面应垂直于管道中心线；对法兰面与管中心线垂直偏差 e：当公称直径不大于 300mm 时为 1mm，公称直径大于 300mm 时为 2mm。

七、管段编号与成品保管

每一管段预制完后，应及时编号。编号部位宜在距每一管段管口 200～300mm 处。编号宜用色漆涂写，字迹清晰，易于辨认。不锈钢管段的编号应采取贴标签的办法。

经检验合格后的预制管段，应将内部清理干净；如经清洗和脱脂处理后，应及时封闭所有管口，然后按材质和管道系统编号依次存放，妥善保管。

第五章　建筑给水排水管道系统

本章内容涉及的仅限于建筑给水排水，而且侧重在与管道系统施工的有关专业知识方面。至于各种材质的给水排水管道施工技术方面的具体内容，则在其他相关章节介绍。

第一节　建筑给水

一、建筑给水系统

按用途不同，建筑给水系统可分为两大类。

（一）生活给水系统。供给人们在日常生活中使用的给水系统，按供水水质又分为生活饮用水系统、直饮水系统和杂用水系统三种。生活饮用水包括饮用、盥洗、洗涤、沐浴、烹饪等生活用水，这是当今我国城市建筑给水的主要方式；直饮水是人们直接饮用的纯净水、矿泉水、太空水等，这类给水系统多用于少数公共建筑或人员密集的场合；杂用水系统包括冲洗便器、浇灌花草、冲洗汽车或路面等的用水系统，类似于中水系统。前两种给水系统水质必须符合国家规定的饮用水水质标准。

（二）消防给水系统。消防给水系统包括消火栓系统、自动喷水灭火系统、水幕系统和水喷雾灭火系统等。消防给水系统的作用是扑灭火灾和控制火灾蔓延。在小型或不太重要的建筑中，消火栓给水系统可与生活给水系统合并，但在公共建筑、高层建筑和重要建筑中，任何消防给水系统必须与生活给水系统分开设置。消防用水要求必须按照建筑防火规范供给足够的水量和水压。

二、建筑给水方式

常用的建筑给水方式有以下几种：

（一）直接给水方式。由室外给水管网直接供水，适用于室外给水管网的水压、水量昼夜均能满足用水要求的建筑物。

（二）设置屋顶水箱的给水方式。当室外给水管网供水压力周期性不足时（多数情况是白天水压较低，夜间水压较高），可采用设置屋顶水箱的给水方式，如图 5-1 所示，这是城镇多层住宅采用最多的给水方式。

（三）设置水泵和水箱的给水方式。这种给水方式宜在室外给水管网压力经常不能满足建筑内给水管网所需的水压时采用，如图 5-2 所示。这种给水方式的优点是水泵能及时向水箱供水，不要求水箱有大容积，且因水箱有调节水量作用，水泵能在高效率性能区域运行，有利于节能。

（四）分区给水方式

1. 竖向分区原则。在高层建筑中应采用竖向分区生活给水系统，竖向分区的原则要求如下：

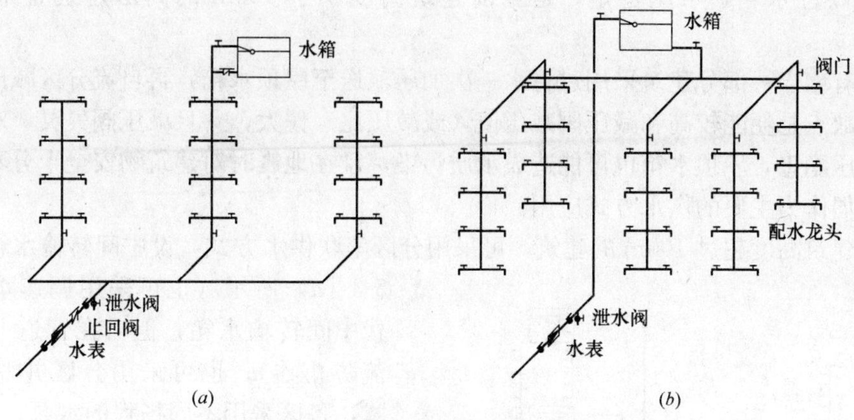

图 5-1 设置屋顶水箱的给水方式

(*a*) 不单独设水箱供水管；(*b*) 单设水箱供水管

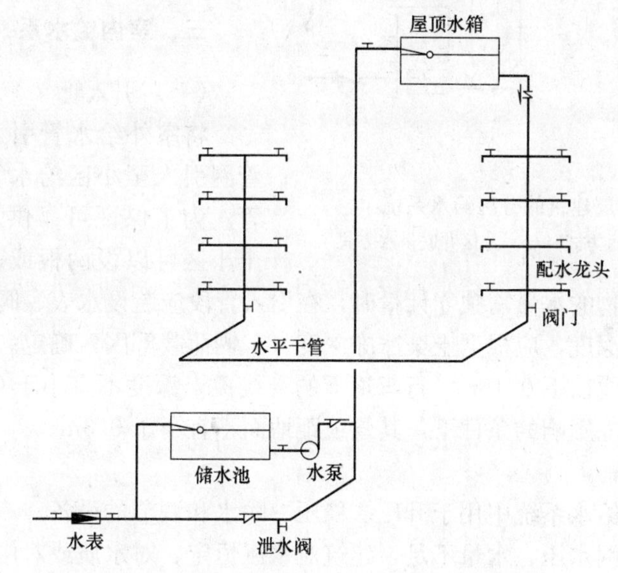

图 5-2 设置水泵和水箱的给水方式

(1) 卫生器具的最佳使用水压为 0.20～0.30MPa。各分区最低卫生器具配水点处的静水压不宜大于 0.45MPa，特殊情况下不宜大于 0.55MPa；

(2) 水压大于 0.35MPa 的入户管（或配水横管），宜设减压或调压设施，以避免水压过高给用水带来不便；

(3) 应满足各分区最不利配水点的水压要求。也就是说，各分区位置最高、最远的配水点的水压应当不低于 0.05MPa。

2. 分区给水系统。建筑高度不超过 100m 的建筑和建筑高度超过 100m 的供水系统，有多种供水方式可供选择。

(1) 建筑高度不超过 100m 的高层建筑，宜采用垂直分区并联供水或分区减压的供水方式。也就是说，在建筑的低层区靠市政水压直接供水，中区和高区各采用一组调速水泵供水，这就是垂直分区并联供水系统，分区内压力偏高的区域再用减压阀局部调压。这种系统没有高位水箱，水压稳定，是当前建筑离度小于 100m 的高层建筑宜采用的供水方式。

过去有相当一部分建筑采用过将水一次加压输送至屋顶水箱，再自流分区减压供水的方式，其缺点是耗能较高和减压阀减压值（或减压比）偏大，一旦减压阀失灵，对阀后用水存在超压隐患，屋顶水箱也可能造成水质污染，且在地震时对建筑物安全十分不利，因此，不提倡作为主要的供水方式应用。

（2）建筑高度超过 100m 的建筑，可采用分区串联供水方式，设中间转输水箱，如图 5-3（*a*）所示（也可采用调速水泵组取代中间转输水箱，但需在管道上安装倒流防止器）；也可采用分区并联供水方式，各区采用不同扬程的水泵，如图 5-3（*b*）所示，但会使输往最高层的水管承压过高，造成不安全因素。

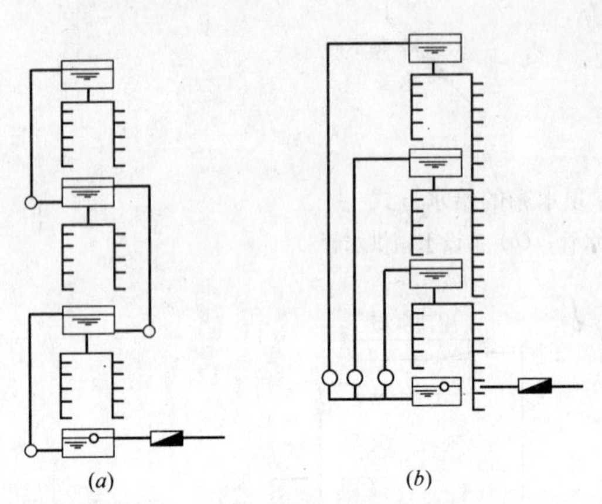

图 5-3 高层建筑的分区给水系统

（*a*）分区串联供水方式；（*b*）分区并联供水方式

三、室内给水系统的组成

（一）引入管

将室外给水管引入建筑物或由市政管网引入至小区给水管网的管段叫引入管。为了保证可靠供水，一幢建筑或一个小区可以设两根或多根来自不同方向的引入管。若建筑物的水量需独立计量时，在引入管段应装设水表、阀门。

引入管的覆土深度，应根据土壤冰冻深度、车辆荷载等因素确定。管顶最小埋设深度不得小于土壤冰冻线以下 0.15m，行车道下的管线覆土深度不宜小于 0.7m。建筑内埋地管在无活荷载和冰冻影响的条件下，其管顶距地面不宜小于 0.3m。

（二）给水设备

给水设备是指给水系统中用于升压、稳压、贮水和调节的设备。

当室外给水管网水压、水量不足，建筑对水压恒定、对水质或对用水安全有一定要求时，建筑给水系统需设置升压或贮水设备。升压、稳压设备有水泵、气压给水设备，贮水设备有水箱、贮水池等。

（三）室内管网的组成

将水输送到建筑内部各个用水点的管道系统，由水平干管、立管、支管、分支管组成。

1. 主立管、水平干管。水从引入管经主立管到屋顶水箱或水平敷设为水平干管，或从屋顶水箱引出水平干管。也有将水平干管设置在建筑物底层或地下室的，由各个立管向上供水，此时便没有主立管。

2. 立管。立管也称为竖管，是将水从干管沿垂直方向输送至各个楼层、再与不同标高的支管相连。

3. 支管。支管也称为配水管，是将水从立管输送至楼层某一片区或房间的管段。其中，还可能有将水从支管输送至各用水点的管段，可以称为分支管或配水支管。

对于住宅建筑，生活给水管道进入住户至水表的管段，叫入户管或进户管。住宅的分户水表宜相对集中读数，且宜设置于户外，气温应在2℃以上，并应便于检修，不受污染，不被损坏，查表方便；对设在户内的水表，宜采用远传水表或IC卡水表等智能化水表。

（四）给水附件

给水附件是给水管道中用来控制调节水的流量、压力、流向，以保证系统正常运行的装置。按作用又分为调节附件、控制附件、安全附件。

给水附件指给水管路上的阀门（包括闸阀、蝶阀、截止阀、球阀、减压阀、止回阀、浮球阀等）、水锤消除器、多功能水泵控制阀、过滤器、减压孔板等附件。消防给水系统的附件主要有水泵接合器、报警阀组、水流指示器、信号阀门和末端试水装置等。

（五）配水设备或附件

配水设备或附件也就是用水设备或附件。生活和消防给水系统的终端就是用水设备或附件，如水龙头、室内消火栓、自动喷水灭火系统的喷头等。

（六）计量仪表

计量仪表包括计量、显示给水系统中的水量、流量、压力、温度、水位的仪表。如水表、流量表、压力表、温度计、水位计等。

进户管、总干管上应装设水表，在其前后装设阀门、旁通管和泄水阀门等附件，并设置在水表井内，以计量建筑物的总用水量，又可称为水表节点。

四、给水管道的布置

（一）给水管道布置的基本形式

给水管道的布置按供水可靠程度要求可分为枝状和环状两种形式。前者单向供水，供水安全可靠性差，但节省管材，造价低；后者管道相互连通，双向供水，安全可靠，但管线长，造价高。

一般建筑内生活给水管网宜采用枝状布置，单向供水。按水平干管的敷设位置又可分为上行下给、下行上给和中分式三种形式。干管设在顶层顶棚下、吊顶内或技术夹层中，由上向下供水的方式为上行下给式，适用于设置高位水箱的居住与公共建筑；干管设在底层或地下室，由下向上供水的方式为下行上给式，适用于利用室外给水管网水压直接供水的建筑；水平干管设在中间技术层内或中间某层吊顶内，由中间向上、向下双向供水系统的为中分式，适用于屋顶用作露天茶座、舞厅或设有中间技术层的高层建筑。同一幢建筑的给水管网也可以根据需要同时兼有两种不同的管网布置形式。

为了供水安全可靠，消火栓给水管道系统的干管宜采用环状布置形式，这样，当一个消火栓或一根立管出现问题时，不致影响其他消火栓的使用。

显然，枝状布置单向供水能节省造价，但供水安全可靠性差些；干管环状布置，可形成管道的相互连通，双向供水安全可靠，但造价较高。

（二）给水管道与其他地下管线的最小净距

在居住小区内，给水管道与其他地下管线或构筑物的最小净距见表5-1。

（三）管道布置的一般要求

1. 引入管。引入管是室外给水管道进入室内给水管道系统的管段。引入管的覆土深

居住小区地下管线（构筑物）间最小净距（m） 表 5-1

管线种类	给水管		管线种类	给水管	
	水 平	垂 直		水 平	垂 直
给水管	0.5～1.0	0.1～0.15	乔木中心	1.0	
污水管	0.8～1.5	0.1～0.15	通信及照明电缆	0.5	
雨水管	0.8～1.5	0.1～0.15	电力电缆	1.0	直埋 0.5
低压煤气管	0.5～1.0	0.1～0.15			穿管 0.25
直埋热水管	1.0	0.1～0.15	通信电缆	1.0	直埋 0.5
热力管沟	0.5～1.0				穿管 0.15

度，应根据土壤冰冻深度、车辆荷载等因素确定。管顶最小覆土深度不得小于土壤冰冻线以下 0.15m，行车道下的管线覆土深度不宜小于 0.7m。建筑内埋地管在无活荷载和冰冻影响的条件下，其管顶距地面不宜小于 0.3m。另外还需注意以下几点：

（1）每条引入管上均应装设阀门和水表，必要时还要有泄水装置；

（2）引入管应有不小于 0.003 的坡度，坡向室外给水管网；

（3）引入管或其他管道穿越基础或承重墙时，要预留洞口，管顶和洞口间的净空一般不小于 0.15m；

（4）引入管或其他管道穿越地下室或地下构筑物外墙时，应采取防水措施，根据情况采用柔性防水套管或刚性防水套管。

2. 干管和立管

（1）给水横管应有 0.002～0.005 的坡度坡向可以泄水的方向。

（2）与其他管道同地沟或共支架敷设时，给水管应在热水管、蒸汽管的下面，在空调水管或排水管的上面；给水管不得与输送有害、有毒介质的管道、易燃介质管道同沟敷设。

（3）给水立管和装有 3 个或 3 个以上配水点的支管，在始端均应装设阀门和活接头。

（4）立管穿过现浇楼板应预留孔洞，孔洞为正方形，其边长与管径的关系为：*DN*32 以下为 80mm，*DN*32～*DN*50 为 100mm，*DN*70～*DN*80 为 160mm，*DN*100～*DN*125 为 250mm。

（5）立管穿楼板时要加套管，套管底面与楼板底齐平，套管上沿一般高出楼板 20mm，在公共卫生间、食品加工间等容易积水房间，应高出地面 40～50mm。

3. 支管

（1）支管应有不小于 0.002 的坡度坡向立管。

（2）冷、热水立管并行安装时，热水管在左侧，冷水管在右侧。

（3）冷、热水管水平并行安装时，热水管在冷水管的上面。

（4）明装支管沿墙安装，当 *DN*≤32 时，管外皮距墙面应有 20～30mm 的距离。

（5）卫生器具上的冷热水龙头，热水在左侧，冷水在右侧，这与冷、热水立管并行时的位置要求是一致的，但常常被忽视，在各地所谓上档次的旅馆中，大约有二至三成是错误的。

4. 各种管道之间及其与建筑构件之间的最小净距见表 5-2。

管道之间及其与建筑构件之间的最小净距 **表 5-2**

名 称	最 小 净 距(mm)
引入管	1. 在平面上与排水管道不小于 800； 2. 与排水管水平交叉时，不小于 150
水平干管	1. 与排水管道的水平净距一般不小于 500； 2. 与其他管道的净距不小于 100； 3. 与墙、地沟壁的净距不小于 80～100； 4. 与梁、柱、设备的净距不小于 50； 5. 与排水管的交叉垂直净距不小于 100
立管	不同管径下的距离要求如下： 1. 当 $DN \leqslant 32$，至墙的净距不小于 25； 2. 当 $DN32 \sim DN50$，至墙面的净距不小于 35； 3. 当 $DN70 \sim DN100$，至墙面的净距不小于 50； 4. 当 $DN125 \sim DN150$，至墙面的净距不小于 60
支管	与墙面净距一般为 20～25

（四）管道布置的禁忌

1. 埋地敷设。埋地敷设的给水管道应避免布置在可能被重物压坏的部位。管道不得穿越生产设备基础，在特殊情况下必须穿越时，应采取有效的保护措施。

2. 避开怕水物料。室内给水管道不得布置在遇水会引起燃烧、爆炸的原料、产品和设备的上面。避免在生产设备上方通过。

3. 不穿越机房。室内给水管道不应穿越变配电房、通信机房、计算机房、计算机网络中心、音像库房、电梯机房等遇水会损坏设备和引发事故的房间。

4. 不宜穿越建筑的各种变形缝。给水管道不宜穿越建筑的伸缩缝、沉降缝、变形缝，如必须穿越时，应有补偿管道伸缩和剪切变形的措施或装置。

5. 不得敷设的部位。给水管道不得敷设在烟道、风道、电梯井内、排水沟内。给水管道不宜穿越橱窗、壁柜。

6. 与大、小便槽的最小距离。给水管道不得穿过大便槽和小便槽，给水立管离大、小便槽端部不得小于 0.5m。

（五）给水管道的敷设

1. 与排水管的净距。室内埋地敷设的生活给水管与排水管之间的最小净距，平行埋设时不应小于 0.5m；交叉埋设时不应小于 0.15m，且给水管应在排水管的上面。

2. 不得埋设在建筑结构层内。无论给水管是金属管还是塑料管、复合管，均不得直接埋设在建筑结构层内。如一定要埋设时，必须在给水管外设置套管，以便日后可以更换管道，且应征得土建结构专业的同意，确认不会影响建筑结构的安全。

3. 管道的暗设。干管和立管应敷设在吊顶、管井或管窿内。管径 25mm 以下的配水支管，可在墙体上开凿的管槽埋设，或在墙体上开半槽，将管道贴墙面安装后加厚抹灰层，也可以直接埋设在楼板面的找平层内。

4. 住宅内给水支管。住宅内给水支管采用交联聚乙烯管、铝塑复合管等新型管材，为避免直埋管因接口渗漏而维修困难，故提倡采用分水器集中配水，直埋管段不应在中途用三通分水配水。

5. 室外明设管道的保温。在室外明设的给水管道，在结冻地区无疑要做保温层，在非结冻地区亦应做保温层，以避免阳光直接照射，导致水温升高。塑料给水管还应有遮光保护措施，防止塑料老化缩短使用寿命。保温层的外壳密封，防止雨雪水渗入保温层。

6. 室外明设的给水管道。给水管道在下列情况下，应设置防水套管：

（1）立管穿越楼板时；

（2）穿越屋面时；

（3）穿越钢筋混凝土水池（箱）的壁板或底板时；

（4）穿越地下室或地下构筑物的外墙时。

（六）对塑料给水管道的保护

1. 塑料给水管道的防碰撞保护。塑料给水管道在室内明装易受碰撞而损坏，尤其是设在公共场所的立管更易损坏。因此，塑料给水管道在室内应暗装，尽可能在管井或管窿内敷设。如不在管井或管窿内敷设，可在管外加套管保护，或用装饰面隔开封闭。户内支管可采用分水器供水方式直埋在楼（地）面找平层或在墙体上开出的管槽内。

2. 塑料给水管道的防高温保护。为了防止炉灶火焰及辐射热损坏管道，塑料给水管道不得布置在灶台的上边缘；明设的塑料给水立管距灶台边缘不得小于0.4m，距燃气热水器边缘不宜小于0.2m。达不到此要求时，应有保护措施。

为了防止加热器的高温传递，塑料给水管道不得与水加热器或热水炉直接连接，可采用不小于0.4m长的金属波纹管作为过渡连接。

五、管材、管件和阀门

（一）管材、管件

1. 管材、管件的承压要求。给水系统中使用的管材、管件，必须符合现行产品行业标准的要求。对各种塑料管、复合管等新型管材和管件，必须符合经政府主管部门组织专家评估或鉴定通过的企业标准的要求，并符合现行国家有关卫生标准的要求。

管道的允许工作压力，除取决于管材、管件的承压能力外，还与管道接口能承受的拉力有关。应将管材、管件和接口承受压力的最低值，作为确定管道系统的允许工作压力的依据。

2. 耐腐蚀性和防腐处理

（1）埋地管道。埋地的给水管道内壁要耐水的腐蚀，管外壁要耐地下水及土壤的腐蚀。目前使用较多的有内衬的球墨铸铁、灰口铸铁给水管和塑料给水管。当必须使用大口径钢管时，应特别注意钢管的内衬和外部防腐处理。内衬防腐处理常用衬水泥砂浆、衬塑及涂塑。管内壁的防腐材料，必须符合现行的国家有关卫生标准要求。外部防腐处理可采用普通型、加强性和特加强型沥青玻璃丝布防腐层。

（2）室内给水管道。用于给水管道的管材品种很多，选用时应考虑其耐腐蚀性能，连接应方便可靠，接口要耐久不渗漏。在常用的管材中，塑料管和塑料中加衬金属的复合管通常视为塑料类管材；铜管、薄壁不锈钢管、衬（涂）塑钢管被视为金属管材。

（二）阀件的选用

1. 一般要求。给水管道上的阀门的工作压力等级，应等于或大于其所在管段的管道工作压力，根据管径、压力等级及使用温度，可采用铸铁阀体铜芯、铸钢阀体铜芯、全铜、全不锈钢和全塑阀门等。不应使用镀铜的铁杆、铁芯阀门。

2. 阀门选型。应根据使用要求选择给水管道上使用的阀门型号。

（1）水流需双向流动的管段上和要求水流阻力小的部位（如水泵吸水管上），宜采用闸板阀；

（2）设备机房等安装空间狭小或位置受限的场合，宜采用蝶阀；

（3）需调节流量、水压时，宜采用调节阀、截止阀，但水流双向流动的管段上不得使用。调节阀是专门用于调节流量和压力的阀门，需调节流量或水压的配水管段有：公用洗手盆的进水管上；小便器（槽）和大便槽的自动冲洗水箱的进水管等；

（4）多功能水泵控制阀是一种具有两阶段关闭功能的阀门，故口径较大的水泵，其出水管上宜采用多功能阀。多功能水泵控制阀结构性能应符合《多功能水泵控制阀》CJ/T 167 的规定，它是一种新型两阶段关闭的阀门，由阀体、阀盖、膜片座、膜片、主阀板、缓闭阀板、衬套、阀杆、主阀板座、缓闭阀板座和控制管系统等零部件组成。具有水力自动控制、启泵时缓开、停泵时先快闭后缓闭的特点，兼有水泵出口处水锤消除器、闸（蝶）阀、止回阀三种产品的功能，有利于消防水泵自动启动和供水系统安全运行。

3. 止回阀的选型。应根据止回阀的安装部位、阀前水压、关闭后的密闭性能要求和关闭时引发的水锤大小等综合因素，进行止回阀的型号选择。止回阀的开启压力与止回阀关闭状态时的密封性能有关，关闭状态密封性好的，开启压力就大，反之就小。

（1）当水流停止流动时，止回阀的阀瓣或阀芯，应能在重力或弹簧力作用下自行关闭。

（2）在阀前水压小的部位，宜选用旋启式或梭式止回阀。

（3）在要求削弱关闭水锤冲击的部位，宜选用速闭消声止回阀或有阻尼装置的缓闭止回阀。

（4）对止回阀关闭后密闭性能要求严密的部位，宜选用有关闭弹簧的止回阀。

一般来说，旋启式止回阀宜安装在水平管段上，也可以安装在垂直或倾斜管段上，但液体应自下向上流动。卧式升降式止回阀和阻尼缓闭止回阀及多功能阀只能安装在水平管上。立式止回阀由于有辅助弹簧，阀瓣可在弹簧力作用下关闭，故能安装在水平管上，也能安装在垂直或倾斜管段上。

4. 减压阀。当给水管网的压力高于配水点允许的最高使用压力时，应按具体要求设置减压阀。

（1）减压阀的设置要求

1）为了防止阀内产生汽蚀损坏减压阀和减少振动及噪声，一般限制比例式减压阀的减压比不宜大于 3：1，限制可调式减压阀的阀前与阀后的最大压差不应大于 0.4MPa，要求环境安静的场所不应大于 0.3MPa。

2）为防止减压阀失效时，阀后卫生器具的配水件损坏。阀后配水件处的最大压力应按减压阀失效情况下进行校核，其压力不应大于配水件的产品标准规定的水压试验压力。

3）减压阀前的水压宜保持稳定，只有阀前水压稳定，阀后水压才能稳定，故阀前的管道不宜兼作配水管，以免压力频繁波动。

4）当阀后压力允许波动时，宜采用比例式减压阀；阀后压力要求稳定时，宜采用可调式减压阀。

5）供水保证率要求高，停水会引起重大经济损失的给水管道上设置减压阀时，宜采用两个减压阀，并联设置，一用一备工作，但不得设置旁通管。当一个阀失效时，将其关闭检修，另一阀投入工作，使管路不需停水即可更换减压阀，并不是两个减压阀并联使用。减压阀若设旁通管，会因旁通管上的阀门渗漏导致减压阀减压作用失准。

（2）减压阀的种类。工程中常用的冷热水减压阀有以下几种：

1）Y系列减压稳压阀

Y系列减压稳压阀是利用阀后压力反馈、自动调节阀门的开启度，以实现水在流动状态下或在静止状态下的减压（即隔断高压），保持阀后压力稳定，故称为减压稳压阀，属于新型减压阀。

这种阀在高层建筑冷热水系统中，可根据水压分区要求设置，可防止由于冷热水系统的超压而带来的水的浪费、水锤、噪声等不良影响，同时可避免初期消防供水因超压而引起的各种事故。

Y系列之Y110、Y210型及Y410、Y416型减压稳压阀的结构及外形尺寸如图5-4所示、规格及外形尺寸见表5-3。

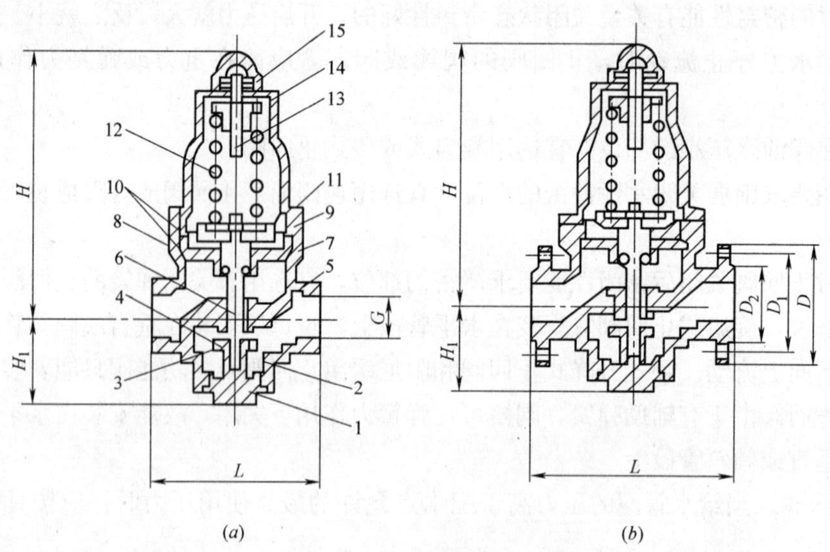

图5-4 Y系列减压稳压阀

（a）Y110、Y210型；（b）Y410、Y416型

1—丝堵；2—阀体；3—阀瓣；4—密封圈；5—阀座；6—联动阀芯；7—活塞套；8—O形密封圈；9—膜片；10—石棉垫；11—托盘；12—弹簧；13—调节螺杆；14—弹簧垫；15—盖形螺母（调节帽）

Y系列减压稳压阀的规格及外形尺寸 **表 5-3**

型号	公称直径 DN	L(mm)	H(mm)	H_1(mm)	重量(kg)
Y110、210	15	100	123	52	2.3
	20	100	123	52	2.3
	25	122	144	55	3.3
	32	150	172	56	5.3
	40	150	172	56	5.3
	50	180	244	56	8.5
Y410、Y416	50	180	244	56	10
	65	250	320	90	36
	80	310	415	95	45
	100	350	520	110	52
	125	520	780	210	105
	150	520	780	210	105
YS416	65	65	650	95	50
	80	80	710	110	60
	100	100	900	210	125
	150	150	1089	210	210

Y系列减压阀属自力型常开、弹簧膜片式减压阀。该阀由阀体、阀座、阀瓣、活塞套、膜片、限位螺母、弹簧、弹簧罩等零件组成。阀瓣的开启度受膜片上部弹簧张力与膜片下部阀后反馈压力的平衡条件所控制。阀后压力降低，弹簧伸长，阀瓣下移，开启度增加，流体通过阀瓣的阻力减小；阀后压力升高，其动作过程与上述相反，流体通过阀瓣的阻力相应增加。当阀后压力达到预调定值时，阀瓣与阀座密合将阀关闭，从而使阀后压力不再升高，达到静态减压目的。一旦阀后压力低于调定值时，阀瓣下移，其开启度随阀后压力的变化而自动调节。

Y系列减压稳压阀的主要技术性能见表5-4。

Y系列减压稳压阀性能参数 **表 5-4**

型号		Y110	Y210	Y410	Y416	YS416
公称直径 DN		15～50		50～150		65～150
连接形式		内螺纹	外螺纹	法兰		法兰
工作压力(MPa)		1.0		1.0	1.6	1.6
试验压力(MPa)		1.5		1.5	2.4	2.4
阀后调节范围(MPa)		0.1～0.5		0.2～0.6		0.2～0.8
静态压差(MPa)		>0.2		>0.2		>0.2
动态压差(MPa)		>0.3		>0.3		>0.3
动静压差(MPa)		≤0.1		≤0.15		≤0.1
P_1 对 P_2 影响(%)	静态	10		15		10
	动态	20		30		20

注：1. 本资料摘自北京惠普机电技术开发公司样本。
2. 静态压差——介质在静业状态时 P_1 与 P_2 之差；
动态压差——介质在流动状态下 P_1 与 P_2 之差；
动静压差——阀后压力 P_2 由静态变为动态时的压差。

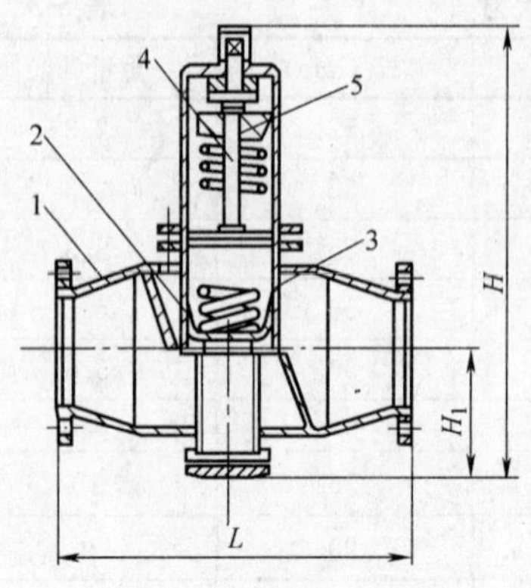

图 5-5 YJ 系列减压阀结构
1—阀门；2—阀瓣；3—弹簧；
4—调节螺杆；5—压块

2）YJ 系列减压阀

YJ 系列减压阀是常闭式多功能减压阀，既减动压又减静压。此阀的阀后压力是靠减小弹簧的张力来增加的，也就是弹簧张力越小，P_2 越大，这种特性与 Y 系列减压稳压阀完全相反。由于 P_1 与 P_2 作用于同一面积上，P_1 变化引起 P_2 同步变化，因此，该阀适用于 P_1 稳定，P_2 要求较高，流量要求大的场合。如果要将此种减压阀应用于高温水、蒸汽、油品等介质，应在订货时向厂家提出，以便更换部分零件。

YJ 系列减压阀的结构见图 5-5，规格及外形尺寸见表 5-5。

3）大流量减压稳压阀

YS416 型减压稳压阀，是在 Y416 型减压稳压阀基础上改进而成的大流量、高稳定性阀门，已在自动喷水灭火系统中应用，其主要性能参数见表 5-6。

YJ 系列减压阀规格及外形尺寸 表 5-5

公称直径 *DN*	65	80	100	125	150	200	250	300	350	400
阀体材料	灰铸铁					无缝钢管焊接				
L (mm)	250	310	350	450	450	900	820	1200	1150	1100
H (mm)	270	300	324	411	411	990	990	1200	1200	1200
重量 (kg)	50	60	72	126	136	270	286	485	490	550

注：本资料摘自北京惠普机电技术开发公司样本。

YS416 型大流量减压稳压阀技术参数 表 5-6

公称直径 *DN*	工作压力 (MPa)	调节压力 (MPa)	流量 (L/s)	动静压差 (MPa)	外形尺寸及重量		
					L (mm)	*H* (mm)	重量 (kg)
65	1.6	0.2～0.6	10	<0.1	300	650	50
80	1.6	0.2～0.6	15	<0.1	368	710	60
100	1.6	0.2～0.8	25	<0.1	450	900	125
150	1.6	0.2～0.8	50	<0.1	540	1089	210

注：1. 本资料摘自北京惠普机电技术开发公司样本；
2. 静态调节精度<10%；动态调节精度<20%。

4）YB 系列比例式减压阀

YB 型比例式减压阀是一种新型减压阀，它打破了传统减压阀的弹簧、膜片结构型式，利用压差推动阀芯控制截流口的开度，既能减动压，又能减静压，可以任意位置安装，但以垂直安装最好。这种比例式减压阀，顾名思义是按一定比值来减压的阀门，生产时其比例常数的比例为：$K=S_1/S_2=0.5$、0.33、0.25、0.2，阀后压力是不可以任意调节的。采用此种减压阀时，应计算安装减压阀位置处的 P_1 值，根据所需 P_2 值选择合适比值。例如：P_1 为 1.0MPa，要求 P_2 为 0.5MPa，则选用 $K=0.5$（2∶1）。又如；P_1 为 1.0MPa，要求 P_2 为 0.2MPa，则应选用 $K=0.2$（5∶1）。S_1 表示 P_1 的作用面积，S_2 表示 P_2 的作用面积。

YB系列比例式减压阀的结构如图5-6所示，其规格及外形尺寸见表5-7。

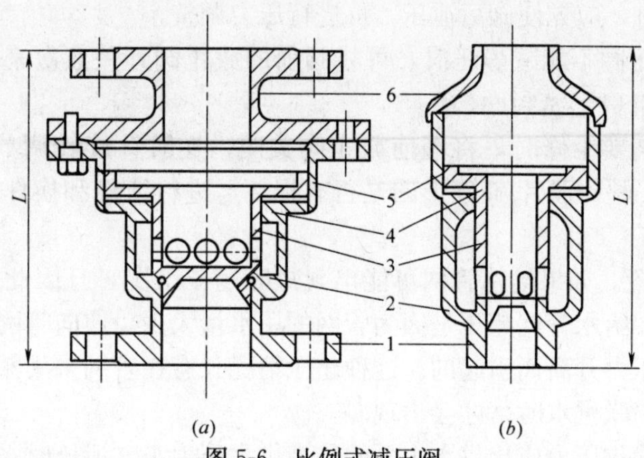

图5-6　比例式减压阀

(a) 法兰连接；(b) 螺纹连接

1—阀体（一）；2—密封圈门；3—阀芯；4、5—密封圈；6—阀体（二）

比例式减压阀规格及外形尺寸　　表5-7

型　号	YB110、YB210					YB416、YB425				
公称直径 *DN*	20	25	32	40	50	65	80	100	150	200
L（mm）	117	127	140	200	230	290	310	350	480	600
H（mm）	70	90	95	113	175	200	232	270	400	510
重量（kg）	1.3	2.5	4	5	7.5	25	35	42	96	150

5）安装与维修

(A) Y110型、Y210型、Y410型、Y416型、YS416型减压稳压阀可以采取水平或垂直安装方式，但应便于维修或更换，如图5-7所示。

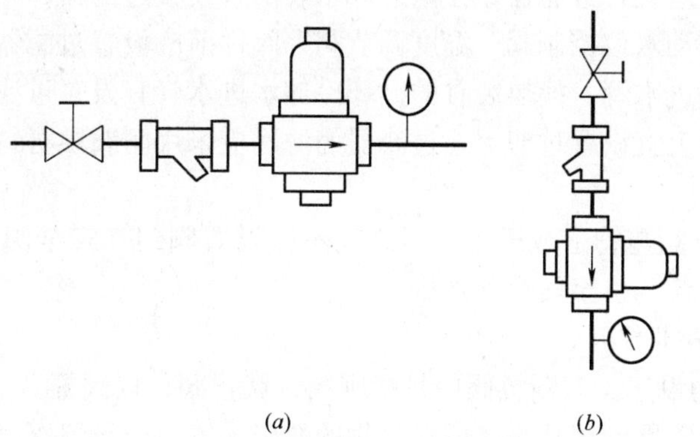

图5-7　Y系列减压稳压阀的安装

(a) 水平安装；(b) 垂直安装

(B) YJ416型减压阀只能水平安装。

(C) 无论水平安装或垂直安装，阀体所示箭头方向必须与水流方向一致。为避免杂质堵塞减压阀，阀前最好装过滤器。

(D) 产品出厂时，弹簧已调到松弛状态。调整压力时可以在静压或动压情况下进行，顺时针旋转调节螺杆，侧阀后压力增加，反之则阀后压力减小。当阀前与阀后压差很小，同时处于高压状态时，应先使阀后泄压，再进行压力调整；

(E) 当发现减压阀不能减静压时，可将阀前的截止阀开关数次来冲洗截流口，若无效果可更换密封垫和O形密封圈。

(F) 当减压阀需要维修时，将阀前截止阀关闭，逆时针旋转调节螺杆，使之松开，打开弹簧罩和丝堵，检查膜片和O形圈是否有损坏，进行清洗和换件后重新装配，即可正常工作。

5. 泄压阀的设置。如果给水管网可能出现短时超压工况，且因此会造成系统不安全时，应设置泄压阀。给水管网超压是因为管网的用水量太少，使向管网供水的水泵的工作点上移，致使管网压力升高而引起的。这种超压情况只有在管网采用额定转速水泵直接供水时（尤其是直接串联供水时）才会出现。

泄压阀的泄压动作压力应比供水水泵的最高供水压力小，泄压时水泵仍在运行中，不断将水供入管网，故泄压阀动作时是连续泄水，直到管网用水量等于泄水量时，才停止泄水并复位。

(1) 泄压阀前应设置阀门，并经常保持开启。

(2) 泄压阀的泄水出口应连接管道，使泄压水排入非生活用水水池，避免水的浪费。若直接排入雨水道，应有消能降压措施，防止冲坏连接管和检查井。

6. 排气阀。给水管道系统的下列部位应设置排气装置：

(1) 采用自动补气式气压给水装置的给水管道系统，其配水管网的最高点应设自动排气阀；

(2) 给水管网有明显起伏积聚空气的管段，宜在该段的峰点设自动排气阀或手动阀门排气。

7. 过滤器。为了保证给水管道阀件的正常工作，下列部位应设置管道过滤器：

(1) 进水总表前应设置过滤器；住宅进户水表前宜设置过滤器；

(2) 减压阀、自动水位控制阀、温度调节阀等阀件前应设置过滤器；

(3) 水加热器的进水管、换热装置的循环冷却水进水管宜设置过滤器；

(4) 水泵吸水管上宜设置过滤器。过滤器的滤网应采用耐腐蚀材料，滤网网孔尺寸应按使用要求确定。

8. 安全阀。安全阀与管道或压力容器之间不得设置阀门。安全阀的泄压口应设置连接管道，将泄压水（汽）引至安全地点排放。

(三) 阀件的设置部位

1. 截断类阀门的设置。截断类阀门是指闸阀、截止阀、蝶阀等。

(1) 从市政给水管网到居住小区或建筑物的的引入管上应设置阀门；

(2) 居住小区或建筑物的室外环状管网的节点处，应按分隔要求设置阀门；环状管段过长时，宜设置分段阀门；

(3) 从居住小区室外给水干管上接出的支管起端应设置阀门；

(4) 室内给水管道各分支立管的起端和入户管的水表前面应设置阀门。

(5) 室内给水管道向住户接出的配水管起端；在配水支管上有3个及3个以上配水点时应设置阀门。

2. 止回阀的设置。止回阀是允许水流单向流动的阀门，但不能防止倒流污染。管道倒流防止器具有防止倒流污染和止回阀的功能，而止回阀则不具备管道倒流防止器的功能，所以设有管道倒流防止器后，就不需再设置止回阀。

(1) 从市政给水管网到居住小区或建筑物的的引入管应设置止回阀；

(2) 密闭的水加热器或用水设备的进水管应设置止回阀；

(3) 水泵出水管，应先装止回阀，再装截断类阀门；

(4) 进出水管合用一条管道的水箱、水塔、高位水池，在其出水管上应装止回阀，以防止从水箱、水塔、高位水池底部进水。

3. 减压阀的设置。高层建筑中由于采用垂直分区，常用减压阀降低局部偏高的压力。

(1) 减压阀的公称直径应与管道管径相一致。

(2) 减压阀前应设阀门和过滤器；需拆卸阀体才能检修的减压阀后，应设管道伸缩器；检修时阀后水会倒流时，阀后应设阀门。

(3) 减压阀节点处的前后应装设压力表。

(4) 比例式减压阀宜垂直安装，可调式减压阀宜水平安装。

(5) 设置减压阀的部位，应便于管道过滤器的排污和减压阀的检修，地面宜有排水设施。

六、水表

(一) 水表的设置。建筑物的引入管，住宅的入户管及公用建筑物内需要计量水量的水管上均应设置水表。

目前室内给水系统中广泛采用流速式水表。流速式水表是根据管径一定时，通过水表的水流速度与流量成正比的原理来测量的；水流通过水表时推动翼轮旋转，翼片轮轴传动一系列联动齿轮（即减速装置），再传递到记录装置，在表盘指针指示下，便可读到流量的累积值。

按构造的不同，流速式水表分为旋翼式和螺翼式。旋翼式的翼轮转轴与水流方向垂直，水流阻力较大，多为小口径水表，宜用于测量小的流量。螺翼式的翼轮转轴与水流方向平行，阻力较小，适于大流量的大口径水表。复式水表是旋翼式和螺翼式的组合形式，在流量变化很大时采用。

流速式水表又分干式和湿式两种。干式水表的计数机件用金属圆盘与水隔开；湿式水表的计数机件浸在水中，在计数表盘上装一块钢化玻璃承受水压。湿式水表机件简单、计量准确、密封性能好，但只能用在水中不含杂质的管道上。如水质混浊度高，会降低精度，并磨损水表机件而缩短使用寿命。

(二) 水表的性能指标

如果阅读水表的说明书或查阅某些技术资料，就会接触到水表的以下性能指标：

1. 过载流量。过载流量原称最大流量，指容许的短时间内（每昼夜不大于 1h）超负荷工作的流量上限值。旋翼式水表的过载流量约等于其特性流量的 50%；

2. 常用流量。常用流量原称额定流量，是水表在正常工作条件即稳定或间断流动下，最佳使用流量，也是水表长期正常运转条件下的最大流量，此时计量误差较小，其值约等于特性流量的 34%；

3. 最小流量。最小流量误差不大于允许值（±5%）时所对应的流量下限，其值约等于特性流量的1.2%～1.5%；

4. 特性流量。特性流量指当水头损失为 10mH_2O 时，水表的过水流量，它大体相当于水表机件强度极限时的流量，是表示水表水力特性的数据，用以计算任意流量时水表的水头损失；

5. 灵敏度与灵敏度极限。灵敏度指表面最小计量单位的指针转一小格相应的水流量；灵敏度极限是指能使水表指针从静止开始转动的最小起步流量。

一般情况下，应根据室内给水管网的设计流量（不包括消防流量）不超过水表的常用流量来选定水表的规格。所选水表的直径，通常等于或略小于水管直径。水表直径偏大会增加投资和漏计水量，直径偏小又会使水头损失增加，并影响水表的使用寿命。

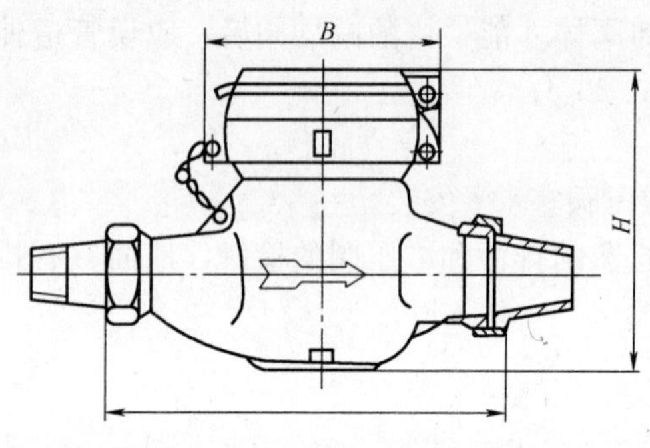

图 5-8 LXS 旋翼式水表外形

（三）水表的类型

1. 旋翼式水表

旋翼式水表亦称叶轮式、水扇式水表，是最常用的型号，直径较小，价格便宜，适用于水温不超过 40℃，水压不超过 1MPa 的中、小用户，其外形如图 5-8 所示，规格及性能见表 5-8。公称直径 *DN*40 以下为内螺纹连接，公称直径 *DN*50 及以上规格为法兰连接。

旋翼式水表规格性能及外形尺寸 **表 5-8**

型号	公称直径 *DN*	流量(m^3/h)			外形尺寸(mm)		
		过载流量	常用流量	最小流量	长 *L*	宽 *B*	高 *H*
LXS-15	15	1.5	1.0	0.045	243	97	117
LXS-20	20	2.5	1.6	0.075	293	97	118
LXS-25	25	3.5	2.2	0.095	343	101	129
LXS-32	32	5.0	3.2	0.12	358	101	131
LXS-40	40	10.0	6.3	0.22	385	126	151
LXS-50	50	15.0	10	0.40	280	160	200
LXS-80	80	35.0	22	1.10	370	316	275
LXS-100	100	50.0	32	1.40	370	328	300
LXS-150	150	100	63	2.40	500	400	388

2. 水平螺翼式水表

水平螺翼式水表直径范围大、流量大、而阻力小，因而适合用水量大的用户或在干线上使用。此型水表对涡流敏感，当水流有涡流时，会有较大计量误差。根据安装位置的不同，有水平螺翼式与垂直螺翼式之分。水平螺翼式水表的外形如 5-9 所示，规格及性能见表 5-9。

3. 翼轮复式水表

当用水量变化较大时，可使用翼轮复式水表，外形如图 5-10 所示。此种水表由主表和副表组成，按流量大小比例，控制水量使之流入主表和副表，且较准确，但价格较高。主表规格为 *DN*50～*DN*400，副表规格为 *DN*15～*DN*40，采用法兰连接。翼轮复式水表规格及性能见表 5-10。

水平螺翼式水表规格及性能　**表 5-9**

公称直径 DN	流量(m^3/h) 过载流量	常用流量	最小流量	长度 L (mm)	高度 H(mm) 干式	湿式
80	100	60	2	250	281	245
100	150	100	3	250	301	265
150	300	200	5	300	350	314
200	60	400	10	350	402	366
250	950	600	20	400	415	—
300	1500	750	35	450	460	—

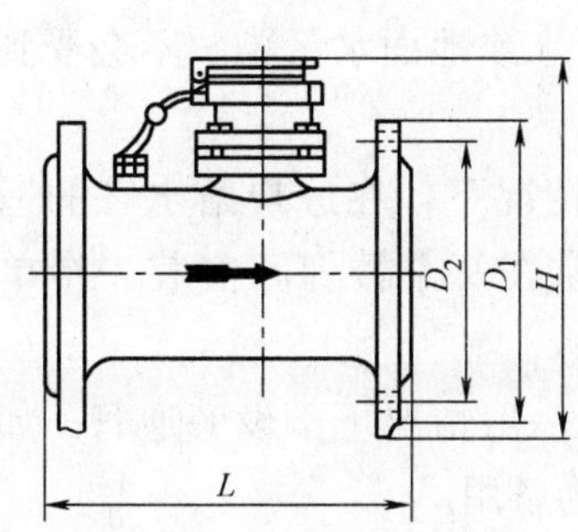

图 5-9　水平螺翼式水表

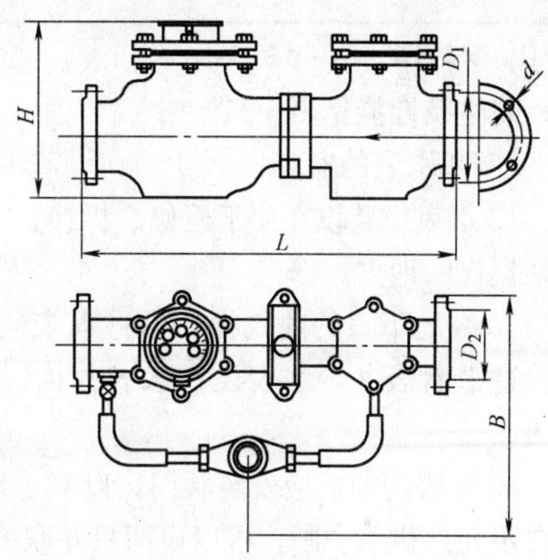

图 5-10　翼轮复式水表

翼轮复式水表规格及性能　**表 5-10**

型　号	公称直径 DN 主表	副表	外形尺寸(mm) L	B	H	流量(m^3/h) 过载流量	常用流量	最小流量	重量 (kg)
LXF-50	50	15	560	400	340	14	7	0.06	70
LXF-75	75	20	630	400	400	21	11	0.10	85
LXF-100	100	20	750	420	420	26	13	0.10	123
LXF-150	150	25	1000	530	530	82	41	0.15	250
LXF-200	200	25	1160	600	600	90	45	0.15	354
LXF-250	250	40	1240	630	630	124	62	0.38	640
LXF-300	300	40	1600	730	730	175	87	0.38	1250
LXF-350	350	40	1600	780	780	292	145	0.38	1353
LXF-400	400	40	1800	840	840	468	234	0.38	1500

4. 磁传多流速 KBM-11 型水表

此型水表是引进日本技术生产出来的新产品，和老式水表相比，这种水表取消了传统的填料和减压传动机构，其整体计数器机构（包括传动齿轮系），都装在密封的计量室内，与被测水隔离，根除了水进入计量室而造成的各种故障。表内还装有磁屏蔽装置，一般外磁场对计量精度无影响。KBM-11 型水表的外形如图 5-11 所

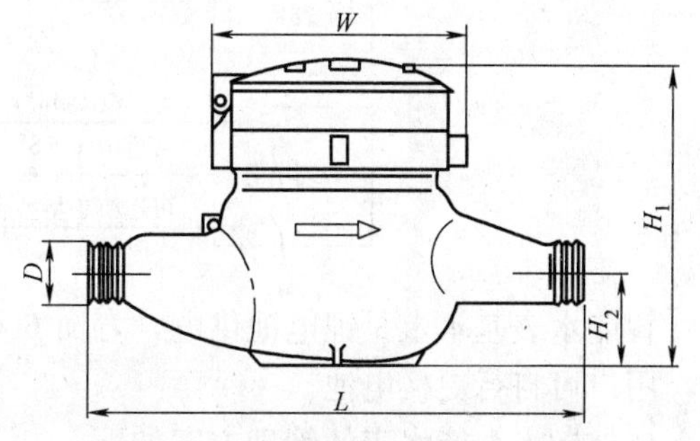

图 5-11　磁传多流速 KBM-11 型水表

磁传多流速 KBM-11 型水表规格及性能 表 5-11

公称直径 DN	过载流量 (m^3/h)	常用流量 (m^3/h)	被测水温不大于 (℃)	最大工作压力 (MPa)	外形尺寸(mm)			
					L	W	H_1	H_2
15	3	1.5	30	1.0	165	98	112	32
20	5	2.5	30	1.0	190	98	112	35
25	7	3.5	30	1.0	225	98	112	35
40	20	10	30	1.0	245	128	142	55

注：水表最高工作温度为 50℃。

示，规格及性能见表 5-11。

（四）水表的安装

1. 水表应装设在便于检修、拆换、不致冻结、不受雨水或地面水污染、不会受到机械性损伤的地方。

2. 有地下室的建筑物，可将水表装在地下室。一般情况下，在进户给水管的适当部位建造水表井，水表设在水表井内。住宅建筑物，常常在每个楼梯间安装一个单元水表。

3. 水表的前后应安装阀门，以利水表的拆换和检修，一般情况下不设旁通管。如果用户不允许供水中断，可以设两只并联的水表，其中一只为备用。

4. 安装任何型号的水表时，必须注意水表外壳上箭头指示的方向一定要与水流方向一致。还应注意到不同型号的水表有不同的安装要求。

5. 旋翼湿式水表（亦称叶轮式、水扇式）用得最多，安装时应保证水表前后有不小于 300mm 的直管段。这种型号的水表要装在水平管道上。

6. 螺翼式水表对涡流比较敏感，管段中有涡流存在时，会明显影响计量的准确性，因此，要求水表前的阀门要全开，并距水表有 8～10 倍水表直径的直线管段。水平螺翼式水表可以安装在水平、垂直或倾斜管道上，但要求水流方向必须由下而上。

（五）远传水表和 IC 卡水表

当前生产远传水表和 IC 卡水表的厂家已经很多，其产品和管理方案不尽相同。

例如，某公司生产的选传集抄智能水表的管理方案如下：

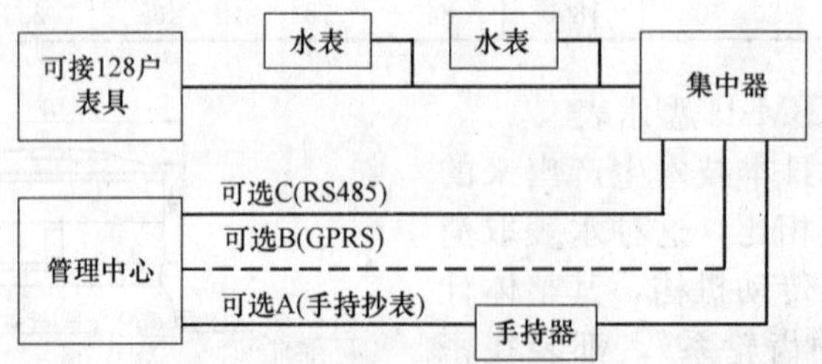

智能水表基本上是锂电池供电，寿命 6 年，该公司的水表可用 7 号普通碱性干电池供电，用户可自行更换电池。

户外插卡智能水表的管理方案如下：

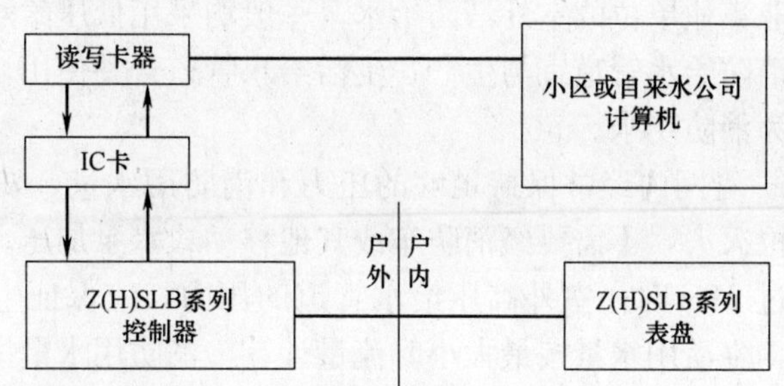

远传集抄CPU卡智能水表的管理方案如下：

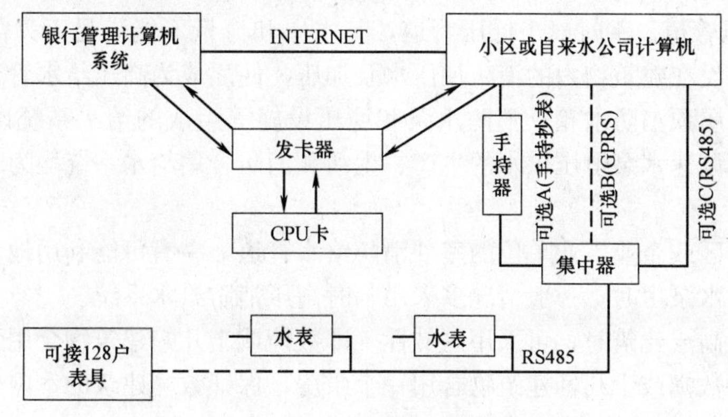

第二节　消火栓给水系统

建筑消火栓给水系统可分为室外消火栓给水系统和室内消火栓给水系统，其中室内消火栓给水系统又分为多层建筑室内消火栓给水系统和高层建筑室内消火栓给水系统。

从总体方面来说，消火栓给水系统也属于建筑给水的范畴，但与普通生活、生产用水不同的是，消火栓给水系统的设计还要遵循《建筑设计防火规范》GB 50016—2006 和《高层民用建筑设计防火规范》GB 50045—95（2005 年版）中的相关规定。

一、室外消火栓给水系统

这里所说的室外消火栓给水系统，是指为一幢或几幢建筑、居住小区服务的室外消火栓给水管网，而不是指安装有室外消火栓的市政给水管道。

（一）室外消火栓给水系统的组成和作用

室外消火栓给水系统由水源、室外消防给水管道、消防水池和室外消火栓组成。当建筑物发生火灾时，消防车可以从室外消火栓吸水后再加压，从室外进行灭火，也可以通过水泵接合器向室内消火栓给水系统供水加压灭火。

（二）室外消火栓给水系统的压力

室外消防给水管道可采用低压、高压或临时高压管道系统。

1. 低压管道系统。平时管网内的水压较低，但应保障最不利点室外消火栓的压力要大于 0.1MPa，当需要灭火时，再由消防车或其他移动式消防泵加压供水。所谓“最不利点”，是指位置最高、管路最长，因而水压最低的部位。

城市居住区、企业事业单位的室外消防给水，一般均采用低压给水系统。为了维护管理方便和节约投资，消防给水管道宜与生产、生活给水管道合并使用。如不会引起生产事故，生产用水也可作为消防用水。

2. 高压管道系统。管网内经常保持足够的压力和消防用水量，发生火灾时可直接由消火栓接上水带、水枪灭火，不需要经消防车或其他移动式水泵加压。

当建筑高度不超过 24m 时，室外高压给水管道的压力，应保证生产、生活、消防用水量达到最大（生产、生活用水量按最大小时流量计算，消防用水量按最大秒流量计算），且水枪布置在保护范围内任何建筑物的最高处时，水枪的充实水柱不应小于 10m，以防止消防人员受到辐射热和坍塌物体的伤害和保证有效地扑灭火灾。

3. 临时高压管道。平时属于低压管道，其水压和流量不能满足灭火需要，当建筑物发生火灾时，由设在建筑物内的消防加压水泵加压，使之成为高压给水管道进行灭火。

另外，采用屋顶消防水箱、消防水泵和稳压设施等组成的给水系统以及气压给水装置，或采用变频调速水泵恒压供水的生产、生活和消防合用给水系统均为临时高压消防给水系统。

城市居住小区或企业事业单位的室外消防给水管道，在有可能利用地势设置高位水池或设置集中高压水泵房时，一般情况多采用临时高压消防给水系统。

当居住区有高层建筑时，可采用区域性（即数幢或十几幢建筑物合用泵房）的临时高压给水系统，即数幢或十几幢建筑物合用一个泵房，保证数幢建筑的室内外消火栓或室内其他消防给水设备用水的水压要求。

区域高压或临时高压的消防给水系统，可以采用室外和室内均为高压或临时高压的消防给水系统，也可采用室内为高压或临时高压，而室外为低压的消防给水系统。当室内采用高压或临时高压消防给水系统时，室外常采用低压消防给水系统。

（三）室外消防给水管道的布置

室外消火栓给水管网可布置成环状管网或枝状管网。

1. 环状管网。环状管网纵横相互连通，当局部管段检修或发生故障时，仍能保证供水。环状管网的进水管不应少于两条，并宜从两条不同方向的市政给水管道引入，当其中一条进水管发生故障时，其余一条进水管仍应保证全部用水量。

环状管网中应用阀门分成若干段，每段内消火栓的数量不宜超过 5 个。在管网的三通、四通处均应设阀门，三通处设 2 个，四通处设 3 个，且皆设在水流下游一侧。当两阀门之间消火栓的数量超过 5 个时，在管网上应增设阀门。

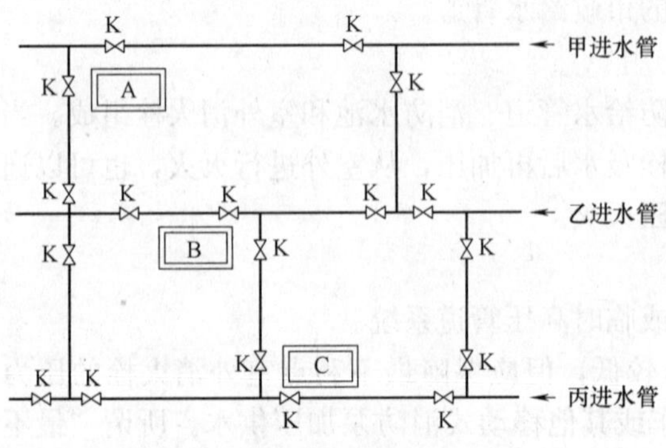

图 5-12 环状管网布置示意图

环状管网，管道纵横相互连通，局部管段检修或发生故障，仍能保证供水，可靠性好。

高层建筑的室外消防给水管道应布置成环状，如图 5-12 所示，以保证当发生火灾时，由室外消防给水管道通过消防车向室内消防管网供水灭火。

在环状管网的关键位置应设置阀

门，以控制和保证管网中某一管段发生故障或维修时，其余管段仍能供水并正常工作。

室外消防给水管道环状管网的形成，应优先考虑利用就近市政给水管道共同构成环状，如不能利用附近市政给水管道构成环状，室外消防给水管道应自身形成环状管网。环状管网的形状可以是矩形、三角形、多边形等多种形式。

2. 枝状管网。枝状管网管道布置成树枝状，当局部管段检修或发生故障时，会影响下游管道一定范围的供水。枝状管网从市政给水管道只引一条进水管。

3. 埋设深度和管径。室外消防给水管道的管顶埋设深度应在冰冻线以下 200mm。室外消防给水管道管径应通过计算确定，但计算出来的管道直径小于 100mm 时，仍应采用 100mm。实践证明，直径 100mm 的管道只能勉强供应一辆消防车用水，因此，在条件许可时尽量采用较大的管径。

4. 室外消火栓的设置。室外消火栓的设置应满足以下要求：

（1）室外消火栓应沿道路设置，道路宽度超过 60m 时，为避免灭火时水带穿越道路，宜在道路两侧设置消火栓，要首先考虑在靠近十字路口处设置消火栓。

（2）室外消火栓距路边不应大于 2m，距建筑物外墙不宜小于 5m，但不宜大于 40m。一般设在人行道边，以便消防车上水，在此范围内如有市政消水栓，可以作为建筑物的室外消火栓计算；

（3）室外消火栓的间距不应大于 120m。

（4）室外消火栓是供消防车使用的，消防车的保护半径即为消火栓的保护半径。消防车的最大供水距离（即保护半径）为 150m，故消火栓的保护半径为 150m。为了确保消火栓的可靠性，应考虑到相邻一个消火栓若受火灾威胁不能使用，其他消火栓仍能保护任何部位。

（5）室外消火栓宜采用地上式，以便于使用。如受场地条件限制，也可采用地下式消火栓时。寒冷地区应采用地下式消火栓，并应有防冻措施。

（6）消防水鹤。当寒冷地区设置室外消火栓确有困难的，可设置消防水鹤作为向消防车加水的设施。消防水鹤是一种快速加水的消防设备，能在寒冷或严寒地区有效地为消防车加水，其保护范围可根据需要由设计确定。

（四）室外消火栓安装

1. 室外消火栓型号及规格

按照设计规范的规定，地上式消火栓应有 1 个 *DN*100（或 *DN*150）和 2 个 *DN*65 的栓口，地下式消火栓应有 *DN*100 和 *DN*65 的栓口各 1 个，其常用型号及规格见表 5-12。

室外消火栓常用型号及规格　　**表 5-12**

类型	型　号	公称压力（MPa）	进水口		出水口		
			直径（mm）	数量（个）	直径（mm）	数量（个）	连接形式及尺寸
地上式	SS100/65-1.0	1.0	100	1	65	2	内扣式 KWS65
					100	1	螺纹式 M125×6
	SS100/65-1.6	1.6	100	1	65	2	内扣式 KWS65
					100	1	螺纹式 M125×6

续表

类型	型　　号	公称压力（MPa）	进水口		出水口		
			直径（mm）	数量（个）	直径（mm）	数量（个）	连接形式及尺寸
地下式	SA100/65-1.0	1.0	100	1	65	1	内扣式 KWS65
					100	1	螺纹式 M125×6
	SA100/65-1.6	1.6	100	1	65	1	内扣式 KWS65
					100	1	螺纹式 M125×6

2. 消火栓的结构及特点

（1）消火栓一般由栓体、内置出水阀，泄水装置、法兰接管和弯管底座等组成，消火栓进水口采用法兰连接。

（2）消火栓出水口与消防水带采用“内扣式”连接，与消防车吸水管采用连接。

（3）检修蝶阀采用对夹式连接，检修闸阀采用法兰连接。

（4）压力为 1.0MPa 的弯管底座与给水管道、给水管道相互之间除特别注明外，均采用承插连接；压力为 1.0MPa 的铸铁消火栓三通与给水管道采用承插连接；压力为 1.6MPa 的弯管底座与给水管道、给水管道相互之间除特别注明外采用法兰连接。

（5）为适应严寒地区埋设深度的需要，在消火栓栓体中间、内置出水阀之上，可按每档 0.25m 增加法兰接管长度，覆土深度最多不得大于 3m（订货时应说明法兰接管的长度）。

（6）消火栓设有自动泄水装置，当内置出水阀关闭时自动放空消火栓内留存的积水，以防消火栓冻裂。

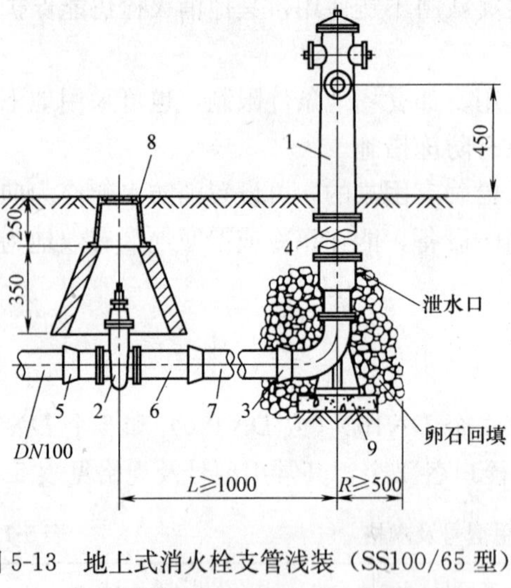

图 5-13　地上式消火栓支管浅装（SS100/65 型）
1—地上式消火栓；2—闸阀；3—弯管底座；4—法兰接管；5—短管甲；6—短管乙；7—铸铁管；8—闸阀套筒；9—混凝土支墩

（7）法兰接管、弯管底座、等径钢制弯头、消火栓三通和检修蝶阀（对夹式蝶阀）应由消火栓厂家配套供货。

3. 室外消火栓安装

（1）地上式消火栓安装

1）地上式消火栓支管浅装

消火栓及检修闸阀下部均直埋，检修闸阀不装手轮，围闸阀阀杆砌筑高度约为 350mm 的小井，其上安放铸铁制闸阀套筒，启闭闸阀使用专用工具。此种方式适用于冰冻深度小于等于 200mm，如图 5-13 所示。

2）地上式消火栓支管深装

消火栓安装在埋地给水支管上，且支管覆土深度大于 1000mm。消火栓下部直埋，检修闸阀则设于阀井内，检修人员可打开井盖进入阀井内，操作带手轮的闸阀，如图 5-14 所示。

3）地上式消火栓干管安装（Ⅰ型）

地上式消火栓干管安装形式，根据是否设有检修蝶阀和阀门井室分为Ⅰ型和Ⅱ型，Ⅰ型不设检修蝶阀和阀门井室，如图 5-15 所示。

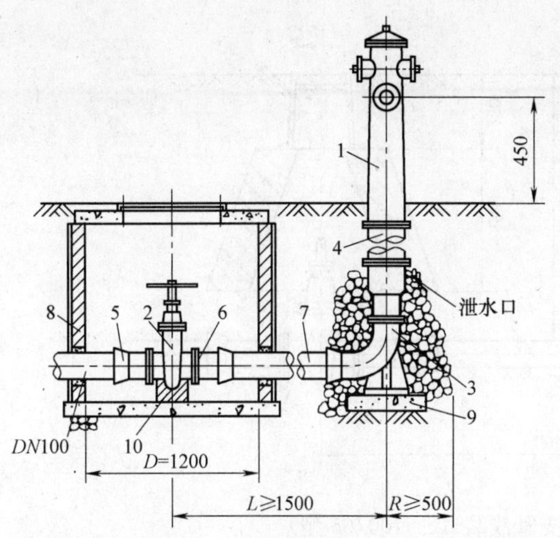

图 5-14　地上式消火栓支管深装（SS100/65 型）
1—地上式消火栓；2—闸阀；3—弯管底座；
4—法兰接管；5—短管甲；6—短管乙；
7—铸铁管；8—闸阀井；9、10—支墩

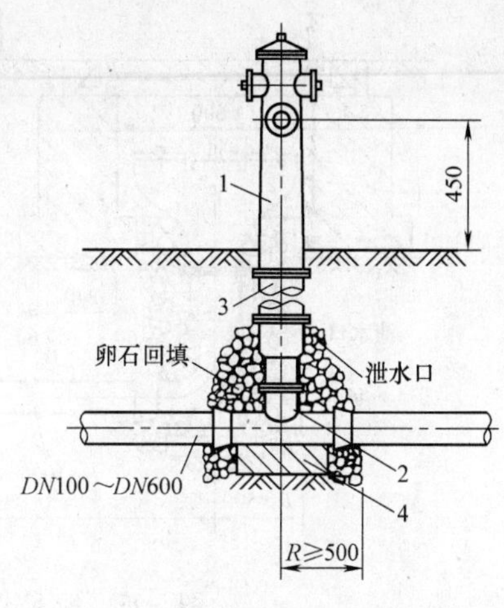

图 5-15　地上式消火栓干管安装
（Ⅰ型，SS100/65 型）
1—地上式消火栓；2—消火栓三通；
3—法兰接管；4—砖砌支墩

4）地上式消火栓干管安装（Ⅱ型）

地上式消火栓干管安装（Ⅱ型），是指设有检修蝶阀和阀门井室，如图 5-16 所示。

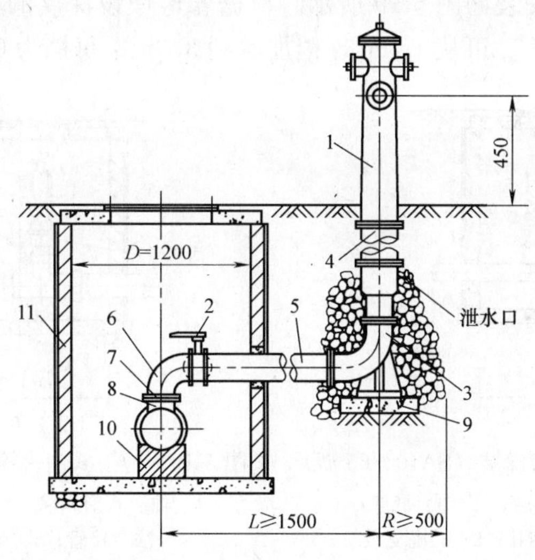

图 5-16　地上式消火栓干管安装（Ⅱ型，SS100/65 型）
1—地上式消火栓；2—蝶阀；3—弯管底座；4—法兰接管；5—钢管；6—钢制弯头；
7—法兰；8—消火栓三通；9—混凝土支墩；10—砖砌支墩；11—闸阀井

（2）地下式消火栓安装

1）地下式消火栓支管浅装

消火栓及检修闸阀下部均直埋，检修闸阀不装手轮，围闸阀阀杆砌筑高度约为550mm的小井，其上安放铸铁制闸阀套筒，启闭闸阀使用专用工具，如图5-17所示。

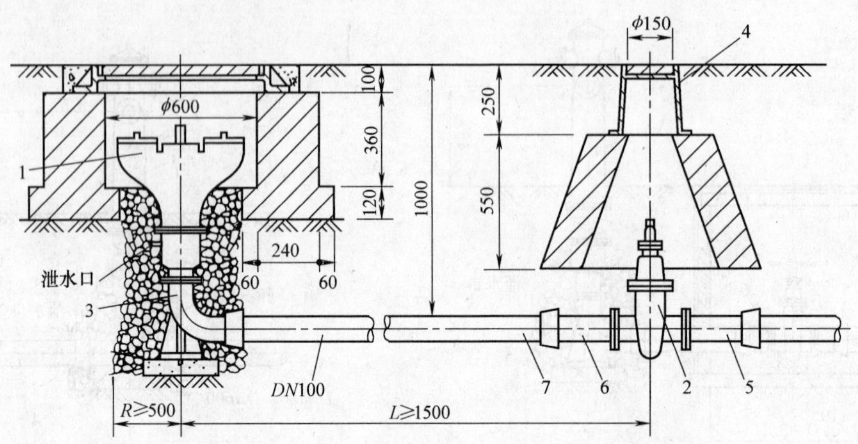

图5-17 地下式消火栓支管浅装（SA100/65型）

1—地下式消火栓；2—闸阀；3—弯管底座；4—闸阀套筒；5—短管甲；6—短管乙；7—铸铁管

2）地下式消火栓支管深装

消火栓安装在埋地给水支管上，且支管覆土深度 H_m 可从1.25m逐档加深到3.0m，每档为0.25m。消火栓下部与控制蝶阀相连，如图5-18所示。

3）地下式消火栓干管安装

地下式消火栓干管安装如图5-19所示。根据管道埋设深度的不同，采用不同长度的法兰接管，使覆土深度 H_m 可从1.0m逐档加深到3.0m，每档为0.25m。

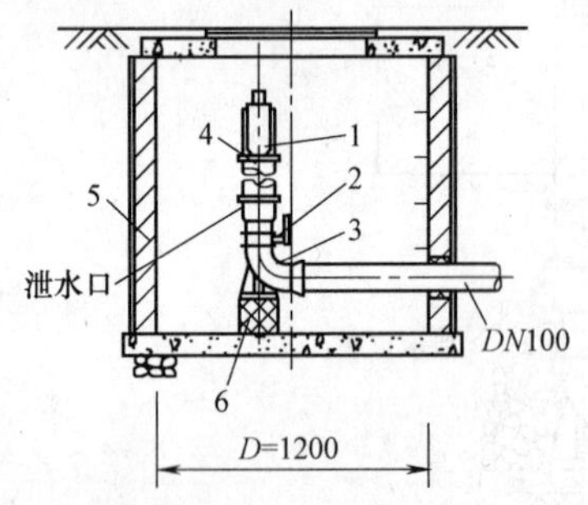

图5-18 地下式消火栓支管深装（SA100/65型）

1—地下式消火栓；2—蝶阀；3—弯管底座；4—法兰接管；5—圆筒阀井；6—砖砌支墩

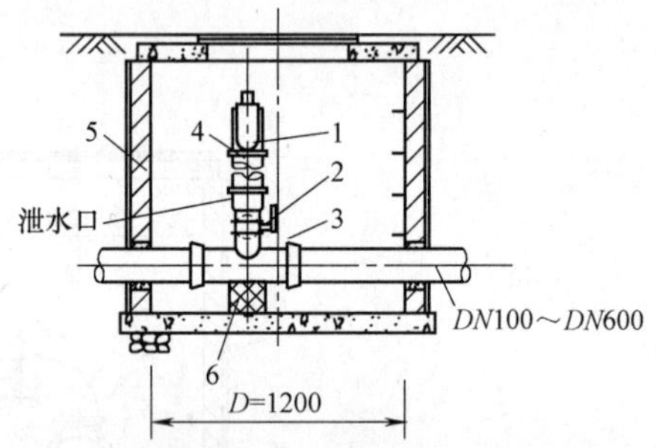

图5-19 地下式消火栓干管安装（SA100/65型）

1—地下式消火栓；2—蝶阀；3—消火栓三通；4—法兰接管；5—圆筒阀井；6—砖砌支墩

（3）施工及安装要求

1）安装形式为“浅装”的消火栓，从干管接出的支管宜尽可能短一些。

2）消火栓弯管底座或给水干管的消火栓三通下均应设支墩，支墩必须托紧弯管底座或三通底部。

3）地下式和地上式消火栓的下部接管上，均设有泄水口，以便在冬期使用消火栓后将存水排空，防止冻结。当泄水口位于井室之外时，应在泄水口处做卵石渗水层，卵石粒径为 20～30mm，铺设半径不小于 500mm，铺设深度自泄水口以上 200mm 至槽底。铺设卵石时，应注意保护好泄水装置。

4）凡埋入土中的法兰接口，均应涂沥青冷底子油及热沥青各两道，并用沥青麻布或用 0.2mm 厚塑料薄膜包严，其余管道和管件的防腐做法由设计确定。

二、多层建筑室内消火栓给水系统

多层建筑（过去称为低层建筑）是指 9 层及 9 层以下的住宅建筑、建筑高度小于 24m 的公共建筑和建筑高度大于 24m 单层公共建筑。这类建筑如发生火灾时，能靠一般消防车直接供水、灭火，故其室内消火栓给水系统与高层建筑消防完全立足于自救有着不同的特点。

（一）消火栓给水系统

根据建筑物高度、室外管网压力、流量和室内消防流量、水压等要求，室内消防给水系统大体可分为三类：

1. 不设加压水泵和水箱的室内消火栓给水系统。此种系统常在建筑物不太高，室外给水管网的压力和流量完全能满足室内最不利点消火栓的设计水压和流量时采用，如图 5-20 所示。

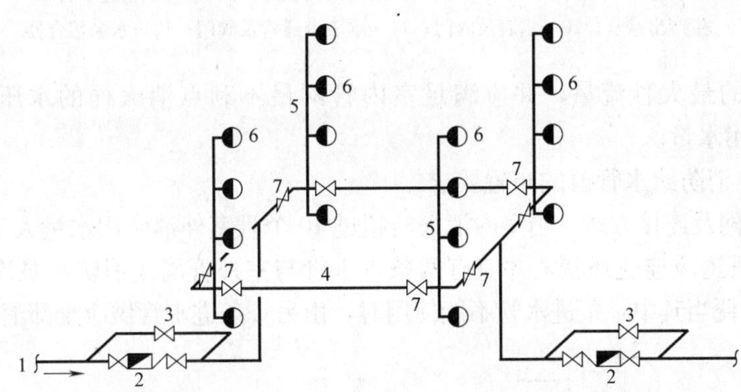

图 5-20 不设加压水泵和水箱的室内消火栓给水系统

1—进户管；2—水表及阀门、止回阀；3—水表旁通管及阀门；4—环状干管；5—消防竖管；6—室内消火栓；7—环状干管分段阀门

2. 设有水箱的室内消火栓给水系统。此种系统常用于水压变化较大的居住小区或建筑物，当生活、生产用水量达到高峰时，室外管网的水压不能保证室内最不利点消火栓所需的压力和流量，而当生活、生产用水量较小时，室外管网的压力又较大，能向建筑物高位水箱补水。因此，采取设置设高位水箱，用以调节生活、生产用水，同时又贮存 10min 的消防用水量，用于扑灭初期火灾。此种消火栓给水与生活、生产合用的给水系统如图 5-21 所示。

3. 设有消防泵和水箱的室内消火栓给水系统。当室外管网压力较低，经常不能满足室内消火栓给水系统的水压和水量要求时，消火栓给水系统应设置水泵和水箱，如图5-22 所示。消防用水与生活、生产用水合并的的室内给水系统，其消防泵应保证供应生活、生

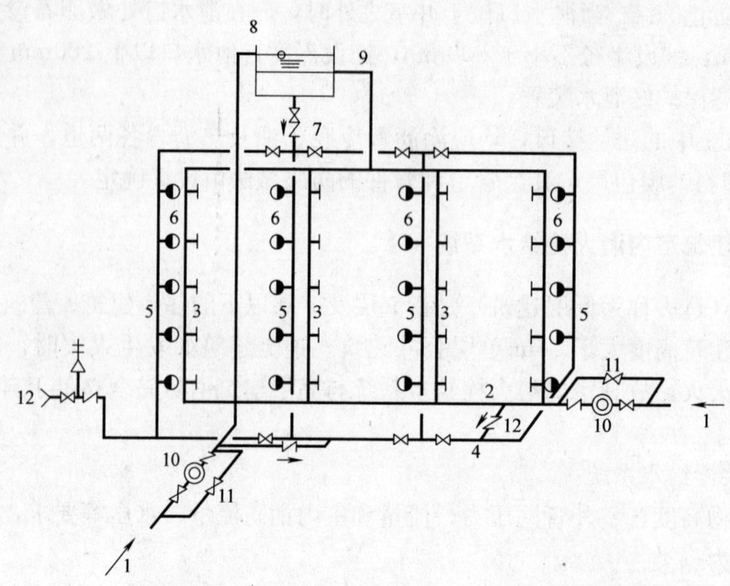

图 5-21　设有水箱的室内消火栓给水与生活、生产合用的给水系统

1—进户管；2—生活、生产给水干管；3—生活、生产给水竖管；4—消防环状干管（下部）；5—消防竖管；6—消火栓；7—水箱消防管出口阀门及止回阀；8—水箱进水管；9—生活、生产出水管；10—水表及阀门；11—水表旁通管及阀门；12—水泵接合器

产、消防用水的最大秒流量，并应满足室内管网最不利点消火栓的水压。水箱应贮存10min 的消防用水量。

（二）室内消防给水管道的布置要求

1. 环状管网及连接方式。当室内消火栓超过 10 个且室外消防用水量大于 15L/s 时，其室内消防给水管道应连成环状，并应有两条进水管与室外管网或消防水泵连接（如图 5-23 所示管网），以便当其中一条进水管不能使用时，由另一条进水管供应全部消防用水量。

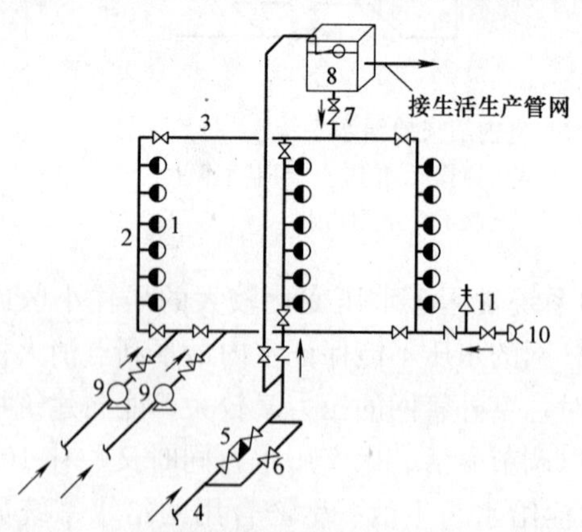

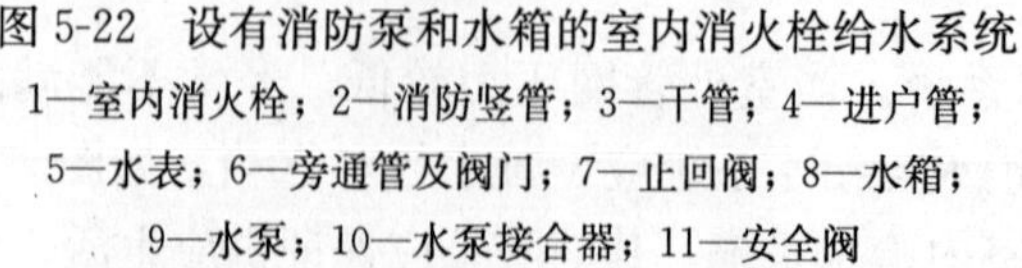

图 5-22　设有消防泵和水箱的室内消火栓给水系统

1—室内消火栓；2—消防竖管；3—干管；4—进户管；5—水表；6—旁通管及阀门；7—止回阀；8—水箱；9—水泵；10—水泵接合器；11—安全阀

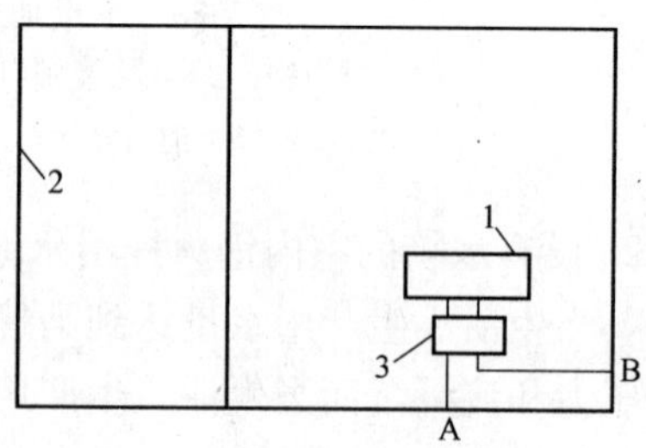

图 5-23　进水管连接方法示意图

1—室内管网；2—室外环状管道；3—消防泵站

A、B 进水管与室外环状管网的连接点

2. 竖管的直径和环状连接。室内消防竖管直径不应小于 $DN100$，且竖管上下端都要有阀门，室内各消防竖管也应连成环状，即在建筑物的首层（或地下室）和顶层用水平管将各个竖管相连通。要设法保证其中一条竖管检修时，其余的竖管仍能供应全部消防用水。

3. 消火栓给水要与自动喷水灭火系统分开设置。当建筑物内既有消火栓给水系统又有自动喷水灭火系统时，为防止消火栓用水或平时漏水引起自动喷水灭火系统发生误报警、误动作，自动喷水灭火系统的管网与消火栓给水管网尽可能分别设置。当分别设置确有困难时，则自动喷水灭火系统中自动报警阀后的管道必须与消火栓给水系统分开，即在自动喷水灭火系统报警阀后的管道上不可设置消火栓。消火栓给水系统与自动喷水灭火系统可共用消防水泵。

4. 环状干管的分段。室内消防给水环状干管上应用阀门分成若干独立段，环状管网上的阀门布置应保证在某段管网检修时，其他部分仍有消防用水供应。

5. 消防水泵接合器。室内消防给水系统需设置水泵接合器。消防车通过水泵接合器向室内消防给水系统加压供水的。水泵接合器有地上、地下和墙壁式三种，设于消防车易于接近的地方，与室外消火栓或消防水池取水口的距离宜为 15～40m。消防水泵接合器与室内消防给水管网相连通。当采用分区给水时，每个分区均应按规定的数量设置消防水泵接合器，且要求其阀门能在建筑物室外进行操作。

为有效发挥消防水泵接合器向室内管网输水的作用，水泵接合器与室内管网的连接点（如图 5-24 内的 A、B 两点）应尽量远离固定消防泵输水管与室内管网的连接点（如图 5-24 内的 C、D 两点），以避免压力的波动和干扰。

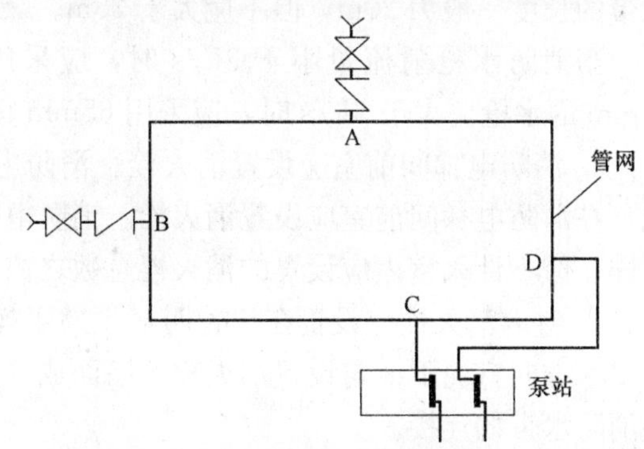

图 5-24　水泵接合器的布置要求
A、B—水泵接合器与室内管网连接点；
C、D—水泵送水管与室内管网的连接点

6. 消防泵直接从市政给水管网吸水。如果建筑物所临近的市政给水干管，供水能力能满足其生产、生活用水的最大小时流量和室内、外消防用水量时，建筑物内部设置的消防水泵的进水管要尽可能直接与市政给水干管连接。这样可节约投资，不必在室内设置消防水池。

从市政给水干管入口的吸水管，平时向建筑物供水时应设置绕过消防水泵组的旁通管及必要的阀门组件，只有当发生火灾时，才通过消防水泵加压供水。

消防泵直接从市政给水管网吸水应征得市政管网管理部门的同意。

7. 建筑物内的消防给水与生活、生产给水系统合为一个系统时，给水管一般采用镀锌钢管或给水铸铁管。单独的消防系统的给水管可采用非镀锌钢管或给水铸铁管。非埋地的消防给水管道不得采用塑料管或钢塑复合管。

（三）消火栓的布置

室内消火栓的布置应符合下列要求：

1. 各层均应设置消火栓。设有室内消火栓给水的系统的建筑，除无可燃物的设备层外，各层均应设置消火栓，不允许有些楼层设置消火栓而有些楼层不设置消火栓。除建筑物最上一层外，不应使用双出口消火栓。布置消火栓时，应保证相邻消火栓的水枪（不是双出口消火栓）充实水柱同时到达其保护范围内的室内任何部位。

2. 室内消火栓的间距应由设计计算确定。一般单层和多层建筑中室内消火栓的间距不应大于50m。

3. 室内消火栓的布置应保证每一个防火分区同层有两支水枪的充实水柱同时到达任何部位。

充实水柱是指由水枪喷嘴起，到射流90％的水柱水量穿过直径380mm圆孔处的一段射流长度。

水枪的充实水柱长度应经计算确定。人员密集的公共建筑不应小于13m；火灾危险较高的厂房、仓库和公共建筑不应小于10m；一般建筑不宜小于7m。

要求消防水枪射出的充实水柱具有一定长度，是为了既能射及火源又能保护消防队员不致被热辐射灼伤。用消防水枪扑灭火灾时，水枪的上倾角一般不超过45°，在最不利情况下，也不能超过60°。

4. 消火栓箱及配置。每个消火栓处均应设置消火栓箱，并应在箱内放置消火栓、水带和水枪。同一建筑物内应采用统一规格的消火栓、水带和水枪，以便互换使用和管理。水带的长度一般为20m，但不应大于25m。

当消防水枪射流量小于3L/s时，应采用50mm口径的消火栓和水带，喷嘴13～16mm的水枪。大于3L/s时，应采用65mm口径的消火栓和水带，喷嘴19mm的水枪。

5. 消防电梯间前室应设置消火栓。消防电梯前室是消防人员进入室内灭火的关键区域，在消防电梯间前室应设置消火栓。消防电梯间前室的消火栓与室内其他的消火栓规格一样，但不计入室内应设置的消火栓总数之内。

6. 室内消火栓应设置在位置明显且易于操作的部位。栓口离地面高度为1.10m，栓口出水方向宜向下或与设置消火栓的墙面成90°角；栓口与消火栓箱内边缘的距离不应影响消防水带的连接。

7. 室内消火栓栓口处的出水压力大于0.5MPa时，应设置减压设施，否则水枪的反作用力太大，一人难以把持操作。栓口处减压后的出水压力不应小于0.25MPa。减压措施一般可采用设置减压阀或减压孔板等方式。过高的水压也会过快地消耗火灾扑灭初期的消防用水。

对高位水箱不能满足最不利点消火栓水压要求的建筑，应在每个室内消火栓处设置直接启动消防水泵的按钮，并应有保护设施，防止随意触动。

8. 设有室内消火栓的建筑，如为平屋顶时，宜在平屋顶上设置一个试验和检查用的消火栓。用以检查该建筑物内消防水泵运转状况和供水设施的性能。寒冷地区可将其设置在顶层楼梯出口小间附近，以防冻结。

（四）消火栓箱及组件类型

消火栓箱是将室内消火栓、消防水带、水枪及其相关电气设备集于一体，并安装在建筑物内的一定位置，具有报警、控制、给水、灭火功能的固定式消防装置。消火栓箱及组件的安装标准图号及名称为04S202《室内消火栓安装》。

1. 消火栓箱。按不同的分类方法，消火栓箱可以分成不同的形式。

按与建筑物墙体的安装方式，可分为明装式、暗装式和半明装式；

按箱门形式，可分为单开门式、双开门式和前后开门式；

按箱体材料，可分为全钢式、钢框镶玻璃型、铝框镶玻璃型和其他材料型；

（1）消火栓箱体的长宽尺寸及代号规定为：

A—800×650；B—1000×700；C—1200×750；D—带灭火器箱组合式消防柜；E—非标准箱

（2）消防水带布置方式代号为：

P—盘卷式；J—卷置式；挂置式则不用代号表示。

（3）箱门形式代号为：

H—前后开门式；J—带检修门式；FJ—带防火检修门式；单开门则不用代号表示

2. 常用室内消火栓箱的安装方式

（1）甲型单栓室内消火栓箱的安装方式如图 5-25 所示，其箱型代号为 SG24A50(65)-P。消火栓进水管如需布置在箱底部右侧，箱内配置及箱门开启方向应同时作对称调整。消火栓箱的规格为 800mm×650mm×240mm；消火栓阀直径为 *DN*50 或 *DN*65，水枪喷嘴直径为 $\phi16$ 或 $\phi19$，具体型号规格均由工程设计选定。

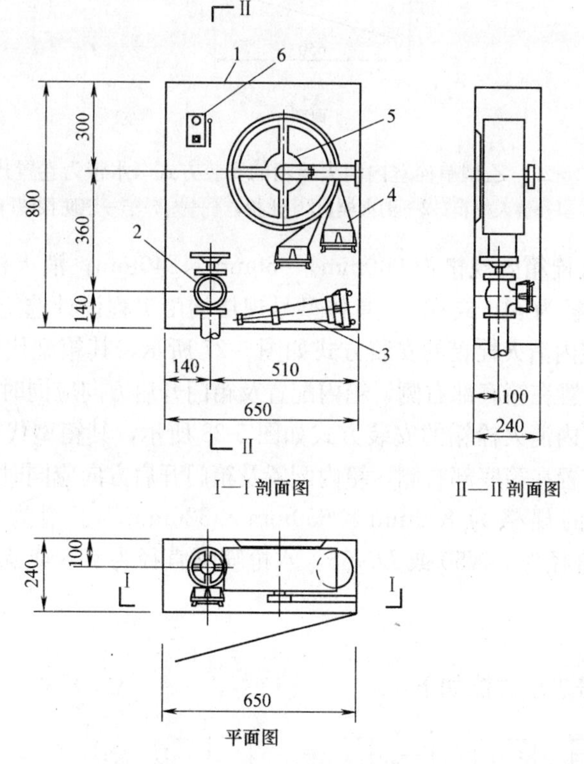

图 5-25 甲型单栓室内消火栓箱的安装方式（水带为盘卷式）

1—消火栓箱；2—消火栓；3—水枪；4—水带；5—水带卷盘；6—消防按钮

（2）乙型单栓室内消火栓箱的安装方式如图 5-26 所示，其箱型代号为 SG24A50(65)-J。消火栓进水管如需布置在箱底部右侧，箱内配置及箱门开启方向应同时作对称调整。

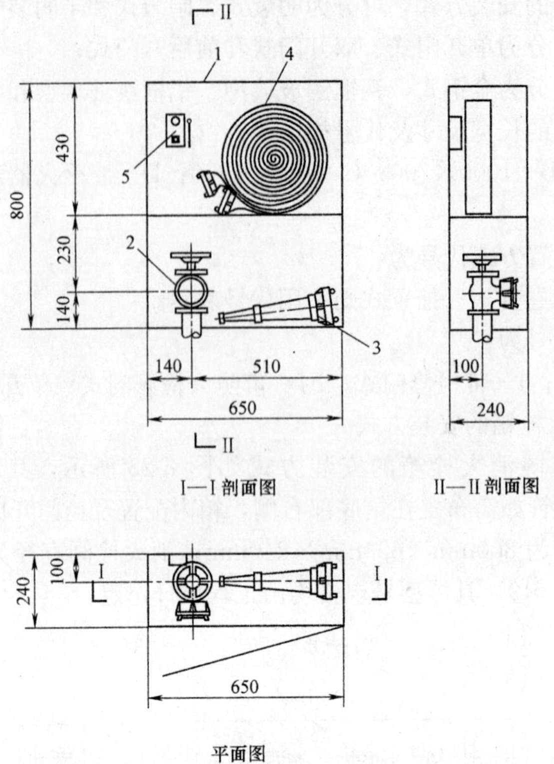

5-26 乙型单栓室内消火栓箱的安装方式（水带为卷置式）

1—消火栓箱；2—消火栓；3—水枪；4—水带；5—消防按钮

甲型、乙型消火栓箱的规格为800mm×650mm×240mm；消火栓阀直径为*DN*50或*DN*65，水枪喷嘴直径为ϕ16或ϕ19，具体型号规格均由工程设计选定。

(3) 丙型单栓室内消火栓箱的安装方式如图5-27所示，其箱型代号为SG32A50（65）。消火栓进水管如需布置在箱底部右侧，箱内配置及箱门开启方向应同时作对称调整。

(4) 丁型单栓室内消火栓箱的安装方式如图5-28所示，其箱型代号为SG24A50（65）。消火栓进水管如需布置在箱底部右侧，箱内配置及箱门开启方向应同时作对称调整。

丙型消火栓箱的规格为800mm×650mm×320mm，丁型为800mm×650mm×240mm；消火栓阀直径为*DN*50或*DN*65，水枪喷嘴直径为ϕ16或ϕ19，具体型号规格均由工程设计选定。

3. 消火栓类型

室内消火栓型号表示方法如下：

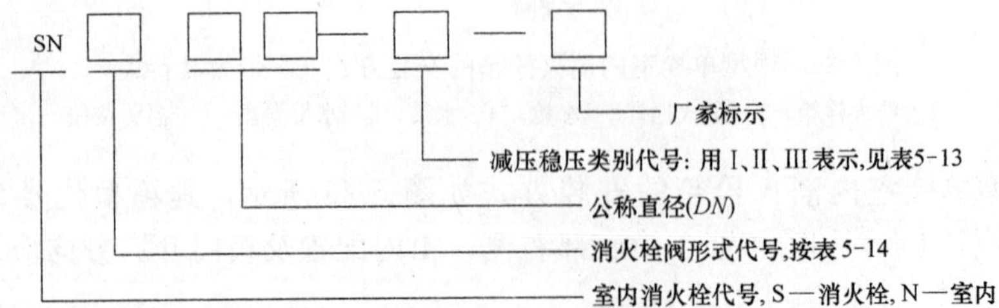

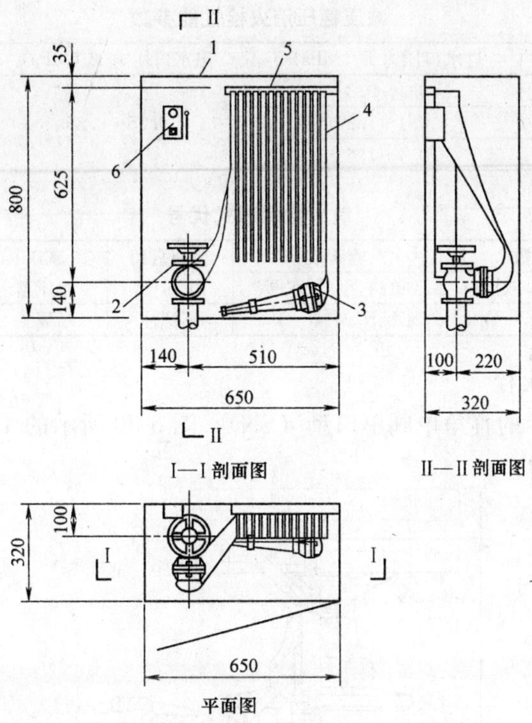

图 5-27　丙型单栓室内消火栓箱（水带为挂置式）

1—消火栓箱；2—消火栓；3—水枪；4—水带；5—水带挂架；6—消防按钮

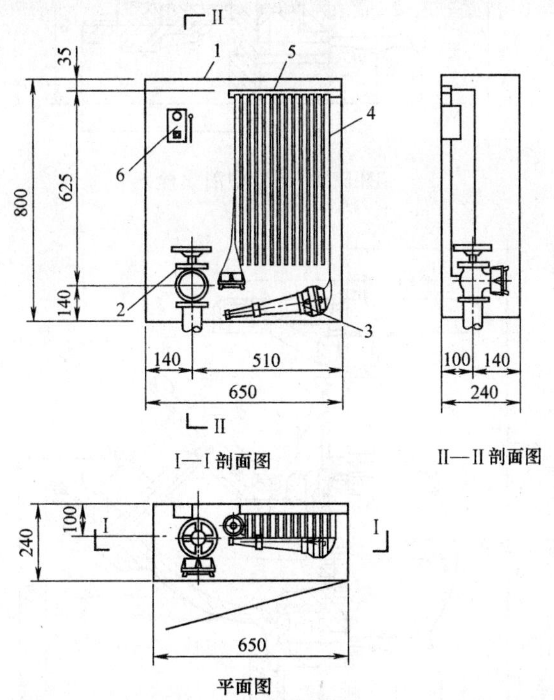

图 5-28　丁型单栓室内消火栓箱（水带为挂置式）

1—消火栓箱；2—消火栓；3—水枪；4—水带；5—水带挂架；6—消防按钮

减压稳压消火栓性能参数 **表 5-13**

减压稳压类别	进水口压力 P_1(MPa)	出水口压力 P_2(MPa)	流量 Q(L/s)
Ⅰ	0.4～0.8	0.25～0.35	＞50
Ⅱ	0.4～1.2		
Ⅲ	0.4～1.6		

消火栓阀形式代号 **表 5-14**

形式	出口数		栓阀数		普通直角出口型	减压稳压型	旋转型	旋转减压稳压型
	单出口	双出口	单阀	双阀				
代号	不标注	S	不标注	S	不标注	W	Z	ZW

(1) 单阀单口消火栓

1) 如图 5-29 所示的直角单阀单口型（SN)、图 5-30 所示的 45°单阀单口型（SNA),

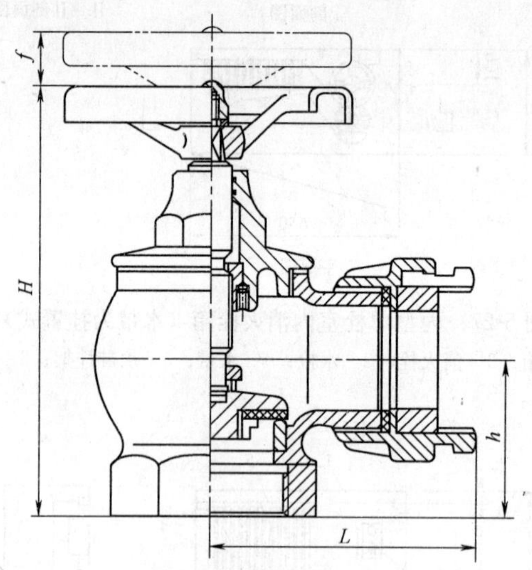

图 5-29 SN 型消火栓

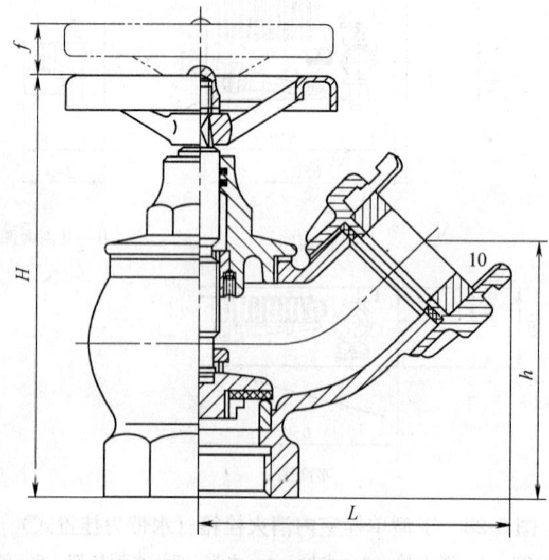

图 5-30 SNA 型消火栓

其基本尺寸见表 5-15；图 5-31 所示的旋转型单阀单口型，其基本尺寸见表 5-16。

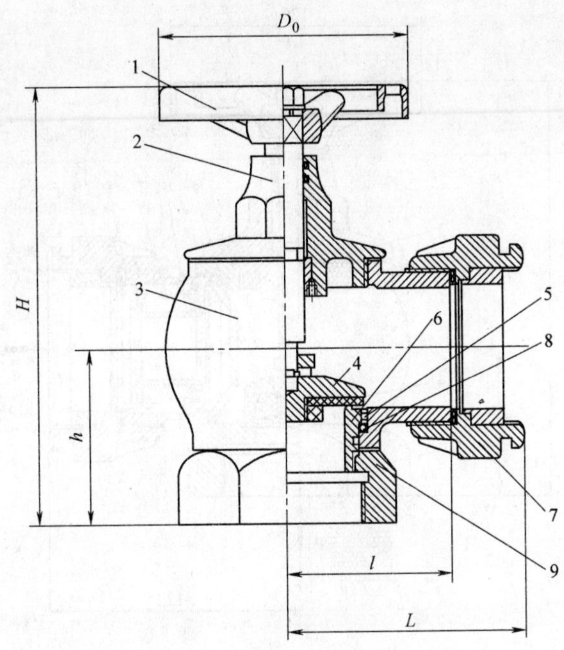

图 5-31 SNZ-H 旋转型消火栓

1—手轮；2—阀盖；3—阀体；4—阀瓣；5—密封装置；6—阀座；7—固定接口；8—旋转机构；9—底座

SN 型、SNA 型消火栓尺寸表（mm） **表 5-15**

公称直径 DN	进水口	出水口	开启高度	结构尺寸				
	管螺纹 (in)	消防接口	$f\geqslant$	H $\leqslant$	h		L	
					SN	SNA	SN	SNA
25	G1	KN25	13	135	48	88	80	93
(40)	$G1^1/_2$	KN40	15	155	57	98	98	119
50	G2	KN50	22	185	65	114	108	131
65	$G2^1/_2$	KN65	27	205	71	123	118	150
80	G3	KN80	35	225	80	—	124	—

注：表中带括号的规格不推荐使用。

SNZ-H 旋转型消火栓尺寸表（mm） **表 5-16**

公称直径 DN	进水口	出水口	结构尺寸				
	管螺纹(in)	消防接口	H	h	L	l	D_0
65	G2½	KN65	≤225	84	≤126	78	120

2）图 5-32 所示的减压稳压型消火栓，其型号有 SNW65-Ⅲ-H、SNJ65-H 型；图 5-33 所示的旋转型减压稳压消火栓，其型号有 SNZW65-Ⅲ-H、SNJZ65-H 型。

（2）单阀双出口消火栓

图 5-34 所示为直角单阀双出口型（SNS）消火栓，其基本尺寸见表 5-17。

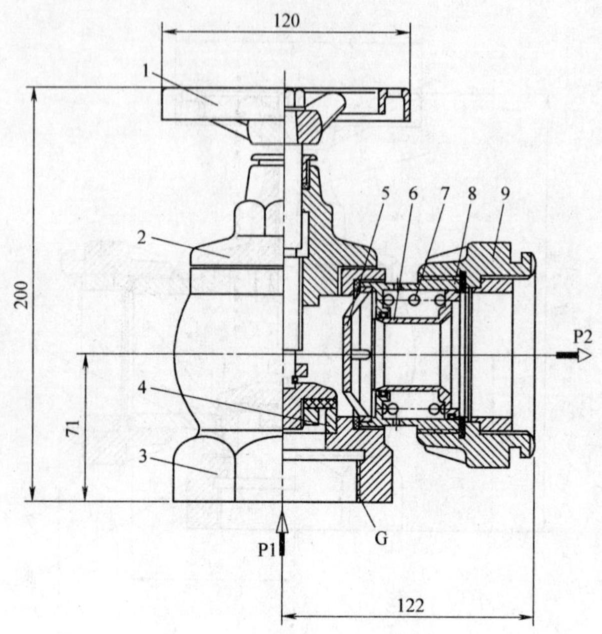

图 5-32 减压稳压型消火栓

1—手轮；2—阀盖；3—阀体；4—阀座；5—挡板；6—活塞；7—弹簧；8—活塞套；9—固定接口

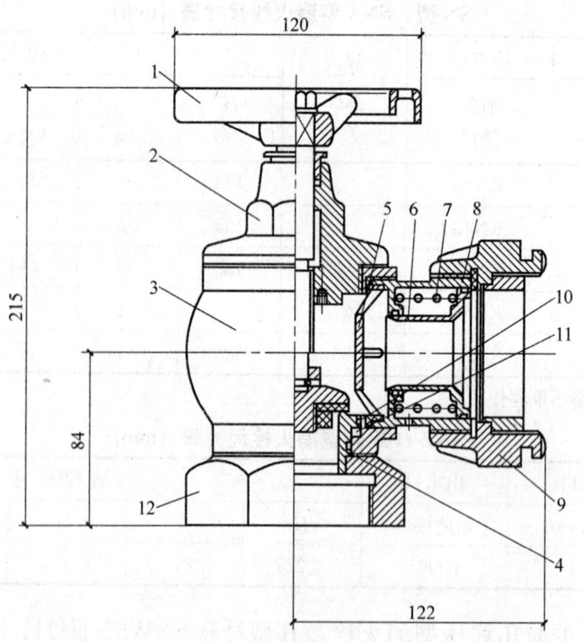

图 5-33 旋转型减压稳压消火栓

1—手轮；2—阀盖；3—阀体；4—阀座；5—挡板；6—活塞；7—弹簧；8—活塞套；9—固定接口；10—密封装置；11—旋转机构；12—阀座

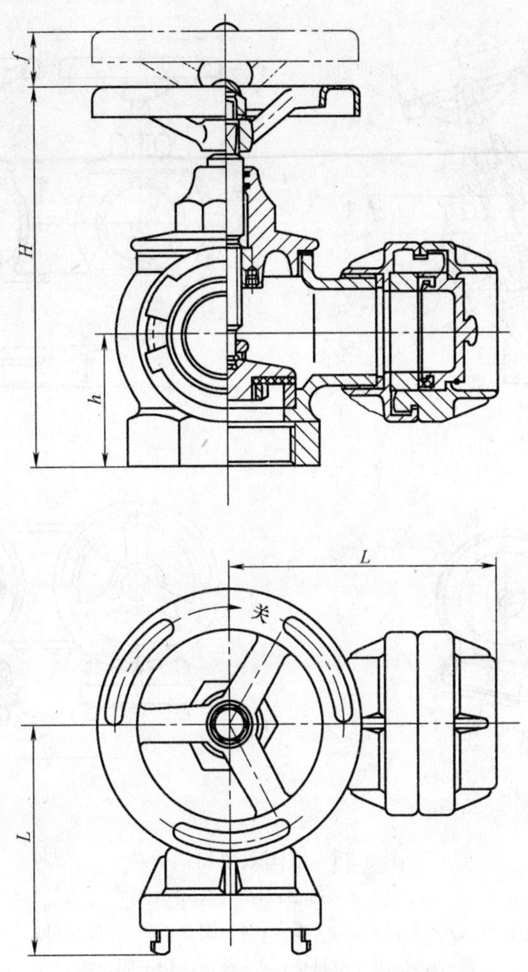

图 5-34　SNS 型直角单阀双出口消火栓

SNS 型直角单阀双出口消火栓尺寸表（mm）　　表 5-17

公称直径	进水口	出水口		开启高度	结构尺寸		
DN	管螺纹(in)	消防接口		*f*≥	*H*≤	*h*	*L*
50	G2½	KN50	KN50	27	205	71	150
65	G3	KN65	KN65	35	225	75	157

（3）双阀双出口消火栓

图 5-35 所示为型号的双阀双出口消火栓，其基本尺寸见表 5-18。

4. 室内消火栓处的减压孔板。当消火栓处的管道水压超过超过 0.50MPa 的规定值时，如果没有采用减压稳压型消火栓，则应在消火栓处安装减压孔板，对使用消火栓时的流动水进行减压，以保证灭火时水枪的反作用力不致过大，同时消防水箱内的贮水也不会过快用完。

减压孔板可在消火栓阀前管道的活接头内或法兰内安装倒角扩口型减压孔板，也可在栓后固定接口内安装直口型减压孔板，如图 5-36 所示。

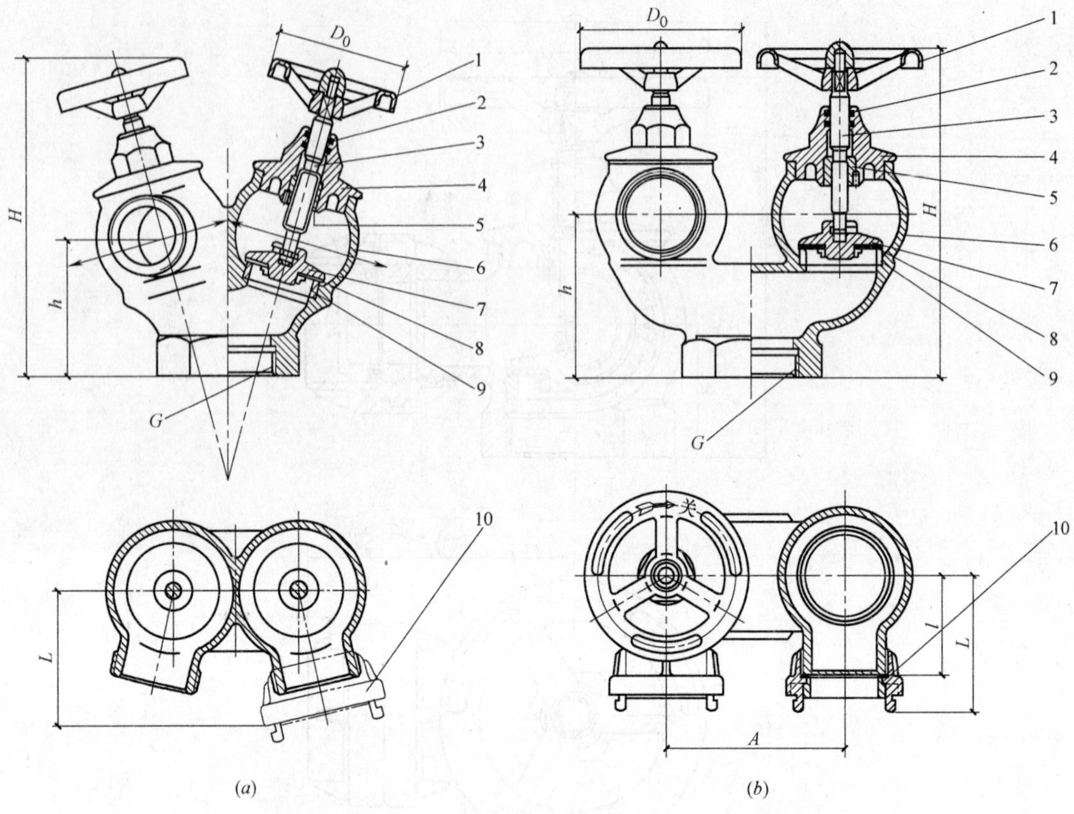

图 5-35　双阀双出口消火栓

(*a*) SNSS 型；(*b*) SNSS-A 型

1—手轮；2—O 型密封圈；3—阀杆；4—阀盖；5—阀杆螺母；6—阀体；

7—阀瓣；8—密封垫；9—阀座；10—固定接口

双阀双出口消火栓尺寸表（mm）　　　　**表 5-18**

型号	公称直径 DN	进水口	出水口	结构尺寸					
		管螺纹 (in)	消防接口	H≤	h	L≤	l	A	D_0
SNSS50	50	G2½	KN50	230	100	110			120
SNSS50-A				230	114	108	70	135	
SNSS65	65	G3	KN65	270	110	115			140
SNSS65-A				260	130	118	80	160	

减压孔板由不锈钢板或黄铜板加工而成，有倒角扩口型和直口型两种，其表面粗糙度要求如图 5-37 所示，外径尺寸见表 5-19。减压孔板的内径 d 系根据需要减小的压力，由设计计算确定，其内径尺寸的准确性和表面粗糙度是最重要的。施工时需注意倒角扩口型减压孔板必须按水流方向安装。

（五）室内消火栓箱及组件安装

室内消火栓箱及组件安装包括消火栓、消防水带及接口、水枪等组件的安装。

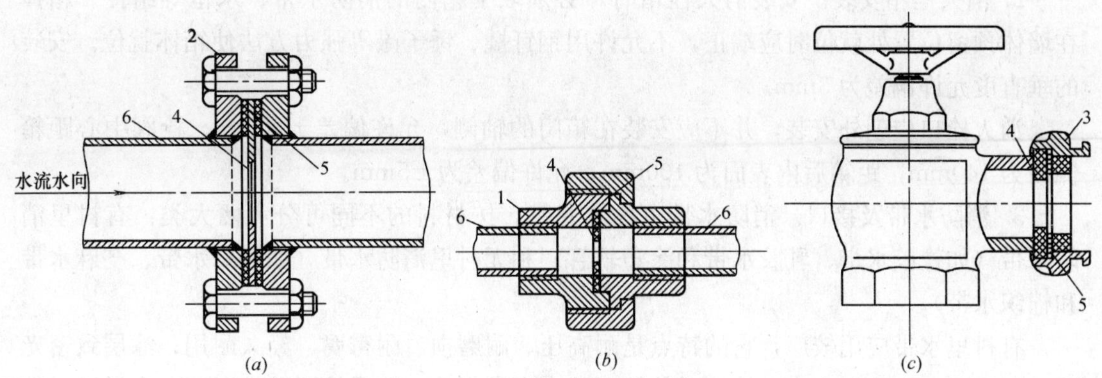

图 5-36 减压孔板的安装

(*a*) 栓前活接头内安装；(*b*) 栓前法兰内安装；(*c*) 栓后固定接口内安装

1—活接头；2—法兰；3—消火栓固定接口；4—减压孔板；5—密封垫；6—消火栓支管

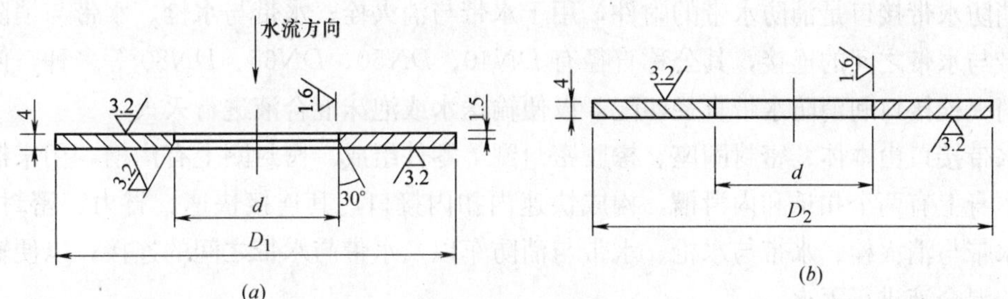

图 5-37 减压孔板

(*a*) 倒角扩口型；(*b*) 直口型

减压孔板的外径尺寸（mm） **表 5-19**

孔板类型	栓前活接头安装		栓前法兰连接安装		栓后固定接口内安装	
	公称直径 *DN*	D_1	公称直径 *DN*	D_1	公称直径 *DN*	D_2
倒角扩口型	50 65 80	68 86 98	50 65 80	100 120 135	— — —	— — —
直口型	—	—	—	—	50 65	56 72

1. 消火栓安装。室内消火栓口中心离地面的高度为 1.10m。消火栓口处的静水压力不应大于 0.80MPa，若超过时应采取分区供水系统。消火栓口的出水压力超过 0.50MPa 时，栓口处应设减压孔板。

同一座建筑物中，应采用同一规格的消火栓、水带和水枪（其中：高层建筑中消火栓直径应为 *DN*65，水枪直径为 19mm），水带长度不应超过 25m。

消火栓的安装大体上有以下几种方式：1）明装于砖墙上；2）明装于混凝土墙、柱上；3）暗装于砖墙上；4）半明装于砖墙上。以上几种安装方式均有相应的标准图可供参照，工程设计中会指定采用的标准图号。

2. 消火栓箱安装。安装消火栓箱时，必须取下箱内的消防水带、水枪等组件。箱体在墙体预留位置处就位时应端正，不允许用钢钎撬、锤子敲等强力方法使箱体就位。安装的垂直度允许偏差为3mm。

消火栓口应朝外安装，并不应安装在箱门的轴侧，允许偏差±20mm。栓阀中心距箱侧面为140mm，距箱后内表面为100mm，允许偏差为±5mm。

3. 消防水带及接口。消防水带也称水龙带。按材料的不同可分为两大类：有衬里消防水带（如橡胶水带、乳胶水带和涂塑软管）和无衬里消防水带（如亚麻水带、苎麻水带和棉织水带）。

有衬里水带应用较广，它的特点是耐高压、耐磨损、耐霉腐、经久耐用；涂层致密光滑、不渗漏、水流阻力小；管体柔软，可任意弯卷折叠，不受地形条件限制。有衬里水带的公称直径有50、65、80、90（mm）四种，其相应的英寸规格为2″、2½″、3、3½″。前两种规格的工作压力为1.3MPa，可用于室内或室外，后两种规格的工作压力为1.6MPa，仅用于室外和消防车。

消防水带接口是消防水带的附件，用于水带与消火栓、水带与水枪、水带与消防车以及水带与水带之间的连接，其公称直径有*DN*40、*DN*50、*DN*65、*DN*80等多种，使用时须与消火栓接口和消防水带直径匹配，以便输送水或泡沫混合液进行灭火。

水带接口由本体、密封圈座、橡胶密封圈等零件组成。密封圈上有沟槽，用来捆扎水带，本身上有两个扣爪和内滑槽，构成快速内扣内接口，其连接快速、省力、密封性好，用于水带与消火栓、水带与水枪、水带与消防车以及水带与水带之间的连接；以便输送水或泡沫混合液进行灭火。

4. 消防水枪。消防水枪是把消防水带里的水转化为消防用的高速水流，水流之所以能形成这种转换是因为水枪内部是一个向出口断面方向收敛的圆锥形通道，圆锥角为13°，出口处具有0.5～1.0倍喷嘴直径的圆柱形短通道，故能使水流高速喷出，并具有相当长度的密集水柱。室内消火栓箱配备的水枪一般为直流水枪，常用型号有QZ型和QZA型，此外还有开关型直流水枪，如图5-38、图5-39、图5-40所示。水枪的喷嘴直径有13mm、16mm和19mm三种。

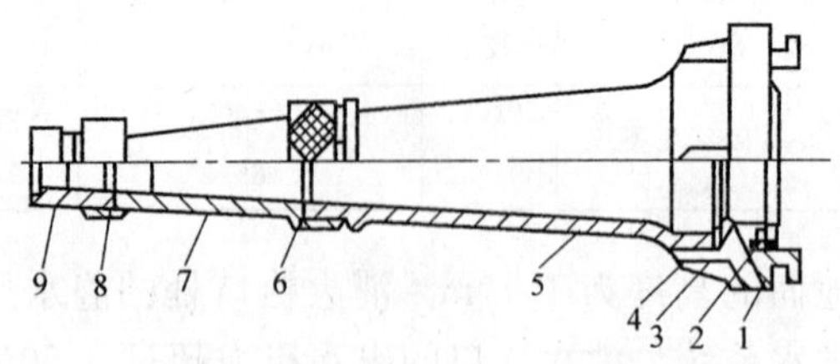

图5-38　QZ型直流水枪结构图

1—管牙接口；2—密封圈；3—密封圈座；4—平面垫圈；5—枪体；6—密封圈；7—喷嘴；8—密封圈；9—口径；13mm喷嘴

图5-39　QZA型直流水枪

（六）消防水箱

1. 消防水箱。设置临时高压给水系统的建筑物，应在建筑物的最高部位设置重力自流的消防水箱。

2. 消防用水与其他用水合用的水箱，应有消防用水不作他用的技术设施。例如，生产、生活用水管从水箱侧壁的中下部接出，消防用水从水箱的底部接出，这样，水箱中便始终存有扑灭火灾初期所需的10min用水量。

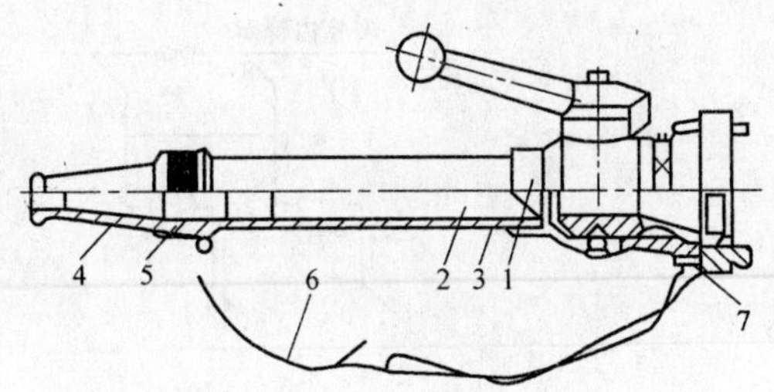

图5-40　QZG型直流水枪
1—球阀及接口；2—整流器；3—枪体；4—喷嘴；5—密封圈；6—背带；7—耳环

3. 在配管方面，要保证发生火灾消防水泵启动后，供给的高压消防用水，不再进入消防水箱，而是只进入消防管道系统，以保证有足够的水压和水量进行灭火。为此，要在从水箱引出的消防水管上安装止回阀，这样当发生火灾消防泵启动后，高压水就不会进入高位消防水箱，而是供应消防管道系统。

消防水箱的配管见图5-41。

（七）消防水泵

1. 消防水泵的吸水管。一组消防水泵的吸水管不应少于两条，当其中一条损坏时，其余的吸水管应仍能通过全部用水量；生产、生活和消防合用的泵房，当生活、生产用水量达到最大时，仍应能保证100%的消防用水量。高压和临时高压消防给水系统，其每台消防水泵应有独立的吸水管。

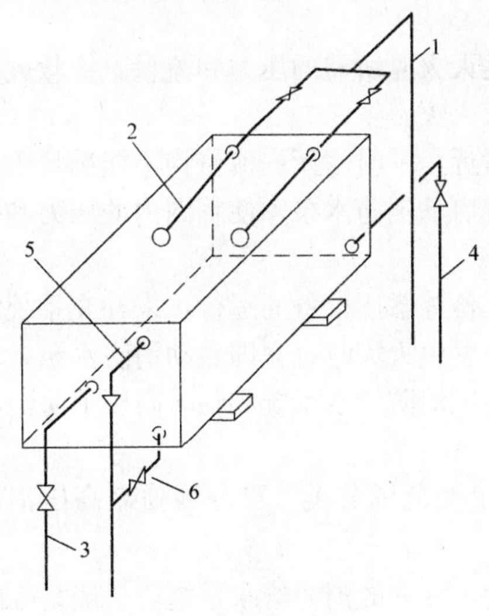

图5-41　消防水箱的配管
1—进水管；2—浮球阀；3—生活、生产用水管；4—消防用水管；5—溢水管；6—排污管

2. 自灌式引水。消防水泵宜采用自灌式引水，以保证水泵及时启动，及时供水，其吸水管应设阀门，供水管上应装设压力表和65mm的放水阀门。水泵的出水管上应装设试验和检查用的放水阀门。

3. 消防水泵的出水管。消防水泵房内一组消防水泵，应有不少于两条出水管直接与环状管网连接，如图5-42所示。当其中一条出水管检修时，其余的出水管应仍能供应全部用水量。在供水管上宜设检查用的压力表和试验放水阀。

泵站内设有两台或两台以上的消防泵与室内消防管网连接时，应采用直接连接法，不宜共用一条总的出水管与室内消防管网相连接。

4. 消防水泵出水管上宜设检查和试水用的放水阀门。

5. 为保证在火灾延续时间内人员的进出安全，消防水泵房设在底层时，出口应直通室外，设在其他楼层或地下室时出口应直通安全出口。另外，消防水泵房应设置排水设备和良好的通风、采光和防冻设施。

三、高层建筑室内消火栓给水系统

高层建筑是指10层及10层以上的居住建筑及其裙房和建筑高度超过24m的公共建

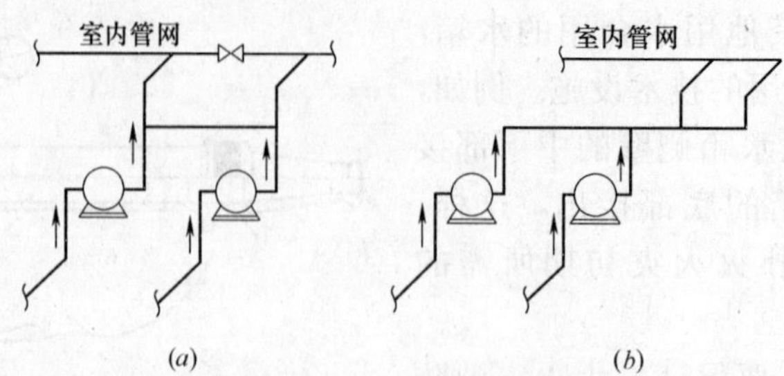

图 5-42 水泵出水管与室内环状管网的连接
(a) 正确的连接；(b) 错误的连接

筑。但不包括单层主体建筑高度超过 24m 的体育馆、会堂、剧院等公共建筑。

由于高层建筑发生火灾必须立足于自防自救，因而规定不论何种类型的高层民用建筑，不论何种情况（不能用水扑救的部位除外）都必须设置室内和室外消火栓给水系统。关于室外消火栓给水系统，已在前面介绍过了。

（一）消火栓给水系统

1. 按压力分类。高层民用建筑的室内消防给水系统，按压力可分为高压或临时高压消防给水系统。

(1) 高压消防给水系统是指管网内经常保持满足灭火时所需的压力和流量，扑救火灾时，不需启动消防水泵加压而直接使用灭火设备进行灭火。

(2) 临时高压消防给水系统指管网内最不利点附近，平时水压、流量均不能满足灭火的需要，在水泵房（站）内设有消防水泵，在火灾时启动消防水泵，使管网内的压力和流量达到灭火时的要求。

此外，当前较广泛地应用由稳压泵或气压给水设备等增压设备的运行，来补充系统泄漏的水量，以维持消火栓给水系统所必需的压力，当发生火灾时，立即启动消防水泵，以满足设计规定的水压和水量要求。这种系统似乎在高压消防给水系统和临时高压消防给水系统之间，但通常归入临时高压消防给水系统。

2. 按范围分类。高层民用建筑内的消防给水系统按范围分类，可分为独立高压消防给水系统和区域或集中高压消防给水系统。

(1) 独立高压消防给水系统就是每幢高层建筑设置独立的消防给水系统，一般是临时高压系统。

(2) 区域或集中高压（或临时高压）消防给水系统，就是两幢或两幢以上相邻的高层建筑共用一个消防水泵房的消防给水系统，这样可以节省基建投资，便于日常管理，降低运行费用。

（二）水泵接合器

水泵接合器的用途是当发生火灾，室内消防用水不足或消防水泵发生故障时，由消防车从室外消火栓取水后，再由消防车上的水泵加压，通过水泵接合器向室内消防给水管网供水灭火。因此室内消火栓给水系统和自动喷水灭火系统，均应分别设水泵接合器。当高层建筑采用垂直分区给水时，每个分区的消火栓给水系统均应按规定的数量，在室外各自设置消防水泵接合器。

水泵接合器的附件有止回阀、安全阀、闸阀和泄水阀等。止回阀的作用是只允许室外向室内供水，当室内消防给水管网压力较高时则不会倒流泄压，保障室内消防给水系统的安全。安全阀的定压一般可高出室内最不利点消火栓要求的压力0.2～0.4MPa。

水泵接合器的设置数量应按室内消防用水量确定，当计算出来的水泵接合器数量少于两个时，仍应采用两个，以利安全。

水泵接合器应设在室外便于消防车使用的地点，距室外消火栓或消防水池取水口的距离宜为15～40m。

水泵接合器的种类有地上式（SQ）、地下式（SQX）和墙壁式（SQB）三种。地上式目标显著，使用方便，应优先采用；地下式安装在路面下，不占用路面，且特别适用于寒冷地区；墙壁式安装在建筑物墙根处，墙面上只露两个接口的装饰标牌。

1. 地上消防水泵接合器。地上消防水泵接合器的结构如图5-43所示，其闸阀、安全阀、放水阀、止回阀均置于阀门井内，只有接合器本体和接口在地上。消防水泵接合器的基本尺寸见表5-20，基本参数见表5-21，主要规格性能见表5-22。

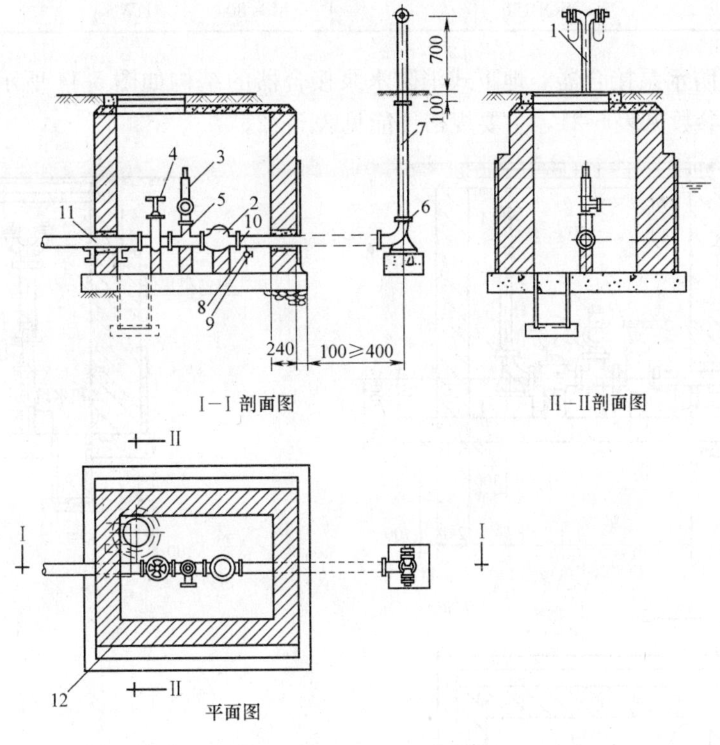

图5-43　地上消防水泵接合器

1—消防接口本体；2—止回阀；3—安全阀；4—闸阀；5—三通；6—90°弯头；7—阀兰接管；8—放水阀；9—镀锌钢管；井盖；10、11—法兰直管；12—阀门井

消防水泵接合器的基本尺寸　　**表5-20**

公称直径 DN	结构尺寸(mm)							消防接口
	B_1	B_2	B_3	H_1	H_2	H_3	H_4	
100	300	350	220	700	800	210	318	KWS_{65}
150	350	480	310	700	800	325	465	KWS_{80}

消防水泵接合器的基本参数 **表 5-21**

公称直径 *DN*	公称压力(MPa)	适用介质
100	1.6	水、泡沫混合液
150		

消防水泵接合器主要规格性能 **表 5-22**

名称	型号	强度试验压力(MPa)	进水口尺寸(mm)	接口	附注
地上消防水泵接合器	SQ100	2.4	65×65	KWS_{65}	1. 内部压力为0.1MPa时最小流量$110m^3/h$ 2. 公称直径150mm适用于大功率消防车
	SQ150		80×80	KWS_{80}	
地下消防水泵接合器	SQX100		65×65	KWS_{65}	
	SQX150	2.4	80×80	KWS_{80}	
墙壁消防水泵接合器	SQB100		65×65	KWS_{65}	
	SQB150		80×80	KWS_{80}	

2. 地下消防水泵接合器。地下式消防水泵接合器的结构如图 5-44 所示，基本尺寸见表 5-20，基本参数见表 5-21，主要规格性能见表 5-22。

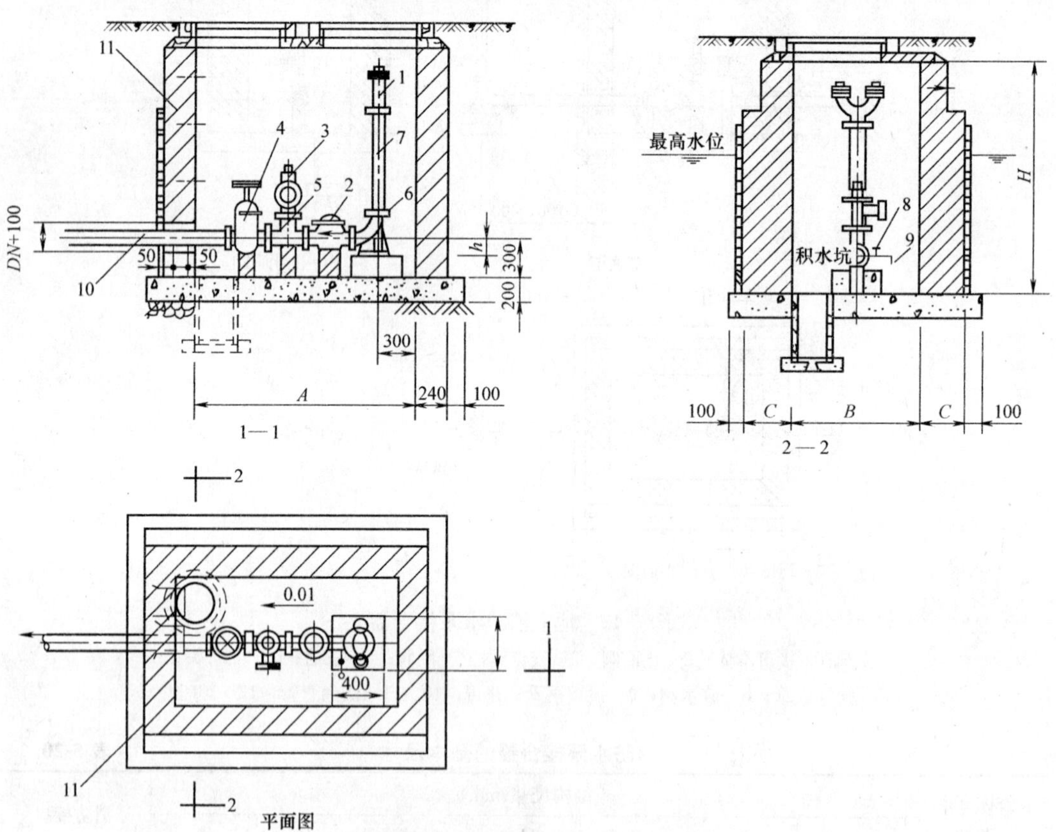

图 5-44 地下式消防水泵接合器（SQX 型）

1—消防接口、本体；2—止回阀；3—安全阀；4—闸阀；5—三通；6—90°弯头；7—法兰直管；8—放水截止阀；9—镀锌管；10—法兰直管（*DN*100 或 *DN*150）；11—阀门井

3. 墙壁消防水泵接合器

墙壁消防水泵接合器的结构如图 5-45 所示，基本尺寸见表 5-20，基本参数见表 5-21，主要规格性能见表 5-22。

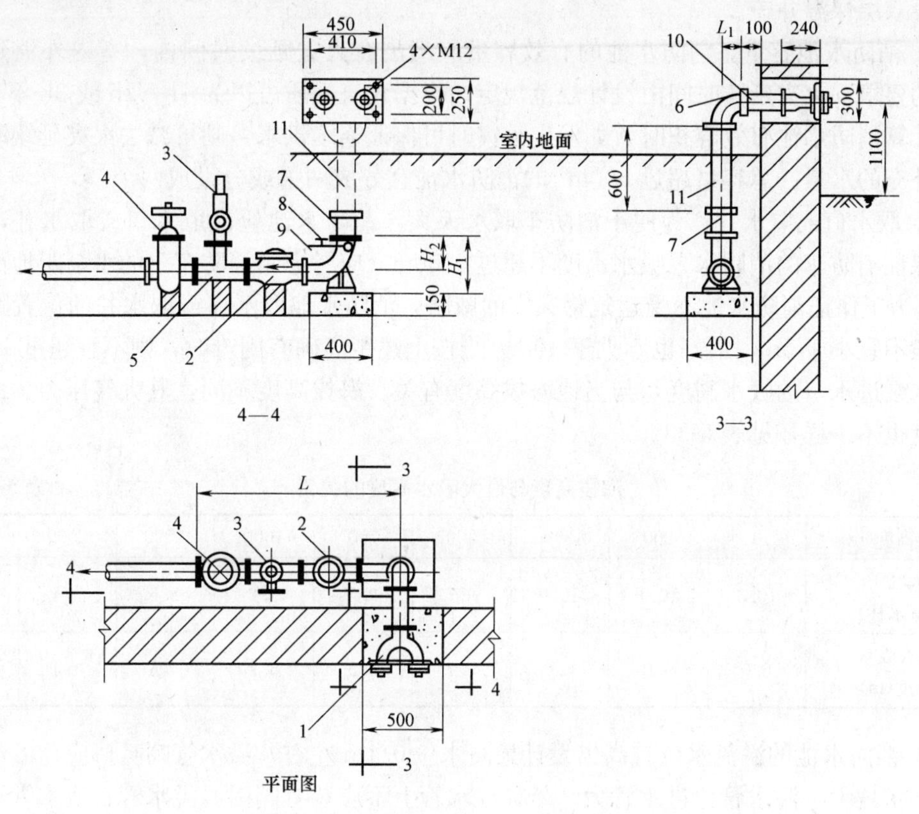

图 5-45 墙壁消防水泵接合器（SQB 型）

1—消防接口、本体；2—止回阀；3—安全阀；4—闸阀；5—三通；6—90°弯头；7—法兰直管；8—截止阀；9—镀锌管；10、11—法兰直管（*DN*100 或 *DN*150）

（三）消防水池

1. 设消防水池的条件。高层建筑在下列情况下，应设消防水池：

（1）市政给水管道和进水管或天然水源不能满足消防用水量；

（2）市政给水管道为枝状或只有一条进水管（二类建筑的住宅除外）；

（3）不允许消防水泵从室外给水管网直接吸水。

2. 消防水池一般与生活水池分开设置，当有保护水质的技术措施时，也可合用。水质保证技术措施如下：

（1）紫外线消毒；

（2）投加消毒剂（O_3，Cl 系消毒剂）；

（3）过滤和消毒。

根据各供水水质的要求，消防水池与生产贮水池可合用。合用时应有确保消防用水不作他用的技术措施。

3. 消防水池可设在室内地下室或外，也可与游泳池、水景喷水池等兼用。利用游泳池、水景喷水池、循环冷却水池等专用水池兼作消防水池时，除须满足上述要求外，还应保持全年有水、不得放空（包括冬期）。

4. 寒冷地区的室外消防水池应有防冻措施，消防水池盖板上须覆土保温；人孔和取水口设双层保温井盖。

5. 消防水池容量。消防水池的有效容量应满足在火灾延续时间内，室内外消防用水总量的要求。火灾延续时间由设计规范规定，根据建筑性质可以为1h、2h或3h不等。

计算消防水池有效容积时，如发生火灾时可保证连续供水，则可减去火灾延续时间内连续补充的水量。总容量超过500m^{3}的消防水池宜分成两格或分设成两个。

6. 取水口或取水井。为便于消防车取水灭火，消防水池应设取水口或取水井，其水深应保证消防车的消防水泵吸水高度不超过6.00m（应考虑到消防车上的水泵距地面约为1m）。为了保证消防水池不受建筑物火灾的威胁，消防水池取水口或取水井的位置距建筑物一般不宜小于5m，最好也不大于40m。当按上述距离确有困难时，则不宜超过100m。

水泵进水口的吸水高度，与当地海拔高度有关。海拔高度不同，其大气压力、最大吸水高度也不一样，见表5-23。

海拔高度与最大吸水高度的关系 **表5-23**

海拔高度(m)	0	200	300	500	700	1000	1500	2000	3000
大气压 (m水柱)	10.3	10.1	10.0	9.7	9.5	9.2	8.6	8.4	7.3
最大吸水 高度(m)	6.0	6.0	6.0	5.7	5.5	5.2	4.6	4.4	3.3

7. 消防水池的溢流水位宜高出设计最高水位0.1m左右，溢水管喇叭口应与溢流水位在相同水位上，溢水管比进水管大2号，溢水管上不应装有阀门。溢水管、泄水管不应与排水管直接连通。

（四）消防水泵

1. 高层建筑的消防水泵。高层建筑消防水泵对吸水管和压水管的要求与低层消防给水系统的相同，但是在备用泵的设置上有所不同。高层建筑消火栓给水系统中必设备用泵，其工作能力不应小于其中最大一台消防泵。保证在扑灭火灾时，消防泵能不间断地供水。在选泵过程中注意水泵的Q-H性能曲线相对平缓，以防系统超压。

2. 高层建筑群可共用消防水泵房。消火栓给水泵与自动喷水消防给水泵一般应分开设置。

（五）高位消防水箱

高位消防水箱指置于建筑物屋顶的消防水箱，也包括垂直分区采用并联给水方式的各分区的减压水箱。消防水箱的作用是供给初期火灾时的消防用水水量，并保证相应的水压。采用临时高压给水系统的高层建筑物，均应设置消防水箱。设置高位消防水箱，应符合下列要求：

1. 高位消防水箱的贮水量。对不同性质的建筑规定了消防水箱的不同容量，住宅小些，公共建筑大些。现行设计规范规定，一类公共建筑不应小于18m^3；二类公共建筑和一类居住建筑不应小于12m^3；二类居住建筑不应小于6.0m^3。

高层建筑物内的消防水箱最好采用两个，在一个水箱检修时，仍可保存必要的消防应急用水，用连通管在两个消防水箱的底部进行连接，在连通管上设阀门，并处于常开状态，如图 5-46 所示。

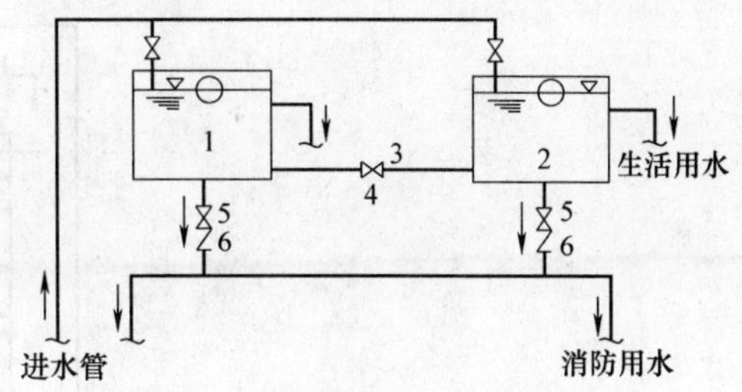

图 5-46　两个水箱贮存消防用水的阀门布置
1、2—生活、生产、消防合用水箱；3—连通管；4—常开阀门；5—常开阀门；6—止回阀

2. 高位消防水箱的设置高度与增压设施。高位消防水箱的设置高度应保证最不利点消火栓必需的静水压力，当建筑高度超过 100m 时，不应低于 0.15MPa，当建筑高度不超过 100m 时，不应低于 0.07MPa。当高位消防水箱不能满足上述静压要求时，可采用气压水罐或稳压泵增压，以便在火灾初起时，消防水泵启动前，满足消火栓和自动喷水灭火系统的水压要求。

气压水罐的调节水容量宜为 450L，即相当于两支水枪和 5 个喷头 30s 的用水量。增压水泵的出水量，对消火栓给水系统不应大于 5L/s，对自动喷水灭火系统不应大于 1L/s。

3. 水质和水量保证。为避免消防水箱内的水长期备而不用导致变质，故消防用水可与生活用水共用水箱，但共用水箱要有消防用水不作他用的技术措施，这在低层建筑室内消火栓给水系统中已经介绍过了。

4. 消防水泵启动后消防用水不得进入消防水箱。平时应通过生活或其他给水管道向水箱供水，并在水箱的消防出水管上安装止回阀，以阻止消防水泵启动后消防用水进入水箱。

(六) 室内消火栓给水系统图式

1. 按管网的服务范围划分。按消火栓给水系统的服务范围，室内消防给水系统有区域集中的室内消防给水系统和独立的室内消防给水系统。

区域集中的室内消防给水系统。由于高层建筑发展较快，高层建筑群不断涌现，这就为采用区域集中的室内（高压或临时高压）消防给水系统创造了条件，即数幢或数十幢高层建筑物共用一个加压水泵房的消防给水系统。这种系统的优点是节省投资，便于统一集中管理。在统一规划的高层建筑区，可采用这种消防给水系统。

与上述系统相对应的是独立的室内消防给水系统，即每幢高层建筑设置一个单独加压水泵房的室内消防给水系统。这种消防给水系统仍是现在的主流系统，主要是建筑物产权制度决定的。

2. 按建筑高度划分。按高层建筑高度的不同，有分区给水和不分区两种室内消防给水系统。

(1) 对建筑高度不超过 50m 的工业与民用建筑物，一旦着火，消防队可使用解放牌消防车，从室外消火栓（或消防水池）取水，通过水泵接合器往室内管网加压供水，扑灭火灾，因此采用不分区室内消防给水系统。

对有黄河牌或交通牌等大型消防车的城市，当建筑高度超过 50m 而不超过 80m 时，室内消防给水系统也可不分区。

不分区室内消火栓给水系统的布置如图 5-47 所示。

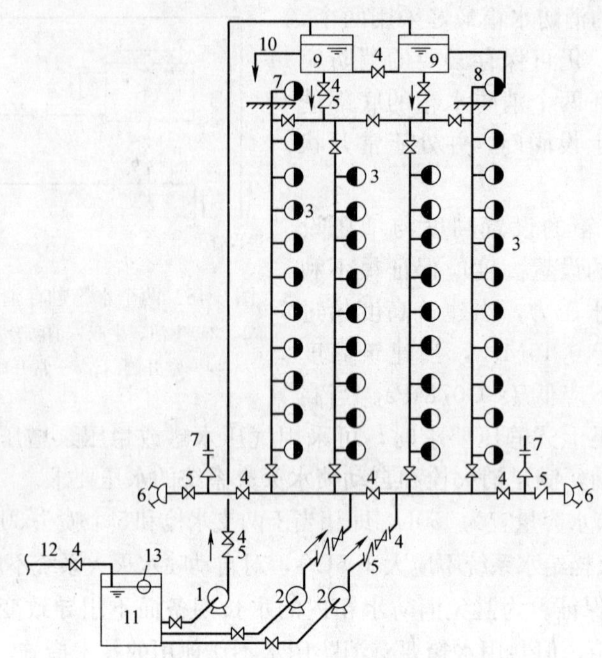

图 5-47　不分区室内消火栓给水系统的布置

1—生活、生产水泵；2—消防水泵；3—消火栓（远距离启动消防泵按钮）；4—阀门；5—止回阀；6—水泵接合器；7—安全阀；8—屋顶消火栓；9—高位水箱；10—生活、生产用水管；11—贮水池；12—来自市政进水管；13—浮球阀

（2）对建筑高度超过 50m，而未配置黄河牌或交通牌等大型消防车的城市，或建筑高度超过 80m 时，室内消火栓处的静压力大于 0.8MPa，应采用分区给水系统，如图 5-48 所示。

分区供水又分为串联和并联方式。串联供水方式适用于建筑高度大于 100m 的高层建筑中；并联供水方式适用于分区数在 3 个分区以下，且允许设置高位水箱的建筑中。对于 100m 以下的建筑宜采用减压阀分区供水方式，用减压阀代替减压水箱，可少占建筑面积、降低工程投资和简化给水系统。

（七）消防泵房

高层建筑室内消防给水系统应设有消防泵房，并设有两台或两台以上消防泵。消防泵出水管与室内消防管网的连接管应不少于两条，不允许消防泵组共用一条总出水管，再在总出水管上设支管与室内管网连接。

消防水泵应采用自灌式吸水，其吸水管应设阻力小的闸阀。自灌式吸水的消防水泵启动迅速，运行可靠。因此应尽可能采用消防水池或消防水箱的工作水位高于消防水泵轴线标高的自灌式吸水方式。

为方便试验和检查消防水泵，规定在消防水泵的出水管上装设压力表和放水阀门。为便于和水带连接，阀门的直径应为 65mm。

消防水泵应定期运转检查，能否迅速启动，电控系统和水泵机组本身是否正常。检验时用的水当来自消防水池时，并可回归至水池。

当消防水泵为两台时，消防水泵与室内管网的连接如图 5-49 所示。

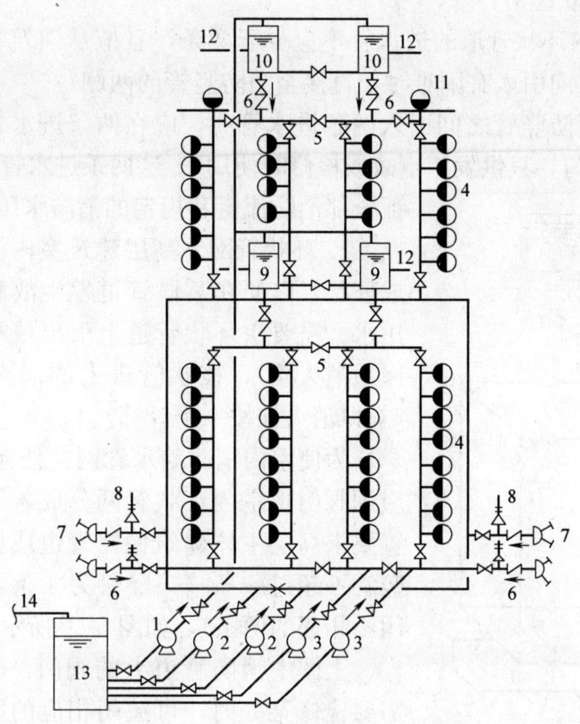

图 5-48　分区给水室内消火栓给水系统

1—生活、生产水泵；2—上区消防泵；3—下区消防泵；4—消火栓及远距离启动水泵按钮；5—阀门；6—止回阀；7—水泵按合器；8—安全阀；9—下区水箱；10—上区水箱；11—屋顶消火栓；12—生活、生产用水管；13—贮水池；14—来自市政进水管

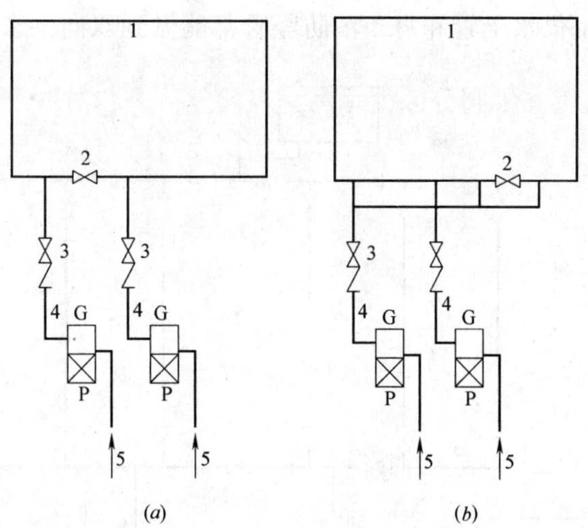

图 5-49　消防水泵与室内管网的连接方法

(*a*) 正确的连接；(*b*) 不正确的连接

P—电动机；G—消防水泵；1—室内管网；2—消防分隔阀门；3—阀门和止回阀；4—出水管；5—吸水管

（八）消防管网布置

1. 进水管。室内环状管道的进水管不应少于两条，且应从建筑物不同方向的市政管网引入。若在不同方向引入有困难时，直接至消防竖管的两侧。

若在两根室内消防竖管之间引入两条进水管时，应在两条进水管之间设置分隔阀门（此阀门应为常开阀门，只供发生事故或检修时使用）。这两条进水管的任何一条均应能保证全部消防流量和规定的消防水压。

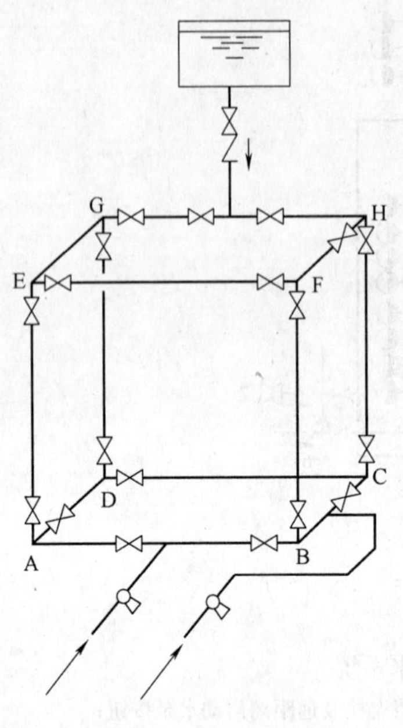

图 5-50　室内管网阀门布置图

2. 环状管网。高层建筑室内消防给水干管应布置成环状，以便在某段管道发生故障时，仍能保证灭火用水。需要由环状管道上引出枝状管道时（例如设置屋顶消火栓），枝状管道上的消火栓数不宜超过一个（双口消火栓按一个计算）。

为使室内消防给水管网在任何情况下都保证供水，应用阀门将室内环状管网分成若干独立段。阀门的布置要求高层主体建筑检修管道或检修阀门时，关闭的竖管不超过一条（当竖管为 4 条及 4 条以上时，可关闭不相邻的两条），如图 5-50 所示。

上图中消防管道上的阀门，应处于常开状态。当需要检修某处时，可关闭相应的阀门。为防止检修后忘记开启阀门，要求阀门设有明显的启闭标志（例如采用明杆阀门）。

3. 消防竖管。竖管就是立管，一座建筑或高层建筑的一个垂直分区内，由若干条消防竖管，每条消防竖管在各层均设有消火栓。消防竖管的上端、下端或上下端有消防干管连通，以形成消防管网的环形布置，保证供水干管和每条消防竖管都能做到双向供水，如图 5-51 所示。消

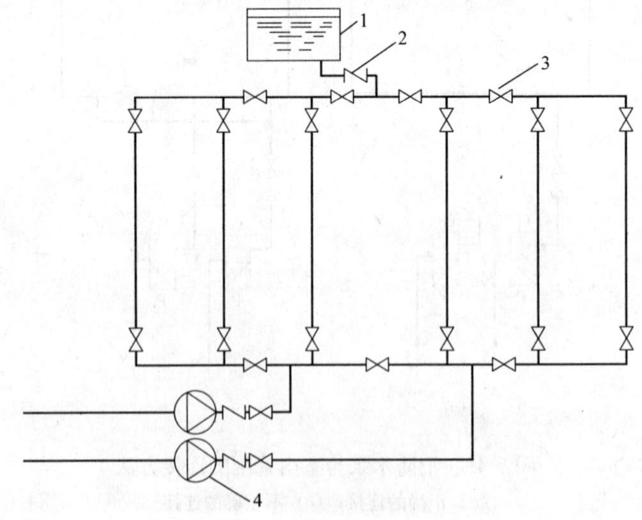

图 5-51　室内消防管网的环形布置

1—消防水箱；2—止回阀；3—阀门；4—水泵

防竖管的布置应考虑到以下几点：

(1) 消防竖管的布置，应保证同层相邻两个消火栓的水枪的充实水柱同时达到被保护范围内的任何部位。换言之，消防竖管的布置要保证各楼层的任何部位均在两个消火栓的有效保护范围之内。

对于18层及18层以下的单元式住宅和18层及18层以下、每层不超过8户、建筑面积不超过650m^{2}的塔式住宅，当设两根消防竖管有困难时，可设一根竖管，但必须采用双阀双出口型消火栓，且应保证消火栓的充实水柱到达最远点。

(2) 布置消防竖管时，可先在建筑物走廊的端头设竖管，走廊中间的竖管应按两支水抢充实水柱同时达到被保护范围内的任何部位的要求布置，但竖管的最大间距不宜大于30m。

(3) 消防竖管的直径应按室内消防用水量计算确定。计算出来的消防竖管直径小于100mm时，仍应采用100mm，这是为了保证消防车通过水泵接合器往室内管网送水的可能性和可靠性。每根消防竖管的上下端均应设阀门，以备该竖管维修消火栓时不致影响其他竖管。

4. 消火栓系统和自喷系统分开设置。高层建筑物内均同时设有消火栓给水系统和自动喷水灭火系统时，应将自动喷水管网与消火栓给水管网分开设置，并各自设置加压水泵，使之成为两个互不干扰的消防系统。如有困难时，可合用一套消防泵组，但应在自动喷水系统的报警阀前（沿水流方向）将两套管网分开设置。

5. 消防卷盘。消防卷盘用于消火栓使用前扑灭初期火灾，主要是为非消防专业人员准备的，因此只要求有一股水流能够到达室内地面任何位置，而不要求到达室内任何空间部位。消防卷盘的栓口直径一般为25mm，配备的胶带内径不小于19mm，消防卷盘喷嘴口径不小于6.0mm。消防卷盘的安装高度应便于取用。

6. 高层建筑消防给水系统应采取防超压措施。由于高层建筑消防设计的用水量较大，但在火灾初期和消防水泵在试验和检查时，出水量比设计消防用水量小得多，故可能使管网压力升高而造成事故。因此，应采取以下相应措施：(1) 选用流量—扬程曲线平缓的消防水泵；(2) 确保管道和附件符合设计承压能力；(3) 设置安全阀或其他泄压装置，设置回流管泄压。

(九) 远距离启动消防水泵设备

为了在起火后尽快提供消防灭火所需的水量和水压，在每个消火栓处应设置远距离启动消防水泵的按钮，以便使用消火栓灭火的同时，启动消防水泵。

为防止误动作，启动消防水泵的按钮应加以保护，如将按钮设在消防箱内或设在带有玻璃的墙壁小龛内。

建筑物内的消防控制中心，均应设置远距离启动或停止消防水泵运转的设施。

第三节　自动喷水灭火系统

自动喷水灭火系统是扑救初期火灾十分有效的消防设施，在《建筑设计防火规范》GB 50016—2006和《高层民用建筑设计防火规范》GB 50045—95（2005版）中规定了需要设置自动喷水灭火系统的场合，但在具体的工程设计和施工中，还必须遵照《自动喷水灭火系统设计规范》GB 50084—2001（2005版）和《自动喷水灭火系统施工及验收规范》GB 50261—2005。设置自动喷水灭火系统的建筑，必须同时设置消火栓灭火系统。

本节内容除了在"一、自动喷水灭火系统类型简介"中，简单介绍湿式自动喷水灭火系统、干式自动喷水灭火系统和预作用自动喷水灭火系统的示意图和工作原理以外，其他内容都属于湿式自动喷水灭火系统的范围，因为这种系统应用广泛，占了各种自动喷水灭火系统的95％以上。

一、自动喷水灭火系统类型简介

由于建筑物条件、环境和保护对象的不同，自动喷水灭火系统有不同的类型，主要有湿式自动喷水灭火系统、干式自动喷水灭火系统和预作用自动喷水灭火系统。此外还有雨淋喷水灭火系统、水幕管道系统和水喷雾灭火系统等。其中，以湿式自动喷水灭火系统应用最为广泛，即通常所称的自动喷水灭火系统，有时还简称为"自消"或"自喷"。

所谓闭式系统，就是采用闭式洒水喷头的自动喷水灭火系统。在准工作状态下洒水喷头是被玻璃球或易熔金属元件封闭的，当室内一旦发生火警，温度升高到一定程度，封闭喷头的玻璃球爆裂或易熔金属元件熔化，喷头即喷水灭火，这也称为喷头动作或喷头开放。

所谓准工作状态，就是自动喷水灭火系统性能及使用条件符合有关技术条件要求，处于发生火灾时能立即动作、喷水灭火的状态。

（一）湿式自动喷水灭火系统

湿式自动喷水灭火系统适用于室内温度不低于4℃，且不高于70℃的建筑物。湿式自动喷水灭火系统由水源和供水设施、湿式报警阀组、水管系统和喷头等主要部分组成。

所谓湿式系统是指管网内必须经常充满有压力的水，一旦发生火灾，喷头即喷水灭火。湿式系统必须安装在全年不结冰及不会出现过热危险的场所，该系统在喷头动作后立即喷水，其灭火成功率高于干式系统。

湿式自动喷水灭火系统的组成如图5-52所示，其中湿式报警阀组是一套装置，如图5-53所示，它的主要部件的名称和用途见表5-24。

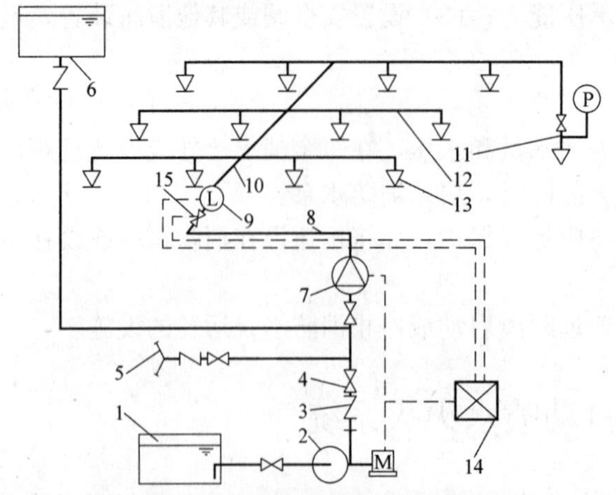

图5-52　湿式自动喷水灭火系统示意图

1—水池；2—水泵；3—止回阀；4—蝶阀或闸阀；5—水泵接合器；6—消防水箱；7—湿式报警阀组；8—配水干管；9—水流指示器；10—配水管；11—末端试水装置；12—配水支管；13—闭式喷头；14—火灾报警控制器；15—信号阀

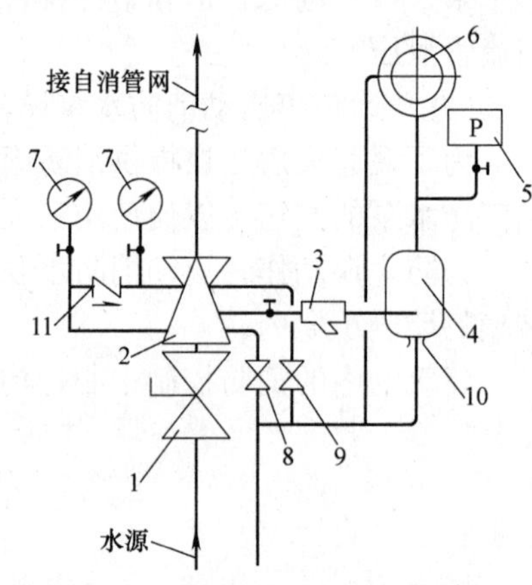

图5-53　湿式系统报警阀组示意图

注：本图为湿式报警阀组的标准配置，各厂家的产品可能与此有所不同，但应满足报警阀的基本功能要求。

湿式报警阀组的主要部件名称和用途 **表 5-24**

编号	名 称	用 途
1	水源控制阀(信号阀)	系统供水控制阀,常开;关闭时输出电信号
2	湿式报警阀	系统控制阀,开启时可输出报警水流信号
3	过滤器	过滤水中的杂质,防止下游管路堵塞
4	延迟器	延迟报警时间,避免水压波动引起误报警
5	压力开关	湿式报警阀开启后,发出电信号报警
6	水力警铃	湿式报警阀开启后,发出音响信号报警
7	压力表	显示湿式报警阀上、下腔的压力
8	泄水阀	系统检修时排空存水
9	试验阀	试验报警阀功能及警铃报警功能
10	节流器	节流排水,与延迟器共同工作
11	限量止回阀	由湿式报警阀下腔向上腔单向限量补水,防止压力变化引起报警阀误动作

湿式自动喷水灭火系统的工作原理,如图 5-54 所示。

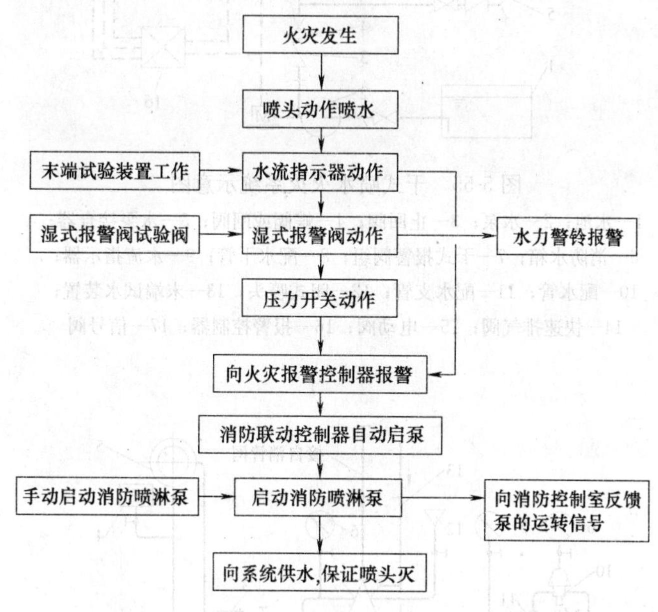

图 5-54 湿式自动喷水灭火系统工作原理

(二)干式喷水灭火系统

干式喷水灭火系统的特点是适合于4℃以下低温(即有可能结冰)和70℃以上的高温场合。干式系统与湿式系统的区别是,采用干式报警阀组,并设置保持配水管道内气压的充气设施。

干式系统处于准工作状态时,配水管道内应充满用于启动系统的有压气体,因此使用场所不受环境温度的限制,适用于有冰冻危险与环境温度有可能超过70℃、使管道内的充水汽化升压的场所。

干式系统的缺点是，发生火灾时，配水管道必须经过排气充水过程，因此推迟了喷头动作喷水的时间，对于可能发生火灾后可能迅速蔓延的场所，不适合采用此种反应滞后的系统。

干式系统的组成如图 5-55 所示，其中干式报警阀组是一套装置，如图 5-56 所示，它的主要部件的名称和用途见表 5-25。

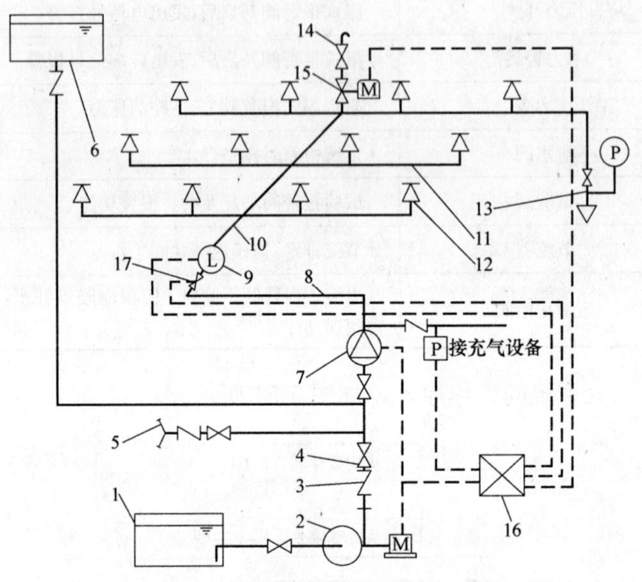

图 5-55 干式喷水灭火系统示意图

1—水池；2—水泵；3—止回阀；4—蝶阀或闸阀；5—水泵接合器；6—消防水箱；7—干式报警阀组；8—配水干管；9—水流指示器；10—配水管；11—配水支管；12—闭式喷头；13—末端试水装置；14—快速排气阀；15—电动阀；16—报警控制器；17—信号阀

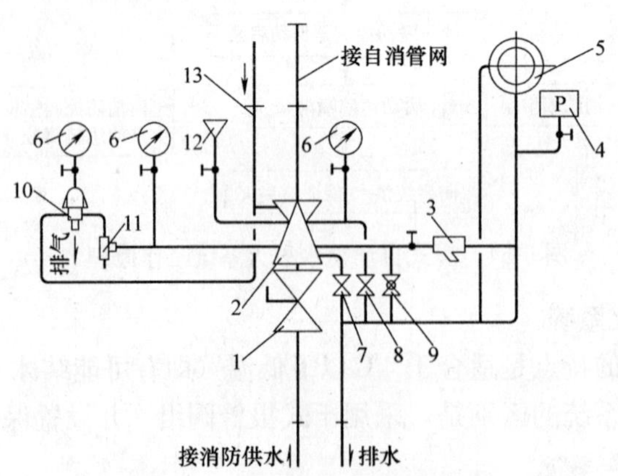

图 5-56 干式系统报警阀组示意图

注：本图为干式报警阀组的标准配置，各厂家的产品可能与此有所不同，但应满足报警阀的基本功能要求。

干式报警阀组的主要部件名称和用途 表 5-25

编号	名 称	用 途
1	水源控制阀(信号阀)	系统供水控制阀,常开;关闭时输出电信号
2	干式报警阀	系统控制阀,开启时可输出报警水流信号
3	过滤器	过滤水中的杂质,防止下游管路堵塞
4	压力开关	干式报警阀开启后,发出电信号报警
5	水力警铃	干式报警阀开启后,发出音响信号报警
6	压力表	显示水压或气压
7	泄水阀	系统检修时排空存水
8	试验阀	试验报警阀功能及警铃报警功能
9	自动滴水球阀	排除系统渗漏的水,接通大气,使干式阀保持密封
10	加速器	加速开启干式报警阀
11	抗洪装置	防止报警阀开启时水进入加速器
12	注水口	向报警阀内注水以密封阀瓣
13	输气管	来自充气设施,向干式管网充气

干式喷水灭火系统的工作原理，如图 5-57 所示。

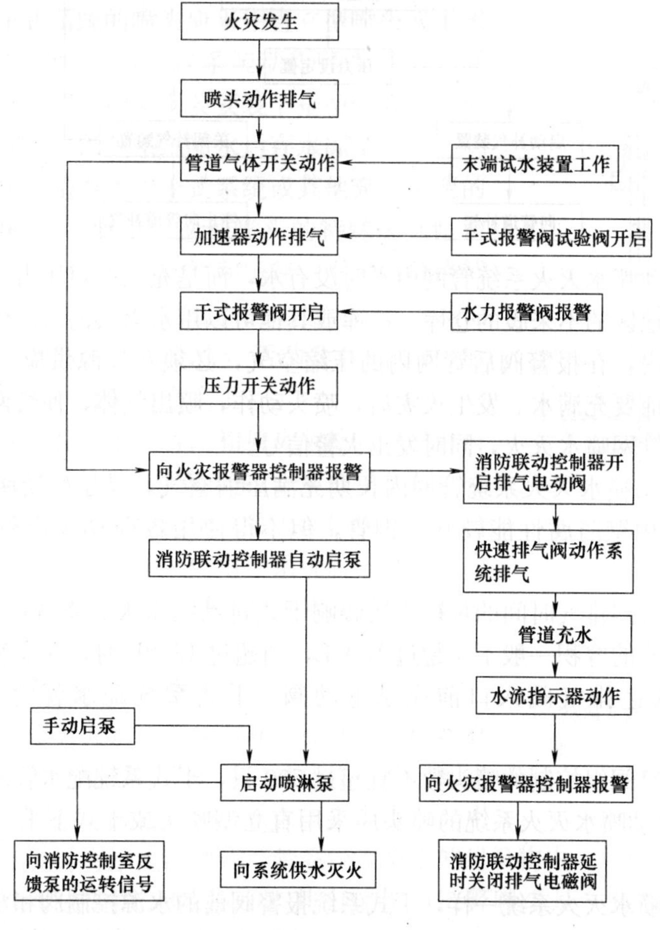

图 5-57 干式喷水灭火系统的工作原理

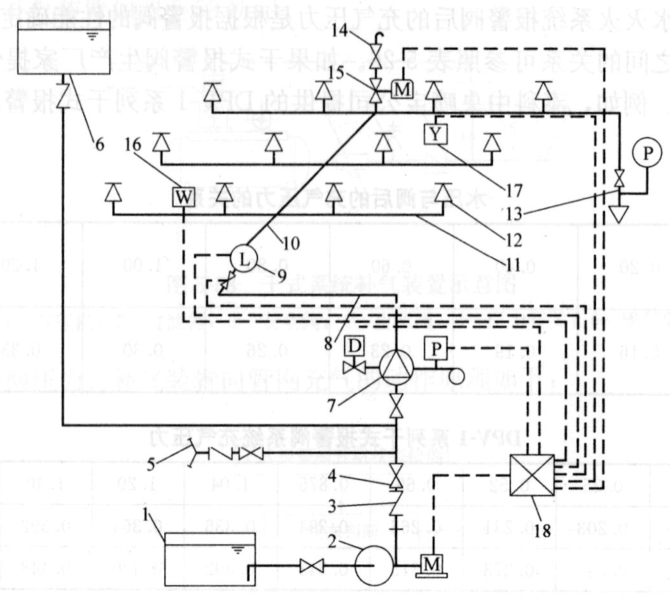

图 5-60　预作用自动喷水灭火系统

1—水池；2—水泵；3—止回阀；4—闸阀；5—水泵接合器；6—消防水箱；7—预作用报警阀组；8—配水干管；9—水流指示器；10—配水管；11—配水支管；12—闭式喷头；13—末端试水装置；14—快速排气阀；15—电动阀；16—感温探测器；17—感烟探测器；18—报警控制器

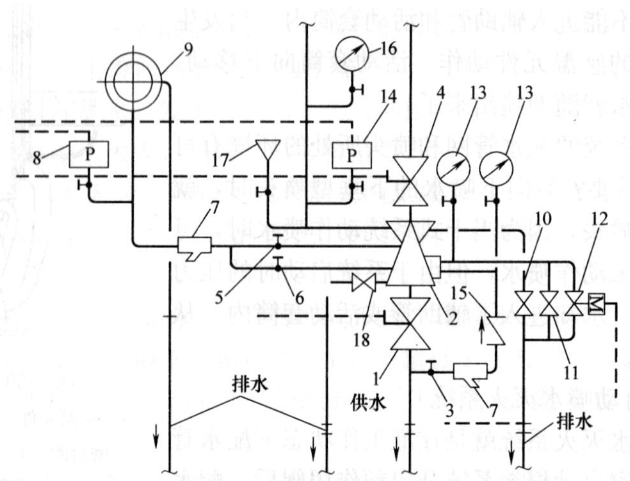

图 5-61　预作用报警阀组示意图

注：本图为预作用报警阀组的标准配置，各厂家的产品可能与此有所不同，但应满足报警阀的基本功能要求。

预作用报警阀组的主要部件名称和用途 表 5-28

编号	名　称	用　途
1	水源控制阀(信号阀)	系统供水控制阀,常开;关闭时输出电信号
2	预作用报警阀	控制系统进水,开启时可输出水流报警信号
3	控制腔供水阀	常开,关闭时切断控制腔供水
4	试验信号阀	检修调试用阀。常开,关闭时输出电信号
5	水力警铃控制阀	切断水力警铃声,平时常开
6	水力警铃测试阀	手动打开后,可在雨淋状态下试验警铃
7	过滤器	过滤水中的杂质,防止下游管路堵塞
8	压力开关	报警阀开启时,发出电信号
9	水力警铃	报警阀开启后,发出音响信号报警
10	试验放水阀	系统调试或功能试验时打开
11	手动开启阀	手动开启预作用阀
12	电磁阀	电动开启预作用阀
13	压力表	显示水压
14	压力表开关	低气压报警,控制空压机启停
15	止回阀	防止水倒流
16	压力表	显示系统气压
17	注水口	向报警阀内注水以密封阀瓣
18	泄水阀	系统检修时排空存水

预作用自动喷水灭火系统主要由火灾探测器、闭式喷头、水流指示器、预作用报警阀组和管网组成，其工作原理如下：

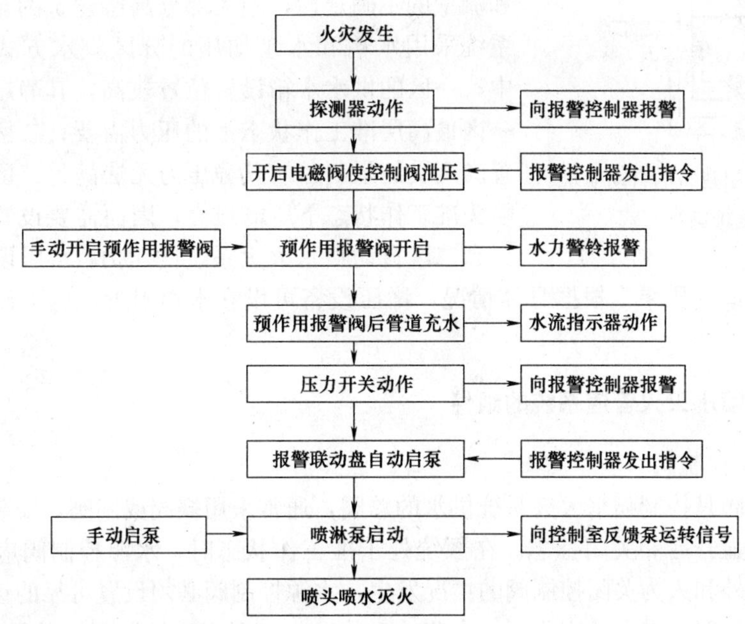

预作用系统在预作用阀后的管道中平时充填低压缩气体（空气或氮气），也可不充填压缩气体（空管）。预作用阀之后的管道内充有压力气体时，宜先注入少量清水封闭阀口，再充入压缩空气或氮气，其气压不宜大于 0.03MPa，也可以用 0.035～0.05MPa 的气压来进行管道系统的严密性监测。

预作用系统是干式和湿式系统的特点的结合，即平时是干式系统，因而当管道或喷头损坏时，不会造成水渍损失。而当发生火灾时，火灾探测系统的动作先于喷头的动作，自动开启预作用阀，使管道迅速充满水而成为湿式系统，及时喷水灭火。为确保该系统的有效性，管网充满水的时间不宜超过 2min。

对于报警阀后为空管的预作用系统，可以直接用雨淋阀作为预作用报警阀；对于报警阀后充气的预作用系统，应同时采取增加湿式报警阀、止回阀等防止气体渗漏的措施。

预作用系统既兼有湿式、干式系统的优点，又避免了湿式、干式系统的缺点，在不允许出现误喷或管道漏水的重要场所，可替代湿式系统使用；在低温或高温场所中可替代干式系统使用，可避免喷头开启后延迟喷水的缺点。

（四）高层建筑的自动喷水灭火系统

高层建筑采用湿式自动喷水灭火系统，其分区与前面介绍过的高层建筑室内消火栓给水系统大体相同。

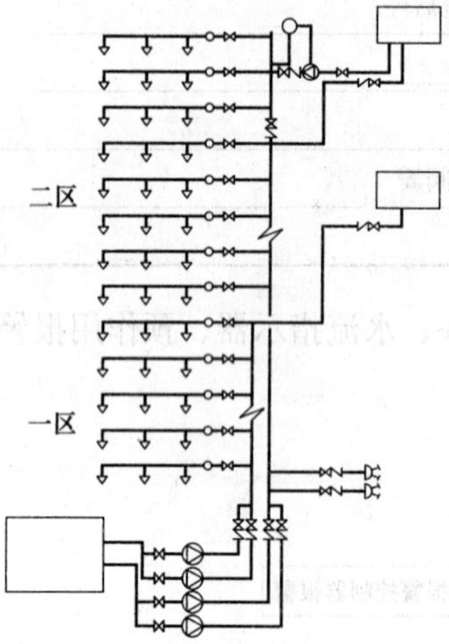

图 5-62 高层建筑的自动喷水灭火系统供水方式

自动喷水灭火系统管网内压力不应大于 1.2MPa，竖向分区压力控制在 0.3～0.36MPa 左右。供水方式主要分为直接供水系统和设有水泵、水箱的加压供水系统。

1. 直接供水方式。直接供水方式最为简单经济，适用于室外给水能满足高层建筑的低层和地下层的消防用水流量和压力需求的场合。

2. 水箱和水泵加压供水方式。考虑到市政给水压力和流量的不确定性，绝大部分高层建筑的自动喷水灭火系统采用水箱和水泵加压的分区供水方式。在图 5-62 中，一区的供水水箱设置位置较高，其静压力足以满足一区最高层准工作状态下的压力需要；二区供水水箱设置高度受到限制，靠其静压力无法满足二区高层最不利喷头准工作状态下所需压力，因而需要设置增压设备来提高二区自动喷水灭火系统的压力，增压设备一般采用隔膜式气压罐或补压泵。根据具体情况，增压设备可设在水箱附近，也可设在管道系统底部。

二、自动喷水灭火管道系统的组件

（一）水源控制阀

水源控制阀是控制喷水灭火系统供水的总阀，通常采用蝶阀或闸阀，安装时要确保操作方便，有明显开启和关闭标志。在系统处于准工作状态时，水源控制阀应处于全开状态，为防止意外和人为关闭控制阀的情况发生，水源控制阀必须设置可靠的锁定装置，将其锁定在常开位置。在实际应用中，有些地方曾发生过因水源控制阀被关闭或半开状态，当火灾发生时，系统的喷头和控制设备虽能正常启动，但管网无水供应或供水不足，而造成重大损失的事例。因此，近年来要求水源控制阀也要采用信号阀，当不慎被关闭时，它会发出信号警示值班人员进行处理。

（二）湿式报警阀

湿式报警阀用于湿式自动喷水灭火管道系统，它的主要功能是当喷头开启喷水而使管道中的水流动时，其阀板便自动打开，向管网供水，并使水流进入水力警铃，发出报警信号。

湿式报警阀的形式有3种：隔板座圈型、导阀型和蝶阀型，其中以隔板座圈型应用最多，从制造形式而言，又可分为立式和水平式，通常采用立式。水平式犹如一只水平安装的旋启式止回阀，对于空间高度受限的地点，适宜安装水平式。

报警阀组安装的位置应符合设计要求。当设计无要求时，报警阀组应安装在便于操作的明显位置，距室内地面高度宜为1.2m；两侧与墙的距离不应小于0.5m；正面与墙的距离不应小于1.2m；报警阀组凸出部位之间的距离不应小于0.5m。安装报警阀组的室内地面应有排水设施。

报警阀组的安装应在供水管网试压、冲洗合格后进行，应先安装水源控制阀、报警阀，然后进行报警阀辅助管道的连接。

（三）延迟器

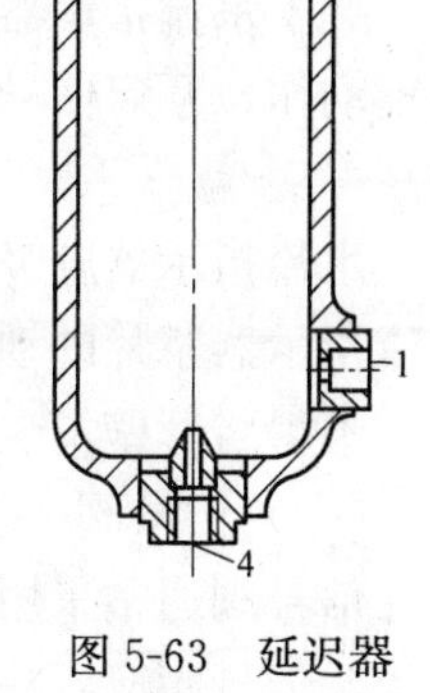

图5-63 延迟器
1—进口；2—本体；3—出口；4—泄水孔

延迟器是一个带有管道接口的中空容器，见图5-63。其动作过程是：当湿式阀因压力波动瞬间开启时，水流首先进入延迟器，由于进入延迟器的水很少，会很快经其下部的泄水孔4经节流器排出，水就不会经出口3进入水力警铃而形成误报警。只有当水连续通过湿式阀，使它开启时，水才能很快充满延迟器，并经顶部出口3流向水力警铃，发出报警。可见，延迟器作用是通过缓冲和延时，消除因水源压力波动而引起的水力警铃误报警。延迟器只用于湿式系统，容积一般为6～10L，延迟时间为20～30s。延迟器的结构类型有多种。

（四）水力警铃

水力警铃是利用水流的冲击力发出声响来进行报警的一种装置，其使用历史很长，具有稳定可靠的优点，即使在管道系统中已经使用压力开关和在水流指示器电动报警的情况下，水力警铃仍有其不可替代的实用价值。

水力警铃应安装在公共通道或值班室附近的外墙上，且应安装检修、测试用的阀门和过滤器。水力警铃和报警阀的连接应采用热镀锌钢管，当这段管道的公称直径为20mm时，其长度不宜大于20m，应确保其启动压力不小于0.05MPa。水力警铃启动的铃声强度应不小于70dB。

（五）压力开关

压力开关和水流指示器用于监测自动喷水灭火系统的工作状态，并将信号传递到火灾报警控制箱。

压力开关应竖直安装在延迟器至水力警铃之间的管道上，可将水流产生的压力信号转换为电信号报警。也可利用它与时间继电器组成消防泵自动启动装置。安装时除严格按使用说明书要求外，应防止随意拆装，以免影响其性能。其安装形式无论现场情况如何都应竖直安装在水力报警水流通路的管道上，应尽量靠近报警阀，以利于启动。

（六）水流指示器

水流指示器是将管道内水的流动转换为电信号，它一般安装在系统每个楼层各个防火分区的配水干管上，在设有信号阀门时，应装在信号阀之后。水流指示器输出的电信号传递到报警控制箱或控制中心，便可以显示喷头喷水的区域，也可以与电动报警器或消防水泵联动。

水流指示器的安装应在管道试压和冲洗合格后进行，以避免试压和冲洗对水流指示器动作机构造成损伤，影响使用功能。水流指示器的规格应与安装管道直径相匹配，避免管道出现通水面积突变等不利现象。应用较多的是叶片式水流指示器，可以安装在 *DN*25～*DN*200 的水平管道上。*DN*80 及以下规格采用丝扣连接，*DN*100 及以上规格采用法兰连接。

关于水流指示器的作用原理，目前主要是采用浆片或膜片感知水流的作用力而带动传动轴动作，开启信号机构发出讯号。为提高灵敏度，其动作机构的传动部位设计制作要求较高。

水流指示器应竖直安装于水平管道上部，防止管道凝结水滴入电器部位，造成损坏。水流指示器浆片的动作方向应和水流方向一致；安装后水流指示器的浆片、膜片应动作灵活，不得与管壁发生碰擦。

（七）信号阀

信号阀通常采用蝶阀，是具有输出其开启或关闭状态功能的阀门，以便于消防控制室监控。信号阀应安装在水流指示器前的管道上，与水流指示器的距离不宜小于 300mm，如图 5-64 所示。消防产品中也有将信号阀和水流指示器连为一体的新型产品。装设信号阀是为了在必要时关闭，以便对该防火分区的自动喷水配水管和喷头进行维修或更换。为了防止维修后忘记开启或误操作关闭，所以才采用信号阀，使其处于值班人员的监控之下，并保持常开状态。

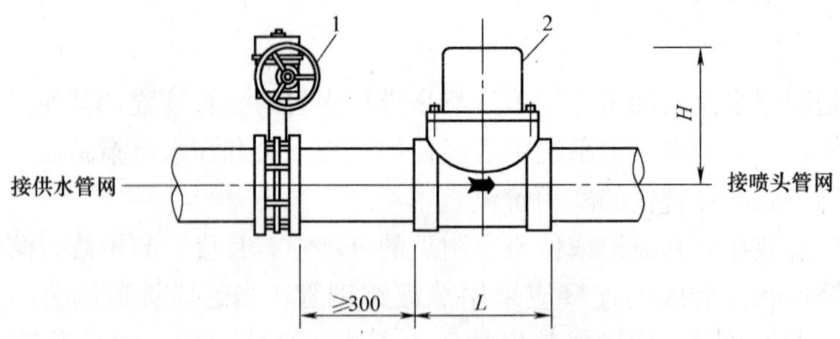

图 5-64　水流指示器与信号蝶阀安装

1—信号蝶阀；2—水流指示器

（八）排气阀和泄水阀

报警阀组责任区段管道的最高点应设排气阀，最底点应设泄水阀。

（九）喷头

喷头在湿式自动喷水灭火系统中担负着感知火灾、喷水灭火和启动系统的作用，是系统中的关键组件。喷头的公称直径一般为 *DN*15，需要大水量的场合也用 *DN*20。公称直径是指其喷头与管道连接的直径，其喷水口的直径只有几毫米。喷头的类型很多，由设计根据建筑使用条件决定使用何种类型和规格的喷头。

湿式自动喷水灭火系统使用的闭式喷头主要分为玻璃球洒水喷头和易熔元件洒水喷头两种。

1. 玻璃球洒水喷头。常用的玻璃球洒水喷头如图5-65所示，释放机构中的感温元件是内装彩色液体的玻璃球，它支撑在喷口和轭臂之间，使喷头保持密封，当周围的温度升高到其公称动作温度时，玻璃球因内部液体膨胀而炸碎，使喷口开启喷水灭火。这种喷头具有良好的抗腐蚀性，体积小，外形美观，对各种建筑物尤其是公共建筑物更适合。

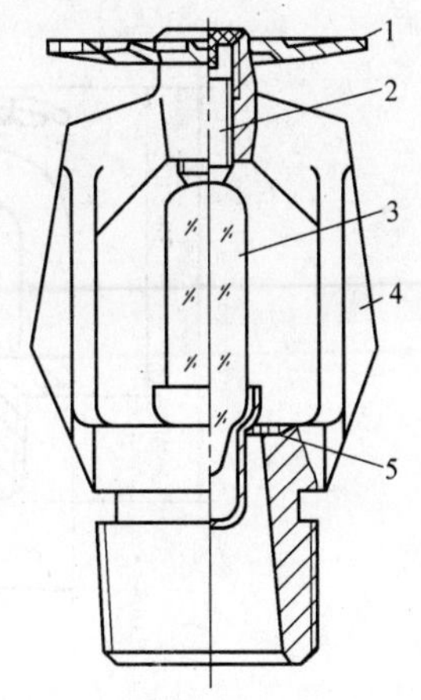

图 5-65 玻璃球洒水喷头

1—溅水盘；2—调整螺钉；3—玻璃球；4—轭臂；5—密封垫

玻璃球洒水喷头的公称动作温度分为 13 档，用玻璃球内液体的不同颜色进行区分，其前 10 档的颜色区分见表 5-29。喷头的公称动作温度由设计按使用地点的最高环境温度再加 30℃的原则确定。

玻璃球洒水喷头温标颜色 **表 5-29**

公称动作温度(℃)	57	68	79	93	100	121	141	163	182	204 以上
颜色	橙	红	黄	绿	灰	天蓝	蓝	淡紫	紫红	黑

常用的玻璃球洒水喷头外形如图 5-66 和图 5-67 所示，其与管道连接均为$\frac{1}{2}$″圆锥管螺纹，公称动作温度有 57℃、68℃、79℃、93℃多种规格，分别对应的最高环境温度为27℃、38℃、49℃、63℃，玻璃球工作色标为橙色、红色、黄色、绿色，其中以公称动作温度为 68℃、对应的最高环境温度为 38℃、色标为红色的喷头最为常用。

玻璃球洒水喷头的公称动作温度是按高于环境最高温度 30℃确定的。对于民用和公用建筑，室内最高温度一般按 38℃计算，故通常选用公称动作温度 68℃、即球内液体颜色为红色的喷头。

2. 易熔元件喷头。易熔元件洒水喷头是使用历史最长的一种喷头，其释放机构中的感温元件由易熔金属或其他易熔材料制成，但当前大多数仍是易熔金属元件。易熔元件洒水喷头的公称动作温度的选用原则与玻璃球洒水喷头相同，其公称动作温度分为 7 档，并在喷头轭臂上用不同颜色标示出来，见表 5-30。

易熔元件喷头温标颜色 **表 5-30**

公称动作温度(℃)	57～77	80～107	121～149	163～191	201～246	260～302	320～343
颜色	本色	白	蓝	红	绿	橙	黑

易熔元件喷头释放机构的形式主要有三种，使用较多的是弹性锁片型，它的释放机构由支撑片、弹性片和易熔金属组成，如图 5-68 所示。此外还有悬臂支撑型，它突出的优

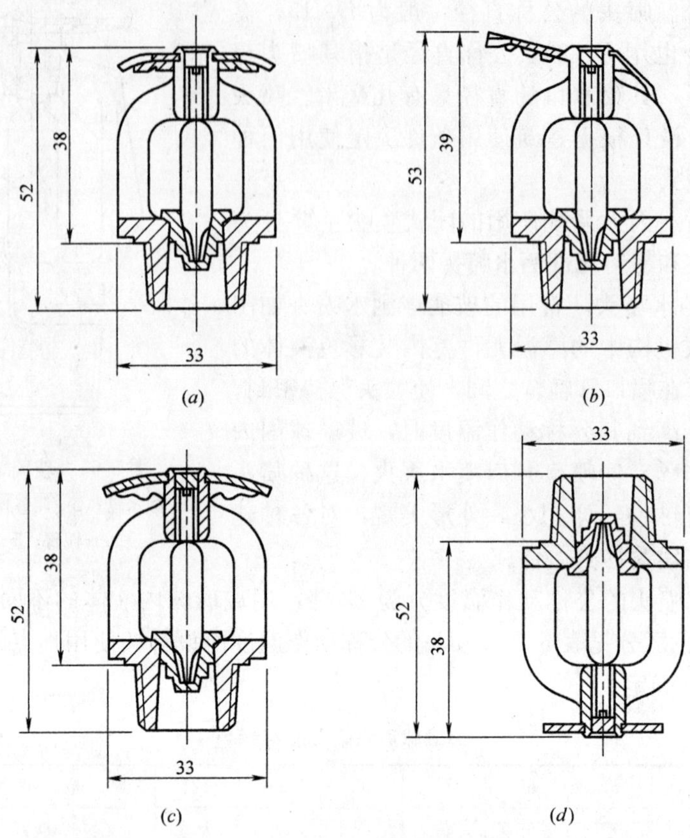

图 5-66 玻璃球闭式喷头（1）

（*a*）普通型；（*b*）边墙型；（*c*）直立型；（*d*）下垂型

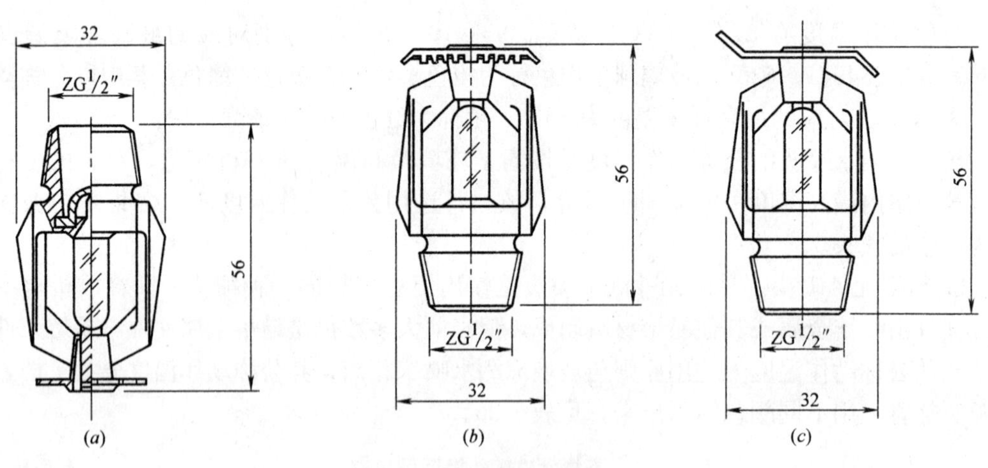

图 5-67 玻璃球闭式喷头（2）

（*a*）下垂型；（*b*）直立型；（*c*）边墙型

点是感温元件置于轭臂之外，可以直接感知上升热气流，喷头感温快；第三种是锁片支撑型，它的释放机构由三个锁片和易熔金属组成，密封部分采用金属弹性薄片，喷头体内水的压力越大，其密封性越好，这是一种老式的喷头。

3. 喷头的规格。喷头的公称直径有三种规格，其相应的接管螺纹见表 5-31。

喷头公称直径及接管螺纹　　表 5-31

公称直径 DN	接管螺纹(in)
10	3/8,1/2
15	1/2
20	3/4

4. 喷头的安装形式。玻璃球喷头和易熔元件喷头通常有直立型、下垂型和边墙型三种安装形式。三种形式的区别仅在于溅水盘形状和位置的不同，因而形成不同的洒水形状和洒水分布。

直立型、下垂型和边墙型喷头的洒水形状和分布如图 5-69～图 5-71 所示。

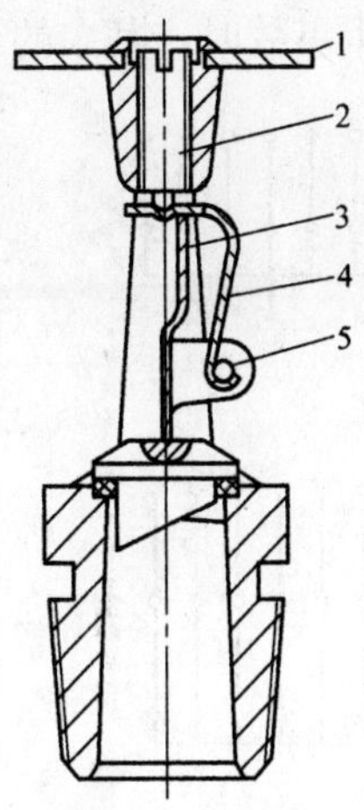

图 5-68　弹性锁片型易熔元件洒水喷头
1—溅水盘；2—调整螺钉；3—支撑片；4—弹性片；5—易熔金属

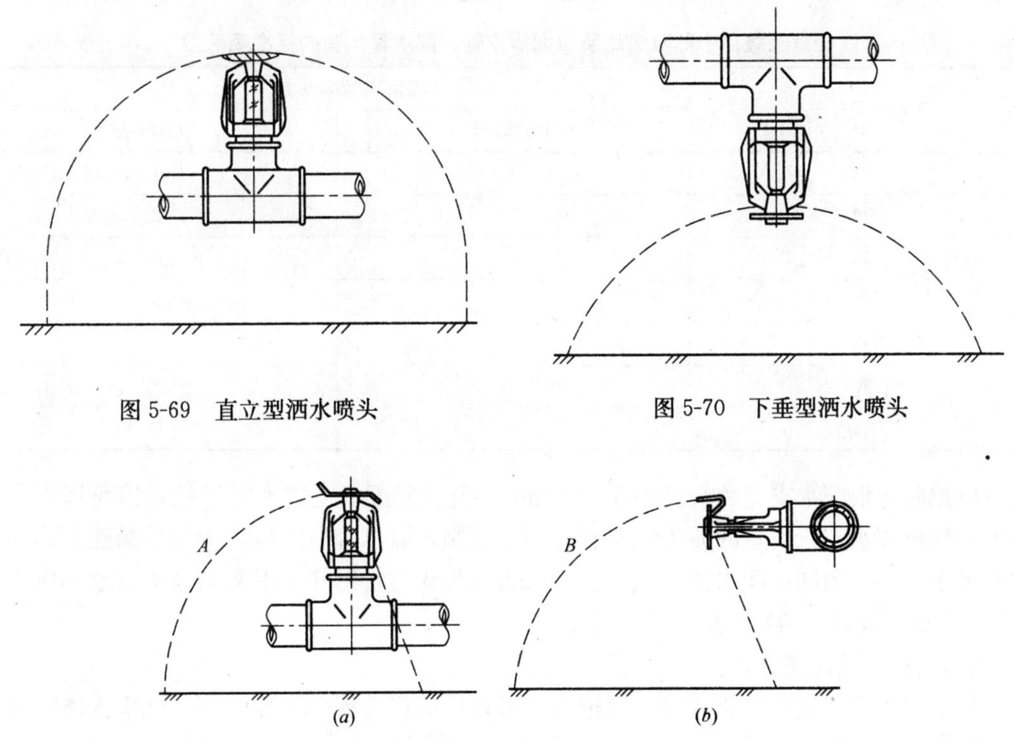

图 5-69　直立型洒水喷头

图 5-70　下垂型洒水喷头

图 5-71　边墙型洒水喷头
(a) 立式边墙型；(b) 水平式边墙型

三、自动喷水灭火管道安装

(一) 自动喷水灭火管道的布置

1. 室内消防给水管网应布置成环状，环状管网的进水管不宜少于两条，当其中一条进水管发生事故时，其余的进水管应保证消防水量和水压的要求。

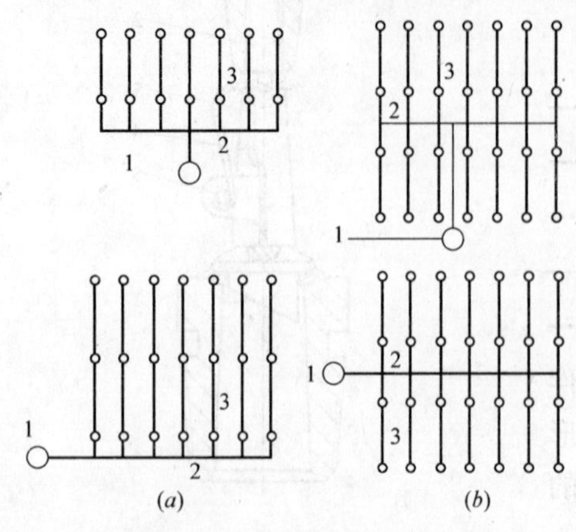

图 5-72　管道布置方式
(a) 端侧布置方式；(b) 端中布置方式

2. 环状供水干管应在便于维修、操作方便的位置设置分隔阀门，形成若干独立段，阀门应经常处于开启状态，并应有明显的启闭标志。

3. 自动喷水灭火系统报警阀后的管道上不应设有其他用水管道，以保证系统的控火、灭火效果。

4. 自动喷水灭火系统配水管和配水支管的布置，应保证喷头的喷水效果，一般可采取端侧布置方式和端中布置方式，如图 5-72 所示。

5. 自动喷水灭火系统的管道管径应经过水力计算确定，但配水支管的直径不应小于 25mm。一般情况下不同管径的配水管道在不同条件下可以安装的喷头数量，见表 5-32。

轻危险级、中危险级场所中配水支管、配水管控制的标准喷头数　　表 5-32

公称直径(mm)	控制的标准喷头数（个）	
	轻危险级	中危险级
25	1	1
32	3	3
40	5	4
50	10	8
65	18	12
80	48	32
100	—	64

应控制每根配水支管的管径不超过 50mm，并控制配水支管不可过长，以免增大水头损失，每根配水支管设置的喷头数应有适当的限制。要求轻危险级、中危险级建筑物，都不要多于 8 个。当同一配水管在吊顶上、下布置喷头时，则在上下侧的喷头数也不应多于 8 个。严重危险级建筑物不应多于 6 个。

（二）管材及连接方式

自动喷水管网应采用热镀锌焊接钢管，其材质应符合现行国家标准《低压流体输送用焊接钢管》GB/T 3091 的要求。对于直径较大的管道，可使用无缝钢管，其材质应符合现行国家标准《输送流体用无缝钢管》GB/T 8163 的要求。当使用铜管、不锈钢管等其他管材时，应符合相应技术标准的要求。但不得使用塑料管和复合管材。实际工程中，有时为了便于找正喷头的位置，短立管（即配水支管至喷头的立管）使用铝塑复合管材，这也是不允许的。

使用镀锌焊接钢管时，管子公称直径小于或等于 100mm 的管道时，应用螺纹连接；公称直径大于 100mm 的时，宜采用沟槽式连接。

（三）管网安装

1. 安装前应校直管子，并清除其内部的杂物。在具有腐蚀性的场所安装管道前，应按设计要求对管子、管件等进行防腐处理。

2. 配水干管或立管与配水管（水平管）的连接，应采用沟槽式三通管件，不应采用机械三通。因为沟槽式三通的水力条件较好，阻力小；机械三通的水力条件差，阻力大。

3. 沟槽式连接中采用机械三通连接时，在管道上的开孔间距不应小于500mm，采用机械四通开孔间距不应小于1000mm；机械三通、机械四通连接时，不同直径的主管允许的最大支管直径见表5-33。

机械三通、四通主管允许的最大支管直径（mm） 表5-33

主管直径 *DN*		50	65	80	100	125	150	200	250
支管直径 *DN*	机械三通	25	40	40	65	80	100	100	100
	机械三通	—	32	40	50	65	80	100	100

4. 采用螺纹连接时，管道变径宜采用异径接头，在弯头处不得采用补芯。如必须采用补芯时，三通上只能用1个，四通上不应超过2个；公称直径大于50mm的管道不宜采用活接头。

5. 管道安装位置应符合设计要求，管道中心与梁、柱、楼板等的最小距离应符合表5-34规定；

管道中心与梁、柱、楼板的最小距离 表5-34

公称直径 *DN*	25	32	40	50	70	80	100	125	150	200
距离(mm)	40	40	50	60	70	80	100	125	150	200

6. 水平管道的支架、吊架安装应符合下列要求：

（1）管道支架或吊架的间距不应大于表5-35的要求；

管道支架或吊架的间距 表5-35

公称直径 DN	25	32	40	50	65	80	100	125	150	200	250	300
距离(m)	3.5	4.0	4.5	5.0	6.0	6.0	6.5	7.0	8.0	9.5	11	12

若管道穿梁安装时，穿梁处可作为一个吊架考虑。

（2）相邻两喷头之间的管段上至少应设支（吊）架一个，但支（吊）架的间距不应大于3.6m；

（3）管道支架、吊架的安装位置不应妨碍喷头的喷水效果；管道支架、吊架与喷头之间的距离不宜小于300mm；与末端喷头之间的距离不宜大于750mm；

（4）为了防止喷水时管道晃动，在下列部位应设防晃支架：

1）直径等于或大于50mm的配水干管或配水管，一般在中点设一个防晃支架，且防晃支架的间距不宜大于15m；管径在50mm以下时可不设防晃支架；

2）竖直安装的配水干管除中间用管卡固定外，还应在其始端和终端设防晃支架或采用管卡固定，其安装位置距地面或楼面的距离宜为1.5～1.8m；

3）管径等于或大于50mm的管道拐弯处（包括三通及四通位置）应设一个防晃支架；

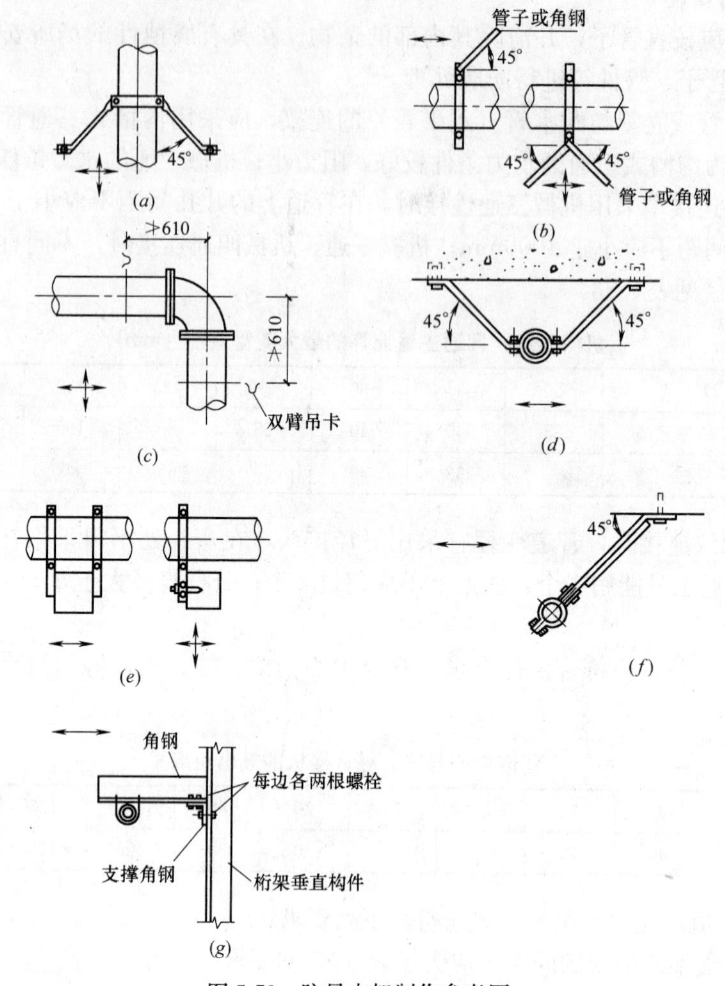

图 5-73 防晃支架制作参考图

（5）防晃支架的制作参考图 5-73；

（6）沿屋面坡度布置的配水支管，当坡度大于 1∶3 时，应采取防滑措施（加点焊箍套），以防短立管与配水管受扭折推力；

（7）管道穿过建筑物的变形缝，应设置柔性短管。穿墙时应加套管，套管长度与墙厚一致；管道楼板加的套管应高出楼地面 50mm。管道焊口不得置于套管内。套管与管道之间的间隙应用不燃材料填塞；

（8）水平管道宜有 0.002～0.005 的坡度，且坡向排水管；当局部区域难以利用排水管将水排净时，应采取相应的排水措施；当喷头数少于 5 只时，可在管道低凹处装设堵头，多于 5 只喷头时宜装设带阀门的排水管；

（9）管网的地上管道应作红色或红色环圈色标。红色环圈标志，宽度不应小于 20mm，间隔不宜大于 4m，在一个独立的单元内环圈不宜少于两处。

7. 短立管较长也是施工中常见的现象，短立管就是配水支管到喷头的一段立管。因为吊顶以上的空间十分有限，且水管、电管及风管密集，消防管道常常要为风管让路，而喷头安装在吊顶以下，因而加大了短立管的长度。有的质检或监理人员根据现行《自动喷水灭火系统施工及验收规范》的某段条文说明，要求短立管的长度不得超过 15cm，如超过 15cm 就要使用带短管的干式喷头。这种提法很值得商榷，实际工程中大部分短立管的长度都超过 15cm。

应当说，上述要求是对现行施工及验收规范的误解。在现行及以前的施工及验收规范中，并没有对短立管的长度做出硬性的规定，在设计规范中也没有这样的规定。但在设计规范中有“除吊顶型喷头及吊顶下安装的喷头外，直立型、下垂型标准喷头，其溅水盘与顶板的距离，不应小于 75mm，不应大于 150mm。”及“货架内置喷头宜与顶板下喷头交错布置，其溅水盘与上方层板的距离，应符合本规范 7.1.3 条的规定，与其下方货品顶面的垂直距离不应小于 150mm。”的规定，但不能理解为短立管的长度不得超过 15cm。

关于干式喷头已在干式喷水灭火系统中介绍过。

（四）喷头安装

1. 为了保护喷头和防止异物堵塞，喷头安装应在管道系统试压、冲洗合格后进行。

2. 安装喷头应使用厂家提供的专用扳手，以避免喷头安装时遭受损伤。严禁利用喷头的框架旋拧安装喷头，喷头的框架、溅水盘产生变形或释放原件损伤时，应采用规格、型号相同的喷头零件进行更换。喷头安装后，严禁附加任何装饰性涂层。

3. 当喷头公称直径小于 *DN*10mm 时，应在配水干管或配水管上安装过滤器。

4. 安装在易受机械损伤处的喷头，应加设喷头防护罩。喷头防护罩是由厂家生产的专用产品，而不是由施工单位简单制作的。喷头防护罩应符合既保护喷头不遭受机械损伤，又不能影响喷头感温动作和喷水灭火效果的技术要求。

5. 喷头靠近障碍物时的安装位置。当喷头位置靠近梁、通风管道、排管、桥架及不到顶的隔断障碍物时，会影响喷头的喷水效果，这些情况是工程中实际存在的问题，解决这些问题的方式有很大的随意性。现行施工验收规范采用了美国《自动喷水灭火系统安装标准》NFPA13（2002 年版）相关条文的规定，对不同情况下喷头的安装位置作了规定。

（1）当喷头溅水盘高于附近梁底或高于宽度小于 1.2m 的通风管道、排管、桥架腹面时（如图 5-74 所示），喷头溅水盘高于梁底或上述腹面的最大垂直距离应符合表5-36～表 5-41 的规定。

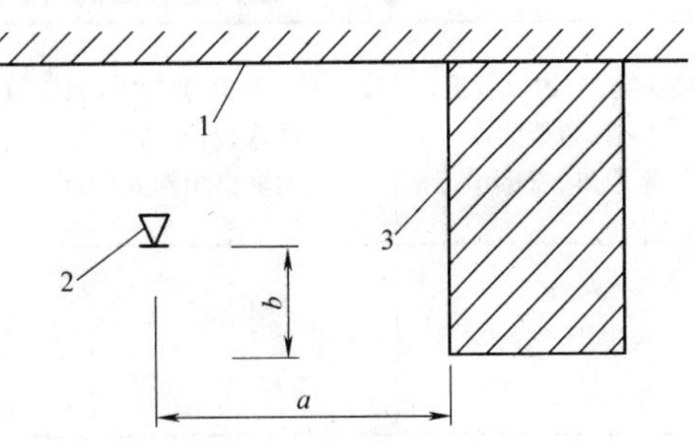

图 5-74　喷头与梁等障碍物的距离
1—顶棚或屋顶；2—喷头；3—障碍物

喷头溅水盘高于梁底、通风管道腹面的最大垂直距离（直立与下垂喷头）　表 5-36

喷头与梁、通风管道、排管、桥架的水平距离 a（mm）	喷头溅水盘高于梁底、通风管道、排管、桥架腹面的最大垂直距离 b（mm）	喷头与梁、通风管道、排管、桥架的水平距离 a（mm）	喷头溅水盘高于梁底、通风管道、排管、桥架腹面的最大垂直距离 b（mm）
$a<300$	0	$900\leqslant a<1200$	300
$300\leqslant a<600$	90	$1200\leqslant a<1500$	420
$600\leqslant a<900$	190	$a\geqslant1500$	460

喷头溅水盘高于梁底、通风管道腹面的最大垂直距离（边墙型喷头，与障碍物平行） 表 5-37

喷头与梁、通风管道、排管、桥架的水平距离 a (mm)	喷头溅水盘高于梁底、通风管道、排管、桥架腹面的最大垂直距离 b (mm)	喷头与梁、通风管道、排管、桥架的水平距离 a (mm)	喷头溅水盘高于梁底、通风管道、排管、桥架腹面的最大垂直距离 b (mm)
$a<150$	25	$1050\leqslant a<1350$	250
$150\leqslant a<450$	80	$1350\leqslant a<1650$	320
$450\leqslant a<750$	150	$1650\leqslant a<1950$	380
$750\leqslant a<1050$	200	$1950\leqslant a<2250$	440

喷头溅水盘高于梁底、通风管道腹面的最大垂直距离（边墙型喷头，与障碍物垂直） 表 5-38

喷头与梁、通风管道、排管、桥架的水平距离 a (mm)	喷头溅水盘高于梁底、通风管道、排管、桥架腹面的最大垂直距离 b (mm)	喷头与梁、通风管道、排管、桥架的水平距离 a (mm)	喷头溅水盘高于梁底、通风管道、排管、桥架腹面的最大垂直距离 b (mm)
$a<1200$	不允许	$1800\leqslant a<2100$	150
$1200\leqslant a<1500$	25	$2100\leqslant a<2400$	230
$1500\leqslant a<1800$	80	$a\geqslant 2400$	360

喷头溅水盘高于梁底、通风管道腹面的最大垂直距离（扩大覆盖面直立与下垂喷头） 表 5-39

喷头与梁、通风管道、排管、桥架的水平距离 a (mm)	喷头溅水盘高于梁底、通风管道、排管、桥架腹面的最大垂直距离 b (mm)	喷头与梁、通风管道、排管、桥架的水平距离 a (mm)	喷头溅水盘高于梁底、通风管道、排管、桥架腹面的最大垂直距离 b (mm)
$a<450$	0	$1350\leqslant a<1800$	180
$450\leqslant a<900$	25	$1800\leqslant a<2250$	280
$900\leqslant a<1350$	125	$a\geqslant 2250$	360

喷头溅水盘高于梁底、通风管道腹面的最大垂直距离（扩大覆盖面边墙型喷头） 表 5-40

喷头与梁、通风管道、排管、桥架的水平距离 a (mm)	喷头溅水盘高于梁底、通风管道、排管、桥架腹面的最大垂直距离 b (mm)	喷头与梁、通风管道、排管、桥架的水平距离 a (mm)	喷头溅水盘高于梁底、通风管道、排管、桥架腹面的最大垂直距离 b (mm)
$a<2440$	不允许	$3960\leqslant a<4270$	150
$2440\leqslant a<3050$	25	$4270\leqslant a<4570$	180
$3050\leqslant a<3350$	50	$4570\leqslant a<4880$	230
$3350\leqslant a<3660$	75	$4880\leqslant a<5180$	280
$3660\leqslant a<3960$	100	$a\geqslant 5180$	360

喷头溅水盘高于梁底、通风管道腹面的最大垂直距离（大水滴喷头、ESFR 喷头） 表 5-41

喷头与梁、通风管道、排管、桥架的水平距离 a（mm）	喷头溅水盘高于梁底、通风管道、排管、桥架腹面的最大垂直距离 b（mm）	喷头与梁、通风管道、排管、桥架的水平距离 a（mm）	喷头溅水盘高于梁底、通风管道、排管、桥架腹面的最大垂直距离 b（mm）
$a<300$	0	$1200\leqslant a<1500$	460
$300\leqslant a<600$	80	$1500\leqslant a<1800$	660
$600\leqslant a<900$	200	$a\geqslant 1800$	790
$900\leqslant a<1200$	300		

表 5-41 中的大水滴喷头通过增大喷出的水滴直径来提高水滴穿过火舌达到燃烧物质表面的能力，从而获得良好的灭火效果。它的喷口直径为 16.3mm，连接螺纹为 3/4in，水滴平均直径达 3mm，具有很强的贯穿力，在高架仓库等火灾危险等级高的场所应用能收到良好的效果。大水滴喷头外形如图 5-75 所示。

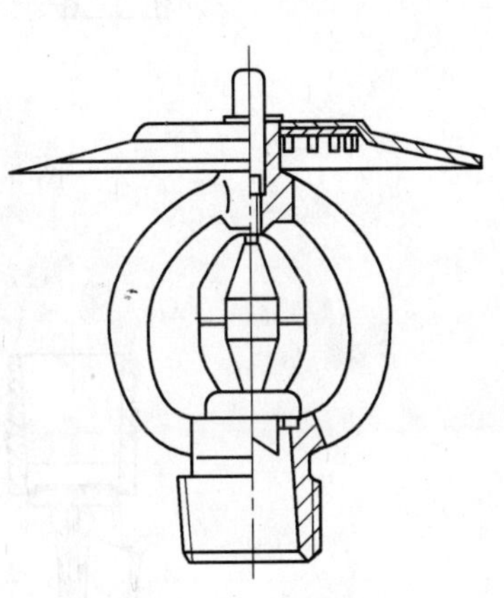

图 5-75 大水滴喷头

ESFR 喷头系早期灭火快速响应洒水喷头。在火灾初期，火势较小，小火比大火容易扑灭。自动洒水喷头洒水越早，灭火所需要的水量也就越少。

为了判定快速响应喷头的灵敏度，科研人员采用了一种测量方法，称为“响应时间指数——RTI”，RTI 值越小，灵敏度越高。对现有的喷头进行测试的结果是：标准玻璃球喷头的 RTI 值均大于 80，而新研制的快速响应喷头的 ESFR 喷头的 RTI 值等于或小于 28±8 $(\mathrm{m\cdot s})^{0.5}$。快速响应喷头适用于净空较高的场合。

在标准图《自动喷水与水喷雾设施安装》04S206 中，有 ESFR 早期灭火快速响应洒水喷头（如图 5-76 所示）和 ESFR-17 快速响应直立型喷头（如图 5-77 所示）、ESFR-25 快速响应下垂型喷头（如图 5-78 所示）的技术参数。

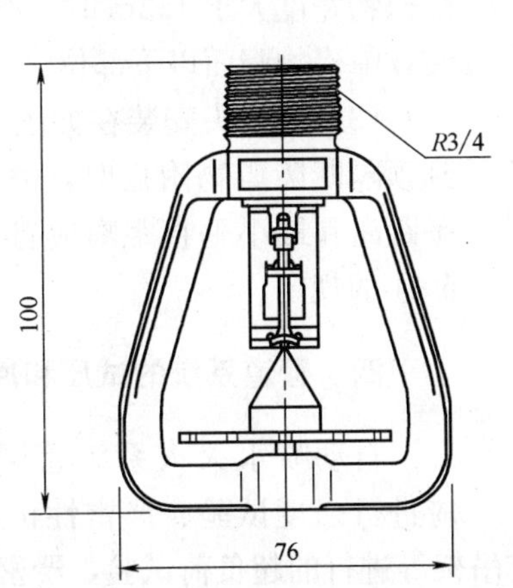

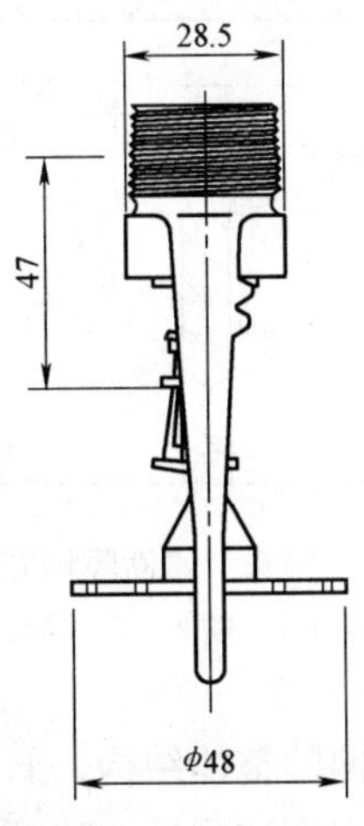

图 5-76 ESFR 早期灭火快速响应洒水喷头

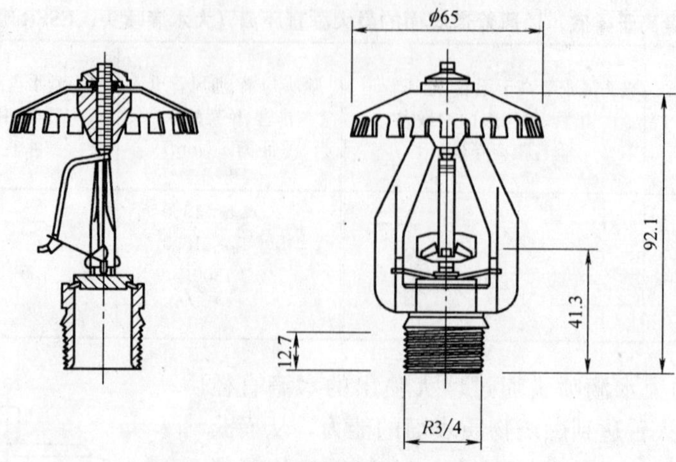

图 5-77　ESFR-17 快速响应直立型喷头

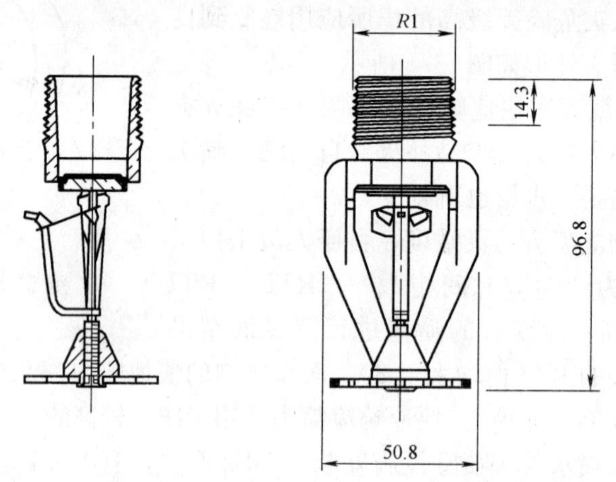

图 5-78　ESFR-25 快速响应下垂型喷头

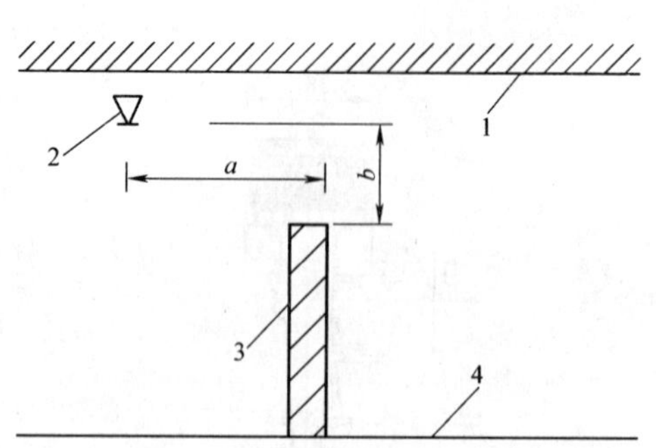

图 5-79　喷头与隔断障碍物的距离

1—顶棚或屋顶；2—喷头；3—障碍物；4—地板

（2）当梁、通风管道、排管、桥架等障碍物宽度大于 1.2m 时，增设的喷头应安装在障碍物腹面以下部位。

（3）当喷头安装在如图 5-79 所示的不到顶隔断障碍物附近时，喷头与隔断的水平距离和最小垂直距离应符合表 5-42～表 5-44 的规定。

四、管道系统的试压和冲洗

自动喷水灭火系统管网安装完毕后，应进行强度试验、严密性试验和冲洗。强度试验是对管网的整体结构、管道接口、支吊架等进行的超负荷试验，严密性试验则是对管道接口严密程度的测试，这两种试验都是必不可少的，是评定工程质量的重要依据。管

喷头与隔断的水平距离和最小垂直距离（直立与下垂喷头） 表 5-42

喷头与隔断的水平距离 a（mm）	喷头与隔断的最小垂直距离 b（mm）	喷头与隔断的水平距离 a（mm）	喷头与隔断的最小垂直距离 b（mm）
$a<150$	75	$450\leqslant a<600$	320
$150\leqslant a<300$	150	$600\leqslant a<750$	390
$300\leqslant a<450$	240	$a\geqslant750$	460

喷头与隔断的水平距离和最小垂直距离（扩大覆盖面喷头） 表 5-43

喷头与隔断的水平距离 a（mm）	喷头与隔断的最小垂直距离 b（mm）	喷头与隔断的水平距离 a（mm）	喷头与隔断的最小垂直距离 b（mm）
$a<150$	80	$450\leqslant a<600$	320
$150\leqslant a<300$	150	$600\leqslant a<750$	390
$300\leqslant a<450$	240	$a\geqslant750$	460

喷头与隔断的水平距离和最小垂直距离（大水滴喷头） 表 5-44

喷头与隔断的水平距离 a（mm）	喷头与隔断的最小垂直距离 b（mm）	喷头与隔断的水平距离 a（mm）	喷头与隔断的最小垂直距离 b（mm）
$a<150$	40	$450\leqslant a<600$	130
$150\leqslant a<300$	80	$600\leqslant a<750$	140
$300\leqslant a<450$	100	$750\leqslant a<900$	150

网冲洗是为了把施工过程中落入管道内的异物冲洗出来，防止系统投入使用后发生堵塞。

（一）一般规定

1. 试验用介质。管网的强度试验、严密性试验一般用水进行。但对于干式、干湿式和预作用系统来讲，投入运行后，既要长期承受带压气体的作用，火灾期间又要转换成临时高压水系统，由于水和气体的渗透性差异很大，所以用水进行的强度试验，不能代替用气压试验进行的严密性试验。在冰冻季节，如进行水压试验有可能冻结时，可用气压试验代替。

2. 对不能参与试压的设备、仪表、阀门及附件，应在试压前加以隔离或拆除，否则会使其密封性遭到破坏或杂物沉积影响其性能。冲洗工作结束后及时复位。

3. 试压前加设的盲板，应有突出法兰的边耳作为有明显标志，并记录下盲板数量，以防试压后忘记取出。试压完成后，应及时拆除所有临时盲板，并与记录核对。

4. 试压过程中，如遇泄漏，不得带压修理，应泄压后，消除缺陷，再重新试压。带压进行修理，既无法保证返修质量，又可能造成部件损坏或发生人身安全事故或造成水害，这在任何管道工程中都是禁止的。

5. 自动喷水灭火系统管网经试压合格后，应分段进行冲洗。冲洗顺序是；先室外，后室内；先地下，后地上。室内部分应按配水干管、配水管和配水支管的顺序进行，以保证先冲洗合格的管段，不致因后冲洗的管段的冲洗而污染。室内管道的冲洗顺序，应当使冲洗水流方向与系统灭火时水流方向一致，以确保冲洗的可靠性。

6. 冲洗时，水流速度可高达 3m/s，对管道改变方向、管道末端及引出支管等部位，将会产生较大的推力，若支吊架的牢固性不足，即会使管道产生较大的位移、变形。因此，冲洗前应对管网支吊架进行检查，必要时应采取加固措施。

7. 对不能经受冲洗的设备和冲洗后可能存留脏物、杂物的管段，应采用其他方法进行清理。否则，当系统复位后，残存的污物便会污染整个管网，并可能在某些部位造成堵塞，使系统部分或完全丧失供水灭火功能，而查找和消除这些堵塞十分困难。

8. 冲洗直径大于 100mm 的管道时，应对其焊缝、死角和底部进行敲打，以振松积存的沉淀物和杂质，使之被高速水流冲出管道。但敲打不得损伤管道。

9. 水压试验和水冲洗宜用生活用水进行，不得使用海水或有腐蚀性化学物质的水，以保证被冲洗管道的内壁不致遭受污染和腐蚀。

10. 管网冲洗合格后，除规定的检查及恢复工作外，不得再进行影响管内清洁的其他作业。

（二）水压试验

1. 水压试验宜在环境温度 5℃以上进行，当环境温度低于 5℃时，水压试验应有防冻措施。

2. 自动喷水灭火系统设计工作压力等于或小于 1.0MPa 时，水压强度试验压力应为设计工作压力的 1.5 倍，但不应低于 1.4MPa；当系统设计工作压力大于 1.0MPa 时，试验压力应为该工作压力加 0.4MPa。

3. 水压强度试验前向管网注水时，应同时排除管网内的空气，注水满后缓慢加压，达到试验压力后，稳压 30min，目测无泄漏、管网无异常，压力降应不大于 0.05MPa 为合格。水压强度试验的测压点应设在系统管网最低点，若设在系统高点，则无形中提高了试验压力值。

4. 试压用的压力表不应少于 2 只，精度不应低于 1.5 级，量程应为试验压力值的 1.5～2 倍。

5. 进户管和室内地下管道应在回填隐蔽前，单独进行强度试验和严密性试验，并办理试压记录。

6. 水压严密性试验应在水压强度试验和水冲洗合格后进行。试验压力为设计工作压力，稳压 24h，以无泄漏为合格。

（三）气压试验

1. 气压试验的介质宜采用空气或氮气，施工现场一般采用压缩空气。

2. 气压严密性试验的压力为 0.28MPa，稳压观察 24h，压力降不大于 0.01MPa 为合格。

为消除气温对试压的影响，最好在用空压机充压达到试验压力后，留出 2h 的时间让管道内的空气冷却，然后再进入稳压观察时间，还应注意稳压观察时间开始和结束时环境温度有无剧烈变化。

系统试压完成后，应由施工单位质量检查员填写试压记录，见表 5-45。监理工程师（建设单位项目负责人）组织相关单位项目负责人等进行验收，并签章。试压完成后应及时拆除所有临时盲板及试验用的临时管道。

自动喷水灭火系统试压记录 **表 5-45**

<table>
<tr><td colspan="2">工程名称</td><td colspan="5"></td><td colspan="2">建设单位</td><td colspan="3"></td></tr>
<tr><td colspan="2">施工单位</td><td colspan="5"></td><td colspan="2">监理单位</td><td colspan="3"></td></tr>
<tr><td rowspan="2">管段号</td><td rowspan="2">材质</td><td rowspan="2">设计工作压力(MPa)</td><td rowspan="2">温度(℃)</td><td colspan="4">强度试验</td><td colspan="4">严密性试验</td></tr>
<tr><td>介质</td><td>压力(MPa)</td><td>时间(min)</td><td>结论意见</td><td>介质</td><td>压力(MPa)</td><td>时间(min)</td><td>结论意见</td></tr>
<tr><td></td><td></td><td></td><td></td><td></td><td></td><td></td><td></td><td></td><td></td><td></td><td></td></tr>
<tr><td></td><td></td><td></td><td></td><td></td><td></td><td></td><td></td><td></td><td></td><td></td><td></td></tr>
<tr><td></td><td></td><td></td><td></td><td></td><td></td><td></td><td></td><td></td><td></td><td></td><td></td></tr>
<tr><td></td><td></td><td></td><td></td><td></td><td></td><td></td><td></td><td></td><td></td><td></td><td></td></tr>
<tr><td>参加单位</td><td colspan="4">施工单位项目负责人：
（签章）
年 月 日</td><td colspan="3">监理工程师：
（签章）
年 月 日</td><td colspan="4">建设单位项目负责人：
（签章）
年 月 日</td></tr>
</table>

（四）水冲洗

水冲洗是自动喷水灭火管道安装后期的一个重要工序，是防止日后管道堵塞的有效措施。从实际工程施工中可以知道，有相当一部分自动喷水灭火管道没有进行水冲洗，或只进行了干管和立管的水冲洗，而没有进行配水管及其支管的水冲洗，究其原因，主要是水冲洗阶段正是建筑装修工程开始施工的阶段，而要达到管道系统的全面水冲洗，关键问题是如何做到每个喷头和系统末端安装排水管，做到有序排水。否则，水冲洗必然造成水患，这是施工现场不能允许的。如果要为水冲洗安装有序排水的临时管道，就要加大施工成本，这是大多数建设单位不会同意的。因此，要真正做好水冲洗，必须将发生的成本得到合理的解决。

1. 现行施工规范要求，管网进行水冲洗的流速、流量不应小于系统设计的水流流速、流量；管网冲洗宜分区、分段进行；水平管网冲洗时，其排水管位置应低于配水支管。

2. 对自动喷水灭火系统管网进行水冲洗的排放管道，应接入可靠的排水系统，并应保证排放的畅通和安全，排放管道和截面不得小于被冲洗管道截面的60%。

3. 水冲洗的水流速度不宜小于3m/s，其流量不宜小于表5-46的规定。当现场无法提供要求的冲洗流量时，应以设计流量进行冲洗。

水冲洗流量 **表 5-46**

管道公称直径 *DN*	300	250	200	150	125	100	80	65	50	40
冲洗流量(L/s)	220	154	98	56	38	25	15	10	6	4

4. 管网的地上部分未与地下部分连接前，应先对地下管网进行冲洗，水流方向可从室内流向室外。室内管网水冲洗的水流方向应与灭火时自动喷水灭火系统管网的水流方向

一致。

5. 水冲洗应连续进行，以出口处的水色、透明度与入口处基本一致为合格。

6. 管网冲洗合格后，应将存水排除干净，需要时可用压缩空气将管内壁吹干或采取其他保护措施。自动喷水灭火系统管网冲洗记录见表 5-47，应由施工单位质量检查员填写，监理工程师（建设单位项目负责人）组织相关单位项目负责人等进行验收并签章。

自动喷水灭火系统管网冲洗记录 **表 5-47**

工程名称			建设单位			
施工单位			监理单位			
管段号	材 质	冲 洗					结论意见
		介 质	压力（MPa）	流 速（m/s）	流 量（L/s）	冲洗次数	
参加单位	施工单位项目负责人：（签章） 年 月 日		监理工程师：（签章） 年 月 日			建设单位项目负责人：（签章） 年 月 日	

五、管道系统的调试

仅介绍应用最普遍的湿式自动喷水灭火系统的调试，因为这种系统约占了各种自动喷水灭火系统（主要包括干式和干湿式自动喷水灭火系统、预作用自动喷水灭火系统、雨淋喷水灭火系统、水幕管道系统等）的 95%以上。

（一）管道系统调试应具备的条件

1. 自动喷水灭火系统应在设计的管道、设备及附件全部安装完毕，并经工序检验合格后，方可开始进行系统调试。

2. 系统管网内已充满水；消防水池、消防水箱已按设计要求贮存消防水量。

3. 系统供电正常；与系统配套的火灾自动报警系统处于准工作状态。

4. 当系统设置有消防气压给水设备时，其水位、气压符合设计要求。

（二）系统调试项目

1. 报警阀的调试。报警阀的功能是接通水源、启动水力警铃和压力开关报警，并防止消防系统管网的水倒流。

调试湿式报警阀组时，在试水装置处打开阀门放水，当报警阀进口前的水压大于 0.14MPa、且放水流量大于 1L/s 时，报警阀应及时启动，带延迟器的水力警铃应在 90s 内发出报警铃声，不带延迟器的水力警铃应在 15s 内发出报警铃声；水力警铃报警后，压力开关应及时动作，并反馈信号。

2. 稳压泵的调试。稳压泵的特点是流量小而扬程高。它的作用是补充管网系统正常的漏水量。当系统管网由于漏水而压力下降到一定程度时，稳压泵自动启动，向系统补水加压，当达到规定压力后，自动停止运行。如此周而复始，使系统处于准工作状态。一旦发生火灾，消防主泵启动时，稳压泵即停止运行。

3. 消防水泵的调试。消防水泵调试应保证以自动或手动方式启动消防水泵时，消防水泵应在 30s 内投入正常运行。当以备用电源切换方式或备用泵切换启动消防水泵时，消防水泵应在 30s 内投入正常运行。

消防泵启动时间 30s 是指从电源接通到消防泵达到额定工况的时间。对电动机启动的消防泵系指电源接通后的时间；对柴油机启动系指柴油机启动、运行后的时间。

4. 水源设施测试。消防水池、消防水箱和水泵接合器都是自动喷水灭火系统的水源设施。

消防水池、消防水箱是自动喷水灭火系统的水源设施。消防水箱应经常保持灭火初期 10min 的用水量。消防水池贮存系统总的用水量，两者都是十分重要的，应按设计要求核实消防水箱、消防水池的容积。对消防水箱还应核实高度和保证消防水量不被他用的技术措施。尤其应当注意的是，消防水池、消防水箱的配管是否正确，在施工实践中，有些设计本身就存在失误，消防水泵进、出管道的设计违背了规范的要求，使供水的安全性得不到保证。有的消防水箱的出水管上，只有普通的切断类阀门，没有安装防止消防水泵启动后高压水进入消防水箱的止回阀。

消防水泵接合器是紧急情况下由室外向室内管网供水的设施，应按设计要求核实消防水泵接合器的型号、规格、数量是否正确。尤其要注意其止回阀的安装方向是否正确，施工中曾有过把止回阀方向装反的事例。必要时可通过移动式消防水泵或消防车做供水试验。

5. 湿式系统的联动试验。湿式系统进行联动试验时，可启动 1 只喷头喷水或从末端试水装置处以 0.94～1.5L/s 的流量放水，此时水流指示器应有信号传递到该建筑消防控制中心。由于喷头喷水或末端试水装置放水，引起管网压力下降，于是湿式报警阀应开启，水源经湿式报警阀向管网供水，继而水力警铃发出报警铃声，压力开关动作，启动消防水泵并向消防控制中心发出火警信号。联动试验的结果应按表 5-48 的要求，由施工单位质量检查员填写，监理工程师（建设单位项目负责人）组织相关单位项目负责人等进行验收并签章。

通过上述试验，可验证火灾自动报警系统与湿式系统从准工作状态转到投入灭火工作状态的联锁功能，因而可以验证两个系统相关部件的灵敏度与可靠性是否达到设计要求，如发现哪个环节有问题，可作针对性处理。

6. 湿式系统的有序排水。工程实践证明，忽视湿式系统排水装置的情况较为普遍，主要表现在两方面，一是末端试水装置处没有排水管，使末端试水装置形同虚设，无法使用；二是报警阀组处的放水阀、延迟器泄水口未与排水系统相接，因而无法进行对系统的常规试验或放空。

在系统调试阶段，要通过检查和整改，保证每个末端试水装置和报警阀组的放水阀、延迟器泄水口都有排水管，报警阀组处的地面应有一定坡度并设地漏，以利排除积水。

自动喷水灭火系统联动试验记录 **表 5-48**

<table>
<tr><td>工程名称</td><td colspan="2"></td><td colspan="2">建设单位</td><td></td></tr>
<tr><td>施工单位</td><td colspan="2"></td><td colspan="2">监理单位</td><td></td></tr>
<tr><td>系统类型</td><td>启动信号
(部位)</td><td colspan="4">联动组件动作</td></tr>
<tr><td rowspan="6">湿式系统</td><td rowspan="6">末端试水装置</td><td>名称</td><td>是否开启</td><td>要求动作时间</td><td>实际动作时间</td></tr>
<tr><td>水流指示器</td><td></td><td></td><td></td></tr>
<tr><td>湿式报警阀</td><td></td><td></td><td></td></tr>
<tr><td>水力警铃</td><td></td><td></td><td></td></tr>
<tr><td>压力开关</td><td></td><td></td><td></td></tr>
<tr><td>水泵</td><td></td><td></td><td></td></tr>
<tr><td rowspan="5">水幕、雨淋系统</td><td rowspan="2">感温与感烟信号</td><td>雨淋阀</td><td></td><td></td><td></td></tr>
<tr><td>水泵</td><td></td><td></td><td></td></tr>
<tr><td rowspan="3">传动管启动</td><td>雨淋阀</td><td></td><td></td><td></td></tr>
<tr><td>压力开关</td><td></td><td></td><td></td></tr>
<tr><td>水泵</td><td></td><td></td><td></td></tr>
<tr><td>参加单位</td><td colspan="2">施工单位项目负责人：
(签章)
年 月 日</td><td colspan="2">监理工程师：
(签章)
年 月 日</td><td>建设单位项目负责人：
(签章)
年 月 日</td></tr>
</table>

六、自动喷水灭火系统的验收

自动喷水灭火系统施工安装完毕后，应对系统的水源、管网、阀件、喷头布置及功能等进行检查和试验，以保证喷水灭火系统正式投入使用后，时刻处于准工作状态，一旦发生火警，即投入灭火工作状态，达到及时扑灭初期火灾的目的。因此，自动喷水灭火系统施工调试后，必须进行检查试验，验收合格，并办理验收手续后，才能投入使用，否则不得投入使用。

(一) 系统供水水源

在各地发生的自动喷水灭火系统灭火不成功的案例中，水源无水、供水不足和供水中断是主要原因，由此可见保障水源供水的重要性。自动喷水灭火系统的供水水源应符合下列要求：

1. 应检查室外给水管网的进水管管径及供水能力，并应检查消防水箱、消防水池容量和消防用水不作他用的措施，均应符合设计要求；

2. 当采用天然水源作系统的供水水源时，除水量应符合设计要求外，水质必须无杂质、无腐蚀性，即水质应符合工业用水的要求。当采用露天水池或河水作临时水源时，需在水源进入消防水泵前的吸水口处，设置有自动除渣功能的固液分离装置，以防止杂质进入消防水泵和管网，而不能用格栅除渣，因格栅被杂质堵塞后，易造成水源中断。此外，还应检查在天然水源的枯水期最低水位时确保消防用水的技术措施。

(二) 消防泵房

1. 消防泵房的建筑防火要求应符合相应的建筑设计防火规范的规定。

2. 备用电源、自动切换装置的设置应符合设计要求。

3. 消防泵房设置的应急照明、安全出口应符合设计要求。

4. 高层建筑的消防泵房多设在地下室，故应设放水阀和有序排水措施，以防安全阀损坏时，泵房被管网泄水淹没。另外，对泵进行启动试验时，也需要设放水阀和有序排水。

（三）消防水泵

消防水泵验收应符合下列要求：

1. 工作泵、备用泵、吸水管、出水管及出水管上的止回阀、蝶阀、泄压阀等阀件及水锤消除装置的型号规格，应符合设计要求；吸水管、出水管上的控制阀应锁定在常开位置，并有明显标示；

2. 消防水泵应采用自灌式引水或其他可靠的引水措施，以确保发生火警时顺利启动；

3. 分别开启系统中的每一个末端试水装置和试水阀，与之相关的水流指示器、压力开关等信号装置的动作功能均符合设计要求；

4. 打开消防水泵出水管上试水阀，当采用主电源启动消防水泵时，消防水泵应启动正常；当关掉主电源后，主、备电源应能正常切换；

5. 当消防水泵停泵时，水锤消除装置后的压力不应超过水泵出口额定压力的1.3～1.5倍；

6. 对消防用气压给水设备，要设定一个压力下限，即在下限压力下，喷水灭火系统最不利点的压力、流量尚能达到设计要求。当气压给水设备的压力下降到下限压力时，应能及时启动稳压泵，以维持系统的准工作状态；

7. 消防水泵启动控制应置于自动启动档，即处于准工作状态，即使无人值守也可根据信号指令启动。

（四）报警阀组

1. 报警阀组是自动喷水灭火系统最重要的的组件，其各组件应符合产品质量标准要求，安装位置应便于日常操作、维修。

2. 要按规定从报警阀的试水口引出试水管，以供系统调试、检测和维修使用。打开系统流量压力检测装置放水阀，测试的流量、压力应符合设计要求。

3. 报警阀前面的水源控制阀平时应保持常开状态，如使用闸阀，应设锁定装置，以防误操作造成关闭。已投入使用的自动喷水灭火系统，有相当一部分使用闸阀而又无锁定装置，有些闸阀处于半关闭状态，这是很危险的。因此，要求使用闸阀时需有锁定装置，否则应使用信号阀代替闸阀。

4. 水力警铃的设置位置应正确。测试时，水力警铃喷嘴处压力不应小于0.05MPa，且距水力警铃3m远处，警铃声不应小于70dB。

（五）管网

1. 管网不同部位安装的报警阀组、水源控制阀、止回阀、信号阀、水流指示器、减压孔板或节流管、减压阀、柔性接头、排水管、排气阀、泄压阀等，均应符合设计要求。

2. 管道的材质、管径、连接方式及采取的防腐、防冻措施，应符合设计要求。

3. 配水干管、配水管和配水支管上设置的支吊架和防晃支架，应符合前述相关内容的要求。

4. 系统中的末端试水装置、试水阀应符合设计要求；系统最末端最上部应设排气阀。

5. 在管网的一定部位按设计要求进行防结露保温。

6. 安装在吊顶内、管井内的隐蔽管道要有红色环圈色标，以便与其他管道相区别。

（六）喷头

1. 喷头的型号、规格、公称动作温度应符合设计要求。公称动作温度一般比使用环境的最高温度高30℃。

2. 喷头安装间距，喷头与楼板、墙、梁等障碍物的距离应符合设计和前述要求。但实际情况要复杂的多，最常见的问题是室内装修后喷头被不同程度的遮挡，影响布水效果，所以验收时必须检查喷头布置情况。

3. 有碰撞危险场所安装的喷头应加设防护罩。有装饰要求的地方，可选用半隐蔽或隐蔽型装饰效果好的喷头。

4. 有腐蚀介质的场所应用经防腐处理的喷头或玻璃球喷头。

5. 各种不同规格的喷头均应有一定数量的备用品，其数量不应小于安装总数的1%，且每种备用喷头不应少于10个。

（七）水泵接合器

应检查消防水泵接合器型号、规格、数量及设置位置是否正确，尤其应注意止回阀是否装反。水泵接合器是各地消防部门最重视的消防设施之一，因为消防车就是通过消防水泵接合器向室内管网加压供水的，故常用消防车进行注水试验。但当高层建筑室内消防管网的静水压大于消防车水泵的最高扬程下的出口压力时，则消防车无法向室内管网供水，因此，应将建筑室内消防管网的静水压值提供给消防部门。

（八）系统流量、压力

应通过系统流量压力检测装置进行放水，以进行系统流量、压力的测试、验收，并应符合设计要求。

如果仅通过系统末端试水装置进行放水试验，只能检验系统的启动功能、报警功能及相应联动装置是否处于正常状态，而不能测试和判断系统的流量、压力是否符合要求。

（九）消防系统模拟灭火功能试验

最后应进行系统模拟灭火功能试验。应选择最不利点进行试验，可启动一只喷头洒水或一处末端放水装置放水，系统应做出下列反应：

1. 水流指示器动作，应有反馈信号显示；

2. 报警阀动作，水力警铃应鸣响报警；

3. 压力开关动作，应启动消防水泵及与其联动的相关设备，并应有反馈信号显示；

4. 消防水泵启动后，应有反馈信号显示；

5. 其他消防联动控制设备启动后，应有反馈信号显示。

（十）自动喷水灭火系统工程的验收

1. 验收记录。由于自动喷水灭火系统工程施工涉及建设单位、设计单位、监理单位和施工单位，故其验收记录应由建设单位按表5-49格式的要求填写，综合验收结论由参

自动喷水灭火系统工程验收记录 **表 5-49**

<table>
<tr><td colspan="2">工程名称</td><td></td><td>分部工程名称</td><td></td></tr>
<tr><td colspan="2">施工单位</td><td></td><td>项目负责人</td><td></td></tr>
<tr><td colspan="2">监理单位</td><td></td><td>监理工程师</td><td></td></tr>
<tr><td colspan="2">序号</td><td>检查项目名称</td><td>检查内容记录</td><td>检查评定结果</td></tr>
<tr><td colspan="2">1</td><td></td><td></td><td></td></tr>
<tr><td colspan="2">2</td><td></td><td></td><td></td></tr>
<tr><td colspan="2">3</td><td></td><td></td><td></td></tr>
<tr><td colspan="2">4</td><td></td><td></td><td></td></tr>
<tr><td colspan="2">5</td><td></td><td></td><td></td></tr>
<tr><td colspan="2">6</td><td></td><td></td><td></td></tr>
<tr><td colspan="2">综合验收结论</td><td colspan="3"></td></tr>
<tr><td rowspan="4">验收单位</td><td colspan="2">施工单位：(单位印章)</td><td colspan="2">项目负责人：(鉴章)
年 月 日</td></tr>
<tr><td colspan="2">监理单位：(单位印章)</td><td colspan="2">监理工程师：(签章)
年 月 日</td></tr>
<tr><td colspan="2">设计单位：(单位印章)</td><td colspan="2">项目负责人：(签章)
年 月 日</td></tr>
<tr><td colspan="2">建设单位：(单位印章)</td><td colspan="2">项目负责人：(签章)
年 月 日</td></tr>
</table>

加验收的各方共同商定并签章。

2. 验收资料。为建设单位存档，自动喷水灭火系统验收时，施工单位应提供下列资料作为竣工验收文件：

(1) 竣工验收申请报告、设计变更通知书、竣工图；

(2) 工程质量事故处理报告；

(3) 施工现场质量管理检查记录；

(4) 自动喷水灭火系统施工过程质量管理检查记录；

(5) 自动喷水灭火系统质量控制检查资料。

七、自动喷水灭火系统的维护和管理

(一) 建立健全维护管理制度

当自动喷水灭火系统经验收投入使用以后，平时的维护管理是否科学合理就成为正常发挥灭火作用的关键。国内已有多起特大火灾事故，发生在安装有自动喷水灭火系统的建筑物内，其中有相当一部分，就是因为在验收完毕投入使用后，没有进行日常维护管理和定期试验，以致发生火灾时，不能及时扑灭，致使事故扩大，造成重大人员伤亡和财产损失。

因此，自动喷水灭火系统应具有管理、检测、维护规程，并应保证系统处于准工作状

自动喷水灭火系统维护管理工作检查项目 **表 5-50**

部 位	工 作 内 容	检 查 周 期
水源控制阀、报警控制装置	目测完好状况及开闭状态	每日
电源	接通状态，电压	每日
电动消防水泵	启动试运转	每月
内燃机驱动消防水泵	启动试运转	每月
系统所有控制阀门	检查铅封、锁链完好状况	每月
消防气压给水设备	检测气压、水位	每月
贮水池、高位水箱	检测水位及消防储备水不被他用的措施	每月
水泵接合器	检查完好状况，通水试验	每月
水流指示器	试验报警	每季
室外阀门井中控制阀门	检查开启状况	每季
报警阀、试水阀	放水试验启动性能	每季
水源	测试供水能力	每年
过滤器	清除滤渣，保持完好	每年
系统联动试验	测试系统运行功能	每年

态。维护管理工作应按表 5-50 的规定进行。

（二）专业人员培训

由于自动喷水灭火系统比较复杂，其组成部件较多，维护管理人员必须经过专业培训，才能在熟悉自动喷水灭火系统的原理的基础上，具备日常的维护管理和测试、操作技能，掌握自动喷水灭火系统关键部件的作用，使其处于准工作状态。因此，维护管理人员应当经专业培训，提高专业素质，做到持证上岗。

（三）水源控制阀、报警阀组

由于水源控制阀、报警阀组保持完全开启状态对灭火有着至关重要的作用，维护管理人员应每天对水源控制阀、报警阀组进行外观巡视检查，保证系统处于无故障状态。对已发生的火灾案例的分析统计表明，因水源控制阀、报警阀组不能正常发挥作用而导致给水压力不足，不能有效发挥灭火作用，甚至失效而造成重大损失的情况，在自动喷水灭火系统失效的事故中最为多见。

（四）消防水泵启动运转

无论电动消防水泵或内燃机驱动的消防水泵，应每月启动运转一次，保证消防水泵启动迅速，电源切换及时、无故障。每月模拟启动运转一次。

（五）水流指示器

每月应利用末端试水装置对各个水流指示器的功能进行试验。

（六）喷头

每月应对喷头进行一次外观及备用数量检查，发现有不正常的喷头应及时更换；当喷头附近有障碍物，影响喷头喷水布水时，应及时清除障碍物。更换或安装喷头均应使用专用扳手，利用喷头的底座、轭臂进行安装、拆卸喷头，容易造成喷头变形或损坏，是不允许的。

（七）水泵接合器

消防水泵接合器的接口及附件应每月检查一次，并应保证接口完好、无渗漏、闷盖齐全。

（八）检查控制阀门

管网系统上所有的控制阀门，凡是人员平时可能接触到的，均应采用铅封或锁链固定在开启或规定的状态。每月应对铅封、锁链进行一次检查。

（九）消防水池、消防水箱及消防气压给水设备

消防水池、消防水箱属于水源设施，气压给水设备属于系统稳压设备。

1. 钢板消防水箱、消防气压给水设备上所配置的玻璃水位计，由于受碰撞易损坏而造成消防水量流失或造成水害，因此平时水位计上下端的角阀应当是关闭的，只有在观察水位时才打开，观察过后随即关闭。

2. 消防水池、消防水箱及消防气压给水设备应每月例行检查一次，主要检查其消防储备水位、消防气压给水设备的气体压力是否正常，保证消防用水不作他用的措施是否继续有效。发现问题或故障应及时进行处理。

3. 在寒冷季节，尤其是恶劣气候条件下，应加强巡查设置消防水箱的场所，尽可能保持室温不低于5℃，防止消防水箱进出水管或阀门冻结。

4. 由于消防储备水多数情况下是备而不用，因而消防水池或水箱中的储备水成为“死水”，容易孳生细菌和微生物，成为污水，因而消防水池、消防水箱、消防气压给水设备内的水，应根据当地环境、气候条件不定期更换。换水时应通知当地消防监督部门，并做好此期间万一发生火灾而需要采用的其他灭火措施的准备。

（十）检查控制阀门开启状况

室外进水管上的控制阀门，应每个季度检查一次，确保其处于全开启状态。尤其在室外管道发生停水或检修以后，应及时检查室外环状给水管道上各阀门的开启状况，以防临时关闭阀门后忘记打开。

（十一）放水试验

每个季度应对系统所有的末端试水装置和报警阀旁的放水阀进行一次放水试验，以检查报警功能和系统启动功能是否正常。

（十二）水源的供水能力

水源的供水能力如何，水量、水压有无保证，是自动喷水灭火系统能否扑灭初期火灾的关键。由于城市化进程的加快，建筑物的增加和建筑密度增大，用水量也随之增加，市政管网的供水能力也会有变化。因此，每年应对水源的供水能力进行测定，当不能达到要求时，及时采取必要的补救措施。

（十三）停水修理监督

当自动喷水灭火系统发生故障，需停水进行修理时，应向主管值班人员报告，取得同意后，方可进行停水修理，维护负责人应临场监督。在修理过程中，万一发生火灾，要有应急预案。修理完毕应立即恢复供水，使整个系统恢复到准工作状态。

第四节 热水供应系统

热水供应是指民用或公用建筑中向卫生设备提供热水的管道系统，如洗涤盆、洗脸盆、浴盆、淋浴器、洗衣机用热水，公共浴室和洗衣房用热水。

一、热水供应系统的类型

热水供应系统按不同用户的特点可分为许多类型，现仅介绍主要的系统类型。

(一) 不循环的热水供应系统

适用于热水用量较小、用途单一、定时用水或连续用水的场所，属于局部、小型热水供应系统。通常由加热器到各个用水点只有供水管道，不设回水管，定时供应热水，用户在用水点通过冷水龙头进行温度调节。普通旅店、单位集体浴室、集体宿舍可采用此种方式，如图 5-80 所示。

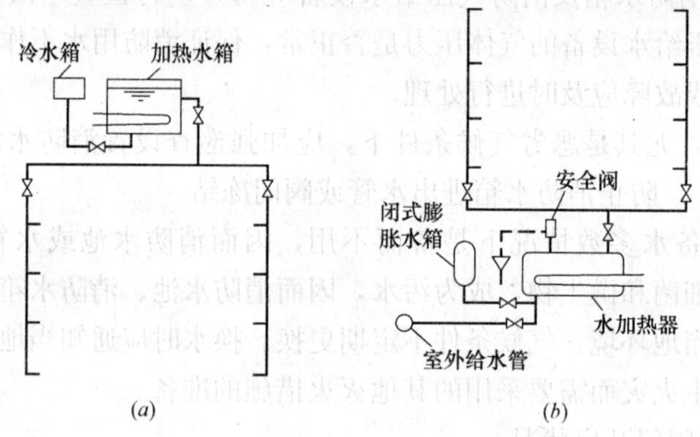

图 5-80 不循环的热水供应系统

(a) 开式系统；(b) 闭式系统

由于热水系统在运行时是先充满水以后才开始加热的，随着水温的升高，水体发生膨胀，开式系统则由冷水箱来吸收膨胀并向系统补充用掉的水，水箱设在系统的最高位置且与大气相通。闭式系统不设冷水箱或无条件设冷水箱，管道系统的补水完全靠给水管，故在管道系统底部的加热器间内，设置闭式膨胀水箱，以吸收管网中水被加热后的膨胀水量，防止管道系统超压。

在定时为职工开放的局部热水供应系统中，常采用如图 5-81 所示的直接加热方式，将蒸汽通入水箱内带有孔眼的排管上，蒸汽直接从孔眼内喷出，将水箱内的水加热。

使用蒸汽直接加热制备热水的方法比较普遍，在施工现场的暂设工程中使用也较多。这种方法具有简单、投资少、维修方便、热效率高的优点，但也具有噪音大、冷凝水不能回收利用，热水水质不好的缺点。常用的蒸汽直接加热热水的方法是将多孔管置于热水箱底部，当通入蒸汽后，即从多孔管的小孔中喷出，对水进行直接加热。多孔管上的小孔直径为 2～3mm，全部小孔的面积应等于蒸汽管截面积的 3 倍以上，多孔管的末端应封死，安装蒸汽管道时应从热水箱内最高水面 0.5m 以上引入为宜。

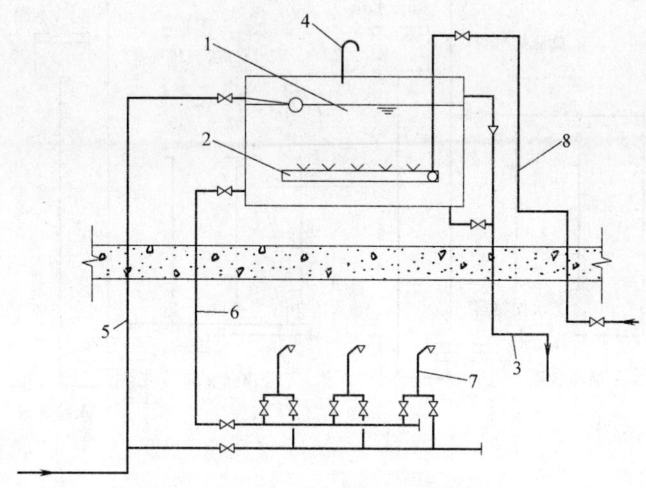

图 5-81 热水的直接加热方式

1—水箱；2—花孔排管；3—溢流及排污管；4—排气管；
5—冷水管；6—热水管；7—淋浴器；8—蒸汽管

蒸汽直接通入水中的加热方式，会产生较高的噪声，影响人们的工作、生活和休息，如采用消声混合器，可大大降低加热时的噪声，将噪声控制在允许范围内。当停止进行加热时，蒸汽管内压力骤降，为防止水箱内的水倒流至蒸汽管，应采取防止热水倒流的措施，可以采取提高蒸汽管标高或设置止回阀等措施。

近年来国内一些厂家研制生产了汽—水混合设备，也有国外同类先进产品进入国内市场，如大连市近年来采用美国产的变声增压节能换热器，将城市管网供给的蒸汽与冷水混合直接供给生活热水，较好地解决了大系统难以回收蒸汽凝结水的难题。采用这种水加热方式，必须保证稳定的蒸汽压力和供水压力，保证安全可靠的温度控制，否则，应在其后增加贮热设备，以便调节和控制好水温，确保安全供应热水。

另外，家用热水供应是人们最熟悉最简单的局部热水系统，用于卫生间洗浴及厨房洗涤。日照充足的地方应优先采用太阳能热水器。采用燃气热水器和电热水器也十分普遍。

燃气热水器、电热水器必须带有保证使用安全的装置。严禁在浴室内安装直接排气式燃气热水器等在使用空间内积聚有害气体的加热设备。

燃气热水器的排气管应直通室外，使用时要先开通水路，后打火，或者通水与点火同时进行，热水温度不宜超过 60℃，否则热水器的铜管内宜结水垢。停用时要先关燃气阀门，等数秒钟待热水器内的热水排出后，再关闭水阀门。

（二）半循环式热水供应系统

半循环式热水供应系统的特征是只保证热水干管中的水是循环的，适用于定时供应热水，且层数不超过 5 层、对水温要求不高的建筑。在供应热水前，先用循环泵把干管中已冷却的存水循环加热，当用热水时，需要先放掉支管和立管内的冷水，才能流出热水。半循环式系统有集中热源，因此属于集中式热水供应系统。

图 5-82（a）所示的布置方式为上行下给系统，设在系统上部的供水管通过一根立管

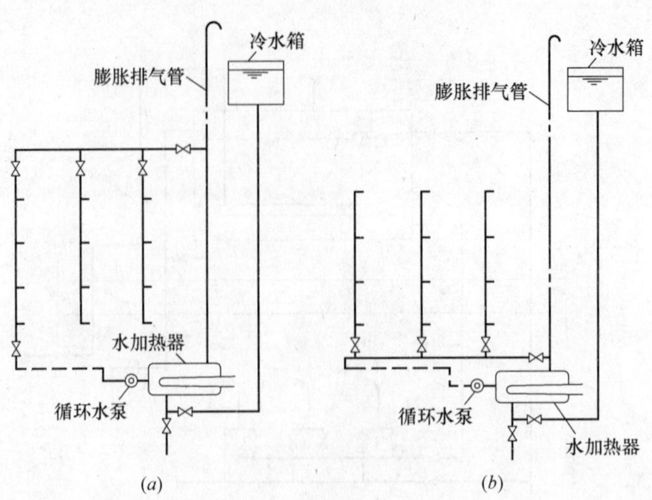

图 5-82　半循环式热水供应系统

(*a*) 上行下给系统 (*b*) 下行上给系统

与设在系统下部的回水管相连，以实现水的循环，其他立管上的用水点要用热水，就必须先放掉立管中的冷水。图 5-82 (*b*) 为下行上给系统，各个立管上的用水点要用热水，都必须先放掉立管中的冷水。图 5-82 (*a*)、(*b*) 均设有冷水箱，属于开式系统。

干管循环热水供水方式是指仅保持热水干管内的热水循环，多用于采用定时供应热水的建筑中；在热水供应前，先用循环泵把干管中已冷却的存水循环加热，当打开热水龙头时，需要放掉立管和支管内的冷水才能流出热水。

(三) 全循环式热水供应系统

全循环热水供应方式是指热水干管和所有热水立管均能保持热水的循环，各个立管上的用水器具的龙头打开，放掉支管中积存的水之后，即可获得热水。全循环系统也称为立管循环热水供水方式，此种供水方式广泛应用于对热水供应要求高的建筑，如宾馆、高层建筑、医院、标准较高的居住小区。

图 5-83 (*a*) 所示的布置方式为上行下给系统，设在系统上部的供水干管通过全部立管与设在系统下部的回水干管相连，以实现立管中的水循环。图 5-83 (*b*) 为下行上给系统，各个供水立管均设有回水立管，以实现立管中的水循环。在酒店、宾馆等建筑中，多数情况下是每一组供回水立管负担相邻两侧的卫生间的用水，热水支管较短，使用时只需放掉支管内的少量冷水即可。

在一户多卫生间即热水支管很长的情况下，用一次热水则要放掉很多冷水，而热水的供水单价要比冷水贵得多，因而只保证循环系统的干管、立管中热水循环，而支管中的水不能循环时，会造成水的很大浪费。因而在这种情况下，需要解决支管中的水循环，使用户能较快得到热水，避免水资源的浪费和过长时间的用水等待。

但是，在工程中要真正实现所有热水支管的循环，有很大的难度，除了循环管的连接问题不好解决之外，如果需要对支管用户进行热水计量也十分困难。因此，通常还是做好热水支管的保温，另一解决途径是对热水支管采用自控电伴热的方式，但要视具体情况而定，如果热水支管的电伴热耗费的电能比放掉的冷水价值更高，岂不是造成了更大的浪

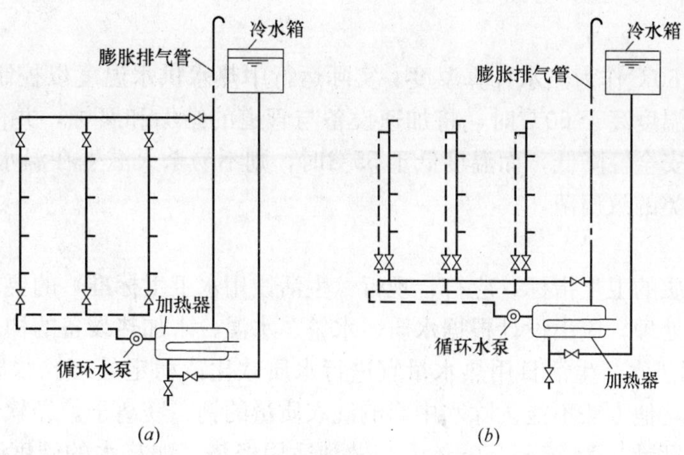

图 5-83 全循环式热水供应系统
(*a*) 上行下给系统；(*b*) 下行上给系统

费。当前，对热水支管采用自控电伴热多在高级宾馆中使用，在有客人入住时即开启热水支管的电伴热。

图 5-83 (*a*)、(*b*) 均设有冷水箱，属于开式系统，并且都是同程式系统，只是示意性的画出了 3 根立管，而实际上一个系统可能有十几根或二十几根立管。在同程式系统中，每一根立管与供水干管和回水干管建立起来的循环回路的长度都是相等的，因而能较好地实现各个立管之间的流量平衡和水温的一致。

全循环系统是靠循环水泵运转来实现供水干管—各个立管—回水干管中的水循环的，因而系统的排气问题至关重要，否则无法实现全循环。在图 5-83 (*a*) 中，管道系统的排气靠供水干管上的排气管解决；在图 5-83 (*b*) 中，管道系统的排气在各立管的最上一层的用水点进行。

在循环式热水系统中，设置热水回水管和循环水泵，管路中总保持一定的循环水量。由于热水在循环过程中被各用水点耗用，水量会逐渐减少，因此，供水干管的直径总是大于回水干管的直径，供水立管的始段直径总是大于回水立管的末段直径。

在以上各种形式的热水系统中，均用水加热器表示热水系统的热源。而水加热器所用的热源可能有不同的来源，对于区域性热水供应系统，可以从市政热力管网接入高温热源，如高温水或高压蒸汽；当不具备区域性热水供应条件时，可以采用热水锅炉或热水机组作为热源。

二、热水用水定额、水温和水质

(一) 用水定额

用水定额与建筑物的性质、卫生设备配置情况和人们的生活水平有关。我国是一个缺水的国家，尤其是西北和华北地区，缺水尤为严重，因此，用水定额必须考虑节水这个重要因素。现行设计规范在考虑人民生活水平不断提高的同时，在满足基本使用要求的前提下，在热水定额中体现了“节水”这个重大原则。卫生器具的一次和小时热水用水定额在设计规范中有规定，例如，采用集中供应热水的住宅建筑，用水定额为 60～100 L/

(人·d)，旅馆客房为120～160 L/（人·d）。

（二）水温

一般推荐以60℃作为热水计算温度。实际运行中热水供水温度以控制在55～60℃之间为好，因为当温度高于60℃时，将加速设备与管道的结垢和腐蚀，并使管道系统热损失增大，供水的安全性降低，而温度低于55℃时，则不易杀灭滋生在温水中的各种细菌，尤其是军团菌之类的致病菌。

（三）水质

生活热水水质的卫生指标，应符合现行《生活饮用水卫生标准》的要求。集中热水供应系统的原水水处理，应由设计根据水质、水量、水温、水加热设备的构造等因素确定。

1. 生活日用热水。生活日用热水量宜进行水质软化或稳定处理。水质处理方法是软化处理，因为用其他方法不能去除水中影响洗衣质量的钙、镁离子。经软化处理后的水质总硬度（以碳酸钙计）为75～150mg/L，做到适用经济，如将水的硬度降到75mg/L以下，则不但很不经济，且使用不舒服，还会使水呈酸性，加剧对管道和设备的腐蚀。

2. 洗衣房用热水。洗衣房日用热水量（按60℃计）大于或等于10m^{3}且原水总硬度（以碳酸钙计）大于300mg/L时，已属极硬水，应进行水质软化处理；原水总硬度（以碳酸钙计）为150～300mg/L时，宜进行水质软化处理。经软化处理后的水质总硬度宜为50～100mg/L。

3. 水质稳定处理。近年来，在工程中应用的各种物理水处理器，如磁水器、碳铝离子水处理器、静电水处理器、电子水处理器等，使生活热水的水质稳定处理大为简化，在工程中取得了实际效果。

三、水加热设备

水加热器从罐体内结构可分为容积式和半容积式（半即热浮动盘管式）等类型。从热媒性质上可分为汽—水型和水—水型，即热媒采用高压蒸汽或高温水。

（一）容积式水加热器

容积式水加热器主要由容积较大的储水罐体和内置的换热盘管构成。水加热器罐体上有热媒进出管接口、冷热水进出口接口、安全阀接口及各种仪表接口。

因为容积式水加热器的容积较大，因而可以不再设置热水箱（罐）。热媒（蒸汽或高温水）通入加热器的内置盘管，采用间接加热方式对罐内的水进行加热，使罐内水温升高而达到使用要求。容积式水加热器的基本形式和主要参数见表5-51。

容积式水加热器的基本形式和主要参数　　表5-51

形　式	型号	主要参数			
		容积V (m^3)	加热面积F (m^2)	壳程压力P_s (kPa)	管程压力P_t (kPa)
卧　式（单盘管）	1	0.5	0.86,1.72,2.58	600	≤400
	2	0.7	1.29,2.15,3.01		
	3	1.0	1.72,2.58,4.00		
	4	1.5	3.5,6.5		
	5	2.0	3.8,7.0		
	6	3.0	4.8,8.9,11.0		
	7	5.0	6.3,11.9,15.2		

续表

形式	型号	主要参数			
		容积 V (m^3)	加热面积 F (m^2)	壳程压力 P_s (kPa)	管程压力 P_t (kPa)
卧式（双盘管）	8 9 10	8.0 10.0 15.0	10.6,19.9,24.7 13.9,26.6,34.7 20.4,39.0,50.8	1200	400 或 1200
立式（单盘管）	Z型1号 Z型2号 甲型1号 甲型2号	0.33 0.89 2.26 4.28	1.42 2.65 3.90 6.46	600	400 或 600
立式（同侧双盘管）	1 2 3 4 5 6	2.0 3.0 5.0 8.0 10.0 15.0	—	600～1200	600

容积式水加热器的外形及主要规格尺寸见图 5-84～图 5-87 及表 5-52～表 5-54。

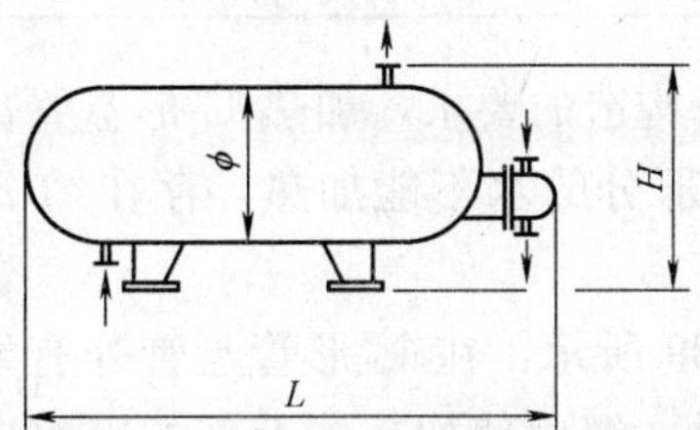

图 5-84 卧式单盘管水加热器

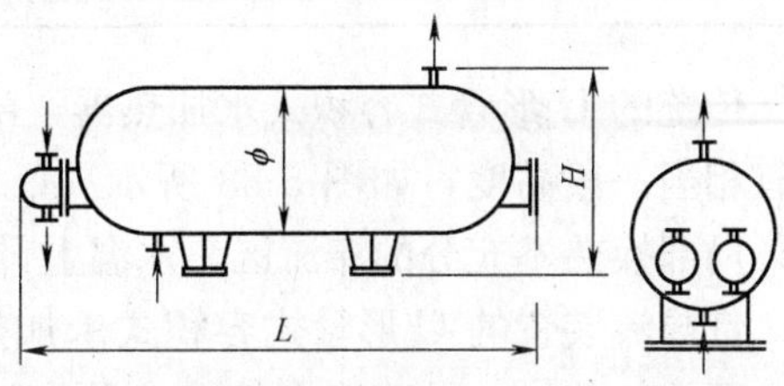

图 5-85 卧式双盘管水加热器

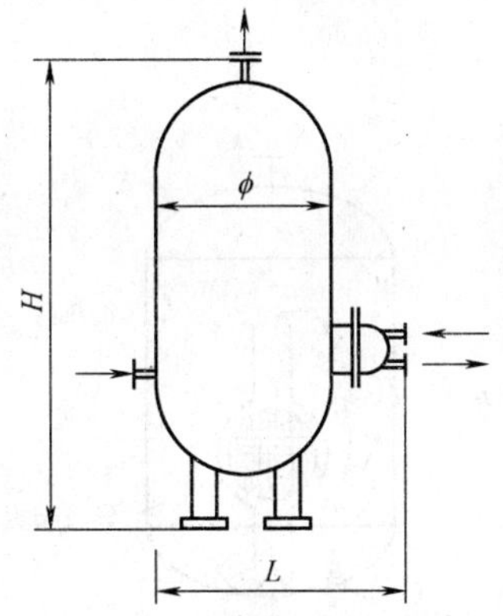

图 5-86 立式单盘管水加热器

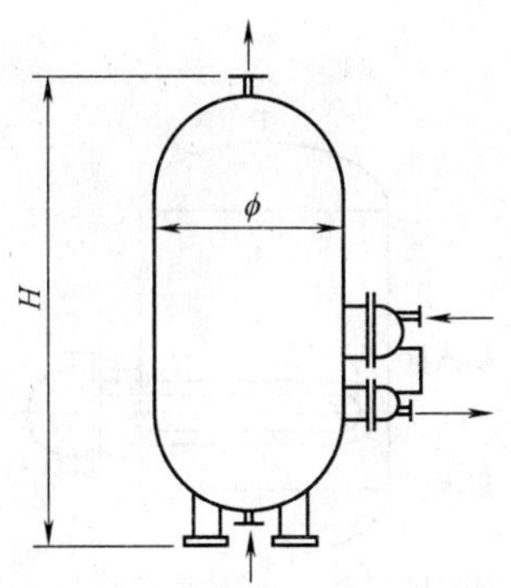

图 5-87 立式同侧双盘管水加热器

卧式单盘管水加热器规格尺寸（mm） **表 5-52**

尺寸	型号						
	1	2	3	4	5	6	7
ϕ	600	700	800	900	1000	1200	1400
H	1368	1468	1570	1670	1770	1974	2174
L	2100	2150	2400	3107	3344	3602	4123
重量(kg)	410	490	650	852	960	1418	1922

立式单盘管水加热器规格尺寸（mm） 表 5-53

型　号	ϕ	H	L	重量(kg)
Z型1号	700	2053	900	315
Z型2号	800	2403	1000	431
甲型1号	1200	2826	1822	791
甲型2号	1400	3250	2032	1311

立式水加热器规格尺寸（mm） 表 5-54

立式单盘管水加热器					立式同侧双盘管水加热器			
型　号	ϕ	H	L	重量(kg)	型　号	ϕ	H	重量(kg)
Z型1号	700	2053	900	315	1	1000	2800	780
Z型2号	800	2403	1000	431	2	1200	2900	890
甲型1号	1200	2826	1822	791	3	1400	3500	1680
甲型2号	1400	3250	2032	1311	4	1600	4250	3100
					5	1800	4240	4000
					6	1800	6200	4900

传统的U形管式容积式水加热器，由于设备本身构造的要求，加热U形盘管离容器底有相当一段高度，如图5-88所示。U形盘管以下部分的水不能加热，存在约20%～25%局部换热不充分的滞流区，水温上升较慢。

带导流装置的U形管式容积式水加热器如图5-89所示，在U形管盘管外有导流装置，开始加热时，导流筒内的冷水首先被加热并上升，继而使加热器上部的冷水向下流动，形成自然循环，逐渐将加热器内的水加热。随着升温时间的延续，当加热器上部充满所需温度的热水时，自然循环即终止。

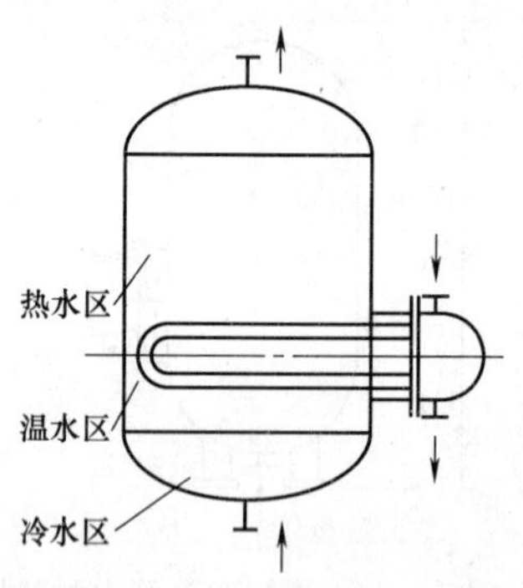

图5-88 容积式水加热器

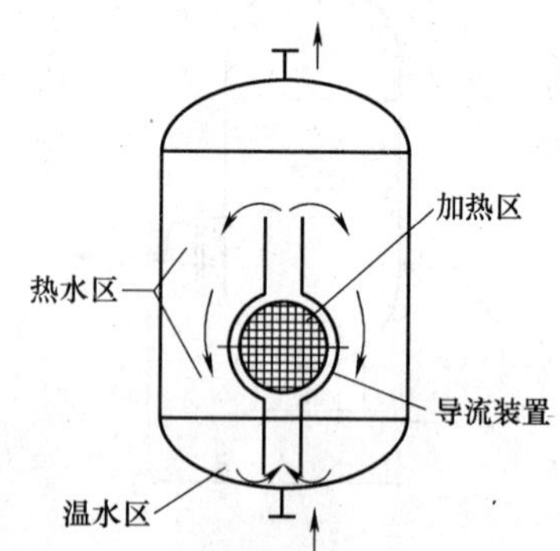

图5-89 带导流装置的容积式水加热器

卧式容积式水加热器的接管和仪表接口常采用图5-90所示的方式。

容积式水加热器具有储水量大，供水安全稳定的优点。为提高换热能力，盘管管束可采用铜管制作。容积式水加热器由管束、冷热水进出口、热媒高压蒸汽或高温水温度计、温度调节阀、压力调节阀、电控箱、安全阀等组成。容积式水加热器的缺点是体积较大，占地或占空间位置较大，换热效率较低，运行中需经常除垢，增加了维修难度和工作量。

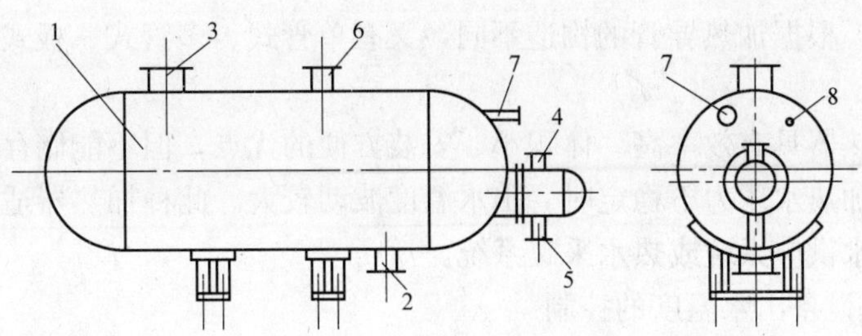

图 5-90 卧式容积式水加热器的接管和仪表接口

1—水罐体；2—冷水进口；3—热水出口；4—蒸汽（热水）进口；5—凝结水（回水）出口；6—安全阀接口；7—温度计接口；8—压力表接口

(二) 半容积式水加热器

半容积式水加热器具有体积小、易于安装和运输和加热温升快、不易结垢、自动化程度高等优点，但操作较为复杂，需随时根据用水负荷的变化进行水温和水压的调节，需要技术素质较高的人员进行操作和运行。

半容积式水加热器的接管和仪表接口常采用图 5-91 所示的方式。

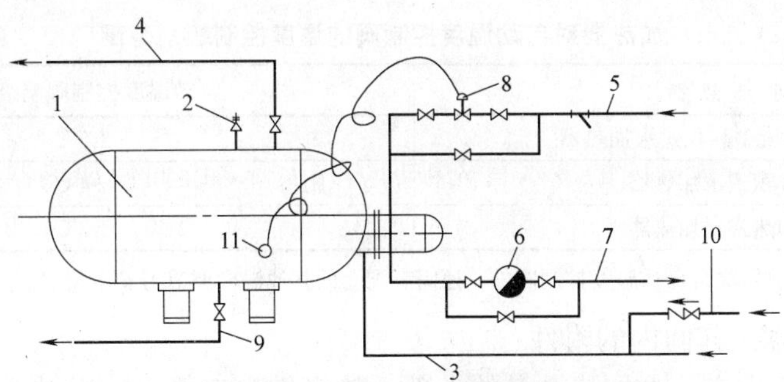

图 5-91 半容积式水加热器的接管和仪表接口

1—罐体；2—安全阀；3—进水管；4—热水管；5—热媒管道；6—疏水阀；7—热媒出口管道；8—温度自动调节阀；9—泄水阀；10—补水管；11—温包

近年来，以浮动盘管为换热元件的水加热器发展较快，半容积浮动盘管水加热器的罐体内可储有较少的水量（又称有限量储水），热媒进入浮动盘管管束内与从罐体底部进入的被加热的冷水进行热交换，被热媒加热后的水从罐体顶部流出供用户使用。

盘管管束在罐体内水中处于浮动状态，使被加热的水在罐体内产生扰动，从而加强了传热效果，使盘管与水的换热效率提高。尤其当盘管采用热导率大的铜管制成时，效果更加显著。因此，这种储水量较少的水加热器，能通过温度自动调节阀的控制，在热媒流量稳定的条件下，会达到较好的效果。

(三) 快速式水加热器

由于容积式水加热器中的加热属于“层流加热”，换热效率较低。而快速式水加热器是通过提高热媒和被加热水的流动速度，提高了换热效率，应用的是“湍流加热”理论。

快速式水加热器就是热媒与被加热水以较大速度的流动，实现快速换热的设备。

根据热媒的不同，快速式水加热器有汽—水和水—水两种类型，前者热媒为蒸汽，后者热媒为过热水。根据加热导管的构造不同，又有单管式、多管式、板式、管壳式、波纹板式等多种类型。

快速式水加热器具有效率高、体积小、安装方便的优点，但不能储存热水、水头损失大，在热媒或被加热水压力不稳定时，出水温度波动较大。此种加热器适用于用水量较大且比较均匀的热水供应系统或热水采暖系统。

（四）水加热设备出水温度的控制

为了实现节能节水和安全供水，所有水加热器均应设自动温度控制装置来控制调节出水温度。水加热设备的出水温度应根据其有无贮热调节容积，分别采用不同温级精度要求的自动温度控制装置。

自动温度控制阀的温度探测部分是温包，其安置部位应视水加热器本身结构确定。对于容积式、半容积式水加热器，应将其安装在能代表水加热器内水温的部位，安装在加热器的出水口处是不合适的，因为当温包反应此处温度时，罐体内的水温已经改变了，此时自动温度控制阀再动作已经滞后。

自动温度控制阀应根据水加热器的类型，即有无贮存调节容积及容积的相对大小来确定相应的温度控制范围。不同水加热器对自动温度控制阀的温度控制级别范围见表5-55。

水加热器对自动温度控制阀的温度控制级别范围 **表5-55**

水加热器	自动温度控制阀温级范围
容积式、导流型容积式水加热器	±5℃
半容积式水加热器	±4℃
半即热式水加热器	±3℃

注：半即热式水加热器除装自动温度控制阀外，还需有配套的其他温度调节与安全装置。

（五）水加热器工作间内的附件

1. 温度计、压力表。水加热设备的上部、热媒进出口管上，贮热水罐和冷热水混合器上应装温度计、压力表，以便于操作人员观察运行情况，减少和避免安全事故。

2. 温度传感器。热水循环泵的进水管（即回水管）上应装温度计及控制循环泵开停的温度传感器，以防系统水温过低或过高。

3. 水加热器具有压力容器的特性，应装安全阀。设置安全阀也是闭式热水系统一项必要的安全措施，其开启压力一般可按热水系统最高工作压力的1.05倍设定。安全阀的形式可选用微启式弹簧安全阀，其泄水管应引至安全处，在泄水管上不得装设阀门。

（六）水加热器的布置

各种容积式、导流型容积式、半容积式水加热器的一侧应有净宽不小于0.7m的通道，水加热器前端应留有抽出U形加热盘管的距离。对于无贮热容积的半即热式、快速式水加热器一般体型比前者小得多，其加热盘管不一定从前端抽出，可以从上、从下两头抽出，也可以整体放倒或移出机房外检修。水加热器的布置还需考虑人行通道及管道连接占用的空间。

水加热器上部附件的最高点至建筑结构最低点的净距，应满足检修的要求，但不得小于0.2m，房间净高不得低于2.2m。

四、热水管道

(一) 管材

根据国家有关部门关于"在城镇新建住宅中，禁止使用冷镀锌钢管用于室内给水管道，并根据当地实际情况逐步限制禁止使用热镀锌钢管，推广应用铝塑复合管、交联聚乙烯（PE-X）管、无规共聚聚丙烯（PP-R）管等新型管材，有条件的地方也可推广应用铜管"的规定，现行设计规范按以下排列顺序推荐作为热水管道的管材：薄壁铜管、薄壁不锈钢管、塑料热水管、塑料和金属复合热水管等。

铜管具有抗腐蚀、寿命长、阻力损失小、重量轻、连接方便、美观且保证水质等优点，在国际上是使用广泛的一种给水管材。近年来，国内一些设有集中热水供应系统的工程也采用了薄壁铜管，但其价格高昂，并需焊接连接，建造投资较大。

带快速卡压接头的薄壁不锈钢管材的出现，使其在热水管材领域中增加了一种较好的新品种。不锈钢管具有铜管一样的优点，不足之处亦是建造投资较大。

由于铜管和不锈钢管价格昂贵，只有少数的高级宾馆和私人别墅、住宅使用。

各种塑料热水管或塑料与金属复合的管材，近年来在国内得到了广泛的应用。PP-R塑料热水管材，符合卫生指标、内壁光滑、阻力损失小、安装方便，尤其适合于埋地暗设，且较经济。

热镀锌钢管仍然是社会上被广泛认可的适用管材，在家庭热水管道中，不少住户拒绝使用塑料热水管而选择热镀锌钢管，这其中不无道理，因为钢管的强度高，不怕磕碰撞击，不怕热水偶尔超温过热，而塑料热水管则恰恰相反。

热水管道系统使用无规共聚聚丙烯（PP-R）管、交联聚乙烯（PE-X）管等新型管材，必须防止热水温度过高。因疏忽或失误使热水排放温度过高而导致热水管道软化变形而不能使用的事例时有发生。

同一热水管道系统使用的管材和管件的材质必须相同，并且是同一生产厂家的产品。

设备机房内的管道经常维修，难免碰撞，所以不应采用塑料热水管。

定时供应热水不宜选用塑料热水管。因为定时供应热水系统内的水温冷热变化大，周期性的引起管道伸缩变化也大，这对于塑料管道的使用寿命是非常不利的。

(二) 热水管网

1. 暗设。由于塑料管线膨胀系数大，且强度较低，因此塑料热水管宜暗设，明设时立管宜布置在不受撞击处，如不能避免时，应在管外加保护措施。

2. 坡度和放汽、泄水。热水供应系统在升温和运行过程中会析出气体（溶解氧及二氧化碳），因此应做好管道坡度和放气工作。热水横管应有不小于 0.003 的坡度，以利于平时的排气和检修时排水。

上行下给式系统供水管的最高点如不能利用膨胀水箱排气时，应设排气装置；下行上给式系统，可利用各立管最高层用水点的热水龙头放水时排气。管道系统的泄水可利用各立管最低层的热水龙头、或在立管下端设置泄水丝堵。

3. 套管。热水管道穿过基础、楼板、墙壁、顶棚等处，均需加套管，穿越屋面及地下室外墙时应加防水套管。一般套管直径应比通过的热水管直径大 2 号，套管与热水管之间填充软质密封防水填料。套管高出地面一般不少于 20mm，在卫生间或厨房等容易积水的房间内不少于 50mm。

4. 弹性连接。支管与供、回水干管连接时，应考虑到管网投入使用后产生膨胀位移的情况，采用具有弹性的连接方法，如图 5-92 所示。此种连接方式也是适用于采暖管道。

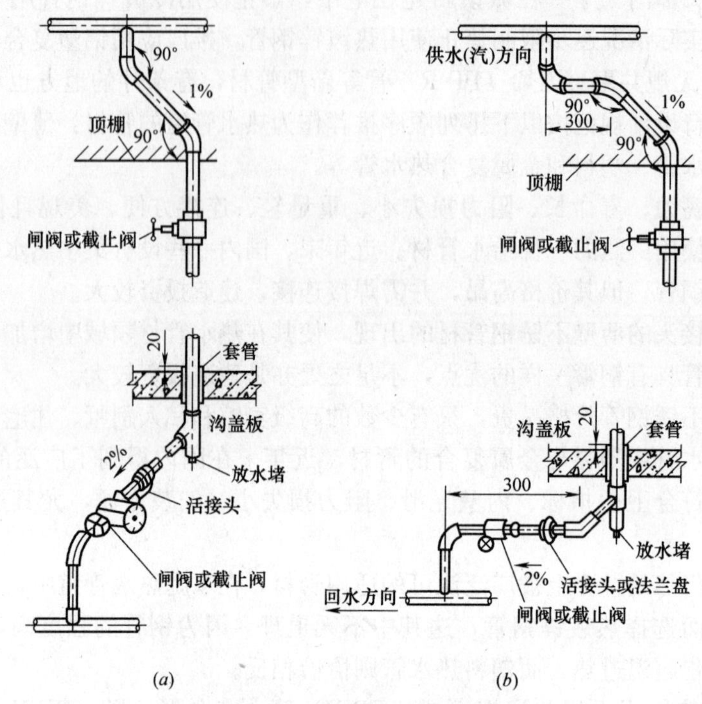

图 5-92 支管与干管的弹性连接
(*a*) 两弯连接；(*b*) 三弯连接

5. 阀门设置。在下列管段上应设置阀门：

(1) 各配水立管和相应的回水立管上，应设置能控制该立管的阀门；

(2) 从立管接出的支管上；

(3) 配水点等于或多于 5 个的支管；但配水管上一个阀门控制的配水点不得超过 15 个；

(4) 与水加热设备、水处理设备及温度、压力等控制阀件连接处的管段上，应按要求设置阀门。

6. 止回阀设置。

(1) 为了防止加热设备的升压或由于冷水管网水压降低产生倒流，使设备内热水回流至冷水管网产生热污染和安全事故，水加热器或贮水罐的冷水供水管上应设止回阀；

(2) 为了防止冷水进入热水系统，保证配水点的供水温度，机械循环的第二循环回水管上应设止回阀；

(3) 为了防止冷、热水通过混合器相互串水而影响其他设备的正常使用。对成组的混合器，在其冷、热水干管上应设止回阀。

7. 冷、热水龙头的位置。对于洗脸盆、浴盆、冷热水混合的淋浴喷头等配有冷、热水的卫生设备，安装时应使热水龙头置于左侧，冷水龙头置于右侧。各地大约有$\frac{1}{3}\sim\frac{1}{4}$的旅馆、饭店未按此要求安装。

8. 热补偿措施。安装热水管道要有对热膨胀的补偿措施。一般尽可能利用管道弯曲部分，合理设置固定支架，进行自然补偿，当自然补偿不能满足要求时，采用补偿器。关于管道的热膨胀补偿，将在第七章第一节阐述。

9. 管道的保温。热水管道的干管、立管和支管，均需按设计要求进行保温。

第五节 建筑排水系统

居住小区应将生活排水与雨水排水分成两个排水系统，分别与市政污水管道系统和雨水管道系统相连接。

如果市政没有污水管道系统，城市没有污水处理厂，居住小区内的污水应自行进行处理后，方可排入城市雨水管道，以保护江河水体不致污染，待以后城市兴建了污水处理厂和市政污水管道建造后，再将居住小区生活排水接入市政污水管道系统。

一、排水系统及其组成

（一）室内排水系统

建筑物内下列情况下宜采用生活污水与生活废水分流的排水系统。

1. 生活污水系统。生活污水是指居民日常生活中排泄的粪便污水。粪便污水中的有机物很多，需经化粪池在厌氧菌的作用下腐化、发酵、分解并经沉淀处理后，才能排入市政污水排水管道。

2. 生活废水系统。生活废水是指居民日常生活中排泄的洗涤水，可直接排入市政污水排水管道。如果小区或建筑物要建立中水系统，这些生活废水应用单独的排水系统收集起来，作为中水系统的水源。

3. 对下列受到油脂、泥沙、致病菌、放射性元素等污染的排水，应单独设排水系统进行收集处理：

（1）公共饮食业厨房含有大量油脂的洗涤废水；

（2）洗车台冲洗水；

（3）含有大量致病菌、放射性元素超过排放标准的医院污水。

4. 建筑物雨水管道应单独设置，排入居住小区的雨水排水系统，再排入市政雨水管道系统。在缺水或严重缺水地区，宜设置雨水贮存池加以利用，尤其在严重缺水的西北、华北地区，如何贮存利用雨水成为人们关注的问题。

（二）室内排水系统的组成

1. 受水器。受水器包括卫生器具、排放生产废水的设备、雨水斗及地漏等接受排水的器具。

带水封的地漏，其水封深度不得小于 50mm。50mm 水封深度是确定重力流排水系统的通气管管径和排水管管径的基础。

传统的钟罩式地漏存在水封浅、扣碗易被扔掉的弊病，因而许多公共卫生间内的地漏变成了污水管道中有害气体窜入室内的通气孔，污染了室内环境。实践证明，采用直通式地漏，其下装存水弯，其排水性能水力条件最好，堵塞机率最小，应在工程中优先采用。

在卫生标准要求高或不经常排水的场所应设置密闭式地漏。

在食堂、厨房和公共浴室等场合应设置网框式地漏，能有效地拦截杂物，并可方便地取出倾倒。

2. 存水弯。存水弯是连接在受水器与排水支管之间的管件，在排水系统中，存水弯的作用是利用水封阻止室外排水管道中的有害气体及害虫通过卫生器具进入室内。卫生器具本身已有存水弯的不应再另装存水弯。

水封的形状有管状、筒状等。管状水封有P形、S形和U形弯。筒状水封有瓶形、钟罩形、间壁形和筒形。水封的深度越大，水封效果越好。但污水中的固体杂质也越容易沉积在存水弯底部，堵塞管道。水封深度一般采用50～100mm为宜。

在不便于安装存水弯时，可采用水封装置，其水封深度不得小于100mm。

3. 排水支管。排水支管是将卫生器具、地漏或生产设备排出的污水排到立管中去的横支管。

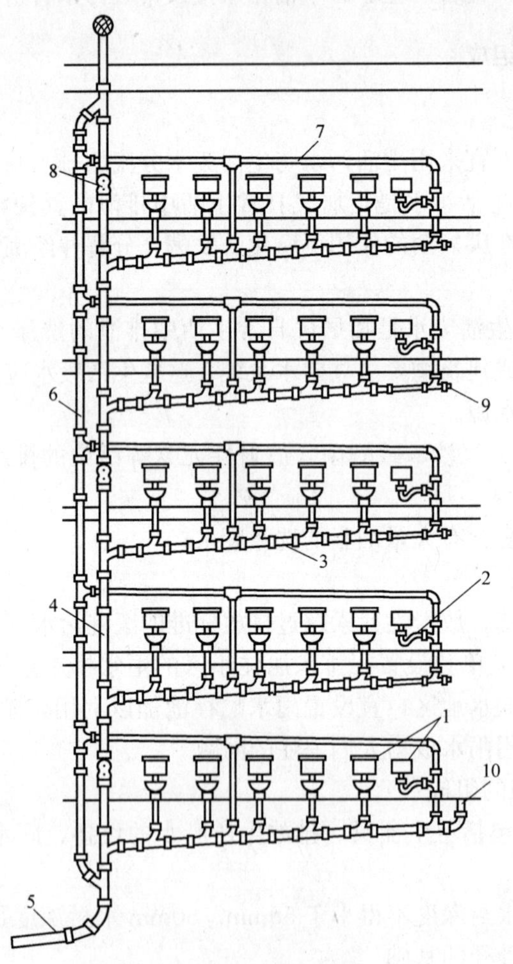

图5-93 卫生间排水系统

1—卫生器具；2—存水弯；3—排水支管；4—排水立管；

5—排出管；6—专用通气立管；7—环形通气管；

8—检查口；9、10—清扫口

4. 排水立管。立管应靠近杂质最多。排水量最大的排水点，在民用建筑中宜靠近大便器。

5. 排出管。排出管是立管与检查井之间的埋地管道。

6. 通气管。通气管有多种形式。污水立管上部，排水设备以上通出屋顶的立管称为伸顶通气管。必要时还要另设专用通气立管，成排卫生设备数量较多适应设环形通气管。通气管的作用是使室内排水管与大气相通，将排水管道中的有害气体排到大气中去。平时减少排气管内的压力波动，使排水管道的水流畅通，保护存水弯的水封不被破坏。

7. 清扫设备。为了清通室内排水管道，应在排水管道的适当部位装设检查口和清扫口。

图 5-93 所示为卫生器具较多的多层卫生间的排水系统图。

二、排水量标准及排水管道管径

（一）卫生器具的排水量及排水当量和管径

室内生活排水管道的设计秒流量，一般按卫生器具的排水量和同时使用情况考虑。为了计算方便，卫生器具的排水量以当量数表示，将洗涤盆的排水量以 0.33 L/s 计算，作为一个排水当量，其他卫生器具的当量均按洗涤盆的当量的倍数计算。各种卫生器具的排水流量、当量和器具排水管的管径见表 5-56。

卫生器具的排水流量、当量和器具排水管的管径 **表 5-56**

序　号	卫生器具名称	排水流量(L/s)	当　量	排水管管径(mm)
1	洗涤盆、污水盆(池)	0.33	1.00	50
2	餐厅、厨房洗菜盆(池)			
	单格洗涤盆(池)	0.67	2.00	50
	双格洗涤盆(池)	1.00	3.00	50
3	盥洗槽(每个水嘴)	0.33	1.00	50～75
4	洗手盆	0.10	0.30	32～50
5	洗脸盆	0.25	0.75	32～50
6	浴盆	1.00	3.00	50
7	淋浴器	0.15	0.45	50
8	大便器			
	高水箱	1.50	4.50	100
	低水箱			
	冲落式	1.50	4.50	100
	虹吸式、喷射虹吸式	2.00	6.00	100
	自闭式冲洗阀	1.50	4.50	100
9	医用倒便器	1.50	4.50	100
10	小便器			
	自闭式冲洗阀	0.10	0.30	40～50
	感应式冲洗阀	0.10	0.30	40～50
11	大便槽			
	≤4 个蹲位	2.50	7.50	100
	＞4 个蹲位	3.00	9.00	150
12	小便槽(每米长)			
	自动冲洗水箱	0.17	0.50	
13	化验盆(无塞)	0.20	0.60	40～50
14	净身器	0.10	0.30	40～50
15	饮水器	0.05	0.15	25～50
16	家用洗衣机	0.50	1.50	50

注：家用洗衣机排水软管，直径为 30mm，有上排水的家用洗衣机排水软管内径为 19mm。

（二）排水管道的坡度和充满度

排水管道的坡度应满足流速和充满度要求。为了使悬浮在污水中的杂质不致因沉淀而堵塞管道，管道排水必须有一个最小流速，即自清流速，使水流能及时冲刷管壁上的污物，并能将小流量、低流速时沉淀的杂质冲走。排水管道一般情况下应采用标准坡度。

排水管道的充满度表示管道内水深（h）与其管径（D）的比值，即 h/D。排水管内需留有一定的空间，使平时污（废）水中的有害气体能通过通气管排出，偶尔也可容纳超过设计的高峰排水量，因此排水管的设计参数中有“最大设计充满度”数值。

（三）居住小区室外生活排水管道

居住小区室外生活排水管道的最小管径、最小设计坡度和最大设计充满度见表5-57。

居住小区室外生活排水管道最小管径、最小设计坡度和最大设计充满度　　表5-57

管别	管材	最小管径(mm)	最小设计坡度	最大设计充满度
接户管	埋地塑料管	150	0.005	0.50
	混凝土管	150	0.007	
支管	埋地塑料管	160	0.005	
	混凝土管	200	0.004	
干管	埋地塑料管	200	0.004	0.55
	混凝土管	300	0.003	

注：接户管管径不得小于建筑物排出管管径。

（四）建筑物内排水铸铁管道

建筑物内生活排水铸铁管道的最小坡度和最大设计充满度见表5-58。

建筑物内生活排水铸铁管道的最小坡度和最大设计充满度　　表5-58

管径(mm)	通用坡度	最小坡度	最大设计充满度
50	0.035	0.025	0.50
75	0.025	0.015	
100	0.020	0.012	
125	0.015	0.010	
150	0.010	0.007	0.55
200	0.008	0.005	

（五）建筑排水塑料管

建筑排水塑料管排水横支管的标准坡度应为0.026。排水横干管的坡度可按表5-59进行调整。

建筑排水塑料管排水横干管的最小坡度和最大设计充满度　　表5-59

外径(mm)	最小坡度	最大设计充满度
110	0.004	0.50
125	0.0035	0.50
160	0.003	0.60
200	0.003	0.60

三、排水管道的布置及安装技术要求

建筑物内排水管道布置的基本原则是，不能由于排水管道漏水或结露产生的凝结水造成对安全、卫生、环境和财物产生不利影响或使管道本身受到损害。

（一）一般要求

1. 排水立管宜靠近排水量最大的排水点，在卫生间中应靠近大便器。

2. 排水立管不得穿越卧室、病房等对卫生、安静有较高要求的房间，也不宜靠近与卧室相邻的内墙。

3. 排水埋地管道，不得布置在可能受重物压坏处或穿越生产设备基础。

4. 排水管道不得穿过沉降缝、伸缩缝、变形缝、烟道和风道，不得经过生活饮用水池部位的上方。

5. 排水管道不得布置在遇水会引起燃烧、爆炸的原料、产品和设备的上面。

6. 排水横管不得布置在食堂、饮食业厨房的主副食烹调及备餐工作间的上方。当受条件限制不能避免时，应采取防护措施。

7. 架空管道不得敷设在对生产工艺或卫生有特殊要求的生产厂房内，以及食品和贵重商品仓库、通风小室、变配电间和电梯机房内。

8. 排水管不应布置在易受机械撞击处，如不能避免时，应采取保护措施。

9. 塑料排水管应避免布置在热源附近，如无法避免，且管道表面温度可能大于 60℃时，应采取隔热措施。塑料排水立管与家用灶具边净距不得小于 0.4m。

10. 当排水管道外表面可能结露时，应采取防结露措施。

（二）根据实践经验可以确定的管径

根据工程实践经验总结，下列场所设置排水管，管径应符合下列要求：

1. 多层住宅厨房间的立管管径不得小于 75mm；

2. 大便器排水管最小管径不得小于 100mm；

3. 大便槽的冲洗水量、冲洗管和排水管管径，一般按表 5-60 确定；

大便槽的冲洗水量、冲洗管和排水管管径 **表 5-60**

蹲位数	每蹲位冲洗水量(L)	冲洗管管径(mm)	排水管管径(mm)
2～4	12	40	100
5～8	10	50	150
9～12	9	65	150

4. 公共食堂厨房内的污水排水管，其管径应比计算方法得出的管径大一号，但支管管径不得小于 75mm，干管管径不得小于 100mm；

5. 医院污物洗涤盆（池）和污水盆（池）的排水管管径，不得小于 75mm；

6. 小便槽或连接 3 个及 3 个以上的小便器，其污水支管管径，不宜小于 75mm；

7. 浴池的泄水管管径宜采用 100mm。在淋浴室内，1～2 个淋浴器，可设置一个直径为 50mm 的地漏，3～4 个淋浴器，可设置一个直径为 100mm 的地漏。采用排水沟排水时，8 个淋浴器可设置一个直径为 100mm 的地漏；

8. 建筑物内排水立管管径不得小于其接入的排水横支管管径；

9. 建筑物的排出管最小管径不得小于其立管管径，且不得小于 50mm。

一般情况下，对于普通多层住宅建筑，除底层卫生间和厨房单独排水外，二层以上的卫生间和厨房各为一个排水系统，卫生间立管的管径应为 100mm，各层支管从大便器到立管为 100mm，上游支管为 50mm。厨房立管的管径应为 75～100mm，各层支管管径为 50mm。

但笔者亲眼所见，某地七层住宅，厨房立管的管径竟为 50mm，各层用户的厨房内至少有一个洗涤盆和一个洗衣机，有的还有两个洗涤盆。于是这座建筑所有厨房排水立管均经常形成堵塞，污水从二层地漏和排水口溢出，甚至渗漏到底层住户家中，二层和底层的住户苦不堪言。这就是设计人员、建设单位人员和监理人员缺乏起码的专业知识所致。

（三）管道的连接要求

由于污水管道的堵塞经常发生在管道的拐弯处，为改善管道内水力条件，避免堵塞，室内管道的连接应符合下列要求：

1. 卫生器具排水管与排水横管垂直连接，应采用 90°斜三通；

2. 排水管道的横管与立管连接，宜采用 45°斜三通或 45°斜四通和顺水三通或顺水四通；

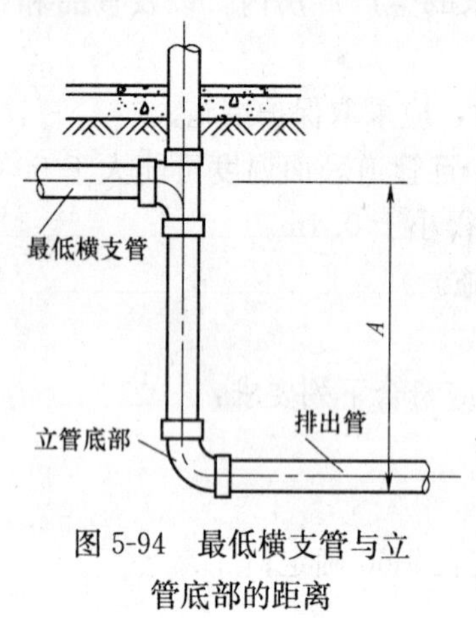

图 5-94　最低横支管与立管底部的距离

3. 排水立管与排出管端部的连接，宜采用两个 45°弯头或弯曲半径不小于 4 倍管径的 90°弯头；

4. 排水管应避免在轴线偏置，当受条件限制时，宜用乙字管或两个 45°弯头连接的方式实现轴线偏置；

5. 支管接入横干管、立管接入横干管时，宜在横干管管顶或其两侧 45°范围内接入；

6. 由于立管的水流流速大，而排出管的流速小，在立管底部会产生正压区，使靠近立管底部的卫生器具内的水封遭受破坏，卫生器具内发生冒泡、满溢现象，严重影响底层用户使用。因此，当如图 5-94 所示的排水立管仅设置伸顶通气管时，最低横支管与立管连接处距排水立管管底垂直距离 h，不得小于表 5-61 的规定。

最低横支管与立管连接处至立管管底的垂直距离　　表 5-61

立管连接卫生器具的层数	垂直距离 A(m)	立管连接卫生器具的层数	垂直距离 A(m)
≤4	0.45	13～19	3.0 或底层单独排出
5～6	0.75	≥20	6.0 或底层单独排出
7～12	1.2 或底层单独排出		

注：当与排出管连接的立管底部放大一号管径或横干管比与之连接的立管大一号管径时，可将表中垂直距离缩小一档。

四、检查口和清扫口的设置

（一）检查口和清扫口的设置条件

1. 按照设计规范的要求，铸铁排水立管上检查口之间的距离不宜大于 10m，塑料排水立管宜每六层设置一个检查口。但现行施工质量验收规范中，仍按传统的要求，没有区分铸铁管或塑料管，要求立管上每隔一层设一个检查口。此外，在建筑物最低层和设有卫生器具的二层以上建筑物的最高层，应设置检查口，当立管有乙字管时，在该层立管乙字管的上部应设检查口。

2. 在连接 2 个及 2 个以上的大便器或 3 个及 3 个以上卫生器具的铸铁排水横管上，宜设置清扫口。

3. 在水流偏转角小于 135°的排水横管上，应设检查口或清扫口，或采用带清扫口的转角配件替代。

4. 当排水立管底部或排出管上的清扫口至室外检查井中心的最大长度大于表 5-62 的数值时，应在排出管上设清扫口。

排水立管底部或排出管上的清扫口至室外检查井中心的最大长度　　表 5-62

管径(mm)	50	75	100	100 以上
最大长度(m)	10	12	15	20

5. 排水横管的直线管段上检查口或清扫口之间的最大距离，应符合表 5-63 的规定。

排水横管的直线管段上检查口或清扫口之间的最大距离　　表 5-63

管 径(mm)	清扫设备种类	距　离(m)	
		生活废水	生活污水
50～75	检查口	15	12
	清扫口	10	8
100～150	检查口	20	15
	清扫口	15	10
200	检查口	25	20

（二）检查口的设置要求

1. 立管上检查口的中心高度应在地（楼）面以上 1.0m，允许偏差为±20mm，并应高于该层卫生器具上边缘 150mm。

2. 埋地横管上或地板下设置检查口时，应设在砖砌的检查井内。井底表面高度应与检查口的法兰相平，井底表面应有 0.05 坡度坡向检查口的法兰。

3. 地下室立管上设置检查口时，检查口应设置在立管底部之上。

4. 立管上检查口的盖应朝向便于检查清扫的方向，在横干管上应向上。

（三）清扫口的设置要求

1. 在悬吊的排水横管上设清扫口，应将清扫口设置在上一层的楼板或地坪上，且与地面相平，排水横管起点的清扫口与其端部相垂直的墙面的距离不得小于 0.20m。

2. 排水管起点设置堵头代替清扫口时（即堵头在楼板以下），堵头与墙面应有不小于 0.40m 的距离。

3. 在管径小于 100mm 的排水管道上设置清扫口，其尺寸应与管道同径；管径等于或大于 100mm 的排水管道上设置清扫口，应采用 100mm 直径的清扫口。

4. 铸铁排水管道设置的清扫口，其材质应为铜质；硬聚氯乙烯管道上设置的清扫口应与管道同质。

5. 排水横管连接清扫口的连接管管件应与清扫口同径，并采用45°斜三通和45°弯头或由两个45°弯头组合的管件。

五、排出管的埋设

排水立管底部至室外排水管道检查井的管段称为排出管。排出管的埋设有以下要求：

1. 排出管与室外排水管道的连接，一般采用管顶平接法，水流转角不得小于90°，如有跌落差大于0.3m，可不受角度限制；

2. 排出管穿过承重墙和基础处，应预留洞口，且管顶上部净空不得小于建筑物沉降量，一般不小于0.15m；

3. 排出管穿过地下室外墙和地下构筑物的墙壁处，应设置防水套管，防止地下水渗入室内；

4. 排出管与室外排水管道连接处，应设检查井。检查井中心至建筑物外墙面的距离不宜小于3.0m。排水管管径在300mm以下，埋深在1.5m以内时，检查井内径一般采用0.7m；

5. 排出管从污水立管或清扫口至室外检查井中心的最大长度，应按表5-64确定。

排出管的最大长度　　表5-64

管径(mm)	50	75	100	150
排出管的最大长度(m)	10	12	15	20

六、通气管的设置

在前面说过，通气管的作用是使室内排水管与大气相通，将排水管道内的有害气体排到大气中去，减少排气管内的压力波动，保护存水弯的水封不被破坏，使排水管道的水流畅通。

根据建筑物的楼层和卫生间卫生器具的数量，通气管有如图5-95所示的多种布置方式。

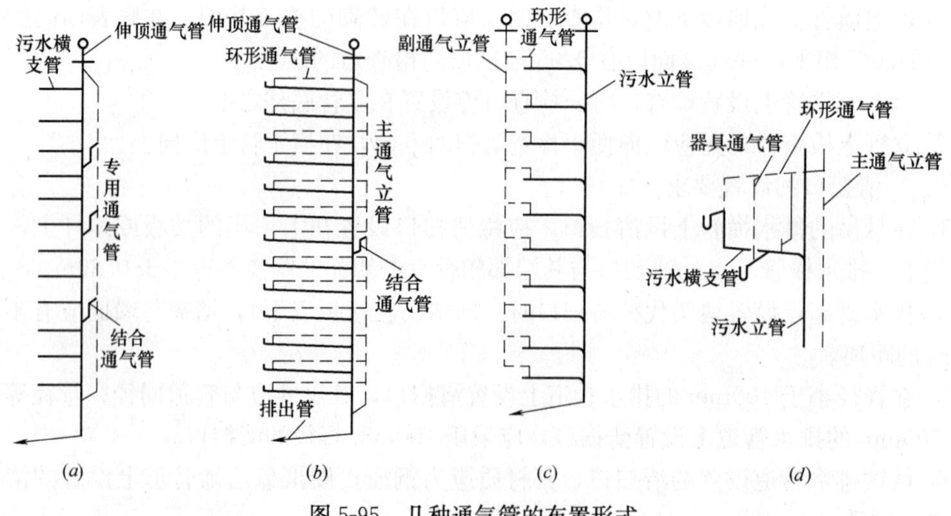

图5-95　几种通气管的布置形式

（一）伸顶通气管

生活排水管道的立管顶端，一般应设置伸顶通气管，以将排水管道中的污浊气体排至大气中，同时起到平衡管道内正负压，保护卫生器具水封的作用。

在正常的情况下，每根排水立管应延伸至屋顶之上通大气。故在有条件时，一定要设置伸顶通气管。个别情况下，难以保证每根排水立管延伸至屋顶以上时，可将数根通气立管在顶层天棚内互相连接成汇合通气管，再伸出屋顶。

（二）专用通气立管

当生活排水立管所承担的卫生器具排水设计流量，超过仅设伸顶通气管的排水立管最大排水能力时，应设专用通气立管；建筑标准要求较高的多层住宅和公共建筑、10层及10层以上高层建筑的生活污水立管宜设置专用通气立管。专用通气管能更有效的发挥平衡管道内正负压力和保护卫生器具水封的作用。图5-95（*a*）中污水立管应每隔两层与专用通气立管相连接。

图5-95（*b*）中的主通气立管和（*c*）中的副通气立管，原称辅助通气立管，都属于专用通气立管，其共同点是都与环形通气管连接，不同之处是图（*b*）为排水、通气立管同边设置，图（*c*）为排水、通气立管分开设置。

环形通气管也称辅助通气管，是参照日本、美、英等国规范借用过来的，一般在公共建筑集中的卫生间或盥洗室的排水横支管上承担的卫生器具数量超过允许负荷时才设置。设置环形通气管时，必须逐层将环形通气管与主通气立管或副通气立管相连接。

主通气立管、副通气立管与专用通气立管的作用是一样的，设置了环形通气管和主通气立管或环形通气管和副通气立管，就不必再设置专用通气立管。

（三）汇合通气管

当图5-95中几种形式的通气管不允许或不可能单独伸出屋面时，可在顶层的天棚内设汇合通气管，即把每根应伸出屋面的通气管顶端连通，在适当的部位伸出屋面或室外。

通气管只能作排气管道的通气用，不得用于接纳器具污水、废水和雨水，也不得与风道、烟道连通进行通气。

（四）不得用吸气阀替代通气管

在建筑物内，不得设置吸气阀替代通气管。因为在室内设置吸气阀只能平衡负压，而不能消除正压，也不能将管道中的有害气体排放至室外大气中去，因此，吸气阀的功能是不能替代通气管的。吸气阀的密封材料多采用软塑或橡胶，日久老化失效无法察觉，会导致排水管道中的有害气体串入室内，形成长期弊端。

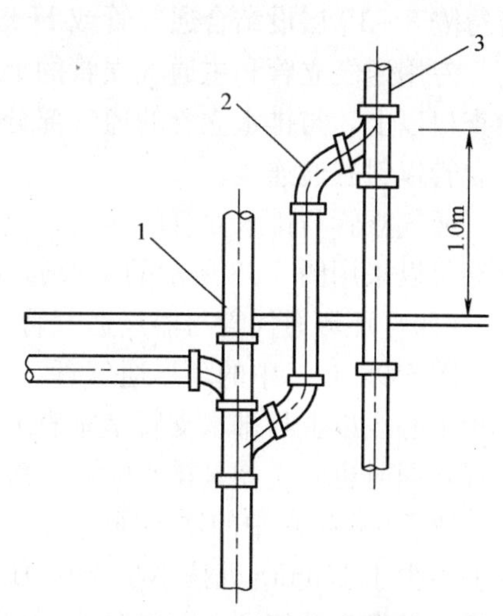

图5-96　结合通气管

1—污水立管；2—结合通气管；3—专用通气立管或主通气立管

七、通气管与排水管的连接

（一）结合通气管

传统的结合通气管做法如图5-96所示。

（二）H形透气管

当用H形透气管件替代结合通气管时，H形透气管与通气管的连接点应设在卫生器具上边缘以上不小于150mm处。

在高层建筑施工中，曾发生过如图5-97所示，将H形透气管装反的事例，造成了较大的返工。错误的装法非但不利于排气，还会使污水进入通气管。如果排水立管与通气立管的管径不一样，也许不会发生此类安装错误。

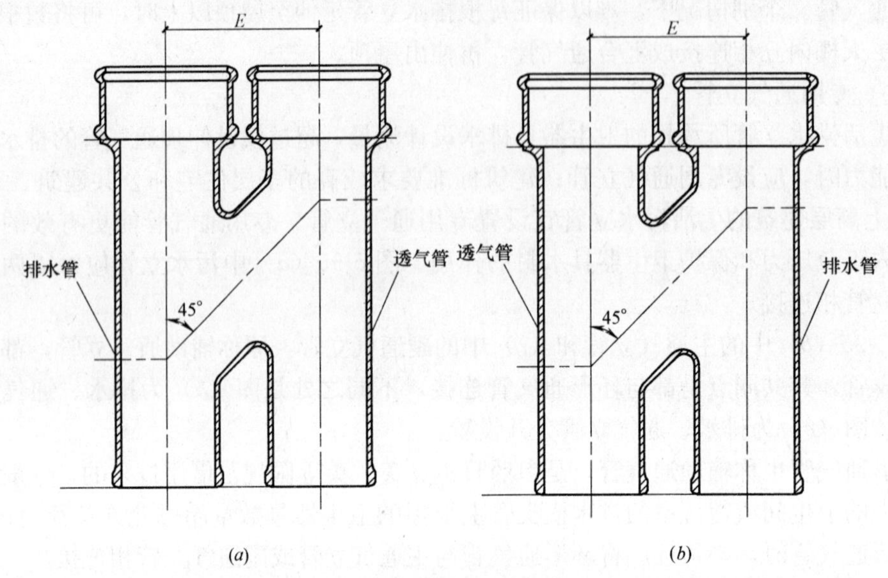

图5-97　H形透气管

(a) 正确的装法；(b) 错误的装法

当污水立管与废水立管合用一根通气立管时，H管配件可隔层分别与污水立管或废水立管连接。但最低横支管连接点以下应装设结合通气管。

（三）通气立管与排水立管的连接

专用通气立管应每隔2层设结合通气管或H形透气管与排水立管连接；主通气立管宜每隔8～10层设结合通气管或H形透气管与排水立管连接。

专用通气立管和主通气立管的上端，可在最高层卫生器具上边缘不小于150mm处或检查口以上，与排水立管的通气部分以斜三通连接；其下端应在最低排水横支管以下与排水立管以斜三通连接。

通气立管与排水立管的连接，上端可以采用图5-98所示的h形通气斜三通同径管件，下端可以采用图5-99所示的y形通气斜三通同径或异径管件。

（四）环形通气管与器具通气管

图5-95（*c*）中的环形通气管，应在其最始端的两个卫生器具之间接出，并应在排水支管中心线以上与排水支管呈垂直或45°连接。这一方面是为横支管尽头设置清扫口留出位置，同时也防止器具排水时，污废水倒流入环形通气管。

图5-95（*d*）中的器具通气管应设在存水弯出口端。器具通气管应在卫生器具上边缘以上不少于150mm处按不小于0.01的上升坡度与通气立管相连，以便能及时发现卫生器具横支管发生的堵塞，同时防止污水进入通气管。

（五）通气管的管径

1. 伸顶通气管管径宜与排水立管管径相同。但在最冷月平均气温低于－13℃的地区，

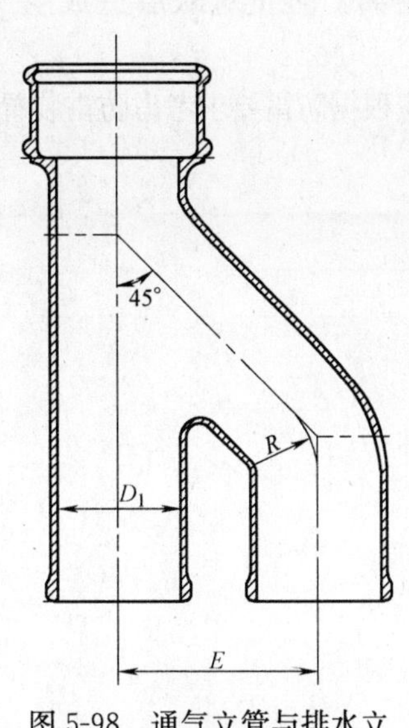

图 5-98　通气立管与排水立管上端的同径连接

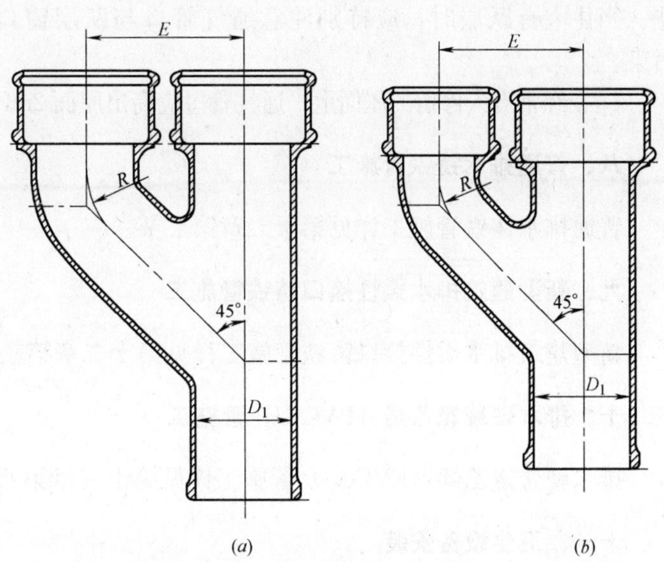

图 5-99　通气立管与排水立管下端的同径、异径连接

(a) 同径连接规格为 (mm)：75、100、125、150、200；

(b) 异径连接规格为 (mm)：75×50、100×75、125×100、150×100、150×125、200×125、200×150

应在室内平顶或吊顶以下 300mm 处将管径放大一级。

2. 通气管的管径，不宜小于排水管管径的 1/2，其最小管径可按表 5-65 确定。

通气管最小管径　　**表 5-65**

通气管类型	排水管管径(mm)						
	32	40	50	75	100	125	150
通气立管	—	—	40	50	75	100	100
环形通气管	—	—	32	40	50	50	—
器具通气管	32	32	32	—	50	50	—

注：通气立管系指专用通气立管、主通气立管和副通气立管。

3. 当数根通气立管在顶层天棚内连接成汇合通气管再伸出屋顶时，汇合通气管的断面积应为最大一根通气立管的断面积与其余通气管总断面积的 0.25 倍之和。

4. 当通气立管长度在 50m 以上时，其管径应与排水立管管径相同；通气立管长度小于等于 50m 时，且两根及两根以上排水立管同时与一根通气立管相连，应以最大一根排水立管按表 5-65 确定通气立管径，但不宜小于其余任何一根排水立管管径。

（六）通气管口的设置

1. 通气管的管口高出屋面不得小于 0.3m，且应大于最大积雪厚度；通气管顶端应装设风帽或网罩，防止异物落入。北方地区装设网罩易积雪冻结，造成管口封闭，故宜使用风帽。

2. 通气管口不宜设在建筑物挑出部分（如屋檐檐口、阳台和雨篷等）的下面。

3. 在通气管口周围 4m 以内有门窗时，通气管口应高出窗顶 0.6m 或引向无门窗一侧。当住宅有跃层时，应特别注意通气管口与跃层窗口的距离，防止对跃层造成空气污染。

4. 在经常有人停留的屋面上，通气管口应高出屋面 2m，并应根据防雷要求考虑防雷装置。

八、普通排水铸铁管施工

普通排水铸铁管施工详见第十二章第二节。

九、新型建筑排水柔性接口铸铁管施工

新型建筑排水柔性接口铸铁管施工详见第十二章第三节。

十、排水硬聚氯乙烯（PVC-U）管施工

排水硬聚氯乙烯（PVC-U）管施工详见第十三章第八节。

十一、卫生设备安装

（一）卫生器具和给水配件的安装高度

卫生器具的安装高度见表 5-66。应当说明，此表采用《建筑给水排水设计规范》GB 50015—2003 中的规定，与《建筑给水排水及采暖工程施工质量验收规范》GB 50242—2002 中的数据可能不完全相同，从道理上讲应以前者为准，实际工作中应以具体的工程设计为准，当设计无规定时，可采用 GB 50242—2002 中的规定。

卫生器具的安装高度 **表 5-66**

序号	卫生器具名称	卫生器具边缘离地高度(mm)	
		居住和公共建筑	幼儿园
1	架空式污水盆(池)(至上边缘)	800	800
2	落地式污水盆(池)(至上边缘)	500	500
3	洗涤盆(池)(至上边缘)	800	800
4	洗手盆(至上边缘)	800	500
5	洗脸盆(至上边缘)	800	500
6	盥洗槽(至上边缘)	800	500
7	浴盆(至上边缘)	480	—
	按摩浴盆(至上边缘)	450	—
	淋浴盆(至上边缘)	100	—
8	蹲、坐式大便器(从台阶面至高水箱底)	1800	1800
9	蹲式大便器(从台阶面至低水箱底)	900	900
10	坐式大便器(至低水箱底)		
	外露排出管式	510	—
	虹吸喷射式	470	370
	冲落式	510	—
	旋涡连体式	250	—
11	坐式大便器(至上边缘)		
	外露排出管式	400	—
	虹吸喷射式	380	—
	冲落式	380	—
	旋涡连体式	360	—
12	大便槽(从台阶面至冲洗水箱底)	不低于 2000	—
13	立式小便器(至受水部分上边缘)	100	—
14	挂式小便器(至受水部分上边缘)	600	450
15	小便槽(至台阶面)	200	150
16	化验盆(至上边缘)	800	—
17	净身器(至上边缘)	350	—
18	饮水器(至上边缘)	1000	—

关于卫生器具给水配件的安装高度，在现行《建筑给水排水设计规范》中没有具体规定，但在《建筑给水排水及采暖工程施工质量验收规范》GB 50242—2002 的表 7.1.4 中，仍沿用了 20 世纪 90 年代一些资料的规定。

但问题是 GB 50242—2002 中的规定又与现行标准图《卫生设备安装》99S304 很难对应，而工程设计大多不绘制卫生设备安装大样图，只是指明采用的标准图号，这种情况下，就只能按照标准图规定施工。只有在设计没有明确规定的情况下，才能按照 GB 50242—2002 中表 7.1.4 的规定施工。

（二）卫生间的布置

卫生间应根据选用的卫生器具类型、排水立管的位置以及管道井和通气立管等问题合理布置。住宅、旅馆客房卫生间常用的布置形式可参考图 5-100。

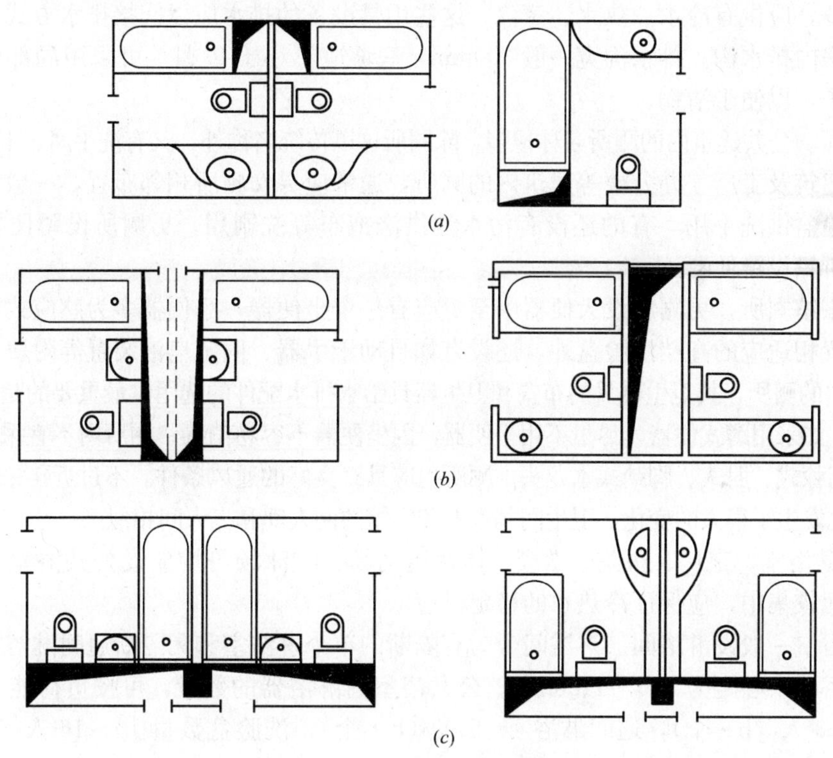

图 5-100　卫生间常用布置形式

(*a*) 管井较窄的布置；(*b*) 管井较宽的布置；(*c*) 卫生器具横列式布置

（三）卫生器具的布置

1. 卫生间。一般住宅或旅馆客房内的卫生间的面积以 2.5～3.5m^2 为宜。通常设有洗脸盆、坐便器、浴盆和淋浴器或只设淋浴器。20 世纪 90 年代以前的不少住宅卫生间比较简陋，只有一个蹲便器，淋浴器都是住户自己安装的。卫生间内应考虑排气和通风，无外窗的卫生间，应设排气道及换气扇等装置。卫生间内卫生器具的布置，应尽量避开与卧室或客房相连的内墙，旅馆内客房卫生间，管井设置位置应靠走道一侧，管井的检修门应开向走道，以减少管道水流噪声对客房的干扰，并方便维修和管理。

2. 盥洗间。幼儿园、学校、集体宿舍、普通旅店和单位招待所，一般均设有盥洗间。

标准高的盥洗间采用成排洗脸盆靠墙安装，洗脸盆上部配有镜子和毛巾架等。标准低些的一般采用成排瓷砖或水磨石的盥洗台，可单排靠墙，也可双排设在盥洗间中间。盥洗台高度为700～750mm，台面不宜过长，如长度超过4m，必须在盥洗台两端设两个排水口，台面有不小于0.03坡度坡向排水口。

盥洗台的冷、热水管一般明装，水龙头间距650～700mm，水龙头距台面300～350mm。为了方便使用，盥洗台应设有放肥皂或漱洗杯的平台。

3. 厨房。住宅的厨房面积一般为3.5～4.5m²，布置有单格或双格洗涤盆、有的把洗衣机也布置在厨房里。

公共食堂的厨房内的洗涤池应配有冷热水龙头。由于厨房排放的污水含有大量油脂，应经隔油具排出，隔油具一般靠近洗涤池设在台板下，定期清掏。厨房内如设有消毒、洗碗机等设备，应供有冷水、热水、蒸汽，这些用具设备的排水应以间接排水方式排出，一般排入厨房内排水沟。排水沟宽一般300mm，底坡应不小于0.01，可采用局部明设活动的铝制篦子，以便于清掏。

4. 厕所。公共建筑内的厕所名称很多，除厕所这以传统名称外，又有洗手间、卫生间等。

公共建筑及工厂、办公楼等建筑内的厕所，通常应男女厕所相邻布置，一般在共用前室内设洗脸盆供洗手用，有的还设有污水池供洗拖布等洗刷用。男厕所设蹲便器和小便器，女厕所只设蹲便器。

高档旅馆厕所，男厕所设大便器中至少应有一个坐便器，小便器多为感应式冲洗，前室内除配置相适应的高档洗脸盆外，还设有如自动干手器、固定皂液装置等附属设备。

医院内的厕所，其卫生器具的布置和卫生器具给水排水配件的选用，最重要的是如何防止交叉污染，如采用蹲式便器，尽量不用坐便器，因坐便器不容易消毒；厕所内不宜采用普通水龙头，应用膝式、肘式、脚踏式水龙头。厕所内应具有良好的通风条件。不过近年来医院住院部的病房也发生了很大的变化，卫生间基本上和宾馆的两人间和三人间相似。

5. 公共浴室。工厂、医院、学校、体育运动场、游泳场等均应设公共浴室。公共浴室使用时间较集中，应保证冷热水的稳定供应。

公共浴室一般设淋浴间。淋浴间分为有隔断的单个淋浴室和无隔断通间淋浴室。通间淋浴室淋浴器中心距为900～1100mm。公共浴室内淋浴器的数量，可按负荷能力［单间淋浴器2～3人/(h·个)，通间淋浴4～5人/(h·个)，洗脸盆数量10～16人/(h·个)］估算。公共浴室平面布置要紧凑、合理，要设有出入淋浴间时洗浴者与通行者不会相互干扰的通道，通间淋浴室应尽量避免淋浴者之间相互溅水。

6. 地漏。地漏虽不算卫生设备，但在卫生间、盥洗间、厨房、厕所、公共浴室内必须设置，以排除地面积水。地面应有0.002～0.005的坡度坡向地漏。

（四）关于卫生设备安装

对于卫生陶瓷产品，国家现行的标准是《卫生陶瓷》GB/T 6952—1999，但在现行标准图《卫生设备安装》99S304中，卫生设备安装尺寸，大多是根据某些厂家的产品设计的，是否是《卫生陶瓷》GB/T 6952—1999中推荐的产品，是否适用于其他厂家的产品，则不得而知。

这里有必要说明，要慎重使用现行标准图《卫生设备安装》99S304，因为其中大部分卫生设备的安装尺寸，是根据某些厂家的产品设计的，可能并不适用于其他厂家的产品。看来，争取在标准图列入自己的产品，已成为厂家重要的商业竞争手段。因此，施工中应对设计指定的标准图号进行认真核对，看工程中采用的产品是否是编制标准图时采用的产品，以图纸会审纪要或技术核定的方式加以书面明确，防患于未然。因为标准图中已注明是根据特定产品设计的（虽然这种注明并不醒目），施工时盲目套用，标准图的设计者和颁发者是没有责任的。

以某些厂家产品作为编制标准图的依据，使标准图正在失去以其标准性提高设计和施工效率的作用。标准图某种程度上已成为商家竞争的场地，在一定程度上产生负面效果。对此，工程建设单位、设计人员、施工人员应有清醒的认识。

正是出于上述原因，本手册不再介绍任何一种卫生设备的安装方式或相关尺寸，因为这类资料在同类书籍和图册中，已经很多了。这里想介绍的是卫生设备的安装现状和应对方法。

1. 卫生设备的安装分工。按照传统分工，卫生设备的安装属于安装工程，从土建施工阶段的预留预埋到安装、通水试验，都属于安装工程的范围。但自从整个建筑工程分为土建、装修、安装三大块以来，在卫生间施工中，由于卫生设备安装与装修工程关系密切，由两个单位施工会造成许多矛盾，因而在许多工地，已将卫生设备的安装划归装修单位施工，承担给水排水管道施工的单位只按设计做到两口的准确到位：即通向卫生设备的冷热水管道接口和与卫生设备排出口相接的排水管接口。

2. 配合土建预留预埋。在工程施工的初期，配合土建施工做好预留预埋是一项重要的工作，而且预留预埋也不止限于卫生设备安装。但就卫生设备安装方面来说，主要是确定卫生设备排水口的位置和暗装的冷热水管与卫生设备的接口位置。实践表明，这两种接口位置是很难事先准确把握的，常常是预留的洞口不能用，还要重新打洞，因而卫生间常常被打得千疮百孔。卫生间施工常常是变更最多、返工浪费最严重的部位之一。

造成上述两种接口位置难以准确把握，原因不全在技术方面，还涉及卫生设备的型号规格问题。按照现行有关规定，设计单位不得指定设备的厂家，只能确定采用的标准图号，而标准图号中就已经有一个或几个厂家，但这些厂家是否被建设单位认可却不一定，建设单位由谁决定卫生设备采购订货也是一个敏感的问题。这是做工程的不得不面对的一个不该面对的问题。

总之，在配合土建施工的预留预埋阶段，卫生设备规格大多尚未定型、定厂家，作为给排水管道施工单位，还是按照工程设计或设计方指定的标准图号的要求，进行上述两种接口位置的预留预埋，以后即使要更改，施工单位也没有错。

如果在施工的初期阶段就能明确卫生设备的型号和生产厂家，施工单位能准确的进行预留预埋，无疑是对各方都有利的最好结果，可避免人力和财力的浪费。

排水立管穿楼板、地漏及设在楼层地面上的清扫口的预留洞尺寸参见表 5-67。

排水立管穿楼板、地漏及清扫口预留洞尺寸（mm） 表 5-67

类别	管径 *DN*				
	50	50	75	100	150
单根排水立管	ϕ100	ϕ150	ϕ200	ϕ200	ϕ250
给排水各一根立管	100×100	150×200	200×250	200×300	250×300
管中心距净墙面最小距离	100	120	150	160	180
地漏	—	ϕ280	ϕ235	ϕ380	—
清扫口	—	ϕ210	ϕ240	ϕ260	ϕ310

十二、雨水管道安装

(一) 雨水管道的组成

雨水管道系统由雨水斗及连接管、悬吊横管、立管、排出管、埋地排出管和检查井组成。

1. 雨水斗。雨水斗是将建筑物屋面的雨水导入雨水立管的装置，设在屋面雨水管道系统的进水口。雨水斗有整流隔栅装置，具有整流、导流功能，能最大限度地迅速排泄屋面的雨雪积水，最小限度地吸入空气，并拦截较粗大的杂质。

雨水斗有 65 型、79 型、87 型和平箅型四种型号，出水管直径有 75mm、100mm、150 mm 和 200mm 四种规格。雨水斗材质除 79 型为钢板制作外，均为铸铁铸造。各型雨水斗如图 5-101 所示。

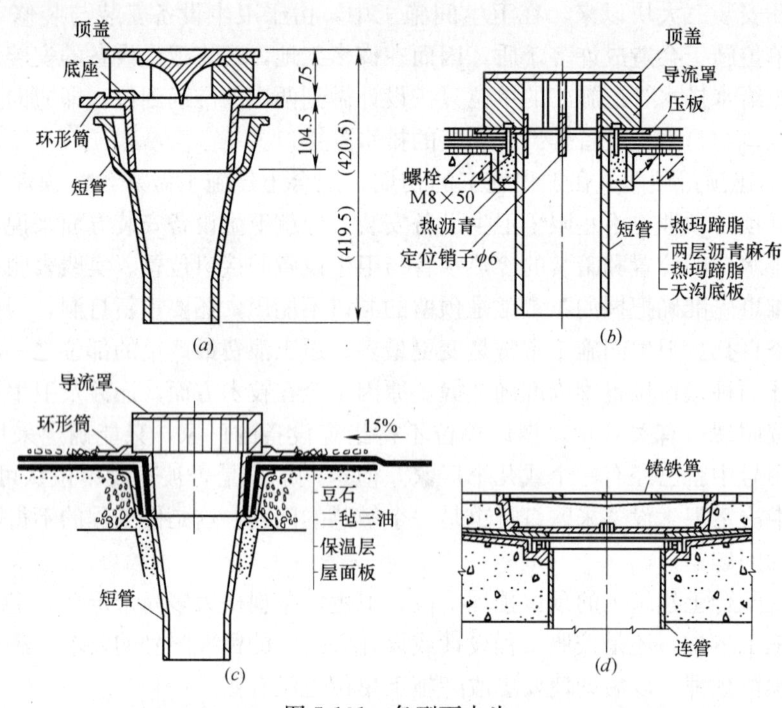

图 5-101 各型雨水斗

(a) 65 型雨水斗；(b) 79 型雨水斗；(c) 87 型雨水斗；(d) 平箅型雨水斗

2. 连接管。连接管即连接雨水斗与悬吊管之间的竖向短管。连接管应牢固固定在建筑物的承重结构上，下端用斜三通与悬吊横管相连。

3. 悬吊横管。悬吊在楼板、梁下或柱上的雨水横管，与连接管和雨水立管连接，多采用铸铁管或 PVC-U 管。一个悬吊管可接纳一个或几个雨水斗的雨水。

对于单斗系统，只连接一个雨水斗，一般不需要设悬吊管，由立管直接排出室外。

对于多斗系统，一根悬吊管上可连接多个雨水斗，一般最多不超过 4 个。悬吊横管将雨水斗和排水立管连接起来。

4. 立管。接纳雨水斗下连接管和悬吊横管的雨水，与埋设在地下的排出管连接。立管和排出管的管材多采用铸铁管，石棉水泥接口；在管道可能受到振动或生产工艺有特殊要求时，应采用钢管，焊接连接。多层住宅建筑的雨水立管多设在室外，常采用PVC-U管。

为避免一根排水立管发生破坏或堵塞使屋面排水系统瘫痪，故要求建筑物屋面各汇水范围内，单斗雨水排水立管不宜少于2根。

有埋地排出管的屋面雨水排出管系，立管底部应设清扫口。

5. 排出管。与排水管道的排出管含义相同，系指立管底部到室外雨水管网的管段。考虑到降雨过程中可能出现超过设计重现期的雨量，或水流掺气后占去一部分容积，所以雨水排出管的管径要留有一定的余地。

占地面积较大的建筑，室内埋地雨水排出管应为敞开式，在室内设置检查井。

6. 检查井。当室内雨水埋地管设置有检查井时，井内接管应采用管顶平接，水流转角不得小于135°，如图5-102所示。为了防止检查井溢水，检查井深度不得小于0.7m。检查井的进出水管应设高流槽连接，槽应高出管顶200mm，如图5-103所示。

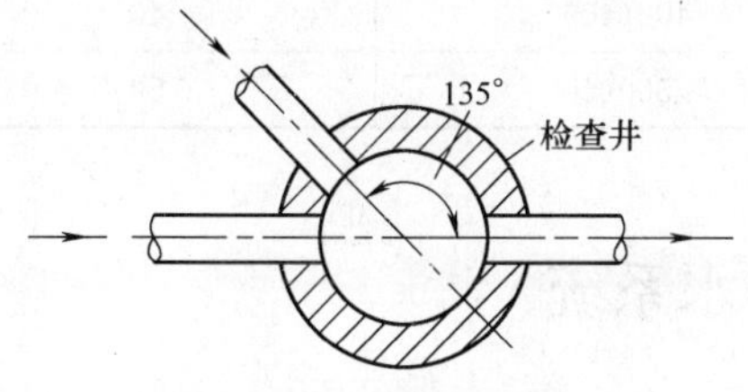

图5-102　检查井接管

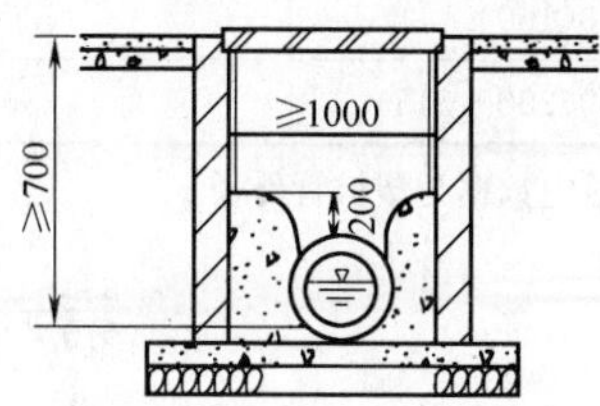

图5-103　高流槽检查井

居住小区雨水管道宜按满管重力流设计，管内流速不宜小于0.75m/s。小区雨水排水系统可选用埋地塑料管、混凝土管或钢筋混凝土管、铸铁管等。

（二）雨水管道的安装要求

1. 雨水斗的连接管应固定在屋面承重结构上，雨水斗边缘与屋面相接处应严密不渗漏。雨水斗入口与悬吊横管的高差应大于1.0m。

2. 连接管管径当设计无要求时，不得小于100mm。阳台的雨水斗和连接管可采用75mm。

3. 雨水悬吊管和立管一般采用PVC-U塑料管或铸铁管，如管道可能受振动或生产工艺有特殊要求，应采用钢管。埋地雨水管可采用非金属管，但立管至检查井的管段宜采用铸铁管。采用PVC-U塑料管应按设计要求安装伸缩节。

4. 雨水悬吊管的敷设坡度不得小于0.005。各种雨水管道的最小管径和横管的最小坡度见按表5-68。

雨水管道的最小管径和横管的最小坡度　　表5-68

管　别	最小管径(mm)	横管最小坡度	
		铸铁管、钢管	塑料管
建筑外墙雨水落水管	75(75)	—	—
雨水排水立管	100(110)	—	—
重力流排水悬吊管、埋地管	75(75)	0.01	0.005
压力流屋面排水悬吊管	50(50)	0.00	0.00
小区建筑物周围雨水接户管	200(225)	0.005	0.003
小区道路下干管、支管	300(315)	0.003	0.0015

注：表中铸铁管管径为公称直径，括号内数据为塑料管外径。

5. 悬吊式雨水管道的长度超过 15m，应安装检查口或带法兰堵口的三通，其间距不得大于表 5-69 的规定。

雨水悬吊管检查口间距 **表 5-69**

悬吊管直径(mm)	检查口间距(m)
小于或等于 150	不大于 15
大于或等于 200	不大于 20

6. 雨水管安装后，应做灌水试验，灌水高度必须到每根立管最上部的雨水漏斗。对于高层建筑，雨水立管设在室内，为确保能承受较高的静压力，雨水立管应采用承压管材。

7. 居住小区雨水检查井的最大间距见按表 5-70。

雨水检查井的最大间距 **表 5-70**

管径（mm）	最大间距（m）	管径（mm）	最大间距（m）
150(160)	20	400(400)	40
200～300(200～315)	30	≥500(500)	50

注：括号内数据为塑料管外径。

第六节 建筑中水系统

“中水”系指将建筑内的生活污、废水经回收处理后，再用于生活杂用、冲洗汽车、浇灌绿地，由于其水质介于给水（上水）和污水（下水）之间，故称为中水，输送中水的管网则称为中水系统。

一、污废水的分类

（一）居住小区污废水

居住小区的污废水主要来自于人们生活过程中产生的便溺冲洗水、冷却水、盥洗淋浴污废水和厨房污水、洗涤水及雨、雪水降水等。居住小区的污废水以生活污废水为主，因其使用的过程和污染的程度的不同，其水质也有所不同。

（二）厂区污废水

由工厂排放的污废水简称为工业污废水，其水质差异很大。在工厂厂区也会产生生活污废水和雨、雪水降水。但是，工厂厂区的污废水仍以工业污废水为主。

总体来说，根据污水的来源和性质，可分为生活污废水、冷却水和雨、雪降水三大类。

二、居住小区、工厂排水系统的组成

（一）居住小区排水系统的组成

1. 室外排水管道。集流小区各个建筑物的各种污废水和雨水。

2. 检查井、雨水口。雨水排水管道系统中设有雨水口、雨水井，用于收集屋面、地面上的雨水。其他生活污水、工业污废水排水管道系统上设有检查井，用于管道变向、变径、坡度变化和管道清洗检查。

3. 污废水处理构筑物。在居住区排水系统与市政排水管网连接处有化粪池，在食堂排出管处有隔油池，在锅炉排污管处有降温池等简单的污废水处理构筑物。如若污废水要回收利用，根据水质采用相应的中水处理设备及设施构筑物。

（二）工厂区排水系统的组成

工厂区排水系统的组成基本上与居住区排水系统相同。由于工业污废水水质成分复杂，为保护环境，其污废水处理工艺也较为复杂，应根据所选择的处理工艺设计建造不同的建（构）筑物，使工业污废水得以无害化处理，减少水资源浪费。

三、污废水转换成中水的处理方法

要把污废水转换成中水，其处理大致分为以下几类。

（一）物理法

采用如筛、滤、沉淀等物理方法，从污水中分离出悬浮物、固体沉淀物等不溶解物。对污废水的过滤、离心分离、沉淀、隔油、气浮、吸附等方法，均属于物理处理方法。

（二）化学法

采用投加化学药剂的方法，对水中的化学物质进行中和或凝聚，使其得以沉淀或凝聚而成较大块体，再经筛、滤、沉淀等方法去除。对污废水的混凝沉淀、消毒、中和等方法，均属于化学处理方法。

属于物理—化学方法的有：气浮、吸附、萃取、结晶、离子交换等。

（三）生物处理法

人工微生物处理方法有生物膜法和活性污泥法，就是利用水中微生物的生理活动，来分解污水中的有机物，使之无机化，从而使污废水得到净化。

污废水转换成中水往往是以上污废水处理方法的综合利用。

四、中水系统的基本类型

按照中水系统的规模和区域，大致可分为城市中水系统、小区中水系统和建筑中水系统。

（一）城市中水系统

对于严重缺水的城市，无可开辟地面和地下淡水资源时，可以建设如图 5-104（*a*）所示的城市中水系统，但其工程规模大，投资大，处理水量大，处理工艺复杂，社会效益显著，但短时期内难以实现。

（二）小区中水系统

严重缺水和缺水城市的小区、建筑物分布较集中的新建住宅小区和集中高层建筑群，可结合城市小区规划，在小区污水处理厂，进行部分污水深度处理后，可以建设如图 5-104（*b*）所示的小区中水系统，作为中水的回收利用，大约可节水 30%。这种小区中水系统工程规模较大，但集中处理的处理费用也较低。

（三）建筑中水系统

对于大型公共建筑、旅馆、公寓和写字楼等用水量较大的建筑，可以建设如图 5-104（*c*）所示的建筑中水系统，中水系统可采用洗浴等优质排水作为水源，使水处理过程简单、快捷、投资省，占地小，水处理设备与其他设备机房在建筑物内统一布置或设在附属

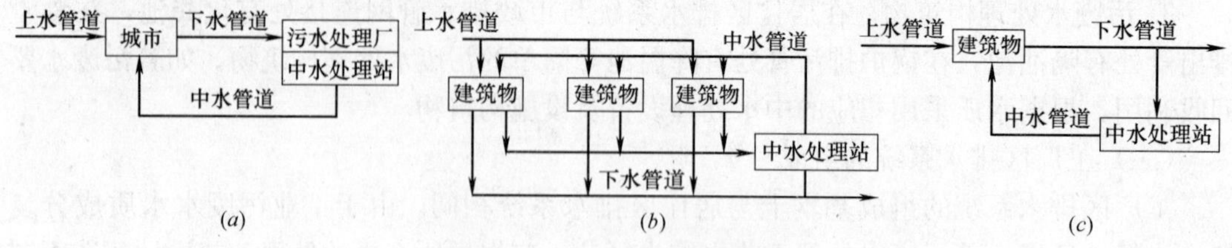

图 5-104 建筑中水系统示意

(a) 城市中水系统；(b) 小区中水系统；(c) 建筑中水系统

建筑中，可减少管道工程量，且施工及维修管理方便。

五、小区中水管网

(一) 中水的不同用途

按中水用途的不同，小区中水管网分以下几类。

1. 冲厕中水管网。冲厕中水管网指该管网输送的中水主要用于冲洗厕所，如大、小便器（槽）。

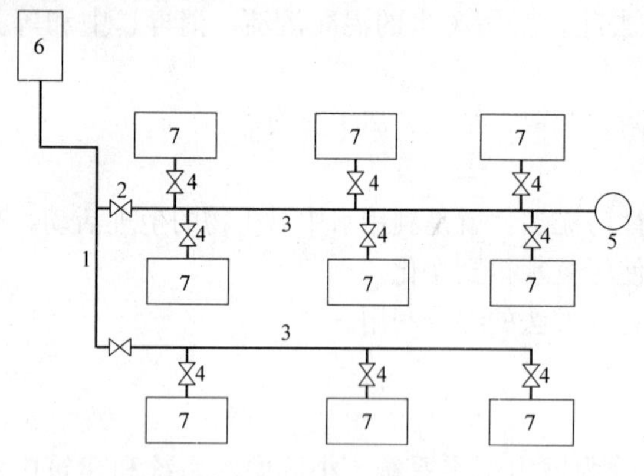

图 5-105 小区中水管网示意图

1—干管；2—阀门井及阀门；3—支管；4—进户管；5—水塔；6—中水站；7—小区建筑

冲厕中水管网往往采用加压供水方式。中水站的加压装置为恒速泵，为便于调节管网水量并使水泵自动控制运行，可在小区中水管网上设水塔、高位水箱或气压水罐，所以小区中水管网的组成包括干管、支管、进户管和加压装置、各种阀门、水表等，如图 5-105 所示。

中水干管是指由中水池加压至小区的管道，它与小区各建筑的中水输配水支管连接。

中水支管常指小区各建筑外的管道，它连接各建筑各单元的中水进户管。

进户管从中水支管上接出，并进入各建筑单元内。

一般在干管、支管、进户管的始端均设置有阀门，阀门设置在阀门井内。

2. 绿化中水管网。绿化中水管网指该管网输送的中水主要用于浇绿地和树木。

3. 消防中水管网。消防中水管网指该管网输送的中水主要用于消防用水。

4. 冲洗汽车中水管网。冲洗汽车中水管网指该管网输送的中水主要用于汽车冲洗用水。

以上几种中水管网又称专用中水管网，如果小区不大或用水量不大，敷设几种管网显然是不经济的。若以上几种用水水质能采用其中一种最高标准的中水水质，供给同一管网来满足不同的用途，称为统一中水管网。建立统一中水管网既节省工程造价，又方便施工和日常管理。

（二）给水方式

小区中水给水方式主要有以下几种：

1. 水泵加压给水。水泵加压的中水给水方式又分恒速泵给水方式和变频调速泵给水方式。

恒速泵给水方式通常由人工控制水泵启闭。水泵运行时，中水管网内有水，水泵停止时则管网内无水，即为定时供水，这种给水方式可用于小区绿化、汽车冲洗等定时用水的需要。恒速泵给水方式如图 5-106 所示。

变频调速泵给水方式通过水泵转速的变化来调节管网的输配水量，它适应于定时用水和不定时用水，能满足用户不同时间段的用水量要求，如冲厕、绿化、消防、汽车冲洗等，是较好的给水方式。变频调速泵给水方式如图 5-107 所示。

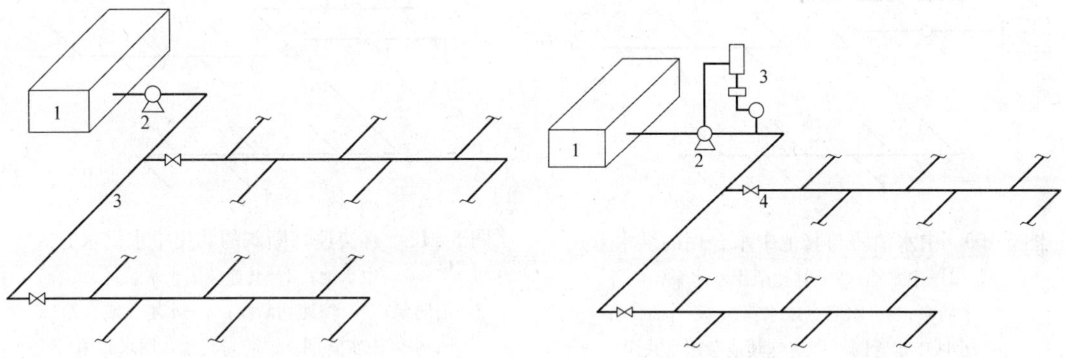

图 5-106 恒速泵给水方式

1—中水池；2—恒速泵；3—小区中水用管网

图 5-107 变频调速泵给水方式

1—中水池；2—水泵；3—变频控制装置；4—小区中水管网

2. 气压供水方式。恒速水泵的开启与停运由气压给水设备的压力继电器控制，当气压水罐内气压达到高压时，水泵自动停止运行，由气压水罐内的压力保障供水；当气压水罐内气压达到低压设置时，水泵重新启动向管网和气压水罐供水，如此往复运行。它同样适应于定时用水和不定时用水，是一种可用于冲厕、消防、汽车冲洗、绿化等方面的给水方式。气压供水方式如图 5-108 所示。

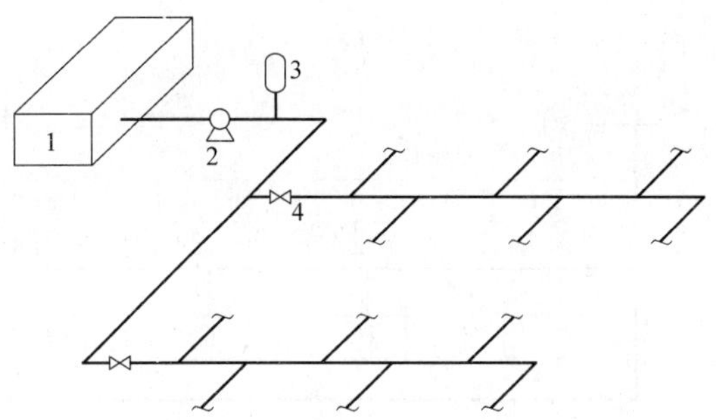

图 5-108 气压供水方式

1—中水池；2—水泵；3—气压水罐；4—小区中水管网

3. 消防用水与其他用水合用的中水供水方式。当中水用于居住小区消防、绿化、冲洗汽车、冲厕等多方面用途时，可在小区内敷设统一的中水管网，用于中水消防和其他用途。

平时的绿化、冲厕、冲洗汽车用水启动杂用水水泵。只有在消防时才启动流量大、水压高的中水消防泵。根据相关建筑防火规范要求，中水池内需储存 2～3h 的消防中水量，且要求消防泵启动后，消防水应直接进入消防管道系统，而不能再进入水塔（或水箱）。

中水消防与其他中水合用的供水方式如图 5-109 所示。消防泵启动前，由水塔或水箱供水，消防泵启动后，由于止回阀被关闭，消防水不能进入水塔（或水箱），而是直接进入共用管网系统。

还可以在水塔（水箱）进出水管道上安装快速切断阀，并与消防泵联锁，当消防泵启动后，快速切断阀自动关闭，使消防泵输出的消防水直接进入消防与其他杂用水共用的小区中水管网系统，如图 5-110 所示。

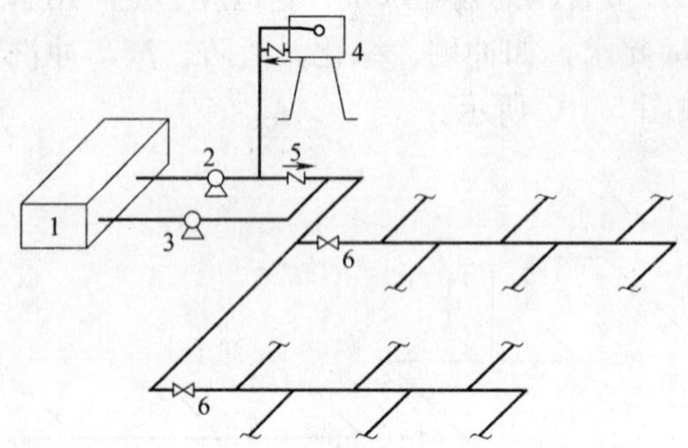

图 5-109　中水消防与其他中水合用的供水方式

1—中水池；2—其他杂用水水泵；
3—消防泵；4—水塔（或水箱）；5—止回阀；
6—小区中水管网（消防与其他杂用水共用）

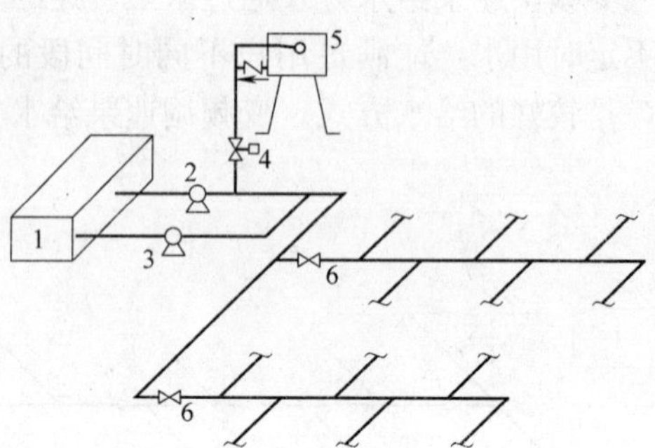

图 5-110　有快速切断阀的共用中水供水方式

1—中水池；2—其他杂用水水泵；
3—消防泵；4—快速切断阀；5—水塔（或水箱）；
6—小区中水管网（消防与其他杂用水共用）

（三）管网布置

按照小区的地形、建筑布置和中水处理站的位置等条件的不同，小区中水管网可布置成枝状或环状。建筑小区面积较小，用水量不大时，可采用枝状管网布置方式；建筑小区面积较大，建筑物也多，特别是杂用中水与中水消防为共用管网时，宜布置成环状管网，如图 5-111 所示。

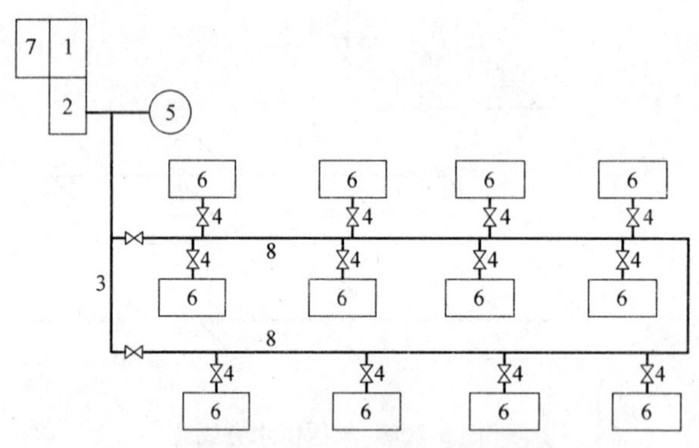

图 5-111　中水环状管网系统

1—中水储水池；2—加压泵站；3—中水干管；
4—中水进户管；5—中水水塔；6—建筑物；
7—水处理站；8—中水支管

管网布置时，应密切配合建筑小区的建设规划，做到统一设计、统一施工安装，以便及时供应杂用水和消防用水，又能适应今后的发展。具体布置应考虑建筑小区人口规模、建筑层数和标准，以及整个中水系统的设计用水量。根据地形、建筑小区道路的位置，用户对水量、水压需要等确定管线位置。

（四）管网敷设要求

1. 中水供水系统必须独立设置；严禁与生活饮用水给水管道连接。

2. 中水管道应采用耐腐蚀的给水管材及附件，不得采用非镀锌钢管。

3. 中水管道常采用埋地敷设，其要求如下：

(1) 管道宜与道路中心线或主要建筑物平行或垂直敷设，并尽可能减少与其他管道的交叉；

(2) 管道的埋设深度，一般应在冰冻线以下 0.2m，但管顶覆土深度不小于 0.7m；

(3) 管道与给水管道、排水管道平行敷设时，其水平净距不得小于 0.5m；交叉埋设时，中水管道应位于给水管道下面，排水管道的上面，其净距均不小于 0.15m。

4. 防止中水管道与给水管道误接的措施：

(1) 应防止施工和以后的维修中造成中水管道与给水管道误接，从而造成把中水管道当成给水管道而误用、误饮；

(2) 物业管理人员必须熟悉所辖区域内埋地给水管道和中水管道的布置、走向和区别；

(3) 中水管道外壁应涂浅绿色标志。中水池（箱）、阀门、水表及给水栓均应有明显的“中水”标志。中水工程验收时，应逐段进行检查，以防止误接；

(4) 中水管道上不得装设普通水龙头；

(5) 中水管道上用于绿化、浇洒、汽车冲洗的用水点，宜采用墙壁式或地下式的给水栓。

第六章　采暖系统安装

当冬天到来的时候，室外温度会降到摄氏零度以下、零下十几摄氏度或者几十摄氏度。如果没有采暖设施，室内就会和室外差不多一样冷，人们不可能在这种低温的环境下生活，必须创造一个适宜的温度环境，这就是采暖工程的任务。

就居住环境或与居住相近的工作环境来说，通常宜采用16～24℃，在工业建筑中，一般来说温度要低一些。

如果温度在14～15℃以下，人会觉得不舒适，有冷的感觉；当人长时间在11℃以下的低温度环境中，耳朵或脚趾、手指就可能发生冻伤。如果人们生活或工作的建筑物内的温度保持在18～20℃，则是比较理想的。但室外温度各地是不一样的，而且差异很大，于是在设计规范中便规定了各地的采暖室外计算温度值。采暖建筑物作为一个整体，在整个采暖季节会一刻不停地向外部散失热量，如果想保持室内的温度基本稳定，就必须供给它一定的热量，使其得热量与失热量达到平衡，这就是室内采暖的热负荷和热平衡。

采暖的任务就是不断地向室内供给一定的热量，以补偿建筑物的热量损耗，使室内保持在人们需要的温度。

采暖系统的基本组成部分包括热源、采暖管道和散热设备三个基本组成部分。热源就是生产热能的部分，如锅炉房、热力站；采暖管道是指热源与散热设备之间的管道，热媒通过采暖管道将热能从热源输送到散热设备。散热设备将热媒携带的热量供给室内的设备，如散热器，暖风机等。

采暖系统的分类可以根据其作用范围和热媒种类来划分。

根据采暖系统的作用范围分为：局部采暖、集中采暖系统和区域采暖系统。

局部采暖实际上从人类学会用火以后就存在了。在20世纪70～80年代的北京市，住在胡同平房的居民，绝大部分采用烧煤球生火炉采暖，部分新潮的市民，则安装了土暖气，炉子设在室外，用管道连同室内的散热器，完全靠自然循环。室外的采暖炉还可以需烧水、做饭。对用户来说，这样比在室内生火炉、安装烟囱要干净卫生得多，电视台也介绍了设计、安装家庭土暖气的知识。但从社会能源消耗和环保代价来说，就很不合算了，当时《参考消息》不时报道，外国人抱怨北京到处都有煤烟味。现在已时过境迁，30年的改革开放使城市面貌和人们的生活发生了巨大的变化。火炉、火炕、火墙、土暖气等局部采暖方式都不是采暖系统介绍的范围。

集中采暖系统就是采暖系统或采暖工程的本义。热源产生的热量以热水或蒸汽为热媒，通过管道输到建筑物的散热器中，散热后又回到热源被加热，之后有被输送出去，整个采暖季节如此周而复始的循环，这就是集中采暖系统。

一个大型锅炉房向一个区域的许多建筑物采暖系统供热，通常以高温水或高压蒸汽为一次热媒，再经过若干个热力站进行热交换，得到设计出水温度为95℃的采暖用热水，在建筑物散热后，以70℃的回水设计温度再回到热力站加热。就整个大系统而言，称为区域采暖系统；就建筑物而言，仍属于集中采暖系统。当然，对需要蒸汽采暖的建筑，可在建筑物入口处将一次热媒高压蒸汽通过减压装置降为低压蒸汽用于采暖。

第一节　新型散热器的型号规格

这里所说的新型散热器，是指国家政策鼓励发展或允许使用的散热器，其中有近年来的新型散热器，也有原来传统产品的升级换代或更新。同时，也明确指出了国家规定要淘汰的产品，这是十分必要的，因为有些书籍还在介绍这些产品，这势必会对读者造成误导。

从一般意义上讲，人们把各种铸铁散热器归入传统散热器或老式散热器。铸铁散热器在我国应用已有近百年的历史了，在国外应用的时间更早。从矿石开采到铸铁冶炼，再到浇注成壁厚笨重的铸铁散热器型，确实耗材、耗能都高，尤其是其散热片内腔的芯砂无法清除干净，日后在运行中扩散到整个系统，轻则造成阀门关闭不严，重则造成污物积聚堵塞。现在一些城市推行分户热计量，但在采用老式铸铁散热器的系统却无法实施，其原因之一就是热媒水中含砂所致，因此国家重点推广钢制散热器，其中主要是钢管串片散热器。铜质、铝质或其复合散热器，还处于刚起步阶段，就全国集中采暖地区而言，其所占比重很低。

值得指出的是，不能只看到铸铁散热器的缺点，国家主张逐步淘汰的是灰铸铁圆翼散热器和 813 型散热器。灰铸铁长翼型散热器目前暂限制使用，不久将被淘汰。因此，新建工程不要采用上述产品。铸铁散热器毕竟有其他材质的散热器所不具备的优点：耐腐腐蚀性好，使用寿命长，且热惰性大，在采暖系统间歇运行时（多数集中采暖系统不同程度的采用间歇运行），室内温度较稳定，不致忽冷忽热。同时也应看到，采用分户热计量系统还不是很广泛，因此老式铸铁散热器短期内不会退出市场，毕竟它耐用，价格低廉。

一、灰铸铁散热器

这里将新标准《铸铁散热器》GB 19913—2005（以下简称新标准）的主要内容作简要介绍。新标准是对几种铸铁散热器的重新规范，并不全是新型铸铁散热器。

新标准铸铁散热器适用于工业、民用建筑中热媒为 130℃以下的热水或压力 0.2MPa 以下的低压蒸汽。

按结构的不同，铸铁散热器分为柱型、翼型、柱翼型、板翼型，如图 6-1 所示。按内部加工工艺的不同，分为普通片和无砂片。普通片是采用一般铸造工艺加工的单片散热器；无砂片是采用内腔不粘砂工艺加工的单片散热器。

新标准规定铸铁散热器型号的组成为：

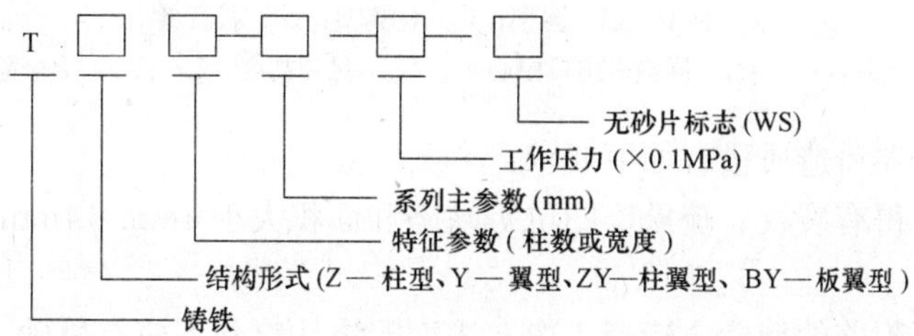

铸铁散热器的材质应符合《灰铸铁件》GB 9434 的要求。

散热器以同侧进出口中心距为系列主参数，以 100mm 为级差基数，主参数范围最大为 900mm，即图 6-1 中之 H_1。

型号示例：

TZ 4-500-8 表示铸铁四柱型同侧进出口中心距为 500mm，工作压力为 0.8MPa 的普通散热器。

TZ 4-500-8 WS 表示铸铁四柱型同侧进出口中心距为 500mm，工作压力为 0.8MPa 的无砂散热器。

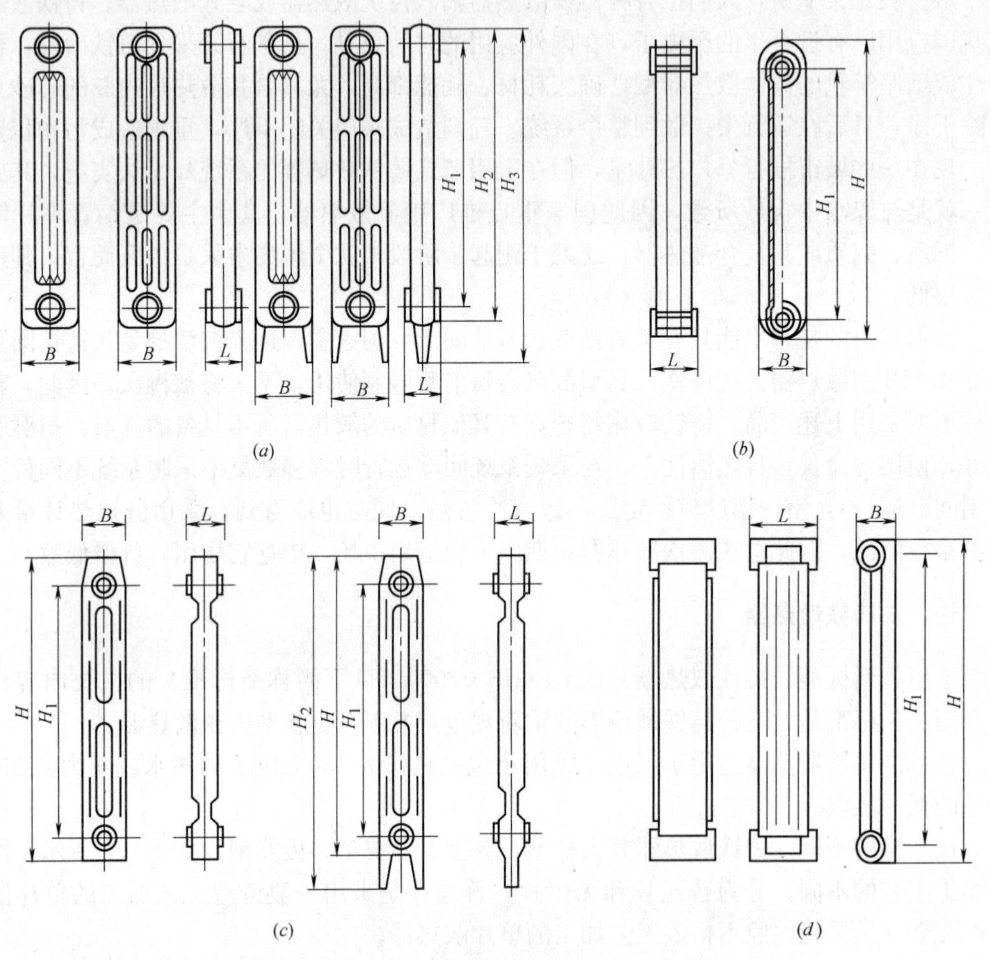

图 6-1　铸铁散热器结构形式

(*a*) 柱型；(*b*) 翼型；(*c*) 柱翼型；(*d*) 板翼型

H—中片高度；H_1—同侧进出口中心距；H_2—足片高度；*L*—长度；*B*—宽度

新标准对散热器铸造质量有如下要求：

(1) 外表面不得有裂纹、疏松、凹坑等缺陷和面积大于 4mm×4mm、深度 1.0mm 的窝坑；

(2) 外表面所附着的型砂应清理干净，表面除浇注口外不应有黏砂，浇口附近黏砂面积不应大于 5500mm²；

（3）飞刺、铸疤应清除干净，打磨光滑，其浇口残留纵向高度不应大于 3mm；

（4）表面应平整、光洁，表面粗糙度 Ra 值不应大于 50μm；

（5）散热器错箱值不应大于 1.0mm；

（6）散热器铸件尺寸公差不应低于 GB/T 6414 中 7 级的规定；

（7）散热器铸件质量偏差不应低于 GB/T 11351 中 9 级的规定。

新标准中的铸铁散热器与本节将要介绍的新型铸铁散热器《采暖散热器——灰铸铁柱翼型散热器》JG/T 3047—1998、《采暖散热器——灰铸铁柱型散热器》JG 3—2002、《采暖散热器——灰铸铁翼型散热器》JG 4—2002 基本上是一致的，没有根本差异。

有些城市明文规定新建住宅及供热改造工程中禁止使用铸铁散热器，主要是因为老式灰铸铁散热器内腔清砂不净，影响温控阀和热量表的精度，不能用于分户热计量。决策者并不知道还有新型铸铁散热器。

在新修订实施的行业标准中，强制性要求“芯砂必须清除干净”。现在，我国已经有了灰铸铁精品散热器，其主要特点就是内腔干净无砂，外表喷塑或烤漆，美观漂亮，完全可适用于分户热计量系统中。前面已经说过，铸铁散热器有它突出的优点，连欧美发达国家都在进口我国这些产品，我们自己为什么要放弃呢？

（一）灰铸铁柱型散热器

1. 适用范围。灰铸铁柱型散热器应符合行业标准《采暖散热器——灰铸铁柱型散热器》JG 3—2002 的规定，适用于工业、民用建筑中以热水、蒸汽为热媒的采暖系统。

这是我国最早广泛使用的一种灰铸铁散热器形式，常用四柱和二柱型两种，还有三柱、五柱和六柱的。柱的截面形状多为圆柱形，也有椭圆形、长圆形或棱柱形。上下联箱有进出水口，常用 G1½圆柱管螺纹，也有用 G1¼或 G1 的。单片间用对丝联接成组。有的散热器下部设有两支腿，称为足片，便于落地安装。没有足片的用挂钩安装在墙上。

2. 型号规格及主要参数。灰铸铁柱型散热器外形、结构如图 6-2 所示，其中 A—A 剖面为二柱型，B—B 剖面为四柱型。其主要尺寸及参数见表 6-1。

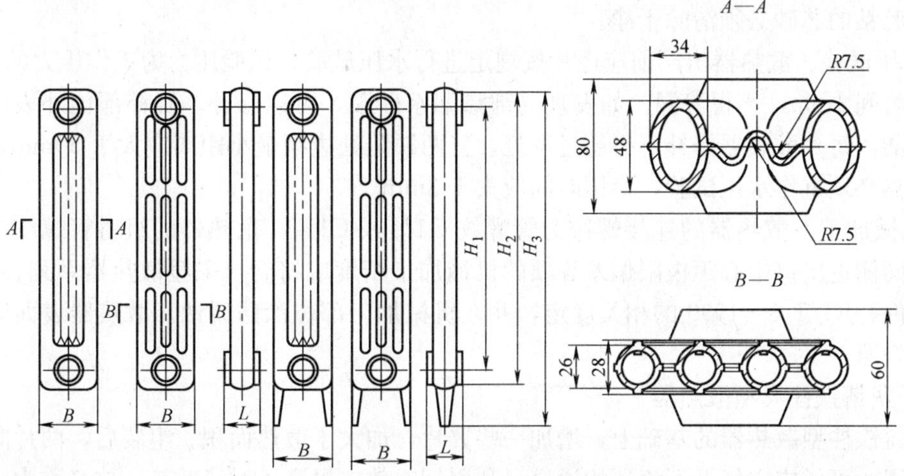

图 6-2　柱型散热器

散热器的连接螺纹为管螺纹 C1½或 G1¼，加工精度应符合采暖散热器系列参数、螺纹及配件》JG/T 6—1999 的规定。

柱型散热器主要尺寸及参数（mm）　　　**表 6-1**

型　　号	TZ 2-5～5(8)	TZ 4-3-5(8)	TZ 4-5-5(8)	TZ 4-6-5(8)	TZ 4-9-5(8)
同侧进出口中心距(mm)	500	300	500	600	900
中片高度(mm)	582	382	582	682	982
足片高度(mm)	660	460	660	760	1060
长度(mm)	80	60			
宽度(mm)	132	143			164
散热面积(m^2)	0.24	0.13	0.20	0.235	0.44
中片重量(kg)	6.2±0.3	3.4±0.2	4.9±0.3	6.0±0.3	11.5±0.5
足片重量(kg)	6.7±0.3	4.1±0.2	5.6±0.3	6.7±0.3	12.2±0.5
标准散热量(W)	130	82	115	130	187

散热器的工作压力：当热媒为热水，且温度小于等于 130℃时，材质灰铸铁牌号为 HT100 时，工作压力为 0.5MPa，不能用于高层建筑；当热媒为蒸汽，且温度小于等于 150℃时，材质灰铸铁牌号为 HT150 时，工作压力为 0.8MPa，可用于高层建筑。

3. 灰铸铁柱型散热器型号规格标示方法如下：

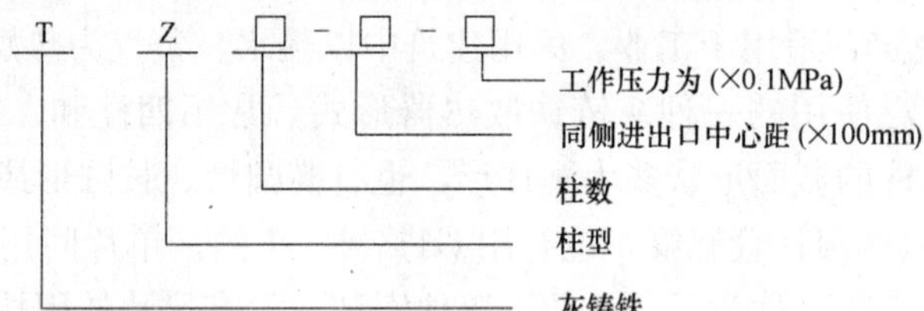

其中：主要参数为同侧进出口中心距，有 300mm、500mm、600mm、900mm 四种。

4. 散热器铸造质量要求如下：

与新标准《铸铁散热器》GB 19913—2005 的铸造质量要求相同，当产品为无砂散热片时，内腔粘的芯砂必须清除干净。

5. 水压试验。散热器出厂前应逐片按规定进行水压试验，试验压力为工作压力的 1.5 倍，稳压时间 1min，不得渗漏。如发现局部渗漏水砂眼，可以修补。修补部位外表面应平整、光洁，每片散热器修补不得超过两处，且两缺陷处边缘最小距离应大于 50mm。修补后散热器必须重作水压试验，稳压时间应大于 3min。

6. 机械加工。散热器的连接螺纹为管螺纹 G1½或 C1¼。散热器的组对管螺纹、凸缘端面及同侧进出口中心距极限偏差等项的机械加工精度应符合《采暖散热器系列参数、螺纹及配件》JG/T 6—1999 的相关规定，并在机械加工部位涂防锈油。散热器表面应涂防锈底漆一遍。

（二）灰铸铁柱翼型散热器

在灰铸铁柱型散热器的基础上，增加一些翼片，加大了散热面积。组装后，两片间翼片近似封闭，可形成空气上下流通的通道，利用烟囱效应提高了对流散热，故又称为“辐射对流型散热器”。由于翼片的巧妙设计，还增强了装饰性，柱翼型有单柱和双柱。散热器片螺纹接口为圆柱管螺纹 G1½或 G1¼。有的散热器下部设有两支腿，称为足片，便于落地安装。每组散热器应有两只足片，当片数较多时应在中部增加一只足片。

1. 适用范围。灰铸铁柱翼型散热器应符合行业标准《采暖散热器——灰铸铁柱翼型散热器》JG/T 3047—1998 的规定，适用于工业、民用建筑中以热水、蒸汽为热媒的采暖系统。

2. 型号规格及主要参数。灰铸铁柱翼型散热器外形、结构如图 6-3 所示，其主要尺寸及参数见表 6-2。

散热器的连接螺纹为管螺纹 C1½或 G1¼，加工精度应符合采暖散热器系列参数、螺纹及配件》JG/T 6—1999 的规定。

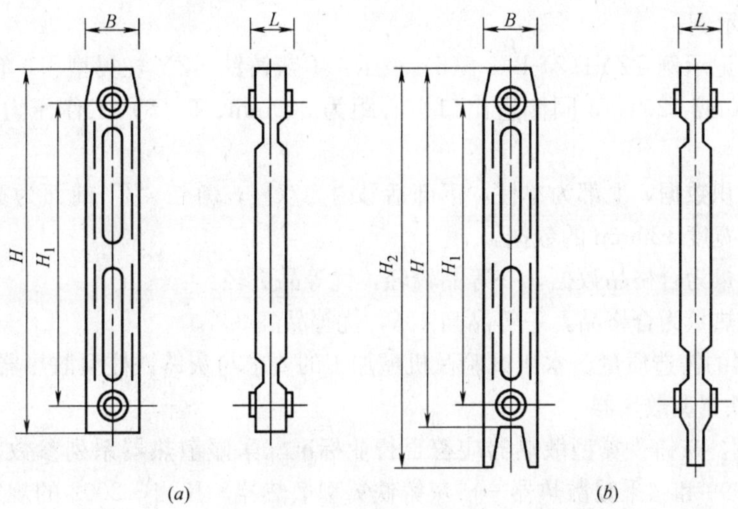

图 6-3　柱翼型散热器

(a) 中片；(b) 足片

柱翼型散热器主要尺寸及参数　　**表 6-2**

型　号	TZY1(2)-B/3-5(8)	TZY1(2)-B/5-5(8)	TZY1(2)-B/6-5(8)	TZY1(2)-B/9-5(8)
同侧进出口中心距(mm)	300	500	600	900
足片高度(不大于)(mm)	480	680	780	1080
中片高度(不大于)(mm)	400	600	700	1000
长度(mm)	70			
宽度(mm)	100、120			
散热面积(m^2)	0.17/0.176	0.26/0.27	0.31/0.32	0.57/ 0.59
	(0.18/ 0.19)	(0.28/ 0.29)	(0.33/ 0.34)	(0.62/ 0.64)
足片质量(不大于)(kg)	3.4/3.5	5.5/5.9	6.3/6.8	9.2/10.1
	(3.5/3.6)	(5.7/6.1)	(6.5/7.0)	(9.5/10.4)
足片重量(不大于) (kg)	4.0/4.1	6.1/6.5	6.9/7.4	9.8/10.7
	(4.1/4.2)	(6.3/6.7)	(7.1/7.6)	(10.1/11.0)
每片散热量(W) (热水 Δt=64.5℃)	85/89	120/124	139/145	194/202
	(87/92)	(122/129)	(142/150)	(198/209)

散热器的工作压力：当热媒为热水，且温度小于等于130℃时，材质灰铸铁牌号为HT 100时，工作压力为0.5MPa，不能用于高层建筑；当热媒为蒸汽，且温度小于等于150℃时，材质灰铸铁牌号为HT 150时，工作压力为0.8MPa，可用于高层建筑。

3. 灰铸铁柱翼型散热器型号标示方法如下：

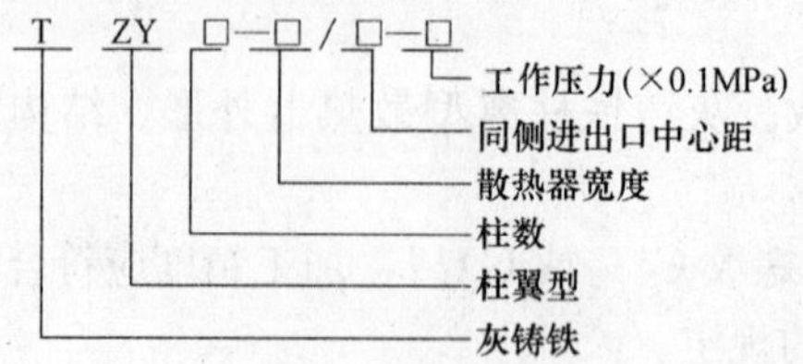

表6-2型号示例：

(1) 型号标记示例TZY1(2)-B/3-5(8) 表示：T灰铸铁，ZY柱翼型、1单柱 (2) 双柱、B宽度 (100或120)、3同侧进出口中心距为300mm、5 (8) 工作压力为0.5 (或0.8) MPa。

(2) 散热面积数据，上部为单柱，下部括号内为双柱；斜杠"/"前面为宽度100mm的数据，后面为宽度120mm的数据。

(3) 表中重量为合格品数据，一等品较轻，优等品更轻。

(4) 表中散热量为合格品，一等品高4%，优等品高8%。

4. 对散热器的铸造质量、水压试验及机械加工的要求与灰铸铁柱型散热器大致相同。

(三) 灰铸铁翼型散热器

1. 适用范围。灰铸铁翼型散热器应符合行业标准《采暖散热器系列参数、螺纹及配件》JG/T 6—1999和《采暖散热器——灰铸铁翼型散热器》JG 4—2002的规定，适用于工业、民用建筑中以热水、蒸汽为热媒的采暖系统。

2. 型号规格及主要参数。灰铸铁翼型散热器外形、结构如图6-4所示，其主要尺寸见表6-3，性能参数见表6-4。

散热器的连接螺纹为G1½管螺纹，加工精度应符合《采暖散热器系列参数、螺纹及配件》JG/T 6—1999的规定。

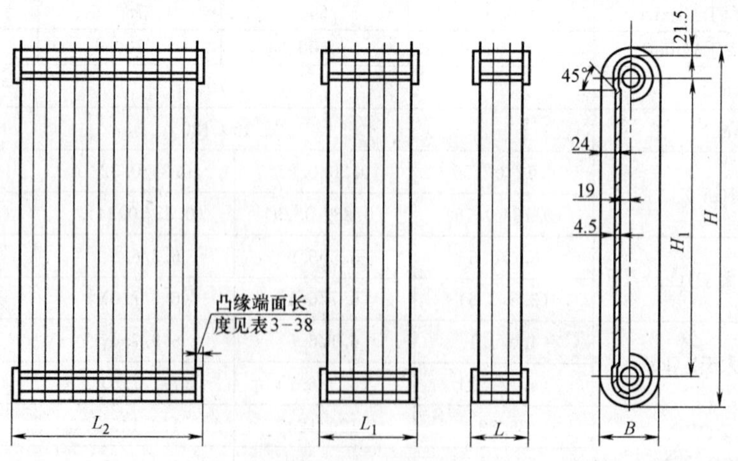

图6-4 翼型散热器

翼型散热器尺寸（mm）　　**表 6-3**

型　号	高度 H	长　度		宽度 B	同侧进出口中心距 H_1
TY 0.8/3-5(7)	388	L	80	95	300
TY 1.4/3-5(7)		L_1	140		
TY 2.8/3-5(7)		L_2	280		
TY 0.8/5-5(7)	588	L	80	95	500
TY 1.4/5-5(7)		L_1	140		
TY 2.8/3-5(7)		L_2	280		

翼型散热器性能参数　　**表 6-4**

型　号	散热面积（m²/片）	工作压力(MPa)			试验压力 (MPa)	
		热水		蒸汽		
		HT 150	≥HT 150	≥HT 150	HT 150	≥HT 150
TY 0.8/3-5(7)	0.2	≤0.5	≤0.7	≤0.2	0.75	1.05
TY 1.4/3-5(7)	0.34					
TY 2.8/3-5(7)	0.73					
TY 0.8/5-5(7)	0.26					
TY 1.4/5-5(7)	0.50					
TY 2.8/3-5(7)	1.00					

热媒为热水时，温度不大于130℃，灰铸铁材质为 HT 150，工作压力为 0.5MPa；温度不大于130℃，灰铸铁材质牌号高于 HT 150，工作压力为 0.7MPa。热媒为蒸汽时，工作压力为 0.2MPa。

灰铸铁翼型散热器外形尺寸及偏差应符合表 6-5 的规定。

翼型散热器外形尺寸及偏差（mm）　　**表 6-5**

型　号	片高		片长		片宽		翼翅厚度		凸缘端面长度	
	基本尺寸	偏差	基本尺寸	偏差	基本尺寸	偏差	基本尺寸	偏差	基本尺寸	偏差
TY 0.8/3-5(7)	388	±2.2	80	±0.6	95	±1.8	3.0	±0.3	8.2	±2
TY 1.4/3-5(7)			140	±0.8					7.9	
TY 2.8/3-5(7)			280	±1.0					7.2	
TY 0.8/5-5(7)	588	±2.4	80	±0.6	95	±1.8	3.0	±0.3	8.2	
TY 1.4/5-5(7)			140	±0.8					7.9	
TY 2.8/5-5(7)			280	±1.0					7.2	

3. 散热器铸造质量要求如下：

（1）散热器内腔粘的芯砂、芯铁必须清除于净；

（2）散热器的一面及顶部（圆弧部分）翼翅应完整，安装时完整的一面向外；另一面翼翅不完整不得多于两处，每处长度不得超过 100mm，其累计长度不得大于 150mm，花翅的连续长度不得大于 100mm，深度不得超过 12mm，其掉翼、花翅的缺陷总数不得多于两处；

（3）散热器所附着的型砂、浇冒口、飞刺等应清除干净，带翼翅面不应有黏砂、飞刺，其余两侧面每侧黏砂面积不得大于 25000mm²，黏砂厚度不得大于 1mm；

（4）散热器表面除应符合规定外，还应平整、光洁，表面粗糙度 Ra 值不应大于 50μm。散热器表面不得有深 1mm、面积为 25mm² 的缺陷；

（5）散热器错箱值不得大于 1.0mm。

4. 水压试验。散热器出厂前应逐片按规定进行水压试验，强度和严密性试验应在专用的试验台上进行，其压力表的精度不低于 1.5 级，试验压力为工作压力的 1.5 倍。压力应逐渐提高到规定要求，稳压时间 1min，不得渗漏。散热器经水压试验如发现局部渗水、漏水，可以修补。每片散热器修补的缺陷不得超过三处，且两缺陷处边缘最小距离应大于 100mm。修补部位表面应平整、光洁，修补后散热器必须重做水压试验，稳压时间应大于 3min。

5. 机械加工。机械加工的要求与灰铸铁柱型散热器基本相同。

二、钢制散热器

（一）钢制闭式串片散热器

1. 适用范围。钢制闭式串片散热器适用于工业、民用建筑中以热水或蒸汽为热媒的采暖系统。散热器承受工作压力较高：热水热媒为 1.0MPa，蒸汽热媒为 0.3MPa 以下，适用于高层建筑，其使用寿命长，基本与管道系统相当，但在非采暖季节必须充水保养，以防内部锈蚀。此种钢串片散热器不适用于卫生间、浴室等水渍、潮湿环境。

2. 型号规格及主要参数。产品应符合行业标准《采暖散热器——钢制闭式串片散热器》JG/T 3012.1—1994 的要求。钢制闭式串片散热器外形、结构如图 6-5 所示。此种散热器由厚度为 0.5mm 的矩形冷轧钢板串在 2 根（或 4 根）DN20 或 DN25 钢管上制成，钢管与串片应采用锡焊或胀管连接，其外螺纹接口尺寸为$\frac{3}{4}$in 或 1in 管螺纹。钢板串片原有开式和闭式两种，由于折边的闭式串片刚性好，散热量大，被定为标准产品。

钢制闭式串片散热器结构紧凑，宽 80～100mm，高 150～300mm，占用空间位置小；生产工艺简单，在钢制散热器中价格最低。钢制闭式串片散热器的尺寸及性能参数见表 6-6。

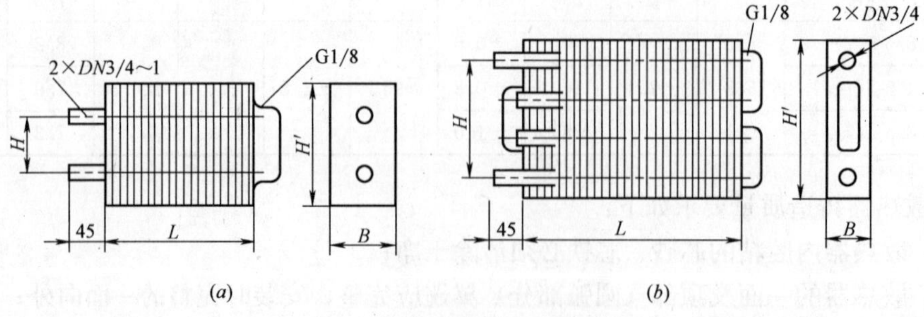

图 6-5 钢制闭式串片散热器

钢制闭式串片散热器的尺寸及性能参数 表 6-6

项 目	符号	单位	参数值		
同侧进出口中心距	H	mm	70	120	220
高度	H'	mm	150	240	300
宽度	B	mm	80	100	80
每米最小散热量	Q	W	720	980	1180
管径	DN	mm	20	25	20
水阻力系数	ξ		5.0	5.0	16.0
长度	L	mm	400～1400		

钢制闭式串片散热器的外形尺寸、极限偏差见表 6-7，形位公差见表 6-8。

钢制闭式串片散热器外形尺寸、极限偏差（mm） 表 6-7

散热器高度		同侧进出口中心距		散热器宽度	
基本尺寸	极限偏差	基本尺寸	极限偏差	基本尺寸	极限偏差
150	±0.8	70	±0.37	80	±0.60
240	±0.93	120	±0.44	100	±0.70
300	±1.05	220	±0.58	80	±0.60

钢制闭式串片散热器形位公差（mm） 表 6-8

项 目	散热器平面度（长度≤1000）	散热器平面度（长度＞1000）	散热器垂直度
形位公差	4	6	3

3. 试验方法。钢制闭式串片散热器出厂前的压力试验，应在专用试验台上进行。采用水压或压缩空气试验，压力计精度应不低于 1.5 级，量程应不大于 2.0MPa。水压试验停水稳压时间为 2min，在稳压时间内，散热器表面和连接处不渗漏为合格；采用气压试验时，将散热器浸入水中，试验稳压时间为 1min，散热器本身不渗漏、不冒气泡为合格。

（二）钢制翅片管对流散热器

1. 适用范围。钢制翅片管对流散热器适用于工业、民用建筑中以热水或蒸汽为热媒的采暖系统，承受的工作压力较高，热水热媒为 1.0MPa，蒸汽热媒为 0.3MPa，可用于高层建筑。由于其热工性能好，金属热强度高，是建设部推荐的轻型、高效、节材、节能散热器产品。

此种散热器的流通水道为钢管（焊接钢管或无缝钢管），使用寿命基本上与管道系统相同，在非采暖季节应充水保养，以防空气进入散热器内部，形成腐蚀。由于其罩面温度较低，不会烫伤人，故特别适于医院、幼儿园、敬老院、老人居室使用，但罩面内的翅片管易藏污纳垢，不易清扫。钢翅片遇潮湿易腐蚀，故不适用于卫生间、浴室等水渍、潮湿环境。

2. 型号规格及主要参数。产品应符合行业标准《采暖散热器——钢制翅片管对流散热器》JG/T 3012.2—1998 的要求。

钢制翅片管对流散热器的外形与结构如图 6-6 所示。对流散热器以同侧进出口中心距为系列主参数，尺寸及散热量见表 6-9。

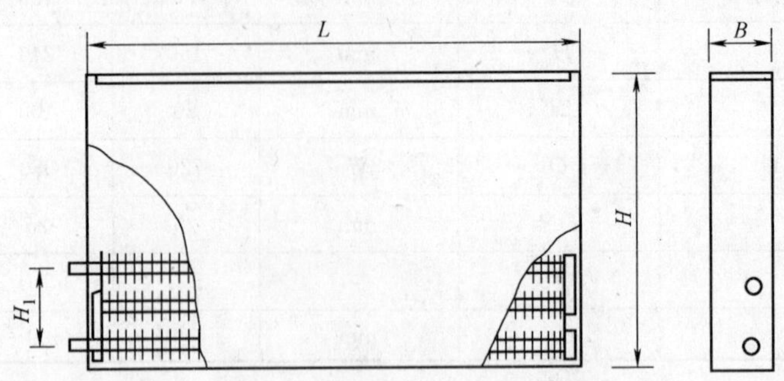

图 6-6 钢制翅片管对流散热器

钢制翅片管对流器尺寸及散热量 **表 6-9**

项目	符号	单位	参数值		
同侧进出口中心距	H_1	mm	180	200	300
高度	H	mm	480	500	600
宽度	B	mm	120	140	140
管径	DN	mm	20	25	25
每米最小散热量（热媒为热水，$\Delta T=64.5$℃）		W	1500	1650	2100
长度	L	mm	400～2000(100 为一档)		

钢制翅片管对流散热器型号的表示方法如下：

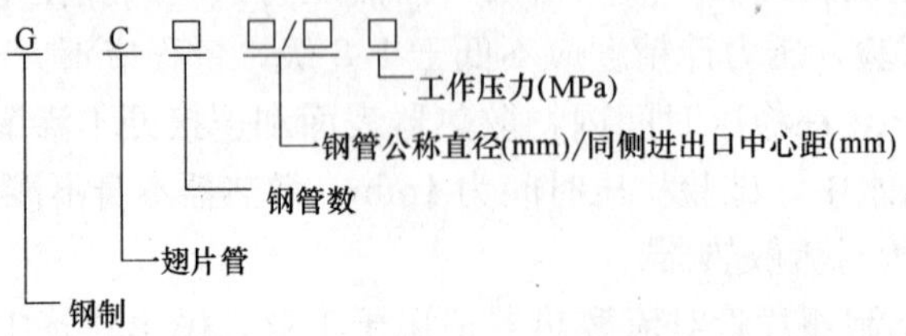

型号示例：GC4-25/200-1.0。

GC4 为钢制翅片，4 根管排列；25/200-1.0 为钢管直径 25mm，同侧进出口中心距 200mm，工作压力为 1MPa。

3. 翅片结构。钢制翅片管对流散热器外罩里面的对流器，是用薄钢带紧固缠绕在钢管上做成螺旋翅片管元件。用多根翅片管元件横排组合用联箱后串联，外面加罩，即做成民用对流散热器。大管径的螺旋翅片管可用于工厂车间，无外罩。

螺旋翅片管元件有不同的结构：(1) 干绕螺旋翅片管。将钢带直接缠绕在钢管上，两端点焊固定。由于翅片与钢管接触不紧密，存在接触热阻大，散热效率低，现已逐步被淘汰；(2) 干绕热镀锌翅片管。靠热镀锌使干绕的翅片与管子紧密结合为一体，降低了接触热阻，散热性能较好；(3) 高频焊翅片管。钢带与钢管在缠绕过程中经高频焊结合为一体，结合紧密牢固，无接触热阻，散热性能好；（4）镶嵌翅片管。在钢管上压轧出螺旋小槽，将钢带镶嵌入槽中缠绕，结合较紧密，接触面较大，散热性能较好，比高频焊翅片管更节电、高效；（5）U型翅片管。将钢带折成U形槽后，强制立绕在钢管上，形成双螺旋翅片，如图6-7。由于翅片顶部被拉伸，底部被压缩，因此对芯管保持很大的压力，造成良好的接触，其散热性能较好，U形翅片管生产效率也较高。

（三）钢制柱型散热器

1. 适用范围。钢制柱型散热器适用于工业、民用建筑中以热水为热媒的采暖系统，不得用于蒸汽采暖系统。

散热器的钢板厚度与热媒温度及工作压力有关。当散热器钢板厚度为1.2～1.3mm时：热媒温度如低于100℃，工作压力为0.6MPa；热媒温度如为110～150℃，工作压力为0.46MPa。当散热器钢板厚度为1.4～1.5mm时：热媒温度如低于100℃时，工作压力为0.8MPa；热媒温度如为110～150℃时，工作压力为0.7MPa。

钢制柱型散热器的热工性能好，外形美观，装饰性较好，金属热强度高，属轻型、高效、节材、节能产品。

由于钢制柱型散热器是用牌号为Q235或08F、10F碳素冷轧薄钢板制成的，最怕氧化腐蚀，故要求热媒水中的含氧量应小于等于0.05g/m^3。在非采暖季节，钢制柱型散热器及管道系统应充水保养，防止内部锈蚀。如果散热器有可靠的内防腐，使用散热器寿命会延长。总之，对集中供暖系统，应慎用此型散热器。

2. 规格尺寸及最小散热量参数。产品应符合行业标准《采暖散热器——钢制柱型散热器》JG/T 1—1999的要求，钢制柱型散热器以同侧进出口中心距为系列主参数，常用的2柱型和3柱型，结构较紧凑，4～6柱型则占地位置较大。三柱型散热器的外形及结构如图6-8所示，主要尺寸及最小散热量参数见表6-10。

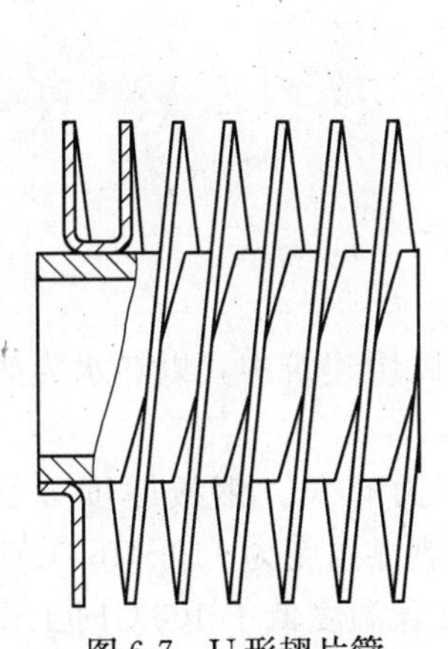
图6-7 U形翅片管

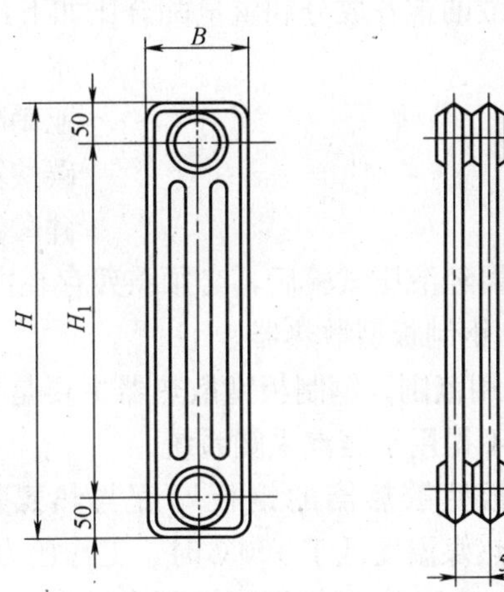

图6-8 钢制柱型散热器

散热器补心、丝堵及螺纹应符合JG/T 6《采暖散热器系列参数、螺纹及配件》JG/T 6—1999的规定。

3. 技术要求。每组散热器应由制造厂按用户要求片数进行组对，一般每组片数为3～20片。散热器组对后的形状公差要求见表6-11。

钢制柱型散热器尺寸及最小散热量参数 表 6-10

项目	参数值											
高度 H(mm)	400			600			700			1000		
同侧进出口中心距 H_1(mm)	300			500			600			900		
宽度 B(mm)	120	140	160	120	140	160	120	140	160	120	160	200
每片最小散热量 Q (ΔT=64.5℃)(W)	56	63	71	83	93	103	95	106	118	130	160	189

柱型散热器组对后的形状公差 表 6-11

项目	组合片数	
	3～12 片	13～20 片
水平面平面度公差(mm)	4	6
正面平面度公差(mm)	4	6

散热器组对后要进行水压试验，钢板厚度为 1.2～1.3mm 散热器，试验压力为 0.9MPa；钢板厚度为 1.4～1.5mm 散热器，试验压力为 1.2MPa。

散热器表面应喷涂防锈底漆和面漆。表面漆层应均匀，平整光滑，附着牢固，不得有气泡、堆积、流淌和漏喷，并宜采用远红外烘干，不得自然干燥。

4. 试验方法。散热器出厂前应用专用的试验台进行强度和严密性试验，试验介质可用试验液或压缩空气，压力表精度应不低于 1.5 级、量程不得大于 1.6MPa。液压试验稳压时间为 2min，气压试验稳压时间为 1min。液压试验在稳压时间内，散热器表面和片间连接处不渗漏为合格；气压试验时，将散热器浸入试验液中，散热器表面和片间连接处不冒气泡为合格。

试验液的推荐成分和重量配合比如下：

水	98%
亚硝酸钠	1%
碳酸钠	0.5%
硅酸钠	0.5%

散热器经液压试验后，必须将残存在内腔的溶液吹干。

（四）钢制板型散热器

1. 适用范围。钢制板型散热器主要是指用于工业、民用建筑中，以热水为热媒的采暖系统，不得用于蒸汽采暖系统。

钢制板型散热器的钢板厚度与热媒温度及工作压力有关。钢板厚度如为 1.2～1.3mm，热媒温度低于 100℃时，工作压力为 0.6MPa；热媒温度为 110～150℃时，工作压力为 0.46MPa。散热器钢板厚度如为 1.4～1.5mm，热媒温度低于 100℃时工作压力为 0.8MPa；热媒温度为 110～150℃时，工作压力为 0.7MPa。

为避免散热器钢板的腐蚀，要求热媒水中的含氧量应小于等于 0.05g/m³。

2. 结构型式。板型散热器产品应符合行业标准《采暖散热器——钢制板型散热器》JG/T 2—1999 的规定。按外形结构分为单面水道槽和双面水道槽，其外形如图 6-9 所示。散热器的管接头设置在散热器的背面或侧面。

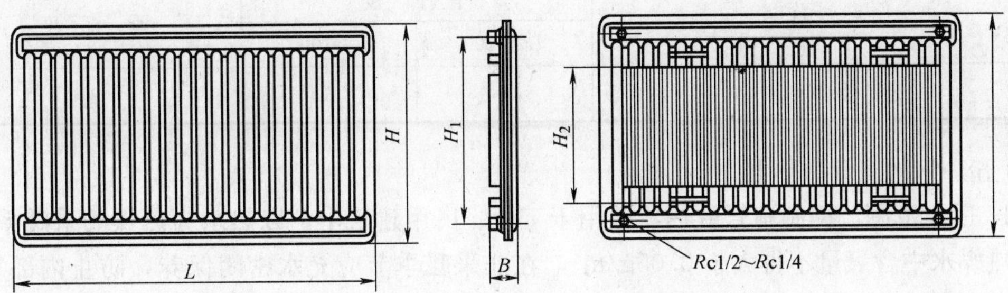

图 6-9　板型散热器

板型散热器的型号标记示例：

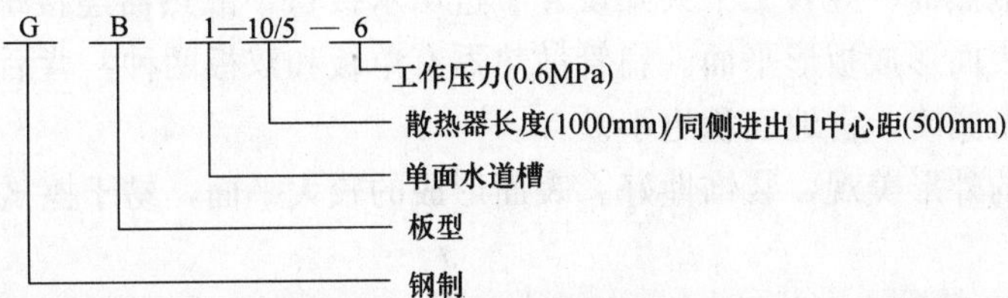

板型散热器的主要规格尺寸及最小散热量参数见表 6-12。

板型散热器的主要规格尺寸及最小散热量参数　　表 6-12

项　目	参　数　值				
高度 H(mm)	380	480	580	680	980
同侧进出口中心距 H_1(mm)	300	400	500	600	900
对流片高度 H_2(mm)	130	230	330	430	730
宽度 B(mm)	50	50	50	50	50
长度 L(mm)	600、80、1000、1200、1400、1600、1800				
最小散热量 Q(L=1000mm，ΔT=64.5℃)(W)	680	825	970	1113	1532

板型散热器的优点是体形薄，占空间小，表面便于擦拭，外形也美观；热工性能好。金属热强度高，属高效节能产品；生产工艺简单，密封焊缝少，只有周围一圈是密封焊缝，因而产品质量稳定。其缺点与其他钢制散热器一样，由于制作钢板薄，怕氧化腐蚀，要求热媒水的含氧量低，非采暖季节应充水密闭保养。

3. 技术要求。散热器材质应用牌号为 Q235 或 08F、10F 碳素冷轧薄钢板制成，厚度为 1.2～1.5mm。

散热器的形位公差应符合表 6-13 的规定。

散热器表面应喷涂防锈底漆和面漆，并宜采用远红外烘干，不得自然干燥。

散热器应逐片进行液压试验或气压试验：钢板厚度为 1.2～1.3mm 的散热器，试验压力为 0.9MPa；钢板厚度为 1.4～1.5mm 的散热器，试验压力为 1.2MPa。

板型散热器形位公差表 表 6-13

项 目	平面度		垂直度
	$L \leqslant 1000$	$L > 1000$	
形位公差(mm)	4	6	3

（五）钢制扁管散热器

1. 适用范围。钢制扁管散热器适用于工业、民用建筑中，以热水为热媒的采暖系统。要求热媒水中含氧量不得大于 0.05g/m^3，在非采暖季节应充水密闭保养，防止内部氧化腐蚀。不宜用于卫生间、浴室等潮湿环境。

2. 结构型式、尺寸及性能参数

钢制扁管散热器的结构，主要是由 52mm×11mm 矩形扁管窄面相靠横向排列，两端用竖管连接焊成散热器。竖管上下共开设 4 个进出水接口，散热器连接螺纹为 G½、G¾ 管螺纹。散热器表面形成板形平面。扁管散热器有单板和双板两种，背后可带对流片。而单板式较薄，体型紧凑，占地面积更小。

此型散热器的外形美观，装饰性好。表面形成的较大平面，易于擦拭，也可画装饰画或各种图案。

钢制扁管散热器的外形如图 6-10 所示。按照《钢制扁管散热器技术条件》（暂行，尚无标准编号）的规定，钢制扁管散热器形式、尺寸及性能参数应符合表 6-14 的规定。

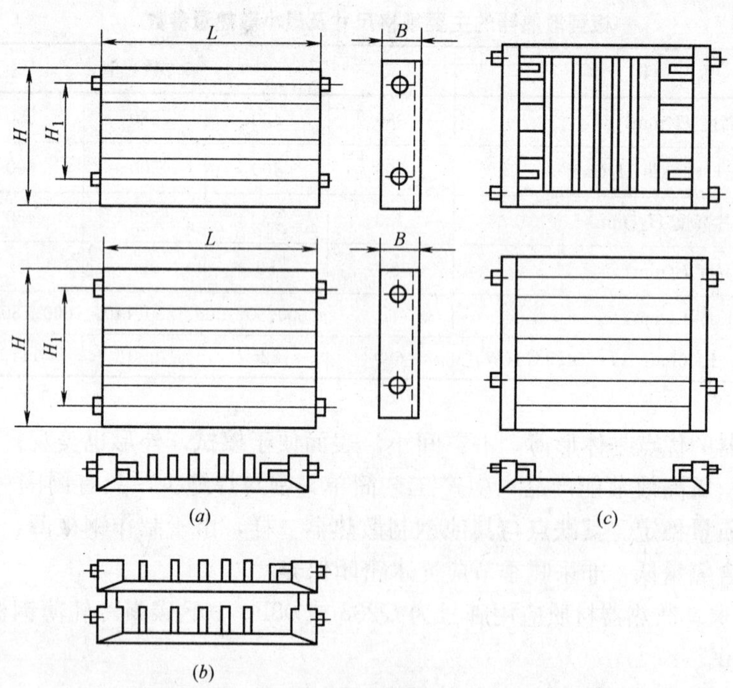

图 6-10 钢制扁管散热器外形

(a) 单板带对流片；(b) 单板不带对流片；(c) 双板带对流片

L—散热器长度；H_1—同侧进出水口中心距；B—散热器宽度；H—散热器高度

散热器的尺寸及性能参数 表 6-14

型号	规格	高度 H(mm)	同侧进出水口中心距 H_1(mm)	宽度 B (mm)	长度 L(以100为一档)(mm)	最小散热量 Q $L=1000$mm $\Delta T=64.5$℃ (W)	热媒温度低于100℃时工作压力(MPa)	热媒温为100～150℃时工作压力(MPa)
DL	360	416	360	50	500～2000	915	0.8	0.7
SL				117		1649		
D				50		596		
DL	470	520	470	50	500～2000	980	0.8	0.7
SL				117		1933		
D				50		820		
DL	570	524	570	50	500～2000	1163	0.8	0.7
SL				117		2221		
D				50		978		

注：型式标记符号：DL 表示单板带对流片；SL 表示双板带对流片；D 表示单板不带对流片。

型号标记方式示例：

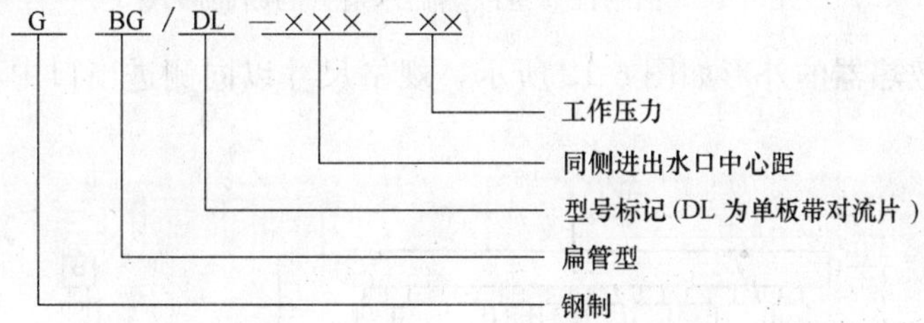

散热器应逐片进行液压或气压试验。当散热器工作压力为 0.8MPa 时，试验压力为 1.2MPa。

散热器表面必须除油、除锈并喷涂防锈底漆和面漆，并宜采用远红外烘干，不得自然干燥。

三、铝制柱翼型散热器

（一）适用范围

适用于工业、民用建筑中以热水为热媒的散热器，不可用于蒸汽及地下水作热媒的采暖系统。散热器工作压力不大于 0.8MPa，热媒温度不大于 95℃，适用于 pH 值为 5～8 的中性水质，氯离子含量应不大于 120×10^{-6}，铝制散热器最怕碱性水腐蚀，不宜用于众多的集中供暖锅炉直供系统，故其使用受限。

铝制散热器耐氧化腐蚀，可用于开式系统及卫生间、浴室等水渍、潮湿环境。

（二）结构形式及型号、性能参数

铝制柱翼型散热器应符合行业标准《采暖散热器——铝制柱翼型散热器》JG 143—2002。散热器的主体是经挤压成型的铝型材，管柱外有许多翼片，各柱上下用横管焊接连接。根据散热翼片的不同又可分为柱翼型、管翼型和板翼型三种。柱翼型是最基本的形式，在水道管柱外分布着许多翼片，以增加散热面积。水道有圆形、矩形等不同断面形式，每柱（片）水道可为一个，也可为多个，如图 6-11 所示。

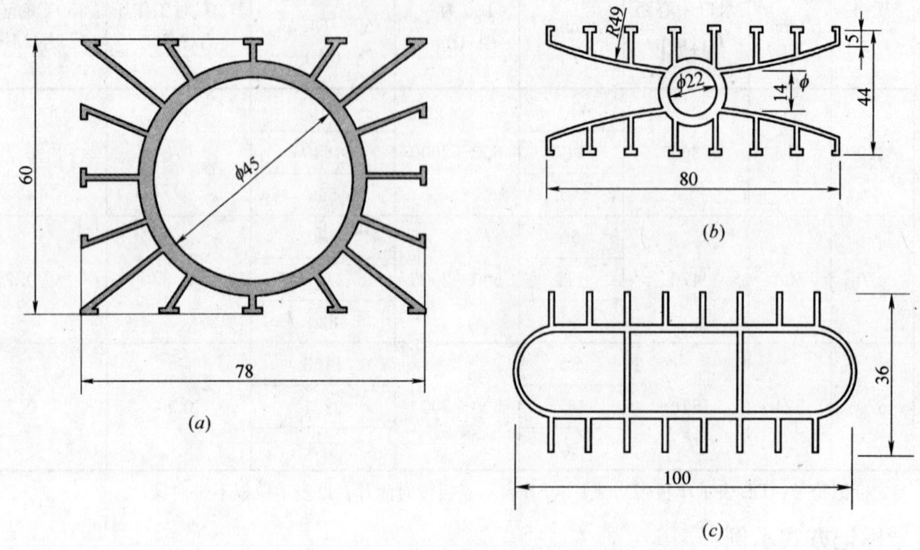

图 6-11　铝制柱翼型散热器水道管的断面形式

铝制柱翼型散热器的外形如图 6-12 所示，规格尺寸以同侧进出口中心距为系列主参数，见表 6-15。

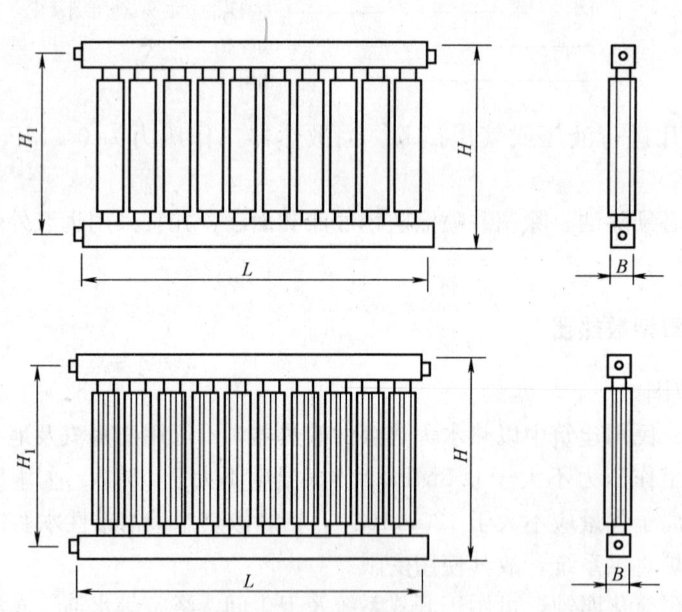

图 6-12　铝制柱翼型散热器

散热器的立柱管壁厚大于等于 1.5mm，上下横水管壁厚大于等于 1.8mm；管接口为内管螺纹 G¾、G1；工作压力 0.8MPa。

铝制柱翼型散热器规格尺寸及散热量　　表 6-15

型　号	LZY-5/3	LZY-5/4	LZY-5(5)/5	LZY-5(5)/6	LZY-5(5)/7
同侧进出水口中心距(mm)	300	400	500	600	700
高度(mm)	340	440	540	640	740
宽度(mm)	50/60				
组合长度(mm)	400～2000				
每米标准散热量(W)	800/850	1070/1140	1280/1360	1450/1520	1600/1680

铝制柱翼型散热器型号的表示方法如下：

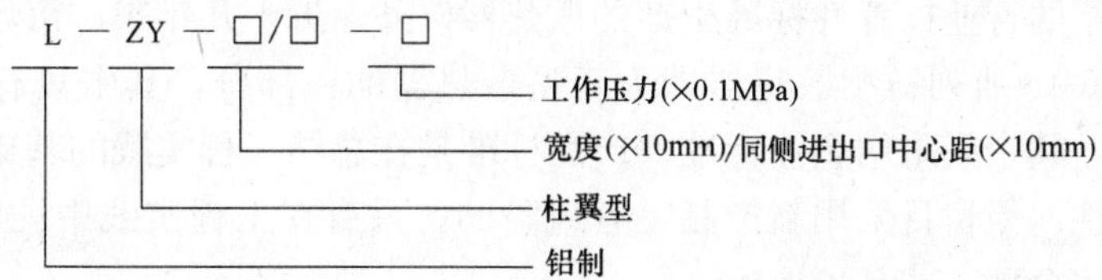

型号示例：

如 LZY-5/5-8：L 表示铝制，ZY 表示柱翼型，斜线前的 5 表示宽度为 50mm，斜线后的 5 表示同侧进出口中心距为 500mm，8 表示工作压力为 0.8MPa。

（三）技术要求

1. 散热器材质和壁厚应符合相关标准的要求。

2. 焊接牢固，整体应平整，焊接部位表面光洁，无裂缝气孔，无明显变形、扭曲和表面凹陷。

3. 散热器内腔防腐蚀应严格按涂装工艺要求由机械操作，采用可靠的覆膜、涂层等保护措施。

4. 散热器外表面喷塑或喷漆工艺应符合相应标准的规定。表面喷涂应均匀光滑，附着牢固，不得漏喷或起泡。

5. 散热器外形尺寸及极限偏差见表 6-16，形位公差见表 6-17。

铝制柱翼型散热器外形尺寸及极限偏差（mm）　　表 6-16

高　度		同侧进出口中心距		宽　度	
基本尺寸	极限偏差	基本尺寸	极限偏差	基本尺寸	极限偏差
340	±2.3	300	±1.5	50/60	±1.5
440		400			
540	±3.0	500	±2.0	50/60	
640		600			
740		700		60	

铝制柱翼型散热器形位公差（mm）　　表 6-17

项　目	平　面　度	
	$L \leqslant 1000$	$L > 1000$
形位公差	4	6

6. 散热器必须设置放汽阀座，且应采用局部硬铝加厚处理。

7. 散热器与钢管系统采用螺纹连接时，须采用配套的专用非金属或双金属复合管件，不得使铝制螺纹与钢制螺纹直接连接，以避免电化学腐蚀。

8. 散热器出厂前应采用气压或液压进行压力试验，压力计精度不低于1.5级，量程为2.0MPa。工作压力应不小于0.8MPa，试验压力为工作压力的1.5倍。

液压试验稳压时间2min，在稳压时间内，散热器无渗漏为合格。

气压试验稳压时间1min，在稳压时间内，散热器在试验水槽中不冒气泡为合格。

四、其他新型散热器简介

除了以上介绍的行业推荐性标准生产的散热器以外，近十几年来，市场上出现了许多新型散热器，表6-18所列新型散热器即为新型散热器的一部分，其中只有一种是按省级地方标准生产的，其余则采用企业标准。产品标准是在总结工程实践的基础上制定的，因此有一定的滞后性。但盲目采用新产品是有风险的，只有在工程实践中证明其技术先进，质量可靠，性价比合理，才是可取的。

部分新型散热器简表 **表6-18**

序号	名称	结构形式	主要特点	厂家举例
1	压铸铝散热器	将熔化的铝合金高压注入金属模内成型的散热器，一般呈板翼型。为适用于不同水质，考虑内防腐，故将水道全部做成钢管或不锈钢管、铜管，是双金属复合型压铸铝散热器	压铸铝散热器比挤压铝型材焊接的散热器耐腐蚀，使用寿命较长。钢铝、不锈钢铝、铜铝复合型压铸铝散热器更耐腐蚀，热效率高，使用寿命长，整体强度大，工作压力高，适用于高层建筑	青岛华泰铝业有限公司散热器厂
2	铜管铝串片对流散热器	将许多薄铝片(有圆形、方形或矩形)按一定间距穿串在紫铜管上，再胀管紧配，便构成一组散热元件。铝片上穿铜管为1根、2根或4根。铜管直径为ϕ15～25mm。将1～4组散热元件串联，外面加罩，便成为铜管铝串片对流散热器	耐腐蚀，使用寿命长，适用于任何水质。工作压力高，一般能达1.6MPa以上。在高中档产品中，此种产品的价格是最低的，故很畅销，尤其是在天津市应用广泛	1. 天津市地方标准《铜管铝片对流散热器》； 2. 天津市泰来暖通设备有限公司
3	铜铝复合柱翼型散热器	由于挤压铝型材或压铸铝制成的柱翼型散热器不耐碱性水腐蚀，不能适应集中采暖锅炉直供热水系统。于是出现了全铜水道的铝合金复合型散热器	铜、铝导热性能好，铜耐腐蚀，铜铝复合，优势互补，适用于任何水质。散热器体型紧凑，便于清扫，使用寿命不低于钢管。适用于高层建筑和分户热计量要求	山东省行业标准《采暖散热器 铜铝复合柱翼型散热器》
4	全铜制散热器	现全铜制散热器多是卫浴型，即一排铜管两端与联箱焊接而成。排管有横的，也有竖的。联箱端头设进出水口内螺纹接头	使用无条件，适用于任何水质热媒，耐腐蚀，使用寿命长。体型紧凑，占空间小。适用于高层建筑和分户热计量要求。其卫浴型产品形式多样，以美观、装饰为主。	北京赛格尔暖通设备厂；天津国泰供热设备有限公司
5	钢铝复合柱翼型散热器	上下联箱和立柱全是钢管焊接成，立柱上套有挤压的铝型材，便构成钢铝复合柱翼型散热器。铝翼管与钢管经胀管或其他方法紧密结合。铝翼管形式多样，有柱翼、管翼、板翼等多种。上下联箱两端可共设4个螺纹接口	适用任何热媒水质，不适用于蒸汽。钢管壁厚≤2mm而又未作内防腐处理的，仅用于闭式系统，且停暖时应充水密闭保养。钢管壁厚≤2.5mm，或壁厚≤2mm而又作了内防腐处理的，则可用于开式系统。适用于高层建筑、住宅、卫生间及分户热计量等场合	北京三叶散热器厂；2. 山东德州双金散热器有限公司

续表

序号	名称	结构形式	主要特点	厂家举例
6	不锈钢铝复合柱翼型散热器	上下联箱和立柱全是不锈钢焊接的，立柱与挤压的铝型材紧密配合，便构成不锈钢—铝复合柱翼型散热器。铝翼管形式多样，有柱翼、管翼和板翼等。上下联箱两端最多可设4个进出口接头	热媒应为热水，双金属复合型不宜用于蒸汽。采用不锈钢管做水道，能适用于任何水质，使用寿命长。外形美观，装饰性好。板翼型、管翼型的表面便于清扫，但柱翼型表面难清扫。价格较贵	鞍钢集团鞍山协成（中外合资）建材有限公司
7	铝塑复合柱翼型散热器	立柱和上下联箱的水道是全塑料的，其外套装铝型材，构成铝塑复合柱翼型散热器。全塑料水道采用美国陶氏化学有限公司生产的新型化学建材PE-RT，整体注塑成型。耐热耐压耐腐蚀耐老化，使用寿命长达50年以上。承压高，重量轻，属于节材、节能、环保产品	热媒应为热水，水质不限；不适用于蒸汽系统；适用于高层建筑、住宅、卫生间等各种建筑物及分户热计量。因热惰性好，即热得慢，凉得也慢，适合间歇供暖运行。耐低温，抗严寒，不宜冻裂	包头市双彪铝制品有限责任公司
8	铜管铝串片强制对流散热器	铜管铝串片散热器。在铜管外串装许多矩形薄铝片，铜管与铝片经胀管紧密配合，用单串或多串铜管铝串片串联便构成一组散热器，并内置小风机实现强制对流，故铝片较密，即铝片间距较小。散热器内小风机设遥控三速开关。对风量、室温进行调节。散热器体型紧凑，占地面积小	热媒应为热水，水质不限；不适用于蒸汽系统。适用于高层建筑、住宅、卫生间等各种建筑物及分户热计量。外罩便于清扫，散热量大而外罩不烫手，安全性好，尤其适用于医院、幼儿园、敬老院等场所	山东大学天宇公司
9	装饰型散热器	装饰型散热器并不是这类散热器的原名，只是这类散热器突出了其装饰作用，故暂统称为此名。 这种散热器最初是为卫生间、浴室用的，用于搭浴巾，挂衣服，装上附件还可放洗浴用品，有的还装有镜子，故称为卫浴型散热器。后来又扩大用途，美化结构，突出装饰性，可作为屏风使用。使这种新型散热器很受高收入者的青睐，发展非常迅速，凡是上规模的散热器厂几乎都有此类产品。 如佛罗伦萨散热器是欧洲著名品牌，以新型钢制散热器为主，造型别致，质量考究，档次高雅。再如天津市吉鑫达公司，开创了国产装饰型民族风格的先河，开发出一批具有我国民族风格的艺术型散热器，有云梳型、玉瓶型、风帆型、碧梳型、红灯型、扇型、宝葫芦型等	热媒应为热水，水质不限；不适用于蒸汽系统。工作压力≥0.8MPa，适用于高层建筑、住宅、大厅、卫生间、浴室等。内腔洁净，可用于分户热计量。 集中供暖锅炉直供热水应选用铜质的，也可用经内防腐处理的钢制、铝制散热器。 此类散热器的突出特点是艺术造型新颖别致，装饰性强，附加功能多，实用性强。当然其价格也昂贵，动辄数千元，甚至上万元	1. 佛罗伦萨散热器中国总部 2. 天津市吉鑫达金属制品有限公司

第二节 热水采暖系统

热水采暖系统按循环可分为自然循环热水采暖系统和机械循环热水采暖系统。但在城市建设工程中，自然循环热水采暖系统已经不采用了，因为它是靠供水与回水的温度差所产生的重力差的作用压力进行循环的，其作用压力太小，早已被机械循环热水采暖系统取代，机械循环热水采暖系统是靠水泵产生的压力进行循环流动的。但在小城镇或农村，对于作用范围小、锅炉又能设于较低位置的情况下，自然循环热水采暖系统还是可以采用的，而且可以节省水泵购置和运行费用。

自然循环热水采暖系统虽然不存在了，但对自然循环系统的原理还是需要了解的，因为在机械循环系统中，自然循环的原理——靠供水与回水的温度差所产生的重力差产生的作用压力还在发挥作用，不了解这一点，就不会对热水采暖系统的调试和运行有深入的理解。

一、自然循环采暖系统

自然循环采暖系统，是靠较高的供水温度与较低的回水的温度之差所产生的重力差作用压力来进行循环的，因此，也叫重力循环系统，其基本原理如图 6-13 所示。

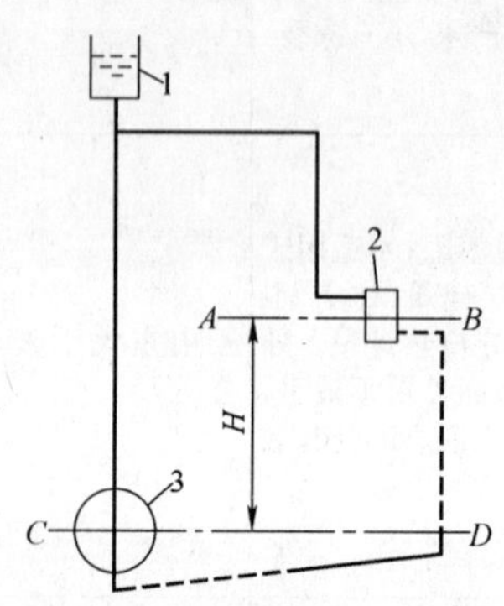

图 6-13　自然循环热水采暖原理
1—膨胀水箱；2—散热器；3—锅炉

假设热水锅炉向散热器稳定地供应温度为 95℃的热水，经散热器散热之后，回水温度为 70℃。为了便于研讨，可以认为供水和回水之间 25℃的温度差，全部是由散热器的散热造成的。也就是说，从锅炉到散热器的水温均为 95℃，从散热器到锅炉的水温均为 70℃，并以散热器水平中线 AB 和锅炉的水平中线 CD 作为温度变化的分界线。

这样，在 AB 线以上，水温均为 95℃，因为同温度水的密度相同，故不存在温度差。在 CD 线以下，水的温度均为 70℃，同样不存在温度差。而在 AB 与 CD 线之间，情况则不同，锅炉以上的供水温度高，故密度小于散热器以下回水的密度。由于水温不同造成的压力差 ΔH 为：

$$\Delta H = h \cdot (\gamma_h - \gamma_g) \cdot g$$

式中　ΔH——自然循环压力差，Pa；

h——锅炉至散热器的垂直距离，m；

γ_h——回水密度，kg/m^3；

γ_g——供水密度，kg/m^3；

g——重力加速度，$9.81m/s^2$。

由于水温的差异而造成的上述循环压力差是比较小的，尤其是当建筑物底层散热器与锅炉的垂直距离较近时，压力差是微不足道的。为了维持一定的循环压力，锅炉与底层散热器的垂直距离应不小于 3m，因此，从技术角度要求锅炉设在建筑物的地下室内，这对一般建筑物来说是无法做到的，也是锅炉房设计规范所不允许的。由于自然循环采暖系统的循环压力差小，便限制了锅炉房的作用面积和实际应用。

二、机械循环采暖系统的组成

机械循环采暖系统由热水锅炉（或热交换器）、供水管、散热器、集气罐、回水管、膨胀水箱及循环水泵等组成，如图 6-14 所示。

（一）双管上供下回式系统

图 6-15 所示为双管上供下回式系统，亦称双管上分式系统。双管是指立管是双管，即供水立管和回水立管，而干管的布置是供水管在系统上部而回水管在系统下部。在系统

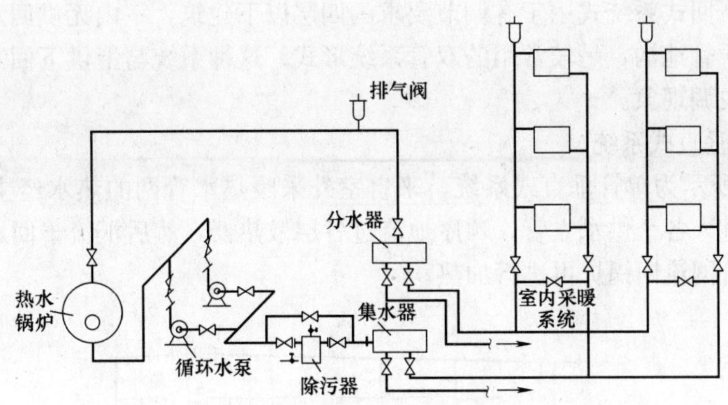

图 6-14　机械循环热水采暖系统

的最高处设有集气罐，用于排除系统在运行中析出的空气。

该系统属于同程式，即当有许多组立管时，每组立管都与供水干管和回水干管组成一个循环环路，为了使每一个循环环路阻力相等，供水管路最短的立管，其回水管路最长。也就是说，每组立管的供水管路与供水管路的总长度是相等的，这样阻力也是相等的，每组立管流量和散热量的分配自然比较均匀。

双管上供下回式系统式用于有调节要求的四层以下建筑，是最常用的双管系统形式，便于排气，无需在散热器上安装放风门。但应注意的是，建筑层数越多，越容易产生垂直水力失调，即高层的散热器很热，而底层却不热，原因已在自然循环采暖系统介绍过。

上述采暖系统为闭合循环回路。循环水泵必须设在回水管上。由于水泵的运转，必然对一部分管道形成压力，对另一部分管道形成吸力，这样，在整个闭合环路中，必然有一点是压力的终结，同时又是吸力的始点，此点称为采暖系统的“恒压点”或“零点”。实际上，膨胀管与回水干管相连之点，就是恒压点。也就是说，从此点至水泵的管段受水泵吸力，而采暖系统的其余部分则受压力。在恒压点上，压力等于膨胀水箱的水静压力。

（二）双管下供下回式系统

图 6-16 所示为双管下供下回式系统，亦称双管下分式系统，即供回水干管布置在系统下部。在系统的最高层的散热器上设有手动放风门，用于排除系统在运行中析出的空气。从回水管的连接方式可以知道，该系统也属于同程式。

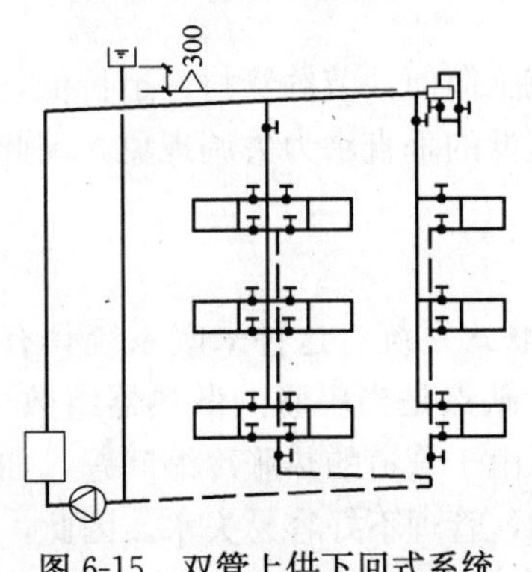

图 6-15　双管上供下回式系统

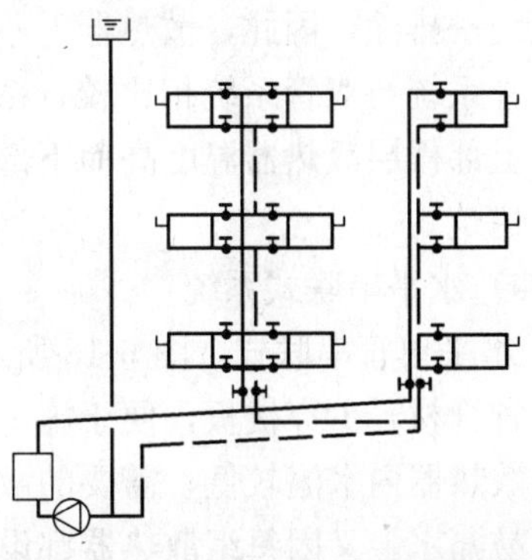
图 6-16　双管下供下回式系统

双管下供下回式系统式用于有调节要求的四层以下建筑，室内无供回水干管，但底层需设置供回水干管地沟，是较常用的双管系统形式。这种系统与上供下回式系统相比，能缓和垂直水力失调现象。

（三）单管垂直式系统

如图 6-17 所示为单管垂直式系统，来自室外采暖热水管网的热水经主立管进入系统上部干管，再进入各个供水立管，顺序地流过各层散热器，然后汇流于回水干管中，通过室外采暖热水管网流回锅炉再进行加热。

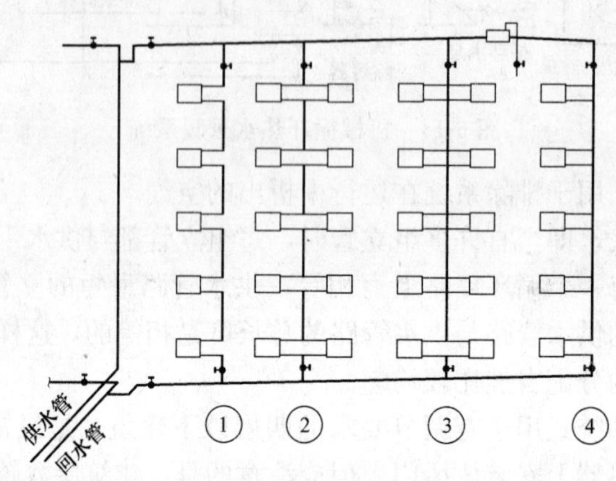

图 6-17 单管垂直式热水采暖系统

单管垂直式系统供水干管敷设在所有散热器的上方，回水干管敷设在所有散热器的下方。

单管垂直式又可分为单侧连接和双侧连接两种，每一种又可分为有跨越管或无跨越管两种。图 6-17 中，立管①为单侧连接，无跨越管；立管②为双侧连接，无跨越管；立管③为双侧连接，有跨越管；立管④为单侧连接，有跨越管。跨越管就是使立管中的水，不全部流经散热器，而是分流一部分到下一层。但跨越管不宜做到最下面一层，以防止部分热水不经任何散热器直接进入回水干管。

每根立管上、下各设一个阀门，用来调节水量，并在检修时使用。

供水干管上装有集气罐，用来排除各立管中的空气。每组散热器中的空气也经立管由集气罐统一排除，因此，散热器上不装放风门。

单管系统与双管系统相比较，系统构造简单，施工简便，节约管材，造价低，而且不易产生上部楼层散热器温度高而下部楼层散热器温度低的垂直水力失调现象，因此，适用于多层建筑。

（四）水平串联式系统

1. 水平单管串联式。图 6-18 所示为水平单管串联式系统，这种采暖系统具有构造简单，节省管材，少穿楼板，便于施工和检修等优点，缺点是当串联的散热器组数过多时，后面的散热器内水温较低，需要的散热器片数增多，由于管道的热胀冷缩问题，如果处理不好容易漏水，又因每组散热器都设一个手动放风门，管理不好容易失水。因此，每根串联管宜串联 8～12 组散热器，不宜过多。串联管管径一般为 *DN*20～*DN*25。这种系统适用于单层建筑或不便设立管的多层建筑。

2. 水平单管跨越式系统。图6-19所示为水平单管跨越式系统，适用于单层和多层建筑串联散热器组数过多的场合，每个环路串联的散热器数量基本上不受限制，且每组散热器可以调节，但排气不便。

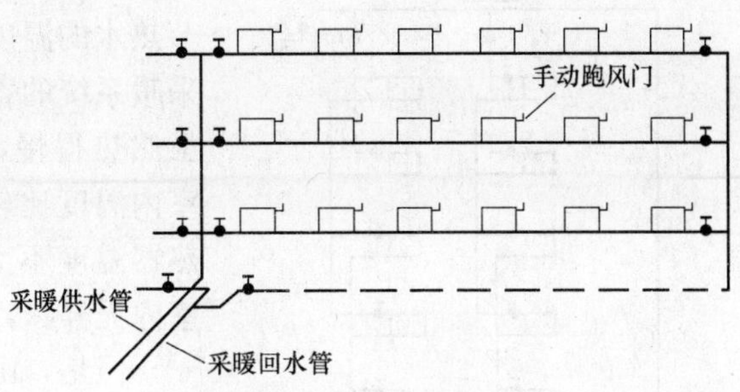

图 6-18 水平单管串联式系统

3. 水平双管串联式系统。图6-20所示为水平双管串联式系统，这种采暖系统在最后一组散热器的出水一侧设有自动排气阀排气，适用于经常无人的房间。

（五）单管三通阀跨越式系统

如图 6-21 所示为单管三通阀跨越式系统，可解决建筑层数过多产生的垂直水力失调问题，适用于多层和高层建筑。在较高的几层中，每组散热器设三通阀，使供水不经散热器流向下层；而在较低的几层，由于水温已降低，就不再设三通阀，也不设跨越管。每组散热器的片数或散热面积是由设计计算确定的。

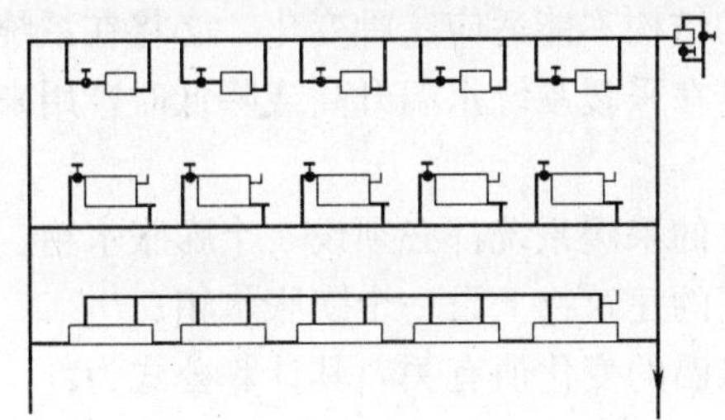
图 6-19 水平单管跨越式系统

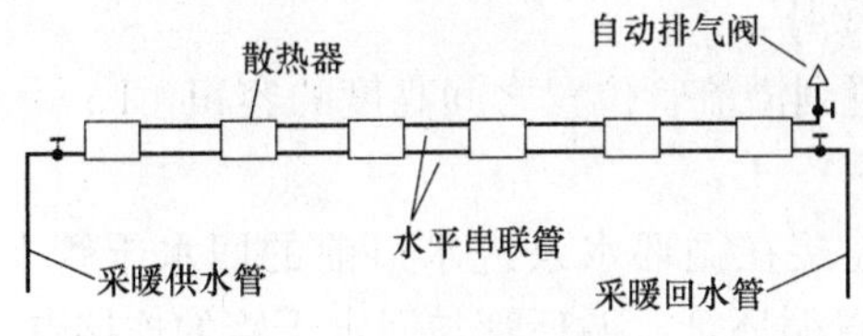

图 6-20 水平双管串联式系统

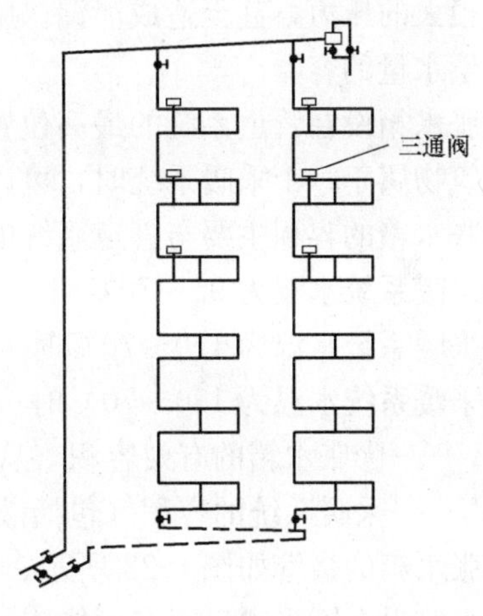

图 6-21 单管三通阀跨越式系统

（六）单双管式系统

如图 6-22 所示为单双管相结合系统，也兼有单管跨越式系统的特点，这种系统适用于八层以上建筑，可避免垂直水力失调的现象，可解决散热器立管因层数过多而管径过大的问题，并克服了单管系统不能调节的问题。

三、热水采暖系统的特点

通常所说的热水采暖也称温水采暖，其设计供水温度为 95℃，回水温度为 70℃。在严寒地区或有条件的工业建筑中，也可以采用 110℃/70℃或 130℃/70℃的高温热水采暖系统。水的比热容最大，是理想的载热体。热水采暖系统的热量损失比蒸汽系统小，热能

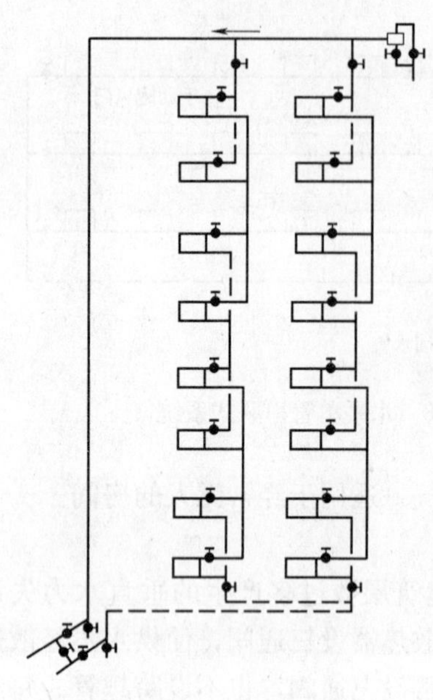
图 6-22 单双管式系统

利用率较高，并且容易随着室外气温的变化集中调节热水的温度，能够节省锅炉的耗煤量。由于热水采暖系统的蓄热能力大，当系统间歇采暖时，系统虽然热得慢，但冷得也慢，房间温度波动不太大，室内温度比较稳定、舒适。另外，热水采暖系统散热器温度不太高，表面有机尘埃不容易分解升华，室内无异味，卫生环境好。

但是，由于热水比蒸汽的温度低得多，因此热水采暖系统所用的散热器数量比蒸汽采暖系统多，而且由于热水比蒸汽的流量大，而允许的流速小，因此热水采暖系统的管径比蒸汽系统的管径要大。总之，热水采暖系统是一种比较好的采暖方式，故在一般民用和公共建筑内采用较多。

在机械循环温水采暖系统中，水的温度随着管道系统的充水——运行——停运而有较大的变化，在采暖季节间歇运行时水温也会有所变化，水同其他物质一样具有热胀冷缩的性质，如果管道系统的结构不能适应这种变化，必将在系统内部产生很大的压力，甚至造成泄漏。膨胀水箱就是在采暖系统水温升高或降低时，用来吸收或补偿水量的容器。

膨胀水箱设在管道系统的最高位置。每个独立的采暖系统都必须设一个膨胀水箱。当几个建筑物属于一个采暖系统时，可以在其中最高的建筑物上设一个膨胀水箱。

膨胀水箱的容积主要与管道系统的水容量和水温的变化值有关，其计算公式为：

当采暖系统水温为 95～70℃时 $V=0.034V_c$

当采暖系统水温为 110～70℃时 $V=0.038V_c$

当采暖系统水温为 130～70℃时 $V=0.04V_c$

式中 V——膨胀水箱的有效容积（从信号管位置到溢流管位置之间高度的容积，L；

V_c——采暖系统的容积（包括散热器、锅炉），L。

膨胀水箱的接管如图 6-23 所示。膨胀管应连接在循环水泵进水口前的回水干管上。当膨胀水箱设在不采暖房间有可能冻结时，应设置循环管，循环管与回水干管的连接点与膨胀管连接点的距离为 1.5～3m，即距水泵更远一些，这样可以使膨胀管和循环管的水缓慢的流动，使膨胀水箱内的水不致于冻结。在膨胀管和循环管上，不允许安装阀门，因为一旦阀门关闭，便完全切断了膨胀水箱与管道系统的联系，使膨胀水箱失去补偿水量的作用，可能产生严重后果。膨胀水箱旁应设补水箱，以便在系统失水后，通过给水管和浮球阀进行补水。信号管是为检查水箱内的水位而安装的，并在锅炉房内设有控制阀。信号管内应充满水，当信号管内无水时，说明管道系统漏水严重或补水发生故障，应及时处理。如果膨胀水箱距锅炉房较远，不便设信号管，应安装浮标液面计和电信号控制系统

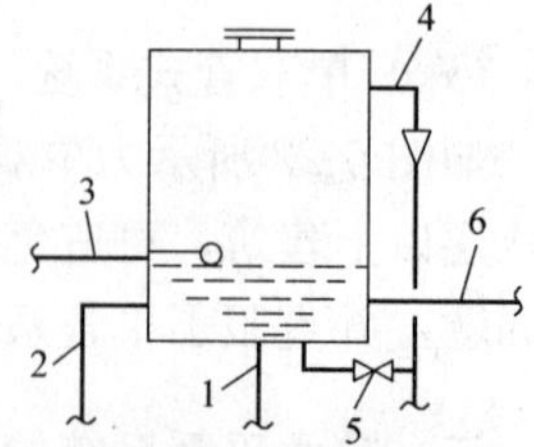

图 6-23 膨胀水箱的接管
1—膨胀管；2—循环管；
3—给水管；4—溢流管；
5—排污阀；6—信号管

来掌握膨胀水箱内的水位情况。当条件允许时，可以从循环管上引出信号管，不再单设信号管。经过非采暖房间的膨胀管、循环管和信号管均应保温。

当建筑物顶部安装高位膨胀水箱有困难时，可以采用在锅炉房内安装气压罐的方式，这样不但可以解决系统中的水膨胀问题，而且可与锅炉自动补水和系统稳压结合起来，一举多得。关于气压罐的工作原理和组成，这里不再介绍，以免占用更多的篇幅。

四、管道系统及散热器安装

（一）管道系统安装

1. 一般要求。室内采暖系统安装的基本程序是：支架制作安装→测绘管段，绘制加工草图，下料预制→阀件检验试压→系统设备制作→散热器组对、试压→干管、立管安装→散热器及支管安装→系统附件、设备安装→系统试压、吹扫→刷漆、保温→交工验收。

热水采暖管道均采用钢管。当管径小于等于 32mm 时采用螺纹连接，管径大于 32mm 时采用焊接，必要时也可采用法兰连接。

在热水采暖系统中，无论是启动阶段还是运行阶段，排除空气是很重要的。水平管道尽可能设为顺流上升坡度，使水、汽同向流动，坡度一般为 0.003～0.005，最小为 0.002；若为水、汽逆向流动，坡度最小为 0.005。采暖系统回水干管至锅炉房应有 0.005 的下降坡度。水平管道变径时，应采用顶平偏心大小头。采暖立管当管径大于 32mm 时，管道外表面距净墙面 30～50mm。对于管径小于等于 32mm 不保温的采暖双立管，其中心间距为 80mm。双立管的布置应将供水立管设在面向的右侧，回水立管设在面向的左侧。当采暖立管与支管相交时，应使立管绕过支管，即在立管上煨制抱弯，有些地方已有可锻铸铁抱弯成品件可供使用。

散热器支管坡度应遵守以下规定：当支管长度大于 0.5m 时，其坡度值为 10mm；当长度小于 0.5m 时，其坡度值为 5mm；当立管两侧均接支管，且任一支管长度超过 0.5m 时，两侧支管的坡度值均为 10mm。当散热器支管长度大于 1.5m 时，应在中间设支架或托钩。

管道穿过墙壁和楼板，应加装套管。装在楼板内的套管，顶部应高出地面 20mm，底部应与楼板底面相平；装在墙壁中的套管，其两端应与饰面相平。

采暖管道在运行过程中有热胀冷缩现象，故应在适当部位采取相应的补偿措施。需要设置补偿器的部位和补偿器的型号规格，由设计确定，并在施工图中表达出来。关于热补偿方面的内容将在后面介绍。

前面曾经提到过，对于热水采暖系统，及时排除管道系统中的空气是系统顺利启动和正常运行的重要条件。在不同的系统图式中，排气方式也不相同，如通过膨胀水箱排气，通过散热器的手动放气阀排气，通过水平干管各段最高处的集气罐排气。

2. 除污器

在热水采暖系统循环水泵的回水干管上，应装设除污器，以便除去管道系统中的污物。由于除污器的断面较大且装有滤网，在水的流速只有 0.05m/s 左右的情况下，杂质便会沉淀下来。

除污器有图 6-24 卧式直通式、图 6-25 卧式角通式和图 6-26 立式直通式三种，其接管直径应与回水干管直径相同，其各部尺寸不再列出。

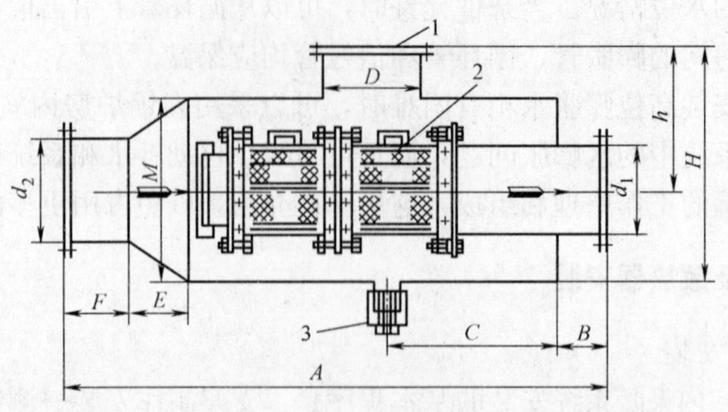

图 6-24 卧式直通式除污器

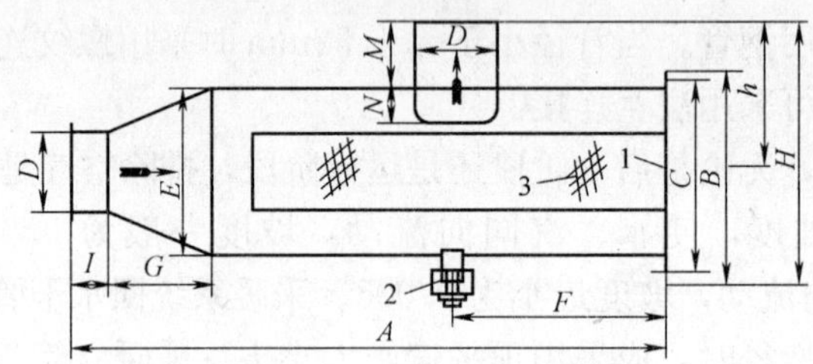

图 6-25 卧式角通式除污器

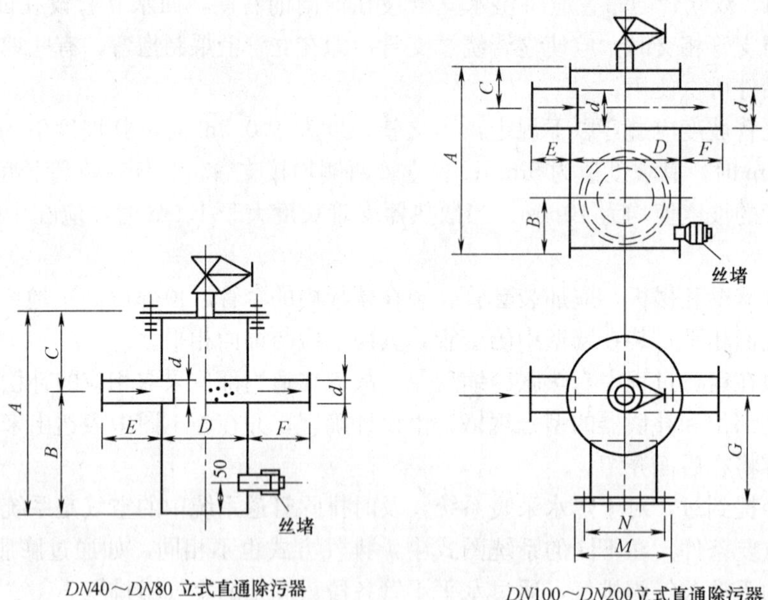

图 6-26 立式直通式除污器

3. 集气罐。集气罐一般是用直径 D100～D250mm 的钢管焊制而成的，分为立式和卧式两种。根据接管形式的不同，每种又有Ⅰ、Ⅱ两种形式，如图 6-27 所示。集气罐的直径应不小于干管直径的 1.5～2 倍，使热水流速降低在 0.05m/s 以下，以便气泡从水中逸出。集气罐的规格尺寸见表 6-19。

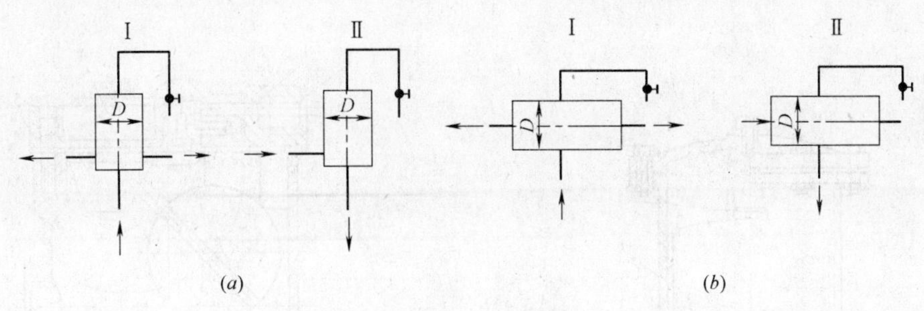

图 6-27 集气罐
(a) 立式;(b) 卧式

集气罐规格尺寸 (mm) **表 6-19**

规 格	型 号				国标图号
	1	2	3	4	
直径 *DN*	100	150	200	250	94K402-1
高(长)度 *H*(*L*)	280	300	320	430	

注:更详细的制作和安装要求见标准图 94K402-1《集气罐制作及安装》(即原标准图 94T903 的改号)。

集气罐顶部连接公称直径 *DN* 15 的排气管,并应引至附近的排水设施处,排气阀应设在便于操作的地方。当系统充水时,应打开排气阀,直至有水从管中流出时再关闭;系统运行期间,应定期打开排气阀排除空气。

4. 自动排气阀。自动排气阀的型号和安装位置应由设计确定,一般设在管道系统的最高点和局部的最高点。

安装自动排气阀前应先安装截断类阀门,在系统试压、冲洗合格后再安装排气阀。采暖系统启动和运行时,自动排气阀前的截断类阀门应处于常开状态,只有当需要更换检修排气阀时才短暂关闭。

在热水采暖系统主立管的顶部,可以安装如图 6-28 所示的单接口自动排气阀。这种排气阀结构简单,工作可靠。当系统中没有空气时,浮球 2 靠水的浮力浮起,其顶端的耐热橡胶头 3 把排气螺孔 5 的排气孔堵住;当管网中有空气时,空气会通过浮球与壳体的间隙上升到排气阀的顶部,随着空气的聚集增加,排气阀内的水位便会下降,此时耐热橡胶端头 3 与排气螺钉孔 5 之间脱离接触,于是空气得以排出。

图 6-29 所示为常用的双接口自动排气阀,当阀内无空气时,阀体中的水将浮子浮起,通过杠杆机构将排气孔封闭,阻止水流通过。当系统内的空气经管道聚集到阀体上部空间时,水面即下降,浮球随之下降,排气孔被打开自动排除系统内的空气。空气排除后,水又将浮子浮起,排气孔重新关闭。

热水采暖系统近年来使用的新型自动排气阀如图 6-30 所示,其性能参数见表 6-20。

自动排气阀安装应按产品说明书进行。安装前不应拆除或拧动排气阀端阀帽;安装后,在使用前将排气阀端阀帽螺纹拧动放松 1~2 扣。

5. 水压试验。热水采暖系统的水压试验,应以系统顶点的工作压力加 0.1MPa 作为试验压力,同时系统顶点的试验压力不得小于 0.3MPa。高温热水采暖系统的水压试验,当工作压力小于 0.43MPa 时,试验压力等于工作压力的两倍;当工作压力为 0.43~0.71MPa 时,试验压力等于工作压力的 1.3 倍,外加 0.3MPa。采暖系统做水压试验时,在 5min 内压力降低不大于 0.02MPa 为合格。

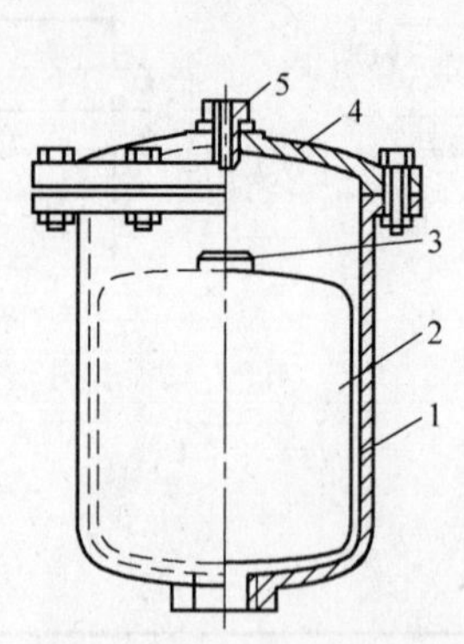

图 6-28　单接口自动排气阀

1—阀体；2—浮球；3—耐热橡胶；4—阀盖；5—排气螺孔

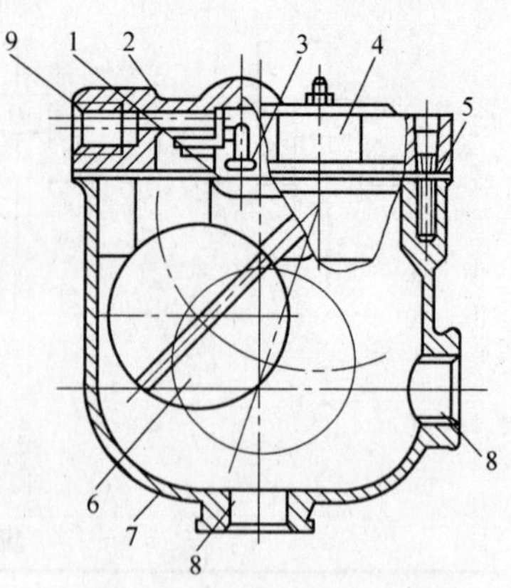

图 6-29　双接口自动排气阀

1—杠杆机构；2—垫片；3—阀堵；4—阀盖；5—垫片；6—浮球；7—阀体；8—接管口；9—排气孔

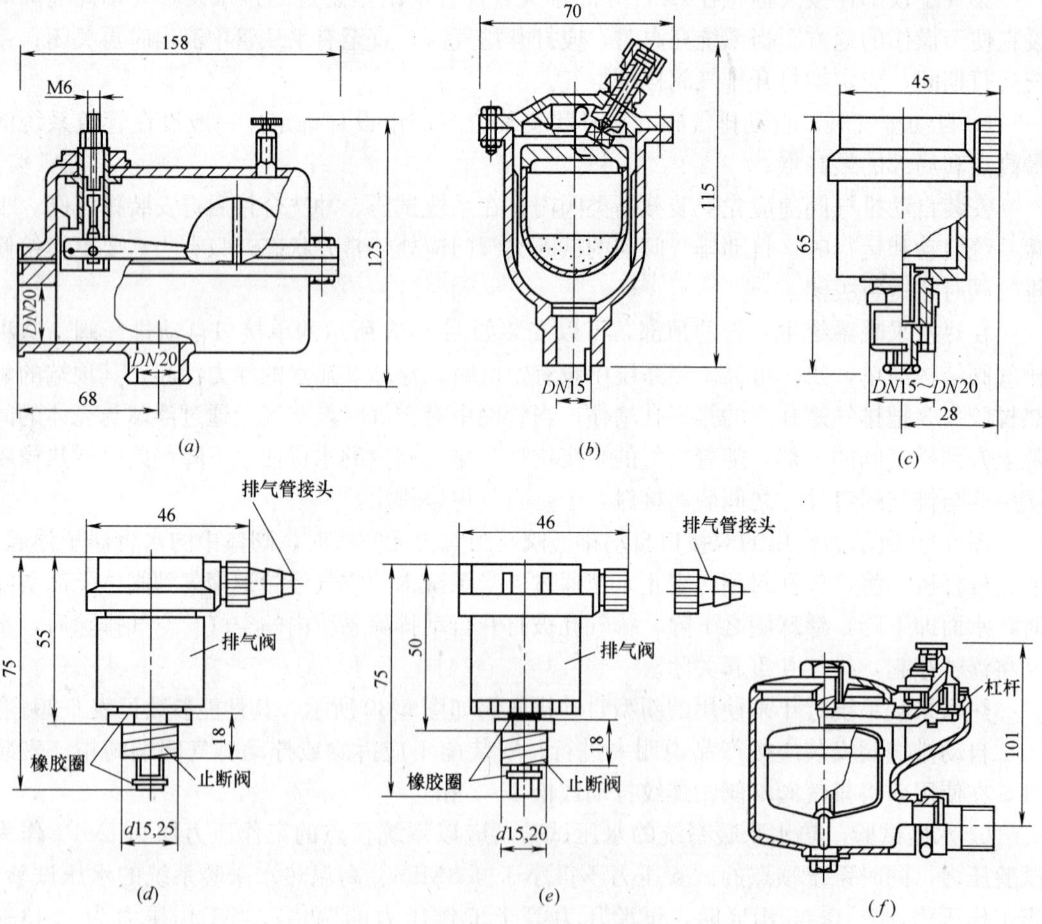

(*a*)　(*b*)　(*c*)

(*d*)　(*e*)　(*f*)

图 6-30　自动排气阀

(*a*) ZP-Ⅰ（Ⅱ）型；(*b*) PQ-R-S 型；(*c*) ZP88-1 型立式；(*d*) ZP88-1A 型；(*e*) ZPH95-1A 型；(*f*) PZIT-4 立式

自动排气阀主要性能参数 表 6-20

序号	型 号	公称直径 *DN*	工作压力(MPa)	工作温度(℃)
1	ZP-Ⅰ	20	0.7	≤110
	ZP-Ⅱ		1.2	≤130
2	PQ-R-S	15	0.4	≤110
3	ZP88-1型(立式)	15、20	0.8	≤110
4	ZP88-1A	15、20	1.6	≤110
5	ZFH95-1A	15、20	1.6	≤115
6	PZIT-4(立式)	20	0.4	≤120

（二）散热器安装

散热器种类很多，前面已经介绍过了。一般说来，散热器安装应注意以下事项：

(1) 对于灰铸铁散热器，必须在组对前应对内腔进行检查，采用内腔无黏砂型散热片，保证热计量装置及温控阀的正常使用；

(2) 内腔无黏砂型铸铁散热器的内腔应较少锋利毛刺，且内腔中 50 号筛网筛余的残留芯砂单片重量小于 3g。目测螺纹孔内周围无黏砂，可用敲击法和落地振动法判别；

(3) 铸铁散热器的组对应平直紧密，垫料应使用成品件。热源为低温热水时采用耐热橡胶，组对后垫料外露不应大于 1mm。表面未经处理的铸铁散热器可按设计要求作防腐，设计无规定时一般刷两道红丹防锈漆和两道银粉漆。散热器经现场按片数组对后，应进行水压试验，压力为工作压力的 1.5 倍，稳压 2～3min，不渗不漏为合格；

(4) 散热器的安装高度应符合工程设计要求，一般明装散热器上表面不得高于窗台面。安装散热器的墙壁或承载物应有足够的承重强度，并视散热器类型的不同，分别确定安装方式或结构预埋件形式。散热器支、托架应与散热器配套购买，安装位置正确，埋设平整牢固，排列整齐，与散热器紧密接触，受力均衡；

(5) 凡是与散热器连接的明装管道、支架的刷漆宜与散热器的表面颜色一致。与散热器相连接的各种阀门的型号规格、工作压力等性能指标应符合设计要求。阀门安装前应按《建筑给水排水及采暖工程施工质量验收规范》GB 50242 的要求作强度和严密性试验；

(6) 与散热器连接的管道埋地敷设时，应选用塑料管材，如无规共聚聚丙烯（PP-R）管、聚丁烯（PB）管，交联铝塑复合（XPAP）管、交联聚乙烯（PE-X）管。塑料管道材质及连接方式应由设计按供暖系统的形式、温度、管道工作压力等因素综合确定，管接头不能埋于地下；

(7) 散热器的安装应根据设计图或设计指定的标准图进行，还必须将生产厂家的产品说明书中提供的技术资料与设计或标准图加以对照，看有无矛盾之处。关键问题是散热器的安装高度必须准确，以便使其接口与采暖立管上的支管接口相对应。在立管安装时，就必须根据工程所采用的散热器的接口间距，并考虑到支管安装时的坡度，来确定立管上支管接口的间距和高度；

(8) 对于幼儿园、养老院内设置的采暖散热器应设防护罩。防护罩的形式及设置位置应兼顾防护、有利散热、便于清扫。罩体自身应牢固，表面光滑，美观耐用；

(9) 如图 6-31 所示的手动排气阀适用于公称压力小于等于 600kPa、工作温度小于等

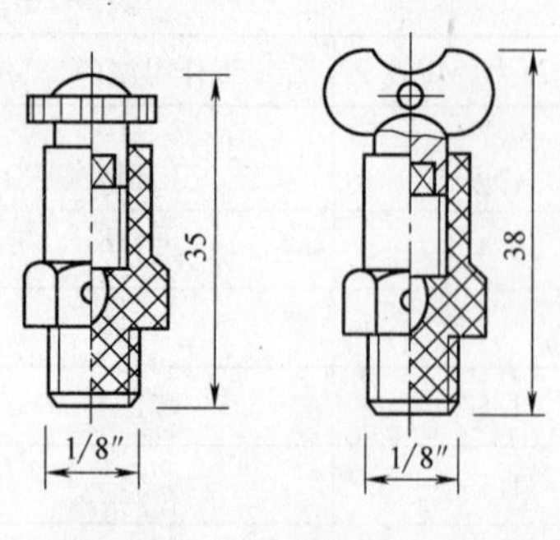

图 6-31 手动排气阀

于100℃的水平式和下供下回式热水采暖系统和蒸汽采暖系统的散热器上，旋紧在散热器上专设的内螺丝孔中，以手动方式排除积聚在散热器中的空气；

（10）因为散热器的种类和安装方式很多，细节问题也不便在书中叙述。在实际工作中应以设计、标准图、散热器实物和厂家所附说明书为依据，相互核实，选择正确的安装方法，不可盲目只按一种资料为依据施工。现行散热器安装的标准图有 4K402-2《散热器及管道安装》（即原标准图 96T922 的改号）、05K405《新型散热器选用及安装》。

第三节 蒸汽采暖系统

一、蒸汽采暖系统的分类和特点

（一）蒸汽采暖系统的分类

按照蒸汽压力的大小，分低压蒸汽采暖和高压蒸汽采暖。蒸汽表压力低于或等于 70kPa（约为 0.7kgf/cm^2）的蒸汽采暖，称为低压蒸汽采暖；蒸汽压力高于 70kPa 的蒸汽采暖，称为高压蒸汽采暖。高压蒸汽采暖的蒸汽压力一般不会超过 300kPa（约为 3.0kgf/cm^2）。

按照蒸汽和回水干管布置的不同，低压蒸汽采暖系统可分为上供下回式、下供下回式和中供下回式；高压蒸汽采暖系统可分为上供下回式、上供上回式和水平串联式。

按照立管布置的不同，可分成单管式和双管式两种。

（二）蒸汽采暖系统的特点

1. 蒸汽在管道中的流动状态。蒸汽采暖所用的蒸汽是饱和蒸汽，在管道中流动时会不断产生凝结水，为了及时顺利排除凝结水，应顺蒸汽流动的方向设不小于 0.003 的下降坡度，如果因安装位置高度不够，必须设为汽、水逆向坡度时，则应为不小于 0.005。如果不能及时将凝结水排除，会发生噪声、水击、振动，严重时甚至造成管道系统的损坏。

2. 蒸汽采暖散热器的放热特点。蒸汽通入散热器中冷却而变成凝结水，同时释放出汽化潜热，把热量传给室内。当蒸汽采暖系统启动前，散热器内原本是充满空气的，通入蒸汽后，一部分蒸汽迅速变为凝结水，于是散热器内就形成蒸汽、空气和水的共存，并按密度的大小积聚在不同高度位置：凝结水积在下部；空气比蒸汽重，在中间；蒸汽在上部，如图 6-32所示。而空气必须排除，否则散热器的温度会大大低于蒸汽饱和温度，无法达到设计散热量要求。蒸汽采暖散热器的手动或自动放气阀，应安装在散热器的 1/3 高度处。散热器

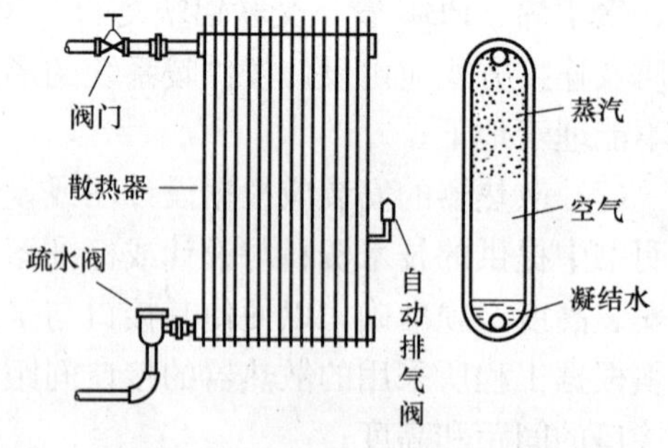

图 6-32 蒸汽采暖散热器装置

出口处或回水管上应装疏水阀，以便阻汽排水。

3. 蒸汽采暖的优点。蒸汽采暖系统特别适合于剧院、礼堂等不定期或间歇供热的建筑，供汽时热得快，满足使用要求，停汽后冷得快，节省能源。

由于蒸汽采暖放出的汽化潜热比热水采暖放出的热量大得多，而且蒸汽流速高，因而所需要的管道直径小，需要的散热器面积少，仅为热水采暖散热器面积的70%，从而节省基建投资。

在高层建筑里使用蒸汽采暖，系统底部散热器承受的压力比热水采暖系统底部散热器的静水压力小得多。

4. 蒸汽采暖的缺点。蒸汽流速高，运行过程中有噪声，易发生水击现象，严重时甚至造成管道和设备的损坏；当蒸汽压力为70kPa时，其饱和温度约为115℃；当蒸汽压力为300kPa时，其饱和温度约为140℃。因此，蒸汽管道表面温度高，热损失随即增大，因此，蒸汽管道和回水管道都要做好保温绝热。另外，由于散热器表面温度高，有机尘埃会分解，散发出有害气体，影响室内卫生环境，且容易烫伤人体。

当间歇运行时，停汽后系统呈真空状态，易吸入空气，从而造成管道和散热其内部的氧化腐蚀，缩短使用寿命。

5. 蒸汽管道和回水管道都存在热补偿问题，见“第七章第一节热力管道安装”。

二、低压蒸汽采暖系统图式

（一）双管上供下回式系统

如图6-33所示的双管上供下回式系统，每组散热器都有进汽调节阀门。疏水阀的安装方式有两种形式：一种是安装在每组散热器出口的凝结水支管上，另一种是在每一根立管的下端装设一个疏水阀。此种系统适用于室温需调节的多层建筑，是较常用的双管做法，但如果调节不当则容易产生上热下冷的现象。

（二）双管下供下回式系统

如图6-34所示的双管下供下回式系统，蒸汽与回水干管都在系统下部的地下室或底层地面下地沟内，每组散热器都有进汽调节阀门和疏水阀。适用于室温需调节的多层建筑，但供汽立管管径需要加大。这种系统的噪声较大，上下层散热器受热比较均匀，可缓和上热下冷的现象。

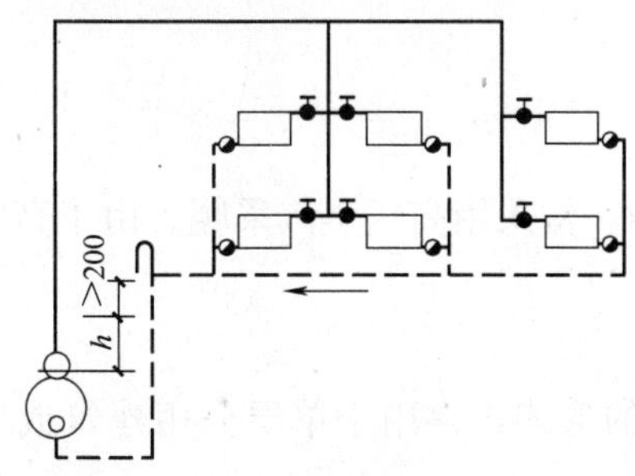

图6-33　双管上供下回式系统

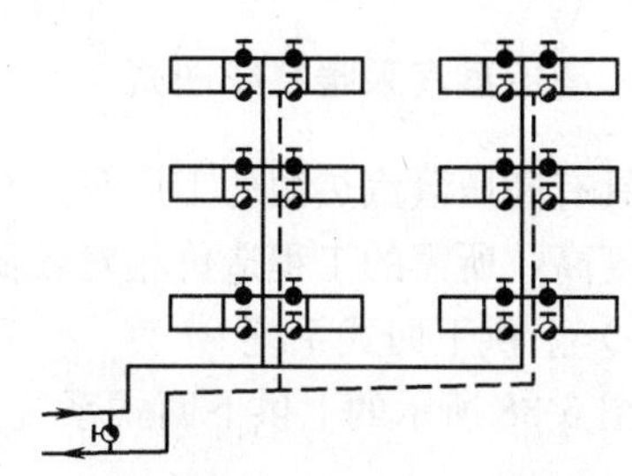

图6-34　双管下供下回式系统

（三）双管中供下回式系统

如图6-35所示的双管中供下回式系统，适用于顶层无法敷设蒸汽干管的多层建筑。

蒸汽干管可在有条件的较高层敷设，每组散热器都有进汽调节阀门，疏水阀可安装在每组散热器出口的凝结水支管上，也可以在每一根立管的下端装设一个。与双管上供下回式系统相比，上热下冷现象也得到改善。

（四）单管上供下回式系统

如图 6-36 所示的单管上供下回式系统，是单管低压蒸汽采暖最常用的布置形式，具有安装简便、造价较低的优点，适用于多层建筑。

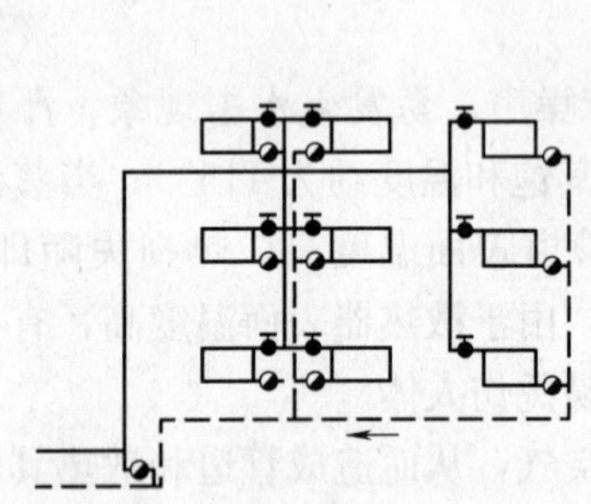

图 6-35 双管中供下回式系统

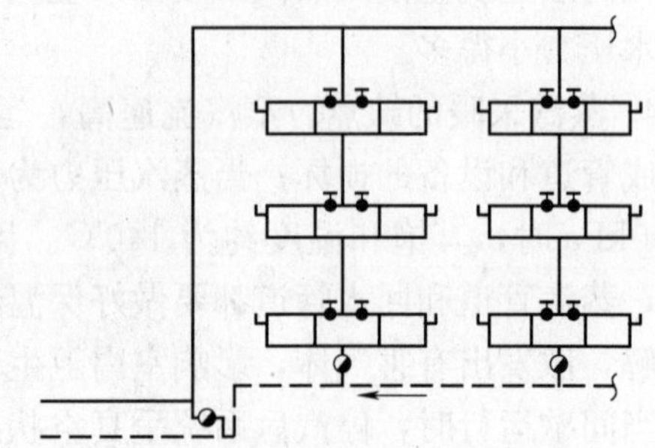

图 6-36 单管上供下回式系统

（五）单管下供下回式系统

如图 6-37 所示的单管下供下回式系统，供汽与回水干管设在系统的下部，可置于地下室或底层的地沟内。这种系统安装简便，造价较低，适用于三层以下建筑。因立管担负着供汽与回水的双重任务，且汽水为逆向流动，故管径需适当加大。

单管式系统的特点是散热器上一定要安装自动排气阀。因为散热器内空气不可能通过支管进入立管，只能在散热器的自动排气阀排出。当停止供汽时，散热器内蒸汽凝结时会出现真空度，空气便从自动排气阀迅速地补入，使凝结水顺利地排出。

总之，低压蒸汽采暖系统的工作过程是：锅炉产生的蒸汽沿着蒸汽干管、立管、支管进入散热器，蒸汽释放出汽化潜热以后变为凝结水，凝结水经散热器之后的低压疏水阀与蒸汽管道里形成的沿途凝结水汇流于凝结水管道，靠重力流至凝结水箱，再由凝结水水泵打回锅炉，重新加热成蒸汽。

低压蒸汽采暖系统的蒸汽管道应尽量使蒸汽与管道内的沿途凝结水同向流动，即蒸汽管道应尽量“低头走”。

三、高压蒸汽采暖系统图式

在具有高压蒸汽热源的工厂车间和辅助性建筑中，常采用高压蒸汽采暖。由于高压蒸汽的温度高，所需的工程造价相对较低。

（一）上供下回式系统

如图 6-38 所示的上供下回式系统，是采用较多的形式，常用于单层公用建筑或工业厂房。

（二）上供上回式系统

1. 蒸汽采暖系统。在较小的建筑中可以采用如图 6-39 所示的上供上回式蒸汽采暖系统。这种系统的凝结水立管内充满着水，回水高度由蒸汽管与回水管之间的压力差决定。

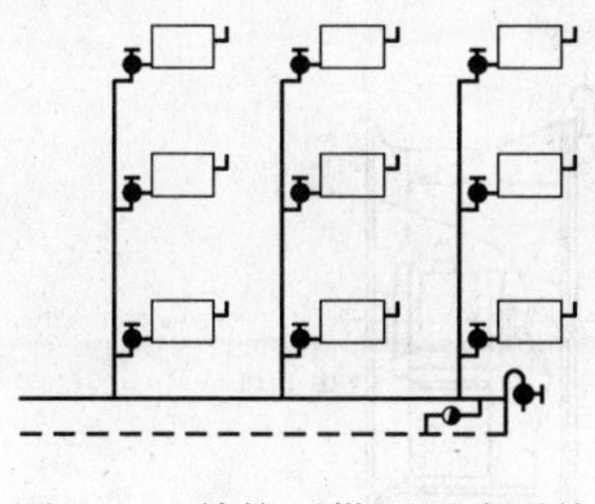

图 6-37　单管下供下回式系统

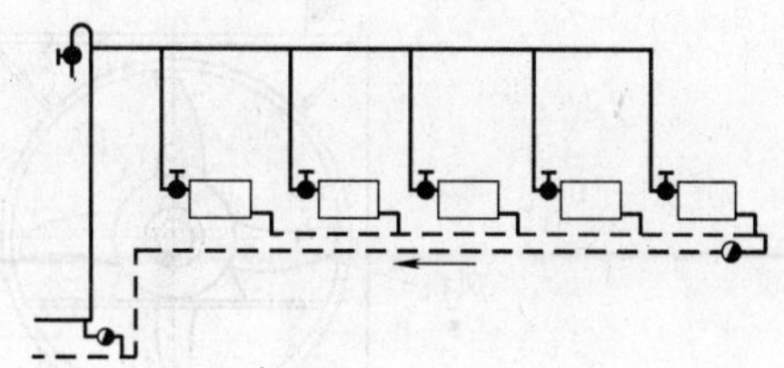

图 6-38　单层上供下回式系统

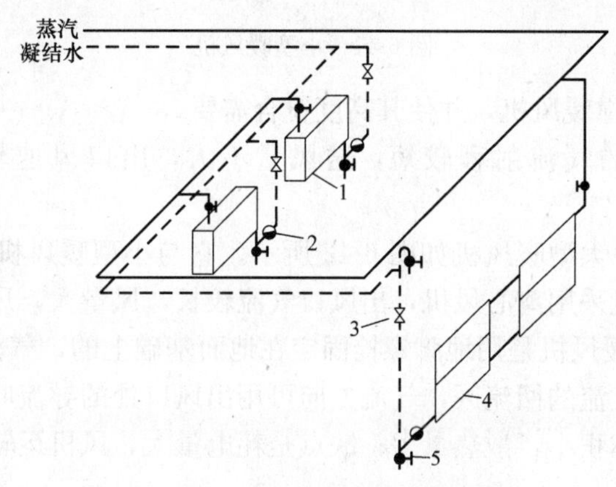

图 6-39　上供上回式蒸汽采暖系统

1—散热器；2—疏水阀组；3—凝结水控制阀；4—散热排管；5—泄水阀

压差为 0.1MPa 时向上回水高度可达 5m。这种系统的凝结水立管不能装在有结冻可能的场所。

2. 暖风机采暖系统。在高大宽敞的厂房内，若提高整个厂房内的温度会付出很高的代价，而工艺上也不需要的话，可以考虑只对工作位置比较固定的人员用暖风机采暖，可满足局部采暖的需要，如图 6-40 所示。

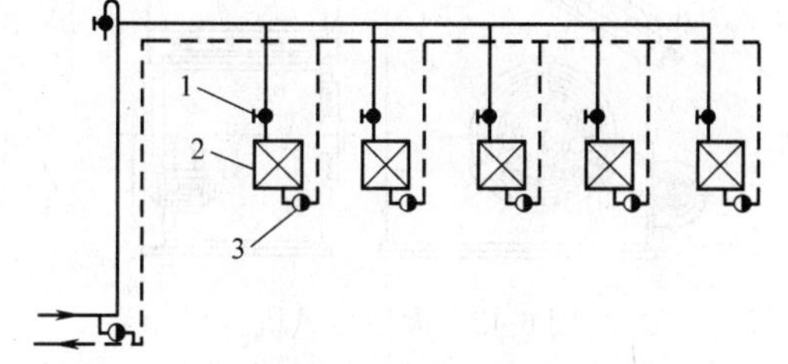

图 6-40　上供上回式暖风机采暖系统

1—截止阀；2—暖风机；3—疏水阀

暖风机是由通风机、电动机和空气加热器组成的联合机组。按照散热量的大小及送风方式的不同，可将暖风机分为小型暖风机和大型暖风机两种。

(1) 小型暖风机。由风机、电动机、加热器、百叶窗、支架等组成，如图 6-41 所示。

1) 风机与电动机：小型暖风机的风机采用轴流风机，图中为四个叶片的轴流风机。电动机是与风机配套的。风机的作用是使被加热的空气通过送风口直接送入采暖区域。

2) 加热器：小型暖风机的加热器为螺旋翅片式，实际上就是一个带有肋片的散热器。它的作用是利用热煤（高压蒸汽或高温水）流过散热器时，将空气加热。

3) 百叶窗；设在暖风机的出风口处，其叶片可以调节成任意的角度，以便热风可以直接吹向采暖区域。

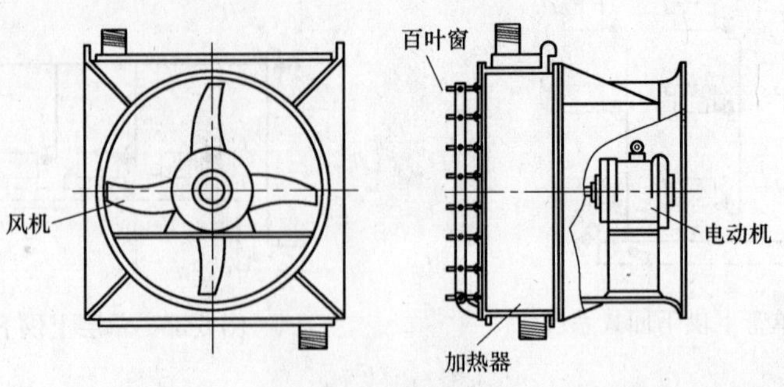

图 6-41　小型暖风机

4）支架：用来支撑暖风机，并使其高度符合需要。

小型暖风机送出的气流射程较短，送风量不大，出口风速较低，每台散热量在 116.3kW 以内。

(2) 大型暖风机。大型暖风机如图 6-42 所示。它与小型暖风机的组成基本相同。所不同的是，大型暖风机采用离心风机，出风口气流较长，风量大，风速高，每台散热量在 116.3kW 以上。大型暖风机是用地脚螺栓固定在地面基础上的，气流不直接吹向工作区，而是使工作区处于暖气流的回流区，气流方向可用出风口处的导流叶片调节。

暖风机的优点是体积小，散热量大；缺点是耗电量大，风机运转时噪声较大，需经常维护管理。

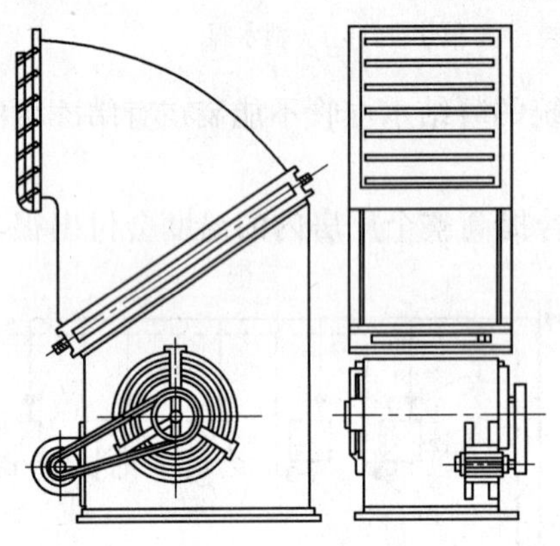

图 6-42　大型暖风机

（三）水平串联式系统

如图 6-43 所示的水平串联式系统，是布置最简单、造价又低的高压蒸汽采暖系统，常用于单层公用建筑和高度不大的生产车间。

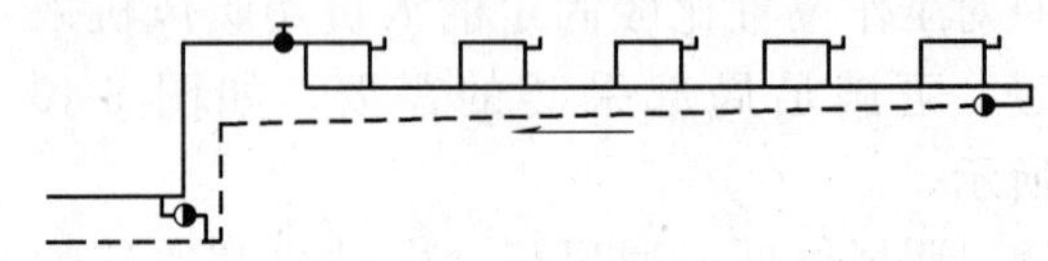

图 6-43　水平串联式系统

四、管道系统及散热器安装

蒸汽采暖管道、散热器的安装和压力试验基本上与前述热水采暖系统相同。这里要强调，应重视蒸汽采暖系统的疏水和回水。

蒸汽采暖系统能否很好地运行，与设计和施工是否处理好系统的疏水和回水有很大关系。疏水是指把蒸汽管道和散热器中产生的凝结水及时排到回水管道中。回水是指如何把系统运行中产生的凝结水返回锅炉房重新利用，因为回水是不需要再进行软化处理的，可以节省水处理成本和水资源。根据蒸汽压力的高低和管道系统布置形式的不同，蒸汽采暖的回水方式有重力回水、机械回水和蒸汽余压回水等多种方式。介绍这方面的内容不是本手册的任务，只是想传达这样一个信息：无论设计还是施工，处理好蒸汽采暖系统的疏水和回水，需要有专业知识和实践经验。

第四节　地面辐射供暖系统

近年来，地面辐射供暖方式在我国东北、西北和华北地区的住宅和公共建筑中，得到了比较广泛地应用。地面辐射供暖方式与传统的散热器采暖系统有很大的不同，具有舒适、卫生、节能、不影响室内观感和不占用室内面积与空间等显著优点，但也必须注意到其工程设计、材料选择、施工安装和检验、验收的特殊性。

一、地面辐射供暖简介

地面辐射供暖是以低温热水为热媒（热水循环流动于加热管内）或以发热电缆为加热元件的地面辐射供暖系统，该系统是通过加热元件加热地面，再以辐射和对流的方式向室内供暖。本书将重点介绍应用广泛的以低温热水为热媒的地面辐射采暖工程技术，不涉及以发热电缆为加热元件的地面辐射供暖技术，它不属于管道施工技术的范围。

（一）低温热水与加热元件

低温热水是指以温度不高于60℃的热水为热媒，热水循环流动于埋设在地面以下的楼板或地板中的加热元件——加热盘管内，通过加热地面，再以辐射和对流的方式向室内供暖。加热盘管通常采用塑料管或铝塑复合管。民用建筑供水温度宜采用35～50℃，供回水温差不宜大于10℃。采用较低的供水温度和供、回水温差，有利于延长塑料加热管的使用寿命，有利于保持较大的热水流速和排除管内空气，有利于地面温度的均匀和热舒适感。

由于人体和物体同时受到辐射热，室内围护结构内表面和物体表面的温度比对流采暖时高，从而对人体进行第二次辐射，所以尽管有时室内空气温度比对流采暖时低一些，人也会感到舒适。因此，衡量供暖的效果就不能像传统的对流采暖那样，仅以室内空气干球温度为指标，也不能单纯以辐射强度为衡量标准。采用辐射供暖，人体舒适感取决于辐射强度与周围空气温度综合作用的结果，这种综合作用的数值称为实感温度。实感温度主要与室内干球温度和围护结构的平均辐射温度有关，可用公式计算。实感温度也称黑球温度，可用黑球温度计测出。

（二）地表面平均温度

根据现行设计规范的规定，采用地面辐射供暖的地表面平均温度计算值应符合表6-21的规定。在有人停留的区域，地面温度不宜超过30℃。

地表面平均温度（℃）　**表6-21**

区域特征	适宜温度范围	最高温度限值
人员经常停留区	24～26	28
人员短暂停留区	28～30	32
无人停留区	35～40	42
浴室及游泳池	30～35	—

地面温度取值应根据房间大小进行适当增减，房间面积大者取小值，房间面积小者取大值。

（三）工作压力

低温热水地面辐射供暖系统也属于热水供暖的范畴，因此系统的工作压力不应大于0.8MPa。工作压力过高，直接影响到塑料加热管的管壁厚度和使用寿命。当建筑物高度超过50m时，应竖向分区设置供暖系统。

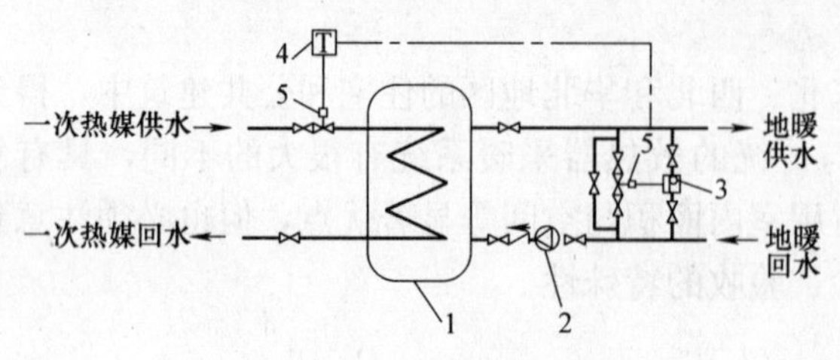

图6-44 二次换热系统

1—换热器；2—循环泵；3—压差控制器；4—温度控制器：5—电动二通阀

（四）供暖热源

低温热水地面辐射供暖系统的热源有多种：

1. 集中供热。集中供热一般采用95℃/70℃的热水为一次热媒，应用于地面供暖时必须进行二次换热，使其成为温度不高于60℃的地面供暖供水。二次换热系统如图6-44所示。

2. 集中热水锅炉供热。指一幢或几幢建筑物共用的燃油、燃气常压热水机组，有直接加热、间接加热两种形式。

3. 独立热源。此类热源是指每户单设的专用采暖炉，如壁挂式燃气炉、家用电锅炉等。

该类小型供暖炉自带循环水泵的扬程一般为20kPa左右，仅满足普通散热器采暖的需要。由于地面辐射供暖系统加热管敷设长度较长，环路阻力较散热器供暖系统大，一般为30kPa以上，对循环水泵应提出较高的扬程要求。考虑到地面辐射层的热惰性较大，要在较短时间内使室内温度达到要求的温度，就得增加设备的容量，即减少盘管的间距、增加盘管的长度，这样就增加了投资。而当室温达到要求以后，就必须降低水温或设备运行效率，否则室内便会过热，造成能源浪费。因此，采用独立热源的住宅不宜采用地面辐射供暖，而应采用传统的散热器供暖系统。

4. 其他热源。其他地面辐射供暖热源还有：

（1）当地面辐射供暖系统仅为建筑的一部分区域，可以考虑采用其他区域供暖或空调的回水作为该部分地面辐射供暖的热源。地面辐射供暖系统的供水温度由温度调节器控制电动三通阀，调节供暖或空调系统回水和地面辐射供暖回水的混合水温至设计温度，如图6-45所示。此种方法投资少、占地面积小，但地面辐射供暖系统会受供暖或空调系统运行工况、运行时间以及水质的影响，故一般只在小系统中采用。

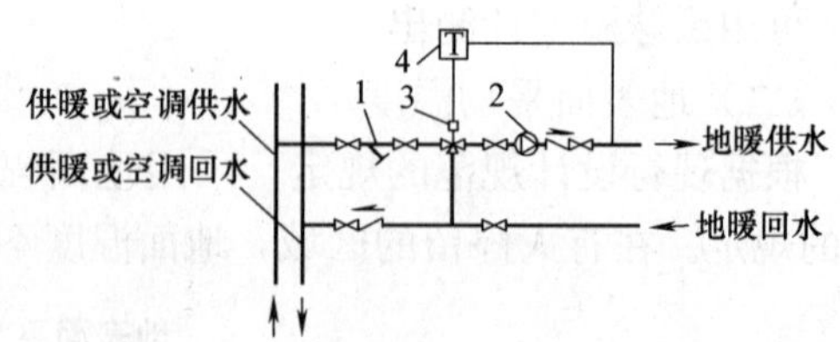

图6-45 热源为采暖或空调回水系统图

1—过滤器；2—循环泵；3—电动三通阀；4—温度控制器

（2）风冷热泵机组冬期出水温度一般在40～50℃，非常适合作为地面供暖的热源。对于某些特殊情况，夏季采用风冷冷水机组供冷，冬期采用风冷热泵加地面辐射供暖供热不失为一种理想方案。由于热泵机组本身特性的限制，对于室外温度较低的区域，需增加电加热辅助装置。

(3) 当无热力管网、燃气管网，且电力使用受限，但有合适的水源（如地下水或地表水）条件时，可利用水源热泵机组，由于其出水温度为 55～60℃，可以作为理想的地板供暖的热源。应注意的是，当水源热泵系统以地下水为水源，不考虑夏季制冷仅作为冬期热源运行时，应采取可靠的措施，确保地下水全年热量的平衡。

(4) 余热、废热、地热、太阳能等各种能源都可以作为地面供暖热源。由于塑料管材优异的抗腐蚀性能使得采用这些热源比普通金属管道供暖系统更具明显优势。

二、对地面辐射供暖工程施工设计的要求

地面辐射供暖工程施工设计文件应达到一定的设计深度，对施工图及文字说明表达的内容与要求等，应符合《地面辐射供暖技术规程》JGJ 142 的规定。

1. 施工设计文件

施工设计文件应以施工图纸为主，包括图纸目录、设计或施工说明、地面构造示意图、加热管及分水器、集水器布置图及温控装置布置图等内容。

2. 文字说明

设计或施工说明中，应详细说明供暖室内外计算温度、热源及热媒参数、加热管的规格、工作温度、工作压力以及绝热材料的导热系数、密度、规格及厚度等。

3. 加热盘管

平面图中应绘出加热盘管的具体布置形式，标明加热盘管的管径、敷设间距、计算长度和伸缩缝要求等。

三、地面辐射采暖的地面构造

现将当前地面辐射供暖系统普遍采用的地面构造介绍如下，随着这项技术的发展进步，相信新型模式会不断出现。

(一) 与土壤接触的地面构造

要在建筑物底层与土壤接触的地面层中设置加热盘管，一般如图 6-46 所示，先在地面的混凝土垫层上设防潮层，且防潮层应沿墙壁的内抹灰层延伸至净地面以上；防潮层以上设一定厚度的绝热层；绝热层以上再铺设加热盘管，盘管之间及盘管上面有一定厚度的填充层，填充层以上与四周墙壁之间应设伸缩缝；填充层以上为找平层，以便为地面的最上层做地板或地砖提供条件。如果在地面经常有水渍的潮湿房间，在填充层与找平层之间还应有隔离层。

做好绝热层十分重要。绝热材料宜采用聚苯乙烯泡沫塑料板，与室外空气相邻的地板上的绝热层厚度应为 40～50mm，与土壤或不供暖房间相邻的地板上的绝热层厚度应为 30～40mm，楼层之间楼板上的绝热层以及沿外墙内侧周边的绝热层厚度应为 20～30mm。上述厚度宜取上限值，但不得小于下限值。

填充层的作用主要是保护加热盘管，并使地面温度趋于均匀。填充层的材料可采用 C15 豆石混凝土，豆石粒径为 5～12mm，并宜掺入适量的防裂剂。填充层的厚度宜为

50mm，最小 40mm。

（二）楼层地面构造

对于采用地面辐射供暖并实行分户热计量收费的建筑，其楼层地面构造一般如图6-47所示，与“与土壤接触的地面构造”的图 6-46 相比，只是取消了防潮层，其他基本相同。

如果建筑物不实行分户热计量收费，则楼板上的绝热层可以取消，当然这是由设计考虑的问题。

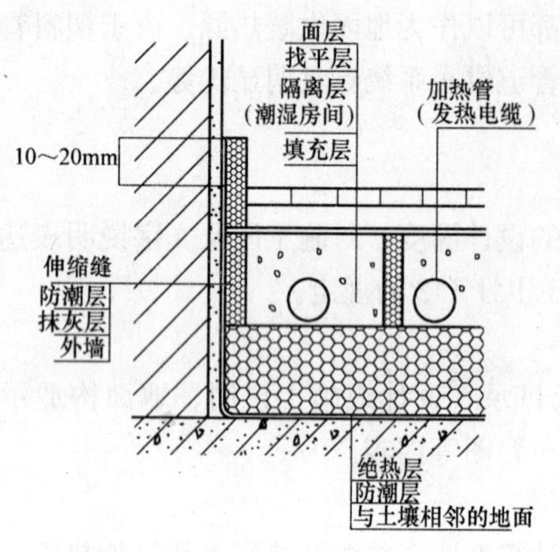

图 6-46 与土壤接触的地面构造示意

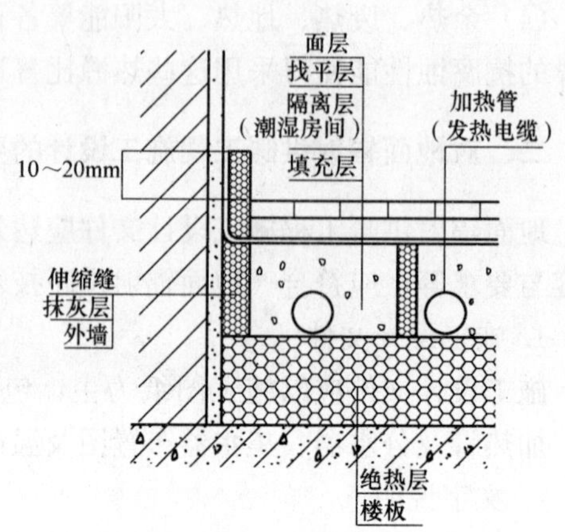

图 6-47 楼层地面构造示意

（三）地面材料

地面面层所用材料热阻的大小，直接影响到地面辐射供暖的室内散热效果。实测证明，在相同供热条件和相同地板构造的情况下，在同一个房间里，用热阻较小（约为 0.02m² · K/W 左右）的陶瓷砖、大理石、花岗石等作面层的地面，其散热量比以热阻为 0.10m² · K/W 左右的木地板要高 30%～60%；比热阻为 0.15m² · K/W 左右的地毯时要高 60%～90%。由此可见，面层材料对地面散热量有显著影响。为了节省能耗和运行费用，因此要求采用地面辐射供暖方式时，应尽量选用热阻小于 0.05m² · K/W 的材料做地面面层。

如果一定要采用地板作面层，宜采用复合木地板或实木复合木地板，并在混凝土找平层完全固化和干燥后再施工；如采用实木地板或混凝土层未完全干透会导致日后木地板变形、开裂。

四、加热盘管的布置

（一）按户划分系统、按房间布置环路

用于住宅建筑中的低温热水地面辐射供暖系统，其供回水立管可能有若干组，每组立管应在每层按户划分系统，并设置分水器、集水器。按户划分系统，可以方便按户进行热计量及收费；户内的各主要房间，宜分环路布置加热盘管，即每一个主要房间为一个环路，以便于实现分室控制温度。

为了减少流动阻力和保证供、回水温差不致过大，加热盘管均采用并联布置。原则上采取一个房间为一个环路，大房间一般以房间面积 20～30m² 为一个环路，视具体情况可布置多个环路。每个分支环路的盘管长度宜尽量接近，一般为 60～80m，最长不宜超过 120m。

卫生间，如面积较大有可能布置加热盘管时亦可按地暖设计，但应避开管道、地漏等，并作好防水。一般可采用散热器供暖，自成环路。

加热盘管的布置还应考虑大型固定家具（如床、柜、台面等）的位置，减少覆盖物对散热效果的影响。此外尚应注意与各种电线管、自来水管的合理避让。

（二）分水器与集水器的设置

分、集水器宜布置于厨房、盥洗间或走廊两头等既不占用主要使用面积，又便于操作维修的部位。且每层安装位置应相同。

每套分、集水器可负担 3～8 套盘管环路的供回水。工程实践表明，如进出分、集水器的管道过于密集（5 个环路以上），地面有开裂现象，因此，对于大面积户型，宜增设一组分、集水器。

如图 6-48 所示，分、集水器可组装在一个箱体内。分、集水器总管内径一般不小于 25mm，当所带加热管为 8 个环路时，管内热媒流速可以保持不超过最大允许流速 0.8m/s。每个分支环路供、回水管上均应设置可关断阀门。

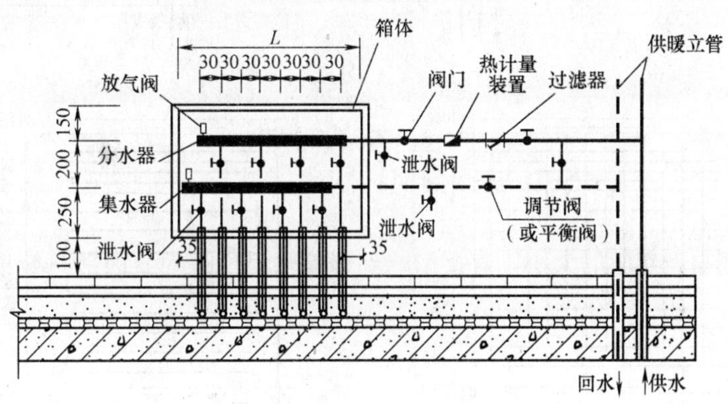

图 6-48 分、集水器安装示意图

在分水器之前的供水连接管上，顺水流方向依次安装阀门、过滤器、热计量装置和阀门。供水管上设置两个阀门，主要是为了清洗过滤器和更换、维修热计量装置时，用于关闭切断前后管路；设置过滤器是为了防止杂质堵塞流量计和加热盘管。热计量装置前的阀门和过滤器，也可采用过滤球阀（过滤器与球阀组合于一体的阀门）替代。当地面辐射供暖系统用于非住宅类建筑时，是否需要安装热计量装置，应由设计按工程具体情况确定。

在集水器之后的回水连接管上，安装阀门，必要时在阀门前可安装平衡阀。分、集水器距共用立管的距离不宜过远，尽可能控制在 350～400mm 以内。分、集水器供回水连接管间应设置旁通管，使水流在不进入加热盘管的条件下，对供暖系统管路进行整体冲洗。

分、集水器最好在开始铺设加热管之前进行安装，以便使加热盘管能准确与分、集水器相连接。分、集水器水平安装时，宜将分水器设在上面，集水器设在下面，中心距宜为 200mm，集水器中心距地面不应小于 300mm。

（三）加热盘管的布置形式

加热盘管的布置形式很多，但主要分为回折型（旋转型）和平行型（直列型）两大类。通常可采用技术规程推荐的如图 6-49 所示的几种形式。

加热盘管的布置应有利于室内温度分布均匀，但不等于地面温度分布均匀，因为房间的热损失，主要发生在与室外邻接的部位，如外墙、外窗、外门等处，如图 6-49（*d*）、（*e*）。为了使室内温度分布尽可能均匀，在上述区域内，管间距可以适当的缩小，而在其他区域则可以将管间距放大，但最大间距不宜超过 300mm；也可以将加热盘管的高温管段优先布置于外窗和外墙侧，如图 6-49（*e*）。

在地面的固定设备或卫生洁具下，不应布置加热管。

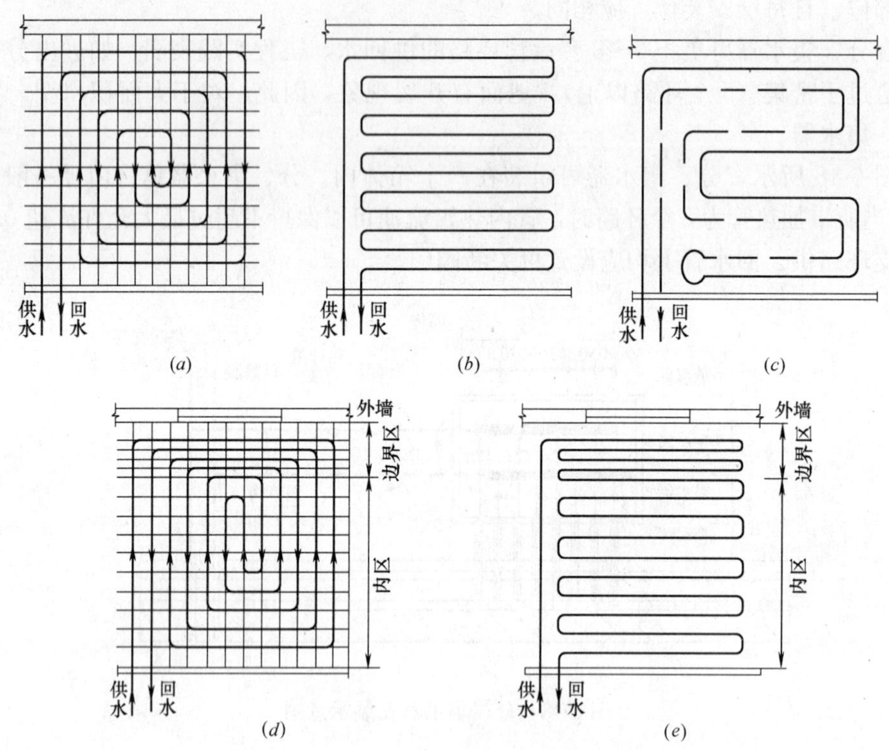

图 6-49　加热盘管的布置形式

（*a*）回折型；（*b*）平行型；（*c*）双平行型；（*d*）带有边界和内部地带的回折型

（*e*）带有边界和内部地带的平行型

加热盘管的敷设是没有坡度的，此条件下设计的管内水流速度不得小于 0.25m/s，其目的是使水流能把析出的空气带走，通过集水器的放气阀排出，以免空气在盘管中浮升积聚，影响循环。

埋地盘管的每个环路应采用整根管道，中间不应有接头，防止渗漏。管道转弯半径不宜小于 7 倍管外径，以保证水路畅通。

由于地面辐射供暖所用加热盘管为塑料管，其线膨胀系数比金属管大，故在地面设计中要考虑补偿措施，一般当供暖面积超过 $40m^2$ 时应设伸缩缝。当地面短边长度等于或超过 6m 时，沿长边方向每隔 6m 设一道伸缩缝，沿墙四周 100mm 均设伸缩缝，其宽度为 5～8mm，在缝中可填充弹性膨胀膏。

为防止加热盘管处地面被胀裂，当盘管间距小于 100mm 时，应在管子外面包裹塑料波纹管。

（四）加热盘管系统的材料

1. 分水器、集水器应包括分水干管、集水干管、排气及泄水试验装置、支路阀门和连接配件等。铜制金属连接件与管材之间的连接结构形式应为卡套式或卡压式夹紧结构，以便于当一个环路需要维修时不影响其他环路的使用。

分水器、集水器（含连接件等）的材料宜为铜质，其内外表面应光洁，不得有裂纹、砂眼、冷隔、夹渣、凹凸不平等缺陷。表面电镀的连接件，色泽应均匀，镀层牢固，不得有脱镀缺陷。

2. 用于加热盘管的管材有多种塑料管、复合管和铜管。

（1）塑料管。总体上说，凡是用于输送热水的塑料管都可以用作加热盘管，例如：

1）PE-X 管，应符合国家标准《冷热水用交联聚乙烯（PE-X）管道系统》GB/T 18992；

2）PP-R 管，应符合国家标准《冷热水用聚丙烯管道系统》GB/T 18742；

3）PB 管，应符合国家标准《冷热水用聚丁烯（PB）管道系统》GB/T 19473；

4）PE-RT 管，应符合行业标准《冷热水用耐热聚乙烯（PE-RT）管道系统》CJ/T 175。

（2）铝塑复合管（XPAP），应符合国家标准《铝塑复合压力管》GB/T 18997。

（3）铜管，应符合国家标准《无缝铜水管和铜气管》GB/T 18033。

五、地面辐射供暖系统的施工

（一）一般规定

1. 用作加热管的管材运输时应进行包装遮光，不得裸露散装。装卸和搬运时，应小心轻放，不得抛、摔、滚、拖，不得暴晒雨淋。其存放库房内温度不宜超过 40℃，通风条件良好。

2. 尽管常用作加热管的塑料管如 PE-X、PB、PP-R 及 PE-RT 都具有较强的耐腐蚀的能力，但在存放和施工过程中，仍需防止接触沥青、油漆和化学溶剂类物质。

3. 由于用作加热管的各种塑料管随着环境温度的降低，其韧性变差，很难施工。同时，当环境温度低于 5℃时，地面辐射供暖的混凝土填充层的施工和养护质量也较难保证。因此，施工的环境温度不宜低于 5℃，如必须在低于 0℃的环境下施工，现场应采取升温、保温措施。

4. 对于厨房、卫生间，应在做完闭水试验并经验收合格后，方可进行施工。在卫生间、厨房（厨房也可能因地漏堵塞形成地面积水）采用地面辐射供暖可做如图 6-50 所示的两层隔离层，以避免漏水。过门处应设置止水墙，在止水墙内侧应配合土建专业做防水。加热管穿止水墙处应采取防水措施。设止水墙的目的是防止地面积水

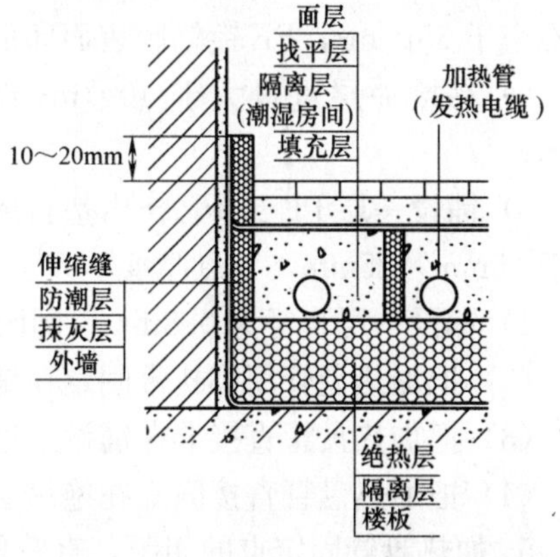

图 6-50　卫生间地面构造示意图

渗入绝热层，并沿绝热层渗入其他区域。

5. 地面辐射供暖工程的施工，不宜与其他工种、工序交叉作业；所有地面、楼板留洞应在填充层施工前完成；施工过程中严禁踩踏加热盘管。

（二）绝热层铺设

1. 直接与土壤接触建筑物底层采用地面辐射供暖时，为避免地下潮汽侵入，在铺设绝热层之前应先做好防潮层。

2. 铺设绝热层的地面、楼板面应平整、干燥。如地面、楼板面不平整，应由土建设法找平，但不能用松散的砂层找平。

3. 绝热层的铺设应平整，绝热材料接合处应严密，分层铺设绝热材料要错开接缝。

在绝热层的上面，有的工程设计和标准图中还要求铺设铝箔纸作为保护层，但在《地面辐射供暖技术规程》JGJ 142—2004 中，无此要求，施工时应以具体的工程设计为准。

（三）低温热水加热管安装

1. 加热盘管敷设前，应按设计要求确定加热管的材质、管径、壁厚，并应检查加热管外观质量，管内不得有异物。加热盘管应按照设计的走向和间距敷设，间距的安装误差不应大于 10mm。

加热盘管安装中断或完毕时，敞口处应随时封堵。

2. 加热盘管的敷设应做到自然松弛状态，避免处于受力状态，不允许出现扭曲现象。对弯曲管道的圆弧顶部应设法或用管卡进行固定、限制，以免出现“死折”；塑料管及铝塑复合管的弯曲半径不宜小于 7 倍管外径，铜管的弯曲半径不宜小于 5 倍管外径。

3. 埋设于填充层内的加热盘管，每个环路应为一根管子，中间不应有接头。如必须设置接头时应征得设计或监理、质量管理人员的同意，并做好记录。

4. 加热盘管在敷设后应用卡钉每隔 30～50cm 加以固定，以防止在浇捣豆石混凝土填充层时产生位移。工程中比较常用的固定还有以下几种：

（1）用固定卡将加热盘管直接固定在聚苯乙烯塑料绝热板或设有复合面层的绝热板上。

由于聚苯乙烯泡沫塑料板强度较差，为了有效固定加热盘管，施工时可对绝热板材上表面（即加热盘管下方）做如下处理：

1）粘接一层纺粘法非织造布/PE 镀铝膜层，其总重量大于 $55g/m^2$，其中非织造布重量不小于 $35g/m^2$，PE 镀铝膜表面印刷 50mm×50mm 坐标；

2）粘接一层重量大于 $40g/m^2$ 纺粘法非织造布，布面印刷明显的 50mm×50mm 坐标；

3）铺设一层 PE 或 PP 挤出塑料网或双向拉伸土工格栅。挤出网或土工格栅网眼不得小于 25mm×25mm，节点厚度不大于 6mm；

4）铺设一层直径为 0.8mm，网眼为 150mm×150mm 的氩弧焊钢丝网。

（2）把加热盘管用绑扎带固定在铺设于绝热层上的网格上；

（3）把加热盘管直接卡在铺设于绝热层表面的专用管架或管卡上；

（4）把加热盘管直接固定在绝热层表面凸起而形成的凹槽内。

5. 加热盘管固定点的间距，直管段固定点间距宜为 0.5～0.7m，弯曲管段固定点间距宜为 0.2～0.3m，弯头两端宜设固定卡。不易定形的管材，其固定点的间距应适当加密。

加热盘管的安装要求见表 6-22。

加热盘管的安装技术要求及允许偏差 **表 6-22**

序号	项目	条件	技术要求	允许偏差(mm)
1	加热管安装间距	—	不宜大于 300mm	±10
2	加热管弯曲半径	塑料管	≮7 倍管外径	−5
		铝塑管、铜管	≮5 倍管外径	−5
3	加热管固定点间距	直管	≯700mm	±10
		弯管	≯300mm	

在靠近分集水器、门洞、走道等加热管排列比较密集的部位，容易形成局部地面温度偏高，故当加热管间距小于 100mm 时，加热管外部应采取设置聚氯乙烯或高密度聚乙烯波纹套管，并用 5～10mm 豆石混凝土浇筑密实，以防止日后地面龟裂。

6. 分水器、集水器与各个环路加热管的连接应采用卡套式或卡压式挤压夹紧连接；连接件材料宜为铜质；铜质连接件与 PP-R 或 PP-B 直接接触的表面必须镀镍。因为 PP（含 PP-R、PP-B）树脂对铜离子非常敏感，铜离子会使 PP 的降解（老化）速度成百倍的增加，温度越高，越为严重。

各环路加热管出地面与分水器、集水器连接处，弯管部分不宜露出地面装饰层；分水器、集水器下部阀门与加热管地面以上的明装管段，外部应加装塑料（如 PVC-U）套管加以保护，套管应高出地面装饰面 150～200mm。

7. 加热盘管不宜穿越填充层内的伸缩缝。必须穿越时，伸缩缝处应设长度不小于 200mm 的柔性套管，以便加热管在填充层内发生热胀冷缩变化时有一定的自由度。

8. 施工结束后，应按隐蔽工程要求，在加热盘管隐蔽前绘制竣工图，由施工单位会同监理单位进行中间验收。如发现加热管局部损坏，需要增设接头时，应先报建设单位或监理工程师，提出书面补救方案，经批准后方可实施。增设接头时，应根据加热管的材质，塑料管采用热熔或电熔插接式连接；铝塑复合管（XPAP）采用卡套式、卡压式铜制管接头连接；铜管宜钎焊连接。

（四）混凝土填充层施工

1. 混凝土填充层施工应由土建进行，但需具备以下条件：

（1）所有伸缩缝已按要求设置好；

（2）加热盘管安装完毕，并经水压试验合格。为防止加热盘管因混凝土挤压而变形，在混凝土填充层施工时，加热盘管应处于有内压状态，水压不应低于 0.6MPa；

（3）在填充层养护期间，加热盘管内水压不应低于 0.4MPa；

（4）在混凝土填充层施工过程中，严禁使用机械振捣设备，施工人员不得直接在加热盘管上踩踏。

2. 混凝土填充层施工的要求见表 6-23。

3. 混凝土填充层施工完毕后，48h 之后允许踩踏，但养护期不应少于 21 天。在此时间内，不得在混凝土填充层上进行加热及放置任何形式的荷载，以免造成填充层开裂。

填充层施工技术要求及允许偏差 **表 6-23**

项　目	条　　件	技术要求	允许偏差(mm)
填充层	骨料	≤12mm	−2
	厚度	不宜小于 50mm	±4
	当面积大 $30m^2$ 或长度大于 6m	留 8mm 伸缩缝	+2
	与内外墙、柱等垂直部位之间	留 10mm 伸缩缝	+2

4. 混凝土填充层养护期满以后，也不得从事使地面温度升高的作业，因为塑料管的熔点多数都在 160～180℃左右，很容易被高温熔损。一旦被损坏无法修复，此点务必在施工中与相关单位共同遵守。

5. 在加热盘管铺设区内，严禁穿凿、钻孔或进行射钉作业，以免人为破坏加热盘管。本款及上款内容建设单位也应告知入住的用户。有些地区的低温水地面辐射供暖用户已为此付出了沉重的代价。

（五）低温热水系统的冲洗和水压试验

1. 应将管道系统顶点的工作压力加 0.2MPa 作为试验压力，同时系统顶点的试验压力不小于 0.4MPa。在试验压力下，1h 内压力降应不大于 0.05MPa，然后降至工作压力的 1.15 倍，稳压 2h，压力降不大于 0.03MPa，且各连接处不渗不漏为合格。水压试验升压要缓慢，不宜以气压试验代替水压试验。

2. 水压试验完毕后，应进行水冲洗。水冲洗应在分水器、集水器以外的供、回水管道中进行，冲洗合格后，再进行室内供暖管道系统的全面冲洗。可先关闭分水器、集水器之前的进、出水管上的阀门，开启进、出水管之间的旁通管上的阀门，进行主干管和立管的冲洗。然后以每组分水器、集水器为单位，分别冲洗各个加热盘管环路，并达到合格。

3. 水压试验或水冲洗完成后，如有冻结可能时，应及时将管道内的水放空，加热盘管内的水可用压缩空气吹扫干净，以免冻结。

六、地面辐射供暖系统的调试与试运行

地面辐射供暖系统的调试与试运行需注意以下事项：

1. 为了避免对地面辐射供暖系统造成损坏，在未经调试与试运行过程之前，严禁随意启动和投入运行；调试工作应由施工单位在建设单位配合下进行；

2. 系统调试与试运行的目的，是使其水力工况和热力工况达到设计要求。具备正常供暖和供电条件是进行调试的必要条件，若暂时不具备正常供暖和供电条件时，调试工作最好安排在采暖季节到来之前进行，以便使调试、试运行和投入运行连续完成；

3. 系统调试前，应先充满水，并通过水循环排出空气。初次加热时水温应缓慢均匀上升，在比环境温度高 10℃左右，且不应高于 32℃的条件下连续运行 48h，以后每隔 24h 水温升高约 3℃，直至达到设计供水温度。在系统升温过程中，同时进行管道系统的排气和对每组分水器、集水器连接的加热管逐环路进行调节，直至达到设计要求；

4. 系统的供暖效果，应以房间中央部位离地 1.5m 处的黑球温度计指示的温度作为评价依据，不能简单的以室内空气的干球温度作为评价的依据。

第五节　采暖系统的分户热计量

一、分户热计量的基本知识

对于采暖系统的分户热计量，人们认为就像每家每户装有水表一样，实行按用热多少交费。这种认识大体上是对的，但作为从事这项工作的设计、施工和管理人员，决不能停留在这种简单的层面上，必须具备一定理论基础知识，以应对实际工作中的种种问题，并为跟踪这一课题的发展变化做好一定的知识储备。

（一）热计量用表

在我国，分户热计量一般采用分户热量表和热分配表作为分户热计量用仪表。

1. 热量表简介。热量表是用于测量及显示水流经热交换系统所释放或吸收能量的仪表。分户热量表适合于新建住宅建筑并采用共用立管分户独立采暖系统形式。共用立管是指多层或高层住宅内，用以连接各层户内系统的垂直供回水管道，它与传统的垂直连接各楼层散热器的供回水立管不是一回事。这里所说的户内系统，是从连接共用立管的分支阀门后的采暖系统，一般一户自成一个系统，以便于分户热量计量。

热量表不像水表那样只是进行简单的流量计量，而是通过对热媒（热水）的焓差和质量流量在一定时间内的积分进行热量计量的，其理论计算公式如下：

$$Q_g = \int KGC_P(t_g - t_h)dt$$

式中　Q_g——供热系统向热用户供给的热量；

G——热媒的体积流量；

C_p——水的定压比热容；

t_g，t_h——热媒流经热用户的供、回水温度；

dt——时间间隔；

K——水的密度和比热的修正系数。

因为流量计测得的是热媒的体积流量，在换算成质量流量时，应考虑水的密度随温度不同而发生的的变化。同样，水的比热也因水温的不同而改变。对于供回水温度不同的两个工况，即使温差相同，所释放的热量也是不同的。

热量表的测量原理明确，测量数值准确，而且直观、可靠、读数方便，技术比较成熟。

我国已有行业标准《热量表》CJ/T 128—2007（代替 CJ/T 128—2000），并有众多的生产厂家。国际上，热计量表有欧洲标准 EN 1434。

热量表整体式和组合式之分。整体式热量表由流量传感器、计算器和配对温度传感器等部件所组成不可分解的热量表；组合式热量表由流量传感器、计算器和配对温度传感器等部件组合而成的热量表。

热量表的构成：

（1）热量表由流量传感器、配对温度传感器和计算器构成（进水口应安装过滤装置）。流量传感器是用于采集水流量并发出流量信号的部件；温度传感器是用于采集水的温度，并发出温度信号的部件，配对温度传感器是在同一个热量表上，分别用来测量热交换系统的入口和出口温度的一对计量特性一致或相近的温度传感器；计算器是接收来自温度传感器和配对温度传感器的信号，进行热计量计算、存储和显示系统所交换的热量值的部件；

(2) 热量表应具有光电接口，光电接口的物理层应符合行业标准《热量表》的规定；

(3) 热量表的数据通讯可选配 M-BUS、RS-485 和无线电传输等接口。

2. 热分配表简介。对既有住宅传统垂直双管系统或垂直单管跨越式系统进行分户热计量改造，只能采用蒸发式或电子式的热分配表方式。具体做法是采用在每组散热器上设置热分配表，进行热量计量。热分配表常用蒸发式和电子式两种。

(1) 蒸发式热分配表

蒸发式热分配表用于计量每个散热器的实际散热量，安装时将其固定在散热器表面。

蒸发式热分配表的工作原理是，热分配表内的测量液体由于散热器表面的热效应而蒸发。对于某种确定的测量液体，其蒸发速度与散热器的表面温度密切相关，散热器表面温度越高，液体蒸发越快。因此，在一定时间段内测量液体的蒸发量就表征了散热器表面温度对时间的积分值，实际上反映了散热器的散热量的相对大小，但是其读数并不能直接得出散热器的散热量值，必须把楼用总热量表的读数及与该总表所辖的所有热分配表的读数联系起来，通过计算，才能初步得出每个散热器的实际散热量。

由于蒸发式热分配表的测量结果只和散热器的温度和时间有关，其他应当考虑的客观因素不能体现出来，因此要对热分配表的读数进行修正才能参与用户用热量的计算。应考虑的修正系数主要包括以下几种：散热器功率修正、散热器传热热阻修正、房间设定温度修正等。

散热器功率修正是用来修正类型相同、但额定功率不同的散热器上热分配表读数的，它一般为各个散热器在标准状况下的散热量。散热器传热热阻修正是用来修正因散热器形式不同，使得热分配表与散热器表面传热热阻不同，从而对蒸发液的蒸发量产生影响。房间设定温度修正是考虑到房间设定温度与热分配表标定温度（一般为 20℃）之间的差别对读数的影响。

另外，还有因散热器连接方式、每组散热器片数多少以及不同房间在整座楼的位置等因素的修正系数。

蒸发式热分配表的优点是造价低廉、易安装、使用寿命长，对采暖系统无限制；缺点是测量受散热器类型、规格尺寸、供热能力、散热器位置等多方面的影响，需要进行大量的试验工作，需要考虑以上多种因素，结果不直观，计算工作量大。蒸发式热分配表对安装位置、安装方法有严格要求，需要管理维护人员入户读表，每年要更换各个分配表的玻璃管。

蒸发式热分配表目前国内没有相应的产品标准，国际上有欧洲标准 EN 835 可供参考。

(2) 电子式热分配表

电子式热分配表的使用方法与蒸发式热分配表相近。其原理是以直接测定的室内温度及散热器平均温度为主要依据，计算出散热器散发的热量，其理论计算公式如下：

$$Q=\int A\cdot K\cdot F(t_{\mathrm{p}}-t_{\mathrm{n}})^{B}\mathrm{d}t$$

式中 Q——散热器向房间散发的热量；

K——散热器传热系数；

F——散热器传热面积；

t_p——散热器平均温度；

t_n——室内温度；

A、B——与散热器有关的系数；

dt——时间间隔。

电子式热分配表将测得的散热器平均温度与室温差值存储于微处理器内，高集成度的微处理器可预先写入程序，也可根据需要，进行现场编程。电子式热分配表具有较高的精度和分辨率，可以入户读表，也可以远传集中读表，而且不必每年更换部件，管理方便。但造价高于蒸发式热分配表。电于式热分配表目前国内没有相应的产品标准，欧洲标准为EN 834。

（二）热计量收费的目的和节能效果

实行热计量的根本目的，是通过收费来实现节能。因此，确定热计量方式最重要的原则是，为实现热计量而增加的费用不应超过实行计量供热所节省下来的费用。在热计量方面花费的费用包括：热计量仪表的购置费和安装维护费，抄表读数、分摊计算、账单制作及发送等服务费。

按照2003～2004年期间的市场价格，国产户用热量表每只约800～1000元，进口每只约1200～1500元；国产蒸发式热分配表每只约40～50元，进口每只约60～70元；电子式热分配表每只约120～160元；恒温阀每只约140元；楼用总热量表每只约16000元。此外还应计入安装费用及每组散热器的读数记账费用。

实行供热计量的节能效果，国外的经验一般认为是20%～30%。国内一些供热计量试点工程也表明，增加热计量设施具有显著的节能效果，但由于试点工程大部分没有成本核算数据支持，节能效果尚不能用数据作较准确地表达。但我国普遍存在高能耗采暖，实行采暖热计量的节能潜力较大是不争的事实。因此，业内人士目前把节能效果定在25%是较为合适的。

（三）关于热价的确定原则

1. 区域供热和住宅小区供热。在市场经济中，热也是一种商品，实行供热计量收费，不但体现了消费公平的原则，同时也为社会节约能源，本无可厚非，但热作为一种特殊的商品，如何定价有它的特殊性。在我国，热价如何确定不仅是技术经济问题，还涉及到政策问题和社会问题。

对城市区域供热企业来说，热价包括生产成本和盈利。生产成本主要指生产过程中各种消耗支出，包括供热设备的投资、折旧、维护，锅炉、管网及其配套设备运行的能耗和其他物资消耗，人员工资等，而盈利则包括企业利润和税金两个主要部分。我国目前的热价定价涉及到多种因素，其中最主要的就是供热企业绝大部分为国有企业，其制热和输配设施的归属涉及多个单位和主管部门，要办成一件事困难重重。

对于新建住宅小区的锅炉房，其供热设施都已包括在房屋的配套费中，也就是说这些供热设施都是小区住户的财产，热价的确定比较容易，主要包括：供热系统的运行的能源消耗费用、设备的运行和定期检查维护费用（当然含人工费用）。

2. 固定热费和实耗热费。由于供热系统的特殊性，国外供热系统发达的国家一般同时执行两部热价法。一种是固定热费，也称容量热费，即仅根据用户的采暖面积收费，而不管用户是否用热或者用热多少；另一种是实耗热费，也称热量热费，是根据用户实际用热量的多少来计算分摊的热费。

固定热费的收取基于以下理由：

（1）为用户供热兴建的供热设施的运行维修、作为固定资产的年折旧费以及供热企业管理费用等主要费用，应由全体用户按建筑面积分摊。因为这些费用并不会因为个别用户的短期停用或用热多少而变化。

（2）建筑物共用面积的耗热量以及共用的采暖主干管道散热损失未包括在各户热量表的读数内，这部分热量应由各户分摊。

（3）由于热用户所处楼层、位置不同，其外围护结构的耗热量不同，部分用户要多负担屋顶、山墙、地面等围护结构的耗热量。例如，处于建筑物西北角和东北角的住户，由于有两面外墙，其耗热量比同面积的中间住户大得多，尤其是处在顶层和底层的住户耗热量更大。而所有围护结构是为整个建筑、为所有用户服务的，因而，这些处于不利位置用户多付出的费用应由所有用户按面积分摊。

（4）由于建筑物内都不可避免的存在隔墙传热，使得某些用户关闭或关小室内散热设备后，仍然可以从邻户获得热量，从而保证其室内各种水管不被冻结，而这部分热量却未包括在该户的热计量表读数内，故需另外收取。

固定热费与实耗热费的比例的确定与建筑物性质（如为住宅、商业、办公等）、能源种类（如煤、天然气等）、热源形式（如集中供热的一次供热、二次供热等）等有关。

固定热费比例高，有利于供热企业的收费，但不利于用户的节能。在“欧洲计量供热协会”的有关技术文件中，明确界定固定热费应占总热费的30%～50%，实耗热费应占总热费的70%～50%。我国也应由行业协会和相关科研机构应根据东北、西北、华北地区的气候、能源、建筑围护结构状况，摸索一个适当的固定热费与实耗热费的比例。

3. 热费分摊。热费分摊的基本原则是公共耗热量的合理分摊。也就是说，不同楼层、不同建筑位置但户型相同、面积相同的用户，维持相同的室温所缴纳的热费应该相同，不应受到山墙、屋顶、地面等外围护结构及户间传热的影响。

由于供热管网不可避免的存在沿程热损失，锅炉房或热力站所供给的总热量与全部用户热表读值总和存在一定差额。因此，在计算单位（如kW·h）热价时，应当予以补偿。

二、集中采暖住宅的分户热计量

（一）新建住宅采暖的分户热计量

在新建住宅中，集中采暖采用何种分户热计量的方式，应按建设单位的要求和实际情况，在设计阶段由设计单位的建筑、暖通等相关专业通盘考虑，协调一致，以免为日后的施工和运行管理带来困难和不便。

1. 采用热分配表加楼用总热量表计量方式。当采用户用热量表计量方式时，宜采用垂直式采暖系统。垂直式采暖系统是传统采暖系统应用最广的形式，分为双管和单管两种基本形式，这是业内人士最为熟悉的。适于热量计量的垂直式室内采暖系统应满足温控、计量的要求，增加必要的锁闭阀。因此，适宜的系统为垂直单管跨越式系统和垂直双管系统。为克服垂直双管系统的垂直水力失调现象，宜采用下供下回同程式系统。楼用总热量表即设在建筑物热力入口装置中。

热分配表加楼用总热量表计量的垂直双管采暖系统如图 6-51 所示；垂直单管跨越式系统如图 6-52 所示。建筑物热力入口装置如图 6-53 所示。

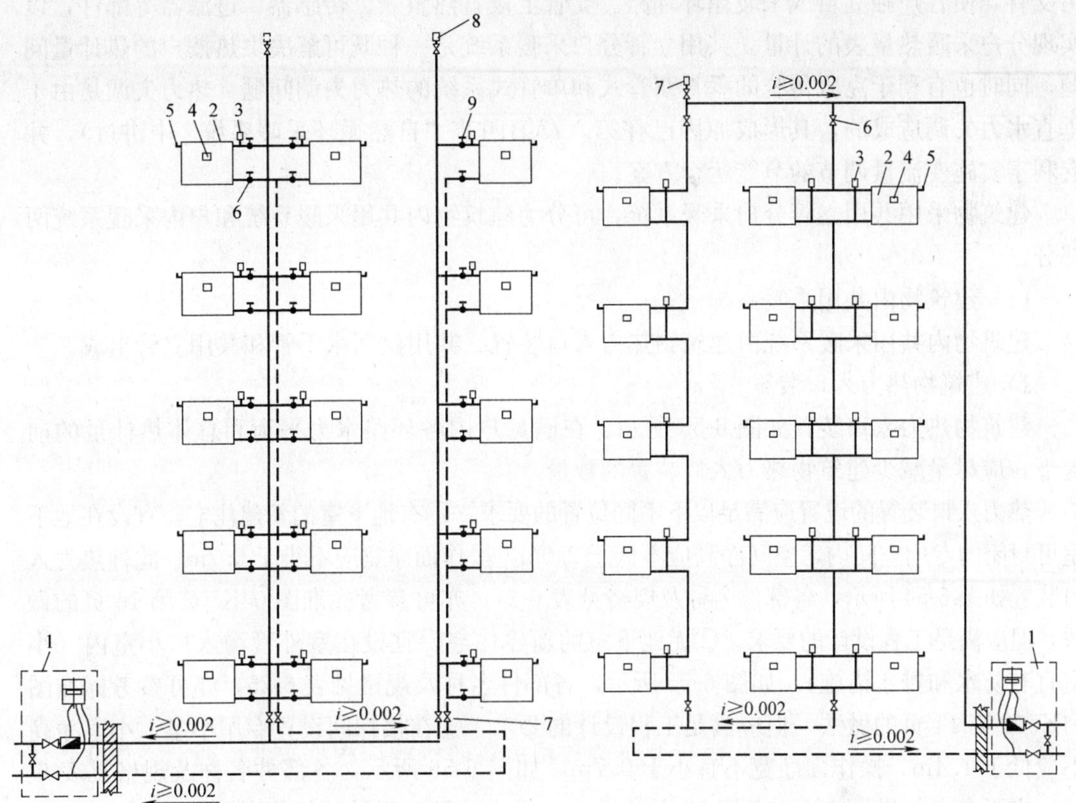

图 6-51　垂直双管下供下回同程式系统

1—热力入口装置；2—散热器；3—二通温控阀；4—热分配表；5—散热器放风阀；6—阀门；7—闸阀；8—自动排气阀；9—手动调节阀

图 6-52　垂直单管跨越式同程式系统

1—热力入口装置；2—散热器；3—三通温控阀；4—热分配表；5—散热器放风阀；6—闸阀；7—自动排气阀

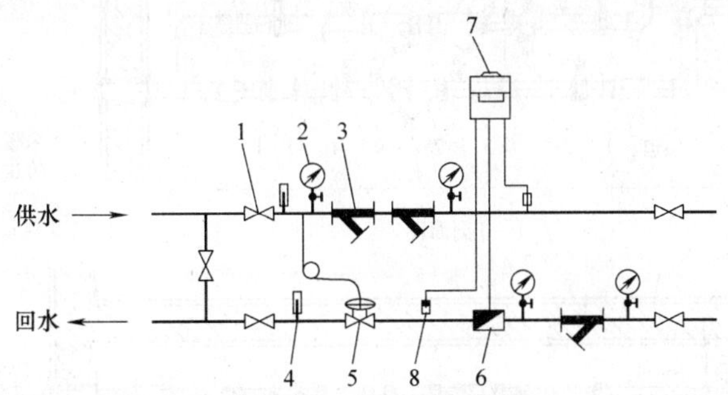

图 6-53　建筑物热力入口装置

1—阀门；2—压力表；3—过滤器；4—温度计；5—自力式压差控制阀或流量控制阀；6—流量传感器；7—积分仪；8—传感器温度

2. 采用共用立管的分户采暖热量表计量方式。所谓共用立管，就是在多层或高层住宅内，用以连接各层户内系统的单立管或双立管供回水管道，以区别于传统的连接各层散热器的户内单、双立管。

共用立管分户采暖系统，就是集中设置各用户共用的供回水立管，再从共用立管上引出支管，使各户独立自成采暖循环环路。支管上设置热量表、传感器、过滤器等部件，以实现分户采暖热量表的计量。共用立管分户采暖系统是一种既可解决供热按户的热计量问题，同时也有利于克服传统的垂直双管式和单管式系统的热力失调问题（热力失调是由于垂直水力失调造成的，其形成原因已在第六章第四节“自然循环采暖系统”中讲过），并有利于实施变流量调节的节能运行方案。

建筑物采用共用立管分户采暖系统，可分为建筑物内共用采暖系统和户内采暖系统两部分。

（1）建筑物内共用采暖系统

建筑物内共用采暖系统由建筑物热力入口装置、共用供回水干管和共用立管组成。

1）建筑物热力入口装置

建筑物热力入口装置如图 6-53 所示。在满足户内各环路水力平衡和总体热计量的前提下，应尽量减少建筑物热力入口装置的数量。

热力入口装置的设置应满足以下不同位置的要求：①有地下室的新建住宅，宜设在地下室可封闭的专用空间内，空间净高应不低于 2.0m，操作面净宽应不小于 0.7m。此种热力入口装置如图 6-54 所示，各部件名称及规格见表 6-24，亦可参考标准图 04K502 第 16 页的做法，但应满足工程设计的要求。②无地下室的新建住宅，宜设在室外管沟入口小室内（小室宜有防水和排水措施），如图 6-55 所示，各部件名称及规格见表 6-25，亦可参考标准图 04K502 第 14 页的做法，但应满足工程设计的要求。③在楼梯间设置专用小室，小室净高不应低于 1.4m，操作面净宽不宜小于 0.7m，如图 6-56 所示，各部件名称及规格见表 6-26，亦可参考标准图 04K502 第 18 页的做法，但应满足工程设计的要求。

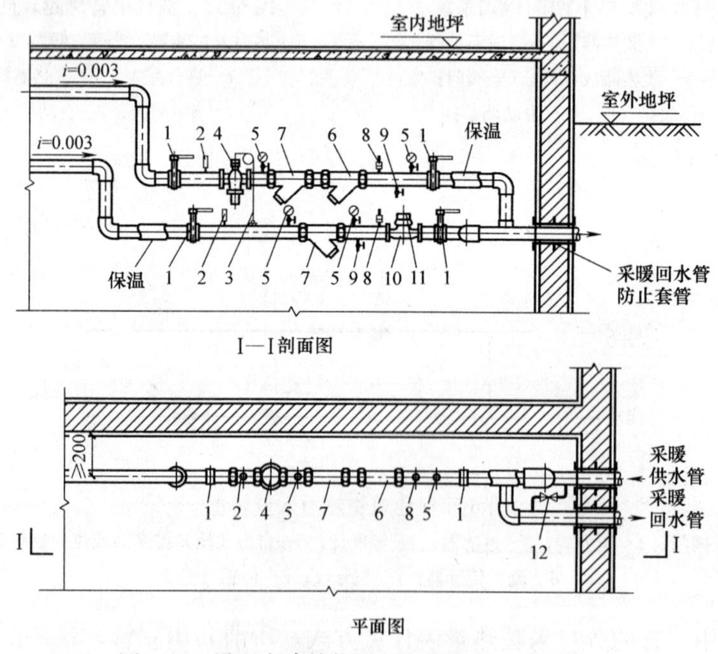

图 6-54 设置在建筑物地下室的热力入口装置

建筑物地下室的热力入口装置部件 表 6-24

编 号	名 称	规 格	单位	数量
1	蝶 阀	*DN*<50 可采用闸阀	个	4
2	温度计	0~150℃	只	2
3	导压管	与阀 4 配套	根	1
4	压差控制阀	由工程设计确定	个	1
5	压力表	由工程设计确定	只	4
6	水过滤器	同管径，滤网孔径≤3mm	个	1
7	水过滤器	同管径，滤网 60 目	个	2
8	温度传感器	与热量表配套	个	2
9	泄水球阀	*DN*25	个	2
10	热量表流量传感器	由工程设计确定	个	1
11	热量表计算器	与热量表配套	只	1
12	旁通管闸阀	比供水管小 1~2 号	个	1

注：1. 热量表宜采用流量传感器和计算器合为一体的整体式；当为分体式时，计算器与流量传感器的距离不宜超过 10m。

2. 温度传感器与热量表配套，导压管与压差控制阀配套；

3. 编号 4 压差控制阀，可根据具体工程总体调节的特点，改用流量控制阀，并应根据外网压力情况，确定设于供水管或回水管上。

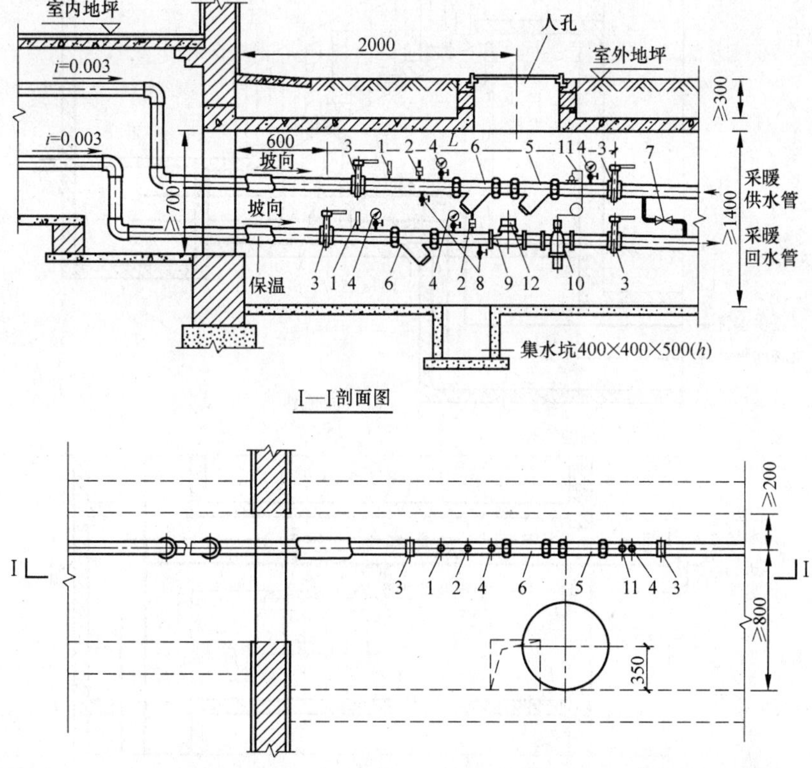

图 6-55 设置在室外管沟小室内的热力入口装置

室外管沟小室内的热力入口装置部件 表 6-25

编号	名称	规格	单位	数量
1	温度计	0～150℃	只	2
2	温度传感器	与热量表配套	个	2
3	蝶阀	*DN*＜50 可采用闸阀	个	4
4	压力表	由工程设计确定	只	4
5	水过滤器	同管径，滤网孔径≤3mm	个	1
6	水过滤器	同管径，滤网 60 目	个	2
7	旁通管闸阀	比供水管小 1～2 号	个	1
8	泄水球阀	*DN*25	个	2
9	热量表流量传感器	由工程设计确定	个	1
10	压差控制阀	由工程设计确定	个	1
11	导压管	与阀 10 配套	根	1
12	热量表计算器	与热量表配套	只	1

注：1. 供回水管管径及标高均由工程设计确定。

2. 热量表宜采用流量传感器和计算器合为一体的整体式，当为分体式时，计算器与流量传感器的距离不宜超过 10m（本图流量计算器上边距顶不小于 0.1m）。

3. 温度传感器与热量表配套；导压管与压差控制阀配套。

4. 图中压差调节阀可根据具体工程总体调节的特点，改用流量控制阀，并应根据外网压力情况，确定设于供水管或回水管上。

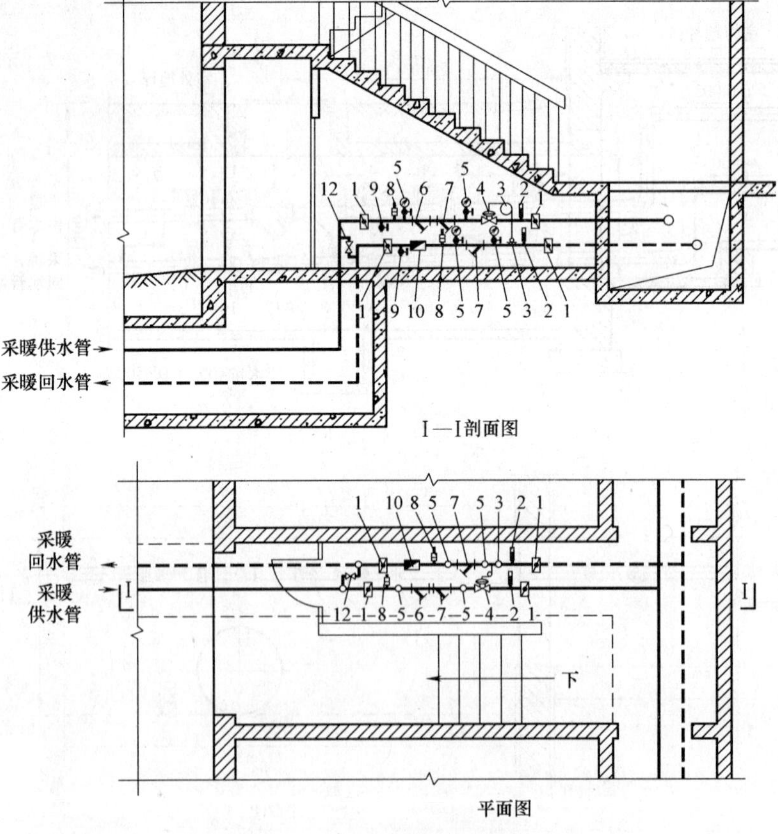

图 6-56 热力入口设置在楼梯间专用小室

楼梯间专用小室内的热力入口装置部件 表 6-26

编号	名称	规格	单位	数量
1	蝶阀	DN<50 可采用闸阀	个	4
2	温度计	0～150℃	只	2
3	导压管	与阀 4 配套	根	1
4	压差控制阀	由工程设计确定	个	1
5	压力表	由工程设计确定	只	4
6	水过滤器	同管径，滤网孔径≤3mm	个	1
7	水过滤器	同管径，滤网 60 目	个	2
8	温度传感器	与热量表配套	个	2
9	泄水球阀	DN25	个	2
10	热量表流量传感器	由工程设计确定	个	1
11	热量表计算器	与热量表配套	只	1
12	旁通管闸阀	比供水管小 1～2 号	个	1

注：1. 热量表宜采用流量传感器和计算器合为一体的整体式，当为分体式时，计算器与流量传感器的距离不宜超过 10m。
2. 温度传感器与热量表配套；导压管与压差控制阀配套。
3. 图中压差控制阀可根据具体工程总体调节的需要，改用流量控制阀，并应根据外网压力情况，确定设于供水管或回水管上。
4. 本图供回水管道为上下排列方式布置，平面图中表示仅为示意。

2）热力入口装置的做法应满足以下要求：

① 户内采暖为双管变流量系统时，热力入口应设置自力式压差控制阀；户内采暖为单管跨越式定流量系统时，热力入口应设自力式流量控制阀；

② 热力入口供水管上应设两级过滤器，顺水流方向第一级宜为孔径不大于 3mm 的粗过滤器，第二级宜为 60 目的精过滤器；

③ 应根据采暖系统的热计量方式，确定热力入口是否设置总热量表。设总热量表的热力入口，其流量计宜设在回水管上，60 目的精过滤器应设在进入流量计前的回水管上；

④ 供回水管上应设必要的压力表或压力表接口；

⑤ 热力入口供回水管上应设置关断阀，供回水管之间应设旁通管和阀门。

（2）共用供回水干管和共用立管

建筑物内共用供回水水平干管不应穿越住宅的户内空间，通常设置在管沟、地下室或公共用房的适宜空间内，高层住宅则设在设备层。共用水平干管的设置应有利于共用立管的布置，并应有不小于 0.002 的坡度。新建住宅的共用立管，应设在管道井内并应具备从住户外进入检修的条件。

建筑物内各组共用立管压力损失相近时，共用水平干管宜采用同程式布置，以使各组共用立管的循环阻力相平衡。

建筑物内共用立管宜采用下供下回式，其顶端设自动排气阀。

除每层设置分、集水器连接多户的系统外，一组共用立管每层连接的户数不宜多于 3 户。

（3）户内采暖系统

户内采暖系统是指采用户用热量表的一户一个环路的系统。由户内采暖系统入户装置、户内的供回水管道、散热器及室温控制装置等组成。

1）户用热量表的安装

新建住宅的户内系统入户装置（热量表、过滤器及阀门等），应与共用立管一同设于邻近楼梯间或住户外公共空间的管道井内，并具备查验及检修条件，管道井内各层楼板应隔断。

热量表应随表带有厂家出具的产品质量证明、计量检测报告和安装使用说明书等技术文件，安装前应审查资料是否齐全、准确，并应熟悉掌握这些文件资料。

热量表流量传感器外表应标有水流方向的箭头，安装使用热量表时应注意安装方向正确，防止反装、反用。

整体型热量表流量传感器规格选用可参考表 6-27。

整体型热量表流量传感器规格　　表 6-27

公称直径 *DN*	公称流量(m^3/h)	最小流量(m^3/h)	最大流量(m^3/h)
15	1.5	0.045	3.0
20	2.5	0.075	5.0

整体型热量表（RH-H-I-M 型）可如图 6-57 所示在供回水管上整体型安装。整体型热量表是将过滤器、流量计、进回水温度传感器和积分仪做成一体，其特点是安装简便，使用方便且造价较低，因而成为应用广泛的采暖热量表产品。

如图 6-57（*b*）所示，整体型热量表安装的采暖供回水管道之间的距离应为定值，一般为 130mm。整体型热量表的前后管道应该是直管段，其直管段长度应不小于管道直径的 6～8 倍。

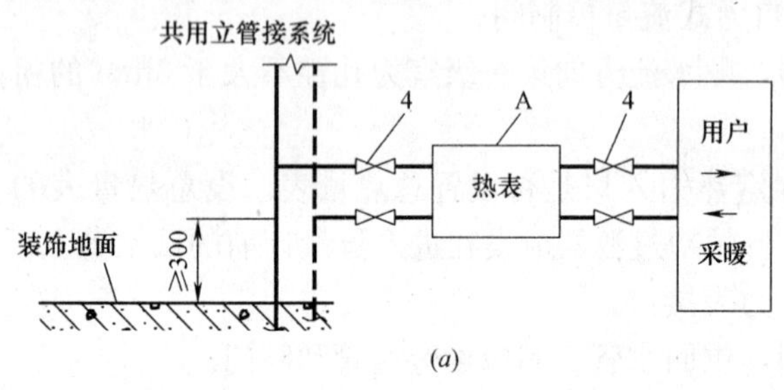

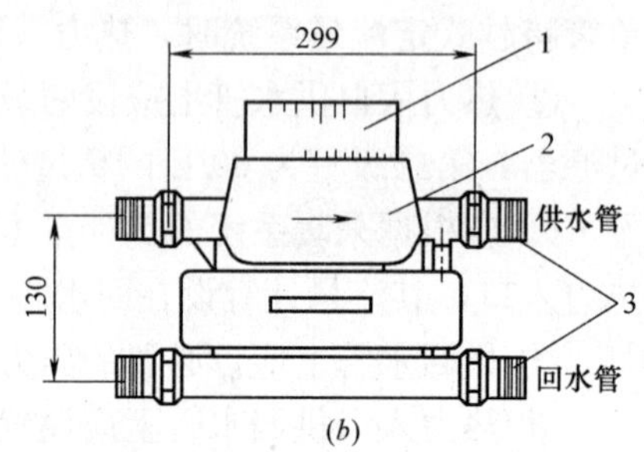

图 6-57　整体型热量表在供回水管上安装

（*a*）整体式安装简图；（*b*）A 详图（整体式热量表安装）

1—积算仪；2—组合体（包括过滤器、进水温度传感器、回水温度传感器、温度传感器套管、流量传感器）；3—管接头；4—控制阀

分离型热量表在回水管上的安装可采取如图 6-58 所示的形式。

分离型热量表安装尺寸可参考表 6-28。

分离型热量表安装尺寸（mm）　　表 6-28

公称直径 *DN*	*H*	*L*	*B*
15	165	80	45
20	195	80	50
40	245	100	60

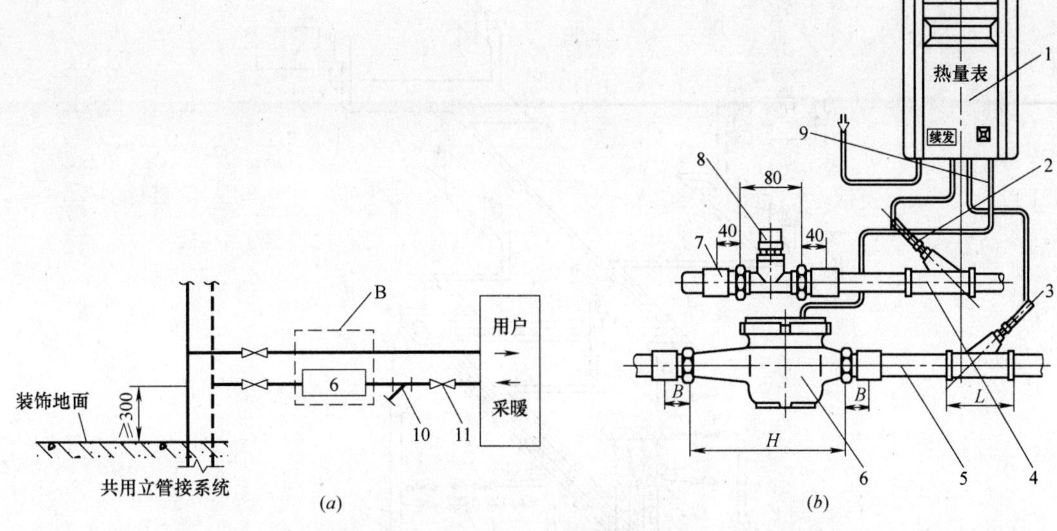

图 6-58 分离型热量表在回水管上的安装

(a) 整体式安装简图；(b) B 详图（整体式热量表安装）

1—积算仪；2—进水温度传感器；3—回水温度传感器；4—温度传感器套管（斜三通）；5—采暖回水管；6—流量传感器；7—管接头；8—温控阀；9—积算仪连接导线；10—过滤器：11—控制阀

积算仪（又称积分仪、显示器）和流量、温度传感器相互分离，安装后用导线连成计量系统，故称为分离型热量表。

积算仪内置锂电池为电源，电池寿命可达 4 年以上。流量传感器输出的脉冲信号和温度传感器输出的模拟信号经处理计算之后，将数据在液晶显示器上显示出来，抄表人员或用户可以读到以 MW/h 或 kW/h 为单位的采暖累计耗热量及采暖供、回水温度及瞬时流量等数据。

积算仪的选用安装应符合设计和产品说明书的要求，其安装位置宜在离地面约 1.4m 高处，以便有利于产品保护和方便查阅。仪表之间的导线连接应正确无误，并需要调校后才能投入使用。

流量传感器有机械式、超声波式、电磁式等不同型式，应由设计根据采暖热水的水质、采暖管道管径和热量表的公称直径、公称流量、最小流量、最大流量等条件选择确定。采暖热水必须经过过滤器后再进入流量传感器，根据这一原则确定过滤器和流量传感器的安装位置。

采暖管道如需变径再与流量传感器连接时，其变径不应大于两号（如 $1\sim\frac{1}{2}$、$1\frac{1}{4}\sim\frac{3}{4}$in），且流量传感器前后应有 6～8 倍管径的直线管段，并且无变径。

2）户内采暖系统的布置形式

户内采暖系统常用的布置形式有以下几种：①如图 6-59 所示采用分、集水器的双管放射式系统；②如图 6-60 所示的下分双管式系统；③如图 6-61 所示的下分单管式系统。此外，还可布置为上分双管式系统，但较少使用。并联在一对共用立管上的分户采暖系统应采用相同的布置方式。

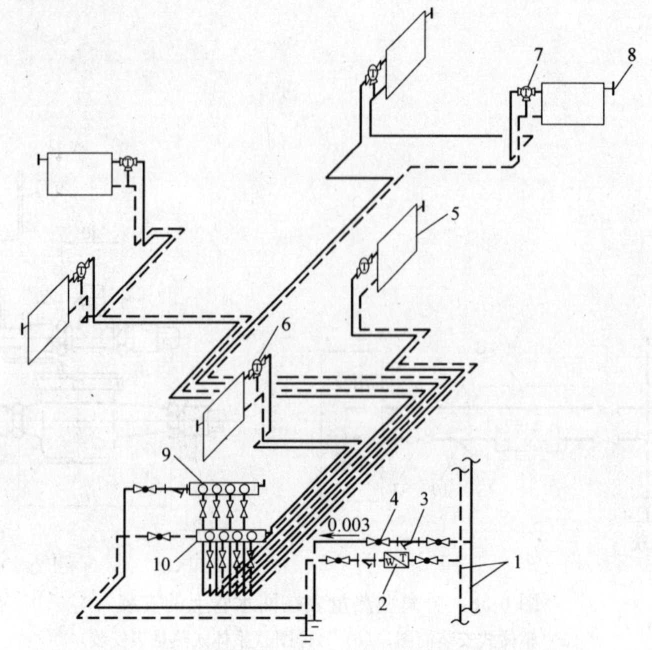

图 6-59　采用分、集水器的双管放射式系统

1—共用立管；2—热量表；3—过滤器；4—球阀；5—散热器；6—两通型温控阀；7—三通型温控阀；8—自动放气阀；9—分水器；10—集水器

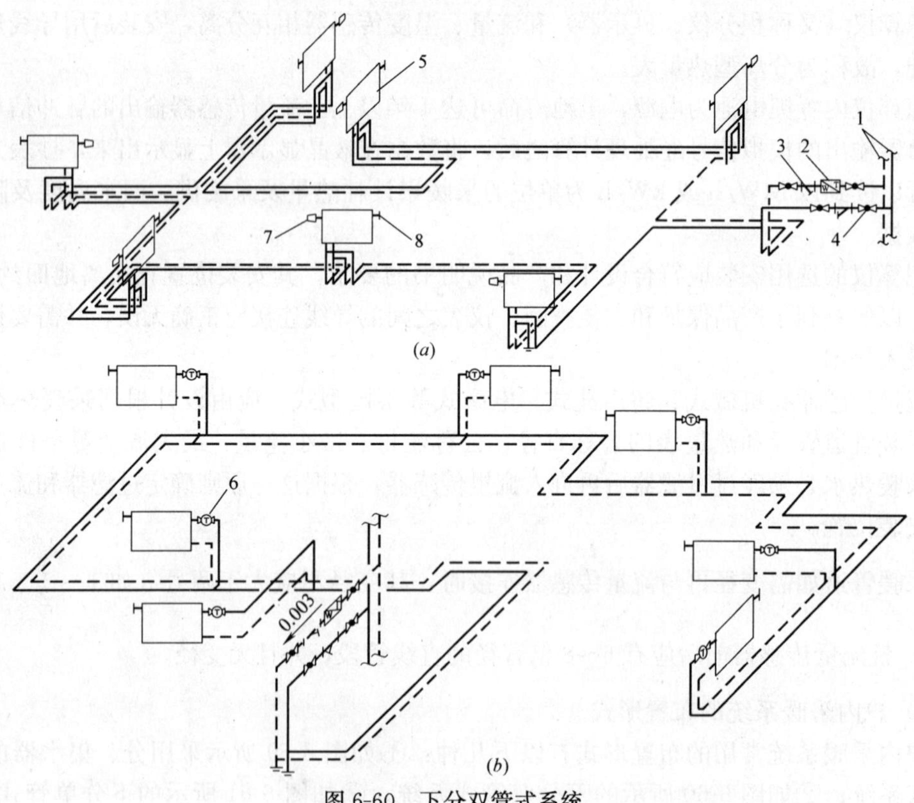

图 6-60　下分双管式系统

(*a*) 下分双管式同程系统；(*b*) 下分双管式异程系统

1—共用立管；2—热量表；3—过滤器；4—球阀；5—散热器；6—两通型温控阀；7—散热器内置温控阀；8—自动放气阀

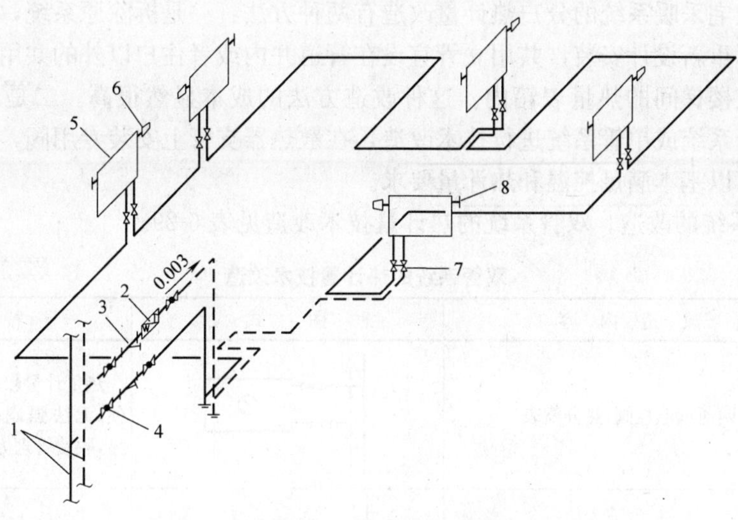

图 6-61 下分单管式系统

1—共用立管；2—热量表；3—过滤器；4—球阀；5—散热器；
6—散热器内置温控阀；7—手动调节阀；8—自动放气阀

（二）高层住宅采暖的分户热计量

高层住宅采用共用立管分户热计量采暖系统时，每组共用供、回水立管每层连接的户数不宜多于三户；当每层户数较多时，应增加共用立管数量。

高层住宅热水采暖系统必须考虑水的静压力。当建筑物高度超过 40m 时，共用立管应根据系统水力平衡、散热设备承压能力以及管材的性能等因素进行竖向分区设置，以降低静压力，还应考虑立管的热补偿问题。

户内系统采用金属管道和铸铁散热器时，竖向分区应保证各区采暖系统最低层最低点散热器处的工作压力不大于散热器本身的工作压力。对钢制、铜铝复合型或钢铝复合型等工作压力较高的散热器，可以突破高度不超过 40m 的分区限制。

户内管道采用塑料或复合管材时，竖向高度分区应保证各区采暖系统最低层最低点管道处的工作压力不大于管材的工作压力。

高层住宅的封闭性强，热量表应设在各住户外的公共空间里，在建筑设计时就应预留管井空间。

（三）既有住宅集中采暖系统的分户热计量改造

对既有住宅传统采暖系统的各种图式，业内人士是熟悉的，在本章第四节、第五节也作过一些介绍。

既有住宅的集中采暖系统，无论是室外管网还是室内系统，由于缺乏有效的调节手段，大多存在水力工况失调状况，造成热用户冷热不均。一部分用户的室温低于设计要求，而有的用户则室温过高，有的在散热器上加隔热罩降低室温，有的则开窗散热，造成热能浪费。

由于既有系统无法进行有效热计量，供热部门只能按供热面积计取热费，与用户实际用热多少无关，用户缺乏自主节能意识，而达不到室温要求的用户则对供热公司意见很大，质疑按供热面积收取热费的合理性。

对既有住宅采暖系统的分户热计量改造有两种方法：一是拆除原系统，按满足分户热计量的要求，重新设计安装，共用立管宜设在管道井内或者住户以外的共用空间内，入户装置宜安装在楼梯间的热量表箱内。这种改造方法的成本显然很高。二是尽量利用原系统，对原双管系统或单管系统进行技术改造，在散热器支管上安装专用阀，在散热器上安装热分配表，以基本满足控温和热计量要求。

1. 双管系统的改造。双管系统的热计量技术改造见表 6-29。

双管系统的热计量技术改造　　表 6-29

序号	改造内容	图式	特点
1	两通型温控阀、热分配表	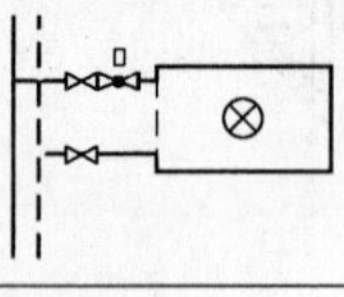	热量计量较准确，收费管理方便，无法强制收费节能效果明显，收费管理方便，投资较高
2	锁闭阀、两通型温控阀、热分配表	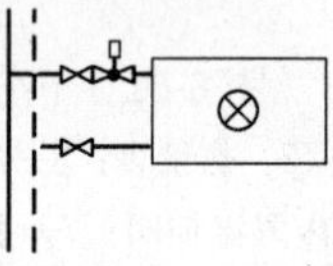	热量计量较准确，节能效果明显，收费管理方便，投资较高
3	锁闭阀、热分配表	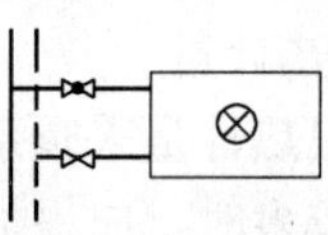	舒适性、节能性差，收费管理方便
4	热分配表	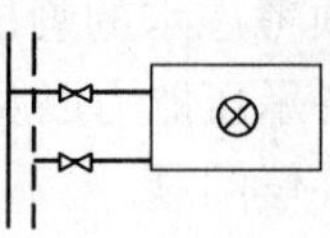	保证收费，造价低
5	温控阀、热力入口设热表	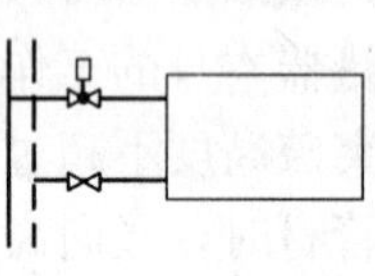	舒适性、节能性好，适用于办公、宾馆等公共建筑，不适用于住宅，造价低

2. 单管系统的改造。单管（顺流式）系统的热计量技术改造参见表 6-30。

单管顺流式系统的热计量技术改造　　表 6-30

序号	改造内容	图式	特点
1	增设跨越管、三通调节阀、温控阀和热分配表	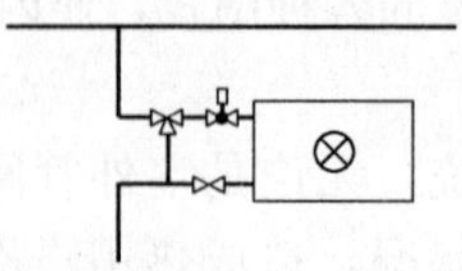	能满足热计量及温控、锁闭要求，造价高
2	跨越管、温控阀、热分配表	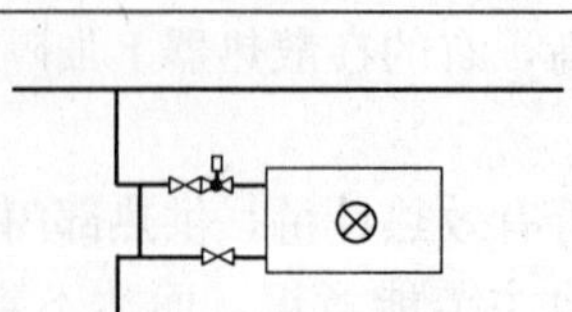	不具有锁闭功能

续表

序号	改造内容	图式	特点
3	跨越管、热分配表		用普通手动调节阀或截止阀代替恒温阀，节能效果稍差，造价低
4	跨越管、锁闭阀、热分配表		能保证热费收缴
5	跨越管、温控阀、供热入口设热表		不适于住宅
6	热分配表、供热入口设热量表		适用于仅要求分户计量收费的住宅

需要说明，表 6-29 和表 6-30 中的锁闭阀就是需用专用工具方可开启或关闭的阀门；温控阀亦称恒温阀，是装在散热器支管上，能随室温变化自动调节热媒流量的阀门。关于热量表和热分配表已在前面介绍过了。

3. 采暖温控阀及阀头安装。温控阀亦称为恒温控制阀、温度调节器、测温流量调节阀。角通式温控阀安装如图 6-62 所示，直通式温控阀安装如图 6-63 所示。

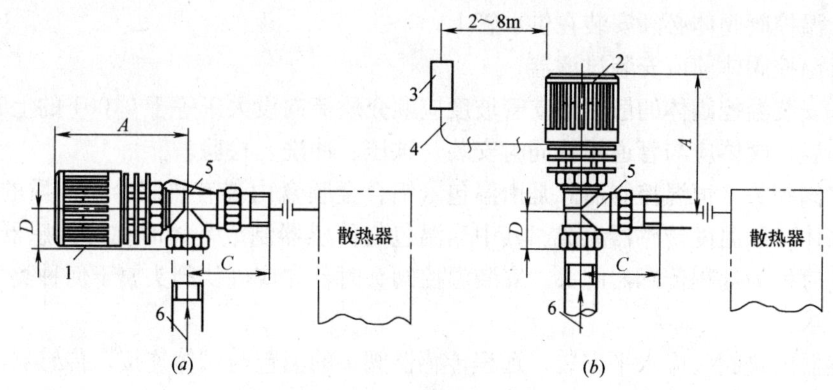

图 6-62 角通式温控阀安装示意
(a) 内置传感器；(b) 远程传感器
1—内置传感器阀头（恒温控制器）；2—远程传感器阀头；3—远程传感器；
4—传感毛细管；5—角通式阀体；6—采暖供水管

温控阀是由阀头（恒温控制器）和阀体组成，阀头控制调节阀体的热水流量，使采暖用户温度稳定在 7～28℃之间某一定值。采暖热媒为热水，工作压力小于等于 1.0MPa、

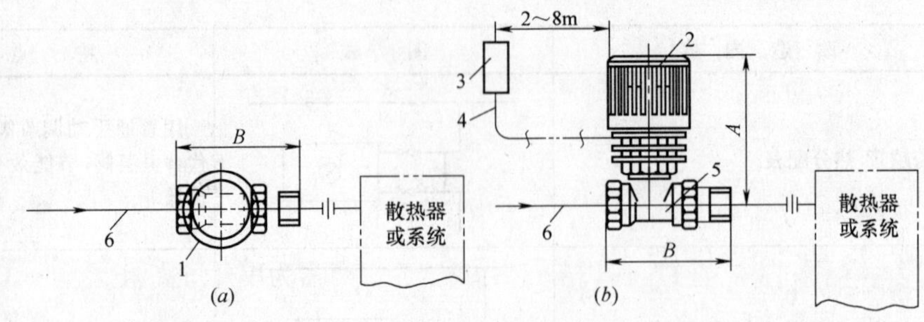

图 6-63 直通式温控阀安装示意

(*a*) 内置传感器；(*b*) 远程传感器

1—内置传感器阀头（恒温控制器）；2—远程传感器阀头；3—远程传感器；4—传感毛细管；5—直通式阀体；6—采暖供水管

温度小于等于 130℃时，常用温控阀安装规格尺寸参见表 6-31。

常用温控阀安装规格尺寸参数（mm） **表 6-31**

公称直径 *DN*	外形尺寸			
	A	*B*	*C*	*D*
15	100	82	53	23
20	100	98	63	26
25	105	125	75	34

温控阀阀体安装应注意以下几点：

(1) 安装温控阀首先应确认阀体属于何种类型，并应符合设计要求。单管跨越式采暖系统常用非预定型（直通、角通、三通）阀体，而高层双管采暖系统常用预设型（直通、角通型）阀体；

(2) 温控阀阀体必须安装在供水管上；

(3) 温控阀体前应安装过滤器；

(4) 安装温控阀体的散热器支管坡度应顺介质流向设大于等于 0.001 的上升坡度；

(5) 温控阀体应与管道系统同时安装、试压、冲洗、检验。

温控阀阀头（恒温控制器）是由温包（铝合金膜盒内装有热胀冷缩性质的特定气体、液体或固体）和温度传感器组成。其中当温包与传感器制成一体时称为传感器内置阀头，两者分开时称为远程传感器阀头。安装温控阀头时首先应确认阀头属于何种类型及是否符合设计要求。

传感器内置阀头应水平安装；远程传感器阀头的温包与阀体连接，传感器与温包相距 2～8m 安装，但电动温控阀无线远程传感器无此限制。阀头传感器无论是内置式或是远程式，所安装的部位均应是无遮挡、无热源（如散热器、炉灶、阳光等）直接影响，能正确反映室温的部位。温控阀头应在管道安装完成后，系统调试之前安装，并参与系统调试。

实施对既有住宅集中采暖管道系统的分户热计量改造应注意以下几点：

根据室内原有采暖管道系统的布置形式确定散热器支管温控阀或调节阀的型号、规格。垂直双管系统应采用两通型温控阀。

垂直单管跨越式系统由于有跨越管，热计量技术改造可参照表 6-30，视情况增设锁闭阀、热分配表和两通式或三通式温控阀。垂直单管系统三通调节阀的主要作用在于调节进入散热器和跨越管流量分配，避免进入跨越管的流量过大而散热器流量不足而形成“短路”现象，当散热器进流系数通过管径匹配可以保证达到立管流量的 30%以上时，可不设三通调节阀，采用两通调节阀。经验表明，当垂直单管系统设三通调节阀时，其跨越管管径宜与立管管径相同；不设三通调节阀时，特别是散热器为串片等高阻力类型时，跨越管管径宜较相应立管管径小一号。

第七章　一般公用管道安装

第一节　热力管道安装

一、管道热膨胀的计算

热力管道的主要特点，就是安装施工温度与正常运行温度差别很大，管道系统投入运行后产生明显的热膨胀，设计和施工必须保证对这种热膨胀采取一定的技术措施进行补偿，避免使管道产生过大的应力，保证管道系统的安全运行。

在常温下安装，投入运行后处于低温状态的管道，以及在常温下安装，投入运行后因季节的不同，夏季输送冷介质、处于低温运行状态，而冬季则输送热介质、处于高温运行状态的管道，都必须处理好因冷热交替、温度变化所引起的热补偿问题。

管道受热后的膨胀量，按下式计算：

$$\Delta L = \alpha \cdot \Delta t \cdot L$$

式中　ΔL——管道热膨胀长度，mm；

α——管材的线膨胀系数，mm/(m·℃)，钢管一般取值为 0.012；

Δt——管道工作温度与安装温度之差，℃；

L——管段长度（m）。

实际工程中，钢管应用最广，计算钢管热膨胀量的公式可直接写为：

$$\Delta L = 0.012 \Delta t L$$

二、管道热膨胀的自然补偿

管道热膨胀的补偿不仅适用于热力管道，也适用于低温管道，或依季节不同而输送冷、热介质交替的管道（例如有些盘管风机管道系统夏季送冷水，冬季送热水），或受气温变化影响较大的露天管道。总之，凡是安装施工时的温度与日后可能出现的温度有较大差异，且可能造成对管道安全运行的影响时，都应考虑进行热补偿。

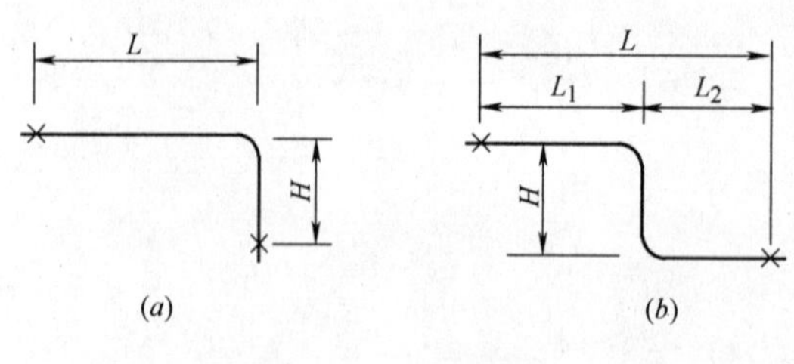

图 7-1　自然补偿

（a）L形自然补偿；（b）Z形自然补偿

在布置热力管道的固定支架或补偿器时，应首先考虑利用管道的弯曲部分进行自然补偿。自然补偿主要有如图 7-1 所示的 L 形补偿和 Z 形补偿两种形式。

L 形自然补偿器是一个 L 形的转角管段，转角距两个固定点的长度设置是不相等的，因而有长臂和短臂之分。由于长臂的热变形量大于短臂，所以最大弯曲应力发生在短臂一端的固定点处，短臂 H 越短，弯曲应力越大。因此选用 L 型自然补偿器的关键是确定或校核短臂的长度 H 值。

Z 形自然补偿器是一个 Z 形转角管段，也可将它看作是两个 L 形转角管段的组合体，其中间臂长度 H（即两转角间的管道长度）越短，弯曲应力越大。因此选用 Z 形自然补偿器的关键是确定或校核中间臂长度 H 值。

需要注意的是无论是 L 形还是 Z 形自然补偿器的转角都不宜小于 90°或大于 120°，其臂长不宜大于 20～25m。

自然补偿是一种最简单、最经济的补偿方式，应充分加以利用。

三、补偿器的形式和安装

补偿器的形式和安装见第八章第三节。

第二节　压缩空气管道安装

一、压缩空气的性质及应用

（一）压缩空气的性质

1. 压缩空气能对外膨胀做功。空气经压缩机压缩后，体积缩小，压力升高，便成为压缩空气。这实质上是通过消耗电能转化为压缩机的机械能，继而又转变为压缩空气的压力能，使之具备了对外膨胀做功的能力。

2. 压缩空气的温度升高。空气在压缩机气缸中被压缩，体积缩小的同时，温度会迅速上升，如果压缩空气温度上升过高，则会使压缩机效率降低，甚至发生运行事故。因此，要在空气压缩过程中采取有效的降温措施。

3. 压缩空气的含湿量。自然界中的空气都是湿空气，是含有一定水分的，经压缩机压缩后，其中的水蒸气则凝结成水，从压缩空气中分离出来，因此，压缩空气系统中的油水分离器、储气罐、过滤器，都应设凝结水排放管。

4. 压缩空气中含有油脂及尘埃。一般压缩机都是油润滑的，由于空气被压缩后的高温会使空气中的水分和一部分润滑油变为气态，并与从压缩机吸气口吸入的灰尘混合，形成油脂、水分、灰尘的混合物，使压缩空气的品质恶化，严重时会影响甚至危及压缩空气站的安全运行。因此，在压缩机组中设置了油水分离器，并在运行过程中定期排放，使压缩空气得到初步净化。

（二）压缩空气的应用

压缩空气在矿山、工厂和建筑业具有广泛的用途，可用于驱动各种风动机械和风动工具，如风钻、风铲、风动砂轮、喷砂、喷漆、溶液搅拌、输送粉状物料等，还可以用于气动自动化仪表装置，对压力容器、管道、阀门等进行严密性试验。

采用压缩空气作为动力的机具与电力机具相比，其优点是不存在漏电和触电危险，不怕超负荷，在湿度大、气温高、灰尘多的环境下能正常作业，并能适合冲击性强和负荷变化大的工作；压缩空气与蒸汽作为动力相比，则具有便于输送、没有热损耗的优点，也没有输送蒸汽产生的凝结水带来的一系列问题。

当然，使用压缩空气作为动力的机具，其能量有效利用系数较低，因此，从节约能源角度讲，它不如电力和蒸汽，只有在一定条件下能发挥它的优势时才使用。

二、压缩空气站简介

（一）压缩空气站的布置

压缩空气站宜为独立建筑物，当与其他建筑物毗连或设于其中时，要用墙与其他房间隔开；压缩空气站的朝向，宜使机房内有穿堂风，并尽可能避免西晒。

压缩空气站在工厂内具体位置的确定，还要考虑到以下因素：

（1）尽可能靠近负荷中心；

（2）供电、供水可靠合理；

（3）有扩建的可能性；

（4）避免靠近散发爆炸性、腐蚀性和有毒气体以及粉尘等有害物的场所，并位于上述场所全年风向最小频率的下风侧；

（5）压缩空气站对有噪声、振动防护要求场所的距离，应符合国家有关标准、规范的规定。

（二）空气压缩机的吸气口

空气压缩机的吸气口，宜设置在室外，并应有防雨措施；在炎热地区，螺杆空气压缩机和小于或等于 $10m^3/min$ 的活塞空气压缩机的吸气口可设在室内；空气压缩机的吸气口，必须根据所在环境的尘埃条件，设置相应的空气过滤器或过滤装置；要尽可能减小压缩机运行时吸气管振动对建筑物的影响。

（三）压缩空气站设备

1. 空气压缩机。空气压缩机的型号、台数，应根据所需压缩空气的品质、压力、负荷情况，经技术经济方案比较后确定。在一个压缩空气站内，空气压缩机的台数宜为3～6台，对同一品质、压力的供气系统，空气压缩机的型号不宜超过两种。

压缩空气站通常采用活塞空气压缩机和螺杆空气压缩机，其工作压力小于或等于0.8MPa，单机排气量小于 $100m^3/min$。活塞空气压缩机和螺杆空气压缩机都有油润滑和无油润滑两种机型。对于气动仪表控制或要求供应严格无油的压缩空气时，应选用气缸无油润滑的活塞空气压缩机或不喷油螺杆空气压缩机。

2. 后冷却器。空气压缩机的气缸上一般装有冷却水套，多级压缩机上还装有中间冷却器，使前段压缩的空气经冷却后再进入后段压缩。在空气压缩机的后面，要安装后冷却器，使压缩空气的温度控制在一定范围内。空气压缩机至后冷却器之间的管道，应方便拆卸，以清除积炭。

3. 油水分离器。经过冷却的压缩空气进入油水分离器，压缩空气中的雾状液滴，沉降到油水分离器壳体底部，运行过程中可定期打开底部的阀门排放。

4. 储气罐。经过冷却和初步除去油、水的压缩空气进入储气罐，储气罐除可储存一定数量的压缩空气供使用外，还可以减弱活塞空气压缩机排出气流的周期性脉动，避免管网压力波动，同时进一步把压缩空气中的油水分离出来。储气罐一般与压缩机组配套供应，属于压力容器。立式储气罐的高度一般为其直径的 2～3 倍，接管时进气管在下面，出气管在上面，以利分离压缩空气中的油水。每个储气罐上应装安全阀、压力表，底部设排放油水的接管和阀门。

活塞空气压缩机与储气罐之间，宜装止回阀。在压缩机与止回阀之间，应装设放散管，同时，放散管上，宜装消声器。活塞空气压缩机与储气罐之间，不宜安装切断阀，若要安装时，须同时在压缩机与切断阀之间安装安全阀。

5. 过滤器。当用户对压缩空气含尘粒径有要求时，应在储气罐后面（当有空气干燥装置时，应在干燥装置后面），设置相应精度的过滤器；当用气点要求供应尘粒小于0.5μm的压缩空气时，应在用气设备处装设高精度过滤器。除要求不能中断供气的用户外，一般可不设备用的压缩空气过滤器。

6. 干燥装置。当用户对压缩空气的干燥程度有严格要求时，应在储气罐之后设置干燥装置，以降低压缩空气的含湿量，增加其干燥程度。通常使用的干燥装置是冷冻式干燥装置和吸附式干燥装置。

冷冻式干燥装置是利用制冷设备供应的冷媒，使压缩空气冷却到一定的露点温度，从而更多地析出压缩空气中的水分，降低其含湿量，这样压缩空气在常温下的相对湿度会显著降低。

吸附式干燥装置是利用具有吸湿性能的物质作为吸附剂，吸收压缩空气中的水分。常用的吸附剂有硅胶、铝胶、A型分子筛和活性炭。进入吸附式空气干燥装置的压缩空气温度不能超过40℃。吸附剂吸水分达到饱和后，必须进行干燥再生后才能重新使用。根据对吸附剂再生方法的不同，吸附式干燥装置又分为加热再生和无热再生吸附式干燥装置。当采用无热再生吸附式空气干燥装置时，宜选用无油润滑空气压缩机；当采用有油润滑空气压缩机时，在进入吸附式空气干燥装置前，必须对压缩空气采取有效的除油措施。空气干燥装置的出口，应设分析取样管。

三、压缩空气管道安装

（一）管道敷设形式

压缩空气管道应能够把压缩空气站生产出来的一定品质（即对含油、含湿及尘埃限制）的压缩空气，以一定压力和流量输送到各个用气点。压缩空气管道的敷设形式，应根据当地地形、气象条件确定。

炎热地区和温暖地区的厂区压缩空气管道，一般应架空敷设，同时应考虑气候变化引起的热补偿。

严寒地区的厂区压缩空气管道，宜与热力管道同沟敷设或在冰冻线以下埋地敷设，埋地敷设管道要做防腐处理。若采用架空敷设应有防冻措施。

（二）压缩空气管道系统的布置形式

压缩空气管道系统的布置如图7-2所示。一般布置为单枝状，这种形式投资较少，对于一般工厂是适用的；对于不允许供气中断的车间，管道系统可以布置成环状或双枝状。

（三）压缩空气管道的压力

在一般情况下，压缩空气的压力为0.8MPa，即能满足需要，故通常只按一种压力要求处理，对压力要求较低的用气点，各自装减压阀减压。

如果各用气点对压缩空气压力有多种要求时，可区别不同情况处理：有相当数量的用

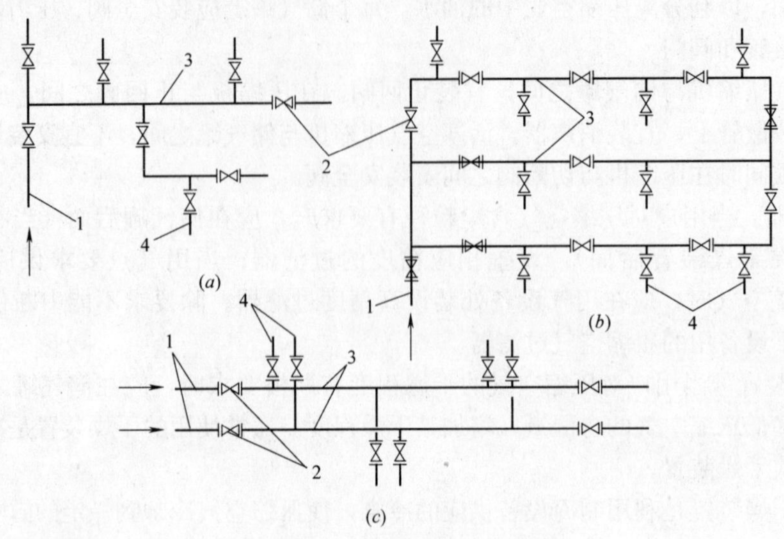

图 7-2 压缩空气管道系统的布置形式

(a) 单枝状；(b) 环状；(c) 双枝状

1—进气管；2—阀门；3—主干管；4—支管

气点对用气量或压力有不同要求时，可按实际情况设置不同压力参数的供气管网；如果大多数用气点均使用 0.8MPa 以下的低压压缩空气，而只有少数用气点使用少量中压或高压空气，则可以采用管网供应用气点多、用气量多的低压压缩空气，用高压气瓶供应用气点少、用气量少的供气办法。

(四) 区别情况保证压缩空气的干燥净化程度

对于压缩空气品质只有一般要求的风动工具和气压传动设备，只需经过压缩空气站机组的油水分离器、冷却器进行初步净化处理即能满足需要；当全部用户或局部用户对压缩空气品质要求较高时，可以区别情况，在压缩空气站或车间入口、或个别用气点对压缩空气进行过滤、干燥处理，以满足工艺需要。

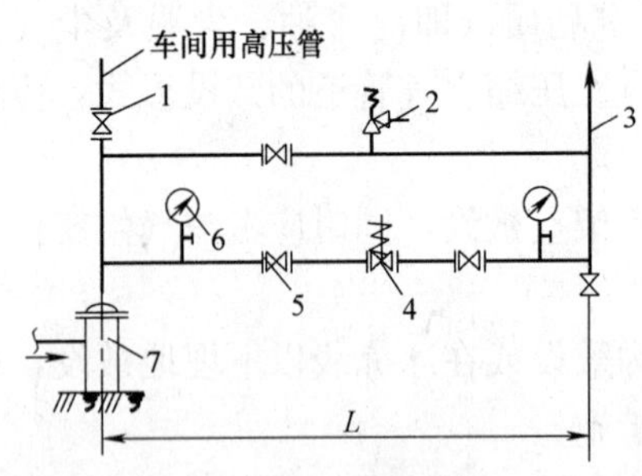

图 7-3 压缩空气管道入口布置

1—截止阀；2—安全阀；3—减压后供气管；4—减压阀；5—截止阀；6—压力表；7—油水分离器

(五) 车间压缩空气管道安装

1. 输送饱和压缩空气的管道，其坡度不得小于 0.002，并应设有排放管道内积存的油水的装置。

2. 在车间入口处，压缩空气管道的布置如图 7-3 所示。

入口管道的布置方式及所需附件视需要而定，当车间不需要高压气体时，可取消截止阀 1 及其接管；用户需要两种压力供气时，也可以并联两组减压装置。

如果外部供气压力为 0.8 MPa，使用压力小于等于 0.3 MPa 时，需要经减压阀进行减压，当使用压力为 0.4～0.6MPa 时，可以用调节阀或两只截止阀减压供气。图 7-3 所示的入口布

车间压缩空气管道入口布置方式的尺寸　**表 7-1**

减压阀直径 DN	25	32	40	50	65	80	100	125	150
L(mm)	1100	1200	1300	1400	1700	1800	2000	2200	2400

置方式的尺寸见表 7-1。

3. 车间压缩空气管道，一般沿墙、柱敷设，其高度不应影响车间内交通运输，并便于检修，管道是否做防雷接地，应由设计确定。车间架空压缩空气管道与其他架空管线的净距见表 7-2。

车间架空压缩空气管道与其他架空管线净距（m）　**表 7-2**

管线名称	水平净距	交叉净距	管线名称	水平净距	交叉净距
给水排水管线	0.15	0.10	乙　炔　管	0.25	0.10
非燃气体管线	0.15	0.10	穿有导线的电线管	0.10	0.10
热力管线	0.15	0.10	电　缆	0.50	0.50
氧气管线	0.25	0.10	裸导线或滑触线	1.00	0.50

注：1. 电缆在交叉处有防止机械损伤的保护措施时，其交叉净距可缩小到 0.1m；
2. 当与裸导线或滑触线交叉的压缩空气管道需经常维修时，其净距应为 1.0m。

4. 车间内输送压缩空气的干管，应按顺气流方向，设 0.002 的坡度，并在干管的末端设置集水器，用来聚集干管中的油、水，在集水器底部安装排污管定期排放。从干管上接出立管时，必须从干管的顶部接出，接至距地面 1.2～1.5m 处，再与空气分配器相连，分配器的侧面安装软管接头，以便操作人员插接软管，分配器底部安装排污管，以备排除油、水或吹扫立管，如图 7-4 所示。

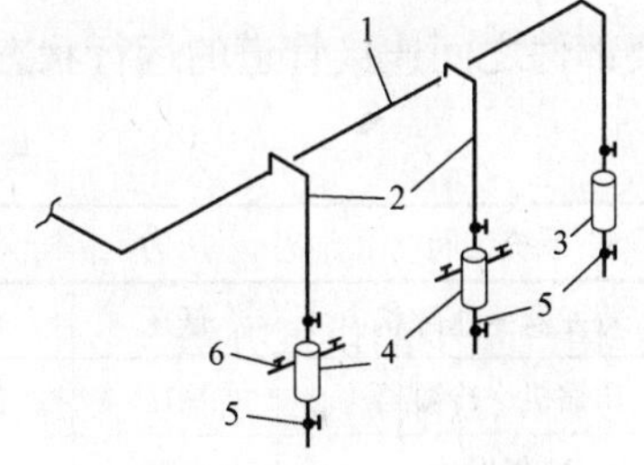

图 7-4　车间干、立管组成
1—干管；2—立管；3—集水器；4—空气分配器；5—排污管；6—软管接头

5. 压缩空气管道的管材，一般可使用焊接钢管或无缝钢管，除与阀门、设备连接处采用螺纹连接或法兰连接外，应尽可能采用焊接连接。

6. 对于供应气动仪表的洁净压缩空气管道，可采用镀锌钢管螺纹连接，或使用铜管。

7. 对于水蒸气含量小于 7.98mg/m^3（相当于大气压露点－60℃），尘粒小于 0.5μm 的干燥和净化压缩空气管道，可采用不锈钢管，截断阀门可采用不锈钢球阀或不锈钢波纹管阀。

第三节　制冷管道安装

一、蒸汽压缩式制冷系统简介

要介绍制冷管道安装，不得不涉及制冷系统，尽管全面地介绍制冷系统不是本手册的任务。当前，应用较为广泛的是蒸汽压缩式制冷和溴化锂吸收式制冷系统，这里只介绍应用最广泛的是蒸汽压缩式制冷系统。

蒸汽压缩式制冷是以消耗机械能或电能为代价来达到制冷目的的。蒸汽压缩式制冷装置由压缩机、冷凝器、膨胀阀和蒸发器四个主要部分组成，通过管道连接成一个封闭的系统，以氨或氟利昂为制冷剂，以压缩机为动力进行循环，如图 7-5 所示。

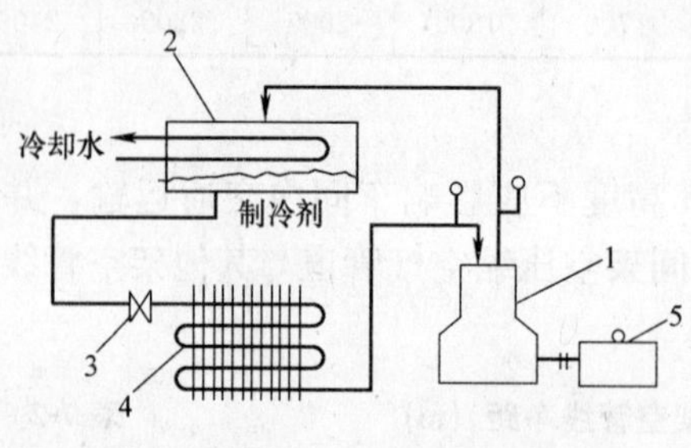

图 7-5 蒸汽压缩式制冷原理图
1—压缩机；2—冷凝器；3—膨胀阀；4—蒸发器；5—电动机

图 7-5 是最简单的蒸汽压缩式制冷原理图。装置中充有规定数量的制冷剂。当压缩机开始运行时，其吸气口便从蒸发器中吸入气态制冷剂，并使蒸发器中保持所需的相应压力 P_0，液态制冷剂可在该压力下迅速蒸发（实际上就是沸腾），其蒸发温度 t_0，即液态制冷剂在该压力下的饱和温度。

压缩机吸入的较低温度和较低压力的气态制冷剂，经气缸压缩后，成为高温高压的气态制冷剂，然后进入冷凝器，通过冷却水使其冷凝为液态。当液态制冷剂经过膨胀阀时，由于该阀的孔径很小，产生节流减压，由高压 P_k 节流至低压 P_0，制冷剂的温度也降低到相应压力下的饱和温度（即蒸发温度），节流后的制冷剂大部分为液态，但在流向蒸发器的过程中和流到蒸发器以后，即迅速大量蒸发为气态，同时从周围介质中吸收热量。制冷装置主要部件之间连接管道的运行状态见表 7-3。

蒸汽压缩式制冷装置运行状态 **表 7-3**

系统区间	压力	温度	制冷剂相态	备注
蒸发器→压缩机	低压	低温	气态	防止制冷剂液滴到压缩机
压缩机→冷凝器	高压	高温	气态	
冷凝器内	高压	常温	气态→液态	经冷却水冷却，实现降温及相态转化
冷凝器→膨胀阀	高压	常温	液态	
膨胀阀→蒸发器	低压	低温	液态→液气混合状态	温度逐步降低
蒸发器内	低压	低温	液气混合状态→气态	蒸发器吸收周围介质（水、空气、盐水）热量，实现制冷

（一）制冷压缩机

在蒸汽压缩制冷装置中，为了把制冷剂蒸汽从低压提升到高压，并使制冷剂在系统中循环，可以根据情况采用各种不同类型的制冷压缩机。

根据工作原理的不同，制冷压缩机可分为容积型和速度型两大类。在容积型压缩机中，气体压力的提高是靠吸入气体的体积被强行缩小来达到的。容积型压缩机有两种结构形式：往复活塞式（简称活塞式）和回转式。在速度型压缩机中，气体压力的提高是靠气体的速度变化转化而来的，即先使气体获得一定高速度，然后再由速度能变成气体位能。离心式制冷压缩机即属于速度型压缩机。螺杆式压缩机、近年来新开发的涡旋式压缩机、以及用于家用冰箱和窗式空调器的转子式压缩机则属于容积型中的回转式制冷压缩机。

（二）制冷机组

制冷系统的机组化是现代空调制冷装置的发展方向。制冷机组就是把制冷系统中的全部或部分设备在工厂组装成一个整体，所有机组的型号规格、性能参数均由制造厂家提供，用户可根据样本进行选择。制冷机组结构紧凑，质量可靠，安装简便，易于操作管理，已在公共建筑和高层民用建筑中广泛采用。常用的制冷机组有：

1. 活塞式冷水机组。此种机组由活塞式制冷压缩机、卧式壳管式冷凝器、热力膨胀阀和干式蒸发器组成，并配有自动或手动能量调节和自动安全保护装置，冷水机组常用的制冷剂为 R22 和 R12，制冷量范围约为 35～580kW。

2. 活塞式冷、热水机组。制冷装置以耗功为补偿，通过制冷剂的循环，从低温热源吸取热量，而在高温热源放出热量。在制冷装置运行时，既可以使用它的冷量，也可以利用它的热量（称热泵装置）。若在系统中适当增加一些设备、连接管道和控制阀门，还可以根据实际需要调节它的制冷量和供热量。

3. 螺杆式冷水机组。此种机组是由螺杆式制冷压缩机、冷凝器、蒸发器、热力膨胀阀、油分离器、自控元件和仪表组成的一个完整的制冷系统。由于此种机组运行平稳，振动小，需要时可以不装地脚螺栓，直接放在具有足够强度的混凝土地面或楼面上。机组在出厂前已进行过各种试验，机组在安装后连接接管和电源，并加足润滑油、抽真空，然后即可按说明书要求充灌制冷剂并进行调试、运行。

螺杆式冷水机组不但结构紧凑，运行平稳，而且制冷量在一定范围内能无级调节，节能性好，易损件少，其使用范围日益扩大。

目前国产螺杆式冷水机组的制冷剂通常为 R22，空调工况冷量范围约为 121～1119kW。

4. 离心式冷水机组。此种机组是由离心式制冷压缩机、冷凝器、蒸发器、节流机构和调节机构以及各种控制元件组成的整体机组。离心式冷水机组的制冷量较大，单机制冷量通常在 581kW 以上。目前，世界上最大的离心式制冷压缩机的制冷量可达 35000kW。

各种制冷设备都在不断改进完善之中，因此，设备安装应首先熟悉产品说明书的各项要求。

活塞式、螺杆式、离心式制冷压缩机及溴化锂吸收式制冷设备安装和试运行，应按照《制冷设备、空分设备安装工程施工及验收规范》GB 50274—98 的有关规定进行，本手册将略去这一部分属于制冷机械设备安装和制冷设备之间工艺配管方面的内容，而只把制冷管道的安装作为阐述的重点。

二、制冷系统管道安装

这里所说的制冷系统管道安装，是指在冷冻机房内，由制冷压缩机和附属设备如冷凝器、贮液器、中间冷却器、集油器、空气冷却器、蒸发器和制冷剂泵等组成的制冷系统中的管道安装。在写字楼、宾馆和公共建筑中广泛使用的各种制冷机组、冷水机组，由于已把制冷系统的设备组装为一体，故不存在上述设备之间的管道安装。

制冷系统主要分为氟利昂制冷系统及氨制冷系统，管道材质主要有紫铜管和钢管。制冷系统管道安装的共同特点是要求严密、内部干净和无水分。

（一）管道材料

1. 氟利昂制冷系统的管材常用紫铜管或无缝钢管，一般当管径小于 20mm 时用紫铜管，管径较大时，为降低工程成本，一般用无缝钢管；氨制冷系统则全部采用无缝钢管。

2. 无缝钢管的弯管采用 (3.5～4)D 的弯曲半径为宜，椭圆率不应大于 8%，不得使

用弯曲半径为 $1D$ 或 $1.5D$ 的压制弯头、焊接弯头（虾米弯）及褶皱弯头。

3. 制作弯管时最好不要灌砂揻制，以免管内壁难以清理干净。如必须灌砂揻弯时，应采用以下方法将砂子清除干净：

对于钢管，可以向管内灌入浓度为5%的硫酸溶液，停留（1.5～2)h后倒出，再用10%的无水碳酸钠溶液中和，并用清水冲洗干净，最后用20%的亚硝酸钠钝化。

对于铜管，可先用压缩空气吹扫，再用浓度为15%～20%的氟氢酸灌入揻管内停留3h，砂粒即被腐蚀脱离管内壁，接着用10%～15%的苏打水中和，再以干净热水冲洗后，烘干或晾干，除去管内水汽。

4. 当紫铜管采用烧红退火时，管内易产生氧化皮。为清除氧化皮，可用铁丝绑上棉纱、浸上汽油，反复拉洗，随时用汽油清洗棉纱，直至拉洗干净为止。

5. 氟利昂及氨制冷装置的阀门、安全阀、压力表等，都是专用的，由厂家配套供应，不可随意取代。

（二）安装前管道的清洗

1. 制冷管道在安装前必须进行除锈、清洗和干燥，管内要清洁且不能有水分。氟利昂不溶于水，系统中有水分会在节流阀处形成“冰塞”而堵塞通道；氨则溶于水，系统中有水分会降低氨的纯度，影响系统的正常运行。

2. 对于钢管，可先用人工或机械方法清除管内污物及铁锈，再用棉纱、破布浸煤油反复拉洗干净。

3. 对于铜管和灌砂揻制的弯管，应用前述方法将管腔清洗干净。

4. 对小直径的管道、弯头或弯管，可用干净的抹布浸醮煤油将管道内壁擦净。对大直径的管道，过去是用灌入四氯化碳溶液处理，约经15～20min后，倒出四氯化碳溶液，再以上述方法将管道擦净、吹干，然后封存备用。近年来出版的一些技术书籍还是这样介绍的。但由于环保要求，国家已明令从2003年6月1日起，禁止用四氯化碳作为清洗剂，故不应再使用四氯化碳，可以使用三氯乙烯或丙酮。

5. 当钢管道内壁残留的氧化皮等污物不能完全除净时，可以用20%的硫酸溶液，在温度40～50℃的情况下进行酸洗，一般情况下所需时间为10～15min，一直进行到所有氧化皮完全除净为止。

酸洗后，应对管道进行光泽处理。光泽处理的溶液成分组成如下：

铬干	100g
硫酸	50g
水	150g

溶液温度不应低于15℃，处理时间一般为30～60s。

经光泽处理的管道必须以冷水冲洗，再用3%～5%的碳酸钠溶液中和，然后用冷水冲洗干净，最后要对管道进行加热吹干和密封保存。

（三）制冷管道安装

1. 制冷管道通常沿墙、柱架空敷设，需要采用地下敷设时，通常为不通行地沟，并设活动盖板。

2. 设备之间制冷剂管道连接的坡向及坡度，当设计或设备文件无规定时，应符合表7-4的要求。

制冷设备管道敷设坡向及坡度 表 7-4

管道名称	坡向	坡度
压缩机进气水平管(氨)	蒸发器	≥0.003
压缩机进气水平管(氟利昂)	压缩机	≥0.010
压缩机排气水平管	油分离器	≥0.010
冷凝器至贮液器的水平供液管	贮液器	0.001～0.003
油分离器至冷凝器的水平管	油分离器	0.003～0.005
机器间调节站的供液管	调节站	0.001～0.003
调节站至机器间的加气管	调节站	0.001～0.003

3. 对于紫铜管，在摵弯前应进行烧红退火，退火后将铜管内壁产生的氧化皮清除干净，具体方法，一是酸洗，就是把紫铜管放在浓度为98%的硝酸（占30%）和水（占70%）的混合液中浸泡数分钟，取出后再用碱水中和，并用清水冲洗烘干；另一种方法是将棉纱绑扎在铁丝上，浸上汽油，从管子一端穿入再由另一端拉出，进行多次拉洗（每拉一次都要将棉纱在汽油中清洗过），直到洗净为止，最后用干纱头再拉净一次。

4. 氟利昂制冷系统的管道摵弯，最好不采用填砂的方法。如必须填砂摵弯时，就需要采用下列步骤将砂子清除干净：

对于铜管，先用流速为10～15m/s的压缩空气吹扫，再用浓度为15%～20%的氟氢酸灌入管内，停留3h，砂粒就会被腐蚀掉，接着用10%～15%的苏打水中和，用干净热水冲洗后，并在120～150℃的温度下烘干即可。为除掉水汽，管内可用干燥空气吹干。

对于钢管，可向管内灌入浓度为5%的硫酸溶液，静置1.5～2h，再用10%的无水酸钠溶液中和，并以清水冲洗干净，用干燥空气吹干，最后用20%的亚硝酸钠钝化。

5. 液体管道（如从冷凝器至蒸发器），不得有局部向上凸起的部分，以免形成“汽囊”；汽体管道不得有局部向下的凹陷部分，以免形成“液囊”。

6. 从液体干管引出支管时，应从干管底部或侧面接出；从气体干管引出支管时，应从干管顶部或侧面接出。

7. 压缩机的吸气管和排气管的配管，尺寸要准确，管道支架设置要合理、牢固，以承受压缩机运转时的振动，并防止让压缩机承受管道外力。

8. 制冷管道穿过墙壁、楼板，应装套管，套管与管道的间隙用不燃柔性材料填塞。

9. 有保冷层的低温管段，在支、吊架处应垫衬经防腐处理、厚度与保冷层相等的木块，以防止发生冷桥现象，此种管道穿过套管时，保冷层也不应中断，故应采用较大直径的套管。

（四）制冷管道的连接

1. 制冷管道采用无缝钢管时，除与设备、阀门连接时使用法兰或螺纹连接外，应尽可能采用焊接。法兰连接的密封垫片，应选用耐油橡胶石棉板，并涂上机油调制的石墨粉。螺纹连接前，应先用汽油或煤油将螺纹上的油污清洗干净，螺纹密封材料可用聚四氟乙烯膜带、氯丁橡胶密封液。也可涂上氧化铅与甘油的调和料（通常用100g氧化铅配70mL的甘油调成糊状）作为密封填料。氧化铅与甘油调制的填料干固较快，必须随用随配。

严禁用铅油和麻丝作为密封填料。

无缝钢管采用焊接连接时，宜采用氩弧焊打底、电弧焊盖面的焊接工艺。

2. 采用铜管时，有以下几种连接方法：

(1) 采用接口形式为承插式钎焊连接的成品铜管件，接头尺寸应符合 GB 11618 要求，质量可靠。

(2) 紫铜管的安装也可采用在现场加工承口的承插式钎焊连接方式。先将管端加热退火，并用模具加工出承口，承口内径应比要插入的管子的外径大 0.25～0.5mm，承口的有效深度可等于管子外径，并迎向介质流向安装，如图 7-6 (*a*) 所示。

铜管的连接也可采用套管连接，套管的长度为两倍的管子直径，如图 7-6 (*b*) 所示。

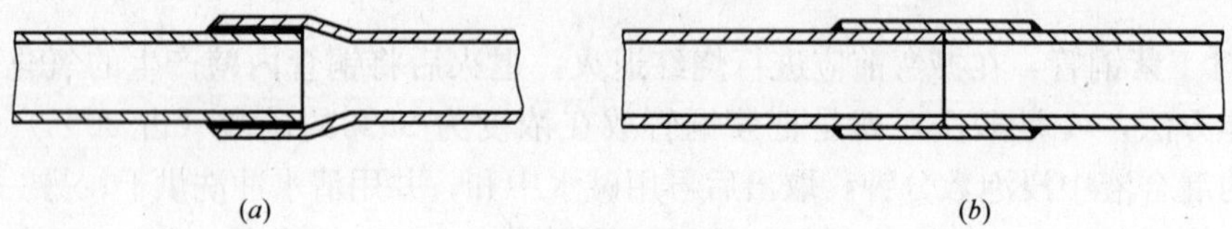

图 7-6　铜及铜合金管道的焊接
(*a*) 承插焊接；(*b*) 套管焊接

(3) 法兰连接。根据设计要求和具体情况，铜及铜合金管道可采用翻边活套法兰、焊环活套法兰及平焊法兰、对焊法兰等连接形式。

3. 管道三通的做法与其他管道有所不同，要求支管弯制成弧形，再与主管焊接，如图 7-7 (*a*) 所示；当支管与干管直径相同且直径小于 50mm 时，则需将干管局部加大一号，再按上述要求焊接，如图 7-7 (*b*) 所示；当管道变径时，应采用同心异径管，如图 7-7 (*c*) 所示。

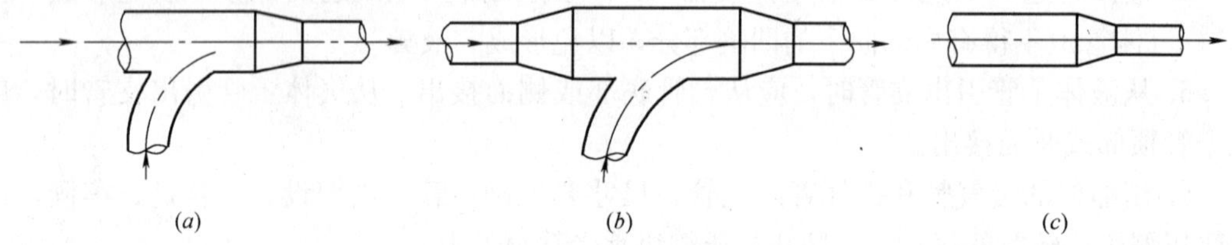

图 7-7　制冷管道的三通与变径

(五) 阀门及仪表安装

制冷管道上的截止阀、止回阀、节流阀、浮球阀、安全阀、电磁阀等阀件，必须使用厂家配套供应的专用产品，不得随意替代。除安全阀外，安装前应逐个清洗，并检查填料函密封是否良好，填料是否需要更换。阀门清洗后，要关闭阀门后注入煤油进行检漏。

各种阀门安装要注意阀门壳体上的介质流向标示，不得装反；阀门壳体上若无介质流向标示，应按低进高出安装。使阀杆尽可能垂直，任何情况下手轮不得朝下。

安全阀安装前应注意检查铅封情况，合格证应妥为保存。安装后，安全阀应按设计或规程要求进行调试，做好记录。

所有仪表按设计要求均须采用专用产品。压力测量仪表须用标准压力表验证，温度测量仪表须用标准温度计验证，并应保存好验证单位出具的证明或记录。

所有仪表都应安装在照明良好、便于观察、不妨碍操作检修的地方。安装在室外的仪表应增加保护罩，防止日晒雨淋。压力继电器和温度继电器应安装在不受振动的地方。

在氟利昂制冷系统中，膨胀阀应垂直安装，不能倾斜，更不能倒立安装。膨胀阀的感温包的位置是否合理，对膨胀阀能否合理调节向蒸发器的供液量有明显的影响，这是因为温包感受温度变化不是十分灵敏，把感受到的温度变化转化为膨胀阀的动作有一定的时间滞后，一般说来，感温包应安装在蒸发器出口端的水平直管上，距压缩机的吸气口的距离应在 1.5m 以上，但小型压缩机难以保证这个尺寸，只能靠膨胀阀的调节螺钉解决。

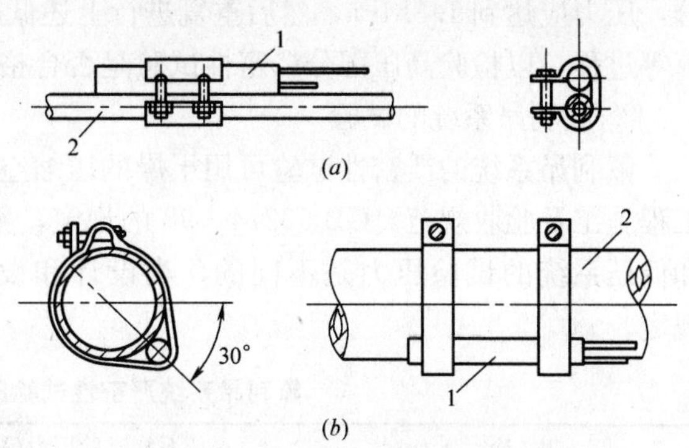

图 7-8　感温包的包扎安装

1—感温包；2—吸气管

为了增强传热效果，可用厚度为 0.5mm 的铜片将吸气管和感温包紧紧包裹在一起，用螺钉拧紧固定。当吸气管直径小于 25mm 时，可将感温包包扎在吸气管上面，如图 7-8（*a*）所示；当吸气管直径大于 25mm 时，应将感温包绑扎在与吸气管水平轴线以下呈 30°角左右的位置上，如图 7-8（*b*）所示，以免吸气管内积液或积油而使感温包的传感温度不正确。感温包与管道一起用软质泡沫塑料包裹，作为保冷隔热层，以减小环境温度对感温包的影响。

三、吹扫和严密性试验

制冷系统要求严密性好而且清洁，当整个系统的安装工作完成后，要进行吹扫和严密性试验及抽真空试验。

在上述试验及抽真空试验合格的基础上，再进行属于设备试车范围的工作，如充灌制冷剂检漏、充灌制冷剂及负荷试运转工作，不过，这几项工作主要以工程安装钳工为主进行，管道施工人员只起配合作用，因此，本手册不再作介绍。

（一）制冷系统的吹扫

氨制冷系统最好另备空压机进行系统的吹扫工作，如有困难也可以用氨压缩机本机进行，但排气温度不能超过 140℃，以免润滑油超过闪点而结炭，为此，可采取加强机组冷却或采取间歇运转的措施。

吹扫制冷系统的压缩空气的压力可控制在 0.6MPa，可使用几个不同方向的排气口进行排气，吹扫工作要反复进行多次，直到用浸湿的白纸板检查排气口的气流不再沾有灰尘为止。

氟利昂系统的吹扫除用干燥的压缩空气进行外，也可用瓶装氮气进行。

（二）制冷系统的严密性试验

1. 氨制冷系统的试验

整个氨制冷系统的严密性试验，应用干燥的压缩空气进行，当无此条件时，也可以用氨压缩机进行，但在压缩机的吸气口应包一层白纱布，以防止吸入灰尘，且应注意排气口温度，不应超过 140℃，可采取间歇运行方式加以控制。氨制冷系统低压部分（从膨胀阀经蒸发器到压缩机吸气口）的试验压力为 1.2MPa，高压部分（从压缩机排气口，经冷凝器、贮液器到膨胀阀）的试验压力为 1.8MPa。

氨制冷系统进行严密性试验时，可先将压缩空气充满整个系统，并使压力达到 1.2MPa，以对系统的低压部分进行检漏，并对整个系统的压力降进行观测、记录、计算、检验最后结果是否符合设计及规范要求。低压部分合格后，再将低压侧的空气抽到高压部分，压力应达到 1.8MPa，然后重复进行上述低压部分的检漏和压力降的观测、记录、计算等过程，以检验高压部分严密性试验是否合格。

2. 氟利昂系统的试验

氟利昂系统的严密性试验可用干燥的压缩空气或瓶装氮气进行，根据《制冷设备安装工程施工及验收规范》GB 50274—98 的规定，氟利昂系统因制冷剂的不同，其高压系统和低压系统的试验压力是不同的，当设计和设备技术文件无规定时，应符合表 7-5 的规定。

氟利昂系统严密性试验压力（绝对压力）　　**表 7-5**

制　冷　剂	高压系统试验压力(MPa)	低压系统试验压力(MPa)
R717,R502	2.0	1.8
R22	2.5(高冷凝压力) 2.0(低冷凝压力)	1.8
R12	1.6(高冷凝压力) 1.2(低冷凝压力)	1.2
R11	0.3	0.3

3. 制冷系统的检漏和压力降试验

氨或氟利昂制冷系统的低压部分或高压部分充压达到规定试验压力时，应用肥皂水涂抹各个焊口、法兰、螺纹接口及阀门压盖、阀杆盘根等一切可能漏气的部位，仔细检查是否有气泡产生，在漏气量很小时，气泡的产生十分缓慢，而且很小，因此，这项工作必须精心进行。

在进行上述严密性试验和检漏工作时，应按下述方法观测、记录、计算其压力降：严密性试验应按试验压力的要求稳压 24h，其中前 6h 在制冷系统中的压缩空气逐渐冷却并接近环境温度的过程中，压力会有一些下降，排除这一因素后，即在 6h 后开始记录压力表读数，经过 24h，再对压力和温度的变化进行观测和记录，其压力降应按下式的计算，并不应大于试验压力的 1%；如果压力变化超过计算值，则应再次检漏，查明泄漏原因，并设法消除，再重新进行试验，直至合格。

$$\Delta P = P_1 - \frac{273+t_1}{273+t_2}P_2$$

式中　ΔP——压力降，MPa；

P_1——试验开始时系统中的气体绝对压力，MPa；

P_2——试验结束时系统中的气体绝对压力，MPa；

t_1——试验开始时系统中的气体温度，℃；

t_2——试验结束时系统中的气体温度，℃。

第四节　氧气管道安装

一、氧气的性质

空气是由多种气体成分组成的。如果按照体积计算，可以认为空气中氧气占 20.9%，氮气占 79.1%，此外还有少量的二氧化碳、氩、氖、氦等气体。

氧是无色无臭的透明气体，比空气略重。在大气压力下，每立方米氧气的重量，当温度为 0℃时，为 1.43kg，温度为 20℃时，为 1.33kg。每立方米空气的重量通常取值为 1.29kg。

制取氧气的方法有化学法、电解法、吸附法和深度冷冻法。化学法只适用于实验室中制取少量的氧气时使用；电解法只有制取氢气、同时也制取氧气时才采用；吸附法制取的氧气纯度只有 75%以上，由于氧气的纯度低，此法的使用受到限制。

工业生产中，大规模制取氧气的方法是深度冷冻法，即空气深度冷冻液化分离法。为了得到高纯度的氧气，将空气几次压缩和冷却，在高压下通过节流，使被压缩的空气膨胀降温，这样获得的极低温度可以使空气液化。这种深度冷冻法也简称为空分制氧。

空气深度冷冻液化分离制氧的工艺过程，按压缩空气的压力高低可分为高压流程、中压流程、高低压流程和全低压流程四种。高压流程多用于需氧量不大的科研部门，中压流程多用于中小型制氧装置，低压流程多用于大型制氧装置。

由于液氮、液氧沸点不同（液氮的沸点为－195.8℃，液氧的沸点为－182.9℃），在专门的精馏塔里，控制其蒸发温度，便可以将液态空气中沸点低的液氮先分离出去，逐步得到纯度较高的氧气。

当温度低于氧的沸点温度时，便可以得到液态氧。液态氧为天蓝色易流动的透明液体。当温度降低至－218.4℃时，液态氧则凝固为蓝色固体结晶。氧能少量的溶于水，在 0℃的水中，最多能溶解 4.9%体积的氧。

氧是非常活泼的元素，是强烈的氧化剂和助燃剂。氧与可燃气体（氢、乙炔、甲烷等）按一定比例混合后，很容易发生爆燃。因此，氧气属于乙类火灾危险物质。

氧气被压缩后，在管道输送过程中，如有油脂、铁屑或小粒可燃烧物存在，则可能会因氧气流与管道内壁的摩擦或撞击而产生局部高温，导致油脂或可燃物的燃烧。被氧气饱和的衣服和其他纺织品与火种接触会立即着火，强烈燃烧。

二、氧气管道的管材、阀件

（一）管材

根据工作压力和敷设方式的不同，氧气管道的管材宜按表 7-6 选用。

有的技术资料中规定，工作压力为 1.6MPa 的氧气管道可以选用焊接钢管，显然是不妥的，因为即使输送水、蒸汽之类的流体，普通焊接钢管的最高工作压力为 1.0MPa，加厚焊接钢管的最高工作压力为 1.6MPa，更何况氧气属于乙类火灾危险物质。

为了防止焊渣、铁屑或其他可燃烧物的颗粒在高速氧气流的夹带下与管壁摩擦燃烧造

氧气管道的管材选用 表 7-6

敷设方式	工作压力等级(MPa)			
	≤0.6	1.0,1.6	2.5	>2.5
室内安装	焊接钢管	无缝钢管	铜管,不锈钢管	铜管,不锈钢管
室外架空或地沟	焊接钢管	无缝钢管	无缝钢管	铜管,不锈钢管
埋地敷设	无缝钢管			

成危险，对氧气在不同压力范围的流速有以下规定：

（1）工作压力为 10MPa 及以上时，流速不应大于 6m/s；

（2）工作压力为 0.1MPa 至 3MPa 之间时，流速不应大于 15m/s；

（3）工作压力为 0.1MPa 或以下时，流速应按管道所允许的压力降确定。

由于碳素钢在纯氧环境中易锈蚀，低温（－40℃以下）条件下会因变脆而失去韧性，故在必要的管段和场合需要使用不锈钢管（如 1Cr13、1Cr18Ni9 及 1Cr18Ni9Ti）、铜管（如紫铜管 T2，黄铜管 H62）或铝合金管。

管材选用时应注意的事项：

（1）工作压力超过 1.6MPa 的氧气管道选用碳素钢管时，在阀门后或流量孔板后需装一段长度 5 倍于直径（但不小于 1.5m）的铜管，以免气流通过阀门或孔板时产生火花，引起事故；

（2）调节阀组的管道，不论管径大小或压力高低，都应采用不锈钢管或铜管；

（3）直接埋地的氧气管道，无论压力高低，均采用无缝钢管；

（4）温度低于－40℃的氧气管道，无论压力高低，均应选用有色金属管材。

（二）阀门

1. 阀门氧气管道的阀门应符合以下要求：

（1）阀门的各个部件必须是没有油和油脂的，阀门与氧气接触部分严禁用可燃材料。氧气管道应采用截止阀，如设计没有规定，不得选用闸阀；

（2）阀门的材料，应符合表 7-7 的要求：

氧气管道阀门材料要求 表 7-7

工作压力(MPa)	材 料
<1.6	阀体、阀盖采用可锻铸铁、球墨铸铁或铸钢；阀杆采用碳钢或不锈钢；阀瓣采用不锈钢
≥1.6～3	采用全不锈钢、全钢基合金或不锈钢与铜基合金组合
>3	采用全铜基合金

注：1. 当工作压力等于或大于 0.1MPa 时，压力或流量调节阀应采用不锈钢或铜基合金材料，或两者材料的组合；

2. 阀门的密封填料，应采用石墨处理过的石棉或聚四氟乙烯材料，或膨胀石墨。

（3）阀门的密封圈应用有色金属、不锈钢或聚四氟乙烯材料制作；

（4）阀门填料应采用先经除油处理后，再经石墨处理过的石棉盘根或聚四氟乙烯等材料；

（5）应尽量采用用于氧气专用阀门。在没有专用阀门时，低压、中压氧气管道也可以选用普通阀门，但必须将油浸石棉盘根更换为经石墨处理过的石棉盘根或聚四氟乙烯材料。

2. 氧气用阀门型号、规格

在行业标准《氧气用截止阀》JB/T 10530—2005 中，规定用 J_Y 表示氧气专用截止阀，并在阀杆上设置上密封结构和上防转动结构，分别防止阀杆泄漏和阀瓣升降时产生摩擦。阀杆外露部分要进行保护，防止灰尘和油污污染，并标有“禁油”字样。阀门的端法兰上备有导电螺孔，使螺栓连接时跨接导线接触良好，防止静电积聚。阀门的支架轴承润滑采用氟化脂润滑剂。当截止阀直径大于 150mm 时，设有标明流向的旁通管。

（1）氧气专用小直径截止阀、止回阀的型号规格见表 7-8。

氧气专用小直径截止阀、止回阀的型号规格　　表 7-8

名　称	型　号	型　式	公称压力 PN(MPa)	公称直径 DN(mm)
截止阀	QJT130-12	直通式	3	12
	QJT130-18		3	18
	QJT220-15		22	15
	QJT220-20		22	20
	QJT220-25		22	25
止回阀	QD120-10	直通式	12	10
	QD220-20		22	20

注：采用上海劳动阀门厂资料。

（2）氧气专用 J_Y41W-25P 、J_Y41Y-25P 型法兰截止阀的外形如图 7-9 所示，主要尺寸见表 7-9；J_Y41W-40P 、J_Y41Y-40P 型法兰截止阀的外形如图 7-10 所示，主要尺寸见表7-10。

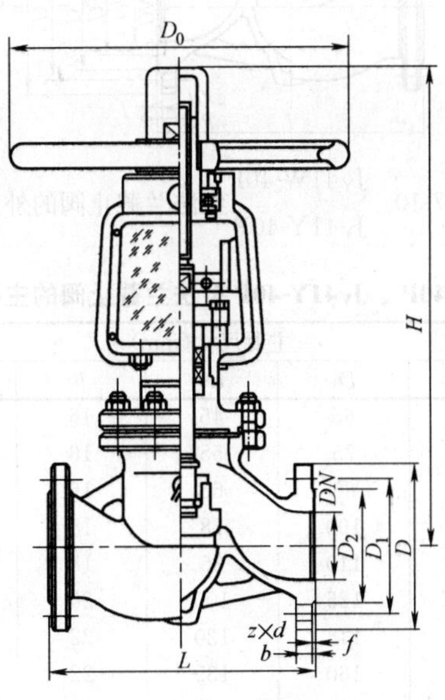

图 7-9 J_Y41W-25P / J_Y41Y-25P 型法兰截止阀的外形

J_Y41W-25P、J_Y41Y-25P 型法兰截止阀的主要尺寸 表 7-9

公称直径 DN	主要尺寸(mm) L	D	D_1	D_2	b	H	z×d	重量 (kg)
15	130	95	65	45	16	190	4×14	5
20	150	105	75	55	16	213	4×14	6.5
25	160	115	85	65	16	236	4×14	7
32	190	135	100	78	18	312	4×18	13.5
40	200	145	110	85	18	328	4×18	16
50	230	160	125	100	20	450	4×18	32
65	290	180	145	120	22	530	8×18	46
80	310	195	160	135	22	560	8×18	60
100	350	230	190	160	24	618	8×23	80
125	400	270	220	188	28	675	8×25	105
150	480	300	250	218	30	743	8×25	134

注：DN150 以上规格未列入。

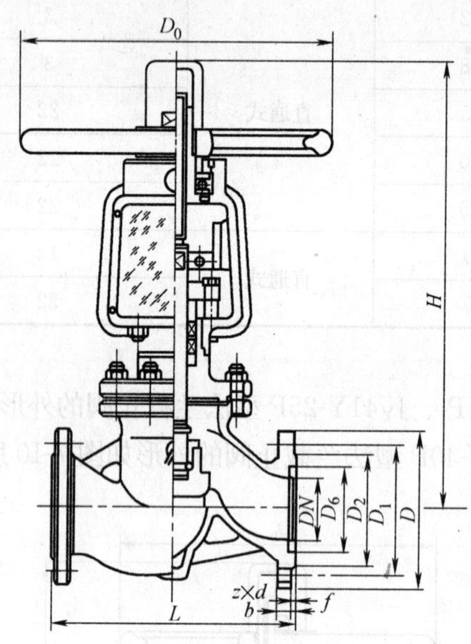

图 7-10 J_Y41W-40P / J_Y41Y-40P 型法兰截止阀的外形

J_Y41W-40P、J_Y41Y-40P 型法兰截止阀的主要尺寸 表 7-10

公称直径 DN	主要尺寸(mm) L	D	D_1	D_2	b	H	z×d	重量 (kg)
15	130	95	65	45	16	202	4×14	5
20	150	105	75	55	16	225	4×14	6.5
25	160	115	85	65	16	236	4×14	7
32	190	135	100	78	18	312	4×18	13.5
40	200	145	110	85	18	328	4×18	16
50	230	160	125	100	20	450	4×18	32
65	290	180	145	120	22	530	8×18	46
80	310	195	160	135	22	560	8×18	60
100	350	230	190	160	24	618	8×23	80
125	400	270	220	188	28	675	8×25	105
150	480	300	250	218	30	743	8×25	134

注：DN150 以上规格未列入。

(3) 氧气专用 H_Y44F-40P 型旋启式止回阀的外形如图 7-11 所示，主要尺寸见表 7-11；H_Y41F-40P 升降式止回阀的外形如图 7-12 所示，主要尺寸见表 7-12。

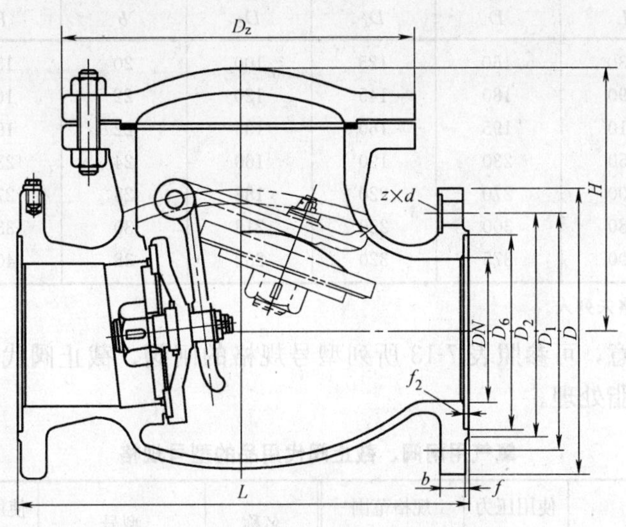

图 7-11 H_Y44F-40P 型旋启式止回阀

H_Y44F-40P 型旋启式止回阀主要尺寸 表 7-11

公称直径 DN	主要尺寸(mm)						
	L	D	D_1	D_2	b	H	z×d
50	230	160	125	100	20	160	4×18
65	290	180	145	120	22	175	8×18
80	310	195	160	135	22	185	8×18
100	350	230	190	160	24	220	8×23
125	400	270	220	188	28	248	8×25
150	480	300	250	218	30	276	8×25

注：DN150 以上规格未列入。

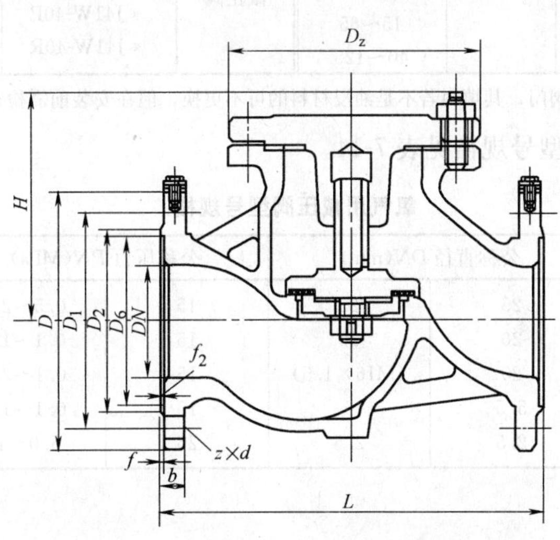

图 7-12 H_Y41F-40P 升降式止回阀

H_Y41F-40P 升降式止回阀主要尺寸　　表 7-12

公称直径 DN	主要尺寸(mm)						
	L	*D*	D_1	D_2	*b*	*H*	$z\times d$
50	230	160	125	100	20	158	4×18
65	290	180	145	120	22	168	8×18
80	310	195	160	135	22	195	8×18
100	350	230	190	160	24	230	8×23
125	400	270	220	188	28	270	8×25
150	480	300	250	218	30	330	8×25
200	600	375	320	282	38	405	12×30

注：*DN*150 以上规格未列入。

（4）经设计同意，可参照表 7-13 所列型号规格的闸阀、截止阀代替作为氧气用阀。但必须彻底进行脱脂处理。

氧气用闸阀、截止阀代用品的型号规格　　表 7-13

名称	型号	使用压力(MPa)	规格范围 DN	名称	型号	使用压力(MPa)	规格范围 DN
闸阀	Z42W-1	0.1	300～500	截止阀	J41W-16R	1.6	40～150
	Z45T-2.5		500～600		J41T-16		15～150
	Z44T-10	1.0	50～450		J41SA-16		50～100
截止阀	J11T-10	1.0	20～25		J41SA-16K		32～40
	J11W-10T		15～65		J45W-25P		50,80～125
	J41W-10T		15～65	闸阀	* Z41H-40	3.0	15～350
闸阀	* Z41H-16	1.6	40～400		Z24Y-40P		80～150
	* Z41W-16P		50～300		* Z41Y-40I		50,80～250
	* Z41Y-16I		50～350		* Z44Y-40P		300～400
	* Z41Y-25P		80～150		* Z21W-40P		15,20
截止阀	J11T-16K	1.6	15～65	截止阀	J41H-40	3.0	15～150
	JIISA-16T		15～65		J41H-40Q		15～150
	J11W-16T		15～50		* J41W-40P		80～150
	J11T-16		15～65		* J41W-40R		15,25～150
	J41W-16P		40～125				

注：型号前表有 * 记号的阀门，其填料若不是油浸材料的可不更换，但在安装前需检查核实。

（5）氧气用减压阀型号规格见表 7-14。

氧气用减压阀型号规格　　表 7-14

型　号	公称直径 DN(mm)		公称压力 PN(MPa)		流量 Q(m^3/h)
QD-50	25	25	15	0.5～2.5	220
QY11-150/15	20	20	15	0.1～1.5	100
QD-1	20	(M16×1.5)	15	0.1～2.5	80
QD-6	5.5	6	15	0.1～1.6	60
QD7-260/150	2.5	2.5	26	5.0～15	40

（三）法兰及垫片

氧气管道上的法兰形式应按压力选用，见表 7-15。法兰垫片的选用见表 7-16。

氧气管道法兰 **表 7-15**

工作压力(MPa)	法 兰 形 式	工作压力(MPa)	法 兰 形 式
0.25～0.6	卷边活套法兰,钢制平焊法兰	2.5～4.0	钢制对焊法兰
<2.5	钢制平焊法兰	6.4～15.0	钢制对焊法兰或高压螺纹法兰

法兰垫片的选用 **表 7-16**

工作压力(MPa)	垫 片	备 注
≤0.6	橡胶石棉板,衬垫石棉板	卷边活套法兰,
>0.6～2.5	金属皱纹垫,并含有铅粉的石棉绳;石棉在加铅粉前,应在300℃下焙烧	法兰密封面采用榫槽式,可用XB350橡胶石棉板或二号硬钢纸
>2.5～10.0	铝 片(退火软化)	法兰密封面采用透镜式时,应采用紫铜或黄铜制的透镜垫片
>10.0	铜 片(退火软化)	

(四) 管件

氧气管道上弯头、三通及异径管的选用，应符合以下要求：

1. 氧气管道严禁使用折皱弯头。当采用冷弯或热弯方法加工弯管时，弯曲半径不应小于管外径的 5 倍；当采用无缝或压制焊接碳钢弯头时，弯曲半径不应小于管外径的 1.5 倍；当采用不锈钢或铜合金无缝或压制弯头时，弯曲半径不应小于管外径；

2. 氧气管道的三通、分岔头，宜用无缝或压制焊接件，若无成品件时，可在工厂或施工现场制作，并加工到内部无锐角及焊瘤，一般不要在现场开孔接管。宜用斜三通，避免使用正三通；

3. 氧气管道的异径管，应采用无缝或压制管件，当焊接制作时，变径部分的长度不宜小于两端外径差值的 3 倍，内壁应平滑。

三、氧气管道的安装

(一) 一般规定

1. 敷设方式。氧气管道一般应采取架空敷设方式，若架空敷设有困难，可采取不通行地沟或直接埋地敷设。架空敷设的氧气管道应根据环境温度的变化情况采用适当的热补偿方式。

2. 坡度。输送干燥气体和不做水压试验的管道，可采取无坡度水平敷设；输送含湿气体或需要做水压试验的管道，应设不小于 0.003 的坡度，并在管道最低点设排水装置。

3. 连接方式。氧气管道一般应采用焊接连接，碳素钢管的焊接应采用氩弧焊打底，手工电弧焊盖面的焊接方式。使用不锈钢管应采用氩弧焊。管道与阀门、设备连接处可采用法兰或螺纹连接。法兰的垫片按表 7-16 选用。螺纹连接应用蒸馏水或水玻璃调制的一氧化铅（俗称黄粉）或缠绕聚四氟乙烯带，严禁使用各种油漆或其他含油脂的材料。

4. 阀门的位置。氧气管道阀门的下游（按介质流动方向）应尽可能保证有不小于管径 5 倍的直线管段，弯头、三通等管件不应在此范围内设置。

5. 脱脂。用于氧气管道的管材、阀门、管件及其他附件，在安装前必须进行脱脂处理。对黑色金属件及石棉垫片等非金属件，多年来采用四氯化碳脱脂。为环境保护大计，国家已明令从 2003 年 6 月起，不得再使用四氯化碳（CCl_4）作为清洗剂。故金属件的脱脂可改用三氯乙烯（C_2HCl_3）或二氯乙烷（$C_2H_2Cl_2$）。对有色金属件的脱脂，多年来也常用二氯乙烷脱脂。

在《氧气用截止阀》JB/T 10530—2005 行业标准中，要求脱脂采用丙酮、酒精或其他无机非可燃清洗剂。举一反三，对氧气管道的管材、阀门、管件及其他附件的脱脂也应当这样，应尽可能采用无机非可燃清洗剂。工业酒精（C_2H_5OH）的浓度不应低于95.6%。脱脂可采用浸渍和擦洗相结合的方法，浸渍时间不少于 15min，擦洗可采用白色非棉制布。

氧气专用阀门及仪表若在制造厂已进行脱脂，并有严密的密封包装及证明时，可不必再脱脂。脱脂合格的管道应及时密封管口，关闭阀门，有条件时应及时充入干燥氮气。

6. 静电接地。氧气管道不论采用何种安装方式，均应有导除静电的接地装置。车间内部管道可与本车间的静电干线相连接；厂区直线管道可每隔 80～100m 做一处接地装置，并尽可能把接地装置没在管道分支处；直接埋地的管道，可在埋地之前及出地后各做一处接地，接地电阻不大于 20～30Ω。

对于有阴极保护的管道，不应再做接地。

当每对法兰或螺纹接头间的电阻值超过 0.03Ω 时，应设跨接导线。

（二）车间内氧气管道安装

1. 安装方式。车间内氧气管道一般应沿墙、柱架空安装，其高度以不妨碍车间内部交通及工作、设备运输为原则。当与其他管道（包括燃气、燃油管道）共支架敷设时，氧气管道宜布置在其他管道外侧，并宜布置在燃油管道上面，各种管道的最小净距，应符合表 7-17 的规定。

车间架空氧气管道与其他架空管线之间的最小净距（m）　　表 7-17

名　　称	并行净距	交叉净距
给水管、排水管	0.25	0.10
热力管	0.25	0.10
不燃气体管	0.25	0.10
燃气管、燃油管	0.50	0.25
滑触线	1.50	0.50
裸导线	1.00	0.50
绝缘导线或电缆	0.50	0.30
穿有导线的电缆管	0.50	0.10
插接式母线、悬挂式干线	1.50	0.50
非防爆开关、插座、配电箱	1.50	1.50

当不能架空安装时，可以单独或与其他不燃气体或液体管道共同敷设在不通行地沟里。当与同一使用目的的燃气管道同沟敷设时，地沟内应填满砂子，并严禁与其他地沟相通。

2. 车间入口。氧气管道进入车间后，应在便于操作和检修的地方设置切断阀门，并在切断阀下游适当位置装放散管，放散管口应引至墙外，并高出附近地面 4.5m 以上。

3. 过滤器的设置。氧气压缩机的吸气管道上，应安装过滤器；装有压力或流量调节阀的氧气管道，应在调节阀的上游一侧安装过滤器。过滤器的材料应采用不锈钢或铜合金。

4. 管道穿越。氧气管道不应穿越生活间及办公室，并尽可能也不穿越不使用氧气的房间；当必须穿越上述房间时，管道不应设法兰或螺纹接口，应采用焊接。管道穿过墙壁、楼板时，应加套管，并用石棉绳或其他不燃材料把套管与管道间隙填实。

5. 隔热。当氧气管道通过高温区域时，应采取隔热措施，保证管壁温度不超过70℃。

（三）厂区氧气管道架空敷设

1. 敷设方式。厂区氧气管道应敷设在非燃烧体支架上。对于生产氧气或使用氧气的建筑物，当其耐火等级为一、二级时，氧气管道可以沿墙或在屋顶上敷设。

2. 最小净距。厂区架空氧气管道、管架与建筑物、构筑物、铁路、道路之间的最小净距见表7-18。

厂区架空氧气管道、管架与建筑物、构筑物、铁路、道路等之间的最小净距（m） 表7-18

名　　称	最小水平净距	最小垂直净距
建筑物有门窗的墙壁外边或突出部分外边	3.0	
建筑物无门窗的墙壁外边或突出部分外边	1.5	
非电气化铁路钢轨	3.0	5.5
电气化铁路钢轨	3.0	
道　路	1.0	4.5
人行道	0.5	2.5
厂区围墙(中心线)	1.0	
照明、电信杆柱中心	1.0	
熔化金属地点和明火地点	10.0	

3. 防冻。对于含湿氧气管道，如在室外有可能冻塞时，应采取热水伴热及保温措施，并有不小于0.003的坡度，在管段低点设排水装置。

4. 热补偿。架空氧气管道应考虑热补偿，并尽可能利用自然补偿或采用方形补偿器。

5. 与导电线路关系。氧气管道不应与导电线路敷设在同一支架上，但氧气管道专用的导电线路不受此限。

（四）厂区氧气管道的直接埋地或不通行地沟敷设

1. 埋设深度。厂区氧气管道埋设深度应根据地面上荷载确定，管顶距地面不宜小于0.7m。含湿氧气管道则应埋设在冰冻线以下，并应在管段最低点设排水装置。埋地管道穿过铁路或道路时，其交叉角不宜小于45°。

2. 不通行地沟敷设。氧气管道采用不通行地沟敷设时，沟盖板必须为非燃烧材料，并能防止可燃物料、火花、雨水侵入地沟。严禁各种导电线路与氧气管道同沟敷设。当水管或不燃气体管道与氧气管道同沟敷设时，氧气管道应布置在上面。地沟应能排除积水。

当氧气管道与同一使用目的的燃气管道（如乙炔管道）同地沟敷设时，沟内应填满砂子，并严禁与其他地沟相通。

3. 接口及防腐。在直接埋地及不通行地沟内敷设的氧气管道上，不宜装各种阀件或采用法兰、螺纹接口，应尽可能采用焊接连接。埋地管道应根据设计或土壤腐蚀等级进行防腐，防腐等级至少为加强级。

4. 与建筑物、构筑物及地下管线最小净距。氧气管道与建筑物、构筑物及地下管线的最小净距见表7-19。

厂区地下氧气管道与建筑物、构筑物等及地下管线的最小净距（m） 表 7-19

名 称	最小水平净距	最小垂直净距
有地下室的建筑物基础或通行沟道的外沿		
氧气压力≤16MPa	2.0	
氧气压力＞16MPa	3.0	
无地下室的建筑物基础外沿		
氧气压力≤16MPa	1.2	
氧气压力＞16MPa	2.0	
铁路钢轨	2.5	1.2
照明电线、电力电信杆柱		
照明电线	0.8	
电力(220V,380V)电信	1.5	
高压电力电信	1.9	
给水管		
直径＜75mm	0.8	0.15
直径 75～150mm	1.0	0.15
直径 200～400mm	1.2	0.15
直径＞400mm	1.5	0.15
排水管		
直径＜800mm	0.8	0.15
直径 800～1500mm	1.0	0.15
直径＞1500mm	1.2	0.15
热力管或不通行地沟外沿	1.5	0.25
燃气管(乙炔等)	1.5	0.25
煤气管		
煤气压力≤0.005MPa	1.0	0.25
煤气压力＞0.005～0.15MPa	1.2	0.25
煤气压力＞0.15～0.3MPa	1.5	0.25
煤气压力＞0.3～0.8MPa	2.0	0.25
不燃气体管(压缩空气管)	1.5	0.15
电力电缆		
电压＜1kV	0.8	0.50
电压 1～10kV	0.8	0.50
电压＞10～35kV	1.0	0.50
电信电缆 直埋电缆	0.8	0.50
电缆管道	1.0	0.15
电缆沟	1.5	0.25

四、焊接检验及强度、严密性试验

（一）焊接检验

氧气属乙类火灾危险物质。氧气管道焊口的无损检测数量，应按设计或《工业金属管道工程施工及验收规范》GB 50235 中的规定确定。

（二）强度及严密性试验

氧气管道的强度及严密性试验的介质及试验压力，应符合《氧气站设计规范》GB 50030—91中的有关规定，见表 7-20。做试验时所用的空气和氮气，必须是不含油脂的干燥气体，试验用水，也必须干净无油。

氧气管道的试验用介质及压力　表 7-20

工作压力 P(MPa)	强度试验		严密性试验	
	试验介质	试验压力(MPa)	试验介质	试验压力(MPa)
≤0.1	空气或氮气	1.15P,但≮0.1	空气或氮气	1.0P
≤3	空气或氮气	1.15P	空气或氮气	1.0P
>10	水	1.15P	空气或氮气	1.0P

（三）强度及严密性试验的检验

《氧气站设计规范》GB 50030—91 对氧气管道的强度试验和严密性试验做了以下规定：

1. 强度试验。用空气或氮气做强度试验时，应在达到试验压力后稳压 5min，以无泄漏、无变形为合格。

用水做强度试验时，应在达到试验压力后稳压 10min，以无泄漏、无变形为合格。

2. 严密性试验。严密性试验应在强度试验合格后进行。严密性试验用无油、干燥的空气或氮气，在达到试验规定压力后持续 24h，并观察记录下试验开始和终止时的压力、温度，按规定公式计算出平均小时泄漏率 A。对室内及地沟内管道，A 值不超过 0.25%为合格；对室外管道，A 值不超过 0.5%为合格。

平均每小时泄漏率 A，应按下式计算：

当管道公称直径小于 300mm 时：

$$A=\left(1-\frac{(273+t_1)P_2}{(273+t_2)P_1}\right)\times\frac{100}{24}$$

当管道公称直径等于或大于 300mm 时：

$$A=\left(1-\frac{(273+t_1)P_2}{(273+t_2)P_1}\right)\times\frac{100}{24}\times\frac{0.3}{D}$$

式中　A——平均每小时泄漏率，%；

P_1，P_2——试验开始、终止时的绝对压力，MPa；

t_1，t_2——试验开始、终止时的温度，℃；

D——以米为计算单位的管道直径，m。

（四）吹扫

经严密性试验合格的管道，必须用无油、干燥的压缩空气或氮气进行吹扫，气流速度应不小于 20m/s，直至出口无焊渣、铁锈、尘土为合格。

另外，必须指出的是，氧气管道应属于《压力管道安全管理与监察规定》的范围，关于“压力管道”已在第一章第七节简单介绍过，施工前应与压力管道监察部门联系沟通，履行有关压力管道施工的程序，执行有关压力管道施工的规定。

第五节　乙炔管道安装

一、乙炔的基本性质

（一）乙炔的一般物理化学性质

乙炔是可燃气体，其化学分子式为 C_2H_2，属于不饱和的碳氢化合物。电石与水作用即可生成乙炔，每公斤电石实际制得的乙炔产量约为220～300L。在常温和大气压力下，乙炔为无色气体，但因含有磷化氢及硫化氢等杂质，具有特殊的气味。

在温度为20℃及标准大气压力下，每立方米乙炔的重量为1.091kg。

乙炔很容易溶解在某些液体中。溶解度与温度有密切关系：温度越高，溶解度越低；温度越低，溶解度越高。表7-21列出温度15℃和标准大气压力下，乙炔在某些液体中的溶解度，从表中可以看出，乙炔极易溶解于丙酮。

乙炔在几种溶剂中的溶解度 **表7-21**

溶 剂	溶解度(1体积溶剂中乙炔的体积)	溶 剂	溶解度(1体积溶剂中乙炔的体积)
水	1.15	汽 油	5.7
苯	4.0	丙 酮	23.25

乙炔与水接触时，能生成固态的类似雪和冰的白色含水晶体。乙炔含水晶体的平衡状态（即含水晶体既可能生成，又可能分解的状态）决定于温度与压力，见表7-22。

乙炔含水晶体在平衡状态下温度与压力的关系 **表7-22**

压力(MPa)	0.6	0.8	1.0	1.2	1.5	2.0	2.5	3.0
极限温度(℃)	+2	+4	+6	+8	+10	+12	+13.5	+15

由表7-22可知，在0℃以上的管道中，当乙炔压力较高时，容易产生含水晶体堵塞现象。因此，压力较高的乙炔管道，需要设置水分离器、干燥器等除水设备。

（二）乙炔的爆炸性质

乙炔是易燃易爆气体，乙炔爆炸是由氧化、分解、化合三种机理引起的。

1. 氧化爆炸。当乙炔与空气或氧气混合达到一定容积比之后，遇到明火或静电火花，达到一定着火温度时，就会发生氧化爆炸，其爆炸条件见表7-23。

乙炔在空气、氧气中的爆炸条件 **表7-23**

项 目	乙炔在空气中的含量(%)	乙炔在氧气中的含量(%)
爆炸范围 最易爆炸范围	2.5～80.7 7～13	2.5～93 ≈30
着火温度(℃)	305～470	297～306

从表中可以看出，乙炔与空气或氧气按一定体积比例混合后，只要有300℃左右的温度，就可以引起爆炸，爆炸产生的最大压力为原来绝对压力的11～13倍。因此，乙炔管道的强度试验压力值，远远大于其工作压力。乙炔爆炸时的火焰传播速度，与空气中的含氧量有关，当乙炔与氧气按1∶1的比例混合时，爆炸火焰的传播速度最快，约为2.92m/s。

2. 分解爆炸。乙炔的分解爆炸首先取决于乙炔在某一瞬间的压力和温度，当温度高于400℃时，乙炔就开始聚合成其他物质，如C_6H_6（苯）、C_8H_8（苯乙烯）、$C_{10}H_8$（萘）、C_7H_8（甲苯）等。聚合过程中放出的大量热量又会使乙炔温度升高，使聚合反应加速进行，当这种连锁反应温度达到500℃时，就能引起未聚合的乙炔发生分解爆炸。如果引出聚合反应热量，就能继续聚合，不发生分解爆炸。

当乙炔压力在0.15MPa以上时，如果温度超过550℃，就会自行产生分解爆炸。

在实际生产过程中，乙炔的温度和压力都没有超过上述范围。只有在电石分解时，由于水量不足，促使局部过热而引起分解爆炸。有时由于焊炬和割炬在操作中因氧气倒流进乙炔管道而产生氧化爆炸后，再导致乙炔的分解爆炸。

3. 化合爆炸

乙炔与铜、银、水银、锌、镉等相互作用产生金属碳化物。这些化合物具有爆炸性，其中以铜的碳化物的爆炸危险性最大。因此，乙炔管道中禁止使用铜或含铜大于70%的铜合金材料，也不允许使用银焊条焊接。

乙炔与氯相互作用时，即使乙炔中空气含量不多，也可能发生爆炸。纯乙炔与氯气接触会立即产生爆炸，并发出强烈的亮光。

二、乙炔管道的压力等级和流速

(一) 乙炔管道的压力等级

1. 低压。工作压力等于或低于0.02MPa属于低压管道。在这一压力范围内，乙炔不易产生分解。

2. 中压。工作压力为0.02～0.15MPa属于中压管道。中压乙炔管道的内径不应超过80mm，在以往的许多技术资料中，中压乙炔管道的管径一直规定为不超过50mm。我国科技工作者在研究了原苏联、东欧及日本、美国的有关资料，并进行了数百次试验后，得出了中压乙炔管道内径不应超过80mm的既安全又经济合理的结论。

3. 高压。工作压力为0.15～2.5MPa属于高压管道。高压乙炔管道的内径不应超过20mm。

(二) 乙炔管道的最大流速

乙炔管道的最大流速规定为：

厂区和车间乙炔管道，工作压力为0.02～0.15MPa时，其最大流速为8m/s。

乙炔站内的乙炔管道，工作压力为2.5MPa及其以下时，最大流速为4m/s。站内管道采取较低的流速，是为了防止乙炔发生器中的渣水被带入管道中。

厂区及车间乙炔管道的最大流速8m/s，是指车间管道末端（即压力最低处）的最高实际流速；由于乙炔在管道中流动有阻力损失，同时厂区管道夏季暴晒、冬期可能有伴热保温，都促使乙炔体积增大，流速增高，因而厂区乙炔管道的流速应取值低一些。

三、乙炔管道的安装要求

(一) 管材及阀门、附件

1. 管道材料。低压乙炔管道宜采用无缝钢管或焊接钢管，但不得采用镀锌钢管，因为锌与乙炔接触后起化学作用，可生成易爆炸的化合物。

中压乙炔管道应采用无缝钢管，管道内径不应超过80mm，管壁厚度不应小于表7-24的规定。

中压乙炔管道无缝钢管最小壁厚（mm） **表7-24**

管材外径	≤22	28～32	38～45	57	73(76)	89
最小壁厚	2	2.5	3	3.5	4	4.5

注：直接埋地敷设时，壁厚应增加0.5mm。

高压乙炔管道应采用无缝钢管（20 号钢，正火状态供货），管道内径不应超过 20mm，管壁厚度不应小于表 7-25 的规定。

高压乙炔管道无缝钢管最小壁厚（mm） 表 7-25

管材外径	≤10	12～16	18～20	22	25～28	32
最小壁厚	2	3	4	4.5	5	6

2. 阀门、附件材料。乙炔管道采用的阀门和附件应采用钢、可锻铸铁或球墨铸铁制造，或采用铜合金产品，其含铜量不得超过 70%。

阀门的公称压力等级要高于乙炔管道的压力等级。阀门安装前应以工作压力进行气压气密性试验，用肥皂水检查，10min 内不降压、不泄漏为合格。

低压乙炔管道宜采用公称压力为 0.6MPa 的阀门、附件。

中压乙炔管道，当管道内径不大于 50mm 时，宜采用 1.6MPa 公称压力的阀门、附件；管道内径为 65～80mm 时，宜采用 2.5MPa 公称压力的阀门、附件。

高压乙炔管道用的阀门、附件，我国参照德国 TRAC 法规、美国 NFPA 法规，规定为公称压力等级不应小于 25MPa。有的书籍中把此值误为 2.5MPa。

为了降低盲板效应，在乙炔管道上不应采用闸阀。

乙炔管道上的压力表、流量表等仪表应采用乙炔气体专用仪表，除应有技术证明文件外，压力表面上还必须标有“乙炔-禁火”字样。

（二）乙炔管道安装要求

1. 一般规定

（1）乙炔管道宜采用焊接连接，并根据管材选用焊条，但不得使用银焊条和含铜量大于 70%的铜合金焊条。小直径高压乙炔管也可采用高压卡套式接头。乙炔管道与设备、阀门、附件的连接，可采用法兰或螺纹连接。法兰连接时，中压乙炔管道采用橡胶石棉垫片，高压乙炔管道采用波纹金属垫片；螺纹连接填料应采用聚四氟乙烯生料带或甘油调以一氧化铅，不得使用麻丝和白铅油（白厚漆）作为填料。

（2）乙炔管道管壁温度严禁超过 70℃，当管道靠近热源时，应采取隔热措施。

（3）含湿乙炔管道的坡度，不应小于 0.003，在管道最低点设排水装置。在寒冷地区管道和排水装置要进行保温防冻。

（4）由于四季温度变化较大：室外乙炔管道要注意解决好热补偿问题，一般宜采用自然补偿方式，必要时可安装补偿器。

（5）乙炔管道严禁穿过生活间、办公室。厂区和车间的乙炔管道，不应穿过不使用乙炔的建筑物和房间。

2. 乙炔站和车间乙炔管道敷设

（1）架空乙炔管道可与不燃气体管道（不包括氯气管道）、压力不超过 1.3MPa 的蒸汽管道、热水管道、给水管道和同一使用目的的氧气管道共架敷设；分层布置时，乙炔管道应布置在最上层，其支架不应固定在其他管道上。

（2）管道应沿墙或柱子架空敷设，其高度以不妨碍交通和便于检修为原则，一般不宜低于 2.5m；与其他架空管线之间的最小净距见表 7-26。

厂区及车间架空乙炔管道与其它架空管线之间最小净距　表 7-26

管线名称	最小并行净距(m)	最小交叉净距(m)
给水管、排水管	0.25	0.25
热力管(蒸汽压力不超过 1.3MPa)	0.25	0.25
不燃气体管	0.25	0.25
燃气管、燃油管和氧气管	0.50	0.25
滑触线	3.00	0.50
裸导线	2.00	0.50
绝缘导线和电路	1.00	0.50
穿有导线的电线管	1.00	0.25
插接式母线、悬挂式干线	3.00	1.00
非防爆型开关、插座、配电箱等	3.00	3.00

当不允许架空敷设时，乙炔管道可单独与同一使用目的的氧气管道敷设在非易燃烧件盖板的不通行地沟内，地沟内必须全部填满砂子，并不得与其他地沟相通。

(3) 压力为 0.02MPa 以上至 0.15MPa 的车间乙炔管道入口处，应设中央回火防止器。

(4) 管道穿过墙壁或楼板时，应设套管，套管与管道的间隙用石棉绳等非燃烧材料填塞。

(5) 凡是从车间乙炔干管上接出的支管，与用气设备之间，必须经过单独的岗位式水封器。禁止焊炬或割炬胶管直接连通乙炔管道。同时禁止一个水封器上直接接出一个以上的焊炬或割炬。

3. 厂区架空乙炔管道敷设

(1) 室外架空乙炔管道的支架应采用非燃材料制作。在建筑物与乙炔生产或使用有关的情况下，其耐火等级为一、二级时，可沿建筑物的外墙或屋顶敷设。

(2) 含湿乙炔管道，在寒冷地区有可能结冻造成管道阻塞时，管道和排水器要进行保温防冻；架空管道排水器的安装形式见图 7-13。

架空敷设乙炔管道时，为防止静电感应及雷电而产生火花，应将管路上的电荷引入大地，乙炔管道每 100m 做一处接地，接地电阻要求不大于 20Ω，如图 7-14 所示。

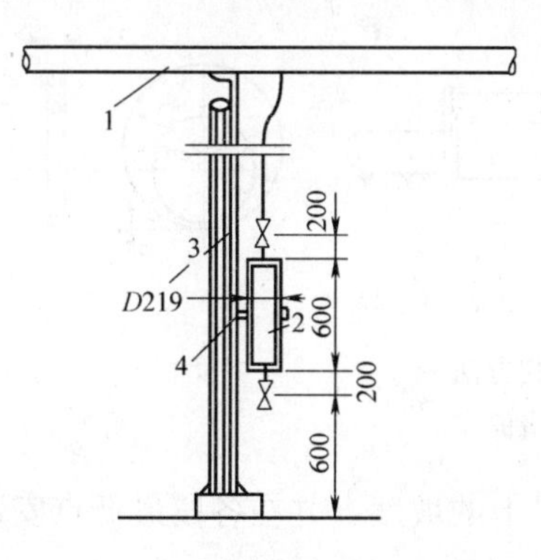

图 7-13　架空乙炔管道排水器安装
1—乙炔管道；2—排水器；3—管道立柱；4—排水器支架

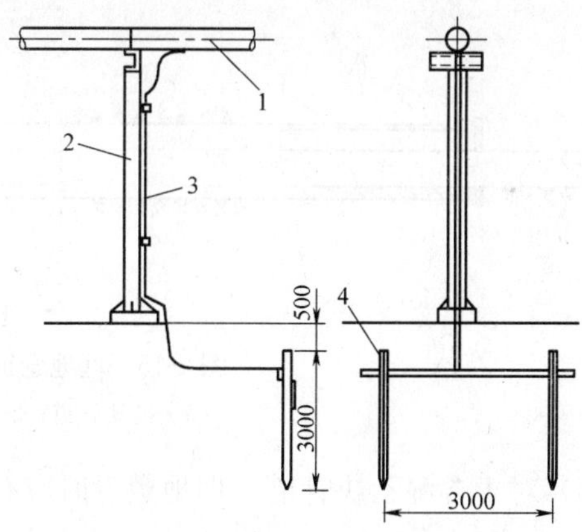

图 7-14　架空敷设乙炔管道接地装置
1—乙炔管道；2—管道立柱；3—接地导线(25×4 镀锌扁钢)；4—埋地镀锌角钢 (50×5)

（3）乙炔管道不应与导电线路（不包括乙炔管道专用导电线路）敷设在同一支架上。

（4）乙炔管道、管架与建筑物、构筑物、铁路、道路之间的最小净距，应按表 7-27 的规定执行。

厂区架空乙炔管道、管架与建筑物、构筑物、铁路、道路等之间的最小净距（m）

表 7-27

名　　称	最小水平净距	最小垂直净距
建筑物有门窗的墙壁外边或突出部分外边	3.0	
建筑物无门窗的墙壁外边或突出部分外边	1.5	
非电气化铁路	3.0	6.0
非电气化铁路	3.0	
道　　路	1.0	4.5
人行道	0.5	2.5
厂区围墙（中心线）	1.0	
照明、电信杆柱中心	1.0	
熔化金属地点和明火地点	10.0	

4. 厂区乙炔管道地下敷设

（1）厂区乙炔管道地下敷设时，应采用直接埋地方式。若采用地沟敷设，天长日久，难免不发生损坏、腐蚀而造成泄漏，当乙炔与空气的混合物充满地沟或蔓延到其他地下构筑物时，遇明火会形成大爆炸。

（2）埋地深度应根据地面荷载决定。管顶距地面一般不小于 0.7m，含湿乙炔管道必须埋设在冰冻线以下。

（3）埋设在铁路或主要道路下面的管段要加保护套管，套管的两端要伸出路基至少 1.0m，套管内管段应尽量不设或减少焊缝。埋地管道设置套管的方法及套管尺寸见图 7-15 及表 7-28。

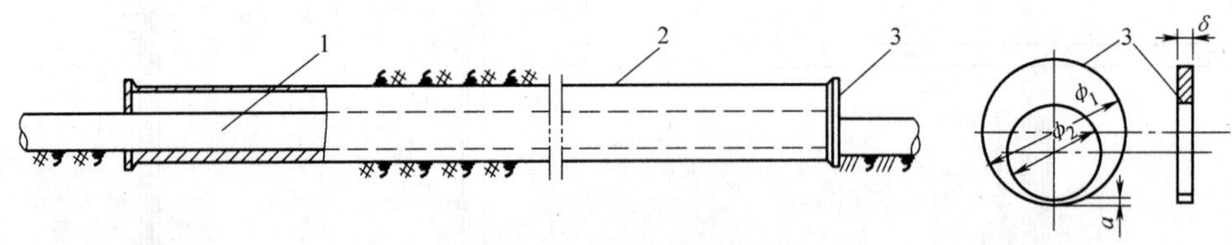

图 7-15　埋地管道设置套管的方法

1—乙炔管道；2—套管；3—堵板

（4）对于含湿乙炔管道，埋地敷设时应有 0.002 以上的坡度，并在各段最低点安装排水器。

（5）埋地乙炔管道应按设计要求做防腐层，一般情况下，应做加强防腐结构。

（6）埋地乙炔管道与建筑物、构筑物及其他管线之间的最小净距见表 7-29。

埋地管路穿过铁路、道路用套管尺寸（m）　表 7-28

公称直径	套管用无缝钢管规格	堵板尺寸			
		δ	ϕ_1	ϕ_2	a
25	ϕ89×4	4	109		14
32	ϕ89×4	4	109		14
40	ϕ108×4	6	128		14
50	ϕ108×4	6	128		14
65	ϕ133×4	6	153		14
80	ϕ159×4.5	6	179		14.5
100	ϕ159×4.5	6	179	尺寸按埋地管道直径加2mm确定	14.5
125	ϕ219×6	9	239		16
150	ϕ273×8	10	293		18
200	ϕ325×8	10	345		18
250	ϕ377×9	12	397		20
300	ϕ426×9	12	446		20

厂区地下乙炔管道与建筑物、构筑物等及其他地下管线之间最小净距（m）　表 7-29

名　　称	最小水平净距	最小垂直净距
有地下室及生产火灾危险性为甲类的建筑物基础或通行沟道的外沿	2.5	
无地下室的建筑物基础外沿	1.5	
铁路钢轨	2.5	1.2
照明电线、电力电信杆		0.5
照明电线	0.8	
电力(220V;380V)电信	1.5	
高压电力电信	1.9	
管架基础外沿	0.8	
围墙基础外沿	1.0	
灌木中心,乔木中心	1.0,1.5	
给水管:		
直径 ＜75mm	0.8	0.25
直径 75～150mm	1.0	0.25
直径 200～400mm	1.2	0.25
直径 ＞400mm	1.5	0.25
排水管:		
直径 ＜800mm	0.8	0.25
直径 800～1500mm	1.0	0.25
直径＞1.500mm	1.2	0.25
热力管,氧气管	1.5	0.25
煤气管:		
煤气压力≤0.005～0.15MPa	1.0	0.25
＞0 15～0.3MPa	1.2	0.25
＞0.3～0.8MPa	1.5	0.25
压缩空气等不燃气体管	1.5	0.15
电力电缆:		
电压＜1kV,1～10kV	0.8	0.50
＞10～35kV	1.0	0.50
电信电缆:		
直埋电缆	0.8	0.50
电缆管道	1.0	0.15

5. 乙炔管道的静电接地

厂区架空管道应每隔 80～100m 做一处接地装置；埋地管道可在入地之前及出地之后各做一次接地；车间内部管道可与本车间的接地干线相连接。接地电阻值不应大于 20Ω。

设计规范规定，当每对法兰或螺纹接头间电阻值超过 0.03Ω 时，应有跨接导线。经验表明，新安装的管道，上述电阻值不会超过 0.03Ω，但经长期使用，法兰、螺栓或螺纹生锈后，上述电阻值则会超过规定，造成隐患。因此，法兰或螺纹接头还是应当做跨接导线。

对于有阴极保护的管道，则不必再做接地。

四、强度试验及严密性试验

对于乙炔管道的强度试验和严密性试验，尚无具体的专用施工验收规范可供遵循，总的说来，应按设计要求或设计指定的规范进行。当设计无具体规定时，可参考以下两种做法：

（一）通常做法

在《乙炔站设计规范》GB 50031—91 颁发以前，多数技术书籍和技术资料规定，强度试验压力 P_S 按下式计算：

$$P_S = 13\times(P+0.1)-0.1$$

式中　P——为乙炔管道的工作压力，MPa。

根据上式，工作压力在 0.07MPa 以下的乙炔管道为低压管道，其强度试验压力为 2.2MPa；中压乙炔管道的工作压力为 0.07～0.15MPa，其强度试验压力为 3.2MPa。强度试验应以水压进行，并稳压 10min，管道若无泄漏、无压降即认为强度试验合格。

严密性试验用压缩空气进行，采用工作压力的 1.5 倍（但不应小于 0.01MPa），在试验压力下对接头、焊缝涂以肥皂水检漏，如无渗漏，并稳压 24h，其平均小时泄漏率不超过 0.5%为合格。

（二）相关规范的规定

在《乙炔站设计规范》GB 50031—91 颁发实施后，乙炔管道压力等级的划分与以前有所不同，对强度及严密性试验也有新的提法。新规范第 9.0.13 条规定："管道设计对施工及验收的规定，应按现行的国家标准 GBJ 235《工业管道工程施工及验收规范——金属管道篇》（现已更新为 GBJ 50235《工业金属管道工程施工及验收规范》）及 CBJ 236《现场设备、工业管道焊接工程施工及验收规范》（现已更新为 GB 50236 同名规范）的有关规定执行，但乙炔管道强度试验和气密性试验应符合现行标准《溶解乙炔设备技术条件》的规定"。

《溶解乙炔设备技术条件》ZB J76 020—90 中有关低压、中压乙炔管道的耐压试验和严密性试验的规定可以归纳为表 7-30。

乙炔管道的耐压试验和严密性试验　　**表 7-30**

压力等级	安装前耐压试验(MPa)	严密性试验(MPa)
低压(≤0.02 MPa)	0.375	0.10
中压(0.02～0.15MPa)	0.375	0.15

应当说明，上表中略去了原标准对高压乙炔管道的有关规定，因为只有在乙炔发生站才可能有一部分高压管道，对于乙炔输送管道而言，是不存在高压管道的。

《溶解乙炔设备技术条件》采用“安装前耐压试验”的提法，理应是指对管材的强度试验，这与管道系统的强度试验的含义是不同的，在施工实践中如何掌握，还有待工程设计和与设计规范对应的施工验收规范的具体化。

对于低、中压乙炔管道的严密性试验和泄漏试验的方法，《溶解乙炔设备技术条件》已明确，仍按 GBJ 235《工业管道工程施工及验收规范——金属管道篇》（即现行 GBJ 50235《工业金属管道工程施工及验收规范》）的规定进行。

另外，必须指出的是，乙炔管道显然属于《压力管道安全管理与监察规定》的范围，关于“压力管道”已在第一章第七节简单介绍过。乙炔管道施工应遵守压力管道施工的有关规定，并与压力管道监察部门联系沟通。

乙炔管道严密性试验结束后，应用空气或氮气将管道吹扫干净。投入使用前，应用 3 倍管道体积的氮气（含氧量不大于 1%）吹扫，在管道末端安装排气管和阀门，如排出的氮气中氧气含量少于 3%，则认为吹扫合格。

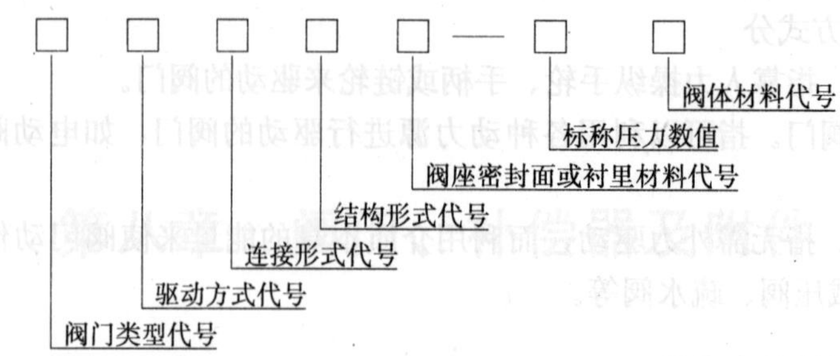

自改革开放以来，尤其是20世纪90年代以来，由于合资和外资厂家的增加，有不少新型阀门面市，即使是通用阀门，有不少厂家也作了改进，其型号编制方法采用企业标准，因此，在选用、选购阀门时，要仔细阅读产品说明书。

（一）阀门类型代号

阀门的类型代号用汉语拼音字母表示，见表8-1。

阀门类型代号 表8-1

类型	代号	类型	代号
闸阀	Z	旋塞阀	X
截止阀	J	止回阀，底阀	H
节流阀	L	安全阀	A
球阀	Q	减压阀	Y
蝶阀	D	疏水阀	S
隔膜阀	G		

（二）阀门驱动方式代号

阀门的驱动方式用一位阿拉伯数字表示，见表8-2。

阀门驱动方式代号 表8-2

驱动方式	代号	驱动方式	代号
电磁动	0	锥齿轮	5
电磁-液动	1	气动	6
电-液动	2	液动	7
蜗轮	3	气-液动	8
正齿轮	4	电动	9

注：手轮、手柄和扳手传动以及安全阀、减压阀、疏水阀则省略本单元代号。

（三）阀门连接形式代号

阀门连接形式代号用一位阿拉伯数字表示，见表8-3。

阀门连接形式代号 表8-3

连接形式	代号	连接形式	代号
内螺纹	1	焊接	6
外螺纹	2	对夹	7
两种不同法兰连接	3	卡箍	8
法兰	4	卡套	9

注；焊接连接包括对焊和承插焊。

（四）阀门结构形式代号

阀门的结构形式代号用一位阿拉伯数字表示。各类阀门的结构形式代号将在后面介绍各类通用阀门时再分别列表。

（五）阀座密封面或衬里材料代号

阀门的阀座密封面或衬里材料代号用汉语拼音字母表示，见表 8-4。

阀座密封面或衬里材料代号　　**表 8-4**

密封面或衬里材料	代 号	密封面或衬里材料	代 号
铜合金	T	橡胶	X
蒙乃尔合金	M	塑料	S
18-8 系不锈钢	E	尼龙塑料	N
Cr13 系不锈钢	H	氟塑料	F
Mo2Ti 系不锈钢	R	衬胶	J
渗氮钢	D	衬铅	Q
渗硼钢	P	搪瓷	C
锡基轴承合金(巴氏合金)	B	玻璃	G
硬质合金	Y		

注：(1) 由阀体直接加工的阀座密封面，材料代号用“W”表示；

(2) 当阀座和阀瓣（闸板）密封面材料不同时，用低硬度材料代号表示（但隔膜阀除外）。

（六）公称压力

阀门的公称压力（*PN*）用压力数值表示（取 MPa 数值的 10 倍，即可以视为是 kgf/cm^2），并用短横线与前五个单元分开。

（七）阀体材料代号

阀门的阀体材料代号用汉语拼音字母表示，见表 8-5。

阀体材料代号　　**表 8-5**

阀体材料	代 号	阀体材料	代 号
灰铸铁	Z	铬镍不锈钢(1Cr18Ni9Ti)	P
可锻铸铁	K	铬镍钼耐酸钢(Cr18Ni12Mo2Ti)	R
球墨铸铁	Q	铬钼钒钢(12Cr1MoV)	V
碳钢(铸钢)	C	钛及钛合金	A
铜及铜合金	T	铝合金	L
铬钼钢(Cr5Mo)	I	塑　料	S

注：对于 $PN \leqslant 1.6$MPa 的灰铸铁阀体和 $PN \geqslant 2.5$MPa 的碳钢阀体，省略本代号。

（八）阀门名称的命名

前面所述 11 种通用阀门，阀门名称的命名一般按传动方式、连接形式、结构形式、衬里材料和类型命名，但对于下列连接形式和结构形式在命名中予以省略：

连接形式中的“法兰”式；

结构形式中：闸阀的“明杆”、“弹性”、“刚性”和“单闸板”；

截止阀、节流阀的“直通式”；

球阀的“浮动”和直通式；
蝶阀的“垂直板式”；
隔膜阀的“屋脊式”；
旋塞阀的“填料”和“直通式”；
止回阀的“直通式”和“单瓣式”；
安全阀的“不封闭式”；
另外，“阀门密封面材料”在阀门命名中也均予省略。

四、通用阀门标志

为了从外观上就能看出阀门的基本特性，阀体上要在铭牌、产品说明书中或以其他方式，标明阀门的型号及其特性。根据《通用阀门 标志》GB/T 12220—1989 的规定，阀门标志的内容见表 8-6，具体阀门品种的标志内容会有所不同，但不可能也没有必要把所有项目全部标示出来，但第 1、2 和单流向阀门中的第 5 项是必不可少的。

通用阀门标志 **表 8-6**

项目	标 志	项目	标 志
1	公称直径 *DN*	11	标准号
2	公称压力 *PN*	12	熔炼炉号
3	受压部件材料代号	13	内件材料代号
4	制造厂名或商标	14	工位号
5	介质流向箭头	15	衬里材料代号
6	密封环(垫)代号	16	质量和试验标记
7	极限温度	17	检验人员印记
8	螺纹代号	18	制造年月
9	极限压力	19	流动特性
10	生产厂编号		

（一）阀体标志识别涂漆

阀体材质与阀体外表面涂漆颜色的关系见表 8-7。

不同阀体材质的涂漆颜色 **表 8-7**

阀体材质	颜 色	阀体材质	颜 色
灰铸铁,可锻铸铁	黑色	不锈钢,耐酸钢	天蓝色
球墨铸铁	银色	合金钢	中蓝色
碳素钢	中灰色		

注：不锈钢、耐酸钢阀体，可不涂颜色；铜合金阀体不涂颜色。

（二）密封面标志识别涂漆

表示密封面材质的颜色，涂在阀门手轮、手柄或扳手上。密封面材质与涂漆颜色的关系见表 8-8。

不同密封面材质的涂漆颜色 **表 8-8**

密封面材料	涂漆颜色	密封面材料	涂漆颜色
铜合金	大红色	蒙乃尔合金	深黄色
锡基轴承合金(巴氏合金)	淡黄色	塑料	紫红色
耐酸钢、不锈钢	天蓝色	橡胶	中绿色
渗氮钢、渗硼钢	天蓝色	铸铁	黑色
硬质合金	天蓝色		

注：(1) 当阀座和启闭件材质不同时，按低硬度材质涂色漆；

(2) 止回阀的识别颜色涂在阀盖顶部，安全阀、疏水阀涂在阀罩或阀帽上。

五、各类通用阀门的型号、规格

(一) 闸阀

闸阀也叫闸板阀，是启闭件（闸板）由阀杆带动，沿阀座密封面作升降运动的阀门，用于接通或截断管道中的介质，属于截断阀类，是应用最广泛的阀门品种之一。闸阀如果长期用来调节介质的压力和流量，会造成阀座和用板密封面的冲蚀，影响其密封性，并且修复困难，故闸阀不宜作为调节阀使用。

闸阀的阀杆结构形式可分为明杆和暗杆两种。明杆闸阀的阀杆作升降运动，其传动螺纹在体腔外部，适用于室内管道，可以从外观判明阀门的开启程度；暗杆闸阀的阀杆作旋转运动，其传动螺纹在体腔内部，多用于室外及操作位置受限的地方。暗杆闸阀无需对升降闸板的螺杆定期清洗润滑。

根据阀芯结构，闸阀的闸板分为楔式、平行式和弹性闸板。楔式闸板一般制造成单闸板，平行式闸板两密封面是平行的，大多制造成双闸板。平行式闸板比楔式闸板容易制造，不易变形，但不适用于输送含有杂质的介质。弹性闸板的密封面制造研磨要求较高，适用于较高温度的粘性液体介质。双闸板闸阀应在水平管道上直立安装。单闸板闸阀可在任意位置安装。

大口径闸阀及高压闸阀，有带旁通管的，使用时应先开启旁通阀，以减少主阀闸板两侧介质的压力差，便于以较小的力矩开启主阀。

闸阀的特点是：

(1) 因为闸阀的内部通道是直通的，因而阻力小；

(2) 结构长度小（即闸阀两个法兰平面之间的长度）；

(3) 介质可以双向流动，不受限制；

(4) 阀体高度较大，启闭行程长、时间长；

(5) 使用过程中，当阀壳底部凹槽积存固体颗粒时，闸板不能完全落下，造成关闭不严。

闸阀的公称直径范围为 *DN*15～*DN*1800，公称压力范围为 *PN*0.1～3.2MPa，工作温度小于或等于 550℃。

闸阀型号中第四单元的结构形式代号见表 8-9。

闸阀的结构形式代号 **表 8-9**

<table>
<tr><th colspan="4">结 构 形 式</th><th>代 号</th></tr>
<tr><td rowspan="5">明杆</td><td rowspan="2">楔式</td><td colspan="2">弹性闸板</td><td>0</td></tr>
<tr><td rowspan="6">刚性</td><td>单闸板</td><td>1</td></tr>
<tr><td rowspan="3">平行式</td><td>双闸板</td><td>2</td></tr>
<tr><td>单闸板</td><td>3</td></tr>
<tr><td>双闸板</td><td>4</td></tr>
<tr><td colspan="2" rowspan="2">暗杆楔式</td><td>单闸板</td><td>5</td></tr>
<tr><td>双闸板</td><td>6</td></tr>
</table>

闸阀的外形如图 8-1 所示，常用型号规格见表 8-10。根据前述“三、通用阀门产品型号编制方法”之“（八）阀门名称的命名”的规定，闸阀连接形式中的“法兰”式、结构形式中的“明杆”、“弹性”、“刚性”和“单闸板”予以省略。

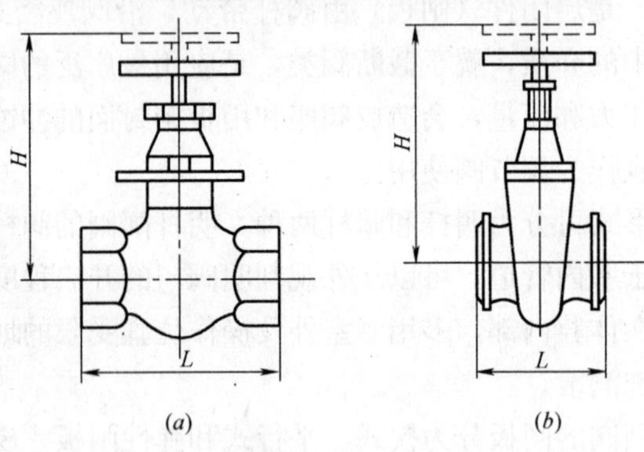

(*a*) (*b*)

图 8-1 闸阀

（*a*）内螺纹闸阀；（*b*）闸阀

常用闸阀型号、规格 **表 8-10**

名 称	型 号	阀体材料	公称直径范围 *DN*(mm)	适 用 介 质
内螺纹暗杆楔式闸阀	Z15T-10	灰铸铁	15～80	水、蒸汽≤120℃
	Z15W-10K	可锻铸铁	15～65	
	Z15W-10	灰铸铁	15～80	燃气、油品≤120℃
	Z15W-10T	铜	15～100	水≤100℃
内螺纹闸阀	Z11J-16	碳钢	15～25	水、蒸汽、油品≤425℃
	Z11H-25	碳钢	15～50	
	Z11H-40	碳钢	15～50	
楔式闸阀	Z41T-10	灰铸铁	50～500	水、蒸汽≤200℃
	Z41W-10	灰铸铁	50～500	油品≤100℃
	Z41T-16	灰铸铁	50～300	水、蒸汽≤200℃
	Z41H-10	灰铸铁	50～300	
	Z41H-16	灰铸铁	50～200	水、蒸汽、油品≤200℃

续表

名称	型号	阀体材料	公称直径范围 DN(mm)	适用介质
楔式闸阀	Z41H-16Q	球墨铸铁	40～250	水、蒸汽、油品≤350℃
	Z41H-25Q	球墨铸铁	50～300	水、蒸汽、油品≤300℃
楔式闸阀	Z41H-16C	碳钢	15～500	水、蒸汽、油品≤425℃
	Z41H-25	碳钢	15～400	
	Z41H-40	碳钢	15～300	
平行式双闸板闸阀	Z44T-10	灰铸铁	40～400	水、蒸汽≤200℃
	Z44W-10	灰铸铁	40～400	油品≤100℃
楔式双闸板闸阀	Z42W-1	灰铸铁	300～700	煤气≤100℃
焊接闸阀	Z61H-25 Z61Y-25	碳钢	15～50	水、蒸汽、油品≤425℃
	Z61H-40 Z61Y-40	碳钢	15～50	

（二）截止阀

截止阀也是用于接通或截断管道中介质的阀门，同闸阀一样是应用最广泛的阀门品种之一。

截止阀的闭件是阀瓣，在开启或关闭时，阀瓣由阀杆带动，沿阀座轴线作升降移动。严格地讲，截止阀不宜用来调节介质的压力、流量，因为会造成密封面的冲蚀，影响其密封性，但在使用习惯上，无论工程设计时还是使用过程中，常用截止阀来调节压力、控制流量。

截止阀的特点是：

(1) 构造较闸阀简单，制造、维修方便，成本较低；

(2) 因启闭过程中阀瓣与阀座无相对滑动，因而密封面磨损较轻，密封性较好；

(3) 结构长度（两法兰面之间的长度）大，但阀的高度小，开启或关闭时的行程短，直径范围小，一般最大直径为 DN200；

(4) 阀体内通道曲折，流动阻力比其他阀门大；介质流动方向受限，使用时要注意阀体上的箭头方向，使介质在阀体内低进高出，不能装反。

截止阀的公称直径范围为 DN6～DN200，公称压力范围为 PN0.6～32MPa，工作温度小于或等于 550℃。

截止阀型号中第四单元的结构形式代号见表 8-11。

截止阀的结构形式代号 **表 8-11**

结构形式	代号	结构形式		代号
直通式	1	平衡式	直通式	6
三通式	3		角式	7
角式	4	压力计用截止阀		9
直流式	5			

截止阀的外形如图 8-2 所示，常用型号规格见表 8-12、表 8-13。根据前述“三、通用阀门产品型号编制方法”之“（八）阀门名称的命名”的规定，截止阀连接形式中的“法兰”式、结构形式中的的“直通式”予以省略。

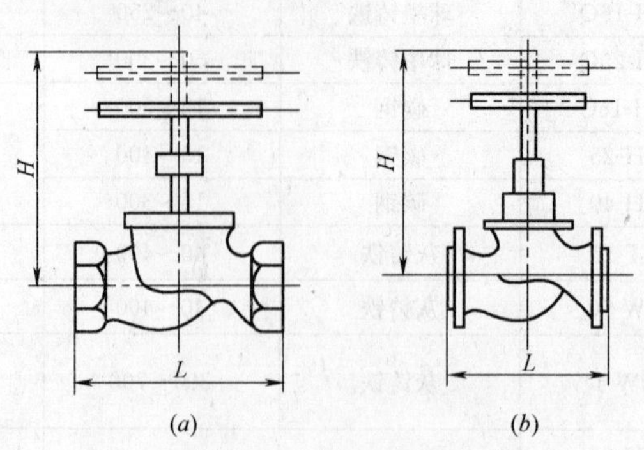

图 8-2 截止阀

(a) 内螺纹截止阀；(b) 截止阀

常用截止阀型号、规格 **表 8-12**

名 称	型 号	阀体材料	公称直径范围 DN(mm)	适 用 介 质
内螺纹截止阀	J11X-10	灰铸铁	15～65	水≤100℃
	J11W-10T	灰铸铁	15～65	水、蒸汽≤200℃
内螺纹截止阀	J11H-16	灰铸铁	15～65	水、蒸汽、油品≤200℃
	J11T-16	灰铸铁	15～65	水、蒸汽≤200℃
	J11W-16	灰铸铁	15～65	油品≤100℃
内螺纹截止阀	J11H-25 J11Y-25	碳钢	15～50	水、蒸汽、油品≤425℃
内螺纹截止阀	J11H-40 J11Y-40	碳钢	15～50	水、蒸汽、油品≤425℃
外螺纹截止阀	J21H-40	碳钢	15～25	水、蒸汽、油品≤400℃
	J21W-40	碳钢	15～25	水、蒸汽、油品≤200℃
截止阀	J41X-10	灰铸铁	15～100	水≤50℃
	J41W-10T	青铜	6～80	水、蒸汽≤200℃
截止阀	Z41H-16	灰铸铁	15～200	水、蒸汽≤200℃
	Z41T-16	灰铸铁	15～200	水、蒸汽、油品≤200℃
截止阀	Z41H-25	碳钢	10～200	水、蒸汽、油品≤425℃
	Z41H-25K	可锻铸铁	15～100	水、蒸汽、油品≤300℃
	Z41H-25Q	球墨铸铁	15～200	水、蒸汽、油品≤350℃
	Z41Y-25	碳钢	15～150	水、蒸汽、油品≤425℃
截止阀	J41H-40	碳钢	15～200	水、蒸汽、油品≤425℃
	J41T-40Q	球墨铸铁	15～200	水、蒸汽、油品≤350℃
	J41Y-40	碳钢	10～125	水、蒸汽、油品≤425℃

续表

<table>
<tr><th>名　称</th><th>型　号</th><th>阀体材料</th><th>公称直径范围 DN(mm)</th><th>适用介质</th></tr>
<tr><td rowspan="2">外螺纹角式截止阀</td><td>J24W-25</td><td>碳钢</td><td>6～25</td><td>氮氢混合气、氨、油品－30～50℃</td></tr>
<tr><td>J24H-40
J24W-40</td><td>碳钢</td><td>6～25</td><td>水、蒸汽、油品≤200℃</td></tr>
<tr><td>焊接截止阀</td><td>J61H-25
J61Y-25</td><td>碳钢</td><td>15～25</td><td>水、蒸汽、油品≤425℃</td></tr>
</table>

常用不锈钢截止阀型号、规格　　**表 8-13**

<table>
<tr><th>名　称</th><th>型　号</th><th>阀体材料</th><th>公称直径范围 DN(mm)</th><th>适用温度</th></tr>
<tr><td>内螺纹截止阀</td><td>J11F-16P</td><td>铬镍钛钢</td><td>15～50</td><td>－30～50℃</td></tr>
<tr><td>截止阀</td><td>J41W-16P</td><td>铬镍钛钢</td><td>15～150</td><td>≤100℃</td></tr>
<tr><td rowspan="2">截止阀</td><td>J41W-25P</td><td rowspan="2">铬镍钛钢
(铬镍钛钼钢)</td><td>15～200</td><td rowspan="2">≤100℃</td></tr>
<tr><td>J41W-25R</td><td>15～200</td></tr>
<tr><td rowspan="2">截止阀</td><td>J41W-40P</td><td rowspan="2">铬镍钛钢
(铬镍钛钼钢)</td><td>15～200</td><td rowspan="2">≤100℃</td></tr>
<tr><td>J41W-40R</td><td>15～200</td></tr>
<tr><td rowspan="2">外螺纹角式截止阀</td><td>J24W-25P</td><td rowspan="2">铬镍钛钢
(铬镍钛钼钢)</td><td>6～25</td><td rowspan="2">≤100℃</td></tr>
<tr><td>J24W-25R</td><td>6～25</td></tr>
<tr><td rowspan="4">外螺纹截止阀</td><td>J21W-25P</td><td rowspan="2">铬镍钛钢
(铬镍钛钼钢)</td><td>6～25</td><td rowspan="2">≤100℃</td></tr>
<tr><td>J21W-25R</td><td>6～25</td></tr>
<tr><td>J21W-40P</td><td rowspan="2">铬镍钛钢
(铬镍钛钼钢)</td><td>6～25</td><td rowspan="2">≤100℃</td></tr>
<tr><td>J21W-40R</td><td>6～25</td></tr>
<tr><td rowspan="2">外螺纹角式截止阀</td><td>J24W-40P</td><td>铬镍钛钢
(铬镍钛钼钢)</td><td>6～25</td><td>≤100℃</td></tr>
<tr><td>J24W-40R</td><td>铬镍钛钢
(铬镍钛钼钢)</td><td>6～25</td><td>≤100℃</td></tr>
</table>

（三）蝶阀

蝶阀的启闭件呈圆盘状，称为蝶板，可以围绕阀座内的一个固定轴旋转 90°，以实现其开启或关闭。通过改变蝶板的旋转角度，可以分级控制流量，因而具有较好的调节性能。蝶阀启闭迅速，由于旋转轴两侧蝶板受介质作用力相等，而产生的转矩方向相反，故启闭力矩较小，操作方便、省力。

按蝶板与阀体通路结构形式的不同，分为垂直式蝶阀（蝶板与阀体通路轴线垂直的蝶阀）和斜板式蝶阀（蝶板与阀体通路轴线成斜角的蝶阀）。

由于结构简单，体积小，重量轻，外形尺寸比其他阀门小，可以做成大口径蝶阀。大口径蝶阀的启闭一般采用电动、液压传动或涡轮传动方式。带传动机构的蝶阀，在安装时应使传动机构置于垂直位置；带扳手的蝶阀，可以安装在管路的任何位置上。

蝶阀型号中第四单元的结构形式代号见表 8-14。

蝶阀的结构形式代号　　　　**表 8-14**

结构形式	代号
杠杆式	0
垂直板式	1
斜板式	3

蝶阀的外形如图 8-3 所示，常用型号规格见表 8-15。根据前述“三、通用阀门产品型号编制方法”之“（八）阀门名称的命名”的规定，蝶阀结构形式中的“垂直板式”予以省略。

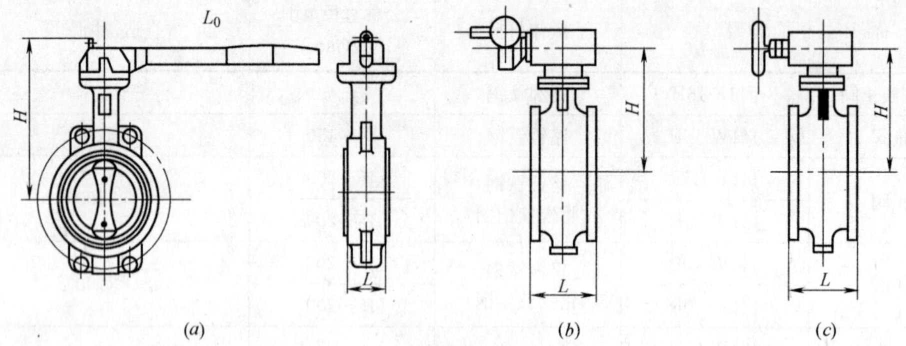

图 8-3　蝶阀

(a) 对夹式蝶阀；(b) 电动蝶阀；(c) 螺杆传动蝶阀

常用蝶阀型号、规格　　　　**表 8-15**

名称	型号	阀体材料	公称直径范围 DN(mm)	适用介质
对夹式蝶阀	D71X-10	灰铸铁	40～200	水、蒸汽≤200℃
	D71X-16	灰铸铁	40～200	
手动调节型对夹式蝶阀	D71H-16C	碳钢	40～200	污水、海水、蒸汽、煤气≤400℃
	D73H-16C	碳钢	40～200	水、蒸汽、油品≤400℃
	D71H-25	碳钢	40～200	污水、海水、蒸汽、煤气≤425℃
	D71H-40	碳钢	40～150	
聚四氟乙烯衬里对夹式蝶阀	$D71F_4$-10	碳钢	50～125	硫酸、氢氟酸等强腐蚀性介质 −20～180℃
手动对夹式中线蝶阀	$D7_A1X$-10	灰铸铁	50～150	水、蒸汽 −20～150℃
	$D7_L1X$-10	灰铸铁	50～150	
	$D7_A1X$-16	灰铸铁	50～150	
	$D7_L1X$-16	灰铸铁	50～150	
螺旋传动对夹式蝶阀	D271X-10	灰铸铁	250～800	海水、煤气≤200℃
涡轮传动对夹式中线蝶阀	$D37_A1X$-10	灰铸铁	50～500	水、蒸汽 −20～150℃
	$D37_L1X$-10	灰铸铁	50～500	
	$D37_A1X$-16	灰铸铁	50～500	
	$D37_L1X$-16	灰铸铁	50～500	

（四）节流阀

节流阀属于调节阀类，也能起截断作用，它也是通过改变阀内通道截面积来调节介质压力和流量的。闸阀、截止阀等截断阀类，都能改变其通道截面积，因此，在一定程度上都能起到调节作用，但调节性能不好，因为它们的启闭件（闸板或阀瓣）与阀杆是活动连接的，同时起闭件的升降与通道面积的改变不成正比，不能做到较精确的调节。

按结构不同，节流阀可以分为截止型节流阀、旋塞型节流阀（亦称节流旋塞）和蝶式节流阀。旋塞型节流阀适用于中、小口径管道，蝶式节流阀适用于大口径管道。应用最多的是截止型节流阀，也就是通常所说的节流阀，也叫针形阀。

节流阀的构造基本上与截止阀相似，但阀杆与启闭件制成一个整体，启闭件有圆锥形、沟形和窗形，由于阀杆螺纹螺距较截止阀小，只要仔细地调节启闭件高度，即可精确调节阀座通道面积，从而得到一定的压力或流量。

节流阀的公称直径范围较小，一般为 *DN*15～*DN*50，公称压力范围为 *PN*2.5～10MPa，工作温度小于或等于 550℃。

节流阀型号中第四单元的结构形式代号见表 8-16。

节流阀的结构形式代号 **表 8-16**

结构形式	代号	结构形式		代号
直通式	1	直流式		5
三通式	3	平衡式	直通式	6
角式	4		角式	7

流节阀的外形如图 8-4 所示，常用型号规格见表 8-17。根据前述“三、通用阀门产品型号编制方法”之“（八）阀门名称的命名”的规定，流节阀结构形式中的“直通式”予以省略。

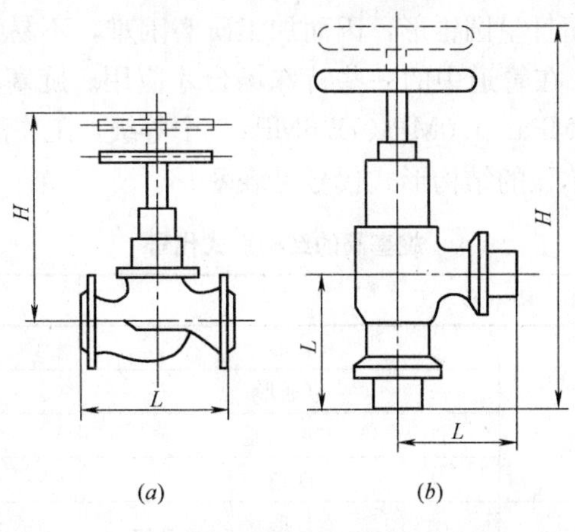

图 8-4 节流阀

（*a*）节流阀；（*b*）角式节流阀

常用节流阀型号、规格　　表 8-17

<table>
<tr><th>名　称</th><th>型　号</th><th>阀体材料</th><th>公称直径范围 DN(mm)</th><th>介质参数</th></tr>
<tr><td rowspan="2">外螺纹节流阀</td><td>L21W-25K</td><td>可锻铸铁</td><td>10～15</td><td rowspan="6">氨、氨液
−20～150℃</td></tr>
<tr><td>L21B-25K</td><td>可锻铸铁</td><td>10～15</td></tr>
<tr><td>节流阀</td><td>L41B-25Z</td><td>可锻铸铁</td><td>32～50</td></tr>
<tr><td rowspan="2">外螺纹角式节流阀</td><td>L24W-25K</td><td>可锻铸铁</td><td>10～15</td></tr>
<tr><td>L24B-25K</td><td>可锻铸铁</td><td>20～25</td></tr>
<tr><td>角式节流阀</td><td>L44B-25K</td><td>可锻铸铁</td><td>32～50</td></tr>
<tr><td rowspan="5">节流阀</td><td>L41H-25</td><td>碳钢</td><td>10～150</td><td rowspan="2">水、蒸汽、油品
≤425℃</td></tr>
<tr><td>L41H-40</td><td>碳钢</td><td>10～150</td></tr>
<tr><td>L41W-16P
L41W-16R</td><td>铬镍钛钢
(铬镍钛钼钢)</td><td>10～150</td><td rowspan="3">≤100℃</td></tr>
<tr><td>L41W-25P
L41W-25R</td><td>铬镍钛钢
(铬镍钛钼钢)</td><td>10～150</td></tr>
<tr><td>L41W-40P
L41W-40R</td><td>铬镍钛钢
(铬镍钛钼钢)</td><td>10～150</td></tr>
</table>

（五）旋塞阀

旋塞阀是一种老式的阀门结构，也称为旋塞、考克。旋塞阀的启闭是靠一个有通道的圆锥形塞芯在阀体内围绕本身轴线作旋转运动来实现的。直通式旋塞阀可以用于截断或调节介质的压力、流量；三通式、四通式旋塞阀可以用于改变介质流量或进行流量分配。旋塞阀可以水平或垂直安装。

旋塞阀的特点是：

(1) 结构简单，零件少，体积小，重量轻；

(2) 通道不缩小，介质在阀内的流向不改变，因而流动阻力小；

(3) 介质流动方向不限，启闭迅速，启闭时只需旋转 90°；

(4) 密封面积大，而且呈圆锥形，因而加工研磨困难，不易维修。

旋塞阀的型号较少，在管道中的一些特殊场合才应用。旋塞阀的直径范围为 *DN*15～*DN*150，公称压力有 0.6MPa、1.0MPa、1.6MPa 三个等级，工作温度一般在 150℃以内。

旋塞阀型号中第四单元的结构形式代号见表 8-18。

旋塞阀的结构形式代号　　表 8-18

<table>
<tr><th colspan="2">结 构 形 式</th><th>代　号</th></tr>
<tr><td rowspan="4">填料</td><td>L形</td><td>2</td></tr>
<tr><td>直通形</td><td>3</td></tr>
<tr><td>T形三通</td><td>4</td></tr>
<tr><td>四通</td><td>5</td></tr>
<tr><td rowspan="3">油封</td><td>L形</td><td>6</td></tr>
<tr><td>直通形</td><td>7</td></tr>
<tr><td>T形三通</td><td>8</td></tr>
</table>

旋塞阀的外形如图 8-5 所示，常用型号规格见表 8-19。根据前述“三、通用阀门产品型号编制方法”之“（八）阀门名称的命名”的规定，旋塞阀结构形式中的“填料”和“直通式”予以省略。

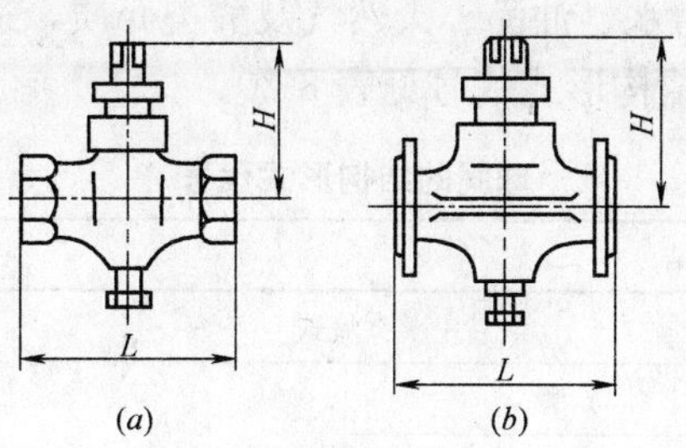

图 8-5　旋塞阀

(*a*) 内螺纹旋塞阀；(*b*) 旋塞阀

常用旋塞阀型号、规格　　**表 8-19**

<table>
<tr><th>名　称</th><th>型　号</th><th>阀体材料</th><th>公称直径范围
DN(mm)</th><th>介 质 参 数</th></tr>
<tr><td>内螺纹三通式旋塞阀</td><td>X14W-6T</td><td>铸青铜</td><td>15～65</td><td rowspan="2">水、蒸汽≤425℃</td></tr>
<tr><td>内螺纹三通式
无(填料)旋塞阀</td><td>X16W-6T</td><td>铸青铜</td><td>15～65</td></tr>
<tr><td rowspan="3">内螺纹(直通式)
旋塞阀</td><td>X13W-10</td><td>灰铸铁</td><td>15～100</td><td>煤气、油品、水≤100℃</td></tr>
<tr><td>X13W-10T</td><td>铸铜</td><td>15～80</td><td>水、油品、蒸汽≤150℃</td></tr>
<tr><td>X13T-10</td><td>灰铸铁</td><td>15～80</td><td>水、蒸汽≤150℃</td></tr>
<tr><td>内螺纹衬套旋塞阀</td><td>X13F-10</td><td>灰铸铁</td><td>15～50</td><td>煤气、天然气≤150℃</td></tr>
<tr><td rowspan="3">三通式旋塞阀</td><td>X44W-6</td><td>灰铸铁</td><td>25～150</td><td>煤气、油品≤150℃</td></tr>
<tr><td>X44W-6T</td><td>铸青铜</td><td>25～150</td><td rowspan="2">水、蒸汽≤150℃</td></tr>
<tr><td>X44T-6</td><td>灰铸铁</td><td>25～150</td></tr>
<tr><td rowspan="3">(直通式)旋塞阀</td><td>X43W-10</td><td>灰铸铁</td><td>20～150</td><td>煤气、油品、水≤100℃</td></tr>
<tr><td>X43T-10</td><td>灰铸铁</td><td>20～150</td><td>水、蒸汽≤120℃</td></tr>
<tr><td>X43W-10T</td><td>铸铜</td><td>25～150</td><td>水、煤气≤150℃</td></tr>
<tr><td>油封煤气旋塞阀</td><td>MX47W-10</td><td>灰铸铁</td><td>50～300</td><td>煤气、天然气、油品
≤150℃</td></tr>
</table>

（六）球阀

球阀是在旋塞阀的基础上发展起来的阀门，启闭件是个球体，绕球体的垂直中心线旋转 90°，即可实现球阀的启闭。球阀克服了旋塞阀的一些缺点，密封性能比旋塞阀好，启闭操作比旋塞阀省力等。

球阀的特点是：

(1) 结构简单，体积较小，重量较轻，阀门的高度比闸阀、截止阀小，启闭迅速灵活；

(2) 流动阻力小，介质流向不限。当球阀处于全开状态时，阀体通道与连接管道的截面积相等，并且直通，介质流过时相当于流经一段管路；

(3) 制造精度要求高，当采用塑料、尼龙等软质密封材料，不能用于温度高的介质。

球阀的公称压力有 1.6MPa、2.5MPa、4.0MPa、6.4MPa 四个等级，公称直径为 DN10～DN700，适用介质为水、油品、天然气及酸类介质，适用温度一般不大于 150℃。

球阀型号中第四单元的结构形式代号见表 8-20。

球阀的结构形式代号 **表 8-20**

<table>
<tr><th colspan="3">结构形式</th><th>代号</th></tr>
<tr><td rowspan="4">浮动球</td><td colspan="2">直流式</td><td>1</td></tr>
<tr><td>Y型</td><td rowspan="3">三通式</td><td>2</td></tr>
<tr><td>L型</td><td>4</td></tr>
<tr><td>T型</td><td>5</td></tr>
<tr><td rowspan="4">固定球</td><td colspan="2">四通式</td><td>6</td></tr>
<tr><td colspan="2">直通式</td><td>7</td></tr>
<tr><td>T型</td><td rowspan="2">三通式</td><td>8</td></tr>
<tr><td>L型</td><td>9</td></tr>
</table>

球阀的外形如图 8-6 所示，常用型号规格见表 8-21、表 8-22。根据前述“三、通用阀门产品型号编制方法”之“（八）阀门名称的命名”的规定，球阀结构形式中的“浮动”和“直通式”予以省略。

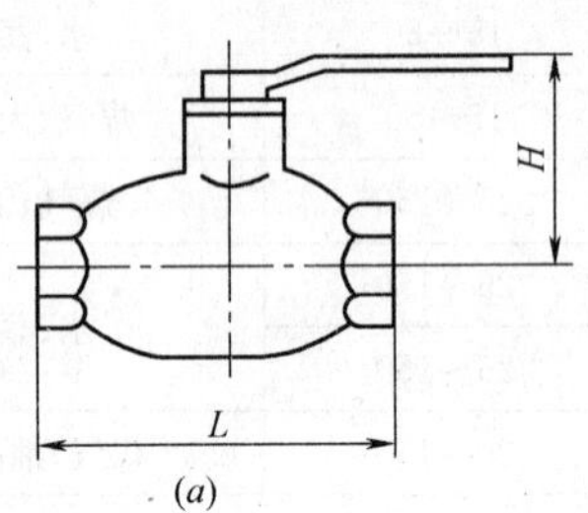

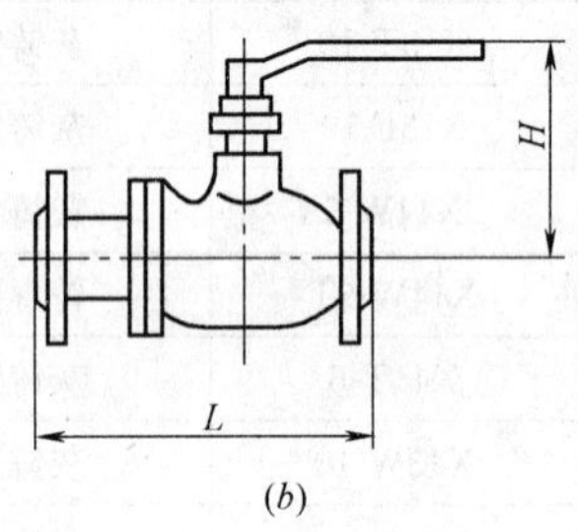

图 8-6 球阀

(a) 内螺纹球阀；(b) 球阀

常用球阀的型号、规格 **表 8-21**

<table>
<tr><th>名称</th><th>型号</th><th>阀体材料</th><th>公称直径范围
DN(mm)</th><th>介质参数</th></tr>
<tr><td rowspan="6">内螺纹球阀</td><td>Q11F-16</td><td>灰铸铁</td><td>15～65</td><td rowspan="2">水、油品≤150℃</td></tr>
<tr><td>Q11F-16Q</td><td>球墨铸铁</td><td>15～50</td></tr>
<tr><td>Q11F-16R</td><td>铬镍钼钢</td><td>15～65</td><td>醋酸类−20～100℃</td></tr>
<tr><td>Q11F-25R</td><td>铬镍钼钢</td><td>15～65</td><td>硝酸类≤150℃</td></tr>
<tr><td>Q11F-40R</td><td>铬镍钼钢</td><td>15～50</td><td>硝酸类−20～100℃</td></tr>
<tr><td>Q11F-40</td><td>碳钢</td><td>15～50</td><td>水、油品≤150℃</td></tr>
</table>

续表

名　称	型　号	阀体材料	公称直径范围 DN(mm)	介 质 参 数
外螺纹球阀	Q21F-16C	碳钢	10～25	水、油品≤100℃
	Q21F-25	碳钢	10～25	
	Q21F-40	碳钢	10～25	水、油品－40～150℃
球阀	Q41F-6C	碳钢	15～100	水、油品≤150℃
	Q41F-10CF	碳钢衬氟	25～100	酸、碱、盐类≤150℃
	Q41F-16	灰铸铁	32～200	水、油品≤150℃
	Q41F-16C	碳钢	15～200	
	Q41F-25	碳钢	15～200	水、油品≤150℃
	Q41F-40	碳钢	15～200	水、油品≤150℃

常用不锈钢球阀型号、规格　　**表 8-22**

名　称	型　号	阀体材料	公称直径范围 DN(mm)	介 质 参 数
内螺纹球阀	Q11F-16P	铬镍钛钢（铬镍钛钼钢）	15～50	≤150℃
	Q11F-16R		15～50	
	Q11F-40P	铬镍钛钢（铬镍钛钼钢）	15～50	≤150℃
	Q11F-40R		15～50	
外螺纹球阀	Q21F-40P	铬镍钛钢（铬镍钛钼钢）	10～25	≤150℃
	Q21F-40R		10～25	
球阀	Q41F-6P Q41F-6R	铬镍钛钢（铬镍钛钼钢）	15～100	≤150℃
	Q41F-16P Q41F-16R	铬镍钛钢（铬镍钛钼钢）	15～200	≤150℃
	Q41F-25P Q41F-25R	铬镍钛钢（铬镍钛钼钢）	15～200	≤150℃
	Q41F-40P Q41F-40R	铬镍钛钢（铬镍钛钼钢）	15～200	≤150℃
焊接球阀	Q61F-40P Q61F-40R	铬镍钛钢（铬镍钛钼钢）	10～100	≤150℃

（七）止回阀

止回阀也叫逆止阀、单向阀，其作用是阻止管道中液体介质的倒流。止回阀靠流体介质自身的动压实现开启或关闭，不需要人工操作或其他动力源。

止回阀分为旋启式和升降式两大类。底阀用于水泵吸水管起端，是一种较为特殊的止回阀，只能安装在垂直管路上。

旋启式止回阀的阀瓣绕体腔内固定轴销作旋转运动，安装时要求阀瓣的轴销保持水平，因此可以安装在水平、倾斜或垂直的管路上，但介质应自下向上流动。

一般升降式止回阀的阀瓣垂直于阀体进出口轴线，并在流体作用下作升降运动，只能安装在水平管路上，但也有一种带有阻尼装置的升降式立式止回阀，由于在阀瓣上部有辅助弹簧，阀瓣在弹簧力的作用下关闭，因此可安装在水平或垂直管路上。

各种止回阀只适用于黏度小的清洁介质，当介质黏度大或有固体颗粒时，不能使用。安装止回阀时要注意阀体箭头方向要与介质流向一致。在大口径管路上一般使用旋启式止回阀，当直径小于 500mm 时多用单瓣阀，直径再大多用双瓣阀或多瓣阀。

止回阀的应用很广，其应用范围仅次于闸阀、截止阀和蝶阀，因而型号、规格较多，其公称压力范围为 0.25～16MPa，公称直径范围为 DN15～DN1800，适用温度一般不大于 200℃。

止回阀型号中第四单元的结构形式代号见表 8-23。

止回阀的结构形式代号　　**表 8-23**

结构形式		代号
升降式	直通式	1
	立式	2
截止止回阀		3
旋启式	单瓣式	4
	多瓣式	5
	双瓣式	6
蝶形止回阀		7

止回阀的外形如图 8-7 所示，常用型号规格见表 8-24、表 8-25。根据前述“三、通用阀门产品型号编制方法”之“（八）阀门名称的命名”的规定，止回阀结构形式中的“直通式”和“单瓣式”予以省略。

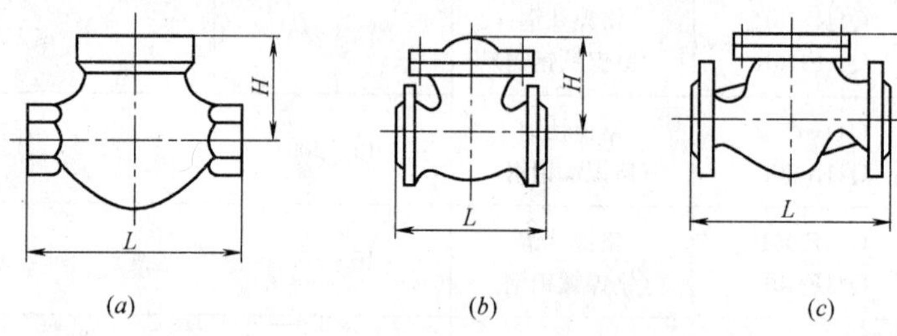

图 8-7　止回阀

(*a*) 内螺纹升降止回阀；(*b*) 旋启式止回阀；(*c*) 升降式止回阀

常用止回阀的型号、规格　　**表 8-24**

名称	型号	阀体材料	公称直径范围 DN(mm)	介质参数
内螺纹升降式止回阀	H11X-10	灰铸铁	15～65	水≤60℃
	H11T-16 H11H-16	灰铸铁	15～65	水、蒸汽≤200℃

续表

名 称	型 号	阀体材料	公称直径范围 DN(mm)	介 质 参 数
升降式止回阀	H41X-10	灰铸铁	15～150	水≤60℃
	H41H-10	灰铸铁	15～100	水、蒸汽、油品≤100℃
	H41T-16 H41W-16	灰铸铁	15～200	水、蒸汽(油品)≤200℃(100℃)
升降式止回阀	H41H-25	碳钢	15～200	水、蒸汽、油品≤426℃
	H41H-25Q	球墨铸铁	15～150	水、蒸汽、油品≤350℃
	H41H-25K	可锻铸铁	15～100	蒸汽≤100℃
	H41H-40	碳钢	10～200	水、蒸汽、油品≤426℃
	H41H-40Q	球墨铸铁	15～200	水、蒸汽、油品≤350℃
旋启式衬胶止回阀	H44J-6	灰铸铁	25～250	腐蚀性介质≤60℃
旋启式止回阀	H44X-10	灰铸铁	50～600	水≤60℃
	H44T-10	灰铸铁	50～600	水、蒸汽≤200℃
旋启式止回阀	H44T-25	碳钢	40～500	水、蒸汽、油品≤350℃
立式止回阀	H42H-25 H42H-40	碳钢	100～200	水、蒸汽、油品≤400℃
塑料球芯止回阀	H62X-10S	硬聚氯乙烯	15～80	酸碱类介质≤70℃

常用不锈钢止回阀的型号、规格　　表 8-25

名 称	型 号	阀体材料	公称直径范围 DN(mm)	介 质 参 数
升降式止回阀	H41W-16P H41W-16R	铬镍钛钢 (铬镍钼钛钢)	15～150	≤100℃
旋启式止回阀	H44W-16P H44W-16R	铬镍钛钢 (铬镍钼钛钢)	20～150	≤100℃
升降式止回阀	H41W-25P H41W-25R	铬镍钛钢 (铬镍钼钛钢)	15～200	≤100℃

续表

名　称	型　号	阀体材料	公称直径范围 DN(mm)	介质参数
旋启式止回阀	H44W-25P H44W-25R	铬镍钛钢 （铬镍钼钛钢）	50～250	≤200℃
立式止回阀	H42W-25P H42W-25R	铬镍钛钢 （铬镍钼钛钢）	15～200	≤200℃
升降式止回阀	H41W-40P H41W-40R	铬镍钛钢 （铬镍钼钛钢）	15～200	≤100℃

（八）隔膜阀

隔膜阀是启闭件（隔膜）由阀杆带动，沿阀杆轴线作升降运动，并将动作机构与介质隔开的阀门。启闭件是柔软的橡胶或塑料制成的隔膜，它把阀体内腔与阀盖内腔隔开，故阀杆部分无须填料函，不存在阀杆填料函的泄漏问题和介质对阀杆的腐蚀问题，因而其密封性能比其他阀门好。

隔膜阀适用于有腐蚀性的酸、碱介质管路，其工作压力较低（不大于 0.6MPa），公称直径一般不超过 *DN*200，根据隔膜材质的不同，工作温度在 60℃或 100℃以内。由于隔膜不耐磨损，使用寿命较短，应按实际使用情况，定期更换。除特定品种以外，隔膜阀不宜在真空管路和真空设备上使用。隔膜材质为橡胶时，需避免与油类介质接触。

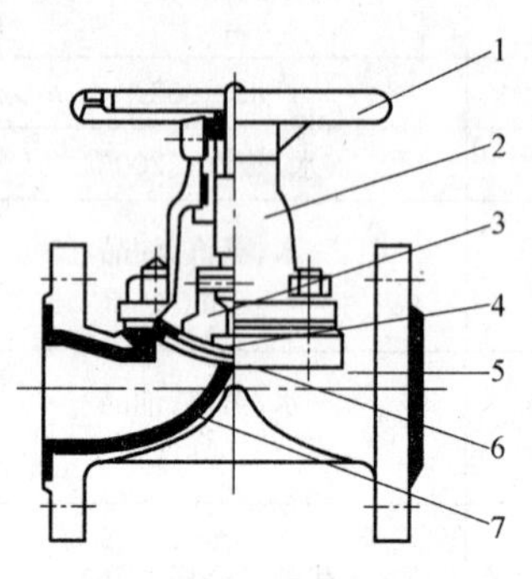

图 8-8　屋脊式隔膜阀

1—手轮；2—阀盖；3—压闭圆板；4—弹性橡胶；5—阀体；6—隔膜；7—衬里

隔膜阀按结构形式分为三种：

（1）屋脊式。即阀体流道中以屋脊形结构与隔膜构成密封副的隔膜阀，是应用最广泛的基本型式，如图 8-8 所示；

（2）截止式。即阀体与截止阀阀体形状相似的隔膜阀，这种隔膜阀的阻力比屋脊式大；

（3）闸板式。即阀瓣与楔式闸阀的单闸板形状相似的隔膜阀，流体阻力最小，适用于输送粘性液体。

按传动方式，隔膜阀分为手动、气动和电动三种。

隔膜材料常采用橡胶、氯丁橡胶、丁腈橡胶、异丁橡胶、氟化橡胶和塑料，对衬里材料和隔膜材料进行合理地选择，可使隔膜阀适用于一定种类的腐蚀性介质，并具有较好的耐久性。

在安装隔膜阀时需注意：

（1）带操作手轮的隔膜阀，可安装在管路或设备的任何位置；

（2）电动或气动传动机构的隔膜阀，应按产品使用说明书的规定安装；一般传动机构应在阀体上方并应垂直；

（3）不允许把手轮或传动机构用作起吊时的受力部位，并严禁碰撞；

（4）隔膜阀的介质流向，除直流式隔膜阀外，均能作双向启闭及节流用。

隔膜阀型号中第四单元的结构形式代号见表 8-26。

隔膜阀的结构形式代号　**表 8-26**

结构形式	代　号	结构形式	代　号
屋脊式	1	直通式	6
截止式	3	闸板式	7
直流板式	5	角式 T 形	9

常用屋脊式隔膜阀的外形如图 8-9 所示，常用型号规格见表 8-27。根据前述“三、通用阀门产品型号编制方法”之“（八）阀门名称的命名”的规定，隔膜阀结构形式中的“屋脊式”予以省略。

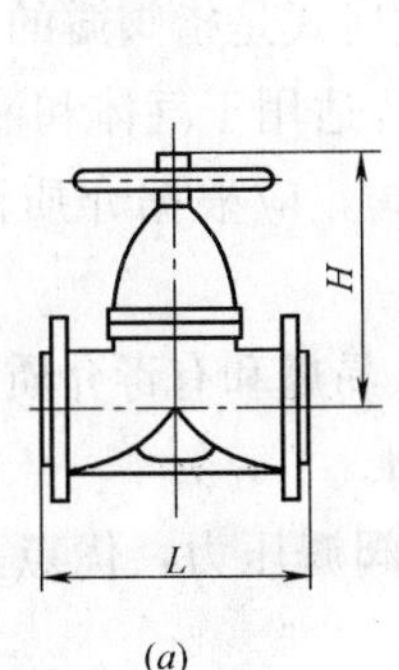

(*a*)

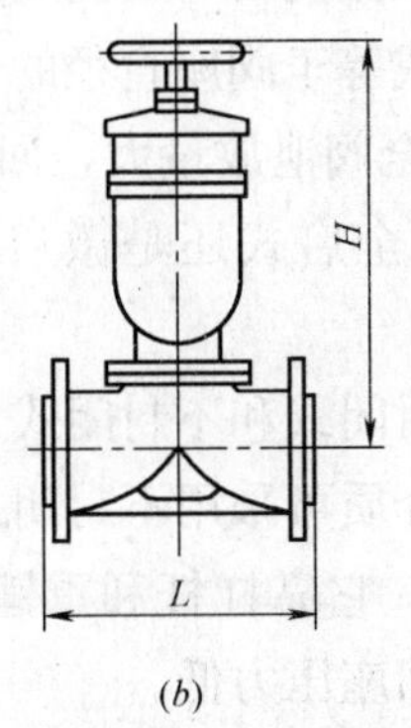

(*b*)

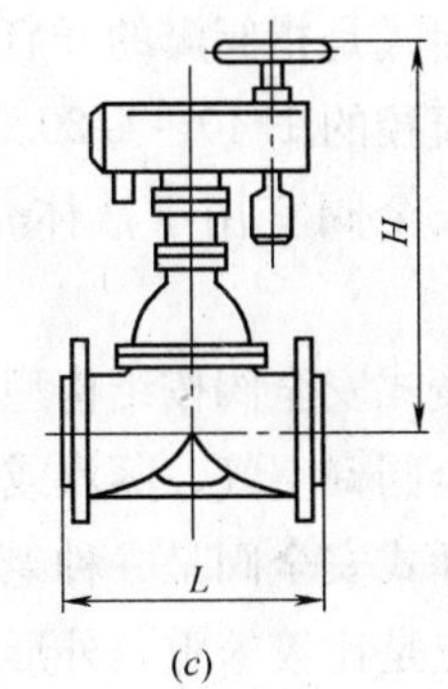

(*c*)

图 8-9　隔膜阀

(*a*) 衬胶隔膜阀；(*b*) 气动隔膜阀；(*c*) 电动隔膜阀

常用隔膜阀的型号、规格　**表 8-27**

名　称	型　号	阀体材料	公称直径范围 DN(mm)	介质参数
内螺纹隔膜阀	G11W-16	灰铸铁	10～80	腐蚀性介质≤200℃
	G11W-16Q	球墨铸铁	10～80	
	G11W-16P	不锈钢	10～80	
搪瓷隔膜阀	G41C-6	灰铸铁	15～250	腐蚀性介质≤100℃
衬胶隔膜阀	G41J-6	灰铸铁	25～300	腐蚀性介质≤65℃
	G41J-10	灰铸铁	25～150	
直流式衬胶隔膜阀	G45J-6	灰铸铁	50～250	腐蚀性介质≤60℃
隔膜阀	G41W-10	灰铸铁	25～200	氨液、水≤100℃
气动衬胶隔膜阀	G641J-6	灰铸铁	25～200	腐蚀性介质≤65℃
	G641J-10	灰铸铁	50～150	腐蚀性介质≤65℃
常开式气动衬胶隔膜阀	G6K41J-6	灰铸铁	25～200	腐蚀性介质≤65℃
常闭式气动衬胶隔膜阀	G6B41J-6	灰铸铁	25～200	腐蚀性介质≤65℃
电动衬胶隔膜阀	G941J-6	灰铸铁	25～200	腐蚀性介质≤65℃

（九）安全阀

1. 安全阀简介

在管道、锅炉和各种压力容器上，为了控制压力，使其不超过允许数值，需要装设安全阀。安全阀是一种安全保护用阀。安全阀具有一定的压力适应范围，使用时可按需要调整定压，如果介质实际压力超过定压数值，安全阀阀瓣便被顶开，通过向系统外排放介质来防止压力超过规定数值。当压力降低后，阀瓣在弹簧力的作用下被推回阀座，重新关闭。

安全阀主要有弹簧式，重锤式（即杠杆式）和先导式（即脉冲式）3 种类型。

应用最普遍的是弹簧式安全阀。根据阀瓣开启高度的不同，可分为全启式和微启式两种。全启式是指阀瓣的开启高度大于或等于阀座直径的 1/4；微启式是指阀瓣的开启高度为阀座直径的 1/40～1/20。全启式安全阀泄放量大，回弹力好，适用于气体和液体介质；微启式安全阀宜用于液体介质。选用全启式还是微启式安全阀，应根据介质泄放量来决定。

弹簧式安全阀按结构型式又分为封闭式和不封闭式。易燃、易爆和有毒介质应采用封闭式安全阀；空气、蒸汽或其他一般介质可采用不封闭式安全阀。

重锤式安全阀是一种老式安全阀，它靠杠杆和重锤来平衡阀瓣压力，优点是比较可靠，缺点是比较笨重，外形尺寸大，回座压力低。

先导式安全阀是利用主阀和副阀连接在一起，借副阀的脉冲作用驱动主阀动作，故过去也叫脉冲式安全阀，优点是动作灵敏，密封性好，通常用于大口径安全阀。

弹簧式安全阀的公称直径范围为 *DN*15～*DN*200，公称压力范围为 1～32MPa，工作温度不大于 600℃。

2. 安全阀的定压

安全阀开启压力的选用，应按设备和管道的设计要求进行。当设计未作规定时，蒸汽锅炉应按《蒸汽锅炉监察规程》的要求进行。

开启压力是指安全阀阀瓣开始起跳、介质连续泄放时的瞬时进口压力，也叫起跳压力。

回座压力是指安全阀关闭、介质停止泄放时的进口压力。

密封压力是指安全阀处于关闭状态，密封面间无介质泄漏时的进口压力，通常称为安全阀的工作压力。

3. 安全阀安装注意事项

(1) 安全阀的安装位置应尽可能布置在平台附近，以便检查和维修。塔体或立式容器上的安全阀一般应安装在顶部。

(2) 一般情况下，安全阀的前后均不能安装截断阀。如果管路介质中含有固体杂质，安全阀起跳后，回座不能关严时，可以在安全阀前面安装闸阀或截止阀，但要保持全部开启，并加铅封。闸阀或截止阀宜采用明杆阀门，以便能从外观判断阀门是否保持开启状态。

(3) 安全阀应垂直安装，管路、容器与安全阀之间要保持通畅。当几个安全阀并联安装时，进出口主管的截面积应不小于各支管截面积之和。

（4）单独排入大气的安全阀，其出口管路压力降不大于其定压值的10%，但不应小于安全阀出口直径。

（5）油气介质一般可排入大气，其出口高度应高于装置最高构筑物3m，但有以下情况者要考虑排入密闭系统，以保证安全：

1）水平距离15m以内有加热炉或其他火源；

2）介质系毒性气体；

3）高温油气排入大气有着火危险时；

4）当排入密闭系统比排至最高构筑物以上3m更为经济时。

4. 安全阀的型号规格

安全阀型号中第四单元的结构形式代号见表8-28。

安全阀的结构形式代号 **表8-28**

<table>
<tr><th colspan="4">结　构　形　式</th><th>代　号</th></tr>
<tr><td rowspan="8">弹簧式</td><td rowspan="4">封闭式</td><td>带散热片</td><td>全启式</td><td>0</td></tr>
<tr><td colspan="2">微启式</td><td>1</td></tr>
<tr><td colspan="2">全启式</td><td>2</td></tr>
<tr><td rowspan="4">带扳手</td><td>全启式</td><td>4</td></tr>
<tr><td rowspan="4">不封闭式</td><td>双弹簧微启式</td><td>3</td></tr>
<tr><td>微启式</td><td>7</td></tr>
<tr><td>全启式</td><td>8</td></tr>
<tr><td>带控制机构</td><td>全启式</td><td>6</td></tr>
<tr><td colspan="4">杠杆式{在类型代号前加 G}</td><td>5</td></tr>
<tr><td colspan="4">先导式(脉冲式)</td><td>9</td></tr>
</table>

常用弹簧安全阀的外形如图8-10所示，常用型号规格见表8-29。根据前述“三、通用阀门产品型号编制方法”之“（八）阀门名称的命名”的规定，安全阀结构形式中的“不封闭式”予以省略。

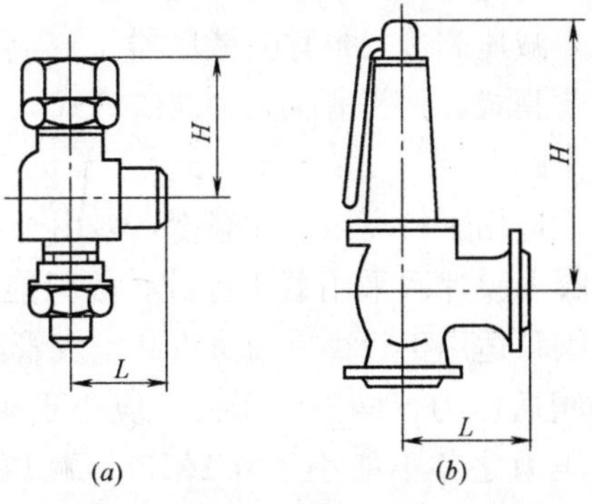

(*a*)　(*b*)

图8-10　弹簧安全阀

（*a*）外螺纹弹簧安全阀；（*b*）弹簧安全阀

常用弹簧安全阀的型号、规格 **表 8-29**

名称	型号	阀体材料	公称直径范围 DN(mm)	介质参数
外螺纹弹簧微启式安全阀	A21F-16	碳钢	15～25	液化石油气－40～80℃
	A21H-16C	碳钢	15～25	水、空气、油品≤200℃
	A21H-25	碳钢	15～25	氨、空气≤200℃
	A21H-40	铬钢	15～25	
外螺纹弹簧微启式安全阀	A27W-10	灰铸铁	32～80	水、蒸汽、空气≤200℃
	A27W-10T	铸铜	15～65	水、蒸汽≤225℃
	A27W-10K	可锻铸铁	15～80	水、蒸汽、空气≤225℃
弹簧微启式安全阀	A41H-16C	碳钢	25～100	水、空气、油品≤300℃
	A41Y-16C	碳钢	25～100	
	A41H-25	碳钢	25～100	
	A41H-40	碳钢	40～100	水、蒸汽、空气≤350℃
弹簧全启式安全阀	CA42Y-16C	碳钢	32～150	水、空气、油品≤300℃
弹簧带扳手微启式安全阀	CA47H-16C	碳钢	40～100	水、蒸汽、空气≤350℃
	CA47H-25	碳钢	40～100	
	CA47H-40	碳钢	40～100	
弹簧带扳手全启式安全阀	CA48Y-16C	碳钢	40～150	蒸汽、空气≤350℃
	A48Y-40	碳钢	40～150	

（十）减压阀

减压阀属于调节阀类，是一种直接作用式压力调节阀。减压阀通过调节，将进口压力减至某一需要的出口压力，并依靠介质本身的能量，使出口压力自动稳定在一定范围内。

减压阀能调节压力，靠的是介质通过阀座通道时产生的节流效应，从而使进口压力降低到预定范围的出口压力。减压阀与节流阀虽然都是利用节流效应来起降压作用，但节流阀的出口压力是随进口压力而变化的，而减压阀却能在进口压力变化的情况下，通过自动调节，使出口压力基本稳定。减压阀过去也称为减压器。

常用减压阀有活塞式、薄膜式、弹簧薄膜式和波纹管式，另外还有在高层建筑中给水和热水管道上使用的供水减压阀。

活塞式减压阀应用最广，适用于较高压力和温度，多用于蒸汽减压；薄膜式减压阀虽能适用于较高压力，但因为阀内膜片系采用氯丁橡胶，故只能在常温下使用，可用于水、空气的减压；波纹管式减压阀只适用于较小口径蒸汽和空气管路使用。

一般情况下，减压阀的阀后压力（即出口压力）应小于阀前压力（即进口压力）的0.5倍，但阀前压力与阀后压力之差不能小于0.2MPa，减压阀必须在水平管道上直立安装。

选用减压阀时应遵循的几点原则：

(1) 当公称压力较低、直径较小时，可选用波纹管式减压阀。此种减压阀为正作用式，即介质作用力使阀瓣趋于开启；

(2) 当介质为温度小于70℃的水或空气时，应根据工作压力，选用相应公称压力等级的薄膜式减压阀。也可以选用阀座密封面材质为橡胶的活塞式减压阀，即 Y43X-16 (25、40) 型；

(3) 当介质为蒸汽，且工作压力较高时，应选用相应公称压力等级，阀座密封面材质为合金钢的活塞式减压阀，即 Y43H-16 (25、40) 型。

减压阀型号中第四单元的结构形式代号见表 8-30。

隔膜阀的结构形式代号 **表 8-30**

结构形式	代　号	结构形式	代　号
薄膜式	1	波纹管式	4
弹簧薄膜式	2	杠杆式	5
活塞式	3		

活塞式减压阀，采用活塞机构带动阀瓣升降的减压阀，如图 8-11 所示。

薄膜式减压阀，采用薄膜作传感件来带动阀瓣升降运动的减压阀，如图 8-12 所示。

弹簧薄膜式减压阀，采用弹簧和薄膜作传感件来带动阀瓣升降的减压阀，如图 8-13 所示。

波纹管式减压阀，采用波纹管机构带动阀瓣升降的减压阀如图 8-14 所示。

常用减压阀的型号规格见表 8-31。

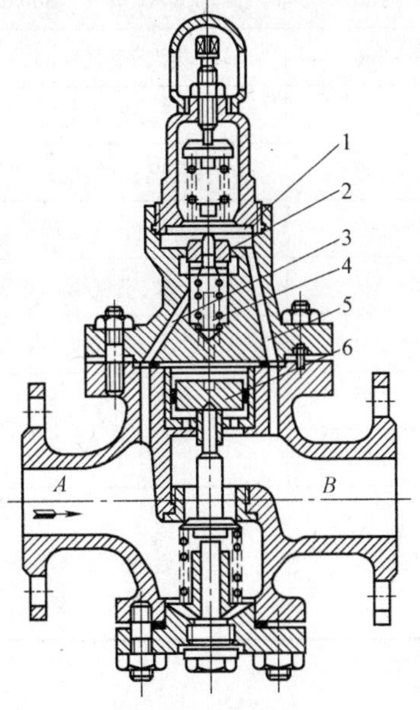

图 8-11 活塞式减压阀

1—膜片；2—脉冲阀；3—α 通道；4—S 通道；5—β 通道；6—活塞

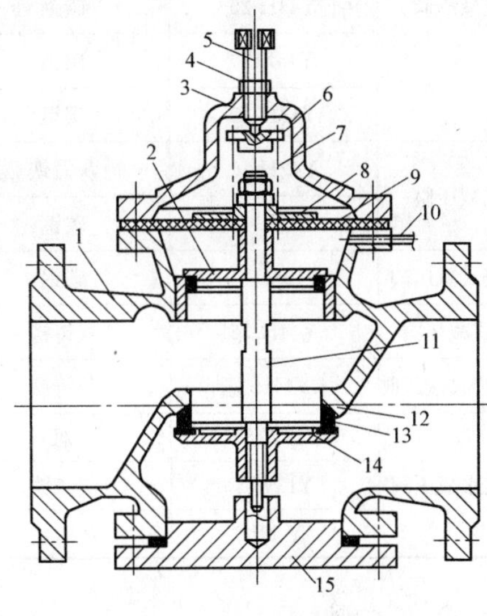

图 8-12 薄膜式减压阀

1—阀体；2—平衡盘；3—阀盖；4—锁紧螺母；5—调节螺钉；6—弹簧座；7—弹簧；8—圆盘；9—氯丁橡胶薄膜；10—低压连通管；11—阀杆；12—阀座；13—密封圈；14—阀盘；15—底盖

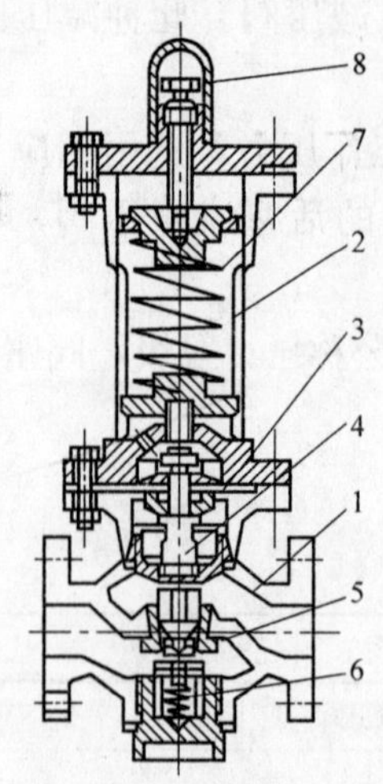

图 8-13 弹簧薄膜式减压阀

1—阀体；2—阀盖；3—薄膜；4—阀杆；5—阀瓣；6—主阀弹簧；7—调节弹簧；8—调节螺钉

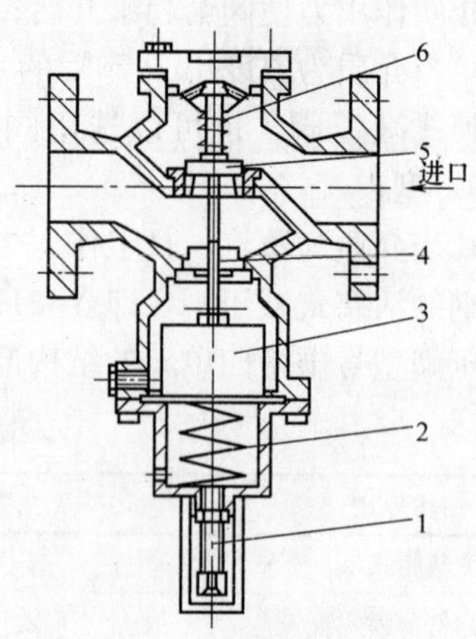

图 8-14 波纹管式减压阀

1—调节螺钉；2—调节弹簧；3—波纹管；4—压力通道；5—阀瓣；6—顶紧弹簧

常用减压阀型号、规格 表 8-31

<table>
<tr><th>名 称</th><th>型 号</th><th>阀体材料</th><th>公称直径范围
DN(mm)</th><th>介 质 参 数</th></tr>
<tr><td rowspan="5">活塞式减压阀</td><td>Y43H-16</td><td>灰铸铁</td><td>20～200</td><td>蒸汽、空气≤200℃</td></tr>
<tr><td>Y43H-16Q</td><td>球墨铸铁</td><td>20～200</td><td>蒸汽、空气≤300℃</td></tr>
<tr><td>Y43H-25</td><td>碳钢</td><td>25～200</td><td>蒸汽、空气≤350℃</td></tr>
<tr><td>Y43X-25</td><td>碳钢</td><td>25～100</td><td>水、空气≤70℃</td></tr>
<tr><td>Y43H-40</td><td>碳钢</td><td>25～100</td><td>蒸汽、空气≤400℃</td></tr>
<tr><td rowspan="2">薄膜式减压阀</td><td>Y42H-16</td><td>灰铸铁</td><td>25～100</td><td>水、空气≤70℃</td></tr>
<tr><td>Y42X-40</td><td>碳钢</td><td>25～80</td><td>水、空气≤70℃</td></tr>
<tr><td>弹簧薄膜式减压阀</td><td>Y42SD-40</td><td>碳钢</td><td>20～100</td><td>水、空气≤70℃</td></tr>
<tr><td>波纹管式减压阀</td><td>Y44H-16</td><td>灰铸铁</td><td>20～100</td><td rowspan="2">蒸汽、空气≤200℃</td></tr>
<tr><td>先导波纹管式减压阀</td><td>CY44H-16</td><td>灰铸铁</td><td>20～100</td></tr>
<tr><td rowspan="3">内螺纹供水减压阀</td><td>Y13W-8T</td><td>铜</td><td>20、25</td><td rowspan="3">水≤90℃</td></tr>
<tr><td>Y13W-8</td><td>灰铸铁</td><td>50</td></tr>
<tr><td>Y-110</td><td>灰铸铁</td><td>20、25、40</td></tr>
</table>

(十一）疏水阀

疏水阀用于蒸汽管道和蒸汽供热设备，能自动排除蒸汽的凝结水，并阻止蒸汽的排出，以提高蒸汽汽化热的利用率，又可防止管道中发生水锤、振动等现象。疏水阀也称疏水器。

疏水阀型号中第四单元的结构形式代号见表 8-32。

疏水阀的结构形式代号　　表 8-32

结构形式	代号	结构形式	代号
浮球式	1	蒸汽压力式	6
迷宫式或孔板式	2	双金属片式	7
浮桶式	3	脉冲式	8
液体或固体膨胀式	4	圆盘式	9
钟形浮子式	5		

常用疏水阀可分为三种类型。

(一) 机械型疏水阀

机械型疏水阀是利用凝结水与蒸汽的重度差，使阀内浮球机械性的升降，以带动阀瓣开启或关闭，达到排水阻汽的目的。

根据浮球结构的不同，可分为：如图 8-15 所示的杠杆浮球式疏水阀和 G 系列杠杆浮球式疏水阀；如图 8-16 所示的浮球式疏水阀。此外还有浮筒式疏水阀，钟形浮子式疏水阀（即倒吊桶式）。

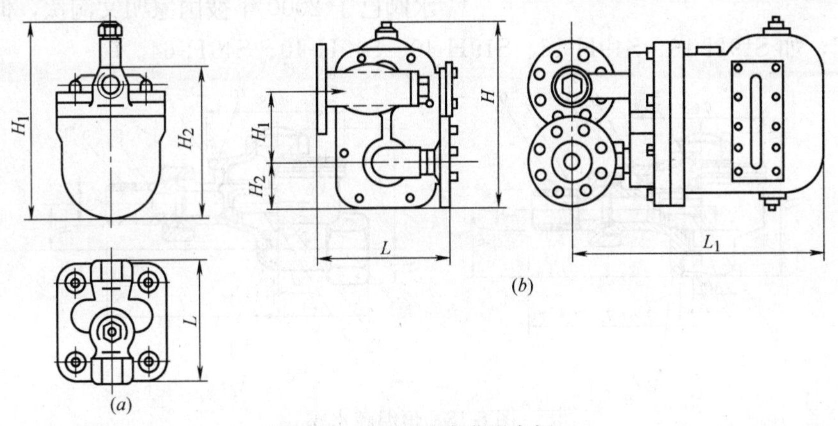

图 8-15　杠杆浮球式疏水阀
(a) 杠杆浮球式；(b) G 系列杠杆浮球式

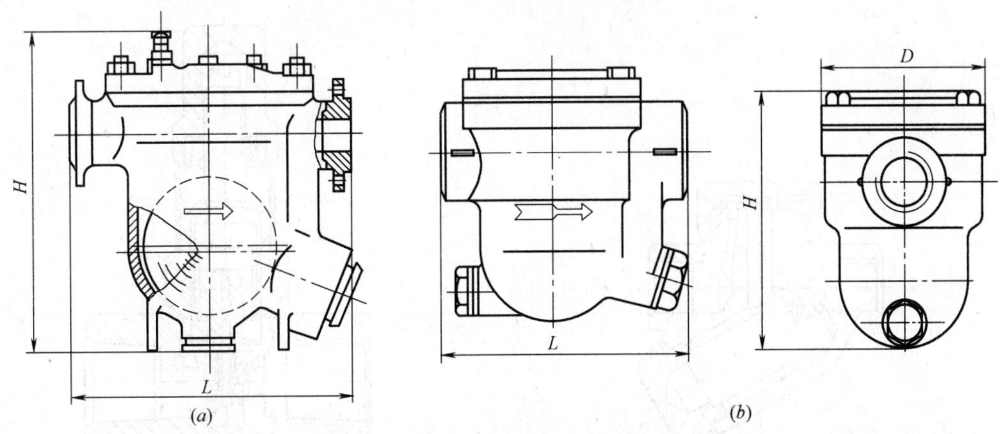

图 8-16　浮球式疏水阀
(a) CS41H 型；(b) S11H、S41H 型

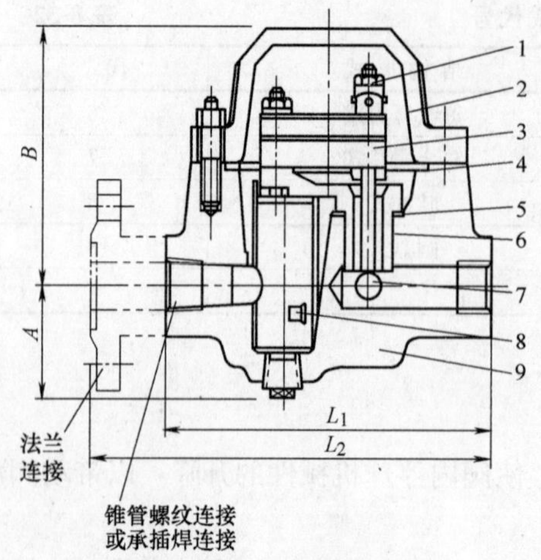

图 8-17 双金属疏水阀

1—调整螺母；2—阀盖；3—双金属片；4—阀盖垫片；5—阀芯垫片；6—阀芯架；7—球阀；8—过滤网；9—阀体

（二）热膨胀型疏水阀

热膨胀型疏水阀是利用凝结水与蒸汽的温度差，使膨胀元件动作，以带动阀瓣开启或关闭，达到排水阻汽目的。属于热膨胀型的疏水阀有如图 8-17 所示的双金属片疏水阀、如图 8-18所示的恒温疏水阀。

（三）热力型疏水阀

热力型疏水阀是利用蒸汽和凝结水热力性质的不同，使阀瓣直接开启或关闭，以达到排水阻汽的目的。属于热力型疏水阀的如图 8-19 所示的疏水阀有热动力式疏水阀和脉冲式疏水阀。

热动力式疏水阀如图 8-19 所示，脉冲式疏水阀如图 8-20 所示。有部分型号的热动力式疏水阀已于 2000 年被国家明文淘汰，但有的书籍仍在引用，如 S19H-16、S49H-16、S19H-40、S49H-40、S49H-64。

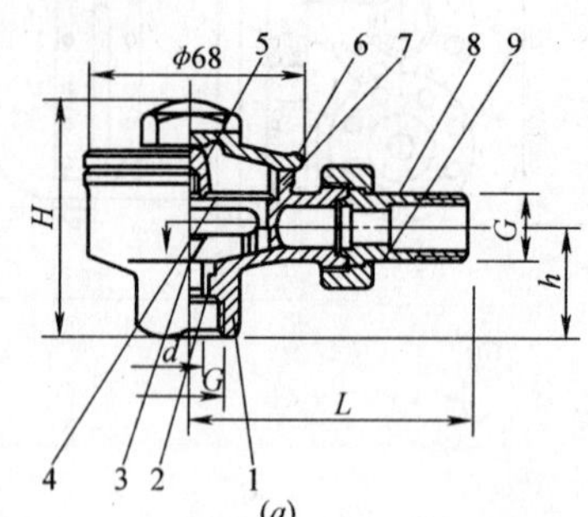

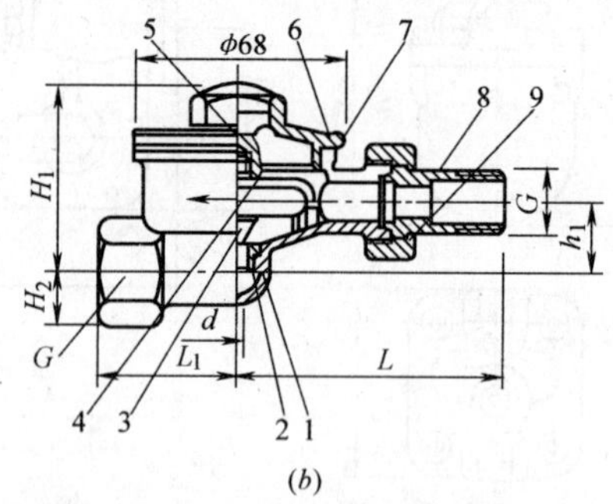

图 8-18 恒温疏水阀

(*a*) S14T-3 型直角式；(*b*) S17T-3 型直通式

1—阀体；2—阀座；3—膜盒式膨胀芯；4—支架；5—定位螺母；6—密封衬垫；7—阀盖；8—接管；9—锁母

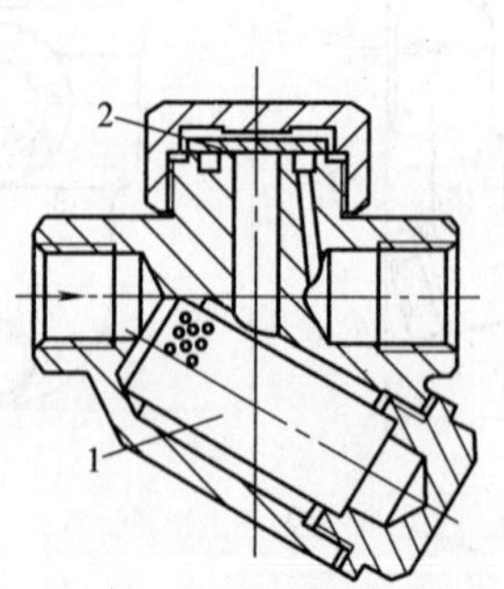

图 8-19 热动力式疏水阀

1—过滤网；2—金属阀片

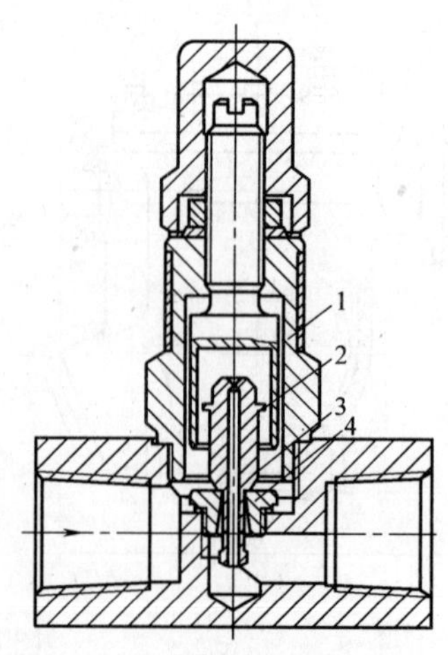

图 8-20 脉冲式疏水阀

1—倒锥形缸；2—控制盘；3—阀瓣；4—阀座

常用疏水阀的型号规格见表 8-33。

常用疏水阀的型号规格　　**表 8-33**

名　称	型　号	阀体材料	公称直径范围 *DN*(mm)	技术参数
杠杆浮球式疏水阀	CS1_C1_BH-1.6Z	灰铸铁	15～25	使用压力 1.4MPa ≤200℃
G 系列杠杆浮球式疏水阀	GSB2 (CS41H-20Q)	球墨铸铁	25～50	使用压力 1.0MPa ≤300℃
	GSB6 (CS41H-20)	碳钢	40～100	使用压力 2.0MPa ≤425℃
	GSB8 (CS41H-20)	碳钢	80～100	
	GSB4	碳钢	40～80	
浮球式疏水阀	CS41H-16C-B (YLS41H-16C-B)	碳钢	15～25	使用压力 1.2MPa ≤200℃
	CS41H-16C-D (YLS41H-16C-D)	碳钢	25～50	
	CS41H-16C-F (YLS41H-16C-F)	碳钢	50～80	
	CS41H-16C-G (YLS41H-16C-G)	碳钢	80～100	
	CS41H-40-B (YLS41H-40-B)	碳钢	15～25	使用压力 2.3MPa ≤250℃
	CS41H-40-D (YLS41H-40-D)	碳钢	25～50	
	CS41H-40-F (YLS41H-40-F)	碳钢	50～80	
	CS41H-40-G (YLS41H-40-G)	碳钢	80～100	
	S11H-0.4C S11H-0.8C S11H-1.6C	碳钢	15～25	使用压力 1.6MPa ≤210℃
	S41H-0.4C S41H-0.8C S41H-1.6C	碳钢	15～25	使用压力 1.6MPa ≤210℃
浮桶式疏水阀	S43H-10	碳钢	15～50	使用压力 1.0MPa ≤200℃

续表

<table>
<tr><th>名称</th><th>型号</th><th>阀体材料</th><th>公称直径范围 DN(mm)</th><th>技术参数</th></tr>
<tr><td rowspan="3">倒吊桶式疏水阀</td><td>S031</td><td>碳钢</td><td>15～20</td><td rowspan="3">使用压力 0.6MPa
≤170℃</td></tr>
<tr><td>S032</td><td>碳钢</td><td>20～32</td></tr>
<tr><td>S033</td><td>碳钢</td><td>40～50</td></tr>
<tr><td>脉冲式疏水阀</td><td>S18H-25</td><td>碳钢</td><td>15～50</td><td>压力 0.06～2.5MPa，
≤225℃；压差范围 0.02～1.6MPa</td></tr>
<tr><td rowspan="6">双金属螺纹疏水阀</td><td>SF-1</td><td>碳钢</td><td>20～25</td><td>350kPa，≤260℃</td></tr>
<tr><td>SF-2</td><td>碳钢</td><td>20～25</td><td>1.4MPa，≤260℃</td></tr>
<tr><td>SF-3</td><td>碳钢</td><td>20～25</td><td>2.8MPa，≤454℃</td></tr>
<tr><td>TSF-1</td><td>碳钢</td><td>15～20</td><td>1.4MPa，≤260℃</td></tr>
<tr><td>TSF-2</td><td>碳钢</td><td>15～20</td><td>1.4MPa，≤260℃</td></tr>
<tr><td>TSF-3</td><td>碳钢</td><td>15～20</td><td>2.8MPa，≤454℃</td></tr>
<tr><td rowspan="2">双金属法兰疏水阀</td><td>SF-GF16、25、40</td><td>碳钢</td><td>20～25</td><td rowspan="2">1.6、2.5、4.0MPa
≤260℃、450℃</td></tr>
<tr><td>TSF-GF16、25、40</td><td>碳钢</td><td>20～25</td></tr>
<tr><td rowspan="3">双金属疏水阀</td><td>MFT-0</td><td>球墨铸铁
（灰铸铁）</td><td>15～20</td><td rowspan="2">0.35、0.85MPa
≤260℃、(200℃)</td></tr>
<tr><td>MFT-1</td><td>球墨铸铁
（灰铸铁）</td><td>25</td></tr>
<tr><td>MFT-3</td><td>球墨铸铁
（灰铸铁）</td><td>32～50</td><td>0.35、0.85、1.4MPa
≤260℃、(200℃)</td></tr>
<tr><td rowspan="2">恒温疏水阀</td><td>S14T-3 直通式</td><td>灰铸铁</td><td>15～25</td><td rowspan="2">用于 PN≤70kPa 的低压
蒸汽管及散热器</td></tr>
<tr><td>S17T-3 直通式</td><td>灰铸铁</td><td>15～25</td></tr>
</table>

第二节 通用阀门的压力试验

在《建筑给水排水及采暖工程施工质量验收规范》GB 50242、《通风与空调工程施工质量验收规范》GB 50243（空调水部分）、《自动喷水灭火系统施工及验收规范》GB 50261（2003 年版）和《工业金属管道工程施工及验收规范》GB 50235 等规范中，对通用阀门在施工现场的压力试验，具体规定并不完全一样，施工中可依工程性质，按各自的规范进行。

本节介绍的通用阀门的压力试验，是指阀门出厂前应进行的压力试验。因此，当上述几种规范规定的压力试验方法不能满足要求时，或施工现场各方（建设单位、监理单位、施工单位）对阀门密封性有异议时，均应以本节所述，对阀门进行压力试验。

一、阀门压力试验的项目

按照 GB/T 13927—1992 的规定，闸阀、截止阀、止回阀、旋塞阀、球阀、蝶阀、隔膜阀等通用阀门的压力试验的项目如下：

1. 壳体试验

壳体试验是对阀体和阀盖等组合而成的整个阀门外壳进行的压力试验，其目的是检验阀体和阀盖的严密性及整个阀门壳体的耐压能力。

2. 上密封试验

上密封是指阀盖与阀杆的密封性能，具有上密封结构的阀门应做此项试验。

3. 密封试验

密封试验是检验启闭件和阀体密封副密封性能的试验。

二、阀门压力试验要求

1. 每只阀门出厂前均应进行压力试验。

2. 在壳体试验完成之前，不允许对阀门涂漆或使用其他防止渗漏的涂层，但允许进行无密封作用的化学防锈处理及阀内衬里。对于已涂过漆的库存阀门，如果用户要求重做压力试验时，则不需除去涂层。

3. 密封试验之前，应除去密封面上的油渍，但允许涂一薄层黏度不大于煤油的防护剂，靠油脂密封的阀门，允许涂敷按设计规定选用的油脂。

4. 试验过程中不应使阀门受到可能影响试验结果的外力。

5. 试验用介质

(1) 如无特殊规定，试验介质的温度应在 5～40℃之间。

(2) 液体试验介质可用水（可以加入防锈剂）、煤油或黏度不大于水的其他适宜液体。

(3) 气体试验介质可用空气或其他适宜的气体。

6. 用液体做试验时，应排除阀门腔体内的气体；用气体做试验时，应采取安全防护措施。

三、试验压力和持续时间

1. 试验压力

(1) 壳体试验的试验压力采用液体介质，试验压力为 20℃下最大允许工作压力的 1.5 倍。

(2) 密封和上密封试验的试验压力按表 8-34 的规定。

密封和上密封试验的试验压力 **表 8-34**

<table>
<tr><th>公称直径 DN(mm)</th><th>公称压力 PN (MPa)</th><th>试验介质</th><th>试验压力(MPa)</th></tr>
<tr><td>≤80</td><td>所有压力</td><td rowspan="2">液体或气体</td><td rowspan="2">20℃下最大允许工作压力的 1.1 倍(液体)或 0.6MPa(气体)</td></tr>
<tr><td rowspan="2">100～200</td><td>≤5</td></tr>
<tr><td>>5</td><td rowspan="2">液体</td><td rowspan="2">20℃下最大允许工作压力的 1.1 倍</td></tr>
<tr><td>≥250</td><td>所有压力</td></tr>
</table>

2. 试验持续时间

(1) 壳体试验的持续时间应不少于表 8-35 的规定。

壳体试验的持续时间 **表 8-35**

公称直径 DN(mm)	≤50	65～200	≥250
最短持续时间(s)	15	60	180

(2) 密封和上密封试验的持续时间应不少于表 8-36 的规定。

密封和上密封试验的持续时间 **表 8-36**

公称直径 *DN*(mm)	最短持续时间(s)		
	密封试验		上密封试验
	金属密封	非金属弹性密封	
≤50	15	15	10
65～200	30	15	15
250～450	60	30	20
≥500	120	60	20

（3）试验持续时间除应符合表 8-35、表 8-36 的规定外，还应满足具体的检漏方法对试验持续时间的要求。

四、阀门试验的步骤和方法

阀门应先进行上密封试验和壳体试验，然后进行密封试验。

1. 上密封试验

封闭阀门的进口和出口，放松填料压盖（如果阀门设有上密封检查装置，且在不放松填料压盖的情况下能够可靠地检查上密封的性能，则不必放松填料压盖），阀门处于全开状态，使上密封关闭，给阀门内充满试验介质，并逐渐加压到规定的试验压力，然后检查上密封性能。

2. 壳体试验

封闭阀门进口和出口，压紧填料压盖以便保持试验压力，启闭件处于部分开启状态。给阀门内充满试验介质，并逐渐加压到试验压力（止回阀应从进口端加压），然后对壳体（包括填料函及阀体与阀盖联结处）进行检查。

3. 密封试验

主要阀类的加压方法按表 8-37 的规定。但对于规定了介质流通方向的阀门，应按规定的流通方向加压（止回阀除外）。试验时应逐渐加压到规定的试验压力，然后检查密封副的密封性能。

主要阀类密封试验时的加压方法 **表 8-37**

阀 类	加 压 方 法
闸阀 球阀 旋塞阀	封闭阀门两端，启闭件处于微开启状态，给阀门内充满试验介质，并逐渐加压到试验压力，再关闭启闭件，释放阀门一端的压力。阀门另一端也按同样方法加压。 有两个独立密封副的阀门也可以向两个密封副之间的阀腔引入介质并施加压力
截止阀 隔膜阀	应在对阀座密封最不利的方向上向启闭件加压。例如：对于截止阀和角式隔膜阀，应沿着使阀瓣打开的方向引入介质并施加压力
蝶阀	应沿着对密封最不利的方向引入介质并施加压力。对称阀座的蝶阀可沿任一方向施加压力
止回阀	应沿着使阀瓣关闭的方向引入介质并施加压力

五、阀门压力试验的评定指标

1. 上密封试验

阀门在上密封试验的持续时间内应无可见泄漏。

2. 壳体试验

阀门在壳体试验时，承压壁及阀体与阀盖联结处不得有可见渗漏，壳体（包括填料函及阀体与阀盖联结处）不应有结构损伤。

如无特殊规定，在壳体试验压力下允许填料处泄漏，但当试验压力降到密封试验压力时，应无可见泄漏。

3. 密封试验

阀门密封试验的最大允许泄漏量见表 8-38 的规定。A 级适用于非金属弹性密封阀门，B、C、D 级适用于金属密封阀门。其中：B 级适用于比较关键的阀门，D 级适用于一股的阀门。各类阀门的最大允许泄漏量（等级）应按有关产品标准的规定。如果有关标准未作具体规定，则非金属弹性密封阀门按 A 级要求，金属密封阀门按 D 级要求。如用户要求按 B 级或 C 级时，应在订货合同中规定。

阀门密封试验的最大允许泄漏量　　表 8-38

试验介质	最大允许泄漏量(mm^3/s)			
	A级	B级	C级	D级
液体	在试验持续时间内无可见泄漏	0.01×*DN*	0.03×*DN*	0.1×*DN*
气体		0.3×*DN*	3×*DN*	30×*DN*

第三节　补偿器及安装

由于热力管道的自然补偿受到管道自身结构和其他条件的限制，因而应用范围很有限，在大多数情况下，还是根据管道的特点和环境条件，选用相应的补偿器。较常用的补偿器有以下几种：

一、方形补偿器

（一）方形补偿器的类型

方形补偿器是应用最多的补偿器之一，也称为 Π 形补偿器，“Π”是俄文字母。它制作简便，工作可靠，补偿能力大，且无需经常维修。根据国家采暖通风标准图集的规定，按平行臂长度和垂直臂长度比例的不同，方形补偿器分为如图 8-21 所示的Ⅰ型、Ⅱ型、Ⅲ型和Ⅳ型四种类型，其主要尺寸和补偿能力见表 8-39。

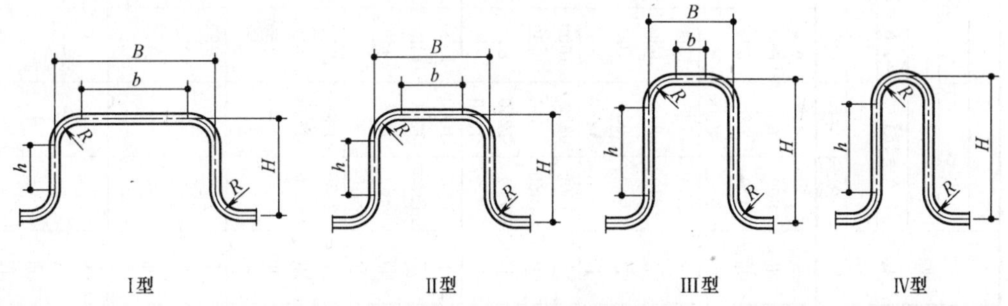

图 8-21　方形补偿器的类型

Ⅰ型（$b=2h$）；Ⅱ型（$b=h$）；Ⅲ型（$b=0.5h$）；Ⅳ型（$b=0$）

方形补偿器常用规格尺寸（mm） **表 8-39**

补偿能力 ΔL	型号	管径 DN																			
		25		32		40		50		65		80		100		125		150		200	
		弯曲半径																			
		R=134		R=169		R=192		R=240		R=304		R=356		R=432		R=532		R=636		R=876	
		结构尺寸																			
		B	H	B	H	B	H	B	H	B	H	B	H	B	H	B	H	B	H	B	H
25	Ⅰ	780	520	830	580	860	620	820	650	—	—	—	—	—	—	—	—	—	—	—	—
	Ⅱ	600	600	650	650	680	680	700	700	—	—	—	—	—	—	—	—	—	—	—	—
	Ⅲ	470	680	530	720	570	740	620	750	—	—	—	—	—	—	—	—	—	—	—	—
	Ⅳ	—	800	—	820	—	830	—	840	—	—	—	—	—	—	—	—	—	—	—	—
50	Ⅰ	1200	720	1300	800	1280	830	1280	880	1250	930	1290	1000	1400	1130	1550	1300	1550	1400	—	—
	Ⅱ	840	840	920	920	970	970	980	980	1000	1000	1050	1050	1200	1200	1300	1300	1400	1400	—	—
	Ⅲ	650	980	700	1000	720	1050	780	1080	860	1100	930	1150	1060	1250	1200	1300	1350	1400	—	—
	Ⅳ	—	1250	—	1250	—	1280	—	1300	—	1120	—	1200	—	1300	—	1300	—	1400	—	—
75	Ⅰ	1500	880	1600	950	1660	1020	1720	1100	1700	1150	1730	1220	1800	1350	2050	1550	2080	1680	2450	2100
	Ⅱ	1050	1050	1150	1150	1200	1200	1300	1300	1300	1300	1350	1350	1450	1450	1600	1600	1750	1750	2100	2100
	Ⅲ	750	1250	830	1320	890	1380	970	1450	1030	1450	1110	1500	1260	1650	1410	1750	1550	1800	1950	2100
	Ⅳ	—	1550	—	1650	—	1700	—	1750	—	1500	—	1600	—	1700	—	1800	—	1900	—	2100
100	Ⅰ	1750	1000	1900	1100	1920	1150	2020	1250	2000	1300	2130	1420	2350	1600	2450	1750	2650	1950	2850	2300
	Ⅱ	1200	1200	1320	1320	1400	1400	1550	1500	1500	1500	1600	1600	1700	1700	1900	1900	2050	2050	2380	2380
	Ⅲ	860	1400	950	1550	1010	1630	1070	1650	1180	1700	1280	1850	1460	2050	1600	2100	1750	2200	2080	2400
	Ⅳ	—	—	—	1950	—	2000	—	2050	—	1850	—	1950	—	2100	—	2150	—	2300	—	2550
150	Ⅰ	2150	1200	2320	1320	2420	1400	2520	1500	2600	1600	2790	1750	2950	1900	3250	2150	3550	2400	3750	2750
	Ⅱ	1500	1500	1640	1640	1730	1730	1800	1800	1850	1850	2000	2000	2150	2150	2450	2450	2600	2600	2950	2950
	Ⅲ	—	—	1150	1920	1210	2030	1290	2100	1460	2300	1580	2450	1760	2650	1950	2800	2080	2880	2480	3200
	Ⅳ	—	—	—	—	—	—	—	2650	—	2400	—	2550	—	2750	—	2850	—	3000	—	3250
200	Ⅰ	—	—	2730	1530	2860	1620	3020	1750	3100	1850	3390	2050	3550	2200	3950	2500	4350	2800	4500	3150
	Ⅱ	—	—	1900	1900	2000	2000	2100	2100	2200	2200	2350	2350	2550	2550	2800	2800	3050	3050	3500	3500
	Ⅲ	—	—	—	—	1350	2300	1480	2400	1680	2750	1860	3000	2060	3250	2200	3300	2400	3500	2850	3900
	Ⅳ	—	—	—	—	—	—	—	—	—	2950	—	3100	—	3300	—	3450	—	3600	—	4000
250	Ⅰ	—	—	—	—	—	—	—	—	3500	2050	3900	2300	4050	2450	4550	2800	4950	3100	5250	3500
	Ⅱ	—	—	—	—	—	—	—	—	2450	2450	2700	2700	2850	2850	3200	3200	3500	3500	4000	4000
	Ⅲ	—	—	—	—	—	—	—	—	1900	3150	2110	3500	2350	3800	2450	3900	2750	4200	3180	4600
	Ⅳ	—	—	—	—	—	—	—	—	—	3400	—	3600	—	3850	—	4050	—	4250	—	4700

使用表 8-39 时，必须注意两点：（1）方形补偿器的尺寸和补偿能力 ΔL 是按照补偿器安装时要进行预拉伸 50%设计的；（2）方形补偿器的四个 90°弯头的弯曲半径是按 4 倍管子外径计算的，如果弯头的弯曲半径改变，方形补偿器的补偿能力也会改变。

（二）方形补偿器的制作

方形补偿器是由四个弯头和一定长度的相连直管制作的，补偿能力大，制作简便，基本无需维修，可用碳素钢管、不锈钢管、铜管、铝管等多种材质的管材制作。

选用补偿器时，首先要计算出管道的热膨胀长度 ΔL，根据热膨胀长度和管径，即可按需要选定补偿器的类型。一般选用Ⅱ型，特殊情况下可选用Ⅰ型、Ⅲ型或Ⅳ型。

方形补偿器尽量用一根管子连续揻制而成，当补偿器不能用一根管子揻制时，则可用两根或三根管子分别揻制，经焊接成形。揻制补偿器时应注意：

1. 揻制补偿器时，尺寸应准确，其歪扭偏差不得大于 3mm/m。

2. 由图 8-22 可以知道方形补偿器的工作状态，补偿器的顶端变形较大，垂直臂中部变形较小，故无论用几根管子揻制，在平行臂上不应有焊口，焊口应设在垂直臂的中部。当平行臂上必须设焊口时，绝对要保证焊口的质量。

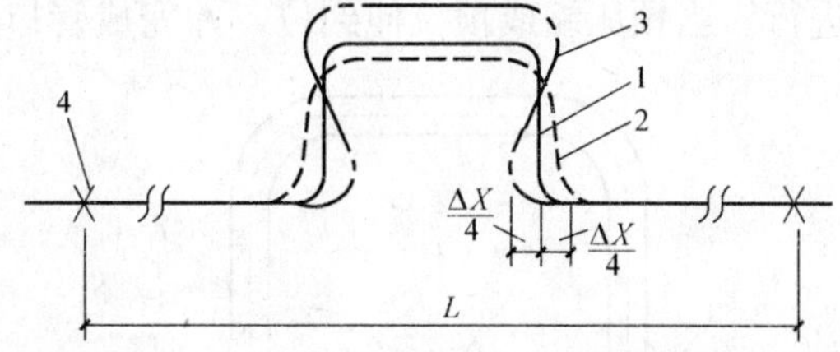

图 8-22　方形补偿器的工作变形

1—安装后自然状态；2—安装预拉伸后状态；3—补偿器运行状态；4—固定支架

3. 方形补偿器组对时，应在平台上或平地上拼接，组对尺寸要正确，垂直臂长度偏差不应大于±10mm，弯头角度必须是 90°。

（三）方形补偿器的安装

安装补偿器时，为了减少热应力和提高热补偿能力，必须对补偿器进行预拉伸或预压缩。输送热介质的管道需预拉伸，输送冷介质的管道需预压缩。方形补偿器的预拉伸或预压缩应在两个固定支架之间的管道上进行。预拉伸或预压缩的焊口离开补偿器的起弯点应大于 2m，并应将补偿器两臂同时拉抻或压缩，允许误差应小于±10mm。

方形补偿器的拉伸可用图 8-23 或图 8-24 所示的方法。前者在补偿器两侧留焊口，每个焊口的拉伸量应为$\frac{\Delta L}{4}$，后者在补偿器一侧留焊口，故焊口的拉伸量应为$\frac{\Delta L}{2}$。压缩或拉伸补偿器也可用图 8-25 所示的螺杆装置。方形补偿器的预压缩或预拉伸也可以用手拉葫

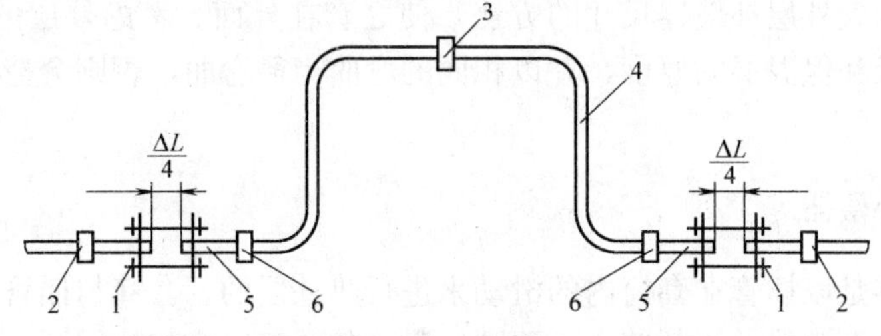

图 8-23　方形补偿器冷拉示意图

1—拉管器；2、6—活动管托；3—活动管托或弹簧吊架；4—补偿器，5—附加直管

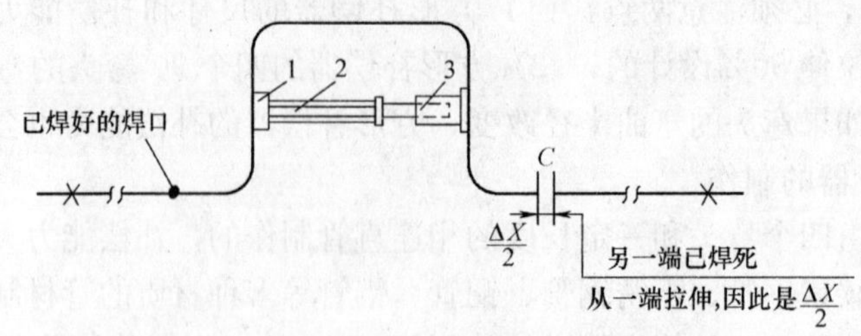

图 8-24 用千斤顶拉伸方形补偿器

1—木板；2—槽钢；3—千斤顶；C—预留出的拉伸间隙

芦进行。当预压缩或预拉伸到位，并完成管口焊接后，必须等焊口冷却后再拆掉压缩或拉伸装置。补偿器拉伸或压缩合格后，应及时作好记录。

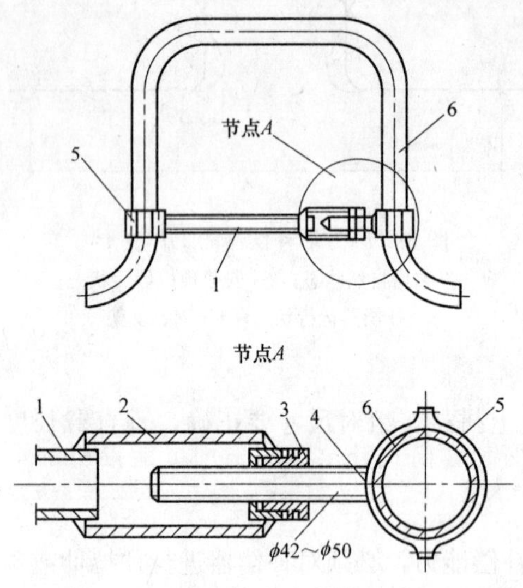

图 8-25 用螺杆装置压缩或拉伸补偿器

1—拉杆；2—短管；3—调节螺母；
4—螺杆；5—卡箍；6—补偿器

当补偿器水平安装时，其垂直臂应呈水平，补偿器顶端（平行臂）应和管道的坡向一致。当补偿器垂直安装时，如管道输送的介质为蒸汽，应在来汽一侧安装疏水阀；如管道输送的介质为液体时，应在补偿器最高点安装排气阀，在最低点安装排液阀。

每个方形补偿器必须设置三个活动支架，即在补偿器顶端（平行臂）中部设置一个活动支架，在补偿器两侧弯头起弯点0.5～1m处，应各设一个活动支架，以便使补偿器在热力管道投入运行后能自由滑动，调整受力状态。在两侧的活动支架以外，应设置导向支架，使管道只能作纵向移动，不能横向移动，保证方形补偿器两侧受力中心线一致。在导向支架和固定支架之间，可视具体情况，每隔2～3个活动支架设置一个导向支架，以防管道因过长而出现水平方向的弯曲。

当几根管子平行敷设时，它们的补偿器应布置在一个膨胀穴内，即使是补偿量相差不多，也只能采用加大外层补偿器尺寸的方法，使之套在外面。考虑外层的补偿器尺寸时，一定要考虑到管径和保温层的厚度，并以相同的弯曲半径弯曲，否则会造成管道布置上的困难。

二、套筒式补偿器

套筒式补偿器是以插管在套筒内的滑动来进行热补偿的。套筒与插管之间多用石棉盘根为填料，需先涂石墨粉，逐圈装入，逐圈压紧，各圈接口应相互错开，并通过螺栓在填料压盖与后挡圈之间压紧达到密封，故套筒式补偿器也称为填函式或填料式补偿器。

传统的套筒式补偿器有钢制和铸铁制两种。钢制补偿器的工作压力不超过1.6MPa，铸铁制补偿器的工作压力不超过 1.3MPa。以结构形式区分，有单向和双向两种。双向套筒式补偿器的补偿能力是单向的两倍。

套筒式补偿器的优点是几何尺寸小，介质流动阻力小，热补偿能力大；缺点是容易泄漏，需要经常维修和更换密封填料。单向套筒式补偿器的构造见图 8-26。

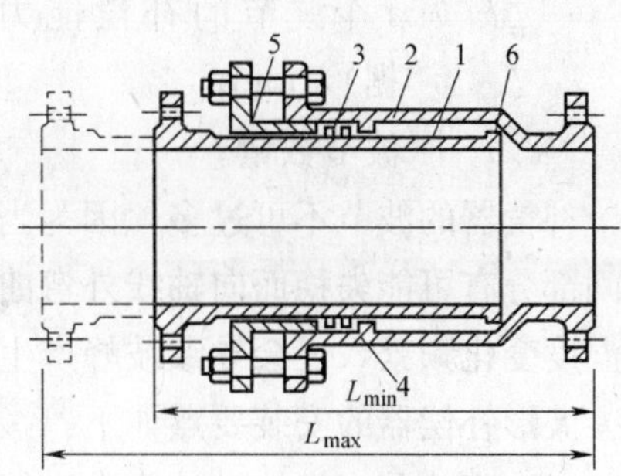

图 8-26　单向套筒式补偿器

1—内插管；2—外套筒；3—密封填料圈；4—后挡圈；5—填料压盖；6—防脱肩

单向套筒式补偿器的外套筒应连接在靠近固定支架的管道上，内插管连接热膨胀管道；双向套筒式补偿器安装在固定支架处，其外壳用固定支架固定。单、双向套筒式补偿器的活动侧（内插管侧）的管道应设导向支架，以便在管道伸缩时与外套筒保持同心，不致偏斜。在安装时，套筒式补偿器的内插管应预先拉伸出来，拉伸长度为两个固定支架之间管段的全部伸长量，但必须在后挡圈与内插管防脱肩之间留出一定间隙，以便在管道温度低于安装温度时，补偿器仍有收缩的余地。安装好的套筒式补偿器应与管道保持同一中心线，不得偏斜。在靠近补偿器的两侧应各有 1～2 个导向支架，以保证管道运行时能自由伸缩，且不致偏离中心线。安装有套筒式补偿器的管道，一律不得采用吊架固定。套筒式补偿器的安装方向应使介质从内插管端流入。

套筒式补偿器是一种老式补偿器，在热力管道上已不再使用套筒补偿器。国标 R408 钢制套筒式补偿器已于 1997 年废止，如制作钢制套筒式补偿器应采用可能推出的新标准图。

三、波形补偿器

波形补偿器是由薄钢板压制成型后拼焊而成的，靠波形壁的弹性变形来吸收管道热胀冷缩的伸缩量。

波形补偿器的内部结构分带内套筒和不带内套筒两种。内套筒的一端与波壁焊接，另一端为自由端，设置内套筒可减少介质流动阻力。波形补偿器的外形及结构如图 8-27 所示。

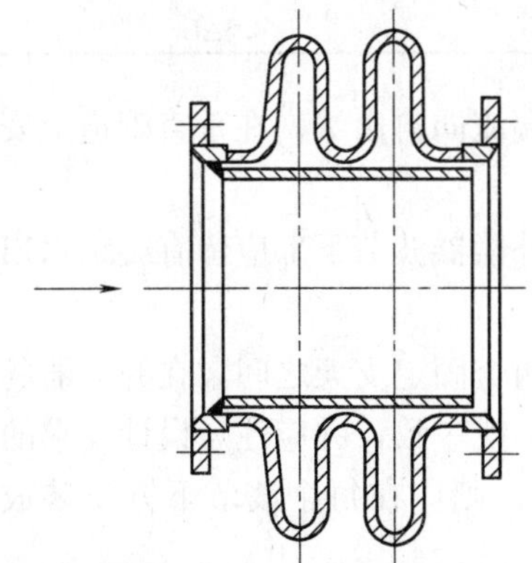

图 8-27　波形补偿器

波形补偿器的强度较低，补偿能力较小，产生的轴向推力较大，故只适用于压力较低（一般不超过 0.6MPa）、直径较大（一般 200mm 以上）和温差变化不大的室外架空煤气管道或压缩空气管道。

波形补偿器一般有 1～4 个波节，其补偿量是各个波节补偿量之和。每个波节的补偿量因具体情况而有所不同，一般为 5～10mm。波形补偿器的补偿能力按下式计算：

$$\Delta L=\Delta l\cdot n$$

式中　ΔL——补偿器的补偿能力，mm；

Δl——1个波节的补偿能力（可采用产品说明书或有关技术资料提供的数据），mm；

n——波节数量。

补偿器的波节不可过多，因为当波节过多时，补偿器所受的应力是两侧大中间小，且中间部分有可能失稳而向轴线外弯曲，故波节最多不可超过6个。在长期使用过程中，如果温度变化频繁，还会导致波峰产生金属疲劳。

波形补偿器的安装要点如下：

(1) 安装前应先按设计要求进行几何尺寸及外观检查，全部焊缝经煤油渗透试验合格后方可安装。

(2) 安装前应按设计要求在平地上进行预拉伸或预压缩，方法基本与方形补偿器的预拉伸或预压缩相同，但应分2～3次逐步加力，拉伸或压缩量的偏差应小于5mm。当达到要求数值时，即进行固定。

波形补偿器的拉伸量或压缩量是根据补偿器零点温度和安装环境温度计算确定的。所谓零点温度，就是设计管道时采用的最高温度和最低温度的中间值。例如，管道内介质的最高温度为80℃，冬期管道停止运行时的最低温度为－10℃，那么补偿器的零点温度即为35℃。当安装时的环境温度低于补偿器的零点温度时，补偿器需预拉伸；当安装时的环境温度高于补偿器的零点温度时，补偿器需预压缩。预拉伸和预压缩的数值见表8-40。

波形补偿器的预拉伸和预压缩的数值　　**表8-40**

安装时的环境温度与补偿器的零点温度之差(℃)	预拉伸量(mm)	预压缩量(mm)
－40	0.5ΔL	
－30	0.375ΔL	
－20	0.25ΔL	
－10	0.125ΔL	
0	0	0
10		125ΔL
20		25ΔL
30		375ΔL
40		0.5ΔL

(3) 波形补偿器水平安装时，介质应从内套筒的焊接端流向自由端；在垂直管道上安装时，内套筒的焊接端应置于上部。

(4) 如果管道在运行中产生凝结水，水平安装的波形补偿器波节下部应留有凝结水出口，并接管将凝结水排出。

(5) 波形补偿器应安装在直线管端上，并尽量设置在两个固定支架之间，在补偿器的两侧应各设一个导向支架，以保证管道中心线与补偿器中心线一致，并应注意设计要求的安装方向，不得弄错。如输送的介质为液体或有液体析出，则应在每个波节下方安装放水阀。

(6) 吊装波形补偿器时，不得将绳索绑扎在波节上，也不允许将支撑件焊接在波节上。

四、波纹管补偿器

波纹管补偿器也称为膨胀节，是近十几年来发展迅速并广泛应用的新型补偿器，它也是以U形波纹管为挠性组件，这一点和传统的波形补偿器是相同的，但由专业工厂批量生产波纹管补偿器技术含量更高，其型号、规格已系列化，能满足多种情况下对管道和设备进行热补偿的需要。

波纹管补偿器的补偿量比方形补偿器和套筒式补偿器要小，且价格较高，但不需占用额外的安装面积，因此在城市热力管道中的应用日益广泛。该型补偿器更适于安装空间狭小部位或设备、装置之间的近距离的连接管道，这些管道往往构成空间管道系统，合理的分布波纹管补偿器，可以把管道热胀冷缩对设备的影响降低到工艺技术要求允许的范围内。

波纹管补偿器有多种结构型式和不同的压力等级，各厂家的产品自成系列，有的还引进了美国或日本的制造技术。常用的轴向型波纹管补偿器见图8-28。

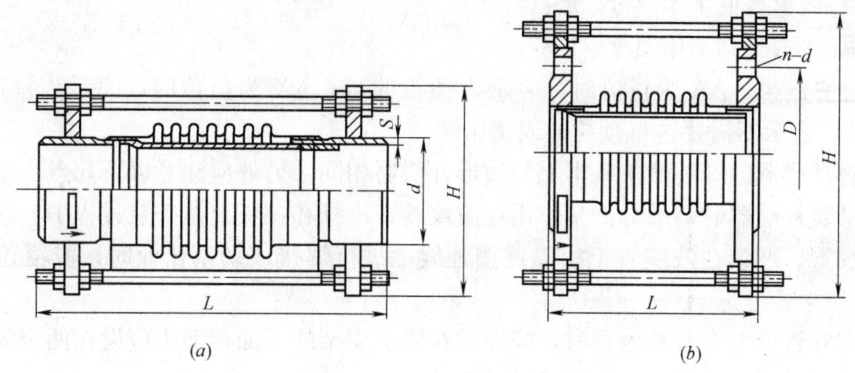

图8-28　轴向型波纹管补偿器

(a) 焊接式；(b) 法兰式

上图中的波纹管补偿器用于补偿轴向位移，补偿器中段的波纹，材质通常为奥氏体不锈钢，两端为无缝钢管，内部有一端固定的导流管。此外，多数专业厂家生产以吸收轴向位移为主，同时也吸收少量径向位移，或以吸收横向位移和角位移为主的多种结构形式的波纹管补偿器。在实际工作中，要按工程设计选用的产品型号、规格进行安装。

波纹管补偿器的补偿量，不同厂家的产品有所不同，有的按疲劳寿命1000次计算，有的可能按500次或2000次计算。对于同一种产品而言，选用的疲劳寿命越长，其补偿量越小；选用的疲劳寿命越短，其补偿量越大。补偿器的补偿量是允许拉伸量与允许压缩量之和。有的厂家的产品性能规定，允许拉伸量占$\frac{1}{3}$，允许压缩量占$\frac{2}{3}$；而有的产品性能规定，允许拉伸量与允许压缩量各占$\frac{1}{2}$。这就要求施工人员在安装之前，认真阅读产品说明书，如有疑问向设计单位或供货厂家提出。

在安装补偿器时，可根据管道的最高工作温度、最低工作温度和安装环境温度，计算补偿器的预拉伸量和预压缩量。

对于补偿器中预拉伸量和预压缩量各占$\frac{1}{2}$的产品，其安装预变形量计算公式如下：

$$\Delta X=\Delta L\cdot\left(\frac{1}{2}-\frac{t_{an}-t_{min}}{t_{max}-t_{min}}\right)$$

对于补偿器中允许拉伸量占$\frac{1}{3}$、允许压缩量占$\frac{2}{3}$的产品，其安装预变形量计算公式如下：

$$\Delta X=\Delta L\cdot\left(\frac{1}{3}-\frac{t_{an}-t_{min}}{t_{max}-t_{min}}\right)$$

以上两式中：

ΔX——安装补偿器时的预变形量，即预拉伸量或预压缩量，mm；

ΔL——管道的最高工作温度、最低工作温度区间的伸缩量，mm；

t_{an}——安装环境温度，℃；

t_{min}——管道最低工作温度，℃；

t_{max}——管道最高工作温度，℃。

根据计算结果，ΔX为正值时，表示为预拉伸量；ΔX为负值时，表示为预压缩量；ΔX为零时，表示不需要进行预拉伸或预压缩。

波纹管补偿器的安装要求基本上与波形补偿器相同，另外应注意以下几点：

（1）吊装补偿器时，吊具严禁作用在波纹管、拉杆和拉板上。安装过程中，应防止硬物磕碰波纹管。严禁在波纹管上引弧或接地线，进行焊接或切割作业时，应覆盖保护波纹管；

（2）在立管道上安装补偿器时，应设置在固定支架的下面，而不应设在两个固定支架的中间位置，以尽可能减少补偿器承受的管道重量；

（3）不允许波纹管扭曲受力，不允许利用波纹管补偿器调整管道对口；

（4）管道水压试验用水的氯离子含量不得超过25ppm；补偿器如需保温，应避免使用含有氯离子的材料。

五、球形补偿器

球形补偿器是一种新型补偿装置，它具有补偿能力大，阻力小、占地面积小、变形应力小的特点，可广泛地用于以热水和蒸汽为介质的压力管道。球形补偿器的结构如图8-29所示，其构造主要由球体与密封装置等组件组成，在热力管道受热后以球体回转中心自由转动，吸收管道热位移，以减少管道的应力，其动作原理如图8-30所示。

球形补偿器的外壳为铸钢或铸铁件，球体为铸钢件。补偿器的密封形式分为两种：一种是压紧式，密封圈用加填充剂的聚四氟乙烯制成，当补偿器在运行中经反复动作而出现泄漏时，只要将压紧法兰的各个螺栓均匀拧紧$\frac{1}{2}$圈即可，一旦密封圈损坏，可拆下压紧法兰进行更换；另一种密封形式是填注式，当补偿器出现泄漏时，可使用专用注射枪，将填料通过注射筒打入补偿器密封面。

由于球形补偿器是利用其活动球体的角向转动来补偿管道热膨胀长度的，因而它不要

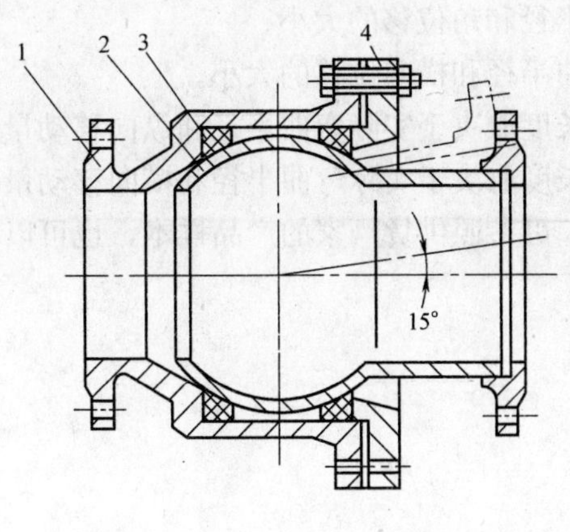

图 8-29 球形补偿器的结构

1—外壳；2—球体；3—密封圈；4—压紧法兰

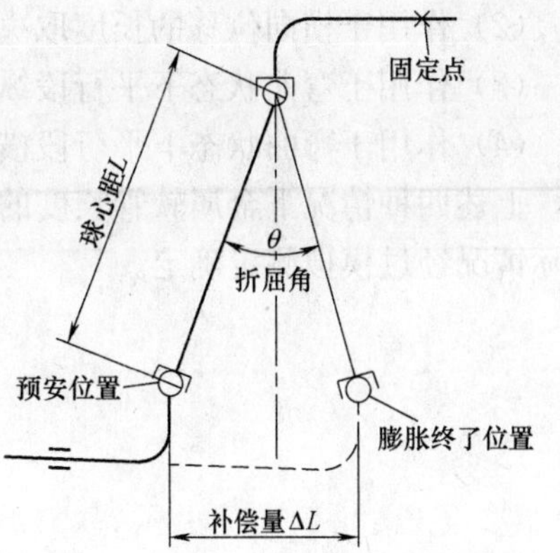

图 8-30 球形补偿器的动作原理

求两侧管道严格在一条直线上，故尤其适合具有双向或三向位移的管道部位。

球形补偿器无法单个使用，而必须根据具体情况，每 2～4 个为一组来使用，见图 8-31。

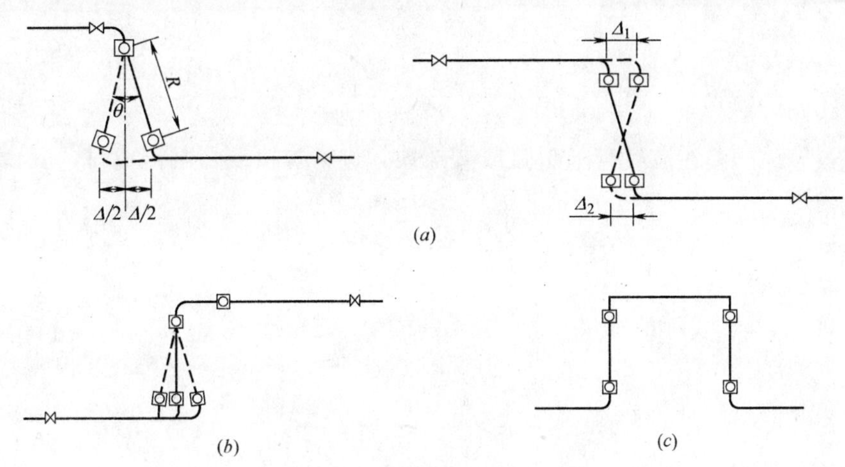

图 8-31 球形补偿器的组合

(*a*) 2 球式组合；(*b*) 3 球式组合；(*c*) 4 球式组合

北京冶金设备设计研究院京球节能新技术公司生产的球形补偿器，有压紧式和填注式两种类型，公称直径为 32～600mm，公称压力为 1.0～4.0MPa，工作温度为 150～450℃。

六、金属软管

金属软管在某些情况下可用于管道的热补偿或需要经常移动的部位，例如燃油、燃气锅炉房的燃烧器配管，某些液压管道或二氧化碳等气体消防系统的贮瓶间。另外，某些情况下热力管道和设备配管的热补偿，罐类、塔类设备基础沉降场合的配管，管道与设备的连接，都可以使用金属软管。

上述几种情况下金属软管的长度计算可归纳为以下几种形式：

(1) 作用于角位移的长度取决于实际弯曲半径和角位移的大小。

(2) 作用于横向位移的长度取决于实际弯曲半径和横向位移的大小。

(3) 作用于弯曲状态下平行段纵向位移的长度取决于实际弯曲半径和纵向移动量。

(4) 作用于弯曲状态下平行段横向位移的长度取决于实际弯曲半径和横向移动量。

上述四种情况下金属软管长度的计算方法，可参照供货厂家的产品样本，也可以根据实际情况经过模拟测定确定。

第九章　管道支架

第一节　管道支架综述

一、管道支架的作用和安全要素

（一）管道支架的作用

管道支架的作用除支承管道及其配件的重量外，还要控制管道的位移和变形，承受从管道传来的内压力、外部载荷及温度变形而产生的弹性力，并把这些力传递到管道支架生根的建筑结构上。可以说，管道支架是管道系统结构安全和运行安全的保证。

（二）管道支架的安全要素

1. 支架的安装要做到各种功能的支架布置合理。

2. 支架的生根牢固可靠。

3. 支架结构合理并有足够的强度和刚度。

4. 支架与管道的接触贴实，无卡涩。

二、管道支架的类型及适用范围

（一）固定支架

固定支架用于管道上不允许有任何位移（主要是轴向位移）的地方。

固定支架安装的位置不同，所承受的水平推力也不同：位于直线管道上两个补偿器之间的固定支架所承受的水平推力较小，称之为中间固定支架，而位于管道转角处的固定支架所承受的水平推力较大，称之为转角固定支架。

固定支架除承受管道的重量外，还分段控制着管道的热胀冷缩变形，承受着较大的水平推力。因此固定支架要生根在C15级以上的钢筋混凝土结构上或专设的构筑物上。

在动力管道尤其是热力管道中，设置固定支架有减载式（或称平衡式）与重载式（或称不平衡式）之分。要区分这两种支架，必须先知道固定支架所受的三种主要水平推力：

1. 管道因热胀冷缩而在活动支架上滑动或滚动时，会产生一定的摩擦力，固定支架必须承受由此而产生的摩擦反力。

2. 无论是方形补偿器、套筒补偿器还是波纹管补偿器，都具有一定弹性力，只有当外力大于其弹性力时，补偿器才开始变形。因此，固定支架还必须承受补偿器的反力。反力的大小随补偿器的型号和规格而不同。

3. 如果在固定支架的一侧，安装有弯头、大小头、盲板或阀门，并当阀门处于关闭状态或开度较小时，由于管道内压力的存在，便会产生轴向推力，其最大值为内压力与管道截面积的乘积。

在实际工程中，精确地计算固定支架的水平推力是比较困难的，仅补偿器的弹性力一项，就因情况不同而有比较大的变化。在水平推力的上述三个组成部分中，以管道内压力产生的轴向推力为最大，而活动支架的水平摩擦反力和补偿器的弹性力较小。

为了区别固定支架的受力情况，通常把两个补偿器或自然补偿弯管之间的固定支架，称为减载式或平衡式固定支架，这种支架不承受因内压力而产生的轴向推力；将设置在管道末端或设备附近的固定支架，称为重载式或不平衡式固定支架，这种支架承要受因内压力而产生的轴向推力。

为了简化计算，可以把减载式固定支架的水平推力按由内压力产生的轴向推力的25%计算，即：

减载式固定支架水平推力：$0.25fp$。

重载式固定支架的水平推力，显然在减载式固定支架水平推力的基础上，增加轴向推力：

重载式固定支架水平推力：$1.25fp$。

在水平推力计算式中，f 表示管道截面积，p 表示管道内压力。

由于本书以民用水暖管道内容为主，故不详细介绍涉及工业或动力管道的内容。

（二）活动支架

活动支架用于水平管道上有轴向位移或横向位移、但没有或只有很少垂直位移的地方。活动支架有滑动支架、滚动支架、导向支架、弹簧支架、吊架等结构形式。

1. 滑动支架。滑动支架主要承受管道的重量和因管道热位移摩擦而产生的水平推力，用于对摩擦作用力无严格限制的管道，并且保证在管道发生温度变化时，能够自由滑动，滑动支架在管道工程上用的最为广泛。滑动支架应固定于不低于 MU7.5 级砖 M2.5 级白灰砂浆砌筑的厚度 240mm 以上的砖墙或 C15 级以上的混凝土结构上。

2. 滚动支架。滚动支架用于介质温度较高、管径较大且要求支架移动时减少摩擦作用力的管道上。

3. 导向支架。导向支架是滑动支架的一种，用于水平管道上只允许有轴向位移而不允许有横向位移的地方。它与一般滑动支架的不同在于其设有侧向挡板（管道滑托与挡板间应有 3～5mm 的间隙，以保证滑托能自由滑动），只允许管道在轴线方向移动。一般在波纹管补偿器、波形补偿器、填料式补偿器和铸铁阀门等附件两侧设置，以保证管道的直线性，避免上述管道附件受弯矩作用而引起故障或破坏。垂直管段上设置的导向支架除限制管道位移方向外，还能减少管道的振动，但在导向支架处不能承受管道的重量。

4. 弹簧与刚性支吊架组合在一起构成弹簧支吊架，用于有垂直位移的管道上。

5. 吊架用于管道易于悬吊或不便设置支架的条件下。吊架由生根部分、连接部分及管卡装配而成。

三、支架选用的一般要求

一般情况下，支架选用要遵守以下要求：

1. 应按设计文件的规定选择支架的类型和布置方式，并能满足管道的强度和刚度、管道的工作压力和工作温度、管道投入运行时的位移和补偿、管道安装的实际位置等方面的要求；

2. 在热力管道的直管段上的两个补偿器之间，或无补偿装置、有热位移的直管段上，只允许设置一个固定支架；

3. 水平安装的方形补偿器或弯管附近，应采用滑动支架，以便管道在温度变化而引起伸缩时能够自由地作轴向或横向移动；

4. 波纹管补偿器、波形补偿器、填料式补偿器对管道的直线度要求较高，故在其两侧应设置 1～2 个导向支架，以保证管道运行时补偿器不致偏离中心线而失稳；

5. 焊接结构的支吊架制作简单，施工方便，应用较多，为便于成批加工制作，应尽量选择标准支吊架；

6. 在同一管道上不宜连续使用吊架，应在适当位置设置型钢支架或防晃吊架，以防止管道摆动。

四、支架间距的确定

管道支架的间距应符合设计文件的规定。当设计文件无规定时：

1. 钢管道支架的最大间距可参照相关规范或表 9-1 确定。

钢管道支架的最大间距　　**表 9-1**

公称直径 DN		15	20	25	32	40	50	70	80	100	125	150	200	250	300
最大间距(m)	保温管	2	2.5	2.5	2.5	3	3	4	4	4.5	6	7	7	8	8.5
	不保温管	2.5	3	3.5	4	4.5	5	6	6	6.5	7	8	9.5	11	12

2. 铜及铜合金管道的支架间距可按钢管道支架间距的 80％确定。

3. 铝及铝合金管道的支架间距可按钢管道支架间距的 65％～75％确定，铅合金管道及硬塑料管道的支架间距可按 1～2m 确定。在较重的管道附件旁应设支架，以承受其荷重。

五、支架制作

支架制作的一般要求：

1. 管道支架的制作宜在管道安装前，经实测后集中预制，以提高工效。支吊架的形式和加工尺寸应符合施工图或设计文件指定的标准图的要求。当标准图上的尺寸与现场实际情况不符时，应按现场实际需要的尺寸进行调整；

2. 管道支、吊架材料，除设计文件另有规定者外，一般采用普通型钢制作。支吊架上的孔应采用电钻加工，不得用氧乙炔焰割孔。钻孔直径应比所穿管卡或螺栓的直径大 2mm 左右。管卡、吊杆等部件上的螺纹应光洁整齐，无断丝和毛刺等缺陷。管卡可用圆钢或扁钢制作，其内圆弧部分应与管子外径相符；

3. 支吊架的各部件，应在组焊前校核其尺寸，确认无误后再进行组对和点固焊。点焊成型后用角尺或标准样板校核组对角度，并在平台上矫形，最后完成所有焊缝的焊接。支、吊架和滑托应按设计要求焊接，不得有漏焊、缺焊、咬肉或裂纹等缺陷；

4. 支吊架制作完毕，应按设计文件规定及时作好防腐处理。当设计文件无规定时，可除锈后涂防锈底漆一道。合金钢制作的支吊架应有材质标记。

六、支架的质量要求

支架的主要质量要求如下：

1. 支、吊架型式、材质、结构尺寸、加工精度及焊接质量等应符合设计文件、标准图或有关施工验收规范的要求；

2. 支、吊架安装位置应正确，埋设应牢固，滑动面应洁净平整，不得有歪斜和卡涩现象；

3. 活动支架的偏移方向、偏移量及导向性能应符合设计要求；

4. 焊缝应均匀完整，外观成形良好，不得有欠焊、漏焊、裂纹和咬肉等缺陷；

5. 防腐涂层应完整，厚度均匀，编号标志应清晰；

6. 管道支、吊架安装的允许偏差及检验方法应符合相关规范的规定。

七、支架安装

（一）一般规定

1. 管道支架的安装位置和标高应符合设计文件的规定，安装前要进行标高和坡降的测量、放线，其偏差不得影响管道的安装尺寸。固定后的支、吊架位置应正确，安装要平整牢固、与管子接触良好。

2. 固定支架的位置应由设计确定，并应安装在牢固的结构物上。有补偿器的管段，应先进行补偿器的预安装，然后将管道与固定支架进行固定，再进行补偿器的预拉伸和最后固定。在有位移的直管段上，不得安装一个以上的固定支架。

3. 管道支架支承表面的标高可采用加设金属垫板的方式进行调整，但不得浮加在滑托和钢管、支架之间，金属垫板不得超过两层，垫板应与预埋铁件或钢结构进行焊接。

4. 支架结构接触面应平整；固定支架卡板和支架结构接触面应贴实；导向支架、滑动支架和吊架不得有歪斜和卡涩现象。导向支架的滑托与两侧挡板应有 3～5mm 间隙。

5. 在屋架或其他金属构件上安装支、吊架必须经设计部门同意，但不得在钢筋混凝土屋架上打洞或钻孔。

6. 两根热伸长方向不同或热伸长量不等的管道，设计无要求时，不应共用同一吊杆或同一滑托。

7. 有轴向位移的管道滑托、吊架的吊杆应处于与管道热位移方向相反的一侧。其偏移量应按设计要求进行安装，设计无要求时应为计算位移量的一半。保温层不得妨碍热位移。

8. 弹簧支、吊架的弹簧安装高度，应按设计文件要求进行调整，并作出记录。弹簧的临时固定件，应在管道系统安装、试压、绝热完毕后方可拆除。

9. 采用焊接法安装的支架，不得有欠焊、漏焊或焊接裂纹等缺陷。管托与管道焊接时，不得有咬肉和烧穿等缺陷。

10. 铸铁及铝、铅等脆性或低强度材质管道及大口径管道上的阀门应设专用支架承重，不得以管道连接承重。

（二）安装方法

管道安装时，不宜使用临时性的支、吊架；必须使用时，应做出明显标记，且应保证安全。其位置应避开正式支、吊架的位置，且不得影响正式支、吊架的安装。管道安装完毕后，应拆除临时支、吊架。

1. 埋设法。用水泥砂浆或细石混凝土将支架埋入预留孔洞内，混凝土强度达到预计强度的70%以上时，方可安装管道。这种方法适用于在有预留孔洞的砖结构上安装支架。

2. 焊接法。用手工电弧焊将支架焊接在预埋钢板或钢结构上。这种方法适用于在有预埋钢板的钢筋混凝土结构及允许焊接的钢结构上安装支架。管道与固定支架、滑托等焊接时，管壁上不得有焊痕等现象存在。

3. 锚固法。用膨胀螺栓或射钉等锚固件安装支架。这种方法适用于在没有预留孔洞的砖结构及没有预埋钢板的混凝土、钢筋混凝土结构上安装支架，但在有振动的环境不宜采用。操作时应注意下述几点：(1) 螺栓孔钻孔或射钉位置必须准确；(2) 在砖墙上钻孔和射钉时要避开砖缝，否则对膨胀螺栓和射钉的稳固十分不利；(3) 钻头直径必须与螺栓直径相匹配，不能过大或过小。

4. 抱柱法。用双头螺栓将支架梁和抱柱角钢紧固在柱子上。这种方法适用于在没有预留孔洞和没有预埋钢板的独立柱子上安装支架。

5. 螺栓固定法。用螺栓将支架紧固在钢结构型钢上。这种方法适用于在不允许焊接但允许钻孔的钢结构上安装支架。管道支架用螺栓紧固在型钢的斜面上时，应配置与翼板斜度相同的钢制斜垫片找平。

第二节　室外管道支座

室外管道支座以热力管道为例，因为在现有的技术资料中，只有热力管道的支架资料是比较完备的。常温介质运行的管道没有明显的热胀冷缩，不需要安装补偿器，因而也无需设置固定支座（支架）。

一、室外热力管道支座要点

室外热力管道支座的设置要点如下：

1. 本系列支座适用于室外蒸汽、凝结水、热水等热力管道以及压缩空气等动力管道。介质温度小于或等于350℃，公称直径20～700mm；

2. 双挡板以上固定支座的每一块挡板，均需与固定物紧贴，以避免挡板因受力不均匀而受到破坏；

3. 在推力不大的情况下，滑动支座与支承板焊死时，也可作固定支座使用；

4. 应根据保温层厚度和管道热位移量选用支座的高度和长度；

5. 应由设计根据管道的推力来选用固定支座的形式和规格；

6. 埋于土建结构上的支承板的材料，采用扁钢或圆钢均可，支承板的长度根据管道横向位移决定，但一般不少于200mm，扁钢的宽度或圆钢的直径由土建人员决定。

二、室外固定支座的型式和规格尺寸

（一）焊接角钢固定支座

焊接角钢固定支座是用角钢将管道与槽钢支架梁焊接固定，如图9-1所示，适用于室外管道，规格及主要尺寸见表9-2。

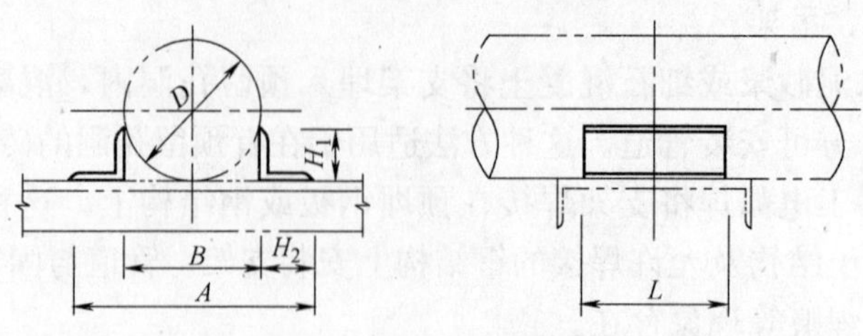

图 9-1　焊接角钢固定支座

焊接角钢固定支座主要尺寸（mm）　　表 9-2

管子外径 D	尺寸					角钢规格
	A	B	L	H_1	H_2	
25,32,38,45			100	20	20	∟20×20×4
57			100	30	30	∟30×30×4
76,89,108,133			100	36	36	∟36×36×4
159	计算或按实际确定	计算或按实际确定	100	50	32	∟50×32×4
219			100	75	50	∟75×50×5
273,325			100,200	100	63	∟100×63×6
377,426			100,200	125	80	∟125×80×7

（二）曲面槽固定支座

曲面槽固定支座是用曲面槽将管道与支承板焊接固定，如图 9-2 所示。支座长度（L）为 200mm，支座高度（H）有 50mm、100mm 和 150mm 三种，高度 50mm 的无肋板，曲面槽也可用焊接代替摵弯。支座高度（H）为 50mm、100mm 几种常用规格的主要尺寸见表 9-3。

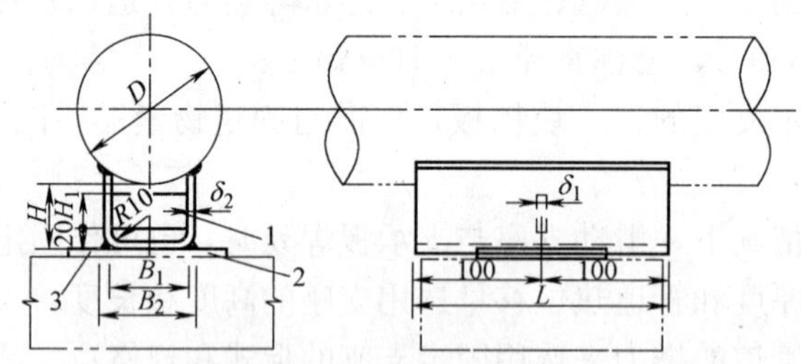

图 9-2　曲面槽固定支座
1—肋板；2—曲面槽；3—支承板

（三）双面挡板式固定支座

双面挡板式固定支座由挡板、肋板和支座组成。推力≤50kN 和推力≤100kN 的固定支座结构见图 9-3，几种常用规格的尺寸见表 9-4。

挡板 1 和肋板 2 有横向布置和竖向布置两种方式，可根据管架结构形式选择。支座 3 的结构和尺寸与长度 L=200mm、高度 H=50mm 的曲面槽滑动支座相同。

曲面槽固定支座主要尺寸（mm）　表 9-3

管子外径 D	支座长度 L	支座高度 H	肋板尺寸 $B_1 \times H_1 \times \delta_1$	曲面槽尺寸 展开长度	曲面槽尺寸 B_2	曲面槽尺寸 δ_2	支承板宽度
159	200	50	—	228	108	4	100
219			—	248	128	4	
325			—	328	192	6	
426			—	373	232	6	
159	200	100	100×60×4	328	108	4	150
219			120×60×4	348	128	4	
325			180×60×6	428	192	6	
426			220×60×6	473	232	6	

注：为节省篇幅，仅列出几种常用规格，也可供其他相近规格参考。

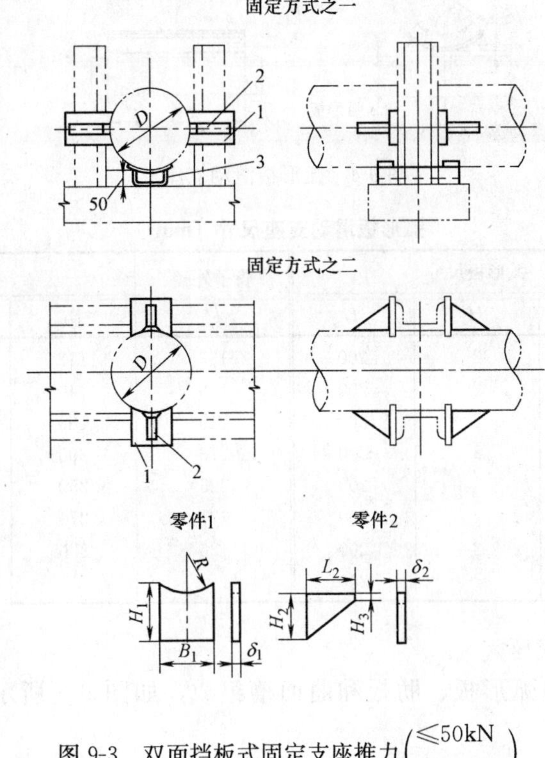

图 9-3　双面挡板式固定支座推力$\left(\begin{matrix}\leqslant 50kN \\ \leqslant 100kN\end{matrix}\right)$

1—挡板；2—肋板；3—支座

三、室外滑动支座的型式和规格尺寸

（一）弧形板滑动支座

弧形板滑动支座如图 9-4 所示，适用于公称直径 20～700mm 的不保温管道。公称直径小于或等于 100mm 的管道，可用平板代替弧形板，宽度也可适当缩小。常用弧形板尺寸见表 9-5。

推力≤50kN、≤100kN 双面挡板式固定支座尺寸（mm） 表 9-4

管子外径 D	推力 (kN)	挡板尺寸				肋板尺寸			
		R	B_1	H_1	δ_1	H_2	H_3	L_2	δ_2
159	≤50	80	60	100	10	80	10	100	12
219		110	80	100	10	80	10	100	12
325		163	80	100	10	80	10	100	12
426		213	100	100	10	80	10	100	12
219	≤100	110	80	100	10	80	10	150	12
325		163	80	100	10	80	10	150	12
377		189	100	100	10	80	10	150	12
426		213	100	100	10	80	10	150	12

注：同表 9-3 注。

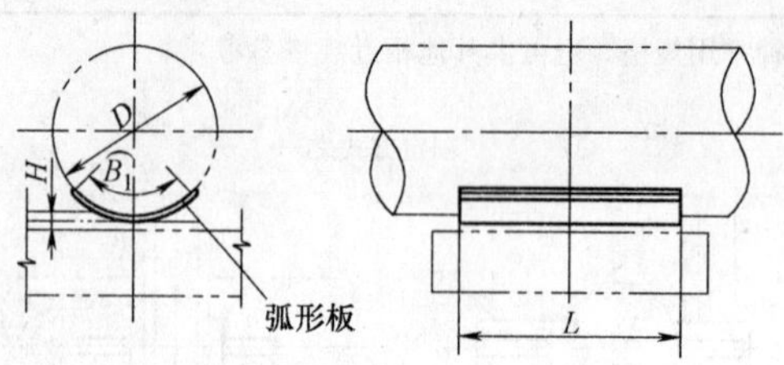

图 9-4 弧形板滑动支座

弧形板滑动支座尺寸（mm） 表 9-5

管子外径 D	弧形板尺寸			管子外径 D	弧形板尺寸		
	B_1	H	L		B_1	H	L
25	27	2	200	133	112	3	200
32	33	2	200	159	140	3	200
38	38	2	200	219	180	3	200
45	43	2	200	273	200	3	200
57	53	2	200	325	250	3	200
76	65	2	200	377	270	3	200
89	78	2	200	426	330	3	200
108	93	3	200				

（二）曲面槽滑动支座

曲面槽滑动支座由弧形板、肋板和曲面槽组成，如图 9-5 所示，适用于公称直径

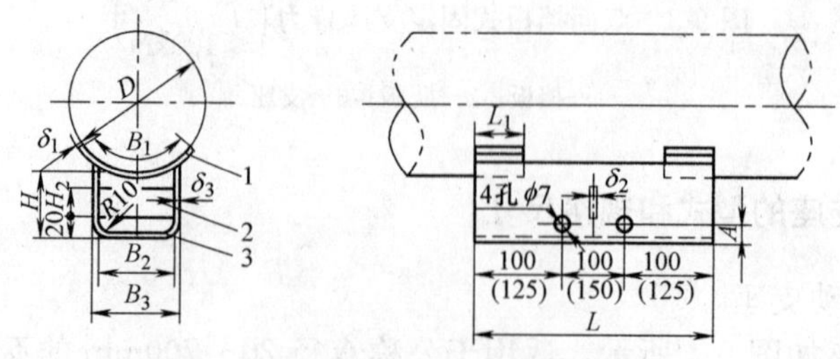

图 9-5 曲面槽滑动支座

1—弧形板；2—肋板；3—曲面槽

150～700mm 的保温管道。支座长度（L）有 200mm、300mm 和 400mm 3 种。支座高度（H）有 50mm、100mm 和 150mm 3 种。高度 50mm 的支座无肋板。长度 200mm 的曲面槽不钻孔；长度 300mm 和 400mm 的曲面槽上的孔是为了便于绑扎保温材料。图中带括号的尺寸为长度 400mm 的曲面槽钻孔位置。尺寸 A 根据管道保温厚度决定。常用支座尺寸见表 9-6。曲面槽也可用焊接代替揻弯。

曲面槽滑动支座尺寸（mm）　　表 9-6

管子外径 D	支座长度 L	支座高度 H	弧形板			肋板			曲面槽		
			B_1	L_1	δ_1	B_2	H_2	δ_2	B_3	δ_3	展开长度
159	200	50	140	50	4	—	—	—	108	4	220
219			180			—	—	—	128	4	240
325			250			—	—	—	192	6	320
426			330			—	—	—	232	6	365
159	200	100	140	50	4	100	60	4	108	4	320
219			180	50		120		4	128	4	340
325			250	60		180		6	192	6	420
426			330	80		220		6	232	6	465

（三）揻弯座板式滑动支座

揻弯座板式滑动支座由曲面槽和肋板组成，如图 9-6 所示，适用于公称直径 20～150mm 的保温管道。支座长度（L）有 150mm 和 300mm 两种。支座高度（H）有 50mm 和 100mm 两种。长度 150mm 的支座肋板上不钻孔，肋板和曲面槽焊接应采用连续焊缝。常用支座尺寸见表 9-7。

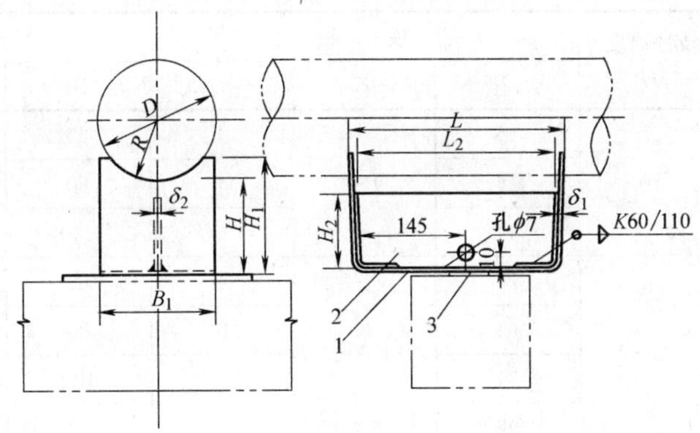

图 9-6　揻弯座板式滑动支座

1—曲面槽；2—肋板；3—支承板

（四）丁字托滑动支座

丁字托滑动支座可用钢板焊接制成，如图 9-7 所示，适用于公称直径 20～150mm 的保温管道。支座长度（L）有 150mm 和 300mm 两种。支座高度（H）有 50mm 和 100mm 两种。长度 150mm 的支座顶板上不钻孔，顶板与底板、管子焊接应采用连续焊缝。常用支座尺寸见表 9-8。

撼弯座板式滑动支座尺寸（mm） 表 9-7

<table>
<tr><th rowspan="2">管子外径
D</th><th rowspan="2">支座长度
L</th><th rowspan="2">支座高度
H</th><th colspan="4">曲 面 槽</th><th colspan="3">肋 板</th></tr>
<tr><th>H_1</th><th>B_1</th><th>δ_1</th><th>展开长度</th><th>H_2</th><th>L_2</th><th>δ_2</th></tr>
<tr><td>25</td><td rowspan="6">150</td><td rowspan="6">50</td><td>55</td><td>30</td><td rowspan="6">4</td><td>242</td><td rowspan="6">35</td><td rowspan="6">140</td><td rowspan="6">4</td></tr>
<tr><td>38</td><td>60</td><td>40</td><td>252</td></tr>
<tr><td>57</td><td>60</td><td>50</td><td>252</td></tr>
<tr><td>89</td><td>65</td><td>80</td><td>262</td></tr>
<tr><td>108</td><td>70</td><td>90</td><td>272</td></tr>
<tr><td>159</td><td>80</td><td>110</td><td>292</td></tr>
<tr><td>25</td><td rowspan="6">150</td><td rowspan="6">100</td><td>105</td><td>30</td><td rowspan="6">4</td><td>342</td><td rowspan="6">85</td><td rowspan="6">140</td><td rowspan="6">4</td></tr>
<tr><td>38</td><td>110</td><td>40</td><td>352</td></tr>
<tr><td>57</td><td>110</td><td>50</td><td>352</td></tr>
<tr><td>89</td><td>115</td><td>80</td><td>362</td></tr>
<tr><td>108</td><td>120</td><td>90</td><td>372</td></tr>
<tr><td>159</td><td>130</td><td>110</td><td>392</td></tr>
</table>

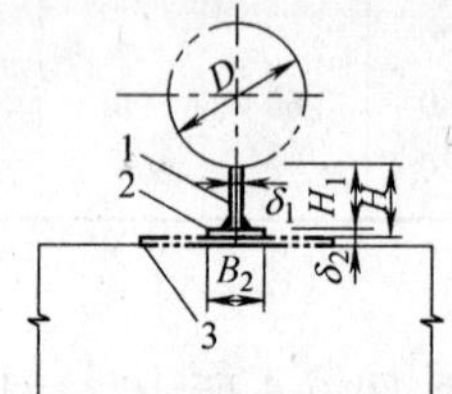

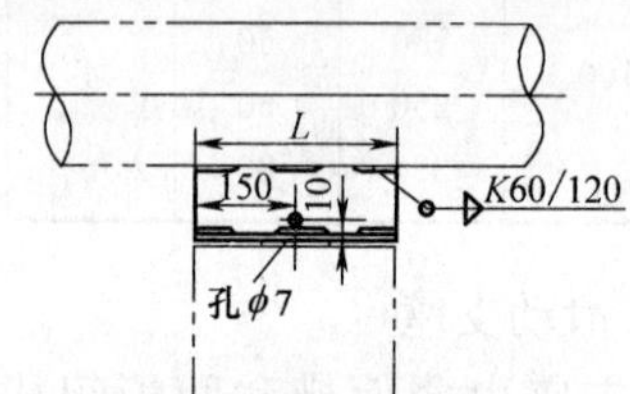

图 9-7 丁字托滑动支座

1—顶板；2—底板；3—支承板

丁字托滑动支座尺寸（mm） 表 9-8

<table>
<tr><th rowspan="2">管子外径
D</th><th rowspan="2">支座高度
H</th><th colspan="3">顶 板</th><th colspan="3">底 板</th></tr>
<tr><th>H_1</th><th>L</th><th>δ_1</th><th>B_2</th><th>L</th><th>δ_2</th></tr>
<tr><td>25,32,38,45,57</td><td rowspan="3">50</td><td>46</td><td rowspan="3">150</td><td>4</td><td>60</td><td rowspan="3">150</td><td>4</td></tr>
<tr><td>76,89</td><td>46</td><td>4</td><td>80</td><td>4</td></tr>
<tr><td>108,133,159</td><td>44</td><td>6</td><td>100</td><td>6</td></tr>
<tr><td>25,32,38,45,57</td><td rowspan="4">100</td><td>96</td><td rowspan="4">150</td><td>4</td><td>60</td><td rowspan="4">150</td><td>4</td></tr>
<tr><td>76,89</td><td>94</td><td>6</td><td>80</td><td>6</td></tr>
<tr><td>108</td><td>94</td><td>6</td><td>100</td><td>6</td></tr>
<tr><td>133,159</td><td>92</td><td>8</td><td>100</td><td>8</td></tr>
</table>

第三节 室内管道支架

一、室内管道支架简述

室内管道支架的设置要点如下：

1. 本系列支架适用于民用及一般工业建筑内的蒸汽、凝结水、热水、给水等暖卫管道以及压缩空气等动力管道，并仅摘编部分常用的结构形式；

2. 对于沿墙敷设的管道，管道外壁（或保温管道的保温层外壁）与墙面之间的净距离按 100mm 考虑，具体工程中可按设计要求或实际情况作调整；

3. 支架焊接部分的焊缝高度 K，应不小于被焊件的最小厚度；

4. 公称直径小于或等于 100mm 的保温管道和公称直径小于或等于 150mm 的不保温管道的滑动支架，一般可设置在厚度不小于 240mm 的砖墙上，也可设置在砖壁柱或钢筋混凝土柱上；

5. 公称直径大于 100mm 的保温管道和公称直径大于 150mm 的不保温管道的滑动支架，一般应设置在砖壁柱或钢筋混凝土柱上；

6. 所有支架的预埋件及预留洞等，应向土建人员提供资料；

7. 支架的固定结构，特别是固定支架的固定结构，应支承在可靠的建筑结构上，并由设计人员或土建人员对有关墙、柱等的结构强度认可。

二、滑动支架零件

（一）弧形板支座

弧形板支座如图 9-8 所示，适用于外径为 32～325mm 的不保温管道。弧形板尺寸见表 9-9。

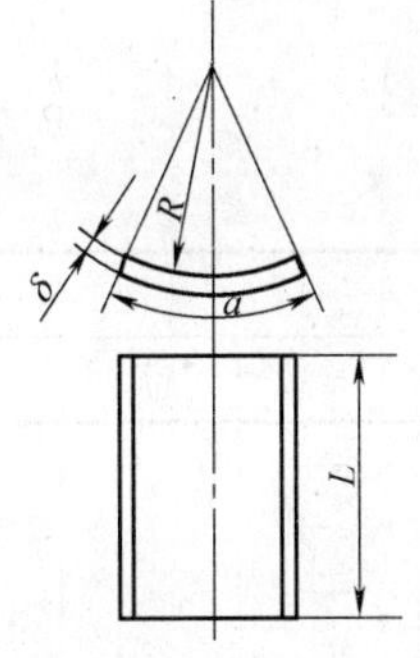

图 9-8 弧形板支座

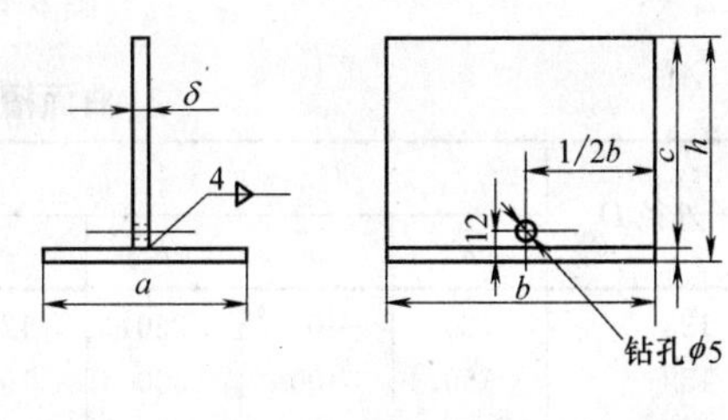

图 9-9 丁字托支座

弧形板支座尺寸（mm） **表 9-9**

管子外径 D	尺寸			
	l	R	a	δ
32,38,45	200	$D/2$	30	2
57,76,89	250		50	2
108,133	300		70	3
159,219	300		100	3
273,325	350		150	3

（二）丁字托支座

丁字托支座如图 9-9 所示，适用于外径为 32～108mm 的保温管道。支座尺寸见表 9-10。

丁字托支座尺寸（mm） 表 9-10

管子外径 D	尺寸				
	h	a	b	c	δ
32,38	100	50	200	96	4
45	100	60	200	96	4
57	100	60	250	96	4
76,89,108	120	80	250	114	6

（三）曲面槽支座

曲面槽支座如图 9-10 所示，适用于外径为 133～325mm 的保温管道。支座尺寸见表 9-11。

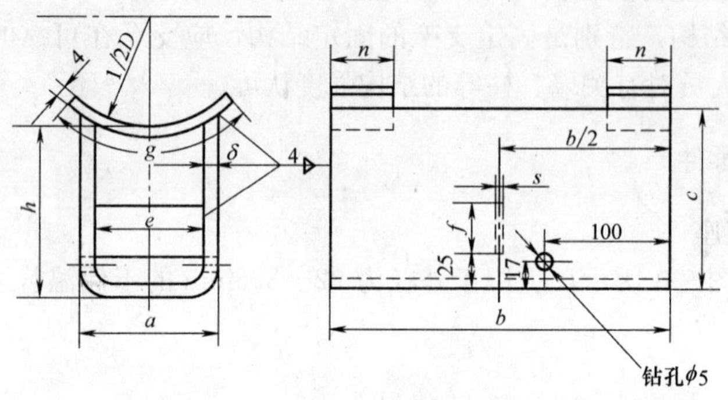

图 9-10 曲面槽支座

曲面槽支座尺寸（mm） 表 9-11

管子外径 D	尺寸								
	h	a	b	c	δ	l	s	f	g	n
133	120	100	250	125	5	—	—	—	130	50
159	150	100	300	160	5	—	—	—	130	50
219	150	120	300	160	5	—	—	—	150	50
273	150	160	300	160	6	148	6	80	200	50
325	150	160	300	160	6	148	6	80	200	60

注：支座底板也可以用钢板拼接。

三、各种管卡及组件（*DN*≤150）

（一）管卡

1. 固定管卡用于固定支架，靠圆钢管卡和焊在管子底部的弧形板，把管道紧固在角钢支架上，见图 9-11。

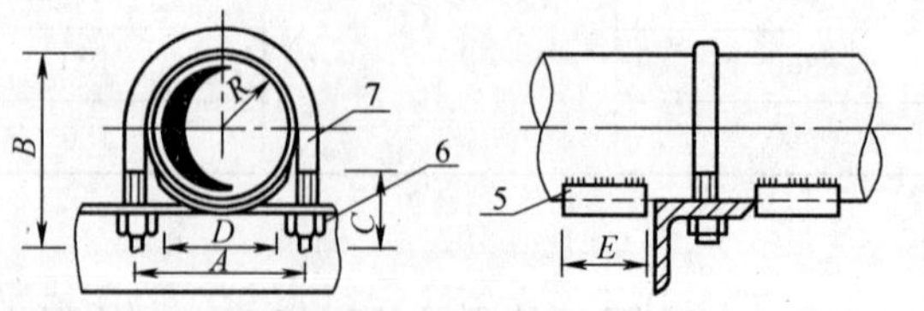

图 9-11 固定管卡

2. 滑动管卡用于滑动支架，靠圆钢管卡把管道稳固在角钢支架上，见图 9-12。

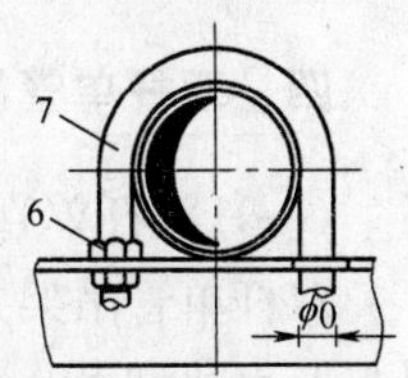

图 9-12　滑动管卡

3. 扁钢管卡和双合管卡用于吊架，见图 9-13。

（二）管卡材料

管卡材料规格见表 9-12。

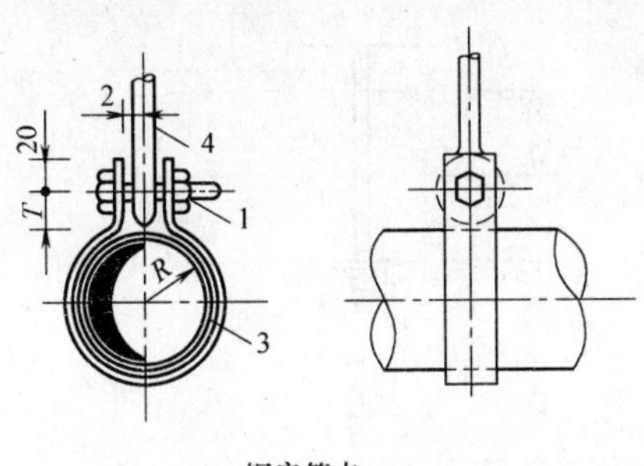

双合管卡

图 9-13　扁钢管卡和双合管卡

管卡材料规格（mm）　　**表 9-12**

件号	名称	公称直径 DN								
		15～25	32	40	50	65	80	100	125	150
1	螺栓	M8×40			M10×40			M12×50		
2	双合管卡	−25×4			−30×4			−40×4		
3	扁钢管卡	−25×4			−30×4			−40×4		
4	吊杆	$\phi 8$			$\phi 10$			$\phi 12$		
5	弧形板	—			$\delta=4$			$\delta=6$		
6	螺母	M8				M10			M12	
7	圆钢管卡	$\phi 8$				$\phi 10$			$\phi 12$	

（三）管卡尺寸

管卡尺寸见表 9-13。

管卡尺寸（mm）　　**表 9-13**

尺寸	管道公称直径 DN										
	15	20	25	32	40	50	65	80	100	125	150
A	30	36	42	54	60	72	88	100	122	146	176
B	45	51	58	70	77	89	105	118	141	167	200
C	40	40	40	40	40	40	40	40	60	60	60
D	—	—	—	—	—	60	60	60	70	70	70
E	—	—	50	50	50	50	50	50	50	50	50
T	15	15	15	15	15	20	20	20	25	25	25
K	—	—	—	—	—	—	120	140	160	190	220
件号	展 开 长 度										
2	—	—	—	—	—	—	209	236	265	309	350
3	137	155	174	204	223	270	334	371	432	518	595
7	116	132	148	183	200	231	272	304	366	430	518

四、双杆单管吊架和双杆双管吊架

（一）双杆单管吊架

双杆单管吊架如图 9-14 所示，适用于公称直径 200～300mm 的水平管道安装，主要材料及尺寸见表 9-14。

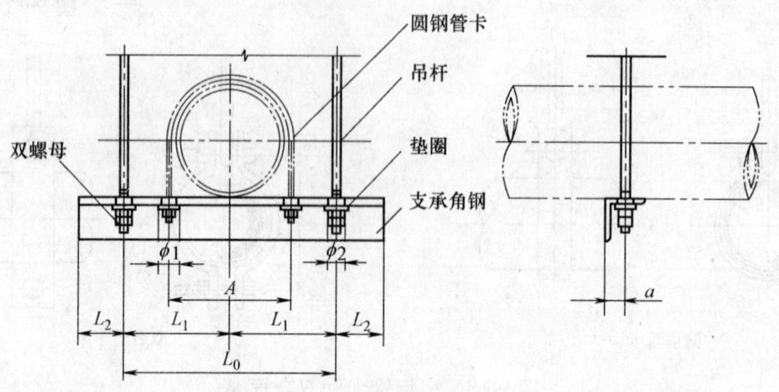

图 9-14 双杆单管吊架

双杆单管吊架材料及尺寸（mm） 表 9-14

序号	公称直径 DN	支承角钢	吊杆直径	主要尺寸		
				L_0	L_1	L_2
1	200	∟63×6	12	400	200	30
2	250	∟75×7	12	460	230	30
3	300	∟75×7	12	540	270	30

（二）双杆双管吊架

双杆双管吊架如图 9-15 所示，适用于公称直径 50～300mm 的水平管道安装。主要材料及尺寸见表 9-15。

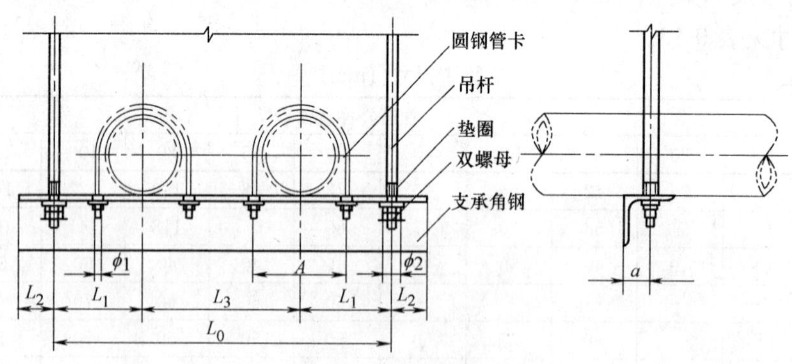

图 9-15 双杆双管吊架

五、单管支架

（一）角钢支架的生根固定方式

单管支架一般采用角钢承重，角钢支架在墙（柱）上有如图 9-16 所示的多种生根固定

双杆双管吊架材料及尺寸（mm） 表 9-15

序号	公称直径	支承角钢	吊杆直径	主要尺寸			
				L_0	L_1	L_2	L_3
1	50	∟40×4	8	370	100	20	170
2	65	∟40×4	8	410	110	20	190
3	80	∟40×4	8	470	130	20	210
4	100	∟40×4	8	520	140	20	240
5	125	∟50×5	10	580	160	30	260
6	150	∟50×5	12	640	170	30	300
7	200	∟63×6	12	750	200	30	350
8	250	∟75×7	16	870	230	40	410
9	300	∟80×8	16	1000	270	40	460

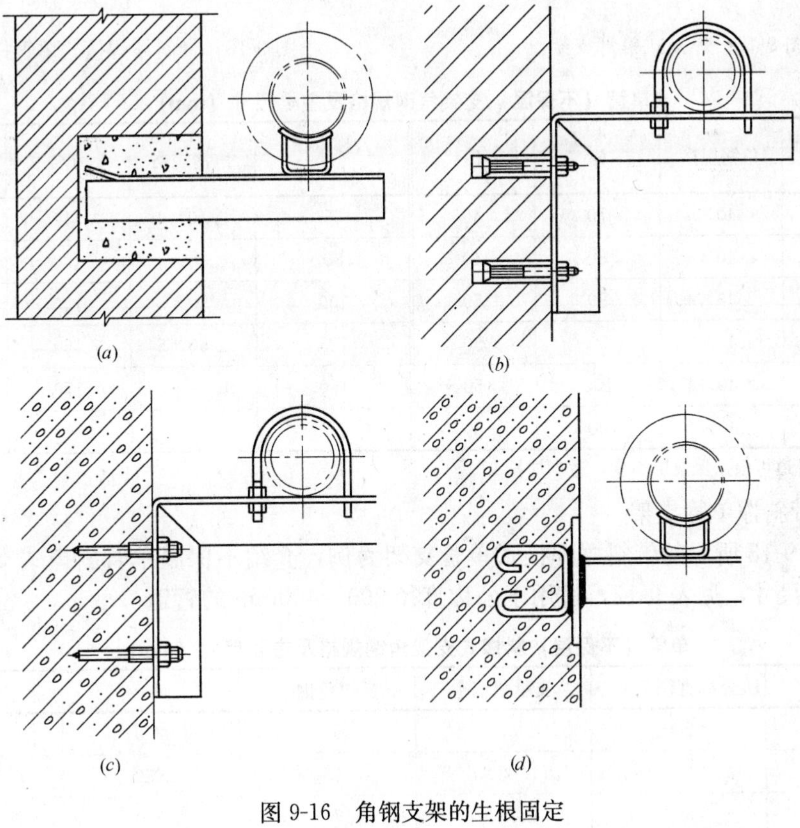

(a) (b) (c) (d)

图 9-16 角钢支架的生根固定

(a) 栽埋固定；(b) 膨胀螺栓固定；(c) 射钉固定；(d) 焊接固定

方式：有预留洞时可用栽埋固定、无预留洞时可用膨胀螺栓或射钉固定，有预埋铁件时可用焊接固定。

（二）单管支架

现以图 9-17 所示的焊接式单管支架为例，介绍不保温单管支架角钢规格及主要尺寸，见表 9-16，适用于公称直径 15～150mm 的管道。

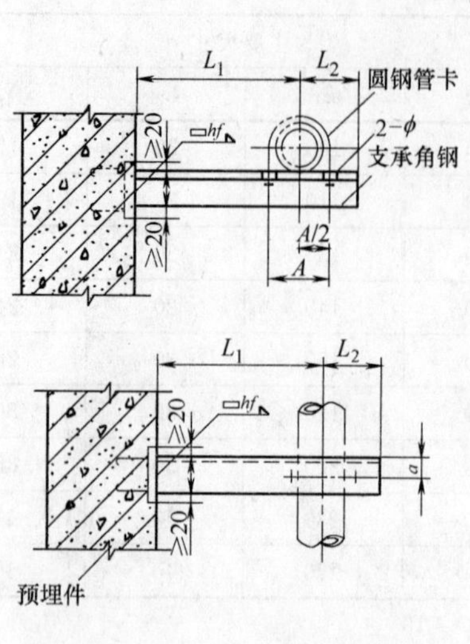

图 9-17　焊接式单管支架

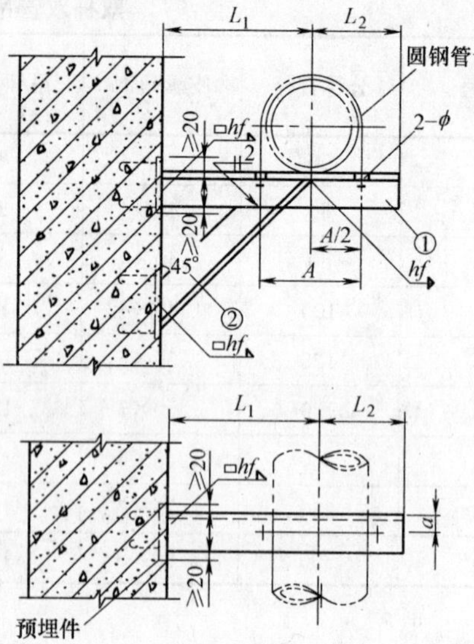

图 9-18　带斜撑焊接式单管托架

单管（不保温）支架角钢规格及主要尺寸（mm）　　表 9-16

公称直径 DN	角钢规格	L_1	L_2	公称直径 DN	角钢规格	L_1	L_2
15	∟40×4	70	40	65	∟40×4	110	70
20	∟40×4	80	40	80	∟40×4	130	80
25	∟40×4	80	50	100	∟50×5	140	90
32	∟40×4	90	50	125	∟50×5	160	110
40	∟40×4	100	50	150	∟63×6	170	120
50	∟40×4	1000	60				

注：保温管道可根据保温层厚度，适当加长 L_1。

（三）带斜撑单管支架

现以图 9-18 所示的带斜撑焊接式单管支架为例，介绍不保温单管斜撑式支架角钢的规格及主要尺寸，见表 9-17，适用于公称直径 200～400mm 的管道。

单管（不保温）斜撑式支架角钢规格及主要尺寸（mm）　　表 9-17

序　号	公称直径 DN	支承角钢①	斜撑角钢②	L_1	L_2
1	200	∟50×5	∟50×5	200	150
2	250	∟63×6	∟63×6	230	190
3	300	∟75×7	∟75×7	270	210
4	350	∟80×7	∟80×7	300	240
5	400	∟90×8	∟90×8	330	270

注：保温管道可根据保温层厚度，适当加长 L_1。

六、双管支架

双管支架的的几种生根固定方式基本上与单管支架相同。

(一) 焊接式双管支架

现以图 9-19 所示的焊接式双管支架为例，介绍不保温双管支架角钢规格及主要尺寸，见表 9-18，适用于公称直径 15～150mm 的管道。

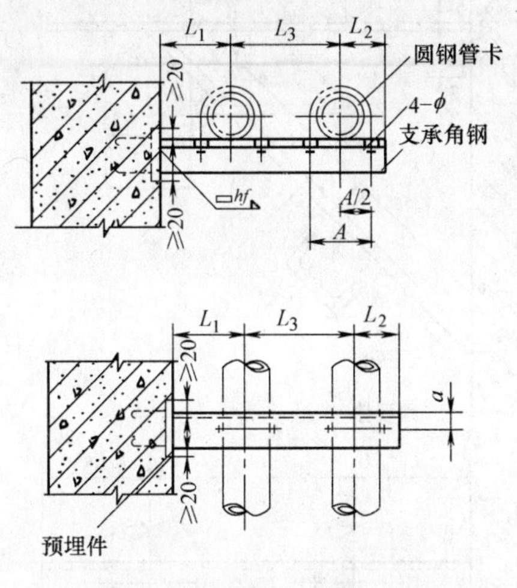

图 9-19 焊接式双管支架

双管（不保温）支架角钢规格及主要尺寸（mm） **表 9-18**

序号	公称直径 DN	角钢规格	L_1	L_2	L_3
1	15	∟40×4	70	100	40
2	20	∟40×4	80	110	40
3	25	∟40×4	80	120	50
4	32	∟40×4	90	140	50
5	40	∟40×4	100	150	50
6	50	∟50×5	100	170	60
7	65	∟50×5	110	190	70
8	80	∟63×6	130	210	80
9	100	∟75×7	140	240	90
10	125	∟75×7	160	260	110
11	150	∟90×8	170	300	120

注：保温管道可根据保温层厚度，适当加长 L_1、L_3。

(二) 带斜撑双管支架

现以图 9-20 所示的带斜撑焊接式双管支架为例，介绍不保温双管斜撑式支架型钢的规格及主要尺寸，见表 9-19，适用于公称直径 200～400mm 的管道。

七、立管支架

(一) 立管扁钢支架

立管扁钢支架适用于公称直径 15～50m 竖直安装的管道。钢筋混凝土墙或柱子有预埋件时，支承扁钢可焊接在预埋件上；当砖墙有预留洞时，支承扁钢可用 C15 混凝土栽埋

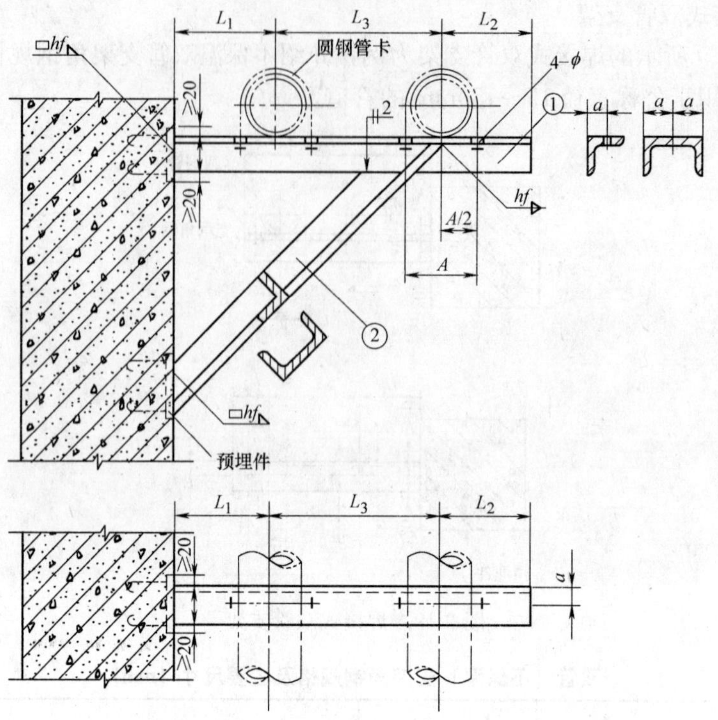

图 9-20 带斜撑焊接式双管支架

双管（不保温）斜撑式支架型钢规格及主要尺寸（mm） 表 9-19

序号	公称直径 DN	支承角、槽钢①	斜撑角、槽钢②	L_1	L_2	L_3
1	200	∟75×7	∟75×7	200	350	150
2	250	∟90×8	∟90×8	230	410	190
3	300	[12.6	[12.6	270	460	210
4	350	[16*a*	[16*a*	300	530	240
5	400	[20*a*	[20*a*	330	590	270

注：保温管道可根据保温层厚度，适当加长 L_1、L_3。

固定在砖墙的预留洞内，见图 9-21。此外，也可以把支承扁钢加工成用膨胀螺栓固定的形式，采用膨胀螺栓固定。立管扁钢支架的主要材料规格及尺寸见表 9-20。

立管扁钢支架主要材料规格及尺寸（mm） 表 9-20

序号	公称直径 DN	卡板一、二 扁钢 $b\times\delta_0$	螺栓 $Md\times l$	尺寸			
				L_1	H	F	a
1	15	25×3	M8×40	70	35	10	20
2	20	25×3	M8×40	80	38	10	20
3	25	25×3	M8×40	80	42	10	20
4	32	25×3	M8×40	90	47	10	20
5	40	25×3	M8×40	100	50	10	20
6	50	25×3	M8×40	100	56	10	20

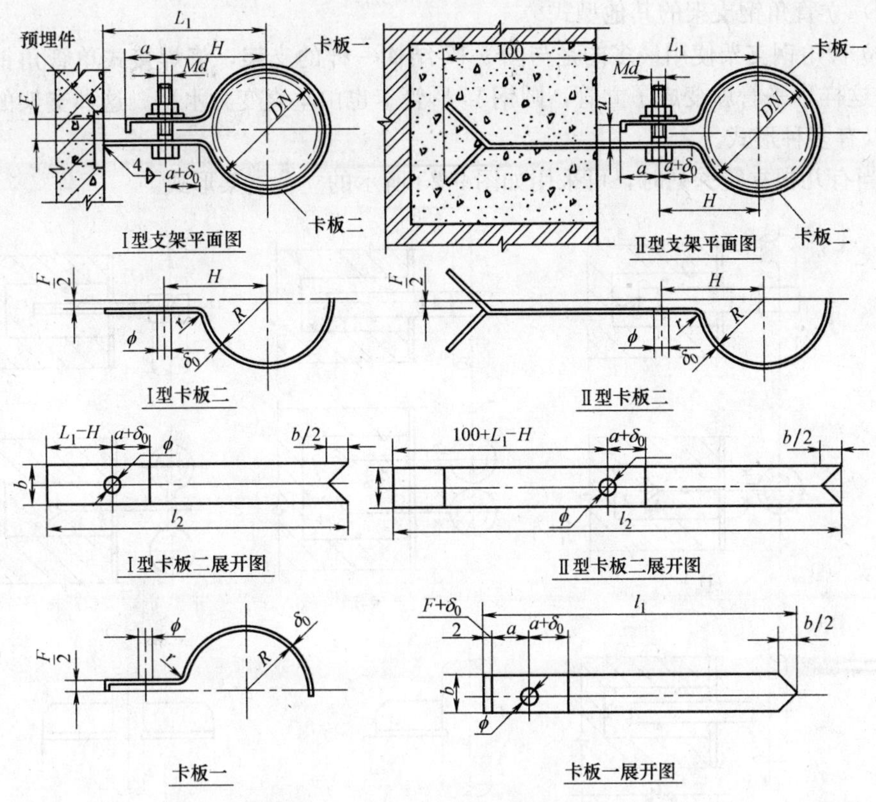

图 9-21　栽埋固定的立管扁钢支架

（二）立管角钢支架

图 9-22 所示的支架按不受力考虑，只适用于固定立管安装。支承角钢用 C15 混凝土栽埋在砖墙的预留洞内，材料及尺寸见表 9-21。

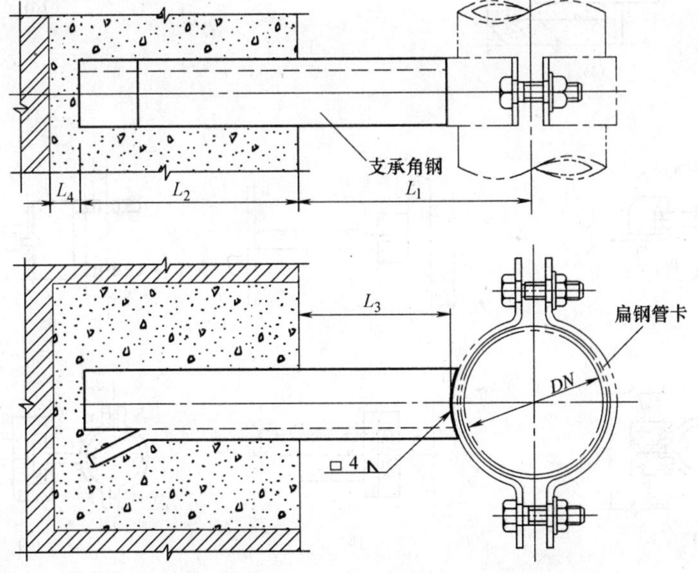

图 9-22　立管角钢支架

（三）立管角钢支架的其他型式

1. 立管角钢支架使用最多的是与图 9-17 结构一样的支架，将焊接式单管角钢支架旋转 90°，这样水平管就变成了立管，圆钢 U 形管卡也由垂直变为水平。这种支架的生根结构也可以有多种形式。

2. 当有几根立管并列时，可采用如图 9-23 所示的立管支架形式。

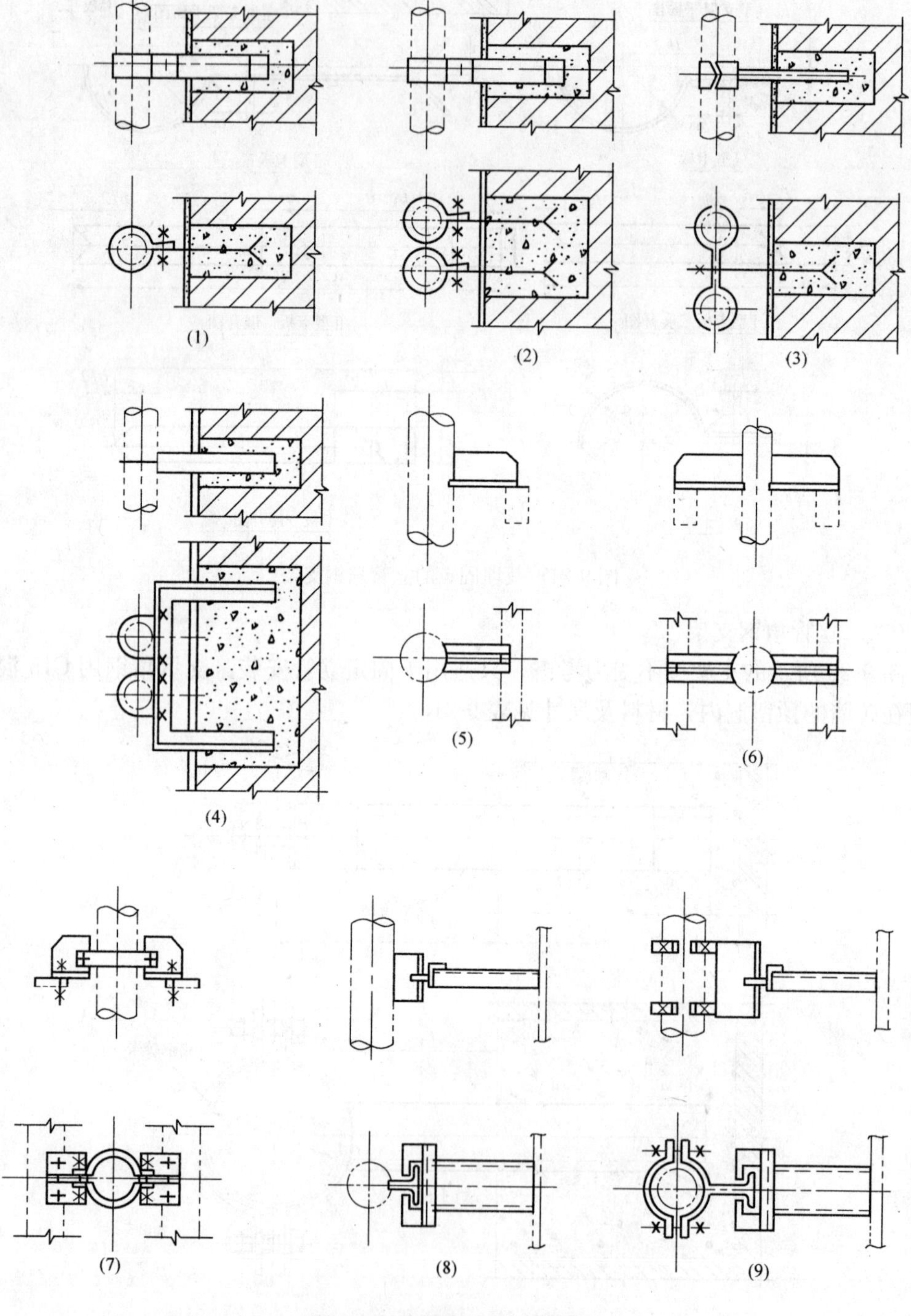

图 9-23　多根立管并列支架

立管角钢支架材料规格及尺寸（mm）　　表 9-21

序号	公称直径 DN	支承角钢		尺寸			
		规格	长度	L_1	L_2	L_3	L_4
1	50	∟30×3	184	100	120	64	20
2	65	∟30×3	186	110	120	66	20
3	80	∟36×4	200	130	120	80	20
4	100	∟36×4	227	140	150	77	20
5	125	∟40×4	234	160	150	84	20
6	150	∟40×4	321	170	240	81	20
7	200	∟40×4	324	200	240	84	20

注：图 9-22 中扁钢管卡规格可参考图 9-13 及表 9-12，扁钢管卡宽度可与立管支架角钢宽度相等。

八、弯管管柱支座

当弯管以上的立管较长时，应当在弯管底部采用如图 9-24 所示的管柱支座，这种支座能承受很大的重量，适用于公称直径 100～500mm 的立管管道。如果立管的重量不是很大，不必做混凝土基础，可直接把柱脚板座在地坪上。弯管管柱支座的材料及主要尺寸见表 9-22。

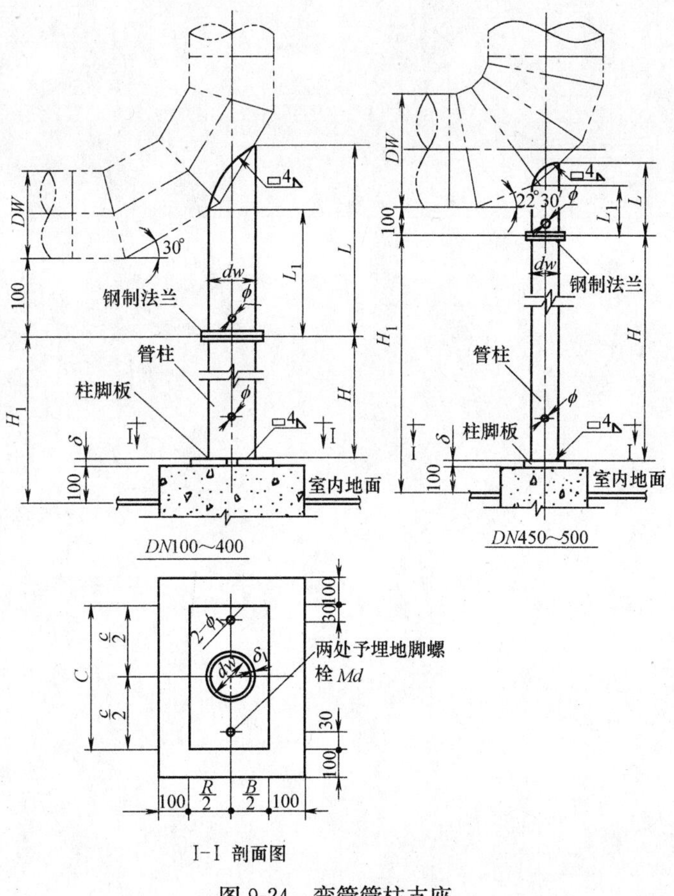

图 9-24　弯管管柱支座

弯管管柱支座材料及主要尺寸（mm）　表 9-22

公称直径 DN	管柱 $d_W \times \delta$	柱脚板 $B \times C \times \delta$	地脚螺栓 Md	尺寸		
				L	L_1	H
100	57×3.5	100×200×10	M12	～210	～140	≤1000
125	57×3.5	100×200×10	M12	～220	～150	≤1000
150	57×3.5	100×200×10	M12	～220	～160	≤1000
200	76×4	120×220×10	M16	～230	～180	≤1000
250	76×4	120×220×10	M16	～220	～170	≤1000
300	76×4	120×220×10	M16	～210	～160	≤1000
350	89×4	140×250×12	M16	～220	～180	≤1000
400	89×4	140×250×12	M16	～240	～190	≤1000
450	89×4	140×250×12	M16	～290	～200	≤1000
500	89×4	140×250×12	M16	～300	～210	≤1000

第十章　钢管、管件及连接方式

在工业和民用管道工程中，钢管依然占据主体地位，其高强度和耐久性是塑料管材和各种复合管材无法企及的。本章主要介绍钢管材料及其常用连接方式，但关于焊接连接方面的内容将在下一章介绍。

第一节　钢　　管

一、常用无缝钢管

常用无缝钢管的材质为10或20号优质碳素钢。根据需要也可以采用普通低合金钢16Mn、15MnV或铬钼合金结构钢（如12CrMo、15CrMo等）。

根据生产方法的不同，无缝钢管有热轧管和冷轧（拔）管两种产品，热轧管的直径范围较大，冷拔（轧）管只适于生产直径较小的管材。同一个外径的无缝钢管可以有若干种不同的壁厚，因此，无缝钢管规格标注方法是外径乘以壁厚，如$\phi108\times4$、$\phi108\times5$。

热轧无缝钢管和冷拔（轧）无缝钢管的常用规格见表10-1和表10-2。

热轧无缝钢管常用规格的壁厚及理论重量　　**表10-1**

外径(mm)	壁　厚(mm)								
	3	3.5	4	4.5	6	7	8	9	10
	理论重量(kg/m)								
38	2.59	2.98	—	—	—	—	—	—	—
45	3.11	3.58	—	—	—	—	—	—	—
51	3.77	4.36	—	—	—	—	—	—	—
57	**3.99**	4.62	—	—	—	—	—	—	—
73		**6.00**	6.81	7.60	—	—	—	—	—
76	—	**6.26**	7.10	7.93	—	—	—	—	—
89	—	**7.38**	**8.38**	9.33	—	—	—	—	—
108	—	—	**10.26**	11.49	—	—	—	—	—
133	—	—	**12.72**	**14.26**	18.79	—	—	—	—
159	—	—	—	**17.14**	22.64	—	—	—	—
219	—	—	—	—	**31.52**	36.60	41.63	—	—
273	—	—	—	—	—	**45.92**	52.28	58.59	—
325						—	**62.54**	70.13	77.68
377	—	—	—	—	—	—	—	**81.67**	90.51
426	—	—	—	—	—	—	—	**92.55**	102.59
530	—	—	—	—	—	—	—	**115.63**	**128.23**

注：黑体对应栏为中、低压管道常用规格及最小壁厚。

冷拔（轧）常用无缝钢管规格 表 10-2

外径(mm)	壁厚(mm)						
	1	1.5	2.0	2.5	3.0	3.5	4.0
	理论重量(kg/m)						
10	0.222	0.314	0.395				
12	0.271	0.388	0.493				
14	0.321	0.462	0.592				
16	0.370	0.536	0.691				
18	0.419	0.610	0.789				
20	0.469	0.684	0.888				
22	0.518	0.758	0.986				
25		0.869	1.13	1.39	1.63		
28		0.98	1.28	1.57	1.85		
30		1.05	1.38	1.70	2.00		
32			1.48	1.82	2.15		
38			1.78	2.19	2.59	2.98	
45			2.12	2.62	3.11	3.58	
48			2.27	2.81	3.33	3.81	
51				2.99	3.55	4.10	4.64
57				3.36	4.00	4.62	5.23
60				3.55	4.22	4.88	5.52
73				4.35	5.18	6.00	6.81
76				4.53	5.40	6.26	7.10
89				5.33	6.36	7.38	8.38
108					7.77	9.02	10.26
133					9.62	11.18	12.72

二、焊接钢管

焊接钢管的全称是“低压流体输送用焊接钢管”，如果是镀锌管则称为“低压流体输送用镀锌焊接钢管”。通常称为焊接钢管和镀锌焊接钢管，这种管材过去也称为水煤气管。

钢管的材质是普通碳素钢，牌号为 Q215A（B）、Q235A（B）、Q295A（B）、Q345A（B）或供货方选择的易于焊接的其他普通碳素钢。

根据壁厚的不同，焊接钢管分为普通管和加厚管两种。在 GB/T 3091～3092—93 产品标准中，只对管材的试验压力作了规定，普通管为 2.5MPa，加厚管为 3.0MPa，没有提及工作压力。GB/T 3091～3092—93 规定的焊接钢管的规格见表 10-3，当前市场上供应的大都是这种产品。

新标准《低压流体输送用焊接钢管》GB/T 3091—2001，已经颁发，该标准中的原“表 1”与表 10-3 中的直径规格虽然相同，但管子外径和壁厚有所不同，见表 10-4，该标准中的原“表 2”列出了公称外径大于 168.3mm 的钢管规格，见表 10-5。

焊接钢管规格（摘自 GB/T 3091—93） **表 10-3**

公称直径		外径		普通钢管			加厚钢管		
				壁厚		理论重量 (kg/m)	壁厚		理论重量 (kg/m)
mm	in	公称尺寸 (mm)	允许偏差	公称尺寸 (mm)	允许偏差 (%)		公称尺寸 (mm)	允许偏差 (%)	
6	1/8	10.0		2.00		0.39	2.50		0.46
8	1/4	13.5		2.25		0.62	2.75		0.73
10	3/8	17.0		2.25		0.82	2.75		0.97
15	1/2	21.3		2.75		1.26	3.25		1.45
20	3/4	26.8		2.75		1.63	3.50		2.01
25	1	33.5		3.25		2.42	4.00		2.91
32	1¼	42.3		3.25		3.13	4.00		3.78
40	1½	48.0	±1%	3.50	±12 −15	3.84	4.25	+12 −15	4.58
50	2	60.0		3.50		4.88	4.50		6.16
65	2½	75.5		3.75		6.64	4.50		7.88
80	3	88.5		4.00		8.34	4.75		9.81
100	4	114.0		4.00		10.85	5.00		13.44
125	5	140.0		4.00		13.42	5.50		18.24
150	6	165.0		4.50		17.81	5.50		21.63

注：管材的试验压力，普通管为 2.5MPa，加厚管为 3.0MPa。

焊接钢管规格（摘自 GB/T 3091—2001 表 1） **表 10-4**

公称直径		公称外径 (mm)	普通钢管		加厚钢管	
mm	in		公称壁厚 (mm)	理论重量 (kg/m)	公称壁厚 (mm)	理论重量 (kg/m)
6	1/8	10.2	2.0	0.40	2.5	0.47
8	1/4	13.5	2.5	0.68	2.8	0.74
10	3/8	17.2	2.5	0.91	2.8	0.99
15	1/2	21.3	2.8	1.28	3.5	1.54
20	3/4	26.9	2.8	1.66	3.5	2.02
25	1	33.7	3.2	2.41	4.0	2.93
32	1¼	42.4	3.5	3.36	4.0	3.79
40	1½	48.3	3.5	3.87	4.5	4.86
50	2	60.3	3.8	5.29	4.5	6.19
65	2½	76.1	4.0	7.11	4.5	7.95
80	3	88.9	4.0	8.38	5.0	10.35
100	4	114.3	4.0	10.88	5.0	13.48
125	5	139.7	4.0	13.39	5.5	18.20
150	6	168.3	4.5	18.18	6.0	24.02

焊接钢管按管端形式，可分为不带螺纹钢管（光管）和带螺纹钢管。

在施工现场，镀锌钢管不能和非镀锌钢管混放。镀锌管必须单独放置，在室外应堆放在垫木上，还应搭棚遮阳避雨。

大直径直缝焊接钢管规格系列（GB/T 3091—2001 表 2） 表 10-5

公称外径系列(mm)	公称壁厚(mm)
177.8,193.7	4.0,4.5,5.0,5.5,6.0
219.1,244.5	4.0,4.5,5.0,5.5,6.0,6.5,7.0,8.0,9.0,10.0
273.0	5.0,5.5,6.0,6.5,7.0,8.0,9.0,10.0
323.9	5.0,5.5,6.0,6.5,7.0,8.0,9.0,10.0,11.0,12.5
355.6,406.4,457.2,508	5.5,6.0,6.5,7.0,8.0,9.0,10.0,11.0,12.5
559,610	5.5,6.0,6.5,7.0,8.0,9.0,10.0,11.0,12.5,14.0,15.0,16.0

注：公称外径 610mm 以上规格系列，略。

三、螺旋缝焊接钢管

螺旋缝焊接钢管采用热轧钢带卷经高温成形后焊接而成。根据最新产品标准，其钢种等级为 S205、S240、S290、S315、S360、S385、S415、S450 和 S480 等材质。产品出厂前的静水试验压力按下式计算，但最大不得超过 20.7MPa，并保持压力不少于 10s。

$$P_s = \frac{2s[\sigma]}{D}$$

式中 P_s——管子材料的试验压力，MPa；

s——钢管公称壁厚，mm；

$[\sigma]$——水压试验的压力，MPa；

D——钢管公称外径，mm。

螺旋缝埋弧焊钢管的常用规格见表 10-6。

螺旋缝埋弧焊钢管常用规格 表 10-6

外径(mm)	壁厚(mm)							
	6	7	8	9	10	11	12	13
	理论重量(kg/m)							
323.9	47.04	54.70	62.32	69.89				
355.6	50.73	60.18	68.57	76.92				
377	54.89	63.87	72.80	81.67				
406.4	59.24	68.94	78.60	88.20	97.75			
426	62.14	72.33	82.46	92.55	102.59			
457	66.73	77.68	88.58	99.43	110.23	120.98	131.68	142.34
508	74.28	85.48	98.64	110.75	122.81	134.82	146.78	158.69
529	77.38	90.11	102.78	115.41	127.99	140.51	152.99	165.42
559	81 82	95.29	108.70	122.07	135.38	148.65	161.87	175.04
610	89.37	104.09	118.76	133.39	147.96	162.48	176.96	191.39

注：外径 610mm 以上规格，略。

四、低、中压锅炉用无缝钢管

低、中压锅炉用无缝钢管材质为 20 号或 10 号优质碳素钢，适用于做锅炉的沸水管和过热蒸汽管，其机械性能应符合表 10-7 的规定。

低、中压锅炉无缝钢管机械性能 **表 10-7**

牌　号	壁厚 (mm)	抗拉强度 σ_b (N/mm²)	屈服点 σs (N/mm²)	伸长率 (%)
10	全部	333～490	196	24
20	<15	392～588	245	20
	≥15		226	

五、不锈钢无缝钢管

不锈钢无缝钢管分为热轧、热挤压和冷拔（冷轧）两类，有多种外径和不同的壁厚，材质有多种不锈钢牌号可供选择。不锈钢热轧、热挤压无缝钢管的常用规格见表 10-8，不锈钢冷轧（冷拔）无缝钢管的常用规格见表 10-9。

不锈钢热轧、热挤压无缝钢管常用规格 **表 10-8**

外径(mm)	壁厚(mm)											
	4.5	5	5.5	6	6.5	7	7.5	8	8.5	9	9.5	10
54	×	×	×	×	×	×						
57	×	×	×	×	×	×						
60	×	×	×	×	×	×	×	×				
73		×	×	×	×	×	×	×				
76		×	×	×	×	×	×	×				
89		×	×	×	×	×	×	×				
108		×	×	×	×	×	×	×				
114		×	×	×	×	×	×	×	×	×		
127		×	×	×	×	×	×	×	×	×		
133		×	×	×	×	×	×	×	×	×		
140		×	×	×	×	×	×	×	×	×		
159		×	×	×	×	×	×	×	×	×	×	×
168		×	×	×	×	×	×	×	×	×	×	×
194		×	×	×	×	×	×	×	×	×	×	×
219						×	×	×	×	×	×	×
225						×	×	×	×	×	×	×

注：(1) 表中"×"号表示已有的产品规格；

(2) 管材钢号：常用 0Cr13、1Cr13、2Cr13、3Cr13、1Cr25Ti、1Cr21NiSTi、0Cr18Ni9Ti、00Cr18Ni10 等钢号；

(3) 管材水压试验压力按下式：

$$P=\frac{2sR}{D}$$

式中 P——试验压力，MPa；

s——钢管最小壁厚，mm；

R——许用应力，N/mm²，一般取钢号抗拉强度的 40%；

D——公称内径，mm。

不锈钢冷轧（冷拔）无缝钢管常用规格　　表 10-9

外径(mm)	壁厚(mm)							
	2	2.5	3	3.5	4	4.5	5	6
25	×	×	×					
32	×	×	×					
38	×	×	×	×				
45		×	×	×	×	×		
57			×	×	×	×	×	×
外径(mm)	壁厚(mm)							
	3	3.5	4	4.5	5	6	7	8
76	×	×	×	×				
89	×	×	×	×				
108			×	×	×	×		
133			×	×	×	×	×	
159			×	×	×	×	×	×

注：(1) 表中“×”表示已有的产品规格；

(2) 材质钢号：0Cr13、1Cr13、2Cr13、3Cr13、1Cr25Ti、0Cr18Ni9Ti、00Cr18Ni10 等钢号；

(3) 管材水压试验压力计算公式同表 10-8。

第二节　管　　件

一、可锻铸铁管件

可锻铸铁管件又称为马铁管件或玛钢管件，用于焊接钢管的螺纹连接，适用于公称压力不超过 PN1.6MPa，工作温度 200℃以内，输送一般液体和气体介质的管道上。镀锌管件多用于输送生活冷、热水及燃气管道；表面不镀锌管件多用于输送采暖热水、蒸汽、空调水及普通油品管道。

（一）主要技术性能

1. 机械性能

抗拉强度≥330MPa

延伸率≥8%

硬度≤HB163

2. 水压试验

试验压力 2.5MPa

工作压力 1.6MPa

3. 螺纹除通丝外接头及锁紧螺母必须采用 55°圆柱管螺纹外，其余均采用 55°圆锥管螺纹。

（二）分类

1. 常用管件按用途分为弯头（90°、45°）、三通、四通、外接头、内接头、内外丝接头、内外螺丝、外方管堵、管帽、锁紧螺母、活接头等。

2. 按边沿形式分为圆边、方边和无边 3 种。

3. 按表面是否镀锌分为镀锌和不镀锌两种。

（三）管件规格

1. 同径可锻铸铁管件的常用品种和规格见图 10-1、图 10-2、图 10-3 和表 10-10。

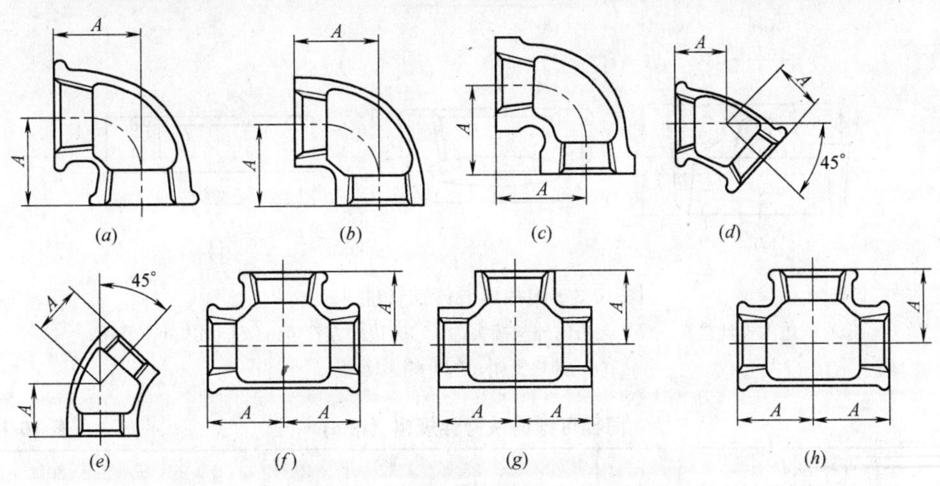

图 10-1　同径可锻铸铁管件（一）

（*a*）圆边弯头；（*b*）无边弯头；（*c*）方边弯头；（*d*）45°圆边弯头；（*e*）45°无边弯头；（*f*）圆边三通；（*g*）无边三通；（*h*）方边三通

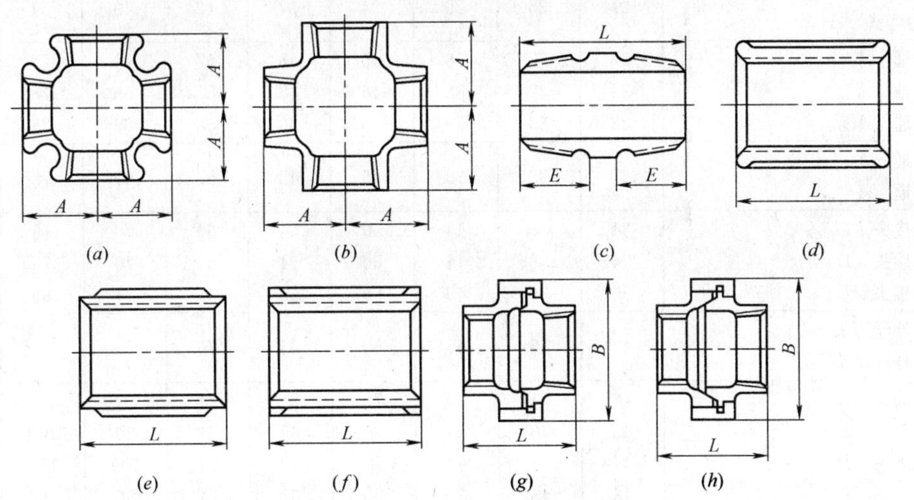

图 10-2　同径可锻铸铁管件（二）

（*a*）圆边四通；（*b*）无边四通；（*c*）内接头；（*d*）圆边外接头；（*e*）无边外接头；（*f*）方边外接；（*g*）平形活接头；（*h*）锥形活接头

2. 异径可锻铸铁管件的常用品种和规格见图 10-4 及表 10-11。

二、钢制无缝管件

钢制无缝管件有《钢制对焊无缝管件》GB/T 12459、《锻钢制承插焊管件》GB/T

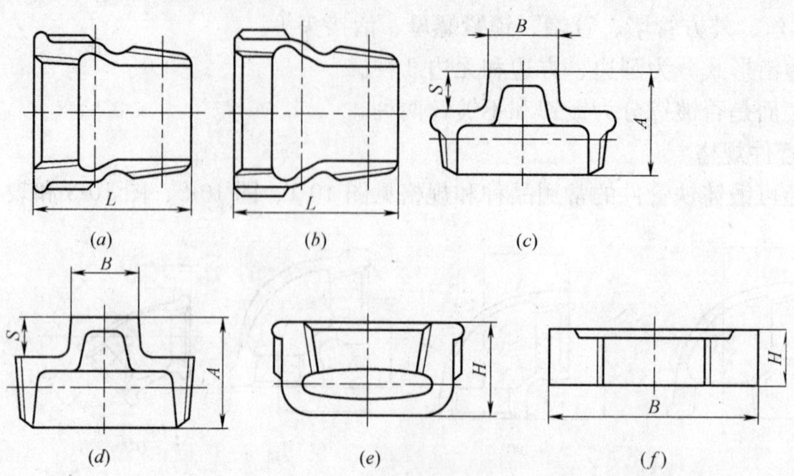

图 10-3 同径可锻铸铁管件（三）

(a) 圆边内外丝接头；(b) 无边内外丝接头；(c) 圆边外方管堵；(d) 无边外方管堵；(e) 圆边管帽；(f) 锁紧螺母

同径可锻铸铁管件规格（mm） **表 10-10**

公称直径 DN	15	20	25	32	40	50	65	80	100
90°圆边弯头 A	27	32	38	46	48	57	69	78	97
90°无边弯头 A	27	32	38	46	48	57	69	78	97
90°方边弯头 A	28	33	38	45	50	58	69	78	96
45°圆边弯头 A 45°无边弯头 A	21	25	29	34	37	42	49	54	65
圆边三通 A	27	32	38	46	48	57	69	78	97
无边三通 A	27	32	38	46	48	57	69	78	97
方边三通 A	28	33	38	45	50	58	69	78	96
圆边四通 A 无边四通 A	27	32	38	46	48	57	69	78	97
圆边外接头 L	34	38	44	50	54	60	70	75	85
无边外接头 L	34	38	44	50	54	60	70	75	85
方边外接头 L	36	39	45	50	55	65	74	80	94
圆边内外丝接头 L 无边内外丝接头 L	42	48	55	60	65	70	—	—	—
平形活接头 B	44	51	60	70	80	94	115	130	160
L	43	48	54	60	65	74	89	100	114
锥形活接头 B	44	51	60	70	80	94	109	122	162
L	43	48	54	60	65	74	86	95	116
圆边外方管堵 A	26.5	29.5	33	37.5	39	45	52.5	57	66.5
B	10	12	16	18	19	23	29	34	44
S	10	11	12	13	14	15	18	19	22
无边外方管堵 A	23	26	29	33	34	39	46	50	58
B	10	12	16	18	19	23	29	34	44
S	10	11	12	13	14	15	18	19	22
圆边管帽 H	19	23	27	29	31	35	41	44	53
锁紧螺母 B	32	38	46	54	63	77	100	115	145
H	9	10	11	12	13	15	17	18	22

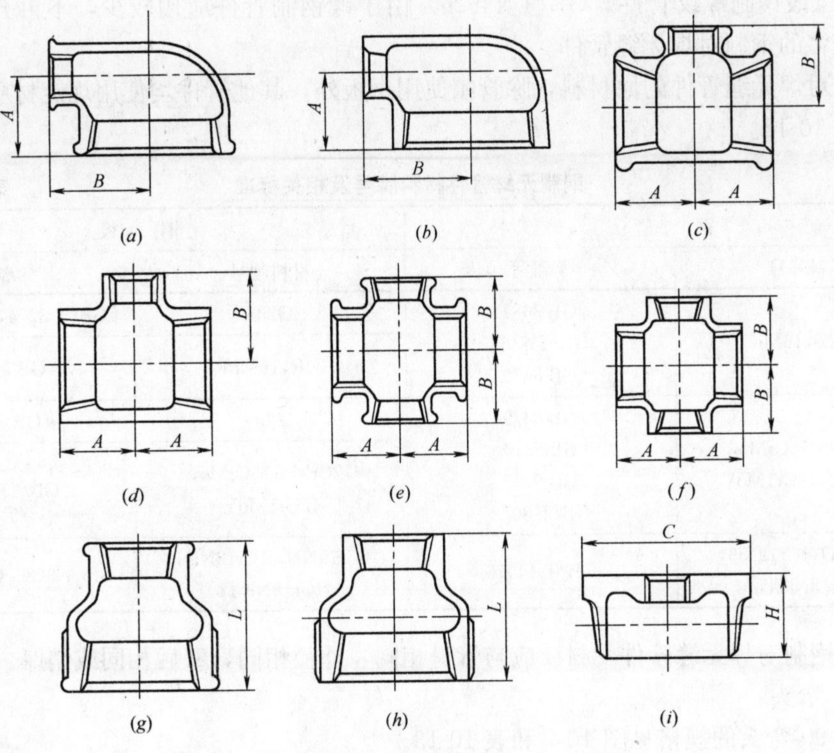

图 10-4 异径可锻铸铁管件

(*a*) 圆边异径弯头；(*b*) 无边异径弯头；(*c*) 圆边异径三通；(*d*) 无边异径三通；(*e*) 圆边异径四通；(*f*) 无边异径四通；(*g*) 圆边异径外接头；(*h*) 无边异径外接头；(*i*) 内外螺丝

异径弯头、三通、四通、外接头和内外螺丝的规格 (mm) **表 10-11**

公称直径 *DN*	*A*	*B*	*L*	*C*	*H*	公称直径 *DN*	*A*	*B*	*L*	*C*	*H*
20×15	29	30	38	30	23	65×20	44	59	65	80	37
25×15	32	33	42	37	26	65×25	48	61	65	80	37
25×20	34	35	42	37	26	65×32	53	63	65	80	37
32×25	34	38	48	46	29	65×40	55	62	65	80	37
32×20	38	40	48	46	29	65×50	60	65	65	80	37
32×25	40	42	48	46	29	80×25	51	68	72	92	40
40×15	35	42	52	52	31	80×32	56	70	72	92	40
40×20	38	43	52	52	31	80×40	57	71	72	92	40
40×25	41	45	52	52	31	80×50	62	62	72	72	40
40×32	45	48	52	52	31	80×65	72	72	72	72	40
50×15	38	48	58	64	33	100×25	57	57	85	85	47
50×20	41	49	58	64	33	100×32	61	61	85	85	47
50×25	44	51	58	64	33	100×40	63	63	85	85	47
50×32	48	54	58	64	33	100×50	69	69	85	85	47
50×40	52	55	58	64	33	100×65	78	78	85	85	47
65×15	41	57	65	80	37	100×80	83	83	85	85	47

注：四通管件无 *DN*65×*DN*15、*DN*125、*DN*150 规格；异径弯头无 *DN*150×*DN*50、*DN*65、*DN*80 规格。

14383 和《锻钢制螺纹管件》GB/T 14626。由于锻钢制管件应用较少，不再介绍，只介绍应用较多的钢制对焊无缝管件。

制造对焊无缝管件的原材料，除管帽使用钢板外，其他管件均使用规定材质的无缝钢管，见表 10-12。

钢制无缝管件材料牌号及相关标准　　表 10-12

钢管		钢板	
材料牌号	标准号	材料牌号	标准号
10,20,16Mn	GB 3087 GB/T 8163 GB 6479	Q235	GB/T 3274,GB. T 912
		20R,16MnR	GB 6654
12CrMo,15CrMo, 1Cr5Mo,12Cr1MoV	GB 6479 GB 5310 GB 8163 GB/T 3077	20g	GB 713
		12CrMo,15CrMo, 12Cr1MoV	GB/T 3077
0Cr19Ni9,1Cr18Ni9, 1Cr18Ni9Ti	GB/T 14976	0Cr19Ni9, 1Cr18Ni9, 1Cr18Ni9Ti	GB/T 3280,GB/T 4237

选用钢制对焊无缝管件，材质应与管材相同，外径相同，壁后相同或稍厚。

（一）弯头

45°、90°弯头的规格见图 10-5 和表 10-13。

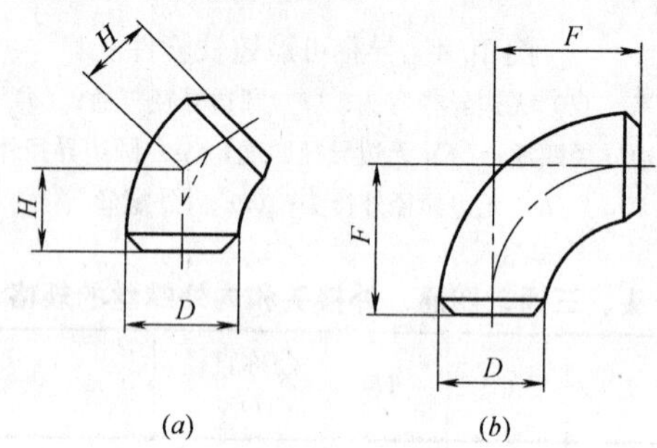

图 10-5　弯头

(a) 45°弯头；(b) 90°弯头

（二）异径接头

异径接头亦称异径管、大小头，其规格见图 10-6 及表 10-14。

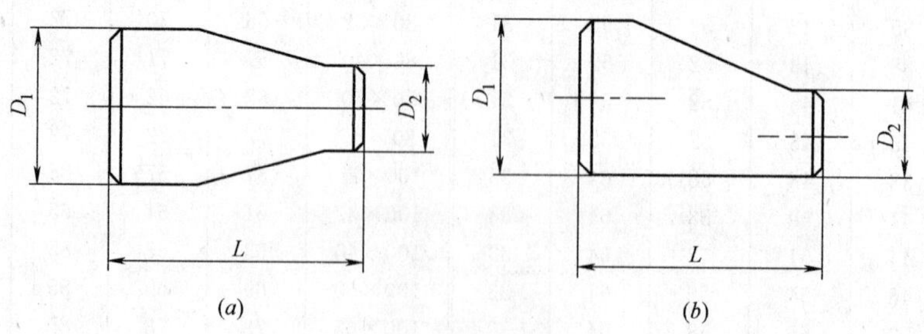

图 10-6　异径接头

(a) 同心；(b) 偏心

45°、90°弯头规格（mm） **表 10-13**

公称直径 DN	端部外径 D		中心至端面尺寸		
			45°弯头	90°弯头	
	A系列	B系列	长半径	长半径	短半径
25	33.7	32	16	38	25
32	42.2	38	20	48	32
40	48.3	45	24	57	36
50	60.3	57	32	76	51
65	76.1	76	40	95	64
80	88.9	89	47	114	76
100	114.3	108	63	152	102
125	139.7	133	79	190	127
150	168.3	159	95	229	152
200	219.1	219	126	305	203
250	273.0	273	158	381	254
300	323.9	325	189	457	305
350	355.6	377	221	533	356
400	406.4	426	253	610	406
450	457.0	478	284	686	457
500	508.0	529	316	762	508

异径接头规格（mm） **表 10-14**

公称直径 DN	长度 L
20×15	38
25×20,25×15,32×25,32×20,32×15	51
40×32,40×25,40×20,40×15	64
50×40,50×32,50×25,50×20	76
65×50,65×40,65×32,65×25,80×65,80×50,80×40,80×32	89
100×80,100×65,100×50,100×40	102
125×100,125×80,125×65,125×50	127
150×125,150×100,150×80,150×65	140
200×150,200×125,200×100,200×80	152
250×200,250×150,250×125,250×100	178
300×250,300×200,300×150,300×125	203
350×300,350×250,350×200,350×150	330
400×350,400×300,400×250,400×200	356
450×400,450×350,450×300,450×250	381
500×450,500×400,500×350,500×300	508

注：图 10-6 中端部外径 D_1 和 D_2 均分为 A 系列和 B 系列，并与表 10-13 的数值相对应。

（三）等径三通和等径四通

等径三通和等径四通的规格见图 10-7 和表 10-15。

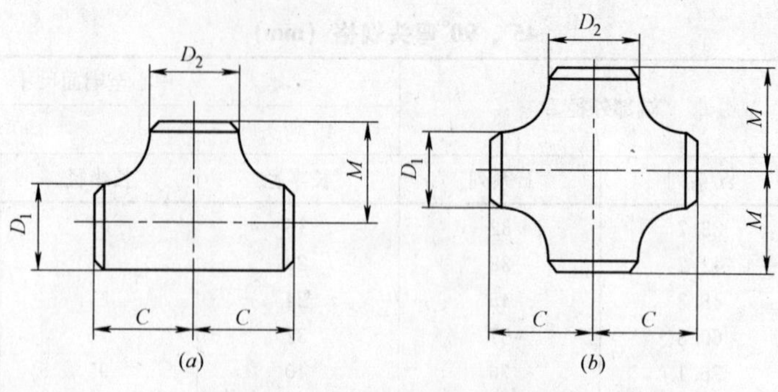

图 10-7 等径三通和等径四通

(*a*) 等径三通；(*b*) 等径四通

等径三通和等径四通的规格 (mm) **表 10-15**

公称直径 DN	端部外径 D D_1, D_2		中心至端面尺寸 C,M
	A 系列	B 系列	
15	21.3	18	25
20	26.9	25	29
25	33.7	32	38
32	42.2	38	48
40	48.3	45	57
50	60.3	57	64
65	76.1	76	76
80	88.9	89	86
100	114.3	108	105
125	139.7	133	124
150	168.3	159	143
200	219.1	219	178
250	273.0	273	216
300	323.9	325	254
350	355.6	377	279
400	406.4	426	305
450	457.0	478	343
500	508.0	529	381

(四) 异径三通和异径四通

异径三通和异径四通的规格见图 10-8 和表 10-16。

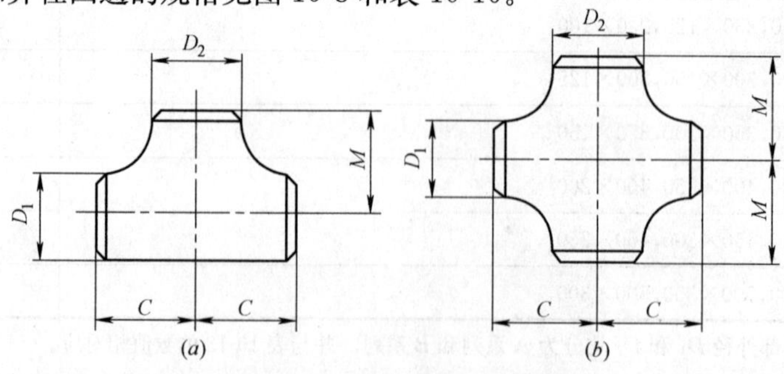

图 10-8 异径三通和异径四通

(*a*) 异径三通；(*b*) 异径四通

异径三通和异径四通的规格（mm） **表 10-16**

公称直径 DN	中心至端面尺寸	
	C	M
20×20×15	29	29
25×25×20，25×25×15	38	38
25×25×25，32×32×20，32×32×15	48	48
40×40×32，40×40×25，40×40×20，40×40×15	57	57
50×50×40	64	60
50×50×32	64	57
50×50×25	64	51
50×50×20	64	44
65×65×50	76	70
65×65×40	76	67
65×65×32	76	64
65×65×25	76	57
80×80×65	86	83
80×80×50	86	76
80×80×40	86	73
80×80×32	86	70
100×100×80	105	98
100×100×65	105	95
100×100×50	105	89
100×100×40	105	86
125×125×100	124	117
125×125×80	124	111
125×125×65	124	108
125×125×50	124	105
150×150×125	143	137
150×150×100	143	130
150×150×80	143	124
150×150×65	143	121
200×200×150	178	168
200×200×125	178	162
200×200×100	178	156
250×250×200	216	208
250×250×150	216	194
250×250×125	216	191
250×250×100	216	184
300×300×250	254	241
300×300×200	254	229
300×300×150	254	219
300×300×125	254	216
350×350×300	279	270
350×350×250	279	257
350×350×200	279	248
350×350×150	279	238
400×400×350	305	305
400×400×300	305	295
400×400×250	305	283
400×400×200	305	273
400×400×150	305	264
450×450×400	343	330
450×450×350	343	330
450×450×300	343	321
450×450×250	343	308
450×450×200	343	298
500×500×450	381	368
500×500×400	381	356
500×500×350	381	356
500×500×300	381	346
500×500×250	381	333
500×500×200	381	324

注：图 10-8 中端部外径 D_1 和 D_2 均分为 A 系列和 B 系列，并与表 10-15 的数值相对应。

（五）管帽

管帽的规格见图 10-9 和表 10-17。

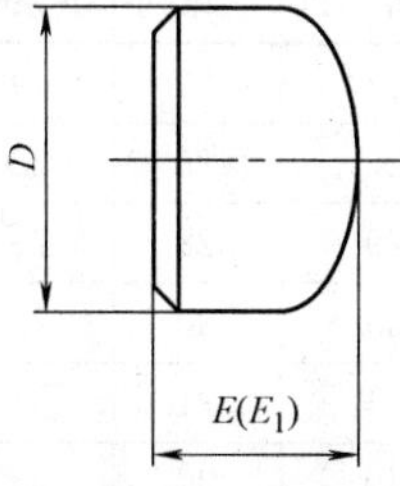

图 10-9 管帽

管帽的规格（mm） 表 10-17

公称直径 DN	端部外径 D		背面至端面尺寸		对尺寸 E 的限制厚度
	A 系列	B 系列	E	E_1	
15	21.3	18	25	—	—
20	26.9	25	25	—	—
25	33.7	32	32	—	—
32	42.2	38	38	—	—
40	48.3	45	38	—	—
50	60.3	57	38	44	5.5
65	76.1	76	38	51	7.0
80	88.9	89	51	64	7.6
100	114.3	108	64	76	8.6
125	139.7	133	76	89	9.5
150	168.3	159	89	102	11.0
200	219.1	219	102	127	12.7
250	273.0	273	127	152	12.7
300	323.9	325	152	178	12.7
350	355.6	377	165	191	12.7
400	406.4	426	178	203	12.7
450	457.0	478	203	229	12.7
500	508.0	529	229	254	12.7

注：(1) 管帽的头部形状为椭圆形。半椭圆部分的长度应不小于管帽内径的 1/4；

(2) 当管帽的公称壁厚小于或等于限制厚度时，采用 E 值；当管帽的公称壁厚大于限制厚度时，采用 E_1 值。

三、不锈钢和铜螺纹管件

根据 QB 1109 的规定，不锈钢和铜螺纹管件的品种、外形、结构与可锻铸铁管件相似。不锈钢管件用 ZGCr18Ni9Ti 不锈钢制造；铜管件用 ZCuZn40Pb2 铸造黄铜制造。不锈钢和铜螺纹管件按适用压力分为两个系列：Ⅰ系列 $PN \leqslant 3.4$MPa，Ⅱ系列 $PN \leqslant 1.6$MPa，其试验压力 $P_S = 1.5$PN。管件上的螺纹，除通丝外接头需采用 55°圆柱管螺纹外，均采用 55°圆锥管螺纹。

不锈钢和铜螺纹管件的品种和规格见图 10-10 及表 10-18、表 10-19。

不锈钢和铜螺纹管件的品种和规格（1） 表 10-18

公称直径 DN	管螺纹 (in)	活接头 L	内接头 L	管堵 L	管帽 L		通丝外接头 L		弯头、侧孔弯头 三通、四通 a	
		结构尺寸(mm)								
		Ⅰ、Ⅱ系列	Ⅰ、Ⅱ系列	Ⅰ、Ⅱ系列	Ⅰ系列	Ⅱ系列	Ⅰ系列	Ⅱ系列	Ⅰ系列	Ⅱ系列
15	1/2	48	34	22	22	19	34	34	28	26
20	3/4	52	38	26	25	22	36	38	33	31
25	1	58	44	29	28	25	43	44	38	35
32	1	65	50	33	30	28	48	50	45	42
40	1	70	54	34	31	31	48	54	50	48
50	2	78	60	40	36	35	56	60	58	55
65	2	85	70	46	41	38	65	70	70	65

续表

公称直径 DN	管螺纹 (in)	活接头 L	内接头 L	管堵 L	管帽 L		通丝外接头 L		弯头、侧孔弯头 三通、四通 a	
		结构尺寸(mm)								
		Ⅰ、Ⅱ系列	Ⅰ、Ⅱ系列	Ⅰ、Ⅱ系列	Ⅰ系列	Ⅱ系列	Ⅰ系列	Ⅱ系列	Ⅰ系列	Ⅱ系列
80	3	95	75	50	45	40	71	75	80	74
100	4	116	85	57	—	—	—	85	—	90
125	5	132	95	62	—	—	—	95	—	110
150	6	146	105	71	—	—	—	105	—	125

注：Ⅰ系列 $PN \leqslant 3.4$MPa，Ⅱ系列 $PN \leqslant 1.6$MPa。

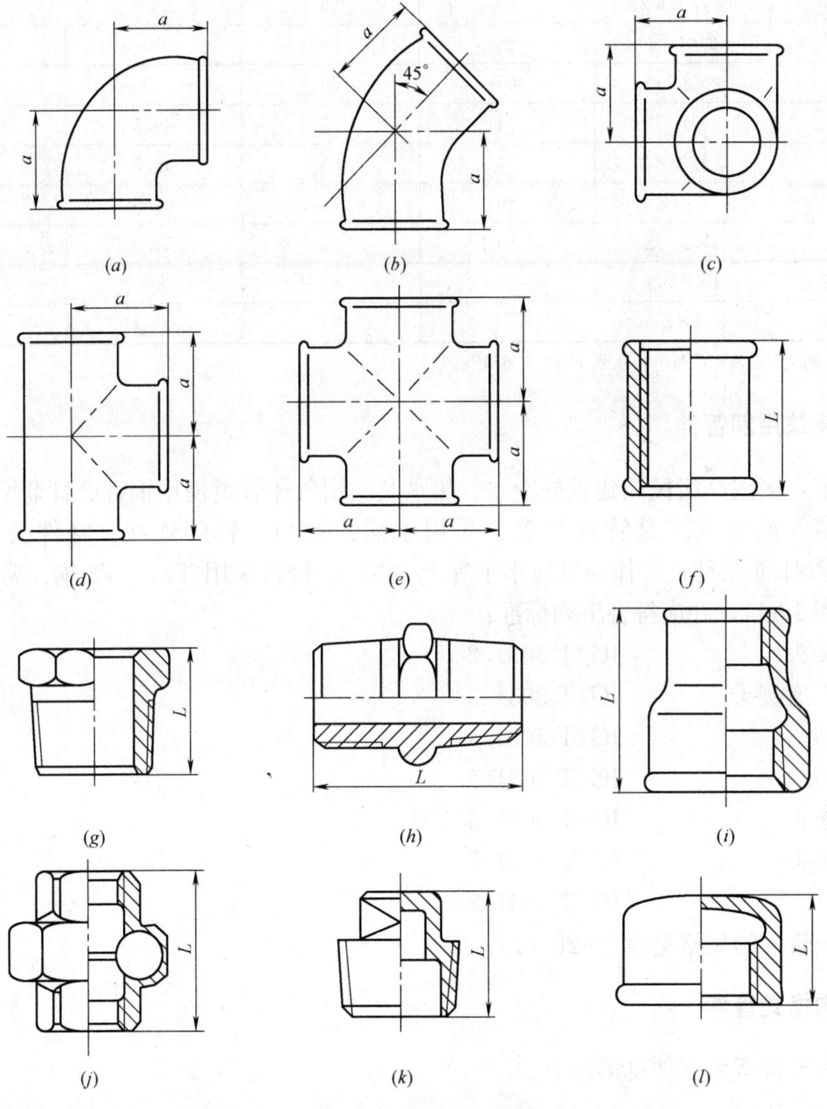

图 10-10 不锈钢和铜螺纹管件

(*a*) 弯头；(*b*) 45°弯头；(*c*) 侧孔弯头；(*d*) 三通；(*e*) 四通；(*f*) 通丝外接头；(*g*) 内外接头；(*h*) 内接头；(*i*) 异径外接头；(*j*) 活接头；(*k*) 管堵；(*l*) 管帽

不锈钢和铜螺纹管件的品种和规格（2） 表 10-19

公称直径 $DN_1 \times DN_2$	管螺纹(in) $d_1 \times d_2$	异径管接头		内外接头	
		全长(mm)			
		Ⅰ系列	Ⅱ系列	Ⅰ系列	Ⅱ系列
20×15	3/4×1/2	39	39	24.5	—
25×15	1×1/2	45	43	27.5	—
25×20	1×3/4	45	43	27.5	—
32×20	$1^1/4$×3/4	50	49	32.5	—
32×25	$1^1/4$ ×1	50	49	32.5	—
40×25	1 $^1/2$×1	55	53	32.5	—
40×32	1 $^1/2$×$1^1/4$	55	53	32.5	—
50×32	2×$1^1/4$	65	59	40	39
50×40	2×1 $^1/2$	65	59	40	39
65×40	2×1 $^1/2$	74	65	46.5	44
65×50	2 $^1/2$ ×2	74	65	46.5	44
80×50	3× 2	80	72	51.5	48
80×65	3×2 $^1/2$	80	72	51.5	48
100×65	4×2 $^1/2$	—	85	—	56
100×80	4×3	—	85	—	56

注：Ⅰ系列 $PN \leqslant 3.4$MPa，Ⅱ系列 $PN \leqslant 1.6$MPa。

四、建筑用铜管件

近年来，国内高级民用建筑的冷水、热水及医用气体管道使用铜管已日渐增多。建筑用铜管管道的连接方式是管件与管子采用承插式接口，钎焊连接。管件公称压力有 $PN1.0$、$PN1.6$ 两种，工作温度应小于等于 135℃，材料采用 T2 或 T3 铜。常用铜管件的种类见图 10-11，并应符合下列标准：

三通接头　　JG/T 3031.2
异径三通接头　　JG/T 3031.3
45°弯头　　JG/T 3031.4
90°弯头　　JG/T 3031.5
异径接头　　JG/T 3031.6
套管接头　　JG/T 3031.7
管帽　　JG/T 3031.8

常用铜管件的规格见表 10-20（1）、（2）。

五、沟槽式管件

沟槽式连接所用管件见第四节。

六、管道用橡胶接头

管道用橡胶接头应符合行业标准 GJ/T 3013.1 的要求。

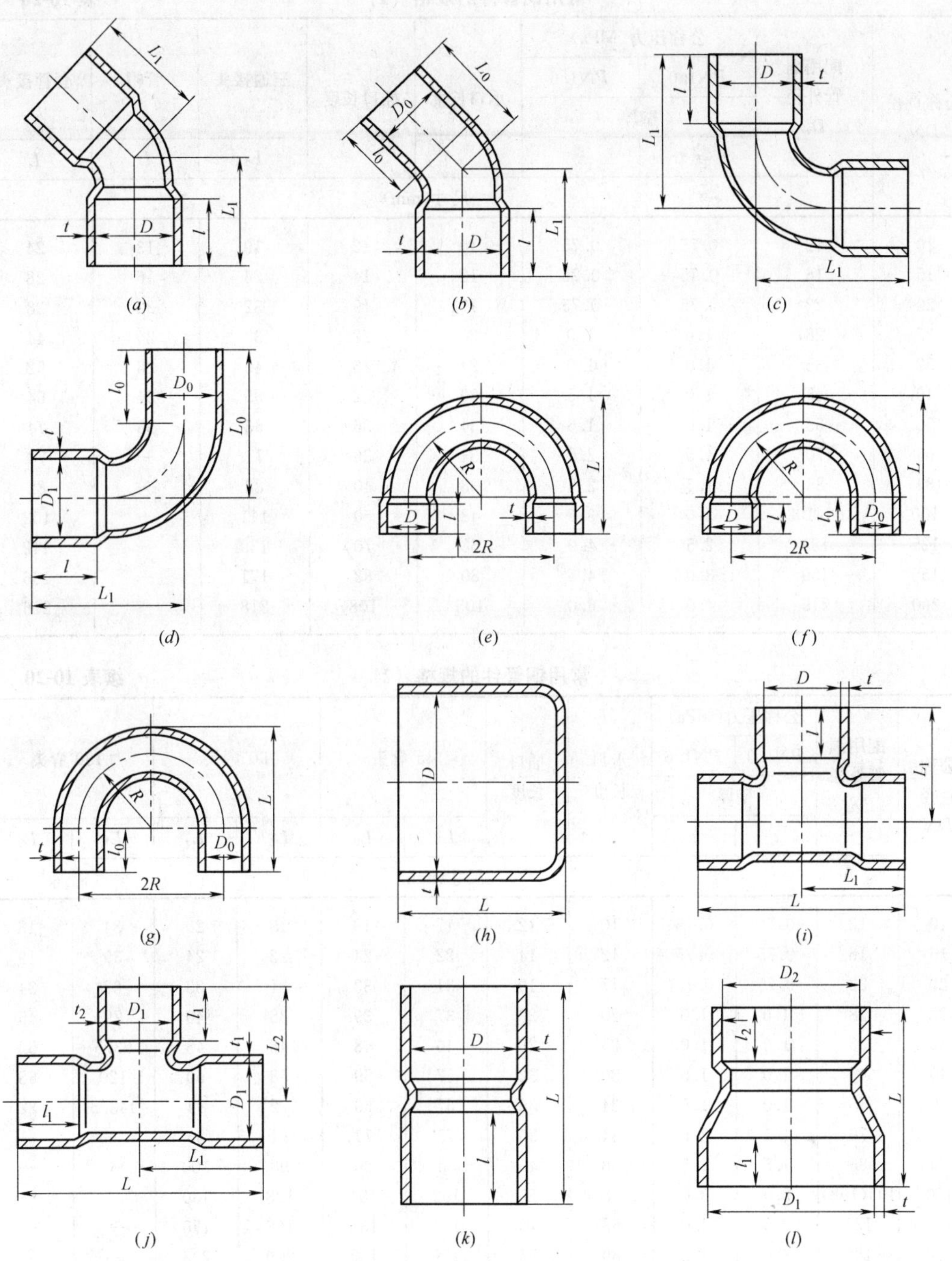

图 10-11 建筑用铜管件

(a) 45°弯头（A 型）；(b) 45°弯头（B 型）；(c) 90°弯头（A 型）；(d) 90°弯头（B 型）；(e) 180°弯头（A 型）；(f) 180°弯头（B 型）；(g) 180°弯头（C 型）；(h) 管帽；(i) 三通接头；(j) 异径三通接头；(k) 套管接头；(l) 异径接头

（一）单球体法兰连接橡胶接头

单球体法兰连接橡胶接头的结构见图 10-12，技术参数见表 10-21，规格见表 10-22。

常用铜管件的规格（1） 表 10-20

公称直径 DN	配用铜管外径 D_w	公称压力(MPa) PN1.0 壁厚 t	公称压力(MPa) PN1.6 壁厚 t	承口长度	插口长度	三通接头 L_1	管帽 L	套管接头 L
	尺寸(mm)							
10	12	0.75	0.75	10	12	19	13	24
15	16	0.75	0.75	12	14	24	16	28
20	22	0.75	0.75	17	19	32	22	38
25	28	1.0	1.0	20	22	37	24	44
32	35	1.0	1.0	24	26	43	28	52
40	45	1.0	1.5	30	32	55	34	64
50	55	1.0	1.5	34	36	63	38	74
65	70	1.5	2.0	34	36	71	—	74
80	85	1.5	2.5	38	40	88	—	82
100	105(108)	2.0	3.0	48	50	111	—	102
125	133	2.5	4.0	68	70	139	—	142
150	159	3.0	4.5	80	83	171	—	166
200	219	4.0	6.0	105	108	218	—	216

常用铜管件的规格（2） 续表 10-20

公称直径 DN	配用铜管外径 D_w	公称压力(MPa) PN1.0 壁厚 t	公称压力(MPa) PN1.6 壁厚 t	承口长度	插口长度	45°弯头 L_1	45°弯头 L_0	90°弯头 L_1	90°弯头 L_0	180°弯头 L_1	180°弯头 L_0
	尺寸(mm)										
10	12	0.75	0.75	10	12	17	19	18	20	34	18
15	16	0.75	0.75	12	14	22	24	22	24	39	19
20	22	0.75	0.75	17	19	31	33	31	33	62	34
25	28	1.0	1.0	20	22	37	39	38	40	79	45
32	35	1.0	1.0	24	26	46	48	46	48	93.5	52
40	45	1.0	1.5	30	32	57	59	58	60	120	68
50	55	1.0	1.5	34	36	67	69	72	74	143.5	82
65	70	1.5	2.0	34	36	75	77	84	86	—	—
80	85	1.5	2.5	38	40	84	86	98	100	—	—
100	105(108)	2.0	3.0	48	50	102	104	128	130	—	—
125	133	2.5	4.0	68	70	134	136	168	170	—	—
150	159	3.0	4.5	80	83	159	162	200	203	—	—
200	219	4.0	6.0	105	108	209	212	255	258	—	—

注：因异径三通、异径接头规格品种繁多，为节省篇幅，不再列入本表。

（二）双球体法兰连接橡胶接头

双球体法兰连接橡胶接头的结构见图 10-13，技术参数见表 10-23，规格见表 10-24。

（三）可曲挠法兰连接橡胶弯头

可曲挠法兰连接橡胶弯头的结构见图 10-14，技术参数见表 10-25，规格见表 10-26。

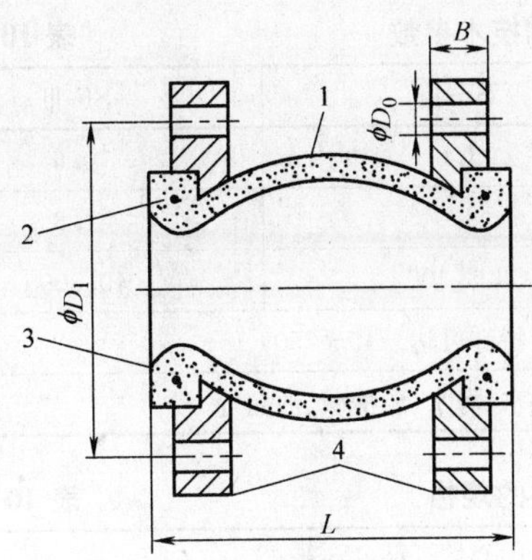

图 10-12 单球体法兰连接橡胶接头

1—主体（特种橡胶）；2—增强层（聚酯帘布）；3—骨架（硬钢丝）；4—法兰（Q235）

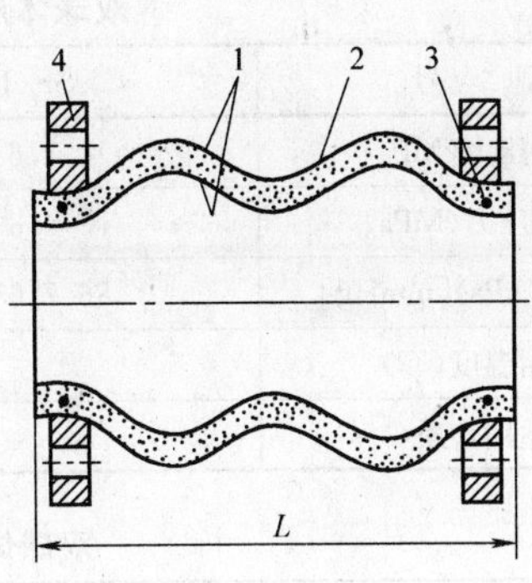

图 10-13 双球体法兰连接橡胶接头

1—主体（特种橡胶）；2—增强层（聚酯帘布）；3—骨架（硬钢丝）；4—法兰（Q235）

单球体法兰连接橡胶接头的技术参数 **表 10-21**

型 号	DF-Ⅰ	DF-Ⅱ	DF-Ⅲ	DF-Ⅳ
工作压力(MPa)	2.5	1.6	1.0	0.6
爆破压力(MPa)	7.5	4.8	3.0	1.8
真空度(kPa)[mmHg]	100[750]	100[750]	86.7[650]	53.3[400]
适用温度(℃)	−30～115			
适用介质	压缩空气、冷热水、海水、弱酸碱等			

单球体法兰连接橡胶接头的规格 **表 10-22**

公称直径 DN		长度 L(mm)	法兰厚度 B(mm)	螺栓数 n	螺孔直径 d_0(mm)	螺孔中心圆直径 D_1(mm)	轴向位移(mm)		横向位移(mm)	偏转角度($\alpha_1+\alpha_2$)
mm	in						伸长	压缩		
40	1½	95	18	4	17.5	110	6	10	9	15°
50	2	105	18	4	17.5	125	8	10	10	15°
65	2½	110	20	4	17.5	145	8	13	11	15°
80	3	135	20	8	17.5	160	8	15	12	15°
100	4	150	22	8	17.5	180	10	19	13	15°
125	5	165	24	8	17.5	210	12	19	13	15°
150	6	180	24	8	22	240	12	20	14	15°
200	8	190	24	8	22	295	16	25	22	15°
250	10	230	28	12	22	350	16	25	22	15°
300	12	245	28	12	22	400	16	25	22	15°
350	14	255	28	16	22	460	16	25	22	15°
400	16	255	30	16	26	515	16	25	22	15°
450	18	255	30	20	26	565	16	25	22	15°
500	20	255	32	20	26	620	16	25	22	15°

（四）双球体螺纹连接橡胶接头

此种接头两端为活接头，其结构见图 10-15，技术参数见表 10-27，规格及性能见表 10-28。

双球体法兰连接橡胶接头的技术参数 表 10-23

型号	SF-Ⅰ	SF-Ⅱ	SF-Ⅲ
工作压力(MPa)	1.6	1.0	0.6
爆破压力(MPa)	4.8	3.0	1.8
真空度(kPa)[mmHg]	86.7[650]	53.3[400]	40[300]
适用温度(℃)	−30～115(特殊可达−40～250)		
适用介质	压缩空气、冷热水、海水、弱酸碱、油品等		

双球体法兰连接橡胶接头的规格 表 10-24

公称直径 DN		长度 L(mm)	法兰厚度 B(mm)	螺栓数 n	螺孔直径 d_0(mm)	螺孔中心圆直径 D_1(mm)	轴向位移(mm)		横向位移(mm)	偏转角度($\alpha_1+\alpha_2$)
mm	in						伸长	压缩		
80	3	175	20	8	17.5	160	30	50	45	40°
100	4	225	22	8	17.5	180	35	50	40	35°
125	5	225	24	8	17.5	210	35	50	40	35°
150	6	225	24	8	22	240	35	50	40	35°
200	8	325	24	8	22	295	35	60	35	30°
250	10	325	28	12	26	355	35	60	35	30°
300	12	325	28	12	26	410	35	60	35	30°
350	14	325	28	16	26	460	35	60	35	30°
400	16	400	30	16	26	515	40	60	35	30°

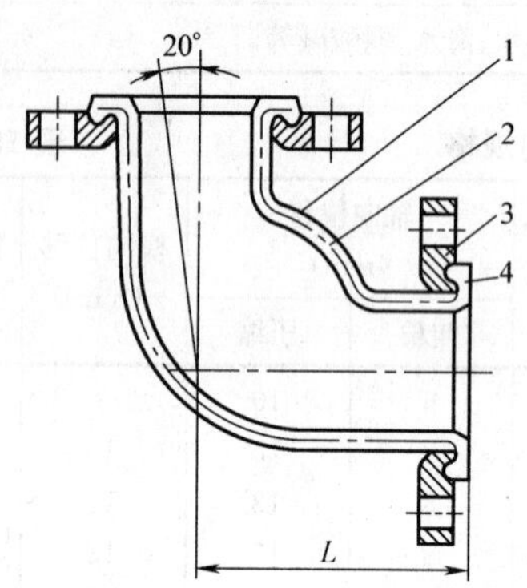

图 10-14 可曲挠法兰连接橡胶弯头
1—主体（特种橡胶）；2—增强层（聚酯帘布）；
3—法兰（Q235）骨架；4—骨架（硬钢丝）

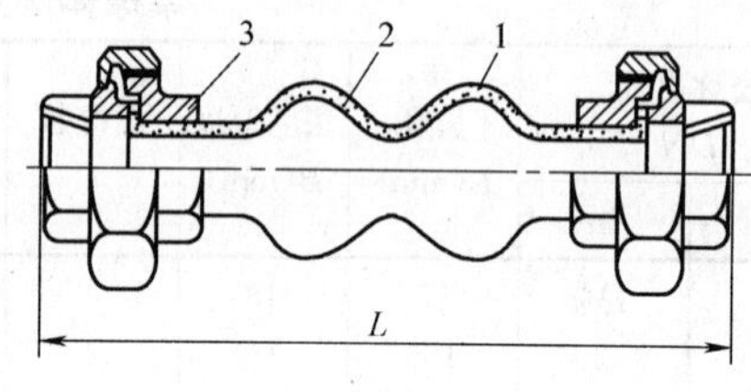

图 10-15 双球体螺纹连接橡胶接头
1—主体（特种橡胶）；2—增强层（聚酯帘布）；
3—活接头（可锻铸铁）

可曲挠法兰连接橡胶弯头的技术参数 表 10-25

型号	WF-Ⅰ	WF-Ⅱ	WF-Ⅲ
工作压力(MPa)	1.6	1.0	0.6
爆破压力(MPa)	4.5	3.0	1.8
适用温度(℃)	−30～100		
适用介质	压缩空气、冷热水、海水、弱酸碱等		

可曲挠法兰连接橡胶弯头规格 表 10-26

公称直径		长度 L(mm)	法兰厚度 (mm)	螺栓数 n	螺孔直径 (mm)	螺孔中心圆直径 (mm)	各向允许位移(mm)					
mm	in						X	X^1	Y	Y^1	Z	Z^1
50	2	140	18	4	17.5	125	20	16	20	16	16	16
65	2½	140	20	4	17.5	145	20	16	20	16	16	16
80	3	150	20	8	17.5	160	20	16	20	16	16	16
100	4	160	22	8	17.5	180	20	16	20	16	16	16
125	5	180	24	8	17.5	210	20	16	20	16	16	16
150	6	200	24	8	22	240	20	16	20	16	16	16
200	8	230	24	8	22	295	20	16	20	16	16	16
250	10	280	28	12	26	355	20	16	20	16	16	16
300	12	305	28	12	26	410	20	16	20	16	16	16

双球体螺纹连接橡胶接头的技术参数 表 10-27

项 目	指 标
工作压力(MPa)	1.0
爆破压力(MPa)	3.0
偏转角度 $\alpha_1+\alpha_2$	45°
真空度(kPa)[mmHg]	53.3[400]
适用温度(℃)	−30～150
适用介质	压缩空气、冷热水、海水、弱酸碱等

双球体螺纹连接橡胶接头的规格及性能 表 10-28

公称直径 DN		长度 L(mm)	轴向位移(mm)		横向位移 (mm)	[illegible] ($\alpha_1+\alpha_2$)
mm	in		伸长	压缩		
20	3/4	108	5～6	22	22	45°
25	1	108	5～6	22	22	45°
32	1¼	200	5～6	22	22	45°
40	1½	210	5～6	22	22	45°
50	2	220	5～6	22	22	45°
65	2½	245	5～6	22	22	45°

（五）风机盘管专用橡胶接头

风机盘管专用橡胶接头的结构见图 10-16，技术参数见表 10-29，规格及性能见表 10-30。

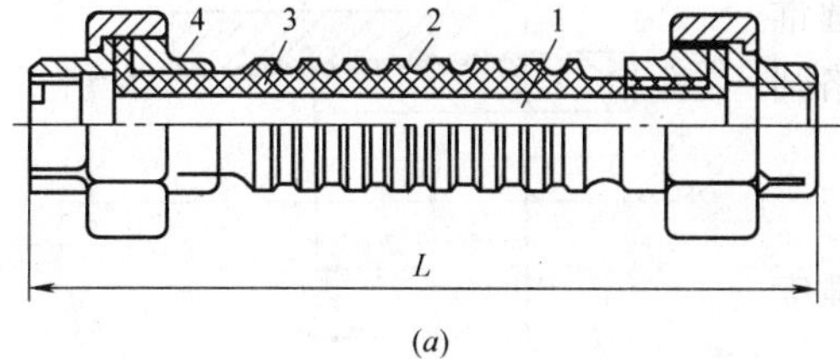

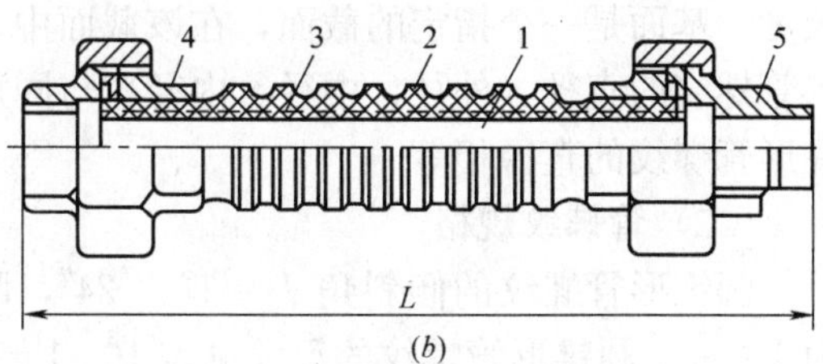

图 10-16 风机盘管专用橡胶接头

(a) FPT-N 型；(b) FPT-W 型

1—内胶层（特种橡胶）；2—外胶层（EPDM）；3—增强层（聚酯帘布）；

4—平形活接头（可锻铸铁）；5—外螺纹活接头（可锻铸铁）

风机盘管专用橡胶接头的技术参数　　表 10-29

项　目	指　标
工作压力(MPa)	1.6
爆破压力(MPa)	4.8
适用温度(℃)	−10～105
适用介质	冷热水、压缩空气

风机盘管专用橡胶接头的规格及性能　　表 10-30

公称直径 DN		长度 L(mm)		轴向位移(mm)		横向位移	偏转角度
mm	in	FPT-N	FPT-W	伸长	压缩	(mm)	($\alpha_1+\alpha_2$)
15	1/2	180	195	5	10	20	45°
20	3/4	200	220	5	10	20	45°
25	1	220	240	5	10	20	45°

第三节　螺纹连接

一、管螺纹类型及规格

(一) 管螺纹类型

按螺纹牙型角的不同，管螺纹分为 55°管螺纹和 60°两大类。在我国，长期以来广泛[illegible]螺纹，但在引进工业项目中有时会遇到 60°管螺纹。

[illegible]螺纹起源于英国，因此在英国早期垄断的行业和受英国影响较大的地区，广泛使用 55°管螺纹，例如水煤气管行业。水煤气管在现行国家标准中已改称低压流体输送用焊接钢管。当焊接钢管采用螺纹连接时，管子外螺纹和管件内螺纹均采用 55°管螺纹。

60°管螺纹则起源于美国，在美国早期垄断的行业和受美国影响较大的地区，则采用 60°管螺纹，例如石油机械行业。

当从国外引进的装置或购买的产品使用管螺纹连接时，应首先确定是 55°管螺纹，还是 60°管螺纹，以免发生技术上的失误。

55°管螺纹有圆锥形和圆柱形两种。圆锥形管螺纹如图 10-17 所示，图中 L_1 为螺纹的工作长度，L_2 为管端到基面的长度，L_3 为螺纹尾长度。基面是一个指定的截面，在该截面中，圆锥形管螺纹的直径（外径、中径、内径）与同规格圆柱形管螺纹的直径相等。

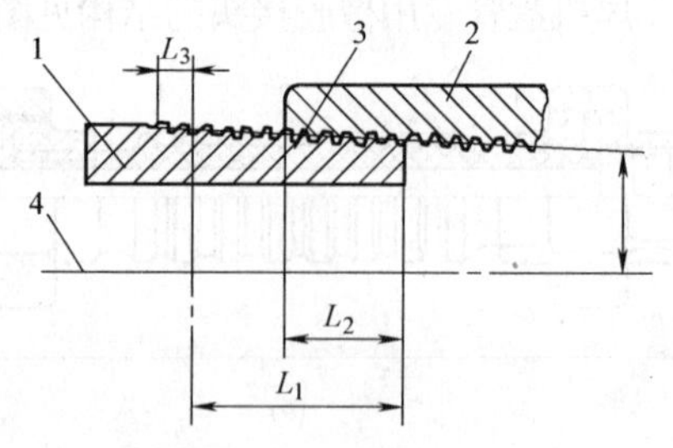

图 10-17　圆锥形管螺纹

1—管子；2—管接头；3—基面；4—管子中心线

(二) 管螺纹规格

圆锥形管螺纹的倾斜角 $\phi=1°47'24''$，圆锥度为 1∶16。圆锥形管螺纹的尺寸见表 10-31。

圆柱形管螺纹的螺距、每英寸长螺纹扣数、牙型角、螺纹工作长度和工作高度都与圆锥形管螺纹相等，直径与圆锥形管螺纹基面直径相等。

圆锥形管螺纹尺寸（mm）　　表 10-31

管子公称直径 DN	螺距	每 25.4mm 扣数(扣)	基面直径			螺纹工作长度	由管端到基面长度	螺纹工作高度
			平均直径	外径	内径			
15	1.814	14	19.794	20.956	18.632	15	7.5	1.162
20	1.814	14	25.281	26.442	24.119	17	9.5	1.162
25	2.309	11	31.771	33.250	30.293	19	11	1.479
32	2.309	11	40.433	41.912	38.954	22	13	1.479
40	2.309	11	46.326	47.805	44.847	23	14	1.479
50	2.309	11	58.137	59.616	56.659	26	16	1.479
65	2.309	11	73.708	75.187	72.230	30	18.5	1.479
80	2.309	11	86.409	87.887	84.930	32	20.5	4.479
100	2.309	11	111.556	113.034	110.077	38	25.5	1.479

二、管螺纹加工

（一）手工套丝

适用于公称直径为 15～100mm 的低压流体输送用焊接钢管的管螺纹加工。手工套丝的操作见第四章第一节及第三章第一节。

（二）机械套丝

适用低压流体输送用焊接钢管的管螺纹加工。电动套丝机的操作见第三章第二节。

（三）车床车丝

适用于无缝钢管、不锈钢管、有色金属管和高压管螺纹和管端密封面的加工，由操作技术熟练的车工来完成。

当管材为无缝钢管，需以管螺纹与配件、设备连接时，可选用近似外径的无缝钢管用手工或机械方法加工管螺纹，可套丝的无缝钢管的规格见表 10-32。

可以套丝的无缝钢管的规格　　表 10-32

公称直径 DN		无缝钢管外径 (mm)	公称直径 DN		无缝钢管外径 (mm)
(mm)	(in)		(mm)	(in)	
15	1/2	22	50	2	60
20	3/4	27	65	2½	76
25	1	34	80	3	89
32	1¼	42	100	4	114
40	1½	48			

（四）螺纹加工长度及质量要求。55°管螺纹的加工长度应为螺纹的工作长度加上螺纹尾的长度。工作长度见表 10-33。螺纹尾即螺纹的外露部分，应为 2～3 扣。

螺纹尺寸应符合相关标准的规定。螺纹应光滑、完整，不得有毛刺和乱丝，断丝和缺丝的总长度不得超过丝扣全长的 10%，且在纵向不得有连通的断丝。当需要加工偏扣螺纹（俗称歪牙）时，其偏斜度不得超过 15°。

三、螺纹连接

（一）螺纹连接类型

55°管螺纹工作长度（mm）　　**表 10-33**

公称直径 DN		普通螺纹			公称直径 DN		普通螺纹		
(mm)	(in)	长度(mm)	螺纹数(牙)	每 25.4mm 的牙数	(mm)	(in)	长度(mm)	螺纹数(牙)	每 25.4mm 的牙数
15	1/2	14	8	14	50	2	24	11	11
20	3/4	16	9	14	65	2½	27	12	11
25	1	18	8	11	80	3	30	13	11
32	1¼	20	9	11	100	4	36	14	11
40	1½	22	10	11					

管件的内螺纹有圆锥螺纹和圆柱螺纹两种，而管子的外螺纹只有圆锥螺纹，因而其连接方式有两种形式：一是圆锥内螺纹（R_c）与圆锥外螺纹（R）的连接；一是圆柱内螺纹（R_p）与圆锥外螺纹（R）的连接。按现行国标 GB 7306 规定，圆锥内螺纹用 R_c 表示，圆锥外螺纹用 R 表示，圆柱内螺纹用 R_p 表示。

当需要标注内、外螺纹的配合连接时，内、外螺纹的标注要用斜线分开，左侧为内螺纹，右侧为外螺纹。例如，对规格为 1″（1 英寸）的不同螺纹配合的标注为：

圆锥内螺纹与圆锥外螺纹配合　　　　标注为 R_c1/R1

圆柱内螺纹与圆锥外螺纹配合　　　　标注为 R_p1/R1

圆锥内螺纹与圆锥外螺纹的配合形式和圆柱内螺纹与圆锥外螺纹的配合形式见图 10-18所示。

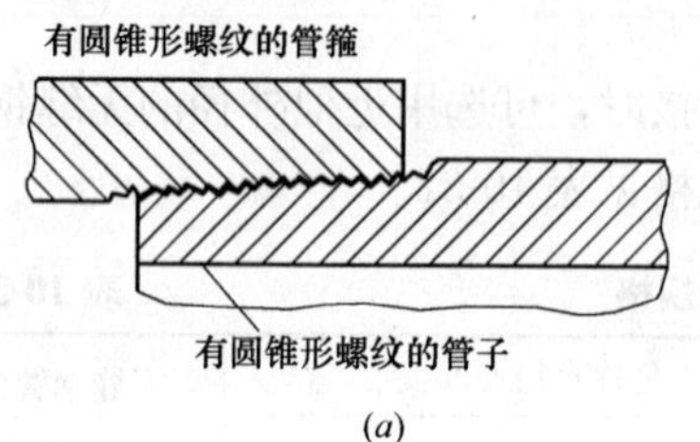

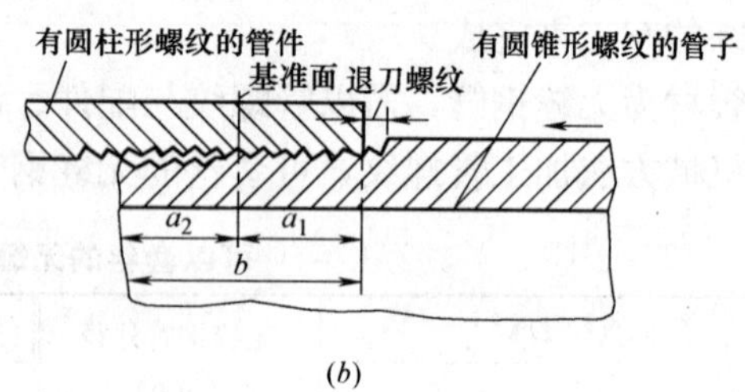

图 10-18　螺纹配合方式

(*a*) 圆锥内螺纹与圆锥外螺纹；(*b*) 圆柱内螺纹与圆锥外螺纹

（二）密封填料

管螺纹连接时，要在外螺纹与内螺纹之间加密封填料，对于水、煤气、压缩空气等温度在 120℃以下的无腐蚀性介质，宜使用白铅油和麻丝，也可以使用聚四氟乙烯生料带。

聚四氟乙烯生料带的化学稳定性好，可用于氧气、燃气、压缩空气及其他输送具有一定腐蚀性介质或温度在 200℃以内的其他介质。氧气及其他忌油管道的密封填料不得含有铅油。

当介质为氨时，螺纹之间的密封填料宜使用一氧化铅与甘油的调合剂（俗称黄铅油），并需在 10min 内用完，否则就会硬化，不得再使用；也可使用聚四氟乙烯生料带。

当工作温度超过 200℃或输送的介质有特殊要求时，应按设计要求使用密封材料。

第四节　沟槽式连接

一、沟槽式管件的类型

(一) 沟槽式管接头

沟槽式管接头即沟槽式管卡，用于沟槽式管端之间的对接连接。

1. 刚性接头。刚性接头卡紧后可与钢管形成刚性体，以抵抗扭力荷载和弯曲荷载，使主管道及长距离直线管道具有较好的刚性，也推荐用于沟槽式立管的连接。刚性接头的结构见图 10-19，规格见表 10-34。

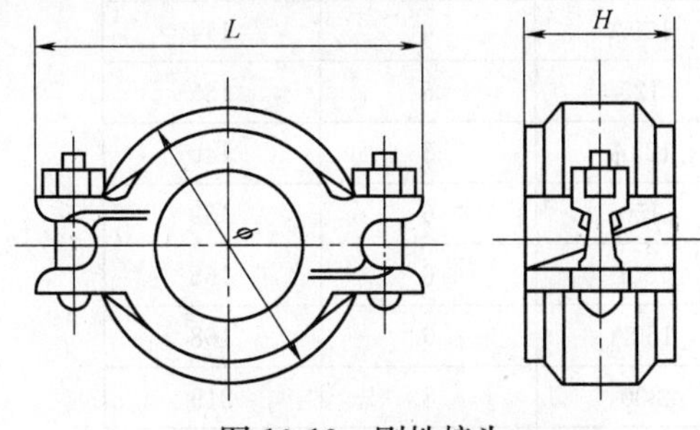

图 10-19　刚性接头

2. 挠性接头。挠性接头允许两钢管管端之间留有间隙，有一定的角度偏差或相对错位，可作管线弯弧，可吸收噪声、振动，吸纳地震波动力，能适应管道的膨胀收缩及微偏转现象。推荐用于水平布置管道。挠性接头的结构见图 10-20，规格见表 10-35。

刚性接头的规格　　**表 10-34**

公称直径 DN (mm)	公称直径 DN (in)	钢管外径 (mm)	公称压力 (MPa)	公称直径 DN (mm)	公称直径 DN (in)	钢管外径 (mm)	公称压力 (MPa)
50	2	60	2.5	125A	5	140	2.5
65	2½	76		150	6	159	
80	3	89		150B	6	165	
100	4	108		150A	6	168	
100A	4	114		200	8	219	
125	5	133					

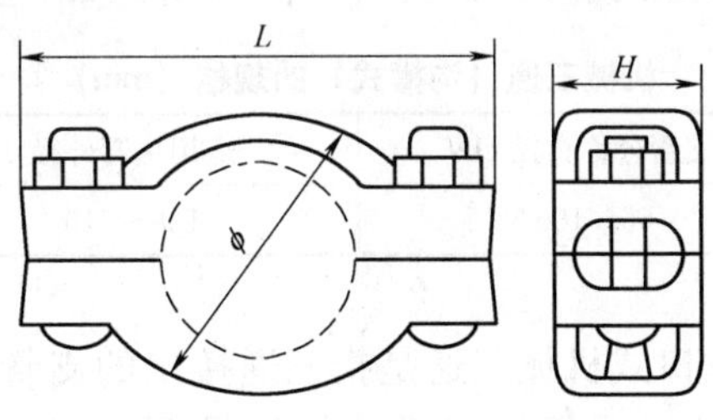

图 10-20　挠性接头

(二) 机械三通

沟槽式机械三通可用于直接在钢管上开孔后接出支管，在钢管上用开孔机开孔，然后将机械三通卡在孔洞上，孔洞四周由橡胶密封圈沿管壁密封。机械三通接出的支管连接方式分沟槽式和丝口式。之所以称为机械三通，是因为此类三通是由卡箍件以机械方式组合而成的。

挠性接头的规格 **表 10-35**

公称直径 DN		钢管外径	管端允许	公称压力	管子允许最大	
(mm)	(in)	(mm)	最大间隙(mm)	(MPa)	转角(°)	挠度(mm)
50	2	60	2.5	2.5	2.3	42
65	2½	76			1.9	33
80	3	89			1.6	28
100	4	108	3.2		1.7	29
100A	4	114			1.6	28
125	5	133			1.4	24
125A	5	140			1.3	23
150	6	159			1.2	20
150B	6	165			1.1	19
150A	6	168			1.1	19
200	8	219			0.8	14
250	10	273			0.7	12
300	12	325			0.6	10

1. 沟槽式机械三通。沟槽式机械三通的结构见图 10-21，为节约篇幅，将简化后的规格列于表 10-36。

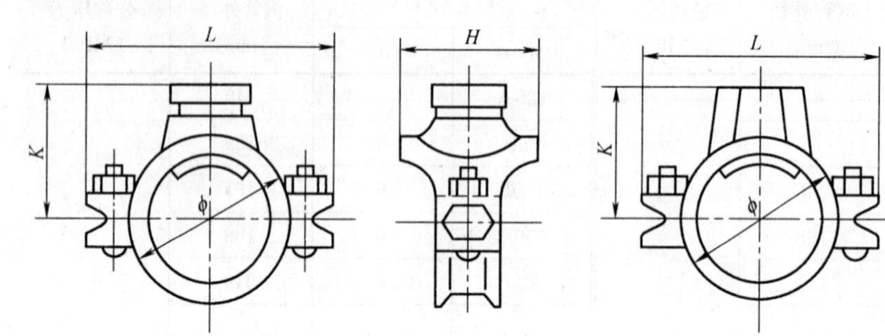

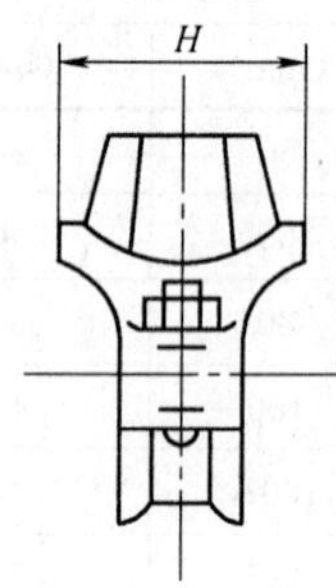

图 10-21 机械三通（沟槽式）

图 10-22 丝口式机械三通的结构

机械三通（沟槽式）的规格（mm） **表 10-36**

主管公称直径 DN	支管公称直径 DN	适用主管外径	适用支管外径
100～200	65～100A	108～219	76～114

注：管径系列可参照表 10-34。

2. 丝口式机械三通。丝口式机械三通是指三通接出的支管连接方式为丝口式，丝接方式为圆锥管螺纹连接。丝口式机械三通的结构见图 10-22，将简化后的规格列于表 10-37。

丝口式机械三通的规格 **表 10-37**

主管公称直径 DN	支管公称直径 DN	适用主管外径(mm)	适用支管螺纹(in)
65～200	25～80	76～219	1～3

注：工作压力为 1.6MPa；管径系列可参照表 10-34。

（三）沟槽式弯头、三通、四通

沟槽式管件45°、90°弯头的外形见图10-23，等径三通、等径四通的外形见图10-24，它们的规格见表10-38。异径三通的外形见图10-25，简化后的规格见表10-39。

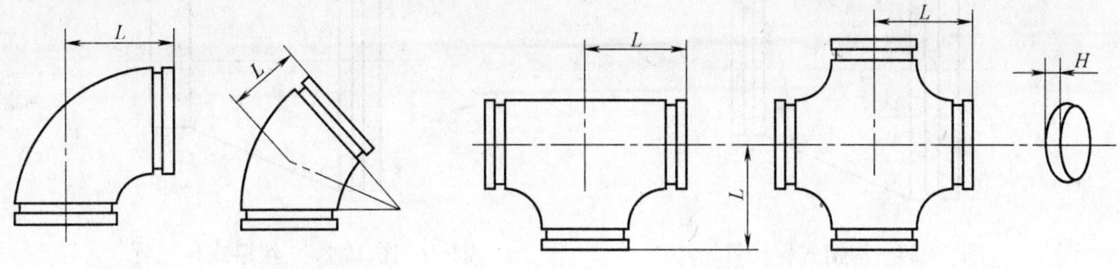

图10-23 45°、90°弯头

图10-24 三通、四通

沟槽式弯头、三通、四通的规格 表10-38

公称直径 DN		钢管外径	公称压力	公称直径 DN		钢管外径	公称压力
(mm)	(in)	(mm)	(MPa)	(mm)	(in)	(mm)	(MPa)
50	2	60	2.5	150	6	159	2.5
65	2½	76		150B	6	165	
80	3	89		150A	6	168	
100	4	108		200	8	219	
100A	4	114		250	10	273	
125	5	133		300	12	325	
125A	5	140					

（四）异径管

沟槽式异径管的外形见图10-26，丝口式异径管（小直径端为内螺纹）的外形见图10-27，它们简化后的规格见表10-40。

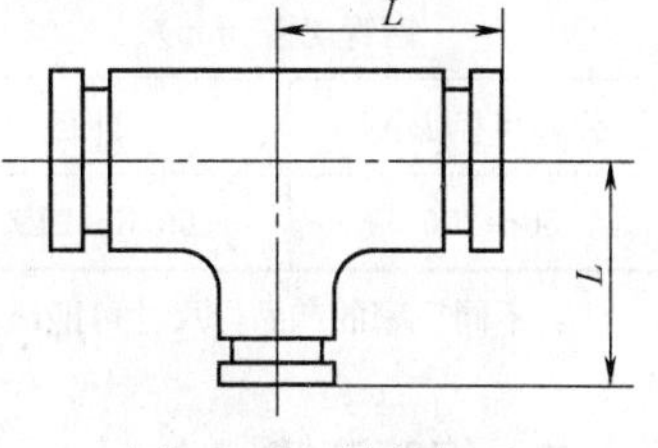

图10-25 异径三通

（五）转换法兰

转换法兰适用于沟槽式管道连接系统中，在遇到法兰式设备接口时使用。转换法兰的法兰面与阀门或设备法兰相配合，其沟槽端与经过滚槽的钢管相连接。转换法兰的外形见图10-28，其简化后的规格见表10-41。

异径三通规格（mm） 表10-39

主管公称直径 DN	支管公称直径 DN	适用主管外径	适用支管外径
80～150B	65～125A	89～165	76～140

注：管径系列可参照表10-34。

异径管的规格（mm） 表10-40

异径管	主管公称直径 DN	支管公称直径 DN	适用主管外径	适用支管外径	公称压力 (MPa)
沟槽式	80～200	65～150A	89～219	76～168	2.5
丝口式	65～200	25～50	76～219	33.5～60	1.6

注：管径系列可参照表10-34。

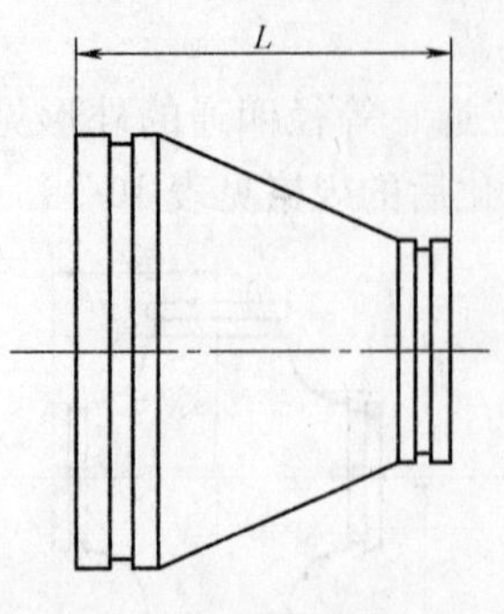

图 10-26　沟槽式异径管

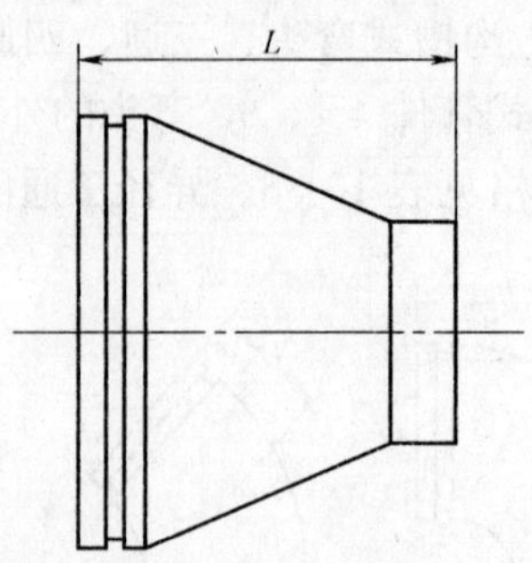

图 10-27　丝口式异径管

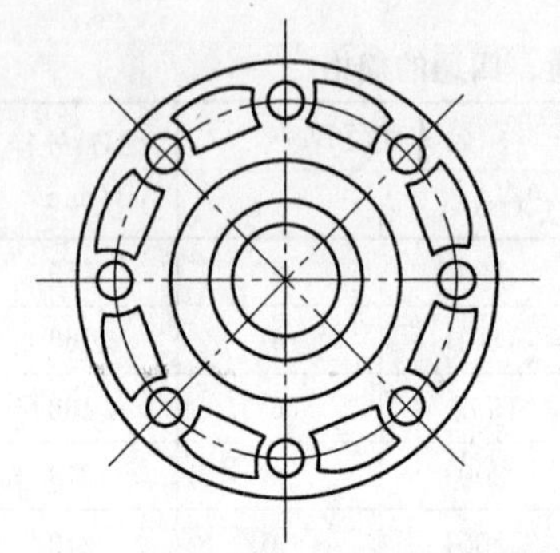

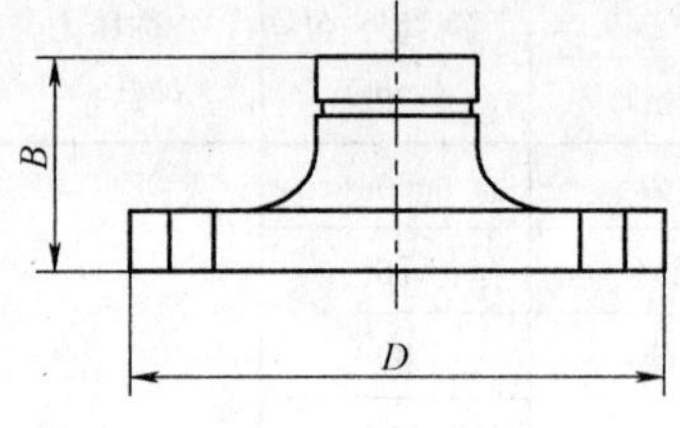

图 10-28　转换法兰

转换法兰规格表　　**表 10-41**

钢管规格(mm)		外径 D (mm)	长度 B (mm)	公称压力 (MPa)
公称直径 DN	外径			
50～200	60.3～219.1	152.4～336.5	60.3～76.1	2.5

注：不同厂家的产品，尺寸可能略有差异。

二、钢管滚槽

钢管滚槽在滚槽机上完成，生产沟槽式管件的厂家，都可以提供钢管滚槽和三通开孔设备，滚槽的结构见图 10-29，简化后的规格尺寸见表 10-42。

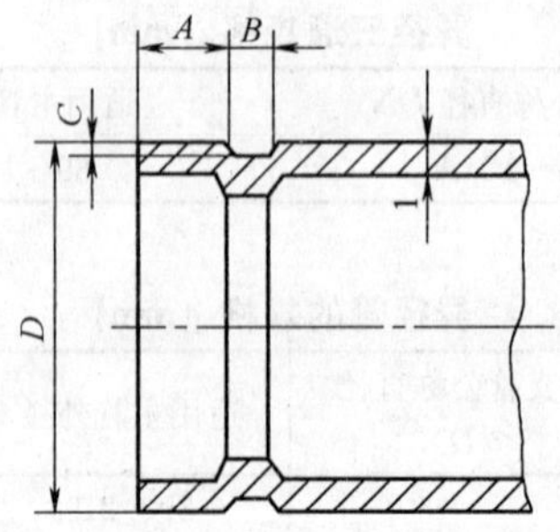

图 10-29　钢管滚槽结构

钢管滚槽规格尺寸（mm） 表 10-42

钢管规格		滚槽尺寸		
公称直径 DN	外径 D	$A_{-0.5}^{0}$	$B_{0}^{+0.5}$	$C_{0}^{+0.5}$
50～80	60.3～219.1	14.5	9.5	2.2
100～150	108～168	16	9.5	2.2
200～250	219～273	23	13	2.5

注：不同厂家的产品，尺寸可能略有差异。

三、橡胶密封圈与螺栓、螺母

（一）橡胶密封圈

应根据不同的介质和工作环境，选择不同的橡胶密封圈，见表 10-43。

橡胶密封圈的品种 表 10-43

密封圈名称	适用温度	适用介质
三元乙丙橡胶	−34～110℃	水、气体、稀释的酸(碱)以及其他化学品(不包含碳氢化合物)；严禁与油、碳氢化合物同用
丁腈橡胶	−29～82℃	石油产品、植物油，矿物油；严禁与高温物质同用
氟橡胶	−29～149℃	氧化酸；碳氢化合物、润滑油；可抵抗不稳定水压
硅橡胶	−40～177℃	高温干燥的空气和一些高温的化学物品

密封圈的密封方式为“C”型橡胶圈，可形成三重密封。密封的原理为密封圈静态时抓住管端表面形成初次密封；接着为卡箍锁紧时密封圈受到卡箍内部空间的限制，被动压制在管端表面，形成二次密封；三次密封为管道内流体进入“C”型圈内腔，反作用力于密封圈唇边，使其唇边与管壁紧密配合无间隙，也就是说，管道内流体压力越大，密封性能越好。

（二）螺栓与螺母

螺栓与螺母是专门为管卡而设计的，螺栓颈部为椭圆形结构，防止旋紧螺母时打滑，螺母为垫片式，无须另加垫片。安装时仅须一把扳手即可。螺栓的材质为 40Cr 或 35 号钢，螺母的材质为 35 号钢。螺栓的性能等级应符合 GB/T 3098.1—2000 中 9.8 级以上的要求。螺母的机械性能应符合 GB/T 3098.2—2000 规定的 8.8 级的要求。

四、沟槽式连接的加工与安装

（一）安装前的准备

安装钢管切割机、滚槽机，备好开孔机。准备安装的管子及扳手、游标卡尺、水平仪、润滑剂、木榔头、安装脚手架等用具。

安装时一定要用润滑剂润滑橡胶密封圈唇部及背部润滑，防止在安装过程中起皱或划伤、撕裂密封圈。密封圈严禁与油类接触。

（二）钢管滚槽

钢管滚槽的操作程序如下：

1. 用切管机将钢管按所需长度切割，切口处若有毛刺，应用砂轮打磨；

2. 将需加工沟槽的钢管架设在滚槽机和滚槽机尾架上，并处于水平位置；

3. 将钢管端面与滚槽机止面贴紧，使钢管中轴线与滚槽机止面呈90°；

4. 启动滚槽机电机，徐徐压下千斤顶，使滚槽机上压轮均匀滚压钢管至预设定的沟槽深度为止；

5. 用游标卡尺检查沟槽的深度和宽度，确认符合标准要求；

6. 千斤顶卸荷，取出钢管。

（三）安装

安装时必须遵循先装大口径、总管、立管，后装小口径、支管的原则。安装过程中不可跳装、分段装，必须按顺序连续安装，以免出现管段之间连接困难和影响管道整体性能。

1. 准备好符合要求的沟槽管段、管卡、配件和附件；

2. 检查橡胶密封圈是否有损伤，将其套在一根已涂润滑剂的钢管端部；

3. 将另一根钢管靠近已套上橡胶密封圈的钢管端部，并涂润滑剂，两管端处应留有一定间隙，间隙应符合标准要求；

4. 将橡胶密封圈滑移到另一根钢管端部，使橡胶密封圈位于接口中间部位；

5. 在接口位置橡胶密封圈外侧安上下卡箍，并将卡箍凸边卡进沟槽内；

6. 用手力压紧上下卡箍的耳部，并用木榔头槌紧卡箍凸缘处，将上下卡箍靠紧；

7. 在卡箍螺孔位置，穿上螺栓，并均匀轮换拧紧螺母，防止橡胶密封圈起皱；

8. 检查确认卡箍凸边全圆卡进沟槽内。

（四）开孔、安装机械三通

安装机械三通、机械四通的钢管应在接头支管部位用开孔机开孔：

1. 用链条将开孔机固定在钢管预定开孔位置处；

2. 启动开孔机，钻头旋转正常后，操作设置在立柱顶部的手轮，转动手轮缓慢向下，开孔钻头要用润滑剂冷却润滑，完成钻头在钢管上开孔；

3. 清理钻落在管内的金属屑，孔洞如有毛刺，须用锉刀打磨光滑；

4. 将机械三通、卡箍置于钢管孔洞上下，并在孔洞周边涂润滑剂，注意机械三通、橡胶密封圈与孔洞间隙均匀，紧固螺栓到位。

五、滚槽机、开孔机的性能参数

滚槽机、开孔机均可由管件供应厂家提供，下列性能参数可供参考。

（一）滚槽机性能参数

电压	220V
频率	50Hz
功率	1.5kW
输出转速	120r/min
适用钢管外径	48～219mm
许用钢管最大壁厚	7mm

（二）开孔机性能参数

电压	380V

频率	50Hz
功率	1.9kW
输出转速	120r/min
适用钢管外径	48～219mm
许用最大开孔直径	114.3 mm

第五节　卡套式连接

一、卡套式连接结构

卡套式管接头是一种比较科学的管道连接方式，在国内外广泛应用已有多年。我国卡套式连接采用噬合式，其结构见图 10-30。

卡套式管接头由接头体、卡套及螺母三个零件组成，见图 10-31，其中的关键零件卡套是一个带有切割刃口的金属环。

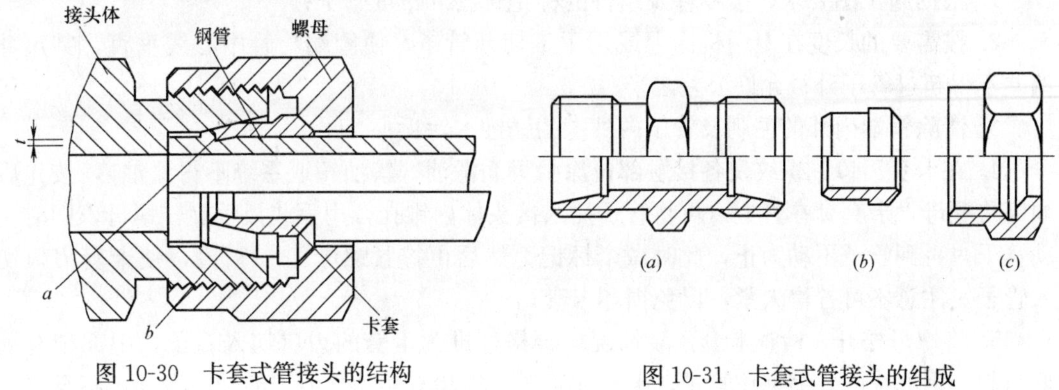

图 10-30　卡套式管接头的结构

图 10-31　卡套式管接头的组成
(a) 接头体；(b) 卡套；(c) 压紧螺母

二、卡套连接的密封原理

当将管子按图 10-30 所示装配，先用手将螺母转动入扣，同时转动管子，当管子和螺母用手转不动时，说明接头体、卡套、管子和螺母均处于准备密封状态，然后再用扳手将螺母上 1～1¼圈，即可实现密封，整个装配完成。

在接头装配过程中，如图 10-32 所示，卡套被螺母推入接头体的 24°锥孔中，卡套受锥孔强力约束产生径向收缩，使卡套刃口切入管子外壁（切入深度 $t=0.25\sim0.5$mm），从而形成图 10-30 所示的环形凹槽 a，以确保管子与卡套之间的密封和连接；同时卡套刃口端的 26°外锥与接头体孔间完全紧密贴合，也形成了图 10-30 所示的一道外密封带 b，保证了卡套与接头体间的密封。于是，在环形凹槽 a 和外密封带 b 的共同作用下，得以实现卡套连接的完全密封。

另外，在螺母被拧紧时产生的压缩力，会使卡套中部拱起，呈鼓形弹簧状，能起到避免因为振动而使螺母松脱的作用，卡套尾部与钢管紧密抱紧，起到了防止钢管振动传递到卡套刃口端的作用。因此，卡套连接具有良好的耐冲击、抗振动的性能。

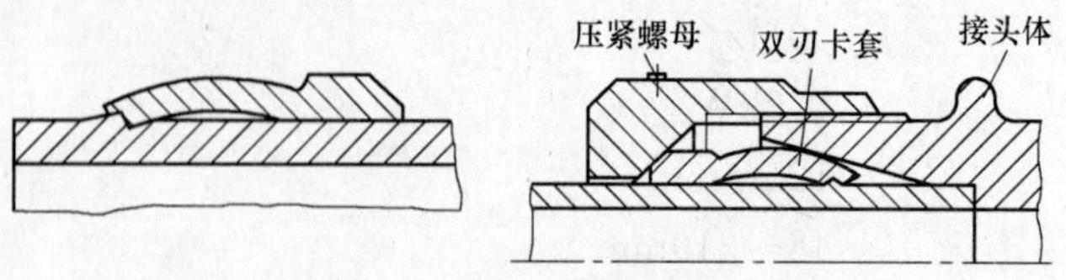

图 10-32 卡套连接的密封原理

三、卡套式连接件及装配

卡套式连接要求管材和连接件质量精密可靠，尤其是卡套要具有足够的强度、硬度和良好的韧性，这就要求其材料性能，制造精度，热处理效果达到较高的水准，一般由专业厂家成套制造。

卡套式连接件的装配质量也直接影响其使用性能。卡套式管接头一般按如下规定进行装配：

（一）预装

1. 根据施工图要求，按零件及组件的标记选择和量度管子；

2. 按需要的长度在专用机床上或用手工切断管子，使管端与管中心线垂直，其尺寸偏差不得超过管子外径允许公差之半；

3. 清除管端内外的毛刺及管子内外壁的锈蚀、污垢；

4. 在卡套刃口、螺纹及各接触部位涂少量润滑油（禁油管道系统不得涂油），按先后顺序将螺母，卡套套在管上，再将管子插入接头体内锥孔，用手或扳手旋转螺母，同时转动管子，直到管子不动为止，此时做个标记，然后再拧紧螺母 1～1¼圈，使卡套刃口切入管子。注意不可拧得太紧，以免损坏卡套；

5. 将螺母松开，检查卡套预装情况。合格标准为卡套的刃口切入管子，中部稍有拱形凸起，尾部径向收缩抱住管子，卡套在管子上能稍有转动，但不能轴向滑动，不合格卡套在管子上有轴向窜动，这表明刃口切入管子深度不够，需要继续拧紧螺母。

（二）正式装配

1. 将已预装了螺母和卡套的钢管插入接头体，用扳手拧紧螺母，直至拧紧力矩突然上升（即达到力矩激增点）；

2. 从力矩激增点起，再将螺母拧紧 1/4 圈（不要多拧），装配完成。

（三）拆卸和再装配

1. 拆开管道时只要把螺母松开退出即可；

2. 再装管道时仍应使螺母从力矩激增点起再拧紧 1/4 圈。

第六节 法兰连接

一、常用法兰类型

按法兰和管道的连接形式分，法兰类型有平焊法兰、套焊法兰、对焊法兰、活套法兰和高压管螺纹法兰，见图 10-33。

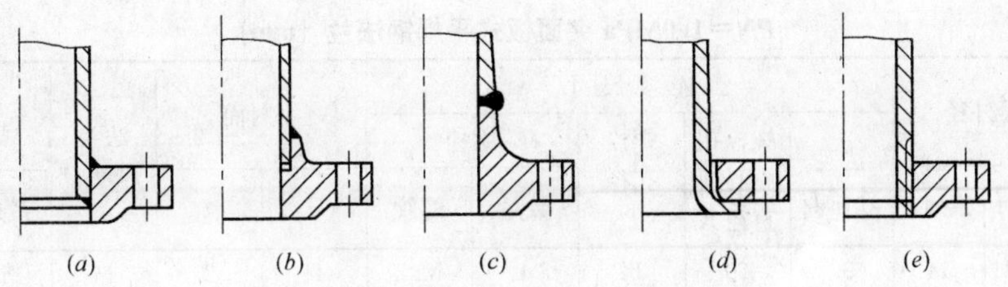

图 10-33 法兰与管道连接的类型

(a) 平焊法兰；(b) 套焊法兰；(c) 对焊法兰；(d) 活套法兰；(e) 螺纹法兰

按法兰的密封面形式划分，有平面法兰、凹凸面法兰、榫槽面法兰、锥型面法兰和梯型槽面法兰，见图 10-34。

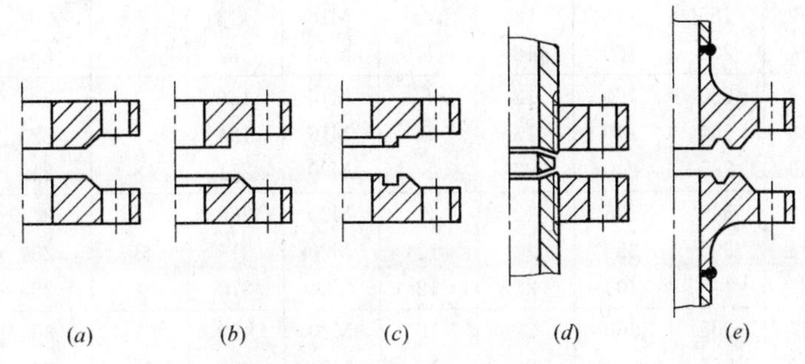

图 10-34 法兰密封面的形式

(a) 平面；(b) 凹凸面；(c) 榫槽面；(d) 锥型面；(e) 梯型槽面

二、常用突面板式平焊法兰

常用突面板式平焊法兰（见图 10-35）应用最多，根据现行国家标准《平面、突面板式平焊钢制管法兰》GB/T 9119—2000 的规定，现将工作中最常用的突面板式平焊法兰规格列于表 10-44、表 10-45，以备工作中使用。在以前的许多资料、标准中，这种法兰称为光滑面平焊法兰。

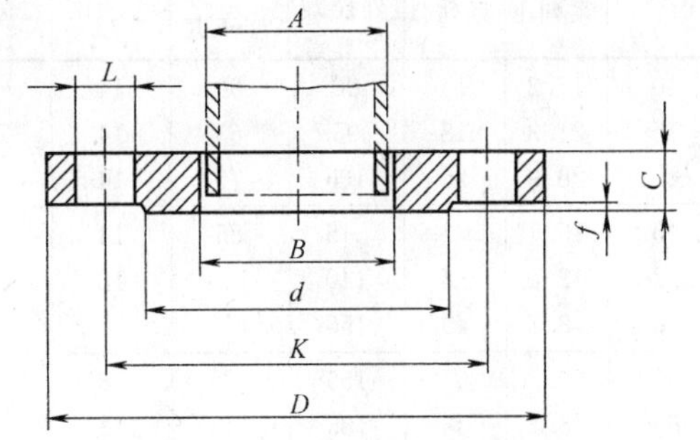

图 10-35 突面板式平焊钢法兰

表 10-44、表 10-45 中的“管子外径 A”一栏，要注意“系列 1”、“系列 2”的不同。“系列 1”与新标准《低压流体输送用焊接钢管》GB/T 3091—2001 中钢管的外径是一致的；“系列 2”是常用无缝钢管的外径规格。工作中要以管子的实际外径为准，法兰的内径要稍大于管子的外径。

三、法兰与管端的焊接

（一）平焊法兰

1. 将法兰套入管端，使管口进入法兰密封面以内 1.5 倍管壁厚度，并在法兰内圆周上均匀地分出四点；

PN＝1.0MPa 突面板式平焊钢法兰（mm）　　　**表 10-44**

公称直径 DN	管子外径 A		连接尺寸					密封面		法兰厚度 C	法兰内径 B	
	系列 1	系列 2	法兰外径 D	螺栓孔中心圆直径 K	螺栓孔径 L	螺栓 数量	螺栓 螺纹	d	f		系列 1	系列 2
10	17.2	14	90	60	14	4	M12	41	2	14	18	15
15	21.3	18	95	65	14	4	M12	46	2	14	22	19
20	26.9	25	105	75	14	4	M12	56	2	16	27.5	26
25	33.7	32	115	85	14	4	M12	65	3	16	34.5	33
32	42.4	38	140	100	18	4	M16	76	3	18	43.5	39
40	48.3	45	150	110	18	4	M16	84	3	18	49.5	46
50	60.3	57	165	125	18	4	M16	99	3	20	61.5	59
65	76.1	76	185	145	18	4	M16	118	3	20	77.5	78
80	88.9	89	200	160	18	8	M16	132	3	20	90.5	91
100	114.3	108	220	180	18	8	M16	156	3	22	116	110
125	139.4	133	250	210	18	8	M16	184	3	22	141.5	135
150	168.3	159	285	240	22	8	M20	211	3	24	170.5	161
200	219.1	219	340	295	22	8	M20	266	3	24	221.5	222
250	273.0	273	395	350	22	12	M20	319	3	26	276.5	276
300	323.9	325	445	400	22	12	M20	370	4	28	327.5	328
350	355.6	377	505	460	22	16	M20	429	4	30	359.5	380
400	406.4	426	565	515	26	16	M24	480	4	32	411	430
450	457.0	480	615	565	26	20	M24	530	4	35	462	484

PN＝1.6MPa 突面板式平焊钢法兰（mm）　　　**表 10-45**

公称直径 DN	管子外径 A		连接尺寸					密封面		法兰厚度 C	法兰内径 B	
	系列 1	系列 2	法兰外径 D	螺栓孔中心圆直径 K	螺栓孔径 L	螺栓 数量	螺栓 螺纹	d	f		系列 1	系列 2
10	17.2	14	90	60	14	4	M12	41	2	14	18	15
15	21.3	18	95	65	14	4	M12	46	2	14	22	19
20	26.9	25	105	75	14	4	M12	56	2	16	27.5	26
25	33.7	32	115	85	14	4	M12	65	3	16	34.5	33
32	42.4	38	140	100	18	4	M16	76	3	18	43.5	39
40	48.3	45	150	110	18	4	M16	84	3	18	49.5	46
50	60.3	57	165	125	18	4	M16	99	3	20	61.5	59
65	76.1	76	185	145	18	4	M16	118	3	20	77.5	78
80	88.9	89	200	160	18	8	M16	132	3	20	90.5	91
100	114.3	108	220	180	18	8	M16	156	3	22	116	110
125	139.4	133	250	210	18	8	M16	184	3	22	141.5	135
150	168.3	159	285	240	22	8	M20	211	3	24	170.5	161
200	19.1	219	340	295	22	12	M20	266	3	26	221.5	222
250	273.0	273	405	355	26	12	M24	319	3	29	276.5	276
300	323.9	325	460	410	26	12	M24	370	4	32	327.5	328
350	355.6	377	520	470	26	16	M24	429	4	35	359.5	380
400	406.4	426	580	525	30	16	M27	480	4	38	411	430
450	457.0	480	640	585	30	20	M27	548	4	42	462	484

2. 首先在法兰背面圆周上方将法兰与管子点焊住，然后用90°角尺沿上下方向校正法兰位置，使其密封面垂直于管子中心线；

3. 在法兰下方点焊第二点，再用90°角尺沿左右方向校正法兰位置，使之端正，合格后再点焊左右的第三、四点；

4. 对于成对法兰的点焊，应使后点焊的法兰的螺栓孔对准已经固定的法兰相应螺栓孔，并且与已经固定的法兰相平行；

5. 经过检查表明点焊合格后，方可进行法兰和管子之间的角焊，焊接完成后应将管内外焊缝清理干净，并且不得在法兰密封面上留下熔渣和飞溅物。

（二）对焊法兰

对焊法兰与管子的连接采用对接焊。法兰密封面与管子中心线的垂直度的检查、找正方法及螺孔对位与平焊法兰的基本相同。焊接工艺及操作与该管道的焊接工艺相同。

（三）活套法兰

先把活套法兰套在管子上，再将焊环套在管端，然后进行点焊、调整位置和焊接，其方法、步骤、要求与平焊法兰焊接基本相同。

四、常用法兰软垫片材料

（一）工业橡胶板

平常所说的橡胶板就是指工业用橡胶板，也称为工业用硫化橡胶板，有普通橡胶板、耐酸碱橡胶板、耐油橡胶板、耐热橡胶板等品种，工作中可以根据介质的特殊需要选用。

（二）橡胶石棉板

橡胶石棉板亦称石棉橡胶板，一般作为设备和管道法兰连接密封面作为垫片使用，介质可以为水、蒸汽、空气、各种燃气、氨、碱液及油品等。橡胶石棉板及耐油橡胶石棉板规格的分别见表10-46、表10-47。

橡胶石棉板的规格（GB/T 3985—1995）　　**表10-46**

牌号	尺寸(mm)			密度(g/cm³)	适用范围	
	厚度	宽度	长度		温度(℃)	压力(MPa)
XB450（紫色）	0.5,1,1.5,2,2.5,3	500,620,1200,1260,1500	500,620,1260,1000,1260,1350,1500	1.6～2.0	≤450	≤6
XB350（红色）	0.8,1,1.5,2,2.5,3,3.5,4,4.5,5,5.5,6				≤350	≤4
XB200（灰色）					≤200	≤1.5

对于一般的腐蚀性介质，可用耐酸石棉板垫片；在一些重要场合，则可用聚四氟乙烯作垫片材料。

五、中、高压金属类垫片

中、高压工业管道常使用图10-36所示的金属类垫片。

耐油橡胶石棉板规格（GB/T 539—1995） 表 10-47

牌号	尺寸(mm)			密度(g/cm³)	适用范围	
	厚度	宽度	长度		温度(℃)	压力(MPa)
NY400（石墨）	0.4,0.5,0.6,0.8,1,1.1,1.2,1.5,2,2.5,3	500,620,1200,1260,1500	500,620,1000,1260,1350,1500	1.6～2.0	≤400	1.6～2.0
NY250（浅黄）					≤250	
NY150（灰色）					≤150	

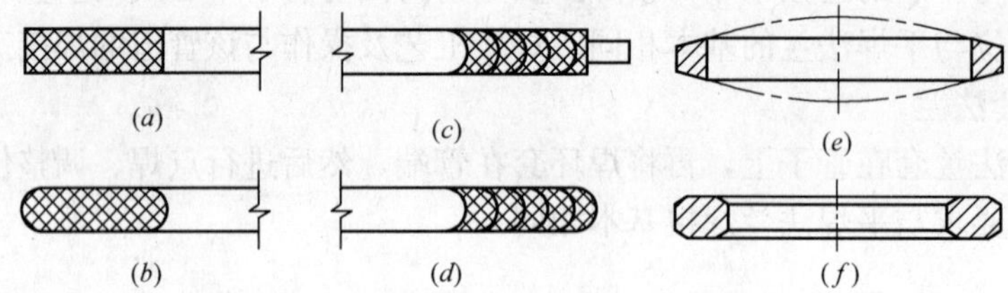

图 10-36 中、高压金属类垫片

(*a*) 普通扁平环形垫片；(*b*) 金属包垫片；(*c*) 缠绕式垫片（带固定圈）；(*d*) 缠绕式垫片（不带固定圈）；(*e*) 透镜垫片；(*f*) 八角形垫片

金属包垫片（图 10-36*a*），是一种用薄金属板（白薄钢板、0Cr18Ni9Ti 不锈钢板等）将石棉等非金属包起来制成的。

缠绕式垫片（图 10-36（*b*）、（*c*）、（*e*），是用薄低碳钢带或不锈钢带与石棉带一起绕制而成的，这种垫片有带固定圈的和不带固定圈的两种，前者用于平面密封面，后者用于榫槽和凹凸密封面。缠绕式垫片具有多道密封作用，可作成较大直径而没有接口，并有较好的弹性。常用于中压管道和热力管道的法兰连接。

透镜式垫片如图 10-36（*e*）和八角形垫片如图 10-36（*f*），是用 10 号钢或不锈钢材料经车制而成的。透镜式垫片也可用与所连接管子相同的管材车制，用于高压管道螺纹法兰的锥型密封面。八角形垫片用于梯型槽面法兰。

在高压条件下，可采用金属垫片。除铜、铝等软金属可制成具有矩形截面的扁平环形垫片外，也可用 10 号钢或不锈钢制成截面形状为透镜形、椭圆形或八角形的垫片。为了保证良好的密封效果，密封接触面和金属垫片都要仔细加工，不允许有径向刻痕。

六、法兰紧固件

法兰紧固件是指连接法兰所用的螺栓、螺母和垫圈。低压管道通常使用六角头螺栓，对于中、高压管道则应使用双头螺栓（螺柱）。与螺栓配套的螺母分为 A 型和 B 型，A 型螺母在一面的六角上倒圆角，另一面是平面，而 B 型螺母的两面都要倒圆角。螺栓、螺母和垫圈的材质选用见表 10-48。

螺母的硬度应小于螺栓或螺柱的硬度，避免螺母破坏螺栓上的螺纹，并可减轻天长日久后的粘结牢度，便于拆卸、检修。螺栓或螺柱的长度，应在法兰加垫紧固后露出螺母 5mm 以内，并不大于两倍螺距为宜。

紧固件材质的选用　　　　**表 10-48**

名称	公称压力 PN(MPa)	介质在下列温度 t(℃)时所用钢号			备　注
		<350	<425	≥425	
螺栓	<4	Q255A	25,35	合金钢	PN<4MPa,t<350℃用半精制六角头螺栓，其余用精制双头螺栓
	≥4～6.4	35,40			
	≥10～32	40,合金钢			
螺母	<4	Q235A	20,30	35,45 合金钢	PN<4MPa,t<350℃用半精制型 A 六角头螺母，其余用精制六角头螺母
	≥4～6.4	25,35			
	≥10～32	35,40,合金钢			
垫圈	4～32	25,35			一般可不加垫圈

法兰连接螺栓一般情况下可不加垫圈。当螺杆上的螺纹稍短时，可加一个垫圈作为长度补偿，为以后的二次紧固留出余地，但严禁用叠加垫圈的办法来补偿螺纹长度的不足。

法兰上螺栓孔的数量、直径及连接螺栓的规格，在有关法兰标准中都有具体规定，法兰螺栓孔一般比螺栓或螺柱直径大 2～3mm。

七、法兰连接

法兰连接的操作要点如下：

1. 法兰连接应保持同一轴线，其螺栓孔中心偏差一般不超过孔径的 5%，并应保证螺栓自由穿入。法兰的连接螺栓应为同一规格，安装方向要一致，拧紧螺栓时应对称均匀地进行；

2. 当两片法兰的不平行时，不得使用厚度不等的斜垫片来弥补。不得使用双层垫片。当大口径垫片需要拼接时，不得用平口对接，应采用斜口搭接或迷宫形式；

3. 为便于装、拆法兰，紧固螺栓，法兰平面距支架和墙面的距离不应小于 200mm；

4. 拧紧螺栓时应对称交叉地顺序进行如图 10-37 所示。

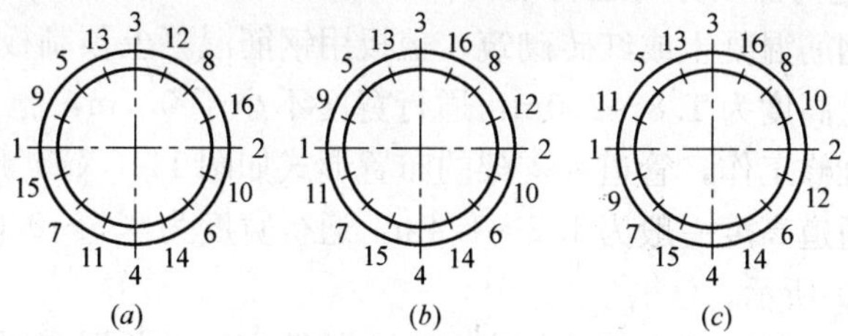

图 10-37　法兰螺栓紧固顺序

(a) 第一次紧固程度为 50%；(b) 第二次紧固程度为 70%～80%；(c) 最后紧固程度为 100%

第十一章 钢管及有色金属管道安装

第一节 钢管安装综述

一、管道安装的一般顺序

管道安装大体上可分为室外管道安装和室内管道安装两大类。由于工程的具体情况各不相同，管道安装应按照工程设计和施工组织设计、施工方案进行。一般情况下，管道安装的施工顺序是：先地下，后地上；先大管道，后小管道；先高空管道，后低空管道；先金属管道，后非金属管道；先干管，后支管。在管道安装过程中，要先安装支吊架，后安装管道；先安装进出建筑物的套管或预埋管，后安装室内和室外管道。

二、室外管道敷设

室外管道敷设形式，可分为地下敷设和地上敷设（即架空敷设）。

（一）地下管道敷设

1. 无地沟敷设。无地沟敷设管道也就是直埋管道，它们的施工顺序是测量放线、挖土、沟槽内管基处理，下管前预制及防腐、下管、管道连接、试压、接口防腐处理、回填土。在实际工程中，除了压力铸铁管道和输油、输气等压力钢制管道通常采用直埋敷设方式以外，近年来也在推广有保温层的热力管道进行直埋敷设的施工方法。

2. 地沟敷设。地沟敷设分为通行地沟、半通行地沟和不通行地沟三种。地沟采用混凝土底板，沟壁用钢筋混凝土或红砖砌筑，盖板用钢筋混凝土预制板。

通行地沟内通道高度为1.8～2.0m，通行宽度不小于0.7m，施工及维修人员可在沟内进行施工和日常维修工作，管道和支架的布置形式如图11-1（*a*）所示。

半通行地沟内通道高度一般为1.2～1.4m，通行宽度为0.5～0.6m，维修人员可弯腰通行，如图11-1（*b*）所示。

不通行地沟的断面尺寸没有具体规定，沟内的管道只能单层布置，投入使用后无法对管道进行维修，如图11-1（*c*）所示。

（二）地上管道敷设

1. 高支架敷设。支架净高一般4.5～6.0m。如果只用于管道跨越厂区道路或公路，净高可为4.5m，跨越铁路净高（距钢轨面）需6.0m，对电气化铁路需6.55m，支架可采用钢筋混凝土结构或钢结构。在管路中安装阀门、补偿器、检测仪表的地方需设置操作平台和爬梯，以便管理和维修人员使用。

2. 中支架敷设。支架净高一般为2.5～4.0m，这种高度便于厂区机动车、非机动车和行人来往。中支架可以采用钢筋混凝土结构或钢结构。

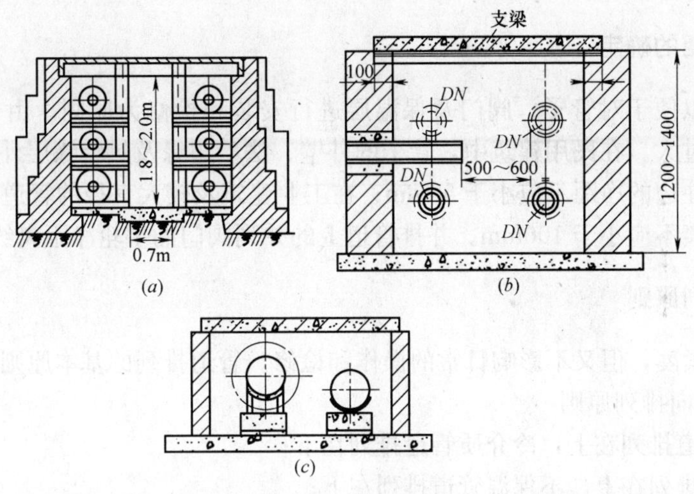

图 11-1　管道地沟
(a) 通行地沟；(b) 半通行地沟；(c) 不通行地沟

3. 低支架敷设。管道低支架敷设也称为管墩敷设，管墩用混凝土浇筑或用红砖砌筑，当管道根数较多时，也可以用钢筋混凝土制成较宽的管架。低支架的净高一般为 0.5～1.0m，最低应保证管道保温层层底面距地面净高不少于 0.3m。采用低支架敷设的管道经过各种路口时，可以局部改为中支架或高支架。

三、室内管道安装

室内管道安装主要有暗装和明装两种形式。

（一）管道暗装

管道暗装是指工程完工并投入使用后，从外面看不到管道的安装方式，如干管设在室内地沟或顶棚内，立管设在管井内、支管设在墙槽内，只有供人使用或操作的部位才显露出来，其余部分都是隐蔽的。这种敷设方式对管道的观感要求不是很高，但要求其内在质量好，否则日后维修十分不便。

在施工中，对于供用户使用或操作的明装部位，要准确到位。在宾馆、饭店及高级民用住宅中，管道多采用暗装，为便于施工及管理、维修，各种管道立管都集中在管道间内，在高层建筑中还设有专门安装设备和管道的设备层，所有这些措施，都是为了为用户营造一个美观舒适的环境，但又可以在一定程度上进行管道的维修工作。

（二）管道明装

管道明装是指当工程完工并投入使用后，能够看到管道走向的安装方式。管道明装便于施工和维修，但这种敷设方式较多占用建筑物的空间，影响室内观感，同时对施工要求较高，要做到横平竖直，管道表面涂漆与周围环境要协调。在工厂和一般民用住宅中，管道多采用明装。明装管道有以下几种安装形式：

1. 沿墙安装，支吊架生根在墙上。
2. 靠柱安装，支吊架在预埋铁件上焊接生根或抱柱安装。
3. 沿楼板下安装，一般为吊架，支吊架生根在楼板或梁上。
4. 沿地面、屋面或操作平台安装，一般为低支架。

四、管道间距的确定

管道的间距以便于对管子、阀门及保温层进行安装和检修为原则。由于室内空间较小，其间距不宜过大。在民用建筑中，管子的外壁、法兰边缘及热绝缘层外壁等管路最突出部位距墙壁或柱边的净距不应小于 50mm；在工业建筑及较大直径的管道，两根管道最突出部位的净距离不应小于 100mm。并排管道上的并列阀门的手轮净距离约为 100mm。

五、管道排列原则

管道排列应紧凑，但又不影响日常的操作和检修。管道排列的基本原则如下：

（一）管道竖向排列原则

1. 热介质管道排列在上，冷介质管道排列在下；
2. 保温管道排列在上，不保温管道排列在下；
3. 金属管道排列在上，非金属管道排列在下，
4. 气体管道排列在上，液体管道排列在下；
5. 不经常检修的管道排列在上，经常检修的管道排列在下；
6. 无腐蚀性介质的管道排列在上，有腐蚀性介质的管道排列在下。

（二）管道横向排列原则

1. 大直径管道靠墙壁安装，小直径管道排列在外面；
2. 常温管道靠墙壁安装，热介质管道排列在外面；
3. 高压管道靠墙壁安装，低压管道排列在外面；
4. 支管少的管道靠墙壁安装，支管多的排列在外面；
5. 不经常检修的管道靠墙壁安装，经常检修的管道排列在外面。

六、管道交叉避让原则

在管道安装过程中，经常遇到不同专业或不同用途的管道发生交叉，通常的避让原则是：

1. 小直径管道让大直径管道，分支管道让主干管道；
2. 压力管道让无压力管道；
3. 低压管道让高压管道；
4. 常温管道让高温或低温管道；
5. 一般介质管道让易结晶、易沉淀介质管道。

七、室内管道安装应注意的事项

1. 水平管道敷设应遵守设计或施工验收规范规定的坡向和坡度。

2. 管道敷设不应遮挡门窗或影响门窗的开关，并应避免通过电动机、配电柜（盘）、仪表箱（盘）的上方。

3. 对于设备（尤其是转动设备）的配管，管道和阀件的重量不应支撑在设备上，应尽量用支吊架分散承担。

4. 当从主干管一侧引出支管时，如果需要在支管上安装阀门，宜装在引出支管的水

平管段上。

5. 管道上安装仪表用的各种测点的连接件（如流量孔板、压力测点、流量测点等），应与管道同时进行安装，以免管道安装完毕后，再开孔、焊接，使焊渣落入管内。

6. 采用成品冲压管件（如弯头、大小头）时，不宜直接与平焊法兰焊接，其间要加一段直管，直管长度不小于100mm，并不得小于管子外径。

7. 供液管不应有局部向上的弯曲，以免形成气囊；吸气管不应有局部向下的弯曲，以免发生液囊和气阻现象。

8. 地下敷设或暗装管道安装完毕后，应及时进行试压、防腐和保温，并填写《隐蔽工程记录》，请监理单位和建设单位签字认可。

第二节　碳素钢管安装

本节内容适用于中低压（工作压力小于10MPa）碳素钢管道安装。

一、碳素钢管材的常用牌号

碳素钢的品种和牌号很多，适宜用作管道材料的主要是低碳钢（含碳量低于0.25%），常用的牌号有按国家标谁GB 699生产的08、10、15、20号优质碳素钢和按国家标准GB 700生产的Q215、Q235、Q255、Q275普通碳素钢。优质碳素钢的化学成分中对杂质元素硫和磷的含量比普通碳素钢有更严格的限制。

常用的碳素钢管材有无缝钢管和焊接钢管两大类。无缝钢管一般用优质碳素钢制造；焊接钢管一般用普通碳素钢制造。

二、管道安装的一般规定

（一）管道安装应具备的条件

1. 与管道有关的土建工程经验收合格，能满足安装要求；

2. 与管道连接的机械或设备找正合格，固定完毕；

3. 必须在管道安装前完成的有关工序进行完毕，如清洗、脱脂、内部防腐与衬里等；

4. 管道组成件及管道支承件等已检验合格，并具备有关的技术文件；

5. 管子、管件、阀门等已按设计文件要求核对无误，内部已清理干净，无杂物。当设计文件对管道内部有特殊清洁要求时，其质量应符合设计文件规定。

（二）对脱脂管道的要求

经脱脂处理的管子、管件及阀门等，安装前应严格检查，其内外表面不得有油迹污染。当发现有油污斑点时，应重新进行脱脂处理，检验合格后方可安装。安装脱脂管道时使用的工具、量具等，必须按脱脂件的要求预先进行脱脂处理。操作者使用的手套、工作服等防护用品也必须是无油的。

（三）管道坡度

管道的坡度和坡向应符合设计要求。管道的坡度可用支架的安装高度或支座下的金属垫板来调整，吊架可用吊杆螺栓调整。垫板应与预埋件或钢结构进行焊接，不得夹于管道和支座之间。

疏排水的支管与主管连接时，宜按介质流向稍有倾斜。

（四）法兰及连接件位置

法兰和其他连接件应设置在便于检修的地方，不得紧贴墙壁、楼板或管架等。

（五）仪表组件安装

连接在管道上的仪表导压管、流量孔板、流量计、调节阀、温度计套管等仪表组件，应与管道同时安装，并符合仪表安装的有关规定。

（六）管道穿越道路或墙、楼板

管道穿越道路、墙、楼板或其他构筑物时，应加套管或砌筑涵洞保护。管道焊缝不宜置于套管内。穿墙套管长度不得小于墙厚，穿楼板套管应高出楼面 50mm。穿过屋面的管道应有防雨帽和防水肩。管道与套管的间隙用不燃的材料填塞。

（七）埋地管道

安装埋地管道，当遇到地下水或管沟内积水时，应采取排水措施。埋地管道试压防腐完毕，应尽快办理隐蔽工程验收，填写隐蔽工程记录，及时回填土，并分层夯实。

埋地钢管的防腐层应在安装前做好，在安装和运输的过程中应注意保护防腐层。焊缝部分的防腐应在管道试压合格后完成。

（八）安装尺寸偏差

管道的坐标、标高、间距等安装尺寸应符合设计要求，其偏差应符合相关规范的规定。

三、焊接钢管的螺纹连接

螺纹（圆锥形或圆柱形管螺纹）连接是低压流体输送钢管（通常称为焊接钢管，过去称为水煤气钢管）经常使用的连接方式，其优点是螺纹便于加工，可以拆卸，尤其是对与直径 32mm 以下的小直径管道，采用螺纹连接比焊接连接能更好的保证管道的流通断面。

（一）螺纹连接适用范围

1. 镀锌低压流体输送钢管，为了不损坏钢管表面的镀锌层，保证工艺要求，必须采用螺纹连接，不得采用焊接。因此，在自动喷水灭火系统中，公称直径在 100mm 以下的管道均要求采用螺纹连接。

公称直径在 100mm（4″管螺纹）对螺纹连接是一个分界线，公称直径 125mm（5″管螺纹）及其以上规格使用螺纹连接很难达到严密性要求，故一般不采用。公称直径在 80mm（3″管螺纹）及其以下规格使用螺纹连接，严密性要求一般都能保证。公称直径 100mm（4″管螺纹）使用螺纹连接，要求管件的内螺纹和管子的外螺纹加工必须标准、规范，否则连接的严密性难以保证。

2. 管子公称直径在 100mm 以下，设计工作压力在 1.0MPa 以下，温度一般在 100℃以内，要求便于检查和维修的各种管道，也采用螺纹连接。管螺纹对各种介质参数的适用范围见表 11-1。

3. 钢管与带内、外管螺纹的附件、阀门、设备的连接。

（二）操作注意事项

1. 螺纹连接时，应在管端螺纹外面缠敷上填料，用手拧入 2～3 扣，再用管子钳一次拧紧，不得倒回，拧紧后宜留有 2～3 扣螺尾。

螺纹连接适用范围 表 11-1

管道类别	最大公称直径(mm)	设计工作压力(MPa)
给水、消防管道	100	1.0
热水管道	100	1.0
排水管道	50	—
燃气管道	100	0.2
压缩空气管道	50	0.6
蒸汽管道	50	0.2

2. 拧紧管螺纹时，不得将填料挤入管内，同时应将挤出的密封填料清除干净。

3. 各种填料在螺纹里只能使用一次，若螺纹拆卸，重新组装时，应更换新填料。

4. 螺纹连接的管道均采用管钳或链条钳拧紧，管钳或链条钳的规格应根据管径来选用，不得在管子钳的手柄上加套管以增长手柄来拧紧管子。

5. 镀锌钢管在螺纹连接后，应将螺纹的外露部分刷防锈漆和银粉漆防腐。

四、沟槽式连接

沟槽式连接也称为卡箍式连接，国外在 20 世纪 20～30 年代开始使用，其安装简便快速、性能安全可靠、应用范围广泛，近年来在直径 100mm 以上的自动喷水灭火管道系统中及不便于管道焊接施工的场合被广泛采用。

沟槽式连接件采用牌号不低于 QT450-10 的高强度球墨铸铁或铸钢、不锈铸钢材料制造，通过管卡扣住相连钢管经滚槽加工的两端，其间隙用橡胶密封圈密封，借助管道内部压力影响橡胶密封圈，管道内部压力越高，橡胶密封圈密封性能越好，从而实现钢管的密封连接。

沟槽式管卡连接结构如图 11-2 所示。

管道沟槽式连接所用的管件、卡箍连接件、橡胶密封圈均由专业厂家配套供应，同时还可提供钢管滚槽机、开孔机等专用机械。在工程中使用最多的是自动喷水灭火系统，因为这种管道系统使用的是镀锌钢管，不允许焊接连接，因此管道直径在 100mm 以上，一般使用沟槽式连接，直径在 100mm 以下使用螺纹连接，而直径 100mm 的管道，常常是建设单位和施工单位争议的焦点，建设单位为降低工程造价主张采用螺纹连接，而施工单位为避免接口泄漏主张采用沟槽式连接。

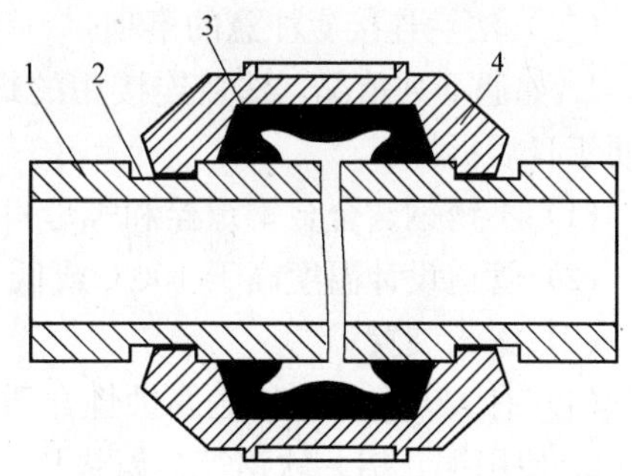

图 11-2 沟槽式管卡连接结构
1—钢管；2—滚压的凹槽；3—橡胶密封圈；4—球墨铸铁管卡

沟槽式连接所用的管件、连接件以及滚槽方法、安装方法，均已在前一章介绍过了，这里不再赘述。

沟槽式连接的水平管道，支吊架的间距应小于焊接或法兰连接的管道，其最大间距见表 11-2。

管道支吊架的最大间距 表 11-2

公称直径(mm)	50	65	80	100	125	150	200
支吊架最大间距(m)	3.0	3.4	3.7	4.3	4.9	5.2	5.8

五、关于卡套式连接

卡套式连接有挤压式、撑胀式、自撑式、噬合式等多种类型。国家标准局于 1983 年颁布了全国通用的卡套式连接技术标准，我国卡套式连接采用噬合式，其结构形式及密封原理在前一章也介绍过了，无需再重复。

钢管的卡套式连接虽然是一种应用已久的连接方式，但在一般的输送流体的管道工程中较少应用，多数用在要求可拆卸的小直径及工作压力较高的管道系统，由于不需要专用的工具及动火焊接，在维修、防火方面具有明显的优势。但在近年出版的一些技术书籍和标准、规范中，把卡套式连接和卡箍式连接混淆了。卡箍式连接就是沟槽式连接，卡箍是就紧固件而言，沟槽是就管端滚槽而言，这与卡套式连接是完全不同的。

六、法兰连接

法兰连接所涉及的主要内容已在前一章介绍过了，这里仅就法兰接口的设置和连接方面的一些特殊要求做一些补充介绍。

（一）法兰接口的设置

1. 为连接设备、阀件及仪表的法兰接口，管道必须配用相应的法兰。应注意设备或阀件的法兰与管子所用的法兰连接尺寸是否相一致。设备带的若是凹面法兰，则应配凸面法兰；设备带的若是槽面法兰，则应配榫面法兰。

2. 在管道安装中，只能用在设计规定的部位或施工必须的部位设置法兰，不得在管道中任意增设法兰，也不得任意取消设计的法兰连接。

（二）法兰连接应注意的事项

1. 如遇下列情况，法兰连接用的螺栓、螺母，应涂以二硫化钼、石墨机油或石墨粉以便于日后拆卸：

（1）不锈钢、合金钢螺栓和螺母；

（2）管道设计温度高于 100℃或低于 0℃；

（3）露天装置；

（4）有大气腐蚀或输送腐蚀性介质。

2. 使用铜、铝、软钢等金属垫片，安装前应进行退火处理。

3. 高温或低温管道的法兰连接螺栓，在试运时一般应按下列规定进行热紧或冷紧：

（1）管道法兰热紧及冷紧温度见表 11-3；

管道法兰热、冷紧温度 表 11-3

管道工作温度(℃)	一次热、冷紧温度(℃)	二次热、冷紧温度(℃)
250～350	工作温度	—
＞350	350	工作温度
−20～70	工作温度	—
＜−70	−70	工作温度

（2）热紧或冷紧，应在保持工作温度 24h 后进行；

（3）紧固管道螺栓时，管道最大内压力应根据设计压力确定：当设计压力小于 6MPa 时，热紧最大内压力为 0.3MPa；当设计压力大于 6MPa 时，热紧最大内压力为 0.5MPa。冷紧一般应在泄压后进行。

七、焊接连接

在管道常用的各种连接方式中，除焊接连接外，都在前一章做过介绍，这是考虑到焊接是一个单独的专业和工种，管道安装施工人员仅需具备一些关于焊接的基本知识，并要做好管道焊接连接的配合工作。

（一）管道焊缝位置的规定

管道焊缝的位置，除设计有规定者外，一般应遵守以下原则：

1. 管道上两相邻焊缝中心线应有适当的距离：公称直径大于或等于 150mm 时，不应小于 150mm；公称直径小于 150mm 时，也不得小于管子外径；

2. 管道对接焊缝距弯管的起弯点不应小于 100mm，且不小于管子外径；

3. 管道对接焊缝与支、吊架边缘的距离，应不小于 50mm；

4. 锅炉受热面管子（如对流管、水冷壁管）如需焊接时，焊缝与管子弯曲起点、汽包及联箱外壁、支吊架边缘的距离，不应小于 70mm。

（二）管子坡口形式与坡口加工

1. 坡口形式。V 形坡口是最常用的坡口形式，V 形坡口带垫板是为了增加焊透度。U 形坡口适合于管壁较厚、且焊接要求严格的焊口。焊缝开坡口的目的是为了保证接头焊接质量及其经济性，通常要考虑以下因素：

（1）焊接材料的消耗量。对同样厚度的接头，采用 X 形坡口比 V 形坡口节省焊接材料；

（2）可达性。对大直径管，若能从内部施焊，可选用 X 形坡口，对中小直径管，则不能选择 X 形坡口；

（3）加工难易程度。V 形坡口比 X 形坡口加工容易得多，U 形坡口则要用专门的机械设备加工；

（4）焊接变形。坡口选择得当，能有效地减少焊接变形。

常用的钢管坡口形式和尺寸见表 11-4。

钢管焊接坡口形式和尺寸　　**表 11-4**

项次	厚度 T (mm)	坡口名称	坡口形式	坡口尺寸			备　注
				间隙 c (mm)	钝边 p (mm)	坡口角度 α(β) (°)	
1	1～3	I 形坡口		0～1.5	—	—	单面焊
	3～6			0～2.5			双面焊
2	3～9	V 形坡口		0～2	0～2	65～75	
	9～26			0～3	0～3	55～65	

续表

项次	厚度 T (mm)	坡口名称	坡口形式	坡口尺寸			备 注
				间隙 c (mm)	钝边 p (mm)	坡口角度 α(β) (°)	
3	6～9	带垫板V形坡口	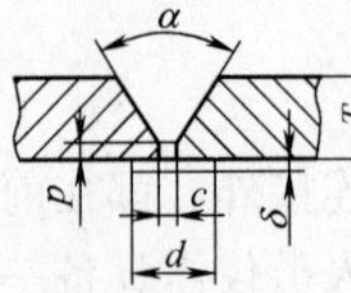 $\delta=4\sim6$ $d=20\sim40$	3～5	0～2	45～55	
	9～26			4～6	0～2		
4	12～60	X形坡口	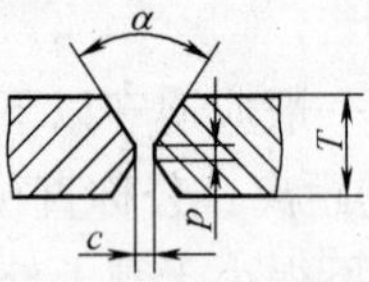	0～3	0～3	55～65	
5	20～60	双V形坡口	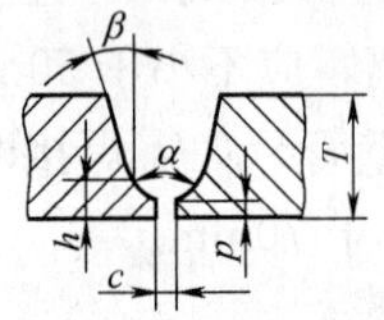 $h=8\sim12$	0～3	1～3	65～75 (8～12)	
6	20～60	U形坡口	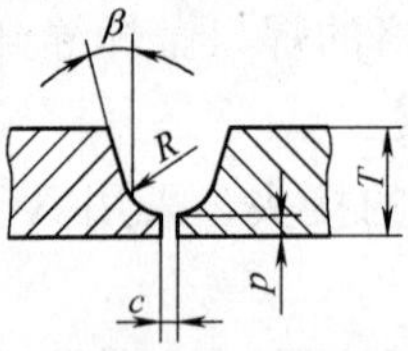 $R=5\sim6$	0～3	1～3	(8～12)	

2. 坡口的加工。管子坡口的加工见第四章第一节。

（三）焊件组对

1. 坡口及其内外表面的清理。管道组对时，应将坡口及其内外表面的毛刺、铁锈、油漆等污物用手工或机械方法清理干净。

2. 厚度相等的焊口组对。厚度、直径相等的管子或管子与成品管件的对接，应使内壁、外壁齐平，中心线一致，用肉眼观察或用直尺检查，不得有错边现象。若厚度相等，直径稍有不同，内壁允许的错边量为：Ⅰ级、Ⅱ级焊缝不应超过壁厚的10%，且不大于1mm；Ⅲ级、Ⅳ级不应超过壁厚的20%，且不大于2mm。

如果实际工作中发生超过上述允许错边量情况，则应按厚度不相等焊件的组对要求，对焊件进行加工处理。

3. 厚度不相等的焊口组对。当薄壁管件厚度小于或等于10mm、厚壁管件与薄壁管件的厚度差大于3mm以及薄壁管件厚度大于10mm、厚壁管件与薄壁管件的厚度差大于5mm或超过薄壁管件厚度的30%时，应按图11-3的规定，对厚壁管件进行加工，使之有一段 L 长的过渡段，以防止造成焊接应力集中。

由图 11-3 可以知道：（1）当厚件与薄件的内径（或外径）相等时，应使内径（或外径）齐平，将厚件的外壁（或内壁）削薄，使之等于薄件的厚度；（2）过渡长度 L 为厚件与薄件厚度差的 4 倍以上；（3）当厚件与薄件的厚度差小于或等于 5mm 时，也可以采用图 11-3（d）的加工形式。

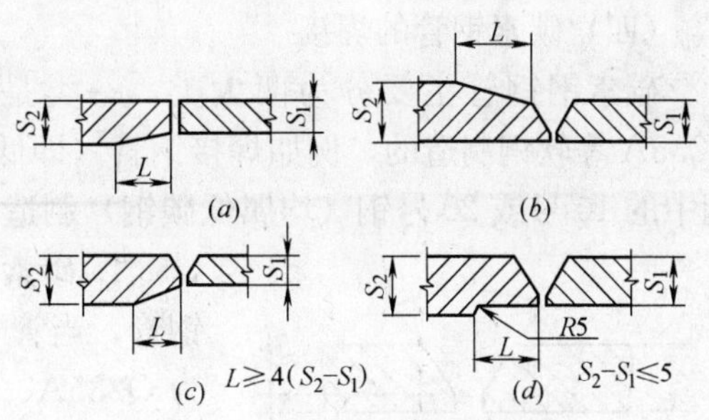

图 11-3　厚度不相等焊件的坡口

4. 组对卡具。要避免强力对口。以免产生过大的内应力或焊接裂纹。为保证组对质量，可用卡具进行组对。组对卡具结构形式多种多样，各具特色，图 11-4 和图 11-5 为比较常用的几种形式。采用卡具组对后拆除卡具时，宜采用气割方法，注意不要损伤母材，并用手提式砂轮机将切割后的残留茬打磨平整。

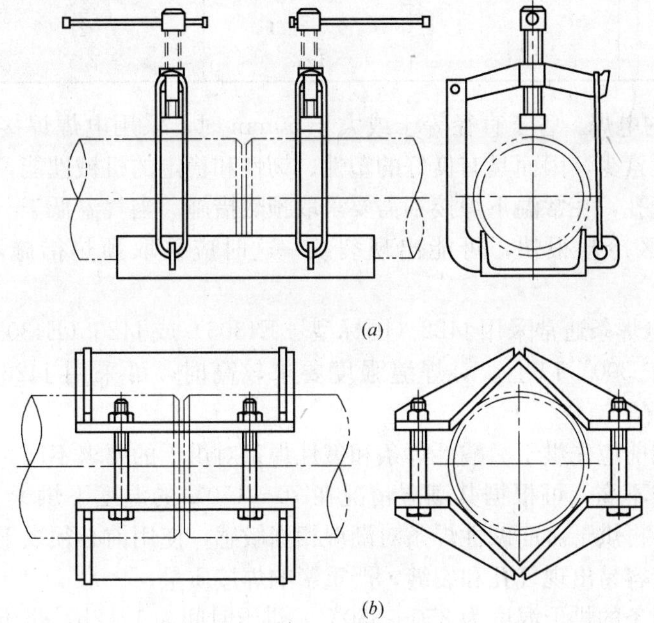

图 11-4　小直径管道组对卡具

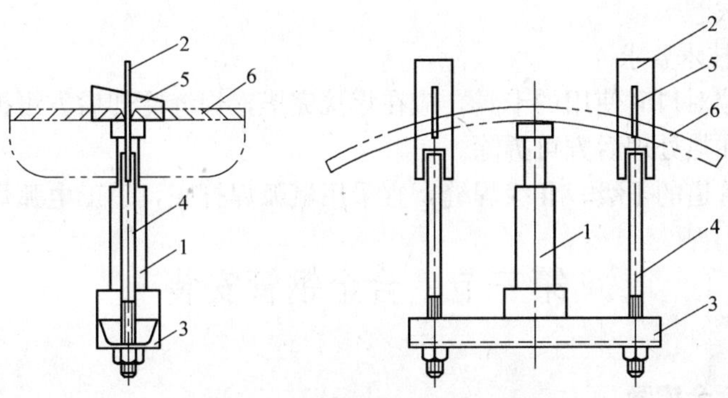

图 11-5　大直径管道组对卡具

1—千斤顶；2—带孔扁钢；3—槽钢；4—螺栓；5—楔子；6—管子

（四）碳素钢管的焊接

碳素钢钢管主要分为两大类，一类是用普通碳素钢中的低碳钢（含碳≤0.30%）Q235A等软钢制造的，例如焊接钢管（即低压流体输送管道），另一类是用优质碳素结构钢中的10号或20号钢（均属低碳钢）制造的常用无缝钢管。

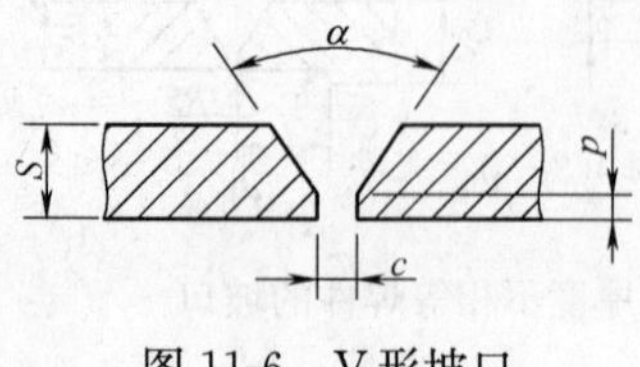

图11-6　V形坡口

1. 碳素钢管的气焊。对于普通碳素钢管或优质碳素钢管，当管子直径小于50mm时，常采用气焊连接。材质为Q235A、Q235A·F时，可选用H-08、H-08A焊丝。材质为10号、20号钢时，可选用H-08A、H-08Mn焊丝。气焊管口的坡口形式和尺寸见图11-6及表11-5。

气焊管口坡口尺寸　　**表11-5**

管壁厚度S(mm)	≤2.5	2.5～6	7～10	11～15
坡口角度α	—	60°～70°	60°～70°	60°～70°
钝边p(mm)	—	0.5～1.5	1～2	2～3
间隙c(mm)	1～1.5	1～2	2～2.5	2～3

2. 碳素钢管的电焊。管子直径等于或大于50mm时，采用电焊焊接。由于低碳钢中含碳及其他合金元素少，因而具有良好的塑性、韧性和稳定的机械性能，可焊性好，焊缝不易产生裂缝和气孔，在常温下焊接不需要采取预热措施。当气温低于－15℃时，由于焊缝金属和热影响区冷却很快，可能出现裂纹，这时应采取预热措施，预热温度一般为100～150℃。

3. 电焊条。电焊条通常采用J422（国标型号E4303）或J423（E4301）酸性焊条，若管道的设计温度在300℃以上，对焊缝强度要求较高时，可采用J426（E4316）、J427（E4315）碱性焊条。

电焊条在使用前应先烘干。酸性焊条和碱性焊条对烘干的要求不同。一般来说，酸性焊条对烘干的要求不高，可根据其潮湿情况在70～150℃的温度下烘干1h，如能妥善保管，在短期内可不再烘干。而碱性焊条对潮湿相当敏感，使用前必须烘干，否则在焊接时会增大飞溅，焊缝容易出现气孔和裂缝，严重影响焊接质量。

碱性低氢型焊条的烘干温度为250～350℃，烘干时间为1～2h，烘干时应由常温徐徐加热，烘干后缓慢冷却，最好能放置在温度为80～100℃的保温箱中保存备用，或在每天使用前再烘干一次。

4. 其他有关技术要求

（1）管道冷拉对口时使用的卡具，应在焊接完毕，焊缝冷却后方可拆除。如焊缝需热处理，则卡具应在热处理后方可拆除。

（2）碳素钢管道的Ⅰ级、Ⅱ级焊缝，宜采用氩弧焊打底，手工电弧焊填充、盖面。

第三节　合金钢管安装

一、普通低合金钢管

由于各种普通低合金钢（简称普低钢）的化学成分不同，性能差异也较大，可焊性差别也比较明显。普低钢钢管较常用的钢种是16Mn和15MnV，合金钢分类中，它们属于强度钢，16Mn钢属于350MPa级，15MnV钢属于400MPa级，其屈服强度分别为343MPa和392MPa。

（一）16Mn钢管（16锰钢管）

16Mn钢管是使用最广泛的普通低合金钢钢种之一，它比低碳钢仅多加入一些锰元素，耐屈服性能比20号优质碳素钢提高了30%～35%，耐腐蚀性也有所改善。16Mn钢具有稳定的机械性能和良好的加工性、可焊性。

16Mn钢管的手工电弧焊采用碱性低氢型焊条。对一般管道可使用J426（国标型号E4316）、J427（E4315）焊条，对较重要的管道，可使用J506（国标型号E5016）、J507（E5015）焊条。16Mn钢管的焊接工艺基本上与低碳钢相同，当气温不低于－10℃、管壁厚度小于15mm时，不需要预热。由于在16Mn钢管中含有一定的锰和碳，其淬硬倾向比碳素钢大，冷裂倾向也随之增大，故应按表11-6的预热条件进行预热。

16Mn钢管手工电弧焊预热条件　　**表11-6**

焊件厚度(mm)	不同气温下的预热温度
<15	不低于－10℃时不预热，－10℃以下预热至100～150℃
15～24	不低于－5℃时不预热，－5℃以下预热至100～150℃
25～40	不低于0℃时不预热，0℃以下预热至100～150℃

（二）15MnV钢管（16锰钒钢管）

15MnV钢管是在16Mn钢的基础上加入一定量的钒元素，以使其组织晶粒细化，机械强度提高，屈服强度由16Mn钢的343MPa，提高到392MPa。15MnV钢具有良好的综合机械性能，但塑性和低温冲击韧性较16Mn钢低。

15MnV钢管常温下具有良好的机械性能和焊接性能，推荐使用温度为－40～475℃，主要用于高压汽水介质和含氢介质管道，可以用它代替12CrMo钢管。

焊接15MnV钢管，通常使用J506（国标型号E5016）、J507（E4315）焊条，焊缝屈服强度可超过基本金属，塑性、抗裂性也较好。

15MnV钢管的预热条件可以按16Mn钢管掌握。

二、合金钢钢管

管道工程中所说的合金钢钢管，习惯上是指低合金钢钢管，而将高合金钢钢管归于不锈耐酸钢钢管范围。常用的低合金钢管按其特殊性能和用途可以分为耐热钢管、低温钢管、抗氢氮耐腐蚀钢管等。

（一）耐热钢管

1. 12CrMo和15CrMo钢管（12铬钼和15铬钼钢管）

具有较高的热强性、足够的抗氧化性以及良好的加工工艺性能和焊接性。主要用于输送高温高压汽水介质和中温、中压含氢介质，以及高温油品油气介质。12CrMo钢管和15CrMo钢管的最高使用温度可达500℃。两种钢管均应以退火或回火的热处理状态供货。

2. 12CrMoV和12Cr1MoV钢管（12铬钼钒和12铬1钼钒钢管）

12CrMoV和12Cr1MoV钢管的耐热性能高于12CrMo和15CrMo钢管，这种钢管在

500℃以上时有较高的持久强度和持久塑性，具有良好的抗氧化性能、无热脆性倾向，焊接性能较好。这种钢管主要用来制造高压锅炉的过热器和集箱以及蒸汽导管和主蒸汽管。

（二）低温钢管

1. 16MnDR 钢管（16 锰低容钢管）。16MnDR 钢管是－40℃级低温用钢，具有良好的综合机械性能和工艺性能，焊接性能良好。

2. 09Mn2V 钢管（09 锰 2 钒钢管）。09Mn2V 钢是－70℃级低温用钢，由于含碳量不高，塑性和韧性良好，其加工性能与低碳钢管相仿，可焊性良好。

此外，还有 06AlNbCuN 钢管（06 铝铌铜氮钢管）是－120℃级低温钢，这种钢管的加工性能和焊接性能良好；9Ni 钢管（9 镍钢管）是－196℃级低温钢，其钢管可以采用火焰切割方法进行切割加工，焊接性能尚好。

（三）抗氢氮腐蚀钢管

1. Cr2Mo 和 Cr5Mo 钢管（铬 2 钼和铬 5 钼钢管）。Cr2Mo 和 Cr5Mo 钢管具有很好的耐热性和抗氢氮腐蚀性能，主要用于输送高温油品、油气以及氢氮腐蚀性介质，其使用温度分别为 400～600℃和 400～650℃。

2. 12AlMoV 钢管（12 铝钼钒钢管）。12AlMoV 钢管具有优良的抗腐蚀性能，并具有较好的加工性能和抗氢抗硫腐蚀的性能，适用于输送 250～350℃的含氢含硫介质。

3. 15Al3MoWTi 钢管（15 铝 3 钼钨钛钢管）。15Al3MoWTi 钢管提高了抗腐蚀能力和耐高温性能，能抵抗高温油品油气的腐蚀，用 15Al3MoWTi 钢生产的炉管，已达到或超过 Cr5Mo 炉管的水平。这种钢管不宜用氧乙炔焰气割，因为用氧乙炔焰气割时，切口熔化不够均匀、整齐，冷加工时回弹量也较大，不易矫形，在管道加工时必须注意到这些特点。

4. 10MoVNbTi 和 10MoWVNb 钢管（10 钼钒铌钛和 10 钼钨钒铌钢管）。10MoVNbTi 和 10MoWVNb 钢管是化肥、化工、石油耐腐蚀的新钢种管材，具有良好的冷、热加工性能和焊接性能，能抵抗氢、氮、氨、一氧化碳等介质的腐蚀，适用于化肥厂和炼油厂抗氢氮氨等介质的高压管道，其使用温度分别为 300℃以下和 400℃以下。

三、合金钢管的焊接

选择各种焊接铬钼耐热钢的焊条，主要是根据基本金属的化学成分。焊条的合金含量应与基本金属相当或略高一些。使用铬钼耐热钢焊条要严格遵守使用碱性低氢型焊条的有关规定，首先把焊条烘干，焊口要清理干净，施焊时使用直流反接电源。

普通低合金钢管道的Ⅰ级、Ⅱ级焊缝和合金钢管道焊缝，宜采用氩弧焊打底，手工电弧焊填充、盖面。合金钢管焊缝采用氩弧焊打底时，管腔内最好通入氩气进行保护。

为保证铬钼耐热钢的焊接质量，焊接时应采取以下措施：

1. 参加合金钢管道焊接的焊工，必须经过考试，考试合格后才能从事考试合格钢种的焊接，不得越级焊接；

2. 施工单位技术部门应针对具体焊接项目应编制焊接工艺指导书，对焊接材料、焊接方法、焊接工艺参数提出要求；

3. 管道焊接位置应避开应力集中区，并便于焊接和热处理，管道坡口形式和尺寸与碳素钢管相同；

4. 为防止焊接裂纹和减小内应力，应避免强力对口。管道焊接前应将坡口表面及坡口边缘外侧的油污、铁锈、毛刺、水渍等清除干净；

5. 焊前预热是最重要的措施，应按设计或焊接工艺指导书的要求执行，当无规定时，应按 GB 50236-98 的规定执行。一般除壁厚较薄（小于 6mm）的管子外，均需预热到 200～300℃，当气温较低时，薄壁管也应预热；

6. 高压管道应采用手工电弧焊，当管壁厚度小于 6mm 时，也允许采用氧乙炔焰气焊。12CrMo 钢管电焊采用 R207（国标型号 E5515-B1）焊条，气焊采用 H12CrMo 焊丝；15CrMo 钢管电焊采用 R307（E5515-B2）焊条，气焊采用 H12CrMo 焊丝；Cr5Mo 钢管电焊采用 R507（E5MoV-15）焊条，气焊采用 HCr5Mo 焊丝；

7. 管道焊接时不得在管子表面引弧和试验电流，只能在焊口内引弧。低温管道及淬硬性倾向大的低合金钢管道表面不应有电弧擦伤等缺陷；

8. 在焊接过程中，应使焊缝两侧 100mm 范围内保持足够的温度，整个焊接过程最好不要中断，如必须中断，应采取保温措施缓慢均匀地冷却，下次焊接前要先预热；

9. 焊后缓冷是焊接铬钼钢应采取的严格措施，焊后用石棉布覆盖焊缝区，小的预制件可以埋在干燥的石棉灰或石灰中缓冷；

10. 焊后应进行热处理。这是因为铬钼钢产生的裂纹有延迟性，也就是焊后当时不裂，待冷却一定时间后才产生裂纹。因此，焊后立即进行热处理是避免延迟性裂纹的最有效措施。焊后热处理应按设计或焊接工艺指导书的要求执行，当无规定时，应按 GB 50236—98 的规定执行。

四、管道焊缝热处理

管道焊缝热处理应在焊接后 48h 以后进行，热处理的加热方法，常用的有电感应加热法，电炉丝辐射加热法、红外线加热法及火焰加热法等方式。

在预制加工场加工的成组管件，可成批进入管道退火炉或大型电加热炉进行整体热处理，这种热处理不但能消除管道加工和焊接产生的应力，还能改善焊缝组织。

现场施焊的管道焊缝只能采用局部加热的方法进行焊缝热处理。

（一）履带式电感应加热法加热

采用履带式电感应加热法加热，加热范围为焊缝两侧各 200mm，为了减少温度梯度，可用氧乙炔火焰加热焊缝热处理位置两侧各 400mm 范围的管段后用保温材料包覆。

热处理前须根据管道材质和壁厚编制热处理规范，主要有升温速度、加热温度（℃）、恒温时间、冷却过程等项内容。表 11-7 系材质为 20、15CrMo 厚壁钢管的焊后热处理规范。热处理后冷却至 300℃时拆除加热装置，用保温材料包覆，让其自然冷却至常温。

焊后热处理规范　　**表 11-7**

材料种类	规格	升温速度（℃/min）	加热温度（℃）	恒温时间（min）	冷却过程（℃/min）
20	ϕ180×30	4	620℃	90	4
15CrMo	ϕ180×30	4	680℃	120	2.8

（二）指形加热器和感应圈加热器

电阻丝组成的指形加热器和感应圈加热器，管径较大的还可以利用红外线板式加热器。

指形加热器由于设备简单、操作方便，能适用于各种部位的焊缝，因此被广泛地采用。指形加热器由指形加热组件，大电流发生器和测温系统组成。指形加热组件是用两根镍铬电阻丝绕成波浪指形，再穿上耐高温的绝缘瓷环组成，为了适应不同外径管道焊缝的加热，可以分别作成每组为 14 指、19 指或 24 指的加热器，也可以把不同指数的组件串联成所需的指数。热处理时将加热组件固定在焊缝表面，外面再包上保温层，如图 11-7 所示。各种不同外径的管子所需加热组件的指数见表 11-8。

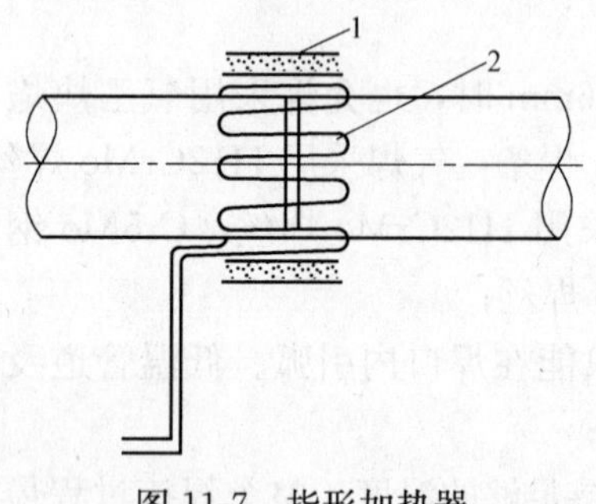

图 11-7 指形加热器

1—保温层；2—加热组件

大电流发生器可选用交、直流电焊机、电焊变压器或整流器。

不同外径管子所需加热组件数 **表 11-8**

组件指数	管子外径(mm)	组件指数	管子外径(mm)
14	112～122	19＋19＝38	356～366
19	163～173	14＋14＋14＝42	396～406
24	213～223	19＋24＝43	407～417
14＋14＝28	254～264	24＋24＝48	457～467
14＋19＝33	305～315	19＋19＋19＝57	549～559
14＋24＝38	356～366	24＋24＋24＝72	701～711

五、管材检验和加工

（一）材料检验

工作压力大于 10MPa 的管道称为高压管道。工作压力大于或等于 9MPa，且工作温度大于等于 500℃的蒸汽管道可升级为高压管道。高压管道所输送的介质除了汽水介质外，还可能有其他高温、低温或腐蚀等介质，采用的管道材质除了 20 号优质碳素钢外，还大量使用低合金钢。

1. 高压钢管、管件及管道支承件必须有制造厂的质量证明书和合格证，其材质、型号、规格、质量应符合按设计文件的规定，并应按国家或行业现行标准进行外观检验，不合格者不得使用。

2. 管子和管件入库保管时，应按材质、规格分别放置，妥善保管，防止锈蚀，做好标志，防止用错。

3. 合金钢管道组成件应采用光谱分析或其他方法对材质进行复查，并应做标记。合金钢阀门的内件材质应进行抽查，每批抽查数量不得少于 1 个。

4. 阀门应逐个进行壳体压力试验和密封试验，不合格者，不得使用。阀门的壳体试验压力不得小于公称压力的 1.5 倍，试验时间不得少于 5min，以壳体填料无渗漏为合格；密封试验宜以公称压力进行，以阀瓣密封面不漏为合格。试验合格的阀门，应及时排尽内部积水，并吹干。除需要脱脂的阀门外，密封面上应涂防锈油，关闭阀门，封闭出入口，并按规范要求填写“阀门试验纪录”。

5. 高压钢管要求必须有制造厂探伤合格证，如无制造厂探伤合格证，管子应逐根进行探伤。当虽有探伤合格证，但外观检查发现缺陷时，应抽10%进行探伤，如仍有不合格者，则应逐根进行探伤。

探伤方法一般为管子外壁喷砂除锈后，进行磁性探伤，非磁性钢管可采用萤光法或着色法进行探伤。

（二）高压管子的加工

高压管子加工尺寸可根据现场实测或按施工图计算，但管道安装的封闭管段必须经过实测。

1. 对管段加工尺寸的要求

（1）法兰、焊口的设置应考虑管子加工、安装和检修的方便，不得设置于墙壁、楼板或管架上。

（2）弯管的弯曲半径 R 及最小直边长度 L，应符合图 11-8 的要求。

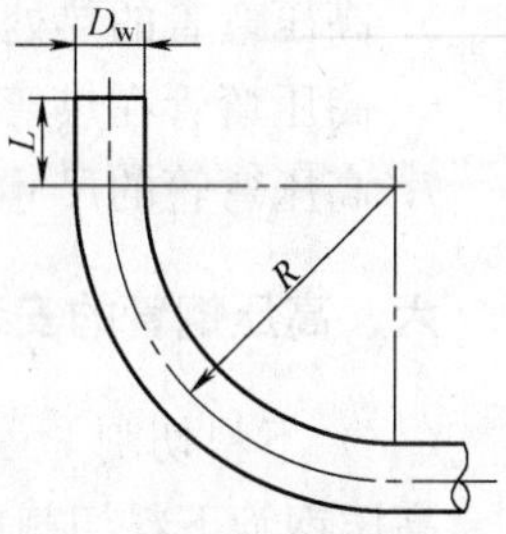

（3）相邻两管道的外壁（包括保温层）不得相碰，其间距必须大于 50mm。

（4）管段加工后的尺寸，其允许误差为：

封闭管段　+3mm；

自由管段　±5mm。

图 11-8　弯管的弯曲半径和最小直边长度

$R \geqslant 5D_W$；$L \geqslant 1.3D_W$

（不小于 60mm）

2. 高压管螺纹和密封面的加工

（1）管段切割下料后，均应在无编号的管段上及时打上或涂上原有的编号或印记，以防编号或印记丢失。

（2）采用螺纹连接的高压管螺纹基本尺寸和加工长度应符合设计要求或施工规范规定。加工后的管螺纹尺寸应用螺纹量规检查，也可以用合格的螺纹法兰进行单配检查，即徒手拧入无松动为合格。螺纹粗糙度不应低于 $Ra3.2$（约相当于旧标准光洁度 ▽5），螺纹表面不得有裂纹、凹陷、毛刺等缺陷。有轻微机械损伤或断面不完整的螺纹，全长累计应不大于 1/3 圈。螺纹牙高的减少应不大于其高度的 1/5。

（3）管端锥角密封面的形式和尺寸应符合设计要求或国家标准、部颁标准的规定。

在车削管端锥角密封面时，要以内圆定心，管子在夹具中不要受力过大，其端面与管子中心轴线必须垂直，应保证粗糙度不应低于 $Ra1.6$（约相当于旧标准光洁度 ▽6），不得有划痕、刮伤、凹穴、啃刀等缺陷。管端锥角密封面的角度一般要求为 20°，误差不应大于±0.5°，并用样板作透光检查。

加工好的管端锥角密封面，必须用样板做透光检查；车完每种规格的第一个密封面时，应采用标准透镜垫作印色检查，其接触线不得间断或偏位。

（三）加工后的保护

1. 加工好的管端密封面应沉入法兰内 3～5mm，并及时填写高压管螺纹加工记录。

2. 如加工好的管子暂不安装，应在加工面上涂油防锈并封闭管口，妥善保管。

3. 当弯管工作在螺纹加工之后进行时，应对螺纹和密封面采取有效的保护措施。

（四）高压钢管的冷弯和热弯

钢号为20、15MnV、12CrMo、1Cr18Ni9Ti、Cr18Ni13Mo2Ti的高压用钢管，尽量采用冷弯，一般可不进行热处理。当采用热弯时，应遵守下列规定：

1. 20号钢的管子热弯时，其热弯温度应在以800～900℃为宜，加热温度不应超过1000℃，终弯温度不得低于800℃。

2. 15MnV管子热弯时，其热弯温度以950～1000℃为宜，加热温度不应超过1050℃，终弯温度不得低于850℃。

3. 12CrMo、15CrMo、Cr5Mo管子热弯时，其热弯温度以800～900℃为宜，加热温度不应超过1050℃，终弯温度不得低于750℃。12CrMo、15CrMo管子热弯后，须经过850～900℃正火处理，在5℃以上的空气中冷却。Cr5Mo管子热弯时严禁浇水，热弯后须经850～875℃退火处理。

4. 高压管热弯可采用中频加热（Cr5Mo材质例外），不得用煤或焦炭做燃料，以免发生渗碳。加热温度可用热电偶在管内测量。

5. 高压弯管的热处理见表4-6。

6. 高压弯管在热弯、热处理后，应再次进行无损探伤。

7. 高压弯管的尺寸偏差和缺陷打磨应符合第四章第二节的相关质量要求。

六、高压钢管的安装

（一）下料切割

高压钢管下料切割应尽量采用锯床、砂轮切割机或车床切割等机械方法，厚壁管U形坡口一般采用车床加工。含铬、钼等元素较低的合金钢管，直径较大又无大型砂轮切割机时，可以采用氧乙炔焰切割和坡口，但必须将切割表面的热影响区除去，其厚度一般不小于0.5mm。合金钢管子切断后应及时标上原有标记，以防用错。

（二）螺纹法兰连接

螺纹法兰连接是高压管道的主要连接方式之一，主要用在管子与带法兰的设备或附件的连接，也用于需要设置可拆卸接头处的连接。

高压螺纹法兰连接，是将管子端头（即壁厚）加工成20°锥角的密封面，管子端部加工出外螺纹，与之相连的法兰有内螺纹。将内螺纹法兰旋入管端后，在两根管子的管端中间（即两个20°锥角的密封面之间）涂以机油或白凡士林（有脱脂要求者除外），然后将软金属垫准确地放入密封接合处，再用双头螺栓将法兰紧固。这种密封形式使透镜垫片的两侧与20°管端锥角面之间均形成严密的线接触，可以承受很高的内压力，如图11-9及图11-10所示。

在车床上加工管端锥角面时，应以内圆定心，保证加工尺寸和精度。车制的管端螺纹表面不得有裂纹、凹穴、毛刺等缺陷，加工质量用螺纹量规检查，与法兰装配时，在螺纹上涂以二硫化钼（有脱脂要求者除外），用双手将法兰拧入管端，使管端螺纹倒角外露，但不得将螺纹露出，以免影响检修时拆卸。

车制的锥角密封面的角度误差应不大于±0.5°，并用样板作透光检查。在车制锥角密封面的每种规格的第一个密封口时，要用标准透镜垫作着色检查，其接触线不得间断或偏位。管端密封面加工完毕后，如暂不安装，应在加工面上涂油防锈。

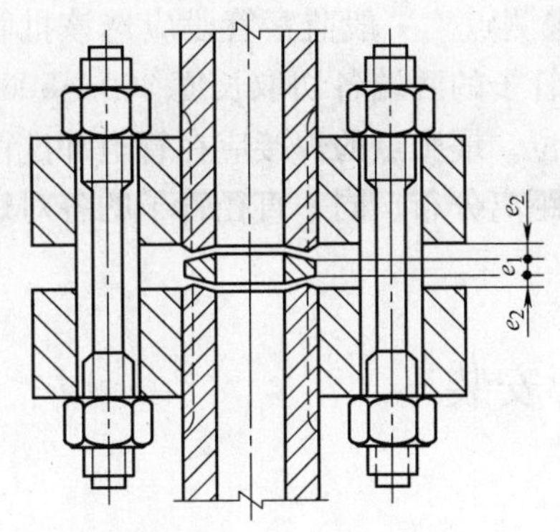

图 11-9 高压螺纹法兰连接

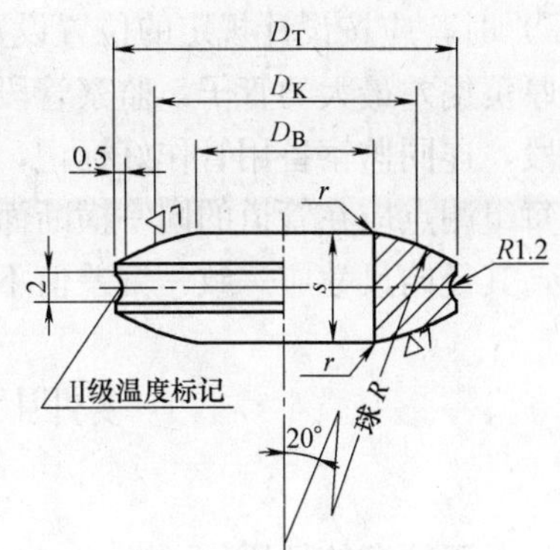

图 11-10 透镜式垫片

用于紧固法兰的螺柱和螺母必须逐个检查配套，精度必须符合要求，螺纹上应涂以二硫化钼或石墨机油，紧固螺栓应用力均匀，紧固后螺柱外露长度不应大于 2 倍螺距。

（三）组对

管道组对前应检查管子、管件的坡口尺寸是否达到规定的技术要求，同时采用手工或机械方法清除管端坡口处 10mm 以内的油污、毛刺等污物，清理合格后才能施焊。

管道组对用的卡具，如果需要焊在管子或管件上时，当母材为中、高合金钢时，其材质应与母材相同，焊接卡具的焊接工艺及焊接材料应与正式焊接要求相同。卡具的拆除宜采用氧乙炔焰切割，母材为中、高合金钢时应用砂轮片打磨平整。

合金钢管进行局部弯曲矫正时，加热温度应控制在临界温度以下，以防金属组织变坏而影响管材的性能。

（四）管道支架

管道常用支架有普通支吊架和弹簧支吊架两大类。支吊架的设置应严格按设计规定进行。高压管道的支、吊架安装除遵守第九章的一般的规定外，还应符合下述要求：

管道安装时，一律用正式支、吊架进行固定，尽可能不使用临时支撑或钢丝绑扎。合金钢管道不应焊接临时支撑物，如有必须使用时应符合焊接的有关规定。

支、吊架与管道相接触的地方，必须先进行防腐，然后再按设计规定或温度要求，在管道与支、吊架中间设置木垫、软金属垫或橡胶石棉垫等。如高温高压合金钢管道的管托与支承梁之间垫聚四氟乙烯贴面的钢板，以防止温度升高引起管托与钢梁之间摩擦力增大而产生过大的轴向应力；低温合金钢管道的管托与支承梁之间，垫氨基甲酸乙酯块，以防止冷量损耗。

凡支架与合金钢管道焊接部分，必须是同材质的材料，否则应采取相应措施，例如先在管壁外焊一块衬板（衬板应用同材质管材切割而成），再将管托焊在衬板上，避免在管道上出现异种钢焊接的影响。有应力消除要求的管道，当管托与管子焊接完成后，应进行消除应力的热处理。

对于有热位移的高压管道，吊杆应在位移的反方向按位移值之半偏离安装，并在管道投入热负荷运行时，再次对其进行检查和调整。

（五）监察管段及蠕胀测点的设置

高温高压合金钢管道，当管壁温度超过金属材料蠕变温度（碳素钢 380℃，合金钢

420℃）时，应按设计规定的位置设置监察管段及蠕胀测点。一般监察管段应选该批管子中壁厚负偏差最大的管子，监察管段安装前，应从该管子的两端各切取长度 300～500mm 的管段，连同监察备用管作好标记，一并移交建设单位。蠕胀点的焊接应在管道冲洗前进行，每组测点应在管道的同一横断面上，并沿圆周等距离分布。同一直径管子的各对蠕胀测点，其径向尺寸应一致，偏差值不应大于 0.1mm。

第四节 不锈钢管安装

一、不锈钢的性质

通常所说的不锈钢，是不锈钢、耐酸钢和耐热钢的统称。严格说来，不锈钢是指在大气中能够抵抗腐蚀的钢，并不是绝对不生锈，如果使用或保管不当，仍然会生锈。耐酸钢是指在某些化学介质中能够抵抗腐蚀的钢，耐热钢是指在高温中能够抗氧化、抗蠕变的钢。

耐酸钢和耐热钢通常具有在一定条件下不生锈的性能，而一般不锈钢的耐酸、耐热性能要差些。有些钢种既可以作为不锈钢，又可以作为耐酸钢和耐热钢，如应用很广泛的 1Cr18Ni9Ti 钢。

按化学成分，不锈钢主要分为铬不锈钢和铬镍不锈钢两大类。铬不锈钢有：0Cr13、1Cr13、2Cr13、3Cr13、4Cr13、Cr17 等；铬镍不锈钢有：0Cr18Ni9、1Cr18Ni9、1Cr18Ni9Ti、Cr18Ni12Mo2Ti 等。

按金相组织的不同，可分为铁素体不锈钢、马氏体不锈钢和奥氏体不锈钢。铁素体不锈钢主要有 Cr17、Cr18Ti、Cr28 等；马氏体不锈钢主要有 1Cr13、2Cr13、3Cr13、4Cr13；奥氏体不锈钢主要有 0Cr18Ni9、1Cr18Ni9Ti、Cr18Ni12Mo2Ti 等。

在不锈钢中，铬是最主要的元素。不锈钢表面的保护膜，就是氧化铬，铬的含量必须高于 12%才能保证钢材的耐腐蚀性能。实际应用的不锈钢，当平均含铬量在 13%以上时，称为铬不锈钢。铬不锈钢只能抵抗大气和弱酸的腐蚀。

铬镍不锈钢含铬约为 18%，含镍大于或等于 8%，含碳在 0.14%以下，这种不锈钢俗称 18-8 不锈钢，比铬不锈钢有更好的耐腐蚀性，是应用最广泛的不锈钢品种。18-8 型不锈钢属于奥氏体不锈钢，有多种牌号。

18-8 不锈钢具有较好的耐热性，在较高温度下不起氧化皮并保持较高的强度，同时具有良好的低温性能。

18-8 不锈钢经过 1100～1200℃淬火后并不硬化，反而具有较低的硬度和较好的塑性，适宜进行冷加工。18-8 不锈钢的切削加工性能不好，切削时感到又黏又硬，刀具和钻头容易磨损。

二、晶间腐蚀及其预防

18-8 不锈钢的最大缺点是容易产生晶间腐蚀。所谓晶间腐蚀，就是不锈钢在敏化温度（450～850℃）下，原来在淬火状态下固溶在奥氏体中的碳元素，不断向奥氏体晶粒边界扩散，又与晶界上的铬化合成碳化铬表层。当晶界附近的金属含铬量低于 12%时，就失去了抵抗腐蚀的能力。在腐蚀介质的作用下，晶体之间的贫铬层会被迅速腐蚀，这种腐蚀从表面很难看出来，但在受到一定的应力作用时，几乎完全丧失强度，会使材料沿晶界断裂。

为了防止晶间腐蚀，可采取以下措施：

1. 尽可能采用含碳量低的不锈钢，当含碳量低于0.04%时不易受晶间腐蚀。

2. 将在450～850℃危险区域内加热过的不锈钢或已发现有弱晶间腐蚀倾向的不锈钢重新加热到1150℃左右进行淬火处理，使析出的碳化物重新溶入固溶体内。

此外，为改善不锈钢的品质，在合金中加入与碳作用的结合力比碳与铬结合力强的元素，如钛（Ti）、铌（Nb）、钽（Ta）等，这些元素的加入量与含碳量有一定比例关系，加入后可以防止晶间腐蚀。

三、不锈钢管道的加工

（一）管子切割

直径150mm及其以下的不锈钢可采用手锯、锯床及砂轮切割机进行切割，锯条要用锋钢锯条，不宜使用通常使用的高碳钢锯条。直径150mm以上的不锈钢可采用等离子切割，等离子切割后应彻底修磨其切割表面。

管子切割端面的倾斜偏差应不大于管子外径的1%，且不大于2mm。不锈钢管绝对禁止用氧乙炔焰切割。

（二）弯管、弯头与三通制作

小口径不锈钢管可在施工现场用弯管机冷弯加工，最小弯曲半径为4倍管子外径。

奥氏体不锈钢管子热弯时，其热弯温度以900～1000℃为宜，加热温度不应超过1100℃，终弯温度不得低于850℃。热弯后须整体进行固溶淬火处理（1050～1100℃水淬）。并取同批管子试样两件，做晶间腐蚀倾向试验，如有不合格者，则应全部重作热处理，但热处理次数不得超过3次，否则弯管应予报废。

不锈钢弯头可在市场上购买，但要保证其材质、外径、壁厚合格与管材相匹配。如果设计允许，也可以用不锈钢管制作焊接弯头。

当制作三通时，一般用钻床、铣床或搪床在主管上开孔。小口径正三通也可用手锯开孔。在没有机械的条件下，宜采用碳弧气刨开孔和切割，但必须留出3mm的加工裕量，以便用角向砂轮机磨光并坡口。

（三）坡口加工

坡口加工采用坡口机、角向砂轮机等方式进行，管壁厚度小与或等于3mm的用Ⅰ形坡口（即不开坡口），对口间隙为1～1.5mm，管壁厚度为3～10mm时，开65°～75°V形坡口，钝边厚度1～2mm，对口间隙为1～2mm，加工后的坡口斜面及钝边端面的不平度应不大于0.5mm。

四、不锈钢管的焊接

（一）铬不锈钢钢管

铬不锈钢钢管以1Cr13钢号的应用较多，其焊接性能较差，淬硬倾向明显，焊后残余应力较大，容易产生裂纹。电焊采用G202（国标型号E410-16）、G207（E410-15）焊条，焊前需预热到250～300℃，焊后进行700～730℃回火处理。如采用A102（国标型号

E308-16）、A107（E308-15）焊条，焊前可不预热，焊后在焊缝处需进行加工时，应进行退火处理。与1Cr13钢性能相近的铬马氏体不锈钢，还有0Cr13钢、2Cr13钢。

（二）奥氏体不锈钢焊条

不锈钢焊条有酸性钛钙型和低氢型两种，钛钙型不锈钢焊条应用较多。低氢型不锈钢焊条的抗热裂性能较好，但抗腐蚀性稍差。常用不锈钢焊条的选用见表11-9。

常用奥氏体不锈钢焊条的选用 **表11-9**

钢 号	要 求	选用焊条
0Cr18Ni9	工作温度低于300℃，同时要求良好的耐腐蚀性能	A002，A102
1Cr18Ni9	工作温度低于300℃，同时对抗裂纹，抗腐蚀要求较高	A102，A137
1Cr18Ni9Ti	工作温度低于600℃，同时对抗腐蚀，抗晶间腐蚀要求较高	A132，A137
Cr18Ni12Mo2Ti Cr18Ni13Mo2Ti	耐腐蚀性能优于1Cr18Ni9Ti，且无晶间腐蚀倾向	A207，A237
Cr25Ni20	可在1100℃以内的高温下工作，不锈钢与碳钢焊接	A402，A407

（三）奥氏体不锈钢的焊接特点

不锈钢管道焊接应在环境温度－5℃以上进行，当环境温度在－5℃以下时，在点焊前就应开始预热，预热温度应达到50℃左右。风、雨（雪）天焊接要有遮棚等防范措施。

不锈钢管道焊缝，宜采用氩弧焊打底，手工电弧焊填充、盖面。对于不锈钢管，焊接前应在坡口两侧4mm以外，各刷一道宽度约50mm范围的白垩粉，待干燥后开始施焊。

铬镍奥氏体不锈钢的可焊性良好，为防止在敏化温度（450～850℃）范围内停留时间过久而造成晶间腐蚀，焊接时应减少焊接热量输入，可采用小的焊接电流（电流应比焊接低碳钢小20%，一般按焊条直径的25～30倍为焊接电流值掌握），较快的焊接速度，焊条最好不要横向摆动。多层焊时，每焊完一层要清理熔渣，检查焊缝缺陷，待焊缝冷却至60℃以下时再进行下一层焊接，也可以采取浇水等强制冷却措施。焊缝盖面不宜过宽，每边压过坡口1～2mm为宜。

为了消除焊接时产生的晶间腐蚀倾向，可对焊接接头或管道焊口进行固溶处理，即把接头或焊口加热到1050～1080℃，待保持上述加热温度约1h后，快速冷却，便可达到稳定奥氏体组织的目的。对于壁厚2mm以内的薄壁管，可在空气中快速冷却，对于较厚的焊件，可采取水淬方式冷却。

手工钨极氩弧焊广泛应用于不锈钢管的焊接。氩弧焊的电弧能量大，热量集中，热影响区小，氩气流对电弧区能起到保护和冷却作用，使焊接过程稳定地进行，因而焊缝具有很好的抗晶间腐蚀性能。对于18-8型不锈钢，一般采用H0Cr18Ni9或H1Cr18Ni9Ti焊丝，氩气纯度应在99.96%以上。

钨极氩弧焊在焊接不锈钢时，一般使用直流焊机，钨极接负极。对于厚壁管，视技术要求的不同，也可以先用氩弧焊打底，再以手工电弧焊盖面。操作时，最好能向管腔内通入氩气，以便起到加强保护、改善焊缝内面成形的作用。

五、不锈钢管加工及焊接后的热处理

不锈钢管在冷加工及焊接后，必然产生残余应力，而在热加工及焊接过程中，又要在

450～850℃这个危险区域停留一段时间，这样便会产生晶间腐蚀倾向。为了消除残余应力和晶间腐蚀倾向，应进行热处理。

消除应力处理是不锈钢热处理的一个主要方面。奥氏体不锈钢管道经过冷加工或焊接后会存在内应力，当输送的介质中含有氯离子（或溴离子）时，会引起应力腐蚀。应力腐蚀是不锈钢在静拉应力与介质的共同作用下引起的腐蚀。

消除冷加工后的残余应力，通常是把管件加热到250～425℃（常用300～350℃），进行回火处理。消除焊接后的残余应力，需要在较高的温度下进行，一般为850～870℃，含钛或铌的管件可直接在空气中冷却，不含钛或铌的管件，应经水冷至450℃后，再在空气中冷却。

六、不锈钢管的酸洗、钝化

不锈钢管在焊接、热处理及安装过程中，表面容易被污染，表面的氧化膜容易被破坏，故在焊接及热处理后，应对不锈钢管进行酸洗钝化，以便在不锈钢表面形成新的氧化膜，保持其耐腐蚀能力。

焊接冷却后应及时将焊缝清理干净，应对焊缝及邻近污染区域进行酸洗与钝化处理。如果管材在施工中污染严重，也可以对全部管道进行酸洗、钝化处理，具体步骤是：

1. 如有油渍，用丙酮除去；
2. 用酸洗液浸泡或刷洗1～2h；
3. 用冷水把酸洗液冲洗干净；
4. 用钝化液浸泡或洗刷1h；
5. 用冷水把钝化液冲洗干净；
6. 吹干或晾干。

酸洗液、钝化液的配方及处理温度、时间见表11-10。

酸洗液、钝化液配方及处理温度、时间 **表11-10**

配　方	成分（重量比）				处理温度	处理时间（h）
	硝酸（HNO_3）	氢氟酸（HF）	重铬酸钾（$K_2Cr_2O_7$）	水（H_2O）		
酸洗液	20%	5%	—	余量	室温	1～2
钝化液	5%	—	2%	余量	室温	1

注：硝酸密度为1.42g/cm³。

七、管道安装技术要求

不锈钢管道安装除应执行碳素钢管安装的一般要求外，还应遵守以下规定：

1. 采购的管材和管件必须有出厂合格证，牌号符合设计要求。在材料堆放及施工过程中，应避免不锈钢管与各种碳钢材料接触；

2. 不锈钢管道预制不得在碳钢平台上进行；

3. 不锈钢管道安装应在全部支吊架安装好之后进行，安装前进行一般性清洗，除去油污；

4. 不锈钢管道不得与碳钢支吊架直接接触，应垫入不锈钢片、氯离子含量不得超过50ppm的非金属软垫片。不锈钢法兰连接使用的非金属软垫片氯离子含量也不得超过50ppm；

5. 管道穿过楼板或墙壁时应加套管，套管与不锈钢管的间隙可用石棉绳填塞；

6. 不锈钢管道吊装时不得用钢丝绳直接捆扎管子及其他不锈钢对象，可加木板隔开或用尼龙绳捆绑；

7. 在整个管道预制安装过程中，不得使用钢制手锤敲击不锈钢管，可使用铜锤或不锈钢锤；

8. 不锈钢管道进行水压试验时，水中的氯离子含量不得超过25ppm（即百万分之25，也就是25mg/L)，否则应采取措施降低水中的氯离子含量。

第五节 铜管安装

一、铜及铜合金简介

铜是一种紫红色的金属，习惯上称为紫铜，密度8.94g/cm^3，熔点1084℃。铜具有良好的导电性、导热性、可塑性和低温性能。通过冷加工可以提高铜的强度和硬度，但塑性要会降低。冷加工后的铜经550～600℃退火处理，可以使塑性完全恢复。

在铜中加入某些合金元素，如锌、镍、锡等，可以改善铜的性能。

以锌为主要添加元素的铜基合金称黄铜。如果合金只由铜和锌组成，这种黄铜称为普通黄铜。普通黄铜的强度、硬度等力学性能和耐腐蚀性能比紫铜高，能很好地承受热压或冷加工，价格比紫铜便宜。黄铜的熔点一般在880～975℃之间。

二、管道工程中的铜管及组成件

在管道工程中应用较多的是紫铜和黄铜。紫铜管的常用牌号有T2、T3、T4和TUP（磷脱氧铜）等，黄铜管的常用牌号有H68、H62和HFe59-1-1（铁黄铜）等。

铜管有较好的耐腐蚀性能和低温性能，在高级民用建筑中可用作冷、热水管道，在工业生产中主要用于对铜不起作用的腐蚀介质、深冷装置与管道、液压管道、仪表管道等。

铜及铜合金管道组成件在安装前应检查制造厂的质量证明书，并按设计文件核对其材质和规格。外观检验要求黄铜管及管件表面不得有绿锈，管子内外表面应光滑、清洁，不应有裂纹、起皮、分层、粗糙拉道等缺陷。管子端部应平整无毛刺。管子内外表面不得有超过外径和壁厚允许偏差的局部凹坑、划伤、压入物、碰伤等缺陷。管子的圆度偏差和厚度偏差，不应超过国家现行标准规定的外径和壁厚的允许偏差。

三、管道加工

（一）管子切割

铜及铜合金管的切断可采用钢锯（应选用细齿锯条）、砂轮切割机，但不得采用氧乙炔焰进行切割。

（二）管子调直

如管子产生了弯曲，应先对管内充砂，然后用调直器进行调直；也可将充砂铜管放在平板或工作台上，并在其上铺上木垫板，再用橡皮锤、木锤或方木块轻轻敲击、逐段调直。调直过程中不得使管子表面产生凹坑、划痕或粗糙的痕迹。调直后，应将管内清理干净。

（三）管子坡口

铜管及铜合金管的坡口加工可采用锉刀、坡口机或角向砂轮等机械方法，但不得采用氧乙炔焰坡口。夹持铜管的钳口两侧应垫以木板衬垫，以防夹伤管子。

（四）管口翻边

采用翻边连接的管子，应按设计文件的规定进行试验。当设计文件无规定时，每批管子抽1%且不少于两根进行翻边试验。当有裂纹时，应进行处理，重做试验，如仍有裂纹，则该批管子应逐根试验，不合格者不得使用。

管口翻边一般在特制的工作台上进行，翻边前应在管端进行退火处理，退火温度一般为450℃，然后自然冷却或浇水急冷，待管端冷却后，管外装上带有长颈法兰形的外模，固定在工作台上，用带内模的模具在压力机的挤压下迫使管端翻出。翻边端面应与管中心线垂直，允许偏差小于或等于1mm，厚度减薄率小于或等于10%。

（五）弯管制作

1. 冷弯。铜及铜合金管直径在100mm以下者通常都进行冷弯，冷弯在弯管机或弯管器上进行，为保证质量应在管内放入芯棒。

2. 热弯。热弯适用于铜合金管的弯曲，可按以下方法操作：

(1) 向管内充入无杂质的干细砂，并用木锤敲实，然后用木塞堵住两端管口，再在管上划出加热长度（应使弯管的直边长度不小于其管径，且不小于30mm）；

(2) 最好用木炭对其加热长度部分加热，如用焦炭加热应在关闭鼓风机的条件下进行，并应不断转动管子；

(3) 当加热至450～500℃时，取出管子，在胎具上弯制。整个弯制过程中均不得对管子浇水；

(4) 将管内的细砂清除干净。

四、管道连接

管道连接方法有法兰连接、螺纹连接和焊接连接。

（一）法兰连接

法兰连接的结构型式有焊接法兰、翻边活套法兰和焊环活套法兰等三种。光滑面铸铜焊接法兰适用于工作压力小于2.5MPa，凹凸面铸铜法兰适用于工作压力2.5～6.4MPa，法兰连接用钢制螺栓。焊环活套法兰用的焊环的材质应与连接管子材质相同。法兰连接用垫片应根据输送介质的性质、工作温度，工作压力进行选择，常用的垫片是石棉橡胶板和铜垫片。

（二）螺纹连接

螺纹连接（用管螺纹，在车床上加工），螺纹应清楚，不得有乱丝和毛刺等缺陷。螺纹连接的管子其螺纹部分须涂以石墨甘油。

（三）焊接连接

铜管的焊接有承插接头、卷边接头、套管接头和衬环接头等多种方式，如图 11-11 所示。

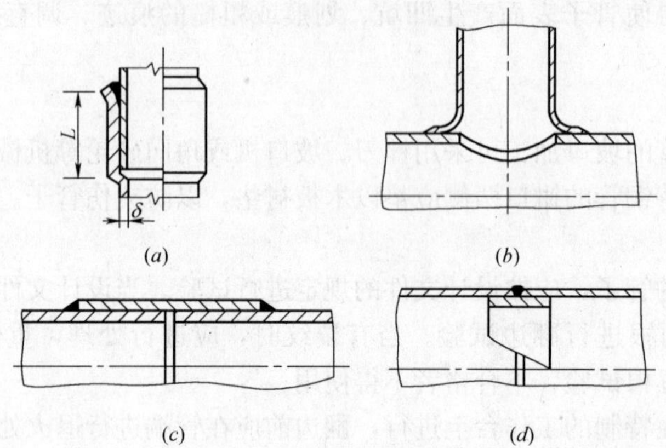

图 11-11 铜管的焊接接头

(*a*) 承插接头；(*b*) 卷边接头；(*c*) 套管接头；(*d*) 衬环接头

1. 承插接头。紫铜管可采用承插接头，钎焊连接，即在管道承插口间隙中熔入焊料，而铜管承插口本身并不熔化。用铜磷钎料时，间隙 0.03～0.25mm，用铜锌钎料时，间隙为 0.1～0.3mm。钎焊前，表面必须清理干净，钎焊时要采用适当的焊剂，焊接中必须保证足够的温度，焊后必须在 8h 内进行清洗，除去残留的熔剂和熔渣。钎焊接头强度较低，一般只用于不承受冲击、弯曲负荷的低压管道。

采用承插连接的管件，其两端皆为承口，由厂家供应，管子插入后即可焊接。如果需要自行加工承口，承口长度与管壁厚度的关系见表 11-11。

紫铜管承插钎焊的承口长度（mm） **表 11-11**

管壁厚度 δ	1.5	2～2.5	3～3.5	4～4.5	5～7
承口长度 L	15	25	30	35	40

2. 卷边接头。黄铜管的卷边对接形式如图 11-12 所示，适用于壁厚 2mm 以下的氧-乙炔气焊连接，此种连接形式不需要焊条填充，只需把卷边熔化形成焊缝。

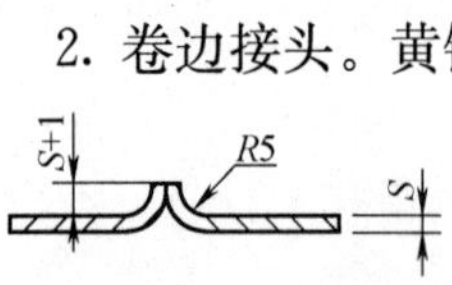

图 11-12 卷边焊接

3. 对口接头。管道对口焊接时，管壁厚度大于或等于 3mm 者必须开坡口，坡口角度一般为 65°±5°，间隙和钝边尺寸视焊接方法不同，按相应规范选择确定。焊接前应做好管端坡口及焊丝的清洁工作，用砂布打光，除去表面污物。

气焊所用焊丝及焊药的选用，紫铜管采用 HS201（丝 201）或 HS202（丝 202）焊丝，助熔剂（焊粉）采用 CJ301（气剂 301）。

H62、H68、HFe59-1-1 等牌号黄铜采用 HS221（丝 221）、HS222（丝 222）或 HS224（丝 224）焊丝，助熔剂也与紫铜焊接一样采用 CJ301（气剂 301）。

氧-乙炔气焊前要进行预热，紫铜管的预热温度为 400～500℃。为了提高焊缝的塑性和韧性，可把焊接完毕的焊缝加热到约 600℃（呈暗红色），然后浇水急冷。黄铜管焊前预热温度约为 450～550℃，为了改善焊缝的性能，可把焊接完毕的焊缝加热到约 600℃，然后缓慢冷却。

紫铜的手工钨极氩弧焊，以选用铈钨极或钍钨极，氩气纯度不低于 99.96%，焊丝选用与气焊相同，紫铜管焊接，电源采用直流正接，焊前预热温度 400～500℃；黄铜管除用直流正接外也用交流，黄铜管一般不进行焊前预热，但焊后要在 300～400℃温度下进行退火处理。

五、管道安装

在同一施工现场有两种或两种以上不同牌号的铜及铜合金管道时，管子、管件应作好涂色标记，分开存放，防止混淆。

在装卸、搬运和安装的过程中，应轻拿轻放，防止碰撞及表面被硬物划伤。安装中，应防止其表面被砂石或其他金属等硬物划伤。

支、吊架间距应符合设计文件的规定。当设计文件无规定时，可按同规格钢管支、吊架间距的 4/5 采用，支架设置方法基本与钢管相同。

弯管的管口至起弯点的距离应不小于管径，且不小于 30mm。安装铜制波形补偿器时，其直管长度不得小于 100mm。

采用螺纹连接时，其螺纹部分应涂以石墨甘油。

法兰连接有平焊法兰、对焊法兰、焊环松套法兰和翻边松套法兰四种类型。平焊法兰、对焊法兰及松套法兰的焊环或翻边肩材料应与管子材料牌号相同。松套法兰用碳素钢制造。法兰垫片一般采用橡胶石棉板等软垫片。采用翻边松套法兰连接时，应保持同轴心，公称直径小于或等于 50mm 时，其偏差应不大于 1mm；公称直径大于 50mm 时，其偏差应不大于 2mm。

此外，铜及铜合金管道的安装还应遵守碳素钢管道安装的一般规定。

第六节　铝管安装

一、铝及铝合金简介

铝是一种银白色的轻金属，密度 2.7g/cm^3，熔点 660℃。常用的有工业纯铝和防锈铝两类。

纯铝塑性较大，强度和硬度较低。在 350～450℃状态下很容易进行轧、压、拉等热加工，在常温状态下也能进行同样的冷加工。但其切削加工性较差，宜在高速下进行切削。

在纯铝中加入少量合金元素，可以改善铝的性能。例如镁和锰能提高铝的强度和硬度；镁还能提高铝的耐腐蚀性；铬和钛能细化晶粒；铅和钨能改善切削加工性能。因此，在工业上应用较多的是铝合金。用于管子材料的主要是铝镁合金和铝锰合金。

铝具有良好的导热性和导电性，但焊接性能较差。

铝在空气中会迅速地跟氧结合，在表面形成一层坚韧的氧化铝（Al_2O_3）薄膜，能防止铝的内层继续氧化，起到保护作用。工业纯铝均不同程度的含有一些杂质，这些杂质形成新的组成物，破坏氧化膜的连续性和完整性，从而降低铝的耐腐蚀性能。因此，铝的纯度越高耐腐蚀性能越好。铝在大气及淡水中耐蚀性很高，但不耐海水腐蚀。

二、铝及铝合金管的适用范围

铝及铝合金管材一般用冷拉或热挤压方法生产，铝管多用 L2～L6 牌号的工业纯铝制造，铝合金管多用 LF2、LF3、LF5、LF6、LF21 等牌号的防锈铝制造。冷拉管规格从 $\phi6\times0.5\sim\phi120\times5$mm，热挤压管常用规格从 $\phi28\times3\sim\phi300\times20$mm。

铝及铝合金管一般用于设计压力不大于 0.6MPa、介质温度不超过 150℃的工业管道，可输送浓硝酸、醋酸、磷酸、脂肪酸、硫化氢、碳酸氢铵、尿素等介质。

铝在低温环境中的力学性能仍然良好，甚至有所提高。因此铝及铝合金管可用于深冷装置、液化装置、空分装置及食品冷冻等管道系统。

铝及铝合金管还可用于不允许有铁离子污染介质的管道系统。

三、管道加工

（一）管道组成件的验收

铝及铝合金管道组成件在加工前应检查制造厂的质量证明书，并按设计文件核对其材质和规格。

管子内外表面应光滑、清洁，不应有针孔、裂纹、起皮、分层、粗糙拉道、夹渣、气泡等缺陷。管子端部应平整、无毛刺。管子内外表面不得有超过外径和壁厚允许偏差的局部凹坑、划伤、压入物、碰伤等缺陷。管子的圆度偏差和厚度偏差，不应超过国家现行标准规定的允许偏差。

采用胀口或翻边连接的管子，应按设计文件的规定进行试验。当设计文件无规定时，每批管子抽 1%且不少于两根进行胀口或翻边试验。当有裂纹时，重做试验，如仍有裂纹，则该批管子应逐根试验，不合格者不得使用。

（二）管子调直

如管子产生了弯曲，宜用调直器调整。调直铝管时宜在管内充砂，不可用铁锤敲打，可用木锤敲打，调直用的平台应垫上木板。调直完毕应及时将管内充的砂清理干净。

（三）管子的切割

公称直径小于或等于 50mm 的宜用手工钢锯切割，公称直径大于 50mm 的可用弓形锯床、电动切管机或等离子切割机切割。

（四）管口翻边

管口翻边一般在特制的外模、内模上进行，先用外模将管子固定住，并留出翻边宽度，内模放置在管口内，用机械力加压或用木榔头敲击即可翻出所需的卷边。

翻出的卷边应平整光滑，不得有凹凸不平、缩颈、斑疤、刮伤及裂纹等缺陷，卷边厚度不能减薄太大，一般不得小于管子壁厚的 80%。

（五）弯管制作

工业纯铝及铝镁合金管应尽量采用机械冷弯，以提高效率和保证弯管质量。

铝锰合金管必须热弯，热弯温度为 450～300℃（热弯的开始与终止温度）。工业纯铝及铝镁合金管可以热弯，工业纯铝管热弯温度为 260～150℃，铝镁合金管热弯温度为 310～200℃。热弯的管内应装砂，但不得用铁锤敲打。加热方法以木炭或电炉加热为宜。

铝及铝合金管弯制后不得有机械嵌入物和裂纹、分层、过烧等缺陷。弯制后的圆度偏差，铝管应小于 9%，铝合金管应小于 8%。其他质量要求与钢管弯制相同。

四、管道连接

(一) 法兰连接

铝及铝合金管道法兰连接有平焊法兰、对焊松套法兰和翻边松套法兰 3 种形式。

平焊法兰和对焊松套法兰的肩圈应采用与管子牌号相同的材料制造。松套法兰可用碳素钢制造。管子与钢活套法兰之间应涂绝缘漆或垫上绝缘隔绝物。法兰垫片一般采用橡胶板、橡胶石棉板、耐酸橡胶石棉板等制成的软垫片。连接时应保证管子轴线一致，法兰密封面应平行，避免歪斜和弯曲。拧紧螺栓应均匀适度，不可过紧。

(二) 焊接连接

管道焊接一般采用气焊或手工氩弧焊。

1. 焊接材料。焊接纯铝管道时，应选用纯度比母材高或者相等的焊丝；焊接铝镁合金管时，应选用含镁量比母材高或相等的焊丝，例如焊接 L2 牌号铝管时可选用 L1、L2 牌号铝为焊丝，焊接 LF2 牌号铝合金时可选用 LF2、LF3 牌号防锈铝为焊丝。

2. 焊口准备。铝及铝合金管焊接前，应用丙酮或四氯化碳溶剂清除管端或焊口处的油污，然后在距焊口 30～60mm 的区域内用细铜丝刷仔细地把氧化膜除掉，直到呈乳白色为止，焊接必须在清刷后不迟于 2h 内开始，以避免管口重新氧化。

3. 焊接要点。手工气焊时，管子壁厚在 3mm 以内者不坡口，对口间隙为 0.5～1mm，壁厚大于 3mm 时采用 V 形坡口，焊接前要用砂皮清除焊丝表面上的氧化膜，焊接时还应施加焊剂。

焊接过程中，严禁触动焊件，管子在焊接过程中需要转动时，必须等待焊缝金属冷却至 350℃以下，才可轻轻转动。焊后应使接头在空气中缓慢冷却，当接头温度降到 60～70℃以下，就可以进行焊后清洗工作。

4. 焊缝清洗。焊缝及其附近的残余熔剂有腐蚀作用，应在焊后 2h 内清除掉，一般清洗方法为：(1) 先用不锈钢刷子刷去熔渣；(2) 用热水冲洗；(3) 再用含 5%硝酸和 2%重铬酸钾溶液清洗。

氩弧焊后可不必作清洗处理。

五、管道安装

在同一施工现场有两种或两种以上不同牌号的铝及铝合金管道时，管子、管件验收合格后应作好涂色标记，分别存放，防止混淆，而且不得与钢、铜及不锈钢等接触，以防止管子受到电化腐蚀。

在装卸、搬运和安装的过程中，应注意保护表面的氧化膜，应轻拿轻放，避免碰撞，防止表面被硬物划伤。

铝及铝合金管道安装时应防止管子表面被其他金属或砂石等硬物擦伤，管道的支架间距应符合设计文件规定。当设计文件无规定时，热轧管的支架间距可按同规格钢管支架间

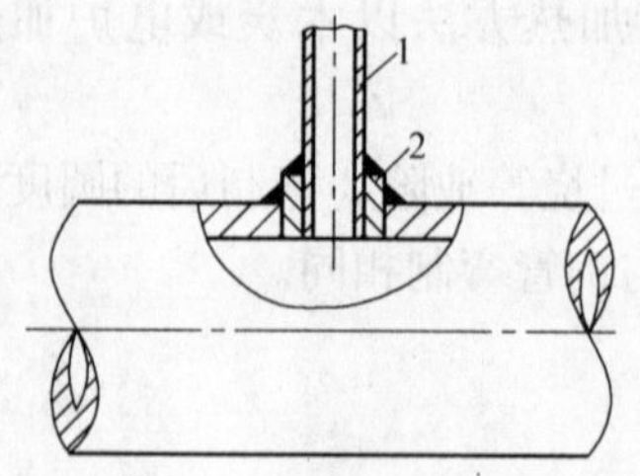

图 11-13　薄壁支管与大管焊接接头

1—薄壁支管；2—加强接头

距的 2/3 采用，冷作硬化管的支架间距可按同规格钢管支架间距的 3/4 采用。

碳素钢支架或松套法兰应先涂上油漆，以防止与铝管直接接触，为防止电腐蚀，管道与钢支架之间须垫上毛毡、橡胶板、软塑料等隔离物，同时支架表面不得有尖角和毛刺，以防碰伤管子。

在大管上焊接外径小于 25mm 的薄壁支管时，宜先在大管上焊接一个厚度为 2～3mm 的加强接头，以防止薄壁支管被烧穿，如图 11-13 所示。

管道穿过墙壁、楼板应加装钢套管。铝及铝合金管道保温时，应选用中性绝热材料，不得使用对铝材有腐蚀作用的绝热材料，如硅酸镁、含碱玻璃棉、石棉制品及其他碱性材料。此外，铝及铝合金管道安装还应遵照碳素钢管道安装的一般规定执行。

第七节　钛管安装

一、钛及钛合金简介

钛是一种银白色的金属，密度 4.54g/cm^3，熔点 1668℃。工业纯钛一般都含有微量的铁、硅、碳、氧、氮、氢等杂质，这些杂质能使钛的强度提高，而使其塑性降低。

在钛中加入少量的铝、锡、硅、铁、锰、铬、钼、钒、铜、硼等合金元素后，其强度、塑性和抗氧化等性能都得到提高，并使钛合金的结晶组织发生相应的变化。按金相组织的不同，钛合金可分为 α、β 和 α+β 三种类型。

应用较广的有工业纯钛 TA1（杂质极微）和 TA2（杂质微）、α 型钛合金的 TA7（钛基，加入适量铝、锡）、α+β 型钛合金 TC4（钛基，加入适量铝、钒）等牌号。β 型钛合金由于其常温和高温性能都不理想，焊接性能也较差，因此较少应用。

钛具有较高的化学活性，在大气或含氧介质中，会在表面上形成一层致密而稳定的氧化膜，因而使其在许多介质中具有优良的耐腐蚀性能。它能耐各种浓度的硝酸、王水、铬酸、醋酸、氢氧化钠、氨水、碳酸钠、碳酸铵、硫酸钠、硫酸铵以及常温下的稀硫酸、稀盐酸等介质的腐蚀。钛及钛合金管道可用于输送腐蚀性介质。

钛管道适用于设计压力为 10MPa 以内，设计温度为－60～250℃的工业管道工程。

二、材料检验和运输保管

（一）管材检验

1. 管材须有制造厂的出厂合格证和质量证书，并按设计文件核对其材质和规格。

2. 管材应逐根进行外径及壁厚测量，其外径壁厚允许偏差应符合相关标准的规定。

3. 管材端部切口应整齐、平滑，切斜允许偏差应符合要求：外径 30mm 以下不得大于 2mm；外径 30～60mm 以下不得大于 3mm；外径 60～110mm 以下不得大于 4mm。

4. 管材的内外表面应光滑、清洁、无针孔、裂纹和折叠、过腐蚀现象。

5. 管子弯曲度允许偏差为管子外径 30mm 以下时不得大于 3mm；外径 30～110mm 之间时不得大于 4mm。

（二）管件检验

1. 弯头、异径管、三通、法兰、盲板、垫片等必须有制造厂的合格证和质量证明书，并应按设计要求核对其材质、规格。

2. 法兰及盲板的密封面应平整光洁，不得有毛刺和径向沟痕。非金属垫片应质地柔韧，无老化变质及分层现象，表面不得有折损、皱纹等缺陷。包金属及缠绕式垫片不得有径向划痕、松散、翘曲等缺陷。

（三）阀门检验

阀门应具有制造厂的出厂合格证，并应逐个按设计要求进行强度和严密性试验。安全阀应在安装前进行调试，工作介质为气体或易燃、易爆、有毒液体时，调试介质应采用空气或氮气。

（四）焊接材料检验

1. 焊材化学成分和力学性能应与母材相当，若焊接要求有较高塑性时，应采用纯度比较高的焊丝。

2. 选用的焊丝应有出厂合格证和质量证明书。

3. 钨极宜采用铈钨极或钍钨极。

（五）运输保管

经验收合格的管材、管件，应按牌号分开存放在垫木上，不得与钢材直接接触；施工过程中，钛管材及附件要防止氢、氧、氮、碳及铁质的污染。

三、钛管道的焊接

（一）钛的焊接特点

钛管的制作与安装，焊接是关键。钛焊接工艺远比不锈钢焊接工艺要求严格。钛在高温时极易吸收和溶解气体，在 250℃开始吸收氢，400℃开始吸收氧，600℃开始吸收氮，形成钛的氢、氧、氮化合物，使钛的机械性能大大降低。在焊接条件下，焊缝和热影响区温度 250℃的区域如果被空气、水分、油脂、氧化物等污染，该区域的机械性能会大大降低或造成气孔，甚至造成焊接接头开裂或失效。因此，钛管的焊接必须采用钨极氩弧焊，并对焊缝和热影响区进行通氩气保护。

施焊前应先进行焊接工艺评定。现将规格为 $\phi57\times3$ 钛管的焊接工艺参数列于表 11-12。

$\phi57\times3$ 的钛管焊接工艺参数 表 11-12

焊缝层次	钨极直径(mm)	喷嘴直径(mm)	焊接电流(A)	电弧电压(V)	氩气流量(L/min)			焊接速度(m/min)
					焊炬	保护罩	管内	
1～2	2	2	58～62	10～12	9～10	30～40	4～5	30～33

下面以比较常用的规格为 $\phi20\times2$～$\phi159\times4.5$ 的工业纯钛（TA2）管为例，介绍焊接方面的内容。

（二）焊接设备的选择

根据钛的焊接性，为保证用小电流快速施焊，可选用能提前供气，熄弧时有电流衰减、有延时通气功能的 ZX7-315IGBT 逆变式焊机。

（三）焊接材料

焊接规格为 $\phi20\times2\sim\phi159\times4.5$ 的工业纯钛（TA2）管，电极可选用直径 2mm 的铈钨极，填充金属用 2mm 的 TA2 焊丝或 4mm×4mm 的 TA2 切条，保护气体采用纯度为 99.96%的工业氩气。

（四）焊前准备

1. 坡口加工。现场用角向磨光机打磨，制成 60°坡口，壁厚相同的管子或管件组对时，应做到内壁平齐，对口错边不应超过壁厚的 10%，且不大于 1mm。打磨时严格控制坡口表面的温度，防止坡口表面过热产生有害气体污染。

2. 坡口、焊丝的表面处理

在焊接前，打磨坡口表面，露出金属光泽后，用刮刀和锉刀将已打磨好的表面的氧化物、杂质等清除干净，用砂布将焊丝和坡口边缘 40～60mm 范围内的氧化物清除干净，再用丙酮或乙醇对已处理好的表面进行脱脂清洗，严禁使用诸如三氯乙烯、四氯化碳等氯化物溶剂，并避免将棉质纤维附于坡口表面。填充焊丝也应按上述方法进行清洗；

将用丙酮清洗后的焊丝和管子坡口浸入以下酸洗液中：

$$(2\%\sim4\%)HF+(30\%\sim40\%)HNO_3+H_2O$$

在酸洗液中浸 2～3min 后，立即用水冲洗干净，自然干燥后用白布将已处理好的表面包好，以防二次污染。

（五）气体保护措施

1. 为了避免铁磁物质存在焊接时造成电弧的磁偏吹，根据管径和接头形式的不同，可以采用厚度为 1～2mm 的奥氏体不锈钢板或紫铜板制作固定式、半开式或移动式保护罩。保护罩内加 4～5 层 120 目的铜丝网，保证保护气体通气均匀。

2. 当管径比较小时，可采用整管通气保护措施。用橡胶堵头封堵管子两端，一端通入氩气，另一端堵头上开一小孔保证在焊接过程中管内氩气略呈正压。由于氩气比空气重，进气口应位于出气口下方。

（六）焊接

1. 管口焊接。将前述管口外的保护白布拆下，必要时再用丙酮再次清洗坡口和焊丝表面。在焊接接头的管道两端加上橡胶堵头，通入氩气，将管内空气排净后，进行点固焊。点固焊长度 10～15mm，先点焊 2 点，从第 3 点处开始焊接，每一焊点熄弧时，焊炬要保证 30s 的延时通气，确保焊点不被氧化。焊接时，应尽可能采取转动焊接，另由专人手持保护罩，对焊缝和热影响区进行跟踪保护。

为了增大氩气对焊缝和温度较高的热影响区的保护，选用 $\phi12$mm 的喷嘴，直流正接，起弧前提前通气，充气量为容积的 5 倍以上，才能进行焊接，并采用高频引弧，焊接过程中，焊丝被加热的端部自始至终保持在氩气的保护之下。熄弧时，焊炬不能马上离开焊缝，应延时不低于 30s，继续对焊缝和热影响区 400℃以上区域和焊丝被加热的端部进行延时保护，直至焊缝和热影响区温度降至 400℃以下。

焊接第二层前，认真检查焊缝和热影响区的色泽，将蓝色或灰色的氧化物清理干净。

为了防止因接头过热引起塑性降低，层间温度应保证在200℃以下。

钛在熔化状态下的黏度和流动性与奥氏体不锈钢相当，焊接时的操作手法和焊接奥氏体不锈钢基本相同。

2. 法兰与管接头的焊接。焊接法兰与管接头时，由于散热条件好，无保护罩也可以取得良好的效果。焊接时，先焊管外焊缝，管内通氩气保护；焊接内焊缝时，不通氩气保护，内焊缝间断焊接，利用焊炬内通入的氩气对焊缝和热影响区进行保护。

（七）焊后检验

1. 外观检验。按照规定，焊后必须对焊缝进行外观检验，焊缝表面应平滑，没有凸凹，不允许有气孔、夹渣、裂纹、未焊透等缺陷，咬肉深度应小于壁厚的10%，且不大于0.5mm，焊缝两侧的咬肉总长度不得超过该焊缝长度的5%。

2. 对焊缝和热影响区进行表面色泽检查，并在焊缝清理之前进行，合格标准见表11-13。

焊缝表面色泽检查合格标准　　表 11-13

焊缝表面颜色	保护效果	质　量
银白色(金属光泽)	优	合格
金黄色(金属光泽)	良	合格
紫色(金属光泽)	低温氧化,表面污染	合格
蓝色(金属光泽)	高温氧化,污染严重,焊缝性能下降	不合格
灰色(金属光泽)	保护不好,污染严重	不合格
暗灰色		
灰白色		
黄白色		

注：区别低温氧化和高温氧的方法宜采用酸洗法。经酸洗能除去紫色、蓝色者为低温氧化，除不掉者为高温氧化。

3. 管道焊口100%进行x射线探伤，质量标准按设计要求，一般不得低于Ⅱ级。

四、管道加工及安装

（一）管子切割

钛管一般采用机械切割。当采用电动切割机切割时，应采用高速钢刀具；当采用弓形锯床切割时，应采用锋钢锯条或高碳钢锯条。切割速度宜慢，以免切割面过热变色。大直径管子可采用等离子切割，但必须用机械方法将切口污染层及毛刺、凹凸、熔渣、氧化物等除去。

（二）弯管制作

钛管一般采用机械冷弯法制作弯管。当采用电动弯管机制作时，应在管内放置芯棒，以使弯管的内侧波浪度和圆度偏差达到要求。由于钛管冷弯后回弹量较大，在弯制时应考虑多弯适当的角度。

采用热弯法制作时，管内的填充砂必须专用，并保持干燥和清洁。装卸砂时应使用木榔或紫铜锤敲打，严禁使用铁锤。加热温度不得超过350℃，宜用电阻加热器加热。

管子弯制后可不进行热处理，但应进行外观检查和渗透探伤。弯管应无裂纹、皱折、过烧和其他超标缺陷；内外表面应无工具划痕及嵌入物；壁厚减薄率不得超过 15%，且不得小于设计壁厚；圆度偏差不得超过 8%。

（三）管道安装

钛管道的安装要求与不锈钢管道相似，主要应注意以下几点：

1. 管道加工预制应设专用场所，并保持清洁，不得使用钢板平台；

2. 管道安装过程中应采取有效的保护措施，防止氢、氧、氮、碳及铁质污染。不得用铁质榔头敲打，严禁与其他物体碰撞；

3. 不得使用碳素钢制的工装、夹具及普通钢丝刷等能引起铁质污染的用具，榔头宜用不锈钢或紫铜制成；

4. 管子上的材质标记如被切掉，应立即补上。在管子上做标记必须使用记号笔或油漆涂色，严禁打钢印；

5. 管子与钢质支、吊架不能直接接触，应加垫橡胶板、软塑料板或石棉垫片；

6. 吊装管道的钢丝绳及卡扣不得与管道接触，应垫上橡胶或石棉等制品加以隔离；

7. 管子与穿墙或楼板的钢质套管之间，应填塞不含铁质的材料；

8. 当采用翻边松套法兰或焊环松套法兰连接时，应在钢法兰与翻边圈或钛质焊环之间加设橡胶、塑料或橡胶石棉板等隔绝物，或在碳钢法兰的接触面上涂以绝缘漆加以隔离；

9. 有静电接地的管道，跨接导线或接地引线不得与管道直接连接或焊接，应采用牌号相同的钛或钛合金板过渡；

10. 管道安装后应注意保护，严禁碰撞或受到其他管道焊接火花的污染。

第八节　铅管安装

一、铅及铅合金简介

（一）铅及铅合金的牌号

铅的本色为银白色，表面氧化后呈暗灰色，密度为 11.34g/cm^3，熔点 327℃，强度和硬度很低，焊接和加工性能较好。纯铅质地柔软，俗称软铅。在纯铅中加入少量锑，能提高铅的强度和硬度，因此铅锑合金俗称硬铅。如果加入的锑过多，会使合金变脆，而且还会减弱其耐腐蚀性能和焊接性能。

纯铅的牌号有 Pb1、Pb2、Pb3、Pb4、Pb5、Pb6 六种，其中 Pb1 纯度最高，含铅不小于 99.994%，以下牌号依次降低，Pb6 的含铅不小于 99.50%。用于制作铅管的牌号有 Pb1、Pb2、Pb3。

铅合金的牌号有 PbSb0.5、PbSb2、PbSb4、PbSb6、PbSb8 五种，其中 PbSb0.5 含锑量最少，为 0.3%～0.8%，余量为铅，以下牌号含锑量渐增，PbSb8 含锑量最高，为 7.5%～8.5%，余量为铅。

铅及铅合金管在医药、化工行业应用广泛。

（二）耐腐蚀性能

铅及铅合金在硫酸、硫化物及硫酸盐中有良好的耐腐蚀性能，在浓度 70%～80%、温度 150℃的硫酸作用下，性能稳定，这是因为在硫酸作用下，其表面生成一层硫酸铅保护膜，使膜下金属不再被腐蚀。如果硫酸的浓度超过 80%，硫酸铅保护膜就会被溶解，从而使铅遭到腐蚀。

铅对浓度 10%以下的盐酸、亚硫酸、氢氟酸、砷酸、磷酸、铬酸等酸类及海水都是稳定的。

干燥的氟、氯、溴等气体，在常温下对铅有轻微的腐蚀作用。

铅不耐硝酸及碱液的腐蚀，也不耐醋酸、蚁酸等有机酸及氰化物、氯化物等盐类溶液的腐蚀。

铅及其化合物有毒，从事铅作业的人员要有具体的劳动保护措施。

二、铅管的适用范围

铅及铅合金管可用于硫酸、染料、农药、石油炼制、人造纤维等工业部门，输送硫酸、二氧化硫等腐蚀性介质。

由于铅的强度低，熔点也低，随着温度的升高，强度降低更为显着，因此铅管的工作温度一般不能超过 140℃。当工作温度高于 140℃时，不能在压力下使用，最高工作温度不能超过 200℃。

铅的硬度低，不耐磨，因此铅管不能用来输送有固体颗粒悬浮物的介质。铅有毒，不能用于食品工业和作为输送饮用水的管道。

三、铅管加工

（一）管道组成件的验收

铅及铅合金管道组成件在安装前应检查制造厂的质量证明书，并按设计文件核对其材质和规格。外观质量应符合国家现行标准的规定。采用翻边连接的铅管，应进行翻边试验，其要求与铅管翻边相同。

软铅管就是含有极少杂质的纯铅管，常用牌号为 Pb1、Pb2、Pb3 的材料制造，一般以卷管供应，长度应大于 2.5m。当以直管供应时，内径小于或等于 110mm 的铅管，长度一般不小于 2.5m；内径大于 110mm 的铅管，长度一般不小于 1.5m。硬铅管的长度一般不小于 1.0m。

（二）管子调直与校圆

铅管在运输和装卸的过程中；容易产生弯曲或被压扁。因此在安装前必须将弯曲的管子调直，将被压扁的部分校圆。

弯曲的铅管一般是在木板铺的平台上，用木槌轻轻敲打，逐段调直。

直径大于 50mm 的铅管校圆，可用一根外径小于铅管内径的碳素钢管（管端最好有一半球形封头）穿在铅管内，并把钢管的两端放在支撑架上，然后用木槌敲打铅管被压扁的部位，一边敲打一边转动管子，直到将铅管校圆为止。

直径小于或等于 50mm 的铅管校圆，可将铅管两端堵塞，在管内通入压力为 0.2～0.3MPa 的压缩空气，然后用焊炬对压扁的部位加热，使管内的压缩空气把管子胀圆。操作时应注意使加热部位受热均匀，升温不要太快，当管子被胀圆时应立即停止加热。

（三）管子切割及坡口加工

直径较小的管子一般采用手工钢锯切割。切割时，宜用粗齿锯条，为了防止铅屑粘附在锯齿上和减少摩擦，可在锯口上滴少许机油。直径较大的铅管可用氧乙炔焰切割。切割时宜用中性焰。

铅管的坡口一般用刮刀加工；铅合金管的坡口一般用电动坡口机或气动坡口机加工，也可用粗齿锉刀加工。

（四）弯管制作

直径小于或等于100mm的铅管可用机械冷弯或手工冷弯制作弯管。采用机械冷弯时宜用电动弯管机，不宜用液压弯管机，因为液压弯管机可能会在铅管上顶出凹坑。采用手工冷弯时，需用一个内径与铅管外径相等的碳素钢弯管，沿轴线割成两半，用弯管内侧的一半作为弯管模，然后将铅管紧贴弯管模，在弯曲起点处加一个卡箍，放在弯管平台上，一边拍打，一边弯制，如图11-14所示。

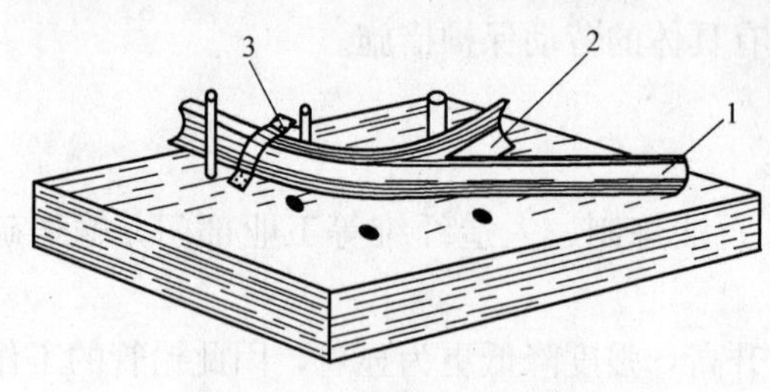

图11-14　铅管冷弯示意图
1—铅管；2—弯管模；3—卡箍

铅管也可以热弯。热弯时管内不装砂，因为铅本来就较软，加热后硬度更低，如果在管内装砂，会使砂粒嵌入管壁而难以清除。所以铅管热弯一般都是空心弯制。为了减小弯管的圆度偏差（应控制在10%以内）和防止弯管内侧发生凹陷，可在弯制前将弯管内侧上下两面的管壁稍加拍打，使弯曲部分的管子断面成卵圆形。

铅管热弯温度为130～100℃。测温一般用数字式测温笔。加热方法一般用氧乙炔焰焊炬，加热一段弯制一段。每段加热长度约为30mm，加热宽度约为管子外圆周长的3/5。每弯制一段应用样板检查所弯的角度，待冷却后再弯制下一段。弯制好的弯管内侧，加热区的管壁可能出现外凸，可以用木板将其打平。

铅合金管宜热弯，因为冷弯时容易断裂。最好是在管内通入蒸汽，将管子预热到100℃左右，再用焊炬分段加热进行弯制。直径大于100mm的铅合金管弯制较困难，一般都采用焊制弯管。

四、铅管的焊接

（一）氢氧焰与氧乙炔焰焊接的选择

铅及铅合金管的焊接方法，主要有氢氧焰焊接和氧乙炔焰焊接两种，目前普遍采用的是氢氧焰焊接。

氢氧焰是比较理想的热源，它有足够高的温度，由于采用低压的等压式焊炬，火焰的气流比较和缓，能适应熔铅流动性强的特点，易保持熔池的平稳。氢氧焰燃气纯净，熔池表面比较清洁，有利于焊接质量的提高。

氧乙炔焰温度高，火焰冲击力较大，容易冲击熔池，易使管壁烧穿而造成熔铅的流淌，焊接比较困难。

（二）氢氧焰焊接工艺流程

氢氧焰焊接的工艺流程如图11-15所示。氢氧焰焊炬如图11-16所示，图中（a）是用不锈钢制成的；（b）是用青铜或黄铜制成的，火嘴由紫铜制成，用螺纹连接，可以更换。焊炬的口径和长度见表11-14。

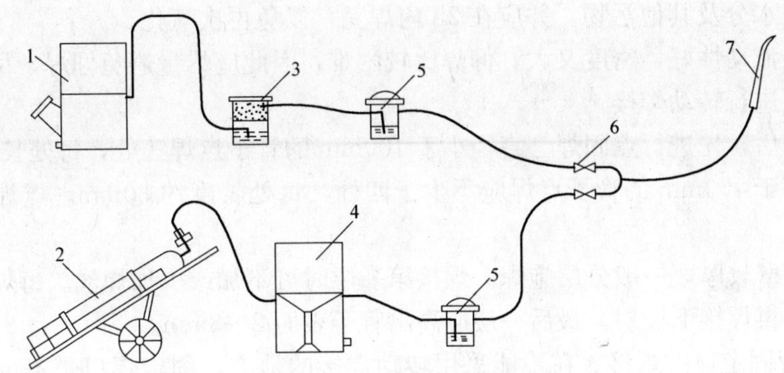

图 11-15　氢氧焰焊接工艺流程

1—氢气发生器；2—氧气瓶；3—氢气过滤器；4—稳压器；5—安全器；6—调节开关；7—焊炬

（三）焊丝

铅及铅合金焊丝的化学成分必须与母材相同。当无标准牌号的焊丝时，可用母材熔化后在铁模中浇铸制成，也可将母材切成长条并刮去棱角作焊丝使用。焊丝的断面最好为圆形或近似圆形，直径应均匀。焊丝表面应清洁，无灰尘、油脂等污物，也不应有可见的氧化层。

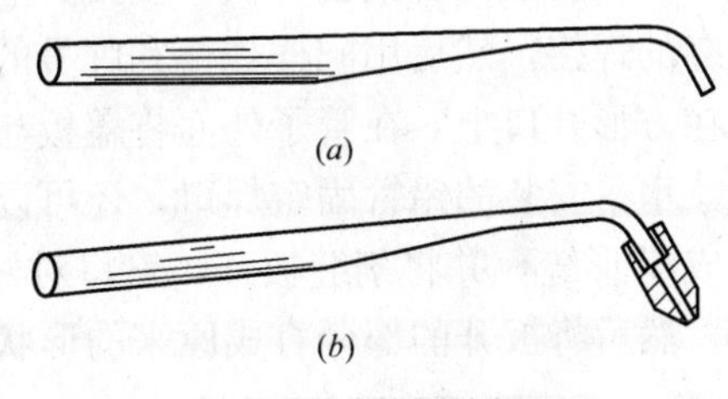

图 11-16　氢氧焰焊炬

焊丝直径与焊炬的大小，可根据管壁厚度按表 11-15 选用。

焊炬的口径和长度　　**表 11-14**

号数	1	2	3	4	5	6	7
口径(mm)	0.3	0.5	0.8	1.1	1.5	1.9	2.3
长度(mm)	120～140	120～140	130～150	140～150	160～180	180～200	200～220

焊丝直径与焊炬大小的选用（mm）　　**表 11-15**

管壁厚度	焊丝直径	焊炬口径
3～6	3～5	0.8～1.9
6～12	5～7	1.5～2.3

（四）焊前对口

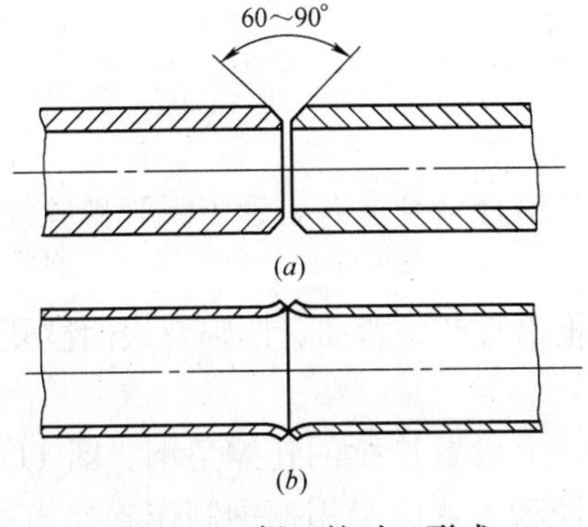

图 11-17　焊口的对口形式

铅管采用对接焊时，壁厚大于 4mm 的管子应开 60～90°的 V 形坡口，留 2～3mm 的钝边，对口间隙为 1～1.5mm，如图 11-17（*a*）所示。壁厚小于或等于 4mm 的管子可不开坡口，但必须用木锥将管口稍向外扩张，使其略成喇叭形，对口时不留间隙，如图 11-17（*b*）所示。

（五）焊接

铅管焊接前，应将坡口面及其两侧 20～40mm 范围内的氧化层刮净，使其露出金属光泽。刮净的表面不允许有水分及其他污物，并应在 2h 内焊完，以免再次氧化。

由于熔铅流动性好，密度又大，仰焊比较困难，因此应尽量避免仰焊，尽可能将焊口放在水平位置进行转动焊接。

管口对好后，先进行点固焊。直径小于 100mm 的管子点焊三处，每处长度约 20mm。直径大于或等于 100mm 的管子点焊应不少于四处，每处长度约 30mm。点焊高度约为管壁厚度的 2/3。

铅管的管壁较厚，一般分层施焊。焊接第一层时可不加或少加焊丝。每焊完一层应将焊缝表面刮净再焊接下一层，最后一层应高出管子表面 2～3mm。

1. 水平管固定口的焊接。在不能采用转动焊接的地方，固定焊口是不可避免的。为了避免仰焊，水平安装的铅合金管固定焊口，可采用开洞法进行焊接。即在焊接前先将对接两管端的上部各割去一块，使接头上部成方形开口，这时便可从管子内部进行下半圆周焊缝的焊接。然后用同样规格和牌号的管子割一块与方形开口尺寸相同的盖板，将此盖板盖在方形开口上，在管子外面将盖板与管子焊接起来，如图 11-18 所示。

水平安装的铅管固定焊口，还可以采用割缝焊接法。即在焊接前先将对接的两管端部割成 T 形缝，并将割缝扳开，管口对好后从管子内部焊接焊缝的下半圆周，如图 11-19 所示。然后将扳开的部分打成原来的形状，在管子外面焊接其余的全部焊缝。

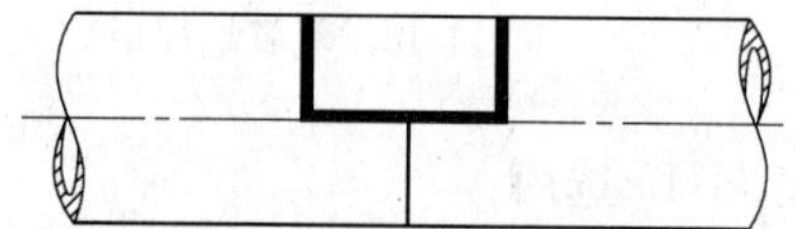

图 11-18　固定焊口的开洞焊接法

图 11-19　固定焊口的割缝焊接法

2. 垂直管固定口的焊接。垂直安装的铅管固定焊口，可采用环形板接头。即先在下段管子顶部外面焊一圆环（圆环的材质牌号必须与管子相同），然后将上段管子与下段管子对正后进行焊接，如图 11-20（*a*）所示。

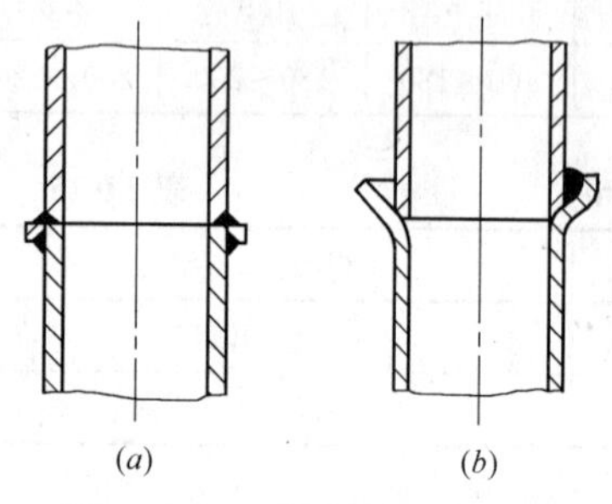

图 11-20　立管固定口焊接法

垂直安装的铅管固定焊口，也可采用承插焊接头。即先将下段管子的顶部用木锥扩成喇叭口，再将上段管子的端头开坡口后插入喇叭口内，然后进行焊接，焊第一层时可不加焊丝，最后一层焊接前用木槌轻轻敲打喇叭口，使其稍微收拢后再进行焊接，如图 11-20（*b*）所示。

五、铅管安装

在同一施工现场有两种或两种以上不同牌号的铅及铅合金管道时，管子、管件验收合格后应作好涂色标记，分开存放，防止混淆。

在装卸、搬运和安装的过程中，应轻拿轻放，防止铅管产生弯曲、凹陷及表面被硬物划伤。

为了防止产生弯曲，水平安装的铅管应在支、吊架上设置连续的托撑角钢。图 11-21 所示为铅管沿墙或柱子安装的支架形式，如果铅管直径较大，应当用槽钢制作支架横梁。

图11-22所示为铅管沿地面安装的支座形式。图11-23所示为铅管吊架形式。

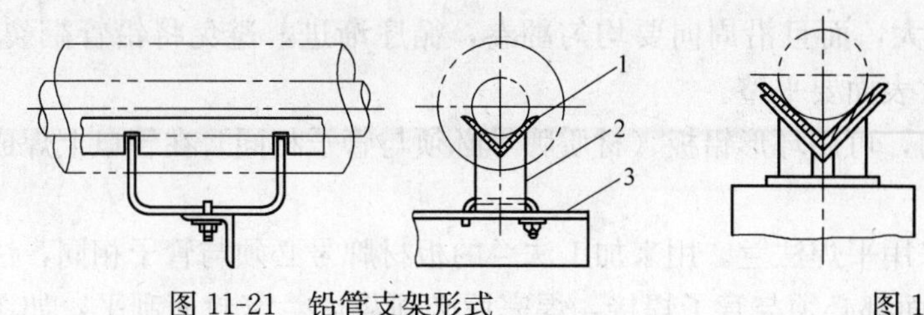

图11-21　铅管支架形式

1—托撑角钢；2—滑托；3—支架横梁

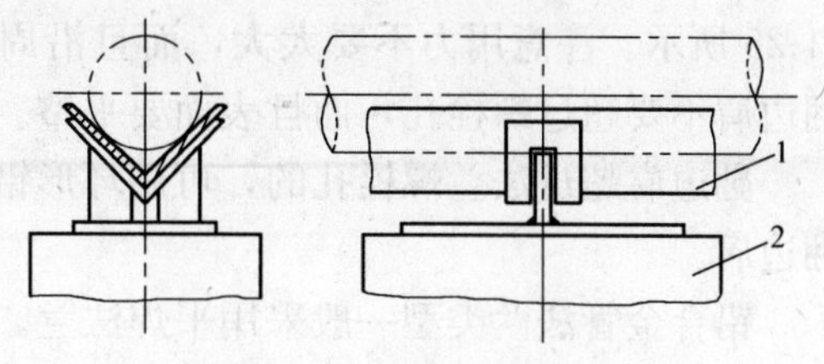

图11-22　铅管支座形式

1—托撑角钢；2—耐酸砖支座

铅合金管水平安装时可不设托撑角钢，支吊架间距为1～2m，用扁钢箍将管子固定在支吊架上，并在管子与扁钢箍之间垫3mm厚的橡胶石棉板。

铅管垂直或大于45°倾斜安装时，须设置伴随角钢，如图11-24所示。管子用扁钢箍固定在伴随角钢内。扁钢箍焊接在伴随角钢上，间距为1.5m左右。扁钢箍靠管子的一面须倒棱。在扁钢箍的上方焊一个铅质防滑块于管子上，使管子的重量通过防滑块与扁钢箍支承在伴随角钢上，以防止管子下滑。

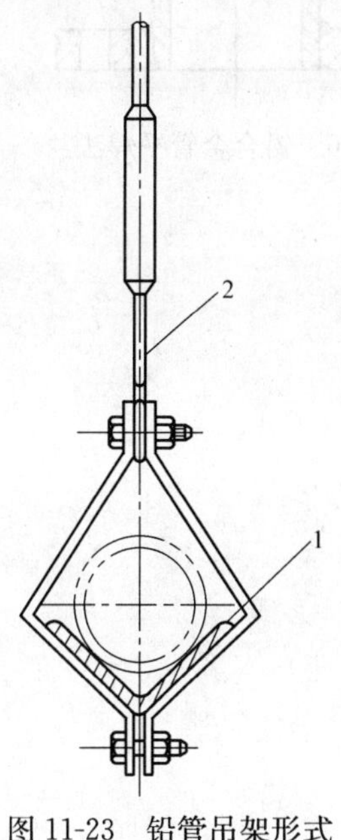

图11-23　铅管吊架形式

1—托撑角钢；2—吊架

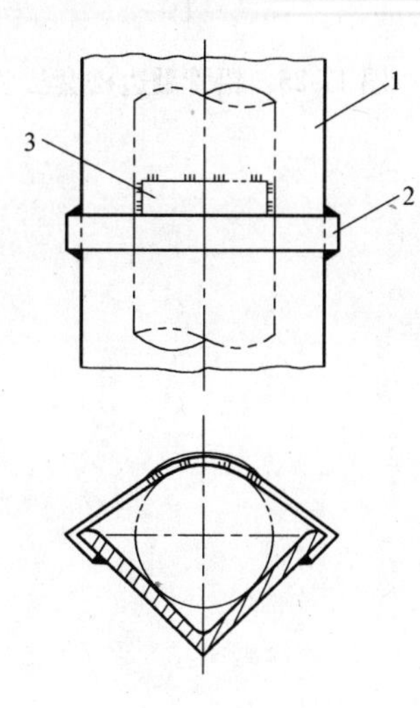

图11-24　铅管的伴随角钢

1—伴随角钢；2—扁钢箍；3—防滑块

当敷设连续的托撑角钢或伴随角钢时，在适当位置应断开一定的距离（30～50mm），作为热膨胀的补偿。

铅管的法兰连接只用于与设备或阀门的法兰接口连接以及管道需要检修、拆卸的部位。采用法兰连接必须使用软垫片。

铅管法兰类型一般采用翻边松套法兰。松套法兰用碳素钢制成，与铅管接触的内口必须加工成圆角，以保证其圆滑过渡，避免翻边时应力集中或产生裂纹。翻边操作应在特制支架上进行，以保证法兰与铅管相对固定。

翻边肩不超过法兰螺栓孔时，可直接在管口上翻边。翻边时先在管口套上钢法兰，用锥形木模将管口扩成喇叭状，再用木槌将喇叭状管口打成与管子轴线垂直的翻边肩，如图11-25所示。注意用力不要太大，而且沿周向要均匀翻卷，循序渐进，避免将铅管翻裂，翻边肩不要超过螺栓孔，而且表面要平整。

翻边肩超过法兰螺栓孔的，可用环形铅板（材质牌号必须与管子相同）在管口上焊成翻边肩。

铅合金管法兰类型一般采用平焊法兰。用来加工法兰的板材牌号必须与管子相同，法兰内径应制成45°的坡口，两面都必须与管子焊接，焊完后必须将法兰密封面刮平，如图11-26所示。紧固用普通钢质螺栓，法兰两面都必须加钢垫圈。拧紧螺栓应适度，不可过紧。

此外，铅管道安装还应遵照碳素钢管道安装的一般规定执行。

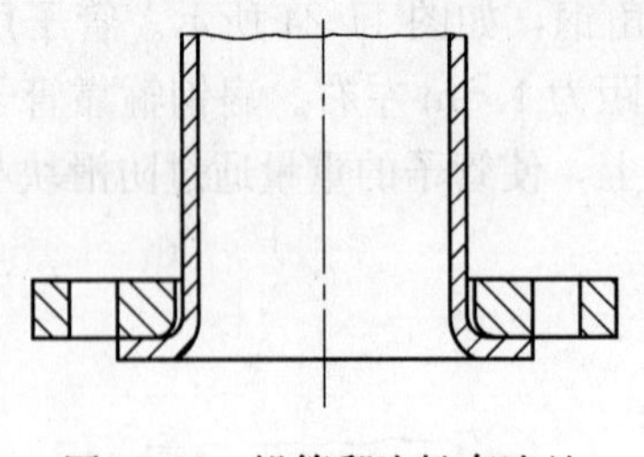

图 11-25 铅管翻边松套法兰

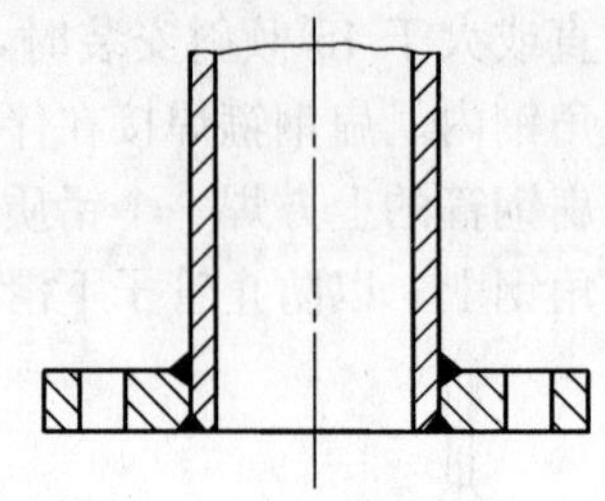

图 11-26 铅合金管平焊法兰

第十二章　铸铁管道施工

本章主要介绍给水铸铁管、普通排水铸铁管和柔性接口排水铸铁管的施工，对于各管道系统理论方面的知识不作过多的介绍，重点依然放在施工技术方面。由于柔性接口排水铸铁管是近年来才开始使用，在施工类书籍中较少涉及，故本书作了较详细的介绍。

第一节　给水铸铁管施工

建筑给水包括三大部分：居住小区给水、民用建筑给水和工业建筑中的生活给水。

建筑给水管道的用途主要是供应日常生活饮用、盥洗、冲洗等用水和消防用水，此外还包括绿化用水。随着我国城市化进程的加快，节水已是刻不容缓的问题，设置中水系统可以用于冲洗便器和绿化用水。

埋地给水管道采用的管材，可采用塑料给水管、球墨铸铁给水管、有衬里的铸铁给水管，当使用钢管时，应特别注意钢管的内外防腐处理。常见的防腐处理有水泥砂浆内衬、衬塑、涂塑或涂防腐涂料。

管道内壁的内衬和防腐材料，必须符合现行的国家有关卫生标准的要求。本部分只介绍应用广泛的铸铁给水管的施工。其他材质的给水管道施工请参见有关相应章节。

一、灰口铸铁管

（一）砂型离心铸铁管

根据《砂型离心铸铁管》GB/T 3421 的规定，此种管材按壁厚的不同，压力等级分为P级和G级，管材的试验压力及力学性能见表12-1。选用时应根据工作压力、埋设深度及其他条件进行验算，最高工作压力一般按表12-1中试验压力的50%选用，待施工完毕后再按“施工质量验收规范”的规定进行压力试验。

砂型离心铸铁管试验压力及力学性能　　表12-1

水压试验			管环抗弯强度	
管材级别	公称直径 *DN*	试验压力(MPa)	公称直径 *DN*	抗弯强度(MPa)
P级	≤450	2.0	≤300 350～700 ≥800	≥333 ≥274 ≥235
	≥500	1.5		
G级	≤450	2.5		
	≥500	2.0		

注：用于输送燃气，需做气密性试验时，由供需双方按协议规定。

砂型离心铸铁管的承口及插口结构如图12-1所示，与施工有关的主要规格尺寸见表12-2，直管的壁厚、直径及重量见表12-3。

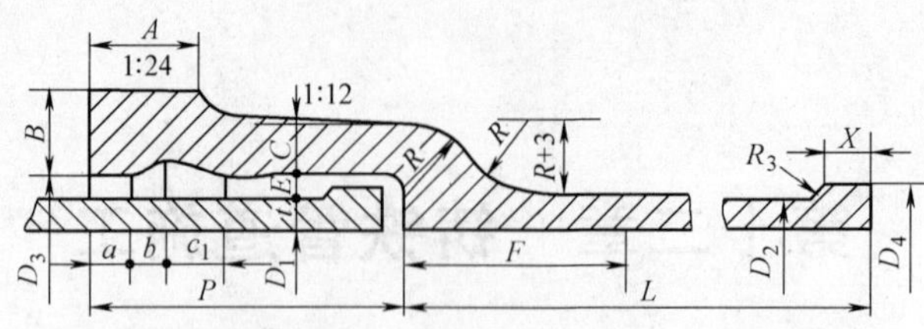

图 12-1 砂型离心铸铁直管

砂型离心铸铁直管主要规格尺寸 表 12-2

公称直径 DN	承口（mm）			插口（mm）			有效长度 L (m)
	D_3	P	E	D_4	D_2	X	
200	240.0	100	10	230.0	220.0	15	5
250	293.6	105	11	281.6	271.6	20	5
300	344.8	105	11	332.8	322.8	20	5,6
350	396.0	110	11	384.0	374.0	20	6
400	447.6	110	11	435.8	425.6	25	6
450	498.8	115	11	486.8	476.8	25	6
500	552.0	115	12	540.0	528.0	25	6

注：DN500 以上规格略。

砂型离心铸铁直管的壁厚、直径及重量 表 12-3

公称直径 DN	壁 厚		内 径		重 量（kg）			
	t(mm)		D_1(mm)		有效长度 5m		有效长度 6m	
	P级	G级	P级	G级	P级	G级	P级	G级
200	8.8	10.0	202.4	220	227	254		
250	9.5	10.8	252.6	250	303	340		
300	10.0	11.4	302.8	300	381	428	452	509
350	10.8	12.0	352.4	350			566	623
400	11.5	12.8	402.6	400			687	757
450	12.0	13.4	452.4	450			806	892
500	12.8	14.0	502.4	500			950	1030

注：DN500 以上规格略。

（二）连续铸铁管

连续铸铁管是用连续铸造法生产的灰铸铁管，根据 GB/T 3422 的规定，其压力等级分为 LA 级、A 级和 B 级三个等级，一般情况下，最高工作压力可按管材试验压力的 50％选用，待施工完毕后再按“施工质量验收规范”的规定进行压力试验。

连续铸铁管与砂型铸铁管的外观区别是其插口端没有凸缘。连续铸铁管出厂压力试验的要求见表 12-4。

连续铸铁管的压力试验要求 表 12-4

公称直径 DN	水压试验压力(MPa)		
	LA 级	A 级	B 级
≤450	2.0	2.5	3.0
≥500	1.5	2.5	2.0

注：如用于输送煤气，需做气密性试验时，由供需双方按协议规定。

连续铸铁管的承口及插口结构如图 12-2 所示，与施工有关的主要规格尺寸见表 12-5，直管的壁厚、直径及重量见表 12-6。

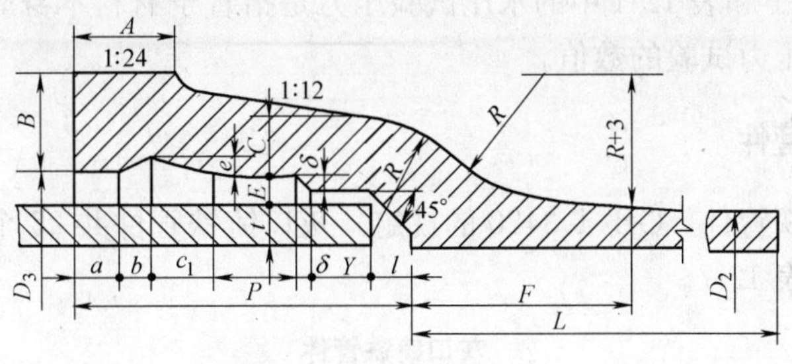

图 12-2　连续铸铁直管

连续铸铁直管主要规格尺寸　表 12-5

公称直径 DN	承口(mm)			插口（mm）	有效长度 L(m)
	D_3	P	E	D_2	
75	113.0	90	10	93.0	4,5
100	138.6	95	10	118.0	4,5
150	189.0	100	10	169.0	4,5,6
200	240.0	100	10	220.0	4,5,6
250	293.6	105	11	271.6	4,5,6
300	344.8	105	11	322.8	4,5,6
350	396.0	110	11	374.0	4,5,6
400	447.6	110	11	425.6	4,5,6
450	498.8	115	11	476.8	4,5,6
500	552.0	115	12	528.0	4,5,6

注：DN500 以上规格略。

连续铸铁直管壁厚及重量　表 12-6

公称直径 DN	壁厚 t (mm)			管子总重量 (kg/根)								
				有效长度 4m			有效长度 5m			有效长度 6m		
	LA 级	A 级	B 级	LA 级	A 级	B 级	LA 级	A 级	B 级	LA 级	A 级	B 级
75	9.0	9.0	9.0	75.1	75.1	75.1	92.2	92.2	92.2			
100	9.0	9.0	9.0	97.1	97.1	97.1	119	119	119			
150	9.0	9.2	10.0	142	145	155	174	178	191	207	211	227
200	9.2	9.2	11.0	191	208	224	235	256	276	279	304	328
250	10.0	11.0	12.0	260	282	305	319	347	376	378	412	446
300	10.8	11.9	13.0	333	363	393	409	447	484	486	531	575
350	11.7	12.8	14.0	418	452	490	514	557	604	609	662	718
400	12.5	13.8	15.0	510	556	600	626	685	739	743	813	878
450	13.3	14.7	16.0	608	665	718	747	819	884	887	973	1050
500	14.8	15.6	17.0	722	785	848	887	966	1040	1050	1150	1240

注：DN500 以上规格略。

从表 12-1、表 12-4 可以知道现行标准对管材采用的压力等级分级，而老标准把管材分为低压管、普压管和高压管，工作压力分别为 0.45、0.75 和 1.0MPa，虽然老标准已废止多年，但在近年来出版的一些书籍中，却仍然被引用，这是令人遗憾的。现行标准对管材的压力等级分级，相当于老标准中的低压管压力等级已取消，P级和LA级相当于原普压管压力等级，G级和A级相当于原高压管压力等级，而B级是老标准没有的更高压力等级标准。表12-1和表12-4中的水压试验压力是指管子材料本身应具备的强度，而不是管道安装后进行压力试验的数值。

二、灰口铸铁管件

根据《灰口铸铁管件》GB/T 3420的规定，灰口铸铁管件共25个品种，适用于砂型和连续铸铁管，见表12-7。

灰口铸铁管件　　表12-7

序号	名　称	简　图	公称直径范围 DN
1	全承丁字管	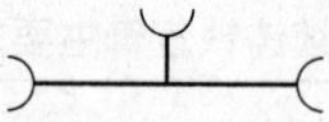	75～1500
2	双承丁字管	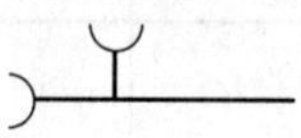	75～1500
3	三盘丁字管	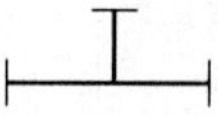	75～1000
4	全承十字管	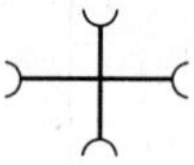	200～1200
5	90°承插弯管		75～700
6	45°承插弯管		75～700
7	22½°承插弯管		75～700
8	11¼°承插弯管		75～700
9	90°双承弯管		75～1500
10	45°双承弯管		75～1500
11	22½°双承弯管		75～1500
12	11¼°双承弯管		75～1500

续表

序号	名　称	简　图	公称直径范围 DN
13	90°双盘弯管	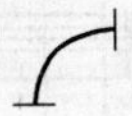	75～1000
14	45°双盘弯管		75～1000
15	承盘短管		75～1500
16	插盘短管		75～1500
17	承插渐缩管	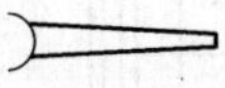	75～1500
18	插承渐缩管	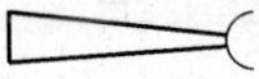	75～1500
19	套管		75～1500
20	承插单盘排气管	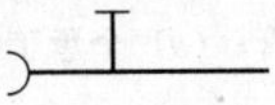	150～1500
21	承堵		75～300
22	插堵		75～1500
23	承插泄水管		150～1500
24	乙字管		75～500
25	盲法兰盘	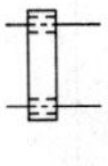	75～1500

注：承插单盘排气管可用作消火栓丁字管。

为便于查阅管件的规格尺寸，现将部分常用管件进行了归类整理，舍弃了仅与翻砂铸造有关的细部尺寸，只保留了与管道设计施工有关的尺寸，这样可以大大节省篇幅。

（一）全承丁字管、双承丁字管、三盘丁字管

丁字管即三通，见图 12-3 及表 12-8。三通的规格很多，其中以双承三通应用最广，

法兰三通（即三盘丁字管）只有与法兰或承盘短管、插盘短管连接时才使用。

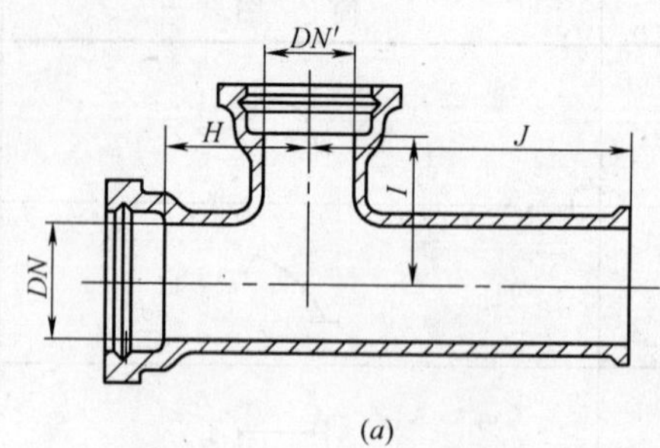

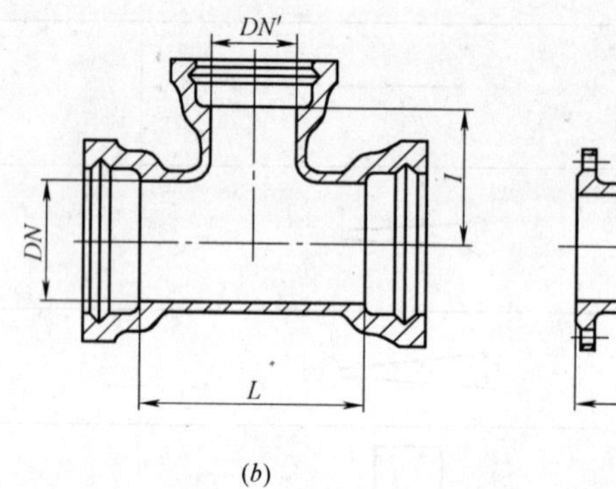

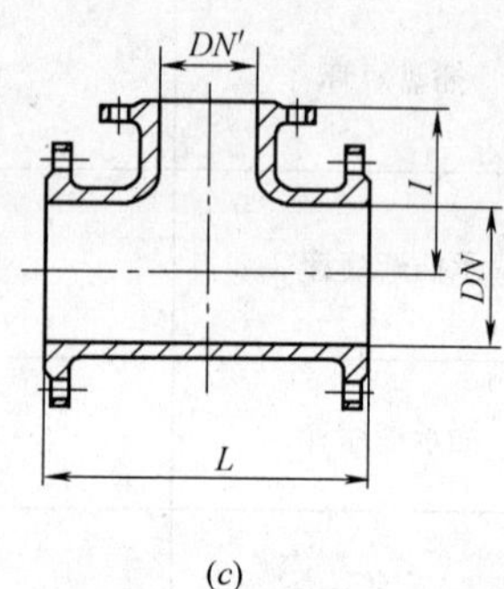

图 12-3　丁字管

（a）双承丁字管；（b）全承丁字管；（c）三盘丁字管

丁字管尺寸表（mm）　　　　**表 12-8**

公称直径		全承丁字管		双承丁字管			三盘丁字管	
DN	*DN'*	*L*	*I*	*H*	*I*	*J*	*L*	*I*
75	75	212	106	160	140	450	360	180
100	75	240	116	180	160	500	400	190
	100		120					200
125	75	275	129	190	180	510	450	203
	100		133					213
	125		138					225
150	75	310	141	190	190	570	500	215
	100		145					225
	125		150					238
	150		155					250
200	75	380	166	200	230	510	600	240
	100		170					250
	125		175					263
	150		180		250	590		275
	200		190					300

续表

<table>
<tr><th colspan="2">公称直径</th><th colspan="2">全承丁字管</th><th colspan="3">双承丁字管</th><th colspan="2">三盘丁字管</th></tr>
<tr><th>DN</th><th>DN′</th><th>L</th><th>I</th><th>H</th><th>I</th><th>J</th><th>L</th><th>I</th></tr>
<tr><td rowspan="6">250</td><td>75</td><td rowspan="6">450</td><td>191</td><td rowspan="6">225</td><td rowspan="3">280</td><td rowspan="3">570</td><td rowspan="6">700</td><td>265</td></tr>
<tr><td>100</td><td>195</td><td>275</td></tr>
<tr><td>125</td><td>200</td><td>288</td></tr>
<tr><td>150</td><td>205</td><td rowspan="3">300</td><td rowspan="3">600</td><td>300</td></tr>
<tr><td>200</td><td>215</td><td>325</td></tr>
<tr><td>250</td><td>225</td><td>350</td></tr>
<tr><td rowspan="7">300</td><td>75</td><td rowspan="7">520</td><td>216</td><td rowspan="5">240</td><td rowspan="4">280</td><td rowspan="4">570</td><td rowspan="7">800</td><td>290</td></tr>
<tr><td>100</td><td>220</td><td>300</td></tr>
<tr><td>125</td><td>225</td><td>313</td></tr>
<tr><td>150</td><td>230</td><td>325</td></tr>
<tr><td>200</td><td>240</td><td rowspan="3">300</td><td rowspan="3">660</td><td>350</td></tr>
<tr><td>250</td><td>250</td><td rowspan="2">300</td><td>375</td></tr>
<tr><td>300</td><td>260</td><td>400</td></tr>
<tr><td rowspan="4">400</td><td>200</td><td rowspan="4">660</td><td>290</td><td>290</td><td>350</td><td>650</td><td rowspan="4">900</td><td>350</td></tr>
<tr><td>250</td><td>300</td><td rowspan="3">410</td><td rowspan="3">390</td><td rowspan="3">780</td><td>350</td></tr>
<tr><td>300</td><td>310</td><td>450</td></tr>
<tr><td>400</td><td>330</td><td>450</td></tr>
<tr><td rowspan="5">500</td><td>250</td><td rowspan="5"></td><td>350</td><td>340</td><td>410</td><td>680</td><td rowspan="5">1000</td><td>400</td></tr>
<tr><td>300</td><td>360</td><td rowspan="4">470</td><td rowspan="4">460</td><td rowspan="4">850</td><td>500</td></tr>
<tr><td>400</td><td>380</td><td>500</td></tr>
<tr><td>450</td><td>390</td><td>500</td></tr>
<tr><td>500</td><td>400</td><td>500</td></tr>
</table>

注：未收入不常用的管道规格：*DN*350、*DN*450 及 *DN*500 以上大口径规格。

（二）承插单盘排气管

承插单盘排气管，即主管为承插口、支管为法兰的三通，见图 12-4 及表 12-9。法兰支管用于接装输水干管的排气阀、室外消火栓，也可以作为一般三通使用。

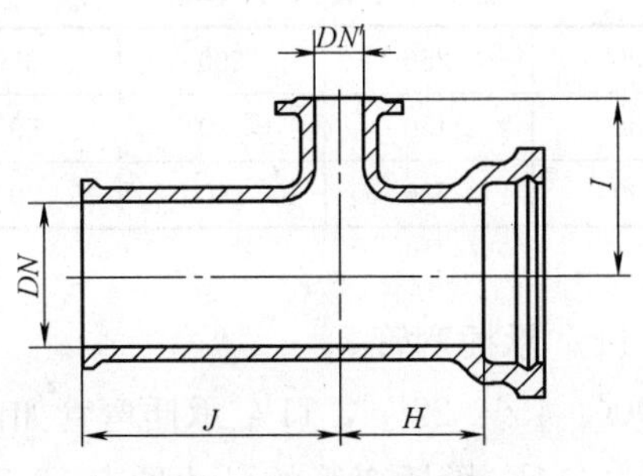

图 12-4　承插单盘排气管

承插单盘排气管尺寸（mm）　　表 12-9

公称直径		尺寸		
DN	*DN′*	*H*	*I*	*J*
150	100	160	260	520
	150			
200	100	170	270	530
	150			
250	100	180	280	530
	150			
300	100	190	300	540
	150			
400	100	210	320	550
	150			
500	100	230	360	560
	150			

注：未收入不常用的管道规格：*DN*350、*DN*450 及 *DN*500 以上大口径规格。

（三）全承十字管

全承十字管即等径承口四通，见图 12-5 及表 12-10。

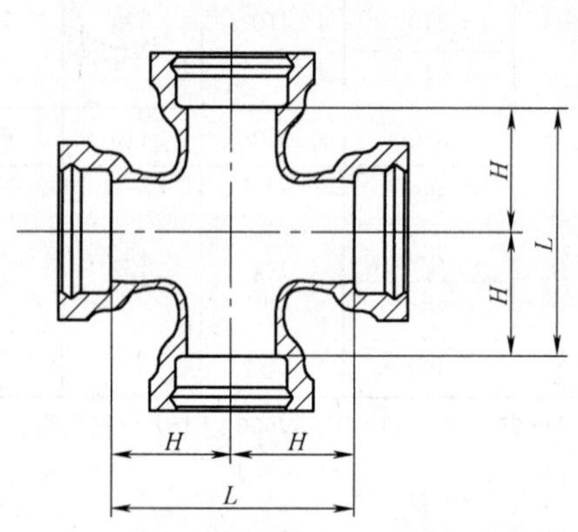

图 12-5　全承十字管

全承十字管尺寸（mm）　　表 12-10

公称直径 *DN*		200	250	300	350	400	500
尺寸	*L*	380	450	520	590	660	800
	H	190	225	260	295	330	400

注：*DN*500 以上大口径规格略。

（四）90°、45°、22½°，11¼°承插弯管

承插弯管即承插弯头，90°、45°、22½°，11¼°承插弯管如图 12-6 所示。90°、45°承插弯管的尺寸见表 12-11，22½°，11¼°承插弯管的尺寸见表 12-12。可以根据需要的角度数值组合使用，例如某一管线的转角为 56°，可采用 45°弯管与 11¼°弯管组合使用。

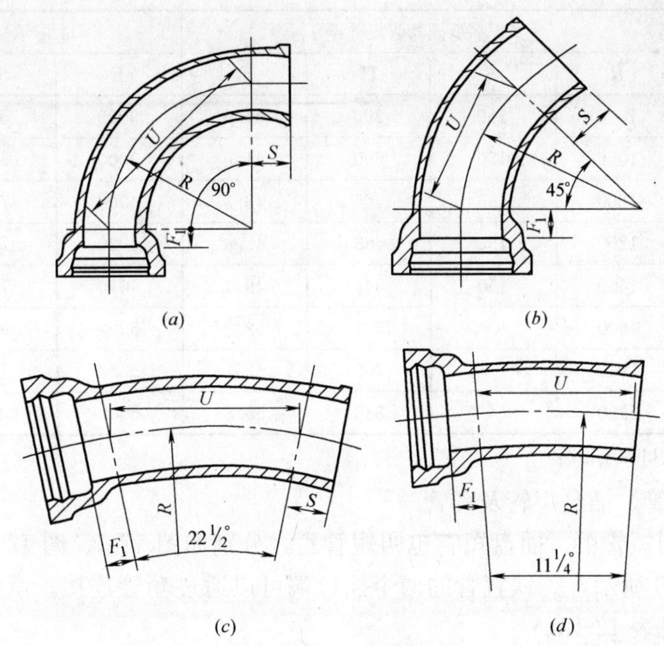

图 12-6　承插弯管

（a）90°双插弯管；（b）45°承插弯管；（c）22½°承插弯管；（d）11¼°承插弯管

90°、45°承插弯管尺寸（mm）　　**表 12-11**

公称直径 DN	90°承插弯管尺寸				45°承插弯管尺寸			
	R	*S*	*U*	F_1	*R*	*S*	*U*	F_1
75	250	130	354	41.6	400	200	306	41.6
100	250	150	354	41.6	400	200	306	41.6
125	300	200	424	41.6	500	200	383	41.6
150	300	200	424	41.6	500	200	383	41.6
200	400	200	566	43.3	600	200	459	43.3
250	400	250	566	47.6	600	200	459	47.6
300	550	250	778	49.4	700	200	536	49.4
350	550	250	778	52.0	800	200	612	52.0
400	600	250	849	53.7	900	200	689	53.7
500	700	250	990	59.8	1100	200	841	59.8

注：*DN*500 以上大口径规格略。

22½°、11¼°承插弯管尺寸（mm）　　**表 12-12**

公称直径 DN	22½°承插弯管尺寸				11¼°承插弯管尺寸		
	R	*S*	*U*	F_1	*R*	*U*	F_1
75	800	150	312	41.6	3000	588	41.6
100	800	150	312	41.6	3000	588	41.6

续表

公称直径 *DN*	22½°承插弯管尺寸				11¼°承插弯管尺寸		
	R	*S*	*U*	F_1	*R*	*U*	F_1
125	1000	150	390	41.6	3000	588	41.6
150	1000	150	390	41.6	3000	588	41.6
200	1200	150	468	43.3	4000	784	43.3
250	1200	150	468	47.6	4000	784	47.6
300	1400	150	546	49.4	4000	784	49.4
350	1600		624	52.0	5000	980	52.0
400	1800		702	53.7	5000	980	53.7
500	2200		858	59.8	6000	1176	59.8

注：*DN*500 以上大口径规格略。

（五）承盘短管、插盘短管及套管

承盘短管也叫短管甲，插盘短管也叫短管乙，分别如图 12-7、图 12-8 所示。套管也叫接轮，如图 12-9 所示，铸铁直管的两个插口端可以通过套管连接。承盘短管、插盘短管及套管的尺寸见表 12-13。

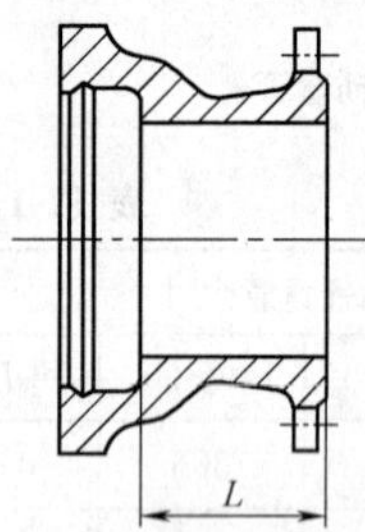

图 12-7 承盘短管

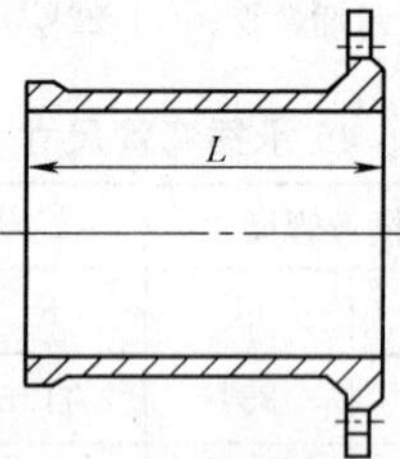

图 12-8 插盘短管

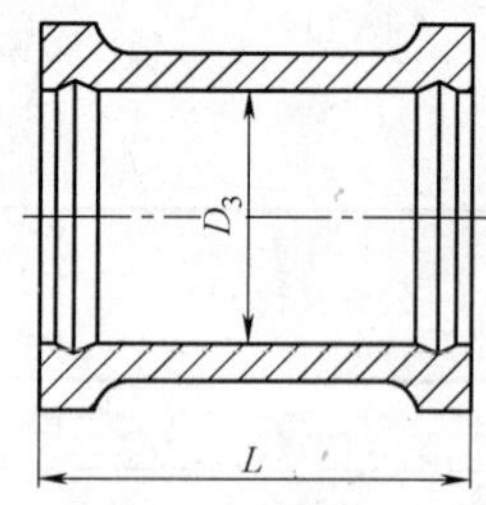

图 12-9 套管

承盘短管、插盘短管及套管尺寸（mm） **表 12-13**

公称直径 *DN*	承盘短管	插盘短管		套 管	
	L	普通管 *L*	加长管 *L*	D_3	*L*
75	120	400	700	113	300
100	120	400	700	138	300
125	120	400	700	163	300
150	120	400	700	189	300
200	120	500	700	240	300
250	170	500	700	294	300
300	170	500	700	345	350
350	170	500	700	396	350
400	170	500	750	448	350
500	170	500	750	552	350

注：*DN*500 以上大口径规格略。

三、球墨铸铁管

球墨铸铁给水管具有较高的强度，壁厚较薄，单位长度的管材重量比灰口铸铁管轻，在给水工程中应用越来越广泛。根据《离心铸造球墨铸铁管》GB/T 13295 的规定，其承插接口不再采用油麻或圆截面胶圈加水泥类密封填料的传统方式，而是采用以滑入式梯式胶圈的T形接口方式，属于柔性接口，具有施工简便、劳动强度低和抗振性能好的特点，近年来应用日益广泛，通常生产厂家在管材内壁做了水泥砂浆衬里，有利于保证水质的清洁。

（一）管材的水压试验

根据不同的壁厚等级，球墨铸铁管材的水压试验要求见表 12-14。

球墨铸铁管材的试验压力　　表 12-14

公称直径 DN	不同壁厚等级的水压试验压力（MPa）				
	K8	K9	K10	K12	最高试验压力
≤300	4	5	6	7.2	10
350～600	3.2	4	5	7.2	8

注：DN600 以上大口径规格略。

选用管材时应根据工作压力、埋设深度及其他条件进行验算，最高工作压力宜控制在表 9-14 中试验压力的 40％以内，待施工完毕后再按“施工质量验收规范”的规定进行压力试验。

（二）球墨铸铁管的规格

离心铸造球墨铸铁管的 T 形接口如图 12-10 所示，接口尺寸见表 12-15，T 形接口球铁管重量见表 12-16。

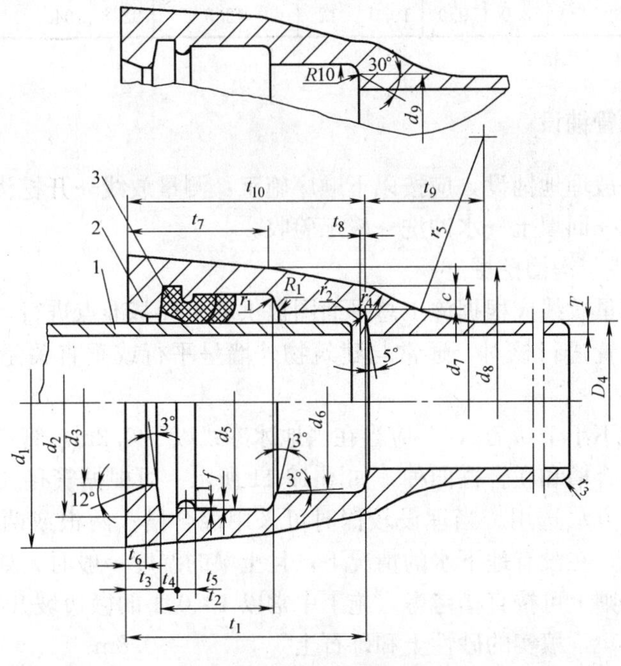

图 12-10　T形接口

1—插口；2—承口；3—滑入式梯式胶圈

T 形接口球墨铸铁管主要尺寸（mm） **表 12-15**

<table>
<tr><th rowspan="2">公称直径 DN</th><th colspan="5">承 口 尺 寸</th></tr>
<tr><th>d_1</th><th>d_2</th><th>d_3</th><th>d_5</th><th>d_6</th></tr>
<tr><td>100</td><td>163</td><td>143</td><td>120.5</td><td>138.9</td><td>123.4</td></tr>
<tr><td>150</td><td>217</td><td>195</td><td>172.5</td><td>190.6</td><td>175.3</td></tr>
<tr><td>200</td><td>278</td><td>250</td><td>224.5</td><td>245.2</td><td>227.8</td></tr>
<tr><td>250</td><td>336</td><td>301.5</td><td>276.5</td><td>296.9</td><td>279.7</td></tr>
<tr><td>300</td><td>393</td><td>356.5</td><td>328.5</td><td>351.7</td><td>332.1</td></tr>
<tr><td>350</td><td>448</td><td>408</td><td>380.5</td><td>403.4</td><td>383.8</td></tr>
<tr><td>400</td><td>500</td><td>462</td><td>431.5</td><td>457.2</td><td>435.8</td></tr>
<tr><td>500</td><td>604</td><td>568</td><td>534.5</td><td>562.6</td><td>539.4</td></tr>
</table>

注：DN500 以上大口径规格略。

T 形接口球铁管重量 **表 12-16**

<table>
<tr><th rowspan="2">公称直径 DN</th><th rowspan="2">外径 D_4 (mm)</th><th colspan="4">壁厚 T(mm)</th><th rowspan="2">承口近似重量 (kg)</th><th colspan="4">直管每米重量(kg)</th><th rowspan="2">有效长度(m)</th></tr>
<tr><th>K8</th><th>K9</th><th>K10</th><th>K12</th><th>K8</th><th>K9</th><th>K10</th><th>K12</th></tr>
<tr><td>100</td><td>118</td><td rowspan="4">6.0</td><td colspan="3">6.1</td><td>4.3</td><td>14.8</td><td colspan="3">15.1</td><td>4,5</td></tr>
<tr><td>150</td><td>170</td><td colspan="3">6.3</td><td>7.1</td><td>21.8</td><td colspan="3">22.8</td><td>4,5</td></tr>
<tr><td>200</td><td>222</td><td colspan="3">6.4</td><td>10.3</td><td>28.7</td><td colspan="3">30.6</td><td>4,5,5.5,6</td></tr>
<tr><td>250</td><td>274</td><td>6.8</td><td>7.5</td><td>9.0</td><td>14.2</td><td>35.6</td><td>40.2</td><td>44.3</td><td>53.0</td><td>4,5,5.5,6</td></tr>
<tr><td>300</td><td>326</td><td>6.4</td><td>7.2</td><td>8.0</td><td>9.6</td><td>18.9</td><td>45.3</td><td>50.8</td><td>56.3</td><td>67.3</td><td>4,5,5.5,6</td></tr>
<tr><td>350</td><td>378</td><td>6.8</td><td>7.7</td><td>8.5</td><td>10.2</td><td>23.7</td><td>55.9</td><td>63.2</td><td>69.6</td><td>83.1</td><td>4,5,5.5,6</td></tr>
<tr><td>400</td><td>429</td><td>7.2</td><td>8.1</td><td>9.0</td><td>10.8</td><td>29.5</td><td>67.3</td><td>75.5</td><td>83.7</td><td>100</td><td>4,5,5.5,6</td></tr>
<tr><td>500</td><td>532</td><td>8.0</td><td>9.0</td><td>10.0</td><td>12</td><td>42.8</td><td>92.8</td><td>104.3</td><td>115.6</td><td>138</td><td>4,5,5.5,6</td></tr>
</table>

注：DN500 以上大口径规格略。

四、给水铸铁管铺设

给水铸铁管一般埋地铺设，应按以下顺序施工：测量放线→开挖沟槽→铺管接口→压力试验→接口防腐→回填土→水冲洗→竣工验收。

（一）测量放线与沟槽挖掘

给水管道的测量放线应根据施工总平面图提供的坐标基准点进行，但在施工中还应与永久性建筑物的位置进行核对，通常与建筑物外墙呈平行或垂直关系，平行时距建筑物3～5m 以上。

管顶埋深一般不小于 0.7m，并应当在当地冰冻线以下 0.2m。管道沟槽断面的形式有直槽、梯形槽、混合槽和联合槽四种，如图 12-11 所示。可根据管径大小、土壤性质、地下水位高低及施工方法选用。当埋设较深时可采用混合槽；两根或两根以上管道并行敷设，可采用联合槽；在没有地下水的情况下，且土壤的湿度一般时，如果沟槽深度不超过下列规定深度，原则上可按直槽考虑，施工中常以 1：0.1 的微边坡开挖：

填实的砂性土和砾石土　　0.8m
砂质粉土和粉质黏土　　1.0m
黏土　　1.25m

特别密实的土　　　　1.5m

在挖掘管道沟槽时，注意不要超深。当使用机械挖掘时，应按设计深度留出20cm的余量，由人工清理找平。如果沟槽挖掘超过深度，应用夹砂石找平，若就地回填土，则必须夯实，不允许用垫石块、砖头等方法调整管道标高。总之，埋地敷设的给水铸铁管必须坐落在坚实的原土上，否则，日后容易发生沉陷断管事故，这一点极为重要。

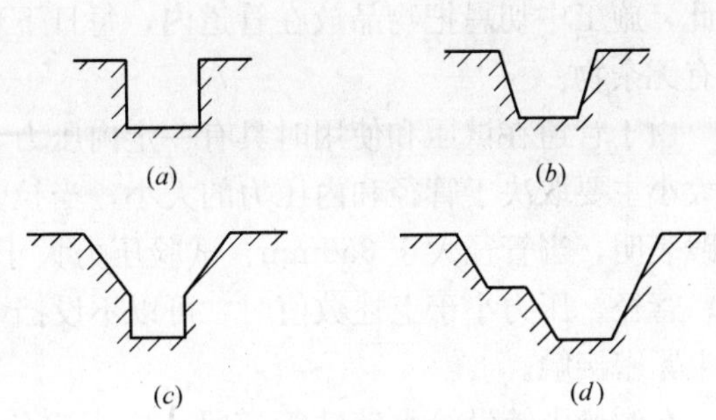

图 12-11 埋地管道沟槽形式

(a) 直槽；(b) 梯形槽；(c) 混合槽；(d) 联合槽

管道沟槽底部的最小宽度可按表12-17确定。

管道直径与沟槽底部最小宽度（mm）　　表 12-17

公称直径 DN	沟槽底部最小宽度
≤500	DN+300，但≮500
>500	DN+400

（二）铺管施工

1. 铺管前的准备。当管道沟槽挖好后，在铺管前要先挖用于承插口接口操作的工作坑。在挖工作坑之前，有三通、阀门、消火栓的地方要先定位，然后根据管材长度按承口迎向水流的方向逐个确定工作坑的位置。在坡度较陡的地段，承口一端应在高处，以利管道的稳固和接口操作。

在进行铺管的准备工作时，应对管材和管件进行质量检验，具体内容有：承插口部分不得有粘砂和凸起、承口根部不得有凹陷；机械加工部位的轻微孔穴不大于1/4厚度，且不大于3mm；间断沟陷、局部重皮及疤痕的深度不大于5%壁厚加2mm；内外表面的漆层应完整光洁，附着牢固；带有水泥砂浆衬里的管材，其衬里涂层应完整牢固；尺寸偏差和承压能力等质量指标，均应符合产品标准要求。

给水铸铁管和管件在运输装卸过程中，往往由于撞击而产生肉眼不易察觉的裂纹。因此，一定要对管材进行认真的检查。裂纹经常发生在插口一端，用手锤仔细敲击可以判断出来，然后将产生裂纹的管段截去使用。敷设管道时，承插口不能抵得太死，应留有3～5mm的间隙。

灰口铸铁给水铸铁管材分为砂型离心铸铁管和连续铸铁管两大类，其抗拉强度等于或大于140MPa。先进工业国家对铸铁化学成分要求更严格，要求进一步脱硫、脱磷，以便铸造出组织致密，具有更好韧性的高级铸铁管，其抗拉强度可达250MPa。砂型离心铸铁管与连续铸铁管只是生产工艺的不同（但总的说离心管的品质优于连续管），其外观区别是，离心管的插口端有凸缘，而连续管则没有。无论是离心管还是连续管，其承口内径和管外径是一样的，只是壁厚稍有不同，对施工来说没有区别。近十几年来，正逐步使用球墨铸铁管代替灰口铸铁管。

2. 施工中应注意的几个问题。按曲线敷设的管道，在设计无规定的情况下，管径大于500mm时，每个承口处的最大允许转角为1°，管径小于或等于500mm时，每个承口处的最大允许转角为2°。

值得一提的是，施工过程中常发生把物品遗留在管道内的事例，如木杠、水桶、手锤、油麻、法兰垫等，管道投入使用后，极易造成阻塞，甚至造成水击损伤阀件、水泵。因此，施工中切忌把物品放在管道内，每日下班时应将管口封闭，次日施工时注意检查管内有无杂物。

由于管道在试压和使用时具有一定内压力，因此在弯头、三通等处便产生拉力，拉力的大小主要取决于管径和内压力的大小，当拉力达到一定值时，就可能把承插接口拉开。实践表明，当管径大于350mm、试验压力大于1MPa时，弯头、三通处需要设混凝土挡墩；管径、压力小于上述数值时，可以不设挡墩。混凝土挡墩的受力面应与管件和沟槽壁原土紧密接触。

在沟槽内铺设给水铸铁管道时，应当避免浮起事故的发生。当管径在200mm以上，沟槽内灌满水时，管道就有可能浮起。为避免发生浮起事故，通常只留出待检查的承插口部位或其他需要继续进行作业的部位不覆土，而其他部位尽可能覆土，借助土壤的重量和摩擦力来抵抗浮力。

有时候，沟槽即使全部回填土，也会使管道浮起，这是因为回填土未夯实，土壤在松散状态下的摩擦力小，当水在土壤颗粒间呈饱和状态时，土壤的摩擦力更加减小。因此，当管径较大，且埋设或覆土较浅时，特别要注意防止管道的浮起隐患。

我国是地震灾害较为频繁的国家，地震会造成埋地铺设的给水管道的破坏。为了避免和减少这种破坏，可以把防震措施做以下简要概括：(1) 承插口采用胶圈柔性接口；(2) 城市给水应是多水源的环状管网，控制阀门布局合理，砌井保护，且不要靠近危险或高大建筑物；(3) 管道不要沿斜坡、路肩等可能发生滑坡处平行敷设；(4) 过河倒虹吸管及架空管要用钢管，两端要柔性接口；(5) 穿越铁路及其他交通干线用钢管，并与承插铸铁管柔性连接，这也是为了防止次生灾害（如水冲垮路基）；(6) 管道穿越建筑物基础时，采用柔性接口并加套管。

3. 管件选用。给水铸铁管道应当使用给水铸铁管件。铸铁管材和管件不但价格低于钢制材料，其耐腐蚀性能明显优于钢材。给水铸铁管件的标准号为GB 3420，由于其品种和规格繁多，管材生产厂家不可能大量生产储备，这样用户便只能购到管材和较常用的管件，购不到的管件只有委托小厂另行定货或在工地采用钢制管件代替。

根据现行产品标准的规定，给水铸铁弯头有11¼°、22½°、45°及90°共四种规格，利用前三种弯头可以组合出多种不同的角度。只有在特殊的情况下才用钢制管件代替铸铁管件，钢材不像铸铁那样耐腐蚀，使用钢制管件必须做好防腐。

当必须使用钢制管件时，应尽可能利用工地上的短钢管，制作成如图12-12所示的钢制承插口，承口部分需用钢板卷制，管身部分则尽可能采用与铸铁管外径较接近的成品管材。因为无论砂型离心铸铁管或连续铸铁管，其外径都是一样的，不必担心承插口是否匹配的问题。钢制管件承插口尺寸参见表12-18。

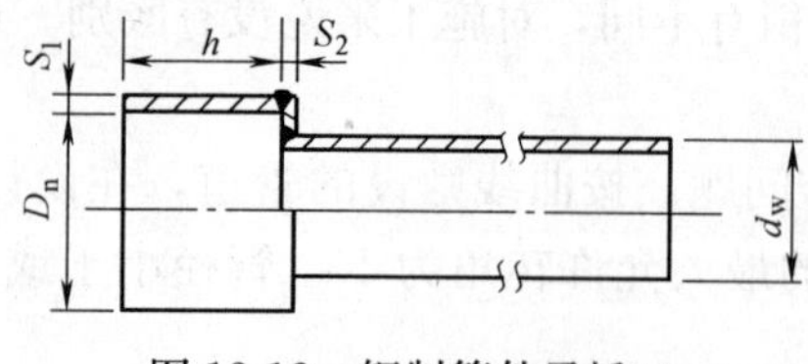

图12-12　钢制管件承插口

钢制管件承插口尺寸（mm） **表 12-18**

公称直径 DN	标准铸铁管尺寸		钢制管径主要尺寸						
	承口内径	管子外径	D_n	h	S_1	S_2	管身部分		
							适用钢管规格		d_w
75	113	93	115	100	6	4	焊接钢管	DN80	88.5
100	138	118	140	100	6	4		DN100	114
125	163	143	165	100	8	6		DN125	140
150	189	169	190	100	8	6		DN150	165
200	240	220	240	100	10	6	无缝钢管	$\phi 219\times6$	219
250	293.6	271.6	295	110	10	8		$\phi 273\times7$	273
300	344.8	322.8	315	110	10	8		$\phi 325\times8$	325
350	396	374	400	110	10	8		$\phi 377\times9$	377
400	477.6	425.6	480	110	12	10	无缝钢管或钢板卷管	$\phi 426\times10$	426
450	498.8	476.8	500	120	12	10		$\phi 480\times12$	480
500	552	528	555	120	12	10		$\phi 530\times14$	530

给水铸铁管承插口连接的几种方式和操作方法，将在下面叙述。承插口无论采用何种材料，都产生一定的粘结力。接口粘结力是抵抗承口和插口被拉开的力，这在管道试压时表现得最为明显。如果管径较大，且试验压力较高，那么管道端头的堵头必须用道木、千斤顶加以支撑，以免因管道内压力的作用在堵头上产生巨大的拉力把承插接口拉开。

采用不同材料的承插接口，其粘结力也不同，其计算公式如下：

$$P_N=\pi \cdot D \cdot h \cdot f$$

式中 P_N——总结粘力，N；

D——插口外径，mm；

h——接口深度，mm，但不计入油麻或胶圈所占深度；

f——接口单位面积上的粘结强度，MPa，见表 12-19。

承插接口粘结强度 f 值 **表 12-19**

接口材料 油麻石棉水泥	油 麻 石棉水泥	胶 圈 石棉水泥	油麻青铅	膨胀水泥	胶 圈 水泥砂浆
f (MPa)	1.67	2.45	3.43	1.96	1.67
与油麻石棉水泥接口的比值	1.0	1.5	2.1	1.2	1.0

当管道进行水压试验时，管段堵头所受的总压力小于承插口的粘结力时，管端堵头可以不加支撑。实践表明，当试验压力为 1MPa 时，直径 200mm 及其以下的管道，堵头一般可以不加支撑。

4. 水泥砂浆内衬。实践表明，使用铸铁管或钢管作为给水管道，在输水过程中内壁会逐渐产生锈蚀和附着物，导致通水截面积变小，输水能力下降，水质恶化，水头损失增加。国外统计资料表明，钢管或铸铁管使用 15 年后，其过水能力会降低 37％。

给水铸铁管或钢管的内防腐使用沥青，只能在短期内起防腐作用，不几年就会遭到破坏。因为沥青涂层长期浸泡在水中，会造成老化而使水侵入涂层以下，生成氧化铁，引起结垢腐蚀。现在已禁止以沥青作为内防腐涂料，因为不符合饮用水卫生要求。

用水泥砂浆作为给水铸铁管和钢管的内衬，已有近百年历史，我国从 20 世纪 30 年代初期在上海的某些工程中采用过这种技术，历经50余年输水管道一直运行良好。20世纪60年代初开始，又在一些城市的自来水管道施工中推广应用此项技术。现在，有的厂家生产的球墨铸铁管在出厂前就已做好了水泥砂浆内衬。

用水泥砂浆内衬，可以把管材内壁与水或空气隔开，在管内壁形成致密的保护层，从而抑制了管内壁氧化腐蚀结垢的过程。

水泥砂浆与管内壁之所以能紧密结合而不脱落，有赖于三种因素的存在：一是水泥微粒的水化作用形成了凝胶体，对管内表面产生胶结力；二是水泥砂浆凝固硬结时体积收缩而紧附管内表面，加大了摩擦力；三是管内表面总是粗糙不平的，与水泥砂浆产生机械咬口作用而形成挤压力。

据有关资料介绍，自来水管道内衬水泥砂浆后，由于长期运行输水，内衬表面会形成一层含锰的滑腻物，使其表面相当光滑，粗糙系数维持在0.012左右，而旧钢管和旧铸铁管的粗糙系数一般在0.016～0.024之间。可见，采用水泥砂浆内衬不仅能防腐，还可以阻垢，提高管道的输水能力，节省输水能源消耗。

水泥砂浆内衬的施工工艺方法有风送法、离心法和喷涂法等三种，基本上都可以实现机械化生产。水泥砂浆内衬施工有相应的技术标准，也有专门的施工单位。

五、给水铸铁管的承插连接

给水铸铁管的承插连接基本上分为传统的填料接口和胶圈柔性接口两种，填料接口适用于一般的承插口形式，而填料有多种；胶圈柔性接口则要求特殊的承插口形式和与之相配套的专用橡胶圈。

（一）填料承插接口

1. 接口施工前的准备

（1）应对管材和管件的外观质量进行检查，表面不得有裂纹，承口的内工作面不得有油污、飞刺、铸砂及凹凸不平的铸瘤等缺陷；插口的外工作面应光滑，不得有沟槽、凸脊等缺陷，必要时加以修整。

（2）水泥宜采用强度等级为42.5硅酸盐水泥，最低强度等级也要采用32.5硅酸盐水泥，但必须保证水泥是在有效期内。

（3）石棉应采用机选4F级温石棉。机选4F温石棉基本上相当于过去的4级石棉绒，其纤维长度要求是：纤维长度4.75mm部分的筛余量为10%，纤维长度为1.40mm部分的筛余量为70%，筛底量为20%。

（4）用线麻在5%的30号石油沥青和95%的汽油溶剂中浸泡风干后制成油麻。线麻纤维要长、无皮质、清洁、松软、富有韧性。

（5）可以用断面是圆形的橡胶圈代替油麻。橡胶圈的质量应符合国家现行标准的规定。橡胶圈的拉断强度应等于或大于16MPa，胶圈内径应为管子外径的0.85～0.9倍，套在管子插口端时，其断面压缩率约为70%。

2. 填料承插接口的操作

油麻或胶圈是承插接口的内层填料，对接口的严密性至关重要。外层填料有多种做法，如石棉水泥接口、自应力水泥接口、石膏氯化钙水泥接口、水泥接口、青铅接口等。

（1）油麻与胶圈

油麻是承插接口的内层填料。将油麻拧成直径为接口间隙 1.5 倍的麻辫，长度比管子外径周长长 100～150mm。油麻辫在接口下方开始逐渐塞入承插口的间隙内，每圈首尾搭接 50～100mm，一般应嵌塞油麻辫两圈，并依次用麻凿打实，油麻辫的深度约为承口深度的 1/3。

当管径等于或大于 300mm 时，可用圆形断面的胶圈代替麻辫。对于有凸台的插口（砂型铸铁管），胶圈应捻至凸台处；对于无凸台的插口（连续铸铁管），胶圈应捻至距边缘 10～20mm 处。捻入胶圈时应使其均匀滚动到位，防止扭曲或产生"麻花"、疙瘩。如采用青铅接口，为防止高温铅液把胶圈烫坏，必须在捻入胶圈后再捻打 1～2 圈油麻。

（2）石棉水泥接口

石棉水泥接口采用传统的承插接口方式，材料的重量配合比为：石棉：水泥＝3：7。石棉与水泥搅拌均匀后，再加入总重量 10％～12％的水，拌成潮湿状态，能用手捏成团而不松散，扔在地上即散为合适。拌好的石棉水泥填料应在 1h 内用完。

操作时用拌好的石棉水泥填料填塞到已打好油麻或橡胶圈的承插口间隙里。当管径小于 300mm 时，采用"三填六打"法，即每填塞一层打实两遍，一个接口共填三层打六遍。管径大于 300mm 时，采用"四填八打"法。最后捻打至表面呈铁青色，且发出金属声响为止。

（3）自应力水泥接口

自应力水泥接口的材料是自应力水泥与粒径为 0.5～2.5mm，经过筛选和水洗的纯净中砂，重量配合比为：水泥：砂：水＝1：1：(0.28～0.32)。自应力水泥属于膨胀水泥的一种，因此，自应力水泥接口也称为膨胀水泥接口。拌好的自应力水泥砂浆要分三次填入已打好油麻或橡胶圈的承插接口内，每填一层都要用灰凿捣实，最后一次捣至出浆为止，然后抹光表面。不要像捻石棉水泥口一样用手锤击打。这种接口最怕在 12h 以内触动，因此在实施操作以前，一定要把管子稳固好。施工完毕后，要在承口外边抹上黄泥，浇水养护 3 天。有条件时，可在接口完成 12h 后向管道内充水养护，但水压不能超过 0.1MPa。

自应力水泥很容易受潮而影响质量，因此在订货时一定要落实使用时间，确保水泥在出厂三个月以内使用。对于出厂日期不明的水泥，使用前应做膨胀性试验，通常采用的简便办法是将拌和好的自应力水泥灌入玻璃瓶中，放置 24h，如果玻璃瓶被胀破，说明自应力水泥有效。

在操作中要注意的是，拌和好的自应力水泥砂浆，应在半小时内用完，随用随拌。

（4）石膏氯化钙水泥接口

石膏氯化钙水泥接口材料的重量配合比为：水泥：石膏粉：氯化钙＝10：1：0.5。水占水泥重量的 20％。三种材料中，水泥起强度作用，石膏粉起膨胀作用，氯化钙则促使速凝快干。水泥可采用强度等级 42.5 的硅酸盐水泥，石膏粉的粒度应能通过 200 目的丝网。

操作时先把一定重量的水泥和石膏粉拌匀，把氯化钙粉碎溶于水中，然后与干料拌和，并搓成条状填入已打好油麻或橡胶圈的承插接口中，并用灰凿捣实、抹平。由于石膏的终凝时间不早于 6min，并不迟于 30min，因此，拌合好的填料要在 15min 内用完，要求操作迅速。

（5）水泥接口

水泥接口也就是纯水泥接口，这种接口方法是只用水泥加适量的水拌合，不用添加其他材料。水泥宜采用强度为 42.5（但不低于 32.5）硅酸盐水泥，水与水泥的重量比为

1∶10，操作方法与石棉水泥接口基本相同。这种接口方法不宜大面积采用，质量不及石棉水泥接口，只适用于施工条件受到限制时少量使用在工作压力不高的场合。

（6）青铅接

承插连接只有在十分必要时才使用青铅接口。青铅实际上就是纯铅。铅属于有色金属，银白色，熔点只有327℃，质软、密度为11.34kg/dm³。铅在空气中因氧化而使表面发暗，故呈灰色，纯铅的牌号有Pb-1～Pb-6共6种，其含铅量由99.994%逐步降至99.5%。承插连接一般使用Pb-6牌号的铅，而不必要求过高的纯度，但不能使用铅锑合金（俗称硬铅）。

给水承插铸铁管采用青铅接口已经有长远的历史了，其突出的优点是接口强度高、抗振性能好，施工完毕可立即通水，通水后如有渗漏还可进行捻打。但这种接口方式成本高，操作较复杂，只有在抢修等特殊情况下采用。

青铅接口的施工首先要打承口深度一半的油麻，然后用卡箍或涂抹黄泥的麻辫封住承口，并在上部留出浇注口。将牌号为Pb-6牌号的青铅在铅锅内加热熔化至表面呈紫红色，铅液表面的杂质应在浇注前除去。向承口内灌铅使用的容器应进行预热，以免用时影响铅液的温度或粘附铅液。向承口内浇注铅液应徐徐进行，使承口中的空气能从浇注口排出。一个接口要一次浇注完成，不能中断。待铅液凝固后，即可拆除卡箍或麻辫，再用捻凿打实，直至表面打出金属光泽并凹入承口2～3mm。

青铅接口操作过程中要防止铅中毒。在浇注铅液前，承插口内不能有积水，否则会引起爆炸，发生烫伤事故。总之，青铅接口不能单凭书面或口头交底来操作，必须由有实际操作经验的技工来进行示范或指导。

（二）胶圈柔性接口

胶圈柔性接口则要求特殊的承插口形式和与之相配套的专用橡胶圈。现行的灰口铸铁、球墨铸铁管承插接口及橡胶圈见表12-20。给水铸铁管的柔性接口形式中，序号1是老式的柔性机械接口，应用较少，序号2、3采用梯唇形和T形橡胶圈。柔性接口完全靠橡胶圈达到承插接口的密封，不使用水泥之类的填料。橡胶圈均由管材生产厂家配套供应。施工时，可先在插口端涂上肥皂水、洗洁精之类的液体作为润滑剂，然后套上橡胶圈，插入承口时可使用链式手拉葫芦进行牵引，使之进入承口，以达到密封接口的目的。

灰铸铁、球墨铸铁管承插接口及橡胶圈　　**表12-20**

序号	名　　称	标准编号	接口形式	橡胶圈形状
1	柔性机械接口灰口铸铁管	GB 6483—86	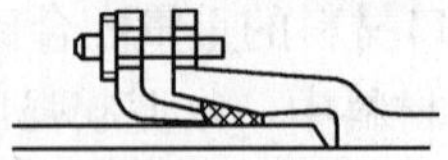	楔形
2	梯唇形橡胶圈接口铸铁管	GB 8714—88	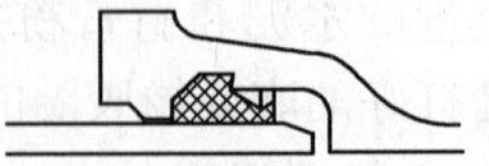	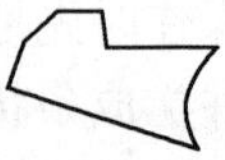
3	离心铸造球墨铁管	GB 13295—91	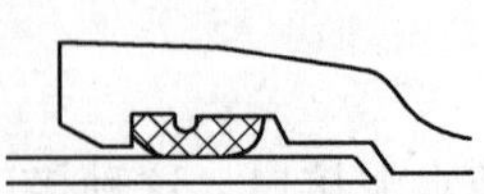	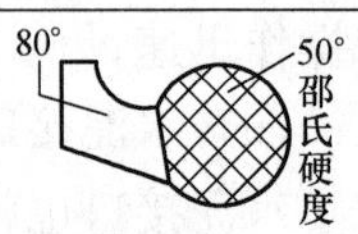 80°　50°邵氏硬度

（三）接口养护

除了柔性接口和青铅接口无需养护外，以水泥为主要材料的各类刚性接口，在施工完毕后都需要养护。养护的方法是在接口处用黄泥或缠草绳，并在3天内不断浇水，使其保持湿润。当天气燥热或昼夜温差较大时，应用草袋等物覆盖承插接口。石棉水泥和纯水泥接口在24h后可以通水，自应力水泥接口在12h后可以通水，石膏氯化钙水泥接口在8h后可以通水。如果进行压力试验，宜在接口养护3天之后进行。

第二节　普通排水铸铁管施工

普通承插式灰口铸铁管应用于排放建筑物内生活污水和雨水的管道已有相当长的历史，在20世纪80年代以前，建筑物内部采用的排放生活污水和雨水的管材，只有承插式灰口铸铁管一种，且不分建筑排水和室外埋地排水，统称排水铸铁管。

其产品主要生产工艺为砂模浇铸和立式连续浇铸，公称直径 DN 有50mm、75mm、100mm、125mm、150mm及200mm等6种规格，并有相应的管件。

承插式灰口铸铁管的主要生产工艺为砂模浇铸和立式连续浇铸，可用于无内压作用的重力流排水管道。承插式接口采用油麻填塞后用石棉水泥打口填实，属于刚性接头。

室内排水管道的常用管材主要有排水铸铁管和硬聚氯乙烯（PVC-U）排水管。在民用住宅中，已普遍采用硬聚氯乙烯排水管，在高层建筑中和地震设防较高的地区，将以柔性接口机制铸铁排水管代替砂模铸造铸铁排水管。虽然在大部分场合硬聚氯乙烯排水管可以代替排水铸铁管，但排水铸铁管与聚氯乙烯排水管相比，具有强度高、耐高温的优点，因此，排水铸铁管不可能全部被聚氯乙烯排水管取代。

一、承插式排水铸铁管及管件

（一）灰口铸铁直管

根据《排水用灰口铸铁直管及管件》YB/T 5188的规定，该标准适用于连续铸造、离心铸造及砂模铸造的灰口铸铁直管及管件。其中，砂模铸造的灰口铸铁直管及管件属于逐步被淘汰的产品，但目前还有一定的市场。

排水用灰口铸铁直管应进行水压试验，试验压力为1.47MPa（$15kgf/cm^2$），管件的水压试验由供需双方协商解决。直管及管件内外表面可涂沥青质或其他防锈涂料。

直管及管件均采用承插式，按承口的形状，直管及管件分为A型和B型，其中承口凹槽和插口凸缘根据工艺特性或需方要求可不铸出。A型排水管如图12-13所示，承插口的主要尺寸见表12-21。B型排水管如图12-14所示，承插口的主要规格尺寸见表12-22。

A型排水管承插口的主要尺寸（mm）　　**表12-21**

公称直径 DN	D_1	D_2	D_3	D_4	D_6	P	T
50	50	59	73	84	66	65	4.5
75	75	85	100	111	92	70	5
100	100	110	127	139	117	75	5
125	125	136	154	166	143	80	5.5
150	150	161	181	193	168	85	5.5
200	200	212	232	246	219	95	6

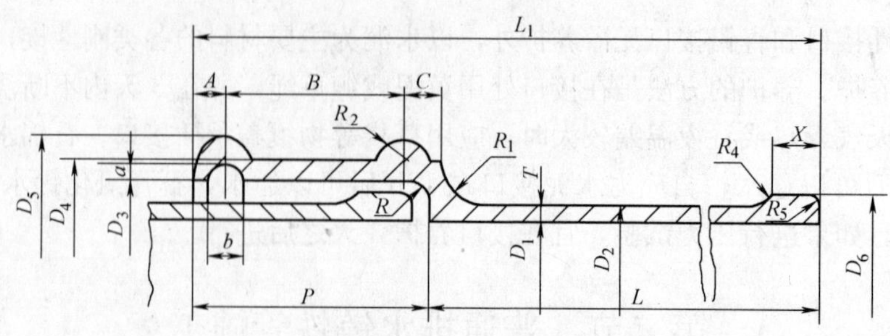

图 12-13　A 型排水直管

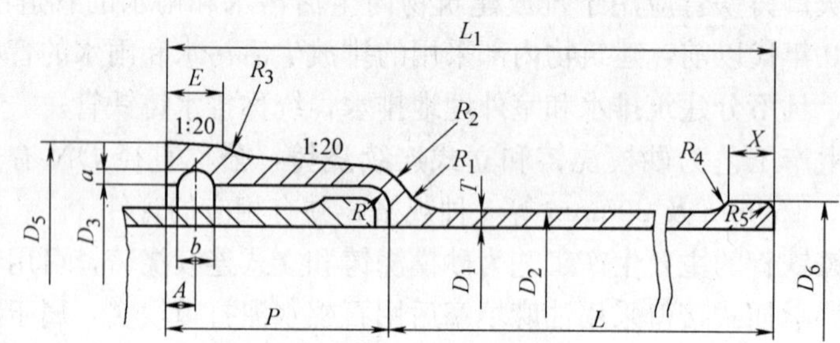

图 12-14　B 型排水直管

B 型排水管承插口的主要尺寸（mm）　　　　**表 12-22**

公称直径 *DN*	D_1	D_2	D_3	D_5	D_6	*P*	*T*
50	50	59	73	98	66	65	4.5
75	75	85	100	126	92	70	5
100	100	110	127	154	117	75	5
125	125	136	154	182	143	80	5.5
150	150	161	181	210	168	85	5.5
200	200	212	232	264	219	95	6

（二）承插式灰口铸铁管及管件灰口铸铁管件

排水用灰口铸铁管件的品种和直径范围见表 12-23，凡是生产直管的厂家都生产管件。

排水用灰口铸铁管件品种和直径范围　　　　**表 12-23**

序号	名　称	简　图	公称直径 *DN* 范围
1	45°承插弯管		50～200
2	90°承插弯管		50～200
3	45°承插三通管		50～200
4	45°承插四通管		50～200

续表

序号	名　称	简　图	公称直径 DN 范围
5	90°承插三通管	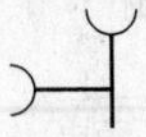	50～200
6	90°承插四通管	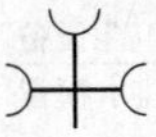	50～200
7	TY 形承插三通管		50～200
8	TY 形承插四通管	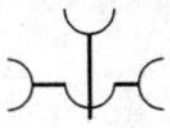	50～200
9	P 型存水弯管		50～200
10	S 型存水弯管		50～200

二、排水管道的布置

排水管道可在地下埋设或在地面上楼板下明设，也可在管槽、管道井、管沟或吊顶内暗设，但应便于安装和检修。

（一）排水管道埋地或架空

排水管道不得穿过建筑物的沉降缝、伸缩缝也不得穿过烟道、风道。当受条件限制必须穿过时，应采取设置伸缩器或可曲挠接头等技术措施，在实际工作中，可由设计方提出具体的技术措施，也可由施工方提出，但需征得设计方的同意。

埋地排水管道，不得穿越生产设备基础或布置在可能被重物压坏的部位。如遇特殊情况下，应与设计、监理或建设单位协商处理。

架空排水管道不得布置在遇水会引起燃烧、爆炸或损坏的原料、产品和设备的上面，不得敷设在生产工艺或对卫生有特殊要求的生产厂房内，以及食品和贵重商品仓库、通风小室和变配电间内。

排水管道不得布置在食堂、饮食业的主副食操作烹调间的上方。当受条件限制不能避免时，应采取防护措施。

（二）室内排水管道的连接

卫生器具排水管与排水横管垂直连接时，应采用 90°斜三通。排水管道的横管与立管连接，宜采用 45°斜三通或 45°斜四通和顺水三通或顺水四通。为改善管道内水力条件，支管接入横干管、立管接入横干管时，宜在横干管管顶或其两侧 45°范围内接入，以避免排水管道拐弯或接口处发生堵塞。

（三）立管及其与排出管的连接

排水立管应避免在轴线偏置，当受条件限制时，宜用乙字管或两个 45°弯头连接。

排水立管底部（立管底部系指立管转入排出管的转弯处或立管与横干管连接处）与排出管的连接处，是排水系统中最容易堵塞的部位，应使用两个 45°弯头或弯曲半径不小于 4 倍管径的 90°弯头连接，如图 12-15 所示。

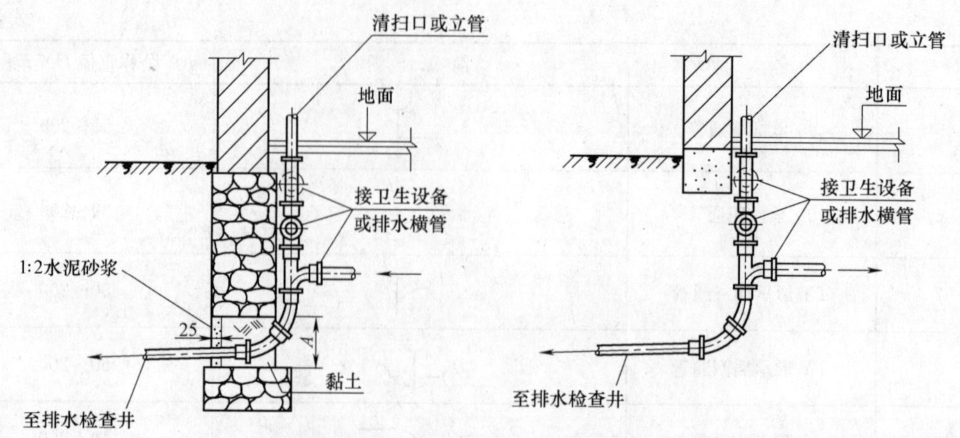

图 12-15 排水立管底部与排出管的连接

大量的事实证明，排水管道的堵塞，除了用户的使用原因以外，立管直径偏小和立管与排出管连接不当是主要原因。

三、高层建筑中柔性接口的应用

由于高层和超高层建筑受到地震和风荷载的作用，层间会产生水平位移，而排水铸铁管的石棉水泥接口属于刚性接口，故会有不同程度的破裂、渗漏现象。如采用柔性接口则能在一定程度上适应层间位移，立管上一般每层至少采用一个柔性接口。

对于按 8 度抗震设防的地区或排水立管高度在 50m 以上时，应在立管上每隔两层设置柔性接口。对于高耸构筑物和建筑高度超过 100m 的建筑，排水立管应采用柔性接口。抗震设防烈度等于 9 度的地区，不但考虑横向水平位移，而且考虑垂直向振动，故立管和横管均应设置柔性接口。

各种场合所采用的柔性接口的具体形式，由工程设计确定。

四、铸铁排水管道的安装

(一) 排出管的安装

排水铸铁管通常采用承插连接，承口与插口的间隙一般为 6mm，接口材料采用石棉水泥捻口，不得用水泥砂浆抹口。室内排水管的施工顺序，一般是先装排出管，再装排水立管和各层的横支管，最后安装卫生器具。

排出管的室外部分埋深不应小于当地冰冻线，室内部分埋深一般最小为 0.7m，若为混凝土地面也不应小于 0.4m。排水管道必须按设计规定的坡度施工，如果设计未作规格，应按表 12-24 规定的坡度施工，必要时可在短距离内加大坡度，但不得超过 0.15。

排水管道的标准坡度和最小坡度 表 12-24

管径 *DN*	工业废水(最小坡度)		生 活 污 水	
	生产废水	生产污水	标准坡度	最小坡度
50	0.020	0.030	0.035	0.025
75	0.015	0.020	0.025	0.015
100	0.008	0.012	0.020	0.012

续表

管径 DN	工业废水（最小坡度）		生活污水	
	生产废水	生产污水	标准坡度	最小坡度
125	0.006	0.010	0.015	0.010
150	0.005	0.006	0.010	0.007
200	0.004	0.004	0.008	0.005

排出管自建筑物至室外排水检查井中心的距离不宜小于 3.0m。一般先将排出管做出建筑物外墙 1.0m 处，待室外管道和检查井施工后，再接入井内，排出管与室外排水管应采用管顶相平或排出管略高。

排出管穿过建筑物基础或承重墙时应预留洞口，上部净空不小于 0.15m。穿过地下室外墙时可采用刚性防水套管。

一般在排出管与室外排水管衔接处均设有检查井，为避免水流相互干扰，在衔接处水流转角不得小于 90°，但当落差大于 0.3m 时，水流转角的影响已不明显，可不受此角度的限制。

排出管及在地坪以下的立管在隐蔽前必须做灌水试验，合格后方可回填土或进行隐蔽。

（二）立管及横支管的安装

在排水立管上每隔两层设置一个检查口，但在最低层和有卫生器具的最高层必须设置。如为两层建筑，可仅在底层设置检查口。立管上如果有乙字弯管，则在该层乙字弯管的上部设置检查口。立管上两个检查口之间的距离不得大于 10m。检查口的高度，从地（楼）面至检查口中心为 1.0m，允许偏差为±20mm，并应高于本层卫生器具上边缘 150mm。检查口的朝向应便于维修，对于暗装立管，在检查口处应安装检修门。

立管上连接横管的三通或四通口中心距楼板底面一般以 350～400mm 为宜。通气管不得与风道或烟道连接，高出屋面不得小于 300mm，但必须大于最大积雪厚度。

在连接两个及两个以上大便器或 3 个及 3 个以上卫生器具的污水横管上，应设置清扫口。当污水管在楼板下悬吊敷设时，可将清扫口设在上一层楼地面上。污水管起点的清扫口与管道相垂直的墙面距离，不得小于 200mm；若污水管起点设置堵头代替清扫口，则与墙面距离不得小于 400mm。

排水管道上的支吊架应牢固可靠，其间距要求：横管不大于 2m；立管不得大于 3m。层高小于或等于 4m 时，立管上可安装一个支架。

第三节　新型建筑排水柔性接口铸铁管施工

由于普通承插式排水灰口铸铁管的采用油麻填塞后用石棉水泥捻口，属于刚性接头，不能适应高层建筑在风荷载及地震等作用下的水平位移，所以国内开始引进和研制建筑排水柔性接头灰口铸铁管，同时将管材增加了 *DN*250、*DN*300 两种大直径规格，即由 6 种规格增加到 8 种规格。因此，本节介绍的建筑排水柔性接口铸铁管，是不同于普通传统承插式灰口铸铁管的升级换代产品，适用于新建、扩建和改建的民用和工业建筑内 *DN*50～*DN*300、内压不大于 0.3MPa、温度不高于 80℃、承插式和卡箍式连接的灰口铸铁管及其配套管件的生活排水管道、雨水管道、无侵蚀作用的工业生产废水管道和雨落管。

一、新型建筑排水柔性接口铸铁管的使用场合

（一）建筑排水柔性接口铸铁管宜在下列场合使用

1. 高层、超高层建筑和防火等级要求较高的建筑；

2. 要求管道系统具有适应建筑物较大横向和竖向变位能力时；

3. 瞬间排水温度较高或排水压力较高的场所。

（二）承插式柔性接口排水铸铁管宜在有下列场合使用

1. 要求管道系统接口具有较大的轴向转角和伸缩变形能力；

2. 对管道接口安装误差的要求相对较低时；

3. 对管道的稳定性要求较高时。

承插式连接铸铁管接头的轴向转角和伸缩变形的幅度大于卡箍式连接，在地震作用下的变形能力也大于卡箍式连接，因此，高层建筑中宜采用承插式铸铁管管道系统。

（三）卡箍式柔性接口排水铸铁管宜在下列场合使用

1. 当排水管道在尺寸较小的管道井内安装或需紧贴墙面安装时；

2. 施工需要各层同步安装或快速安装时；

3. 建筑物需分期修建或有改建、扩建要求的。

卡箍式连接铸铁管道是一种可装卸的管道系统，安装、连接和改造管道都比较方便，安装要求的操作空间较小。

二、管材及连接

建筑排水柔性接口铸铁管材应为离心铸造工艺成型的管材，采用的配套管件应为机压砂型铸造成型的管件，以保证管材和管件的材质和精度要求。

建筑排水柔性接口铸铁管管道工程采用的管材、管件、连接管道用的管配件、卡箍件、橡胶密封圈（套）、紧固件以及安装管道用的管卡、支吊架，宜由提供管材的生产厂配套供应，并有相应的产品质量检测报告和出厂合格证明。一个工程的排水管道系统，应采用同一生产厂家供应的管材、管件，以保证其配套性。

（一）管材强度

离心制造铸铁管材的抗弯强度设计值为185MPa，抗拉强度设计值为78MPa，按此强度计算，排水铸铁管材的允许公称内压均超过1.6MPa。但考虑到受管道接口的允许内压的限制，管道的工作压力和试验不能按上述压力考虑。管材、管件和接头的水压试验应在0.45MPa的压力条件下进行，恒压时间不应少于3min，不得出现渗水漏水现象。

（二）柔性接口形式

1. 当采用卡箍式连接管道系统时，应符合现行行业标准《建筑排水用卡箍式铸铁管及管件》CJ/T 177的规定。对卡箍式铸铁管材和管件没有规定型号。

2. 当采用承插式连接管道系统时，应符合现行行业标准《建筑排水用柔性接口承插式铸铁管及管件》CJ/T 178的规定；CJ/T 178中对承插式铸铁管材和管件规定的型号代号为：R——柔性接口，C——承插式接口。

3. 当采用卡箍式连接管道系统时，应符合现行行业标准《建筑排水用卡箍式铸铁管

及管件》CJ/T 177 的规定。对卡箍式铸铁管材和管件没有规定型号。

前些年在开发研制中曾采用过的 RK 型承插压盖式、RP 型平口法兰、STL 型平口节套式、ZPR 型承插伸缩管等柔性接口代号，不应作为产品标志，以免混淆。

（三）承插式接口

承插式铸铁管的形式如图 12-16 所示，承插口主要尺寸见表 12-25。

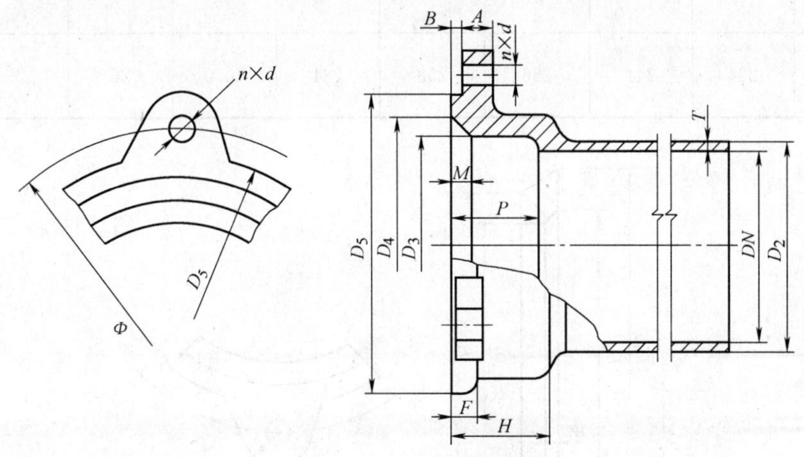

图 12-16　承插式管材

注：L 为有效长度，有 500mm，1000mm，1500mm 三种标准规格。

承插口主要尺寸（mm）　　表 12-25

公称直径 DN	插口外径 D_2	承口内径 D_3	D_4	D_5	ϕ	T	P	$n\times d$
50	61	67	78	94	108	5.5	38	3×10
75	86	92	103	117	137	5.5	39	3×12
100	111	117	128	143	166	5.5	40	3×14
125	137	145	159	173	205	6.0	40	3×14 4×14
150	162	170	184	199	227	6.0	42	3×16 4×16
200	214	224	244	258	284	7.0	50	3×16 4×16

承插式接头所用法兰压盖如图 12-17 所示，其材质应与管材材质相同，防腐涂料应与管材外壁防腐涂料一致。法兰压盖的主要规格尺寸见表 12-26。

法兰压盖主要规格尺寸（mm）　　表 12-26

公称直径 DN	D_1	D_2	D_3	D_4	ϕ	W	R	A	$n\times d$
50	67	78	92	103	108	5.5	13	16	3×12
75	92	103	115	117	137	5.5	14	17	3×12
100	117	128	141	143	166	5.5	15	18	3×12

续表

公称直径 DN	D_1	D_2	D_3	D_4	ϕ	W	R	A	$n\times d$
125	145	159	171	173	205	7.0	20	20	3×16 4×16
150	170	184	197	199	227	7.0	20	24	3×16 4×16
200	224	244	256	258	284	10.0	26	26	3×16 4×18

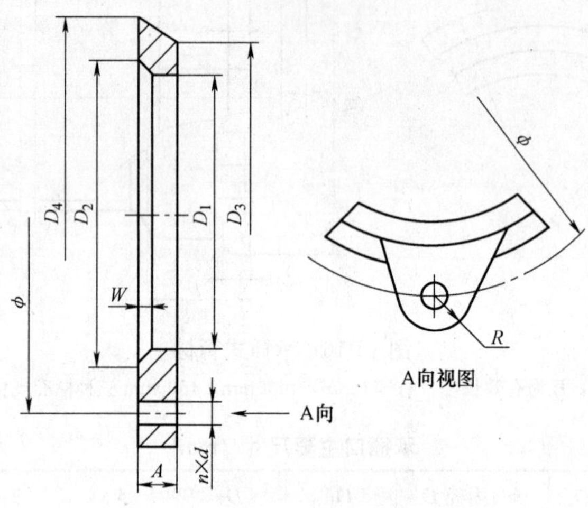

图 12-17　法兰压盖

承插式接头用的橡胶密封圈如图 12-18 所示，橡胶密封圈尺寸见表 12-27。

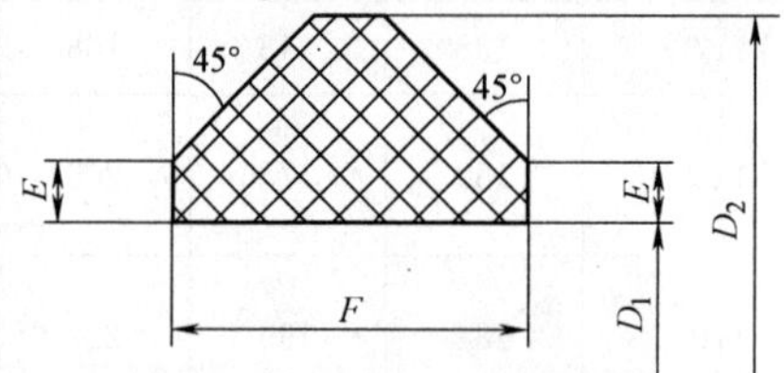

图 12-18　橡胶密封圈截面

橡胶密封圈尺寸（mm）　　**表 12-27**

公称直径 DN	橡胶密封圈内径 D_1	橡胶密封圈外径 D_2	F	E	公称直径 DN	橡胶密封圈内径 D_1	橡胶密封圈外径 D_2	F	E
50	60	80	24	4.0	125	135.5	159	28	4.5
75	85	105	24	4.0	150	160	184	28	4.5
100	110	130	24	4.0	200	212	244	34	4.6

橡胶密封圈和橡胶密封套应采用氯丁、丁腈、丁苯等耐油合成橡胶制成，其材质、外观和物理化学性能应符合《给排水管道用橡胶密封圈胶料》HG/T 3091 的规定。

承插式接头的紧固件应采用热镀锌碳素钢。当埋地敷设时，接头紧固后对紧固件应进行防腐处理。

（四）卡箍式连接

卡箍式平口铸铁管的连接如图 12-19 所示。

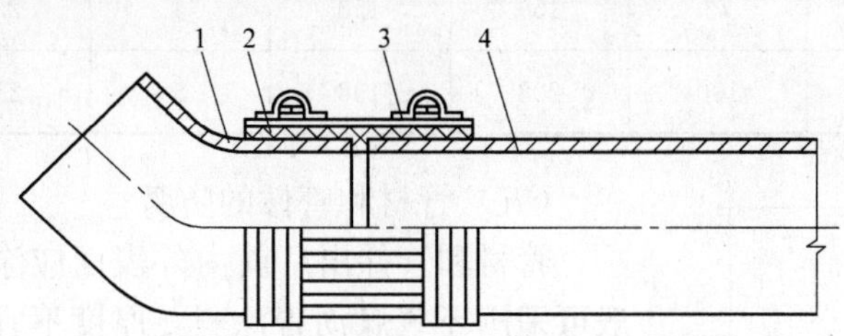

图 12-19　卡箍式平口铸铁管的连接

1—平口管件；2—橡胶密封套；3—不锈钢卡箍；4—平口直管

卡箍式连接平口铸铁管如图 12-20 所示，平口铸铁管的主要尺寸见表 12-28。

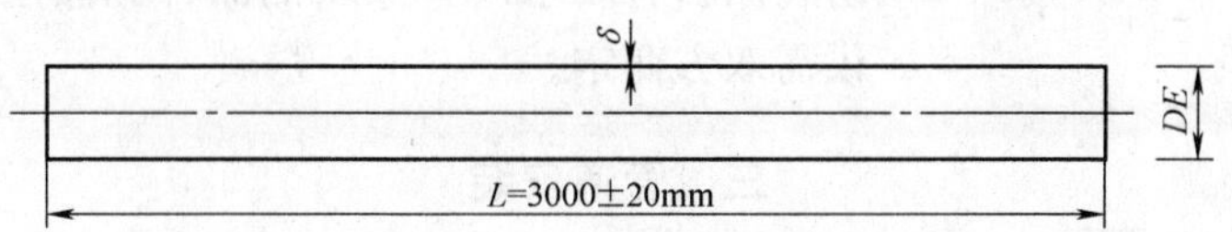

图 12-20　平口铸铁管尺寸

注：L 为有效长度

平口铸铁管主要尺寸（mm）　　表 12-28

公称直径 DN	外径		壁厚				直管重量（kg/m）
			直管		管件		
	DE	公差	δ	允许偏差	δ	允许偏差	
50	58	+2.0 −1.0	3.5	−0.5	4.2	−0.7	13.0
75	83		3.5	−0.5	4.2	−0.7	18.9
100	110		3.5	−0.5	4.2	−0.7	25.2
125	135	±2.0	4.0	−0.5	4.7	−1.0	35.4
150	160		4.0	−0.5	5.3	−1.3	42.2
200	210		5.0	−1.0	6.0	−1.5	69.3

卡箍式接头用的钢带型卡箍橡胶密封套如图 12-21 所示，主要尺寸见表 12-29。

卡箍式接头用卡箍件应采用 1Cr18Ni9 或 2Cr18Ni9 不锈钢，配套的紧固件应采用同样材质的不锈钢。当埋地敷设时，对卡箍件和紧固件应采取相应的防腐措施。

钢带型卡箍橡胶密封套主要尺寸（mm）　　表 12-29

公称直径 DN	a	b	c	k	e	f	g
50	27	54	57	50	2.5	2.4	4.5
75	27	54	82	74	2.5	2.4	4.5
100	27	54	109	101	3	2.4	4.5

续表

公称直径 *DN*	*a*	*b*	*c*	*k*	*e*	*f*	*g*
125	37.5	75	134	125	4	2.4	4.S
150	37.5	75	159	150	4	2.4	4.5
200	50	100	208	198	5	2.4	4.5

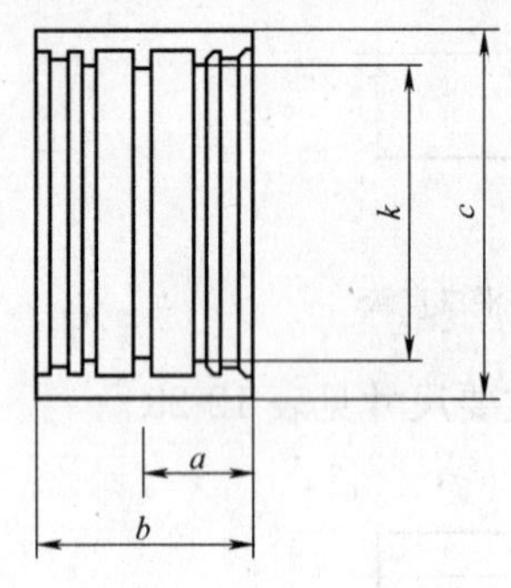

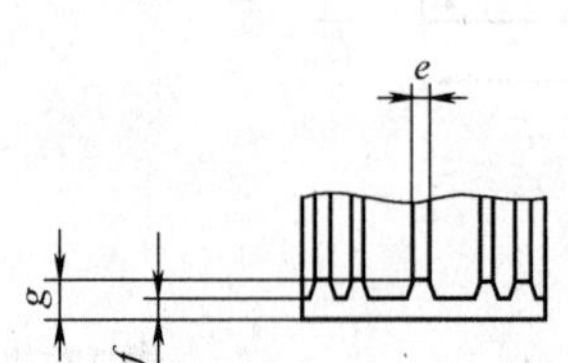

图 12-21 钢带型卡箍橡胶密封套

（五）管材和管件的防腐

管材和管件出厂前内外表面应涂防腐涂料。内壁一般可采用环氧煤沥青涂料，厚度不宜小于 120μm；外壁可采用红丹类防腐涂料，厚度不宜小于 60μm。地上管道外壁可采用铁红色，安装后再按设计要求涂刷面漆。埋地管道外壁可涂沥青类防腐涂料。当需方对管材、管件防腐涂料有要求时，涂料的品种和涂层道数、厚度可由供需双方商定。

三、管道安装

（一）一般规定

1. 管材和管件等外壁上的标志必须设置在明显的位置，立管和横管上的标志应放在能看到的一面，埋地管道上的标志在管道顶面。

2. 立管的垂直度偏差每米不得大于 3mm；横管必须按设计或规范规定的坡度安装，不得出现平坡、倒坡等现象。

3. 承插式柔性接口铸铁管的横管承口应迎向来水方向，立管承口向上。

4. 管道穿墙和楼板应设套管，穿墙套管的长度与墙厚相等，穿楼板套管应高出楼板面 50mm。如设计无规定，套管内径可采用比排水铸铁管外径大 50mm，其间隙用用防火且有弹性的材料填塞。穿墙套管的长度不得小于墙厚，穿楼板套管应高出楼板结构面 50mm。

5. 当需要切割管材时，应采用机械切割。切割面应与管轴线垂直，切口的锋利边缘或毛刺应打磨光滑。

（二）承插式柔性接口排水铸铁管的连接

1. 先将直管和管件内外及承口、插口、法兰压盖工作面上的污垢清理干净。

2. 连接前，将插口插入承口，测试实际插入深度，安装时的插入深度应比承口实际深度小 3～5mm，并在插口外壁上划出与管的轴线垂直的安装线。留出 3～5mm 的间隙是为了环境温度变化时的补偿。

3. 插口插入承口前，在插口端先套入法兰压盖，再套入橡胶密封圈，橡胶密封圈右侧边缘与安装线对齐，如图 12-22 所示。

4. 插入过程中，插入管的轴线与承口管的轴线应在同一直线上，橡胶密封圈应均匀紧贴在承口的倒角上。

5. 拧紧螺栓时，三耳压盖的三个角应交替拧紧，四耳和四耳以上压盖应按对角位置交替分多次拧紧，使橡胶密封圈均匀受力。

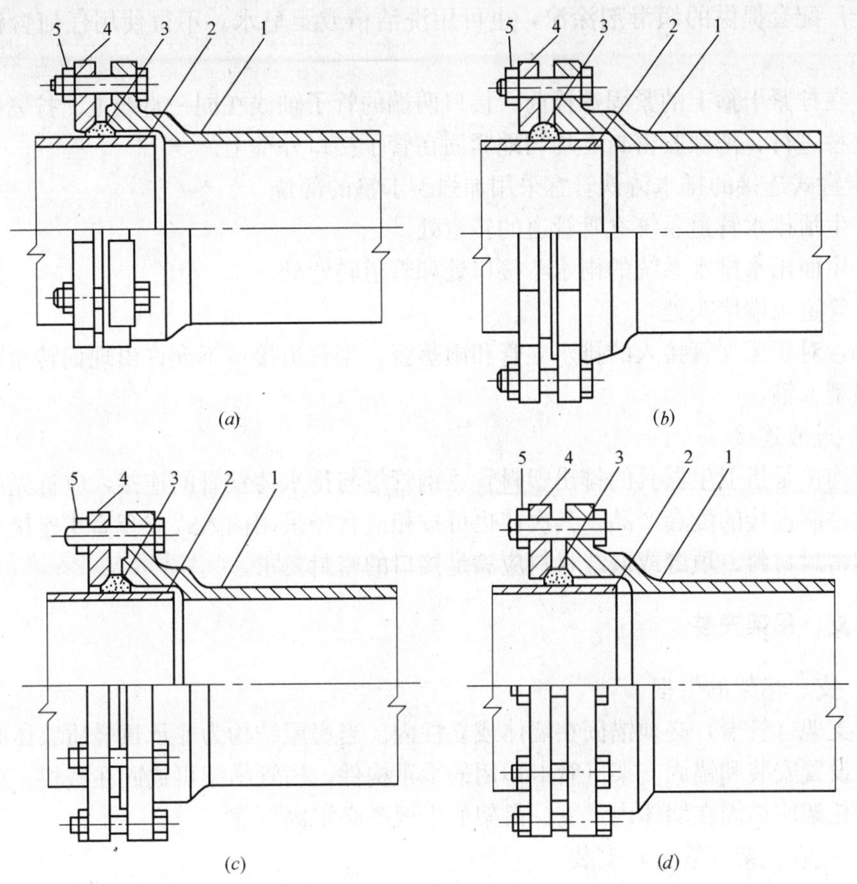

图 12-22　承插式接口安装

(a) 3 耳接口形式 DN50、DN75、DN100、DN125、DN150、DN200；(b) 4 耳接口形式 DN125、DN150、DN200；(c) 6 耳接口形式 DN250；(d) 8 耳接口形式 DN300

1—承口；2—插口；3—橡胶密封圈；4—法兰压盖；5—螺栓螺母

(三) 卡箍式柔性接口排水铸铁管的连接

不锈钢卡箍有钢带型、拉锁型和加强型 3 种结构形式，但配套的橡胶密封套只有钢带型和拉锁型两种。在实际工程中应采用哪一种形式的卡箍，主要根据排水管道系统的特点，由设计确定。平口铸铁管常用的钢带型卡箍的连接步骤如下：

1. 平口铸铁管常用的钢带型卡箍的连接步骤

(1) 先将直管、管件内外和接口处工作面上的污物清理干净；

(2) 连接前，先取出卡箍内的橡胶密封套。卡箍为整圈不锈钢套环时，可将卡箍先套在欲连接管材或管件的一端；

(3) 在接口的另一端套上橡胶密封套，使管口紧贴在橡胶密封套中间肋的侧边上，将橡胶密封套的另一端向外翻转；

(4) 将连接管的管端固定，并紧贴在橡胶密封套中间肋的另一侧边上，再将橡胶密封套翻回套在连接管的管端上；

（5）安装卡箍前，应将橡胶密封套擦拭干净。如需在橡胶密封套上涂沫润滑剂，应首先用生产厂配套提供的润滑剂涂沫，也可用洗洁精或肥皂水。不得使用任何含油脂的润滑剂；

（6）在拧紧卡箍上的紧固螺栓前，接口两端的管子轴线在同一直线上。拧紧螺栓时应分多次交替进行，把橡胶密封套均匀地紧固在管子接口外壁上。

2. 卡箍式连接的排水铸铁管宜采用加强型卡箍的部位

（1）生活排水管道系统立管管道的转弯处。

（2）屋面雨水排水系统的雨水斗接口处和管道转弯处。

（3）管道末端堵头处。

此外，对于无支管接入的排水立管和雨落管，当管道接口不允许出现偏转角时，也应采用加强型卡箍。

（四）过渡连接

过渡连接是指卫生器具的排出塑料管、钢管等与排水铸铁管的连接，应首先采用生产厂家提供过渡连接的配套产品。其次，也可按相应管径采用插入式或套筒式连接。连接接头采用的密封材料、填缝或嵌缝材料应满足接口的密封要求。

四、支、吊架安装

（一）支、吊架的生根

立管支架（管卡）必须锚固在墙体或立柱内。当房屋结构为非承重轻质墙体时，应在立管位置设置安装和锚固支架（管卡）用的承重构件。横管吊架可锚固在楼板、梁和屋架上，横管托架应锚固在墙体内。支、吊架的生根务必牢固可靠。

（二）立管支架（管卡）安装

立管支架（管卡）的安装应满足以下要求：

1. 各层立管支架应有足够的强度，不得将立管的全部重量作用在底层的立管支承上；

2. 室内、外排水立管的支架间距应满足立管的垂直度要求；

3. 当立管管材长度大于1.2m时，每根立管上必须安装1个支架。支架宜安装在立管接头以及立管与弯头、三通、四通连接接头的下方，且与接头间的净距离不宜大于300mm。

（三）横管吊架（托架）的安装

由于排水柔性接口铸铁管的管材长度较短，承插式管材最大有效长度为1.5m，平口管材最大有效长度为3.0m，且因柔性接口不能承受轴向力、剪切力和弯矩，因而横管吊架（托架）的安装应满足以下要求：

1. 对超过6层的建筑，当立管采用卡箍连接铸铁排水管时，从底层（或地下室）往上每隔5层，宜在立管上安装一节承重短管，并采用配套支架牢固地锚固在墙体或立柱上。安装承重短管是平口铸铁管卡箍连接在立管上的一种增强支承措施。

2. 横管吊架（托架）的设置部位，当管材长度不小于1.2m时，每根管材上必须安装1个；当管材长度小于1.2m时，可间隔安装；横管与弯头、三通、四通等管件的连接处，接头每一侧必须安装1个；两个吊架的间距不得大于3.0m，吊架与接头间的净距离不得

吊架用钢吊杆直径（mm） 表 12-30

管材公称直径 *DN*	吊杆直径
≤100	≤10
125～200	≥12
250～300	≥16

大于 300mm；吊架不得安装在卡箍上。

3. 当横管吊架安装长度超过 12m 时，每 12m 必须设置一个防止管道水平晃动的斜撑式吊架或用管卡固定的托架。

4. 吊架用钢吊杆的直径不得小于表 12-30 的规定。

五、现场试验

埋地管道在隐蔽前必须做灌水试验，灌水高度不应低于底层卫生器具的上边缘或底层地面地漏顶面高度。试验时，应向试验段管道连续灌水，直至水面不再下降，观察 30min，液面不下降，且管道接口处无渗漏为合格。

排水主立管和横干管管段均应做通球试验。通球球径不应小于管道直径的 2/3，通球率应达到 100％。

安装在室内的雨水管道应做灌水试验，灌水高度应达到每根立管上部的雨水斗，观察 1h，管道应无渗漏。

第十三章　塑料管、复合管及新型给排水管安装

本章主要介绍用于建筑给水排水和采暖的管道系统的各种塑料管及复合管安装，并且以室内安装工程为主。

第一节　给水硬聚氯乙烯（PVC-U）管安装

一、适用范围

本节介绍的硬聚氯乙烯（PVC-U）给水管安装，适用于给水温度不大于45℃、工作压力不大于0.6MPa的民用与工业建筑物内的生活给水管道系统，但不允许用于室内消防给水系统，也不得用于生活给水与消防给水合用的管道系统。

二、材料要求

（一）管材

建筑给水硬聚氯乙烯管材必须符合现行国家标准《给水用硬聚氯乙烯（PVC—U）管材》GB/T 10002.1的要求。

（二）管件

建筑给水硬聚氯乙烯管件必须符合现行国家标准《给水用硬聚氯乙烯（PVC—U）管件》GB/T 10002.2的要求。

（三）胶粘剂

管道接口使用的胶粘剂应符合现行行业标准《硬聚氯乙烯（PVC—U）塑料管道系统用溶剂型胶粘剂》QB/T 2568的规定。

（四）弹性橡胶密封圈

接口使用的弹性橡胶密封圈的质量应符合《橡胶密封件　给排水管及污水管道用接口密封圈　材料规范》HG/T 3091的规定。

管道系统安装，应采用同一管材生产厂家配套供应管件和接口用的胶粘剂、清洁剂、橡胶密封圈及其他带有金属嵌件的管件等。胶粘剂、清洁剂等易燃品应存放在危险品库中，在贮存、运输和使用时必须远离火源。存放地点应阴凉干燥、安全可靠、严禁明火。输送饮用水管道所用橡胶密封圈应采用食品级橡胶。

三、管材、管件规格

（一）建筑给水硬聚氯乙烯管材的规格尺寸应符合表13-1的要求。

上表中，当$dn \leqslant 40$mm时，应选用PN 1.6MPa的管材；当$dn \geqslant 50$mm时，应选用PN 1.0MPa或1.6MPa的管材。PN 0.8MPa及1.25MPa的管材，一般不采用，大部分厂家也不生产，除非工程设计有特殊需要。

管材规格尺寸（mm）　　表 13-1

公称外径 dn	下列公称压力下的公称壁厚			
	PN0.8MPa	PN1.0MPa	PN1.25MPa	PN1.6MPa
20	—	—	—	2.0
25	—	—	—	2.0
32	—	—	2.0	2.4
40	—	2.0	2.4	3.0
50	2.0	2.4	3.0	3.7
63	2.5	3.0	3.8	4.7
75	2.9	3.6	4.5	5.6
90	3.5	4.3	5.4	6.7
110	3.9	4.8	5.7	7.2
125	4.4	5.4	6.0	7.4
(140)	4.9	6.1	6.7	8.3
160	5,6	7.0	7.7	9.5
(180)	6.3	7.8	8,6	10.7
200	7.3	8.7	9.6	11.9

注：括号内外径为非常用规格；公称压力（PN）是指管材在 20℃条件下输送 20℃水时的最大工作压力。

（二）硬聚氯乙烯管对温度比较敏感，其工作压力随输送水温的升高而降低。当输送水温在 25～45℃之间时，管材的最大允许工作压力应按下式计算：

$$P_{PMS}=f_t \cdot PN$$

式中　P_{PMS}——管材的最大允许工作压力，MPa；

f_t——不同水温的压力下降系数，按表 13-2 选用；

PN——管材的公称压力。

不同水温的压力下降系数　　表 13-2

水温 t(℃)	$t\leqslant 25$	$25<t\leqslant 35$	$35<t\leqslant 45$
下降系数 f_t	1.0	0.8	0.63

四、建筑给水硬聚氯乙烯管的施工

（一）一般规定

1. 管材堆放受力要均匀，不得造成变形。当贮存或运输过程中温度与施工现场温差较大时，应将管材在现场堆放一段时间，待材料温度接近现场条件后方可安装施工。硬聚氯乙烯给水管在冬期低温下会出现脆性，故不宜在低于 0℃的温度下施工。

管材、管件在堆放、运输时不得被沥青等有机物污染。

2. 安装时，应将管道表面的商标、规格、压力等级、生产日期等标志，置于日后能看到的位置。

3. 管材切断宜采用细齿锯、割刀或专用工具，切口应与中心线垂直，且平整、光滑。

4. 管道因介质或环境温度变化而产生的伸缩量，可按下式计算：

$$\Delta L = \Delta T \cdot L \cdot \alpha$$

式中　ΔL——管道伸缩长度，mm；

ΔT——计算温差，℃；

L——管段长度，m；

α——线膨胀系数 mm/(m·℃)，可取 0.07。

（二）埋地管道安装

1. 埋地管道应在土建工程回填土夯实以后，再开挖沟槽，不得在土建回填土之前或未经夯实的土层上埋设管道。

2. 埋地管道应先进行水压试验，合格后方可回填土。由于塑料管材的强度低，故要求管道沟槽应平整，不得有突出的尖硬物，必要时可铺 100mm 厚的砂垫层。回填土不得夹有尖硬物块。回填土时先回填管道两侧并夯实，当回填至管顶 300mm 以上，经夯实后，方可回填原土。

3. 引入管的施工应先室内后室外。即先铺设室内至基础外不小于 200mm 的管段，待有条件后再进行室外管道的铺设，这样有利于避免建筑物基础沉降时将管道折断。

4. 室外引入管的管顶覆土厚度，在车行道下不宜小于 700mm，在人行道下不宜小于 500mm。寒冷地区管顶应在冰冻线以下 150mm。室内埋地管道的管顶覆土厚度不宜小于 300mm。

（三）室内管道安装

1. 立管安装

立管宜暗装于管井或管窿中，既美观又可保护管道不致被碰坏。有的设计将明装立管改用热镀锌钢管，以提高其安全性，使塑料管道系统成为钢塑混合的管道系统，用户也是乐于接受的。

立管支架的最大间距见表 13-3。

对于承插粘接连接的立管，当层高小于等于 6m 时，立管可每层设一个双向塑料伸缩节，伸缩节中间用固定支架固定；当层高大于 6m 时，立管上的双向塑料伸缩节和固定支架的间距应不大于 6m，双向塑料伸缩节中间仍用固定支架固定。当管材供应厂家不供应双向塑料伸缩节时，也可以采用多球橡胶伸缩节。

对于承插式橡胶密封圈连接的立管，由于其接口形式已具有长度补偿的功能，可不另设伸缩节，固定支架应设在有横支管接出部位的下方最近的立管承口上，且固定支架的间距应不大于 6m。

立管支架的最大间距　　**表 13-3**

公称外径 dn	20	25	32	40	50	63	75	90	110
最大间距(m)	0.90	1.00	1.20	1.40	1.60	1.80	2.00	2.20	2.40

在立管接出横支管处或横干管接出立管处应设固定支架，并在接出支管上设一定长度的自由臂长度 L_a，使主管与支管之间具有一定弹性，以避免主管伸缩引起接出支管处漏水，如图 13-1 所示，最小自由臂长度见表 13-4。

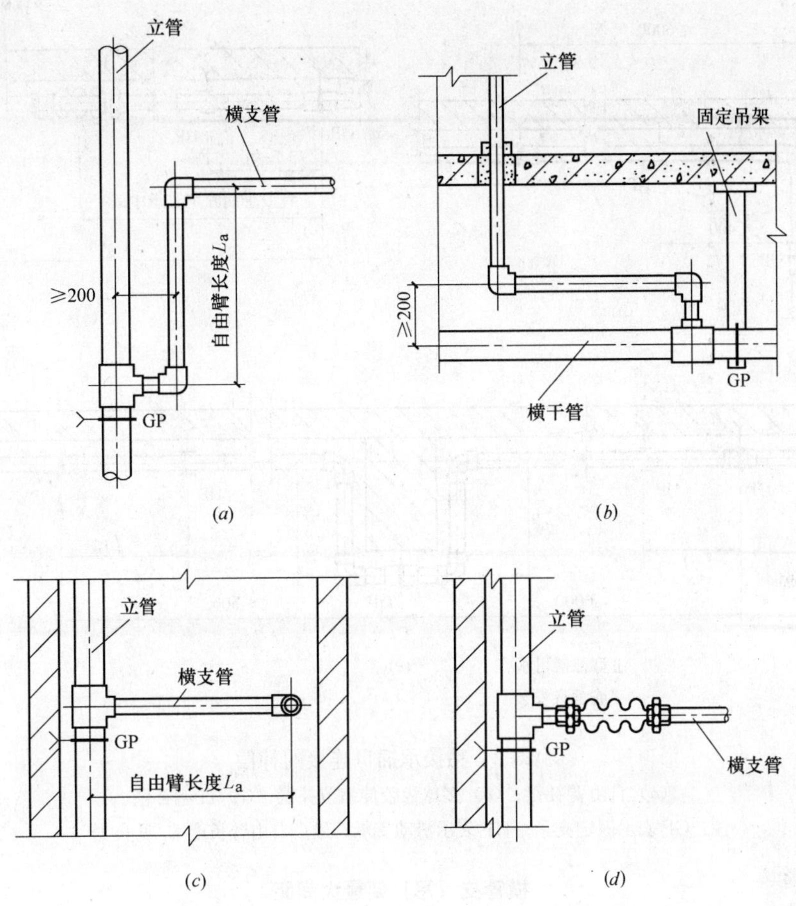

图 13-1　支管的连接

（a）立管明装；（b）横干管接出立管；（c）立管管井暗装；（d）与立管柔性连接

注：GP 表示固定支承

最小自由臂长度（mm）　　**表 13-4**

公称外径 *dn*	20	25	32	40	50	63	75	90	110
最小自由臂长度 L_a	380	420	480	530	600	670	730	800	880

2. 横管安装

（1）横管明装时应平直，支（吊）架最大间距比金属管小，见表 13-5。公称外径 $dn \leqslant 32$mm 的管道安装可采用工厂生产的塑料成品管卡；公称外径 $dn \geqslant 40$mm 的管道安装可采用金属管道支架，为了使金属管卡不损伤塑料管壁，金属管卡与管道之间应加橡胶垫或塑料软垫。

根据标准图 02SS405-1 的要求，粘接承插口连接的管道，可采用自由臂补偿、多球橡胶伸缩节补偿和 Π 型补偿，如图 13-2 所示；橡胶密封圈承插口连接的管道可不设伸缩节补偿，但支（吊）架最大间距仍不得超过表 13-5 的规定。无论粘接承插口连接或橡胶密封圈承插口连接的管道，固定支架的间距均不得大于 6m。

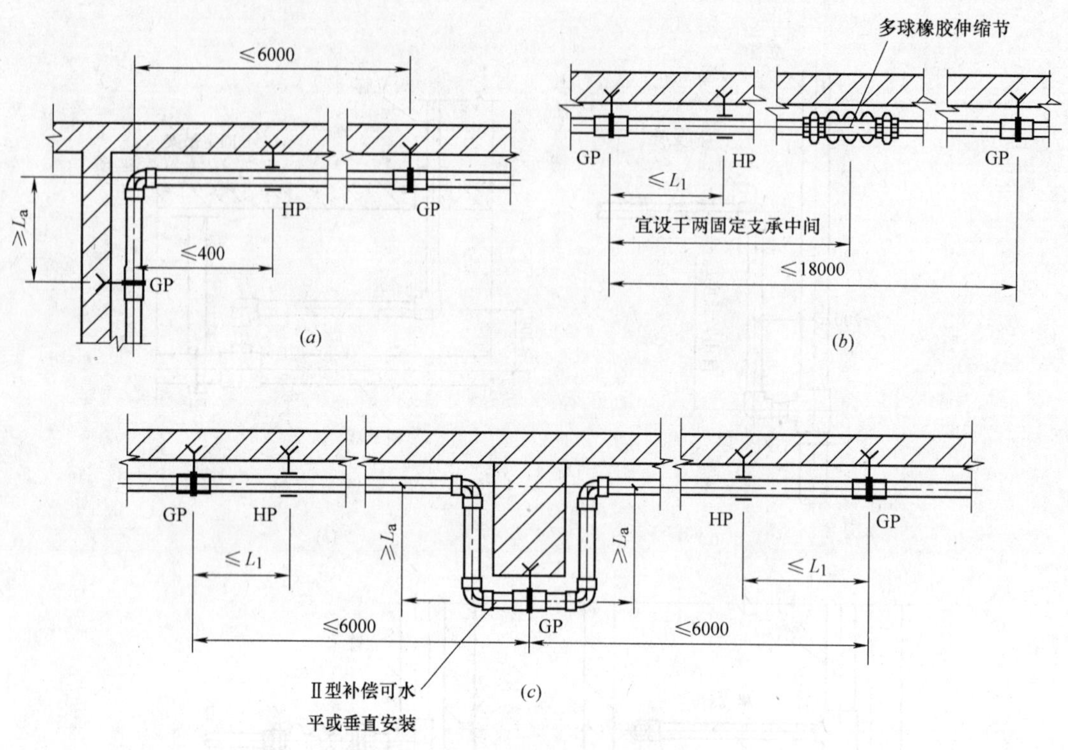

图 13-2　粘接承插口连接的补偿

(a) 自由臂补偿；(b) 多球橡胶伸缩节补偿；(c) Π 型补偿

注：GP 表示固定支承；HP 表示滑动支承；最小自由臂长度 L_a 见表 13-4

横管支（吊）架最大间距　　**表 13-5**

公称外径 dn	20	25	32	40	50	63	75	90	110	160
最大间距 L_1(m)	0.6	0.7	0.8	0.9	1.0	1.1	1.2	1.35	1.55	1.8

(2) 横管嵌墙其公称外径 dn 不得大于 25mm。管槽应预留或用机械开凿，管槽宽度应大于 dn+50mm，深度应大于 dn+15mm。嵌墙管道的连接应在墙外进行，当对管槽尺寸检查无误后，方可移入墙槽内，并宜以 1.2～1.5m 的间距设管卡固定，但不得强力扭曲固定管道。

管道安装完毕并经试压合格后，先用水泥砂浆将管配件固定，待其达到一定强度后，再用水泥砂浆将管槽全部填实抹平。

(3) 当卫生间内管道不能嵌墙敷设时，可在卫生设备后面设置装饰性夹壁矮墙，墙顶比卫生设备稍高，上面可以放置洗漱、卫生用品，横管即安装在夹壁矮墙中。

(4) 沿墙横支管隐蔽安装时（也称“明装暗藏”），宜将其隐蔽在橱柜后面或台式脸盆的台板下面，检修时移开橱柜即可，此种安装方式在住宅中使用较多。

3. 弹性橡胶圈密封柔性连接的管道，必须在承口部位设置固定支架，以免管道伸缩变形时引起接头处漏水；在干管水流改变方向的位置因有内压力产生的推力存在，也应设固定支架。

(四) 管道穿越墙体、地面和楼板

1. 管道穿越地下室外墙和水池池壁时应预埋钢制防水套管，大样图见02S404国标图集。

2. 管道穿越基础墙应预埋套管，管道顶部与套管内顶的净距不得小于100mm，具体做法如图13-3所示；管道穿越地下室墙和内墙的做法如图13-4所示。

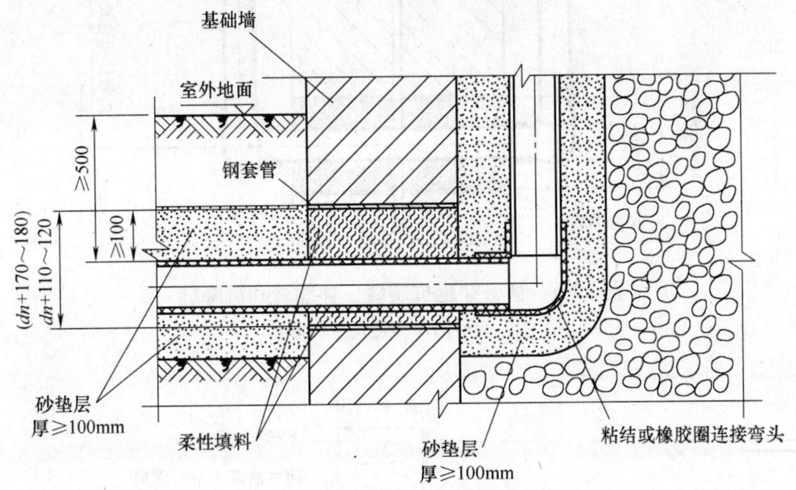

图13-3 管道穿越基础墙

注：括号内尺寸适用于保温管

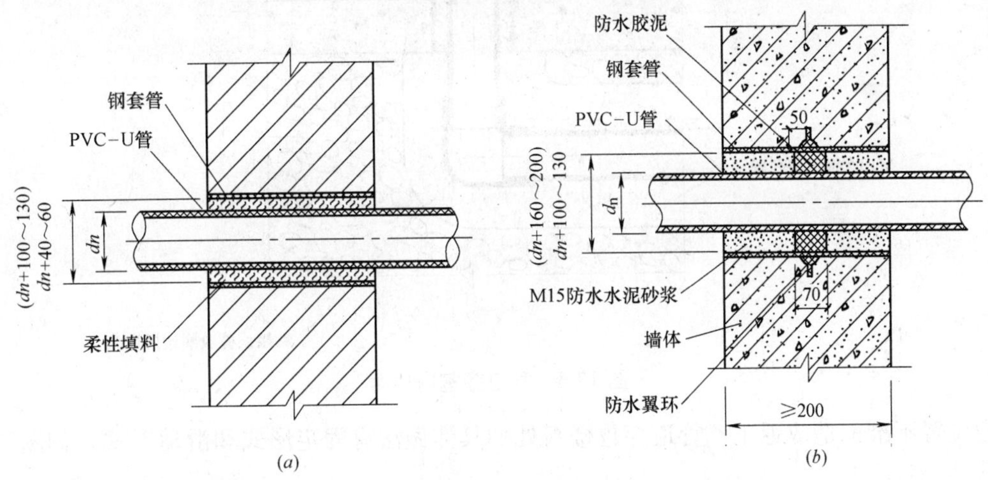

图13-4 管道穿越地下室墙和内墙

（a）穿越内墙；（b）穿越地下室墙

注：括号内尺寸适用于保温管

3. 管道穿越抗震缝、伸缩缝和沉降缝的做法如图13-5所示的弯管形式，根据工程设计和具体情况，可以水平或垂直设置弯管，弯管两侧必须设置固定支架。

4. 管道穿室内地面处应设置防护套管，套管应高出地面不小于100mm，具体做法如图13-6所示。

5. 管道穿越楼板处应配合土建预留孔洞，孔径不小于dn+100mm；预埋套管往往会

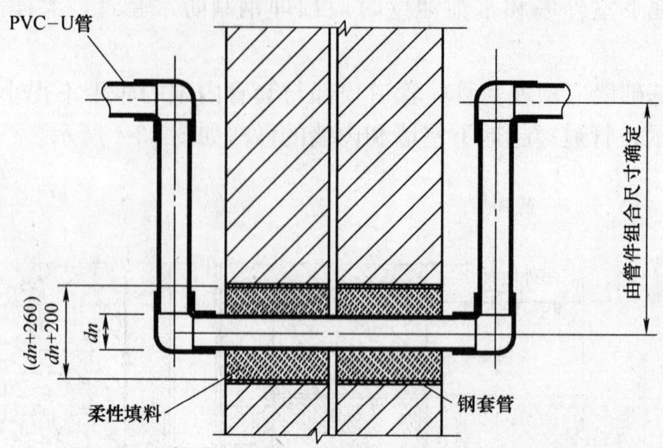

图 13-5 管道穿越抗震缝、伸缩缝和沉降缝

注：括号内尺寸适用于保温管

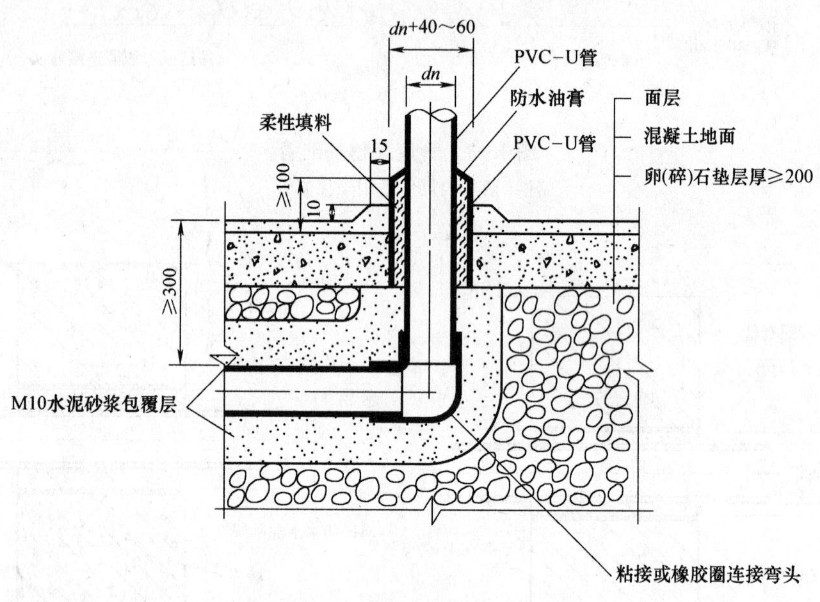

图 13-6 管道穿室内地面

因为位置不准而造成返工。管道穿越楼板处的具体做法有固定形式和滑动形式，如图13-7所示。

6. 在立管穿越屋面处，预留洞的环形空隙部分应采用 C20 细石混凝土分二次填实抹平，使之形成固定支承。

（五）管道的连接

硬聚氯乙烯管道的连接主要有承插式粘接、承插式弹性橡胶密封圈连接和过渡性连接三种方式。

1. 承插式粘接连接

室内管道的承插式粘接连接如图 13-8 所示，粘接承插口的承口尺寸应符合表 13-6 的要求。

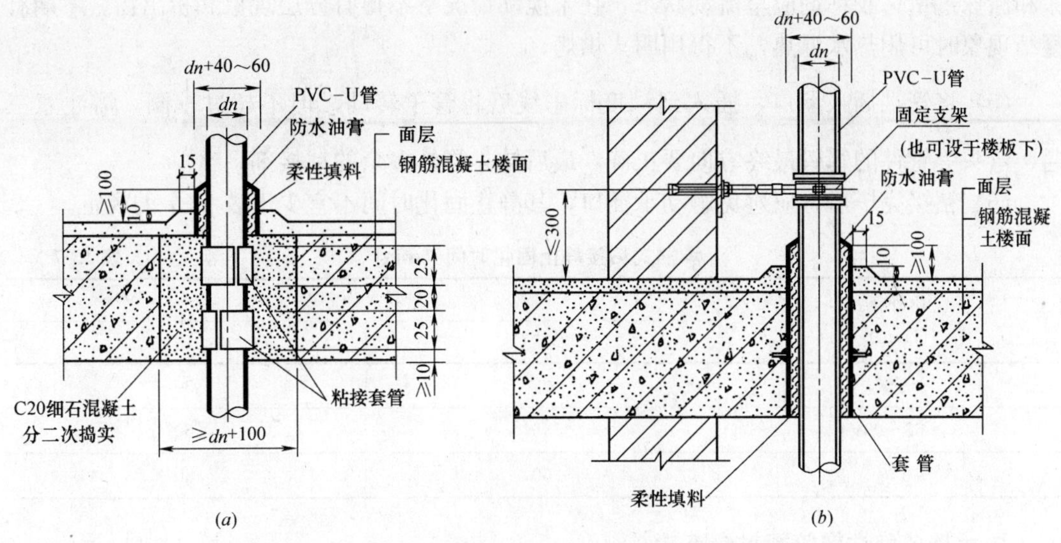

图 13-7　管道穿越楼板

(*a*) 固定形式；(*b*) 滑动形式

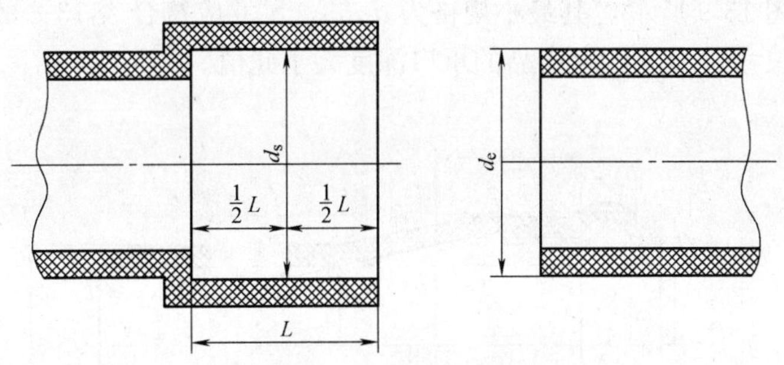

图 13-8　粘接型承插口

粘接承插口的承口尺寸（mm）　　　**表 13-6**

公称外径 dn		20	25	32	40	50	63	75	90	110
承口最小深度 L		16.0	18.5	22.0	26.0	31.0	37.5	43.5	51.0	61.0
承口中部平均内径 d_S	最小	20.1	25.1	32.1	40.1	50.1	63.1	75.1	90.1	110.1
	最大	20.3	25.3	32.3	40.3	50.3	63.3	75.3	90.3	110.4

承插式粘接连接的施工操作步骤如下：

(1) 将管材按长度要求下料，垂直于轴线切割，并在端头外壁加工倒角；将插口外表面和承口内表面的灰尘、污物、油污用棉纱蘸丙酮等清洁剂擦拭干净；

(2) 根据承口深度在插口端划出插入深度标志线；

(3) 粘接接头不得在雨中或水中施工，不宜在0℃以下的环境温度中操作。粘接前进行试插，检验承口与插口的紧密程度，插入深度宜为承口深度的$\frac{1}{2}$；

(4) 涂抹胶粘剂时应先涂承口，后涂插口，转圈涂抹，要求涂抹均匀、适量，不得漏涂和涂抹过量；胶粘剂应呈流动状态，在未搅动情况下不得有分层现象和析出物。冬期有凝结现象时可用热水温热，不得用明火烘烤；

（5）将管端插入承口，插入到深度标志线后将管子转动，但不超过$\frac{1}{4}$圈，需注意三通、弯头等管件的管口最终方向要正确，最后抹去管外多余的粘接剂；

（6）粘接完毕后，应避免触动承插口，其静止固化时间不宜少于表 13-7 的规定。

承插式粘接静止固化时间（min）　　**表 13-7**

公称外径 *dn*（mm）	管材表面温度	
	≥18℃	<18℃
≤50	20	30
63～90	45	60
110	60	80

2. 承插式弹性橡胶密封圈连接

承插式弹性橡胶密封圈的连接密封性好，且接口能补偿管道的伸缩，故公称外径 *dn*≥63 以上的管材与管材、管材与管件的连接，宜采用此种连接方式。弹性橡胶密封圈连接型承插口如图 13-9 所示，其最小规格为 *dn*63，尺寸应符合表 13-8 的要求，表中所列承口深度为最小尺寸，不少厂家产品的承口深度大于此值。

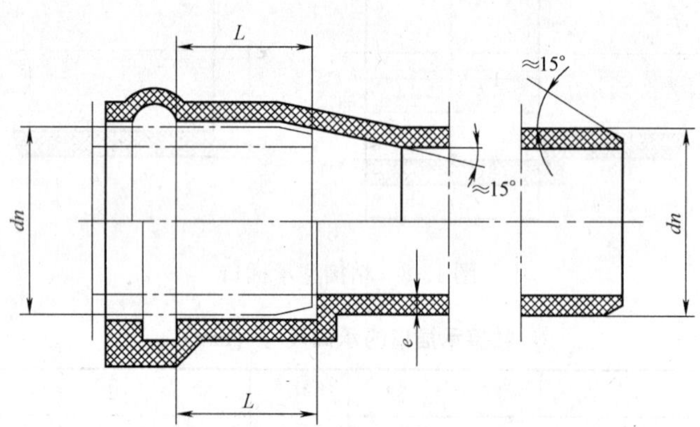

图 13-9　弹性橡胶密封圈连接型承插口

弹性橡胶密封圈柔性连接的承口深度（mm）　　**表 13-8**

公称外径 *dn*	63	75	90	110	125	(140)	160	(180)	200
承口最小深度	64	67	70	75	78	(81)	85	(90)	940

注：带括号的规格不推荐使用。

承插式弹性橡胶密封圈连接施工操作步骤如下：

（1）将承口和插口清理干净，然后把胶圈安放在承口凹槽内，不得扭曲，异形胶圈应安装正确，不得装反；

（2）管子插口不能插到承口底部，要留出间隙作为管子因温差变化产生的伸缩量，可采用表 13-9 的数值；

管长为 4m 时应预留的温差伸缩量 **表 13-9**

施工环境温度（℃）	设计最大升温（℃）	伸缩量（mm）
＞15	25	7
10～15	30	8.5
5～9	35	10

当管子长度不足或大于 4m 时，可按比例减小或加大预留伸缩量。插入深度确定后，应在管端外壁画出插入深度标志线；

（3）在胶圈上和插口插入部分涂抹规定的滑润剂，用人力或专用工具均匀地将插口插入承口，直至插口标志线为止。当难以插入时，应将管道退出，检查橡胶圈是否放置正确。

3. 过渡性连接

（1）硬聚氯乙烯给水管与公称直径 $DN \geqslant 65$mm 的钢管、铸铁管及法兰式阀门等的连接，宜采用过渡性法兰连接，如图 13-10 所示。

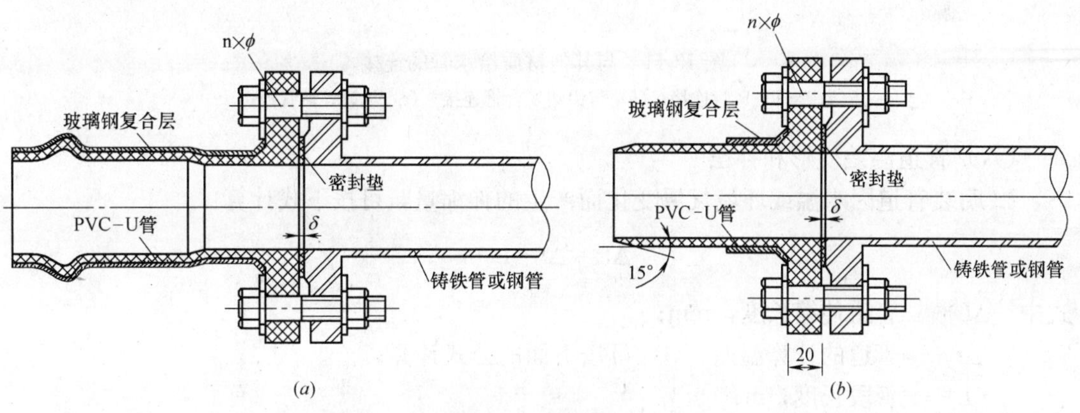

图 13-10 过渡性法兰连接
（*a*）承盘连接；（*b*）插盘连接

过渡性法兰连接的施工操作如下：

1）使用过渡件把不同材质的管材、阀门等附件连接在一起。过渡件两端的接头构造应分别与两侧管材、阀门等附件的接头形式相匹配；

2）过渡件应优先采用管材、附件供货厂家的硬聚氯乙烯注塑成型配套产品；

3）过渡件上法兰的螺栓和连接尺寸，应与相连接的阀门等附件的法兰相一致；

4）也可以采用活套法兰的连接方法与以下管件连接：如加固的硬聚氯乙烯过渡管件（即先用管材切割、焊接成各种管件，再在焊口部位用玻璃钢加固，以增强其承压强度）；涂塑钢制管件（即专门为硬聚氯乙烯给水管道系统加工的钢制管件，管内外进行喷塑防腐处理，也称钢塑管件）；铸铁管件。

（2）硬聚氯乙烯给水管与与其他管道的连接如图 13-11 所示，但只表示了常用的 PVC-U 管件嵌入铜内丝的直通方式，其他方式可参照生产厂家资料。卫生器具配件、丝扣式阀门等管道附件的连接，注塑管件应有镶嵌铜质材料的内螺纹，以增加其强度，管丝扣应符合国家标准，并缠绕生料带，旋紧丝扣时应缓慢用力，适可而止。

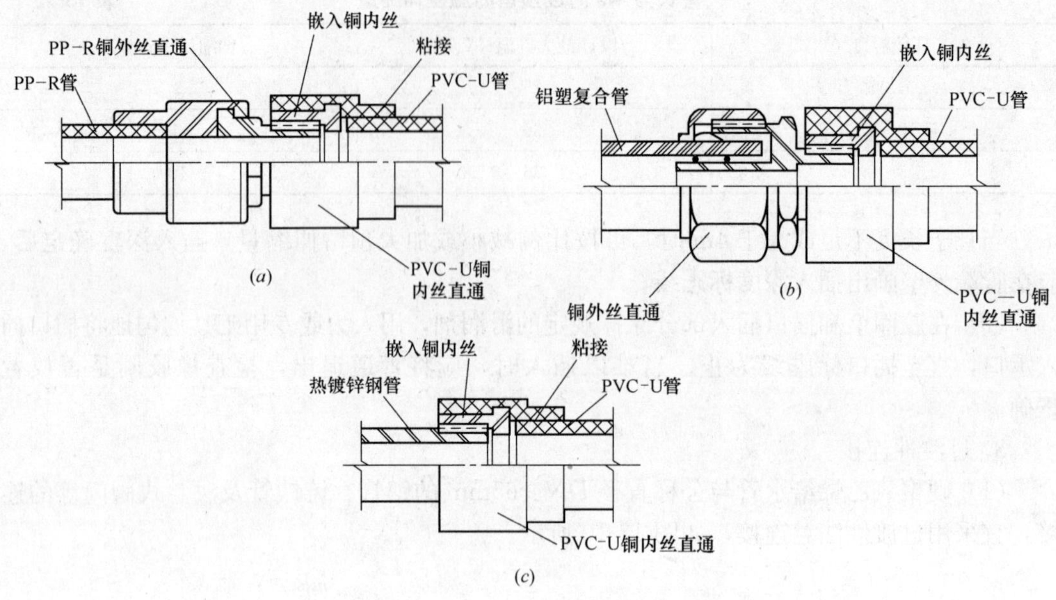

图 13-11　与其他材质给水管的连接

(*a*) 与 PP-R 管连接；(*b*) 与铝塑复合管连接；(*c*) 与镀锌钢管连接

（六）管道温差变形和补偿

1. 明装管道因水温或环境气温变化而产生的伸缩量，可按下式计算：

$$\Delta L=\Delta t\cdot L\cdot\alpha$$

式中　ΔL——管道伸缩长度，mm；

Δt——管道的计算温差，℃，可按下面的公式计算；

L——管段长度，m；

α——线膨胀系数 mm/(m·℃)，硬聚氯乙烯给水管可取 0.07。

2. 管道温差的计算公式为：

$$\Delta t=0.65\Delta t_{s}+0.10\Delta t_{g}$$

式中　Δt——管道的计算温差，℃；

Δt_{s}——管道内水的最大变化温差，℃；

Δt_{g}——管道外气温的最大变化温差，℃。

以上管道温差的计算公式是我国采用的来自英国的设计资料，管道温差变化是由水温变化温差和空气变化温差组成的。水温变化是指冬期与夏季的水温差异。空气变化温差是指安装和使用 PVC—U 给水管时的环境温度的变化。由于水与空气和水与管壁的热传导方式不一样，因而在计算管道温差影响程度时也不相同。

此公式仅适用于建筑物内给水（冷水）管道的温差计算，不适用于热水管和埋地给水管的温差计算。

3. 最小自由臂长度的计算：

利用转弯管道转弯处的悬臂位移，来吸收管道自固定点起到转弯处的伸缩变形，该对应的转弯管段即称为自由臂。利用自由臂进行管道伸缩变形补偿属于自然补偿。

利用自由臂补偿管道伸缩变形如图13-12所示，L_a为自由臂长度，L为不设固定支架的直线管段。

最小自由臂长度可按德国标准DIN 16928的公式计算确定。

$$L_a = K \cdot \sqrt{\Delta L \cdot dn}$$

式中 L_a——最小自由臂长度，mm；

K——管材常数，对硬聚氯乙烯（PVC-U）管材可取33；

ΔL——自固定点起管道的伸缩长度（mm），可按上面介绍的公式计算；

dn——管道公称外径，mm。

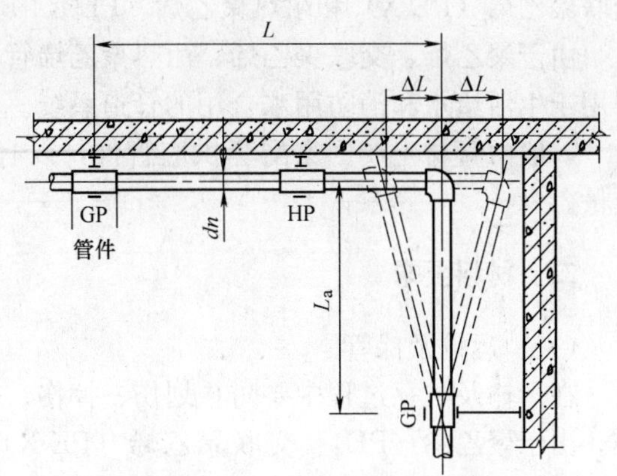

图13-12 自由臂补偿管道伸缩

注：GP表示固定支承；HP表示滑动支承；L_a表示最小自由臂长度

五、管道水压试验

（一）水压试验规定

管道安装完成后，按《建筑给水排水及采暖工程施工质量验收规范》GB 50242的要求进行水压试验，并符合下列规定：

1. 试验压力应取管道系统工作压力的1.5倍，但不得小于0.6MPa；
2. 胶粘剂粘接连接的管道，水压试验应在粘接24h以后方可进行；
3. 暗装和嵌墙安装的管道，应进行两次试压：在管道隐蔽前，应进行隐蔽工程试压；待工程完成后，再进行整体系统试压。

（二）水压试验步骤

水压试验的步骤应符合下列要求：

1. 将试压管道末端封堵，缓慢注水，同时在管道系统高处排出空气；
2. 系统充满水后，进行检查；
3. 管道系统的加压必须缓慢进行，升压时间不得少于10min；
4. 升至规定试验压力后，停止加压，稳压1h，压力降不得超过0.05MPa；然后在工作压力的1.15倍状态下稳压2h，压力降不得超过0.03MPa，观察各个接头部位，无渗漏现象为合格。

第二节 给水聚乙烯类（PE、PE-X、PE-RT）管安装

一、适用范围

建筑给水用聚乙烯类管道，是指聚乙烯（PE）、交联聚乙烯（PE-X）、耐热聚乙烯（PE-RT）管道。根据材料特性和产品标准规定，聚乙烯（PE）管道长期工作温度不大于40℃，故只能用于普通给水管，交联聚乙烯（PE-X）管道长期工作温度不大于90℃，耐热聚乙烯（PE-RT）管道长期工作温度不大于82℃，而生活热水的温度不超过70℃，故

交联聚乙烯（PE-X）和耐热聚乙烯（PE-RT）管道均可用于输送普通给水和生活热水。

由于聚乙烯、交联聚乙烯、耐热聚乙烯管材具有可燃性，故不得用于消防系统，也不得用于生活给水和消防用水合用的管道系统。

一般由管材生产厂家配套供应管件，以有利于增强管材与管件的配套性，保证工程质量。

二、材料要求

（一）运输及保管

在运输及贮存过程中要防止划伤、摔伤、暴晒及受力变形，不得受到油品和化学品污染。由于聚乙烯（PE）、交联聚乙烯（PE-X）、耐热聚乙烯（PE-RT）管材属热塑性塑料，因此，应存放在通风良好的库房或棚内，不得露天堆放。要防止长时间库存，以免降低其理化性能。为缩短存放时间，应遵循先进先出的原则。

（二）卫生要求

由于聚乙烯（PE）、交联聚乙烯（PE-X）、耐热聚乙烯（PE-RT）管道用于输送饮用水和生活冷热水，管道卫生性能好坏直接影响人们身体健康，因此，此类管材、管件应符合生活饮用水卫生标准的要求。

热水管道系统和机械式连接的冷水管道系统，管材与管件连接后应通过现行国家标准《冷热水系统用热塑性塑料管材和管件》GB/T 18991 中规定的系统静液压、热循环、循环压力冲击、耐拉拔和耐弯曲五项系统适应性试验。

（三）管材

聚乙烯（PE）、交联聚乙烯（PE-X）、耐热聚乙烯（PE-RT）管材、管件的内外表面应平整、光滑、洁净，颜色应均匀一致，管材的规格尺寸应分别符合表 13-10、表 13-11、表 13-12 的要求。

聚乙烯（PE）管主要规格尺寸（mm）　　表 13-10

公称外径 dn	平均直径		壁厚			
	最小	最大	SDR17	SDR13.6	SDR11	SDR9
			S8	S6.3	S5	S4
20	20.0	20.3	—	—	2.3	2.3
25	25.0	25.3	—	—	2.3	2.8
32	32.0	32.3	—	—	3.0	3.6
40	40.0	40.4	—	—	3.7	4.5
50	50.0	50.5	—	—	4.6	5.6
63	63.0	63.6	—	4.7	5.	7.1
75	75.0	75.7	4.5	5.6	6.8	8.4
90	90.0	90.9	5.4	6.7	8.2	10.1
110	110.0	111.0	6.6	8.1	10.0	12.3
125	125.0	126.2	7.4	9.2	11.4	14.0
160	160.0	161.5	9.5	11.8	14.6	17.9

交联聚乙烯（PE-X）管主要规格尺寸（mm）　**表 13-11**

公称外径 *dn*	平均直径		壁厚			
	最小	最大	S6.3	S5	S4	S3.2
20	20.0	20.3	1.9	1.9	2.3	2.8
25	25.0	25.3	1.9	2.3	2.8	3.5
32	32.0	32.3	2.4	2.9	3.6	4.4
40	40.0	40.4	3.0	3.7	4.5	5.5
50	50.0	50.5	3.7	4.6	5.6	6.9
63	63.0	63.6	4.7	5.8	7.1	8.6
75	75.0	75.7	5.6	6.8	8.4	10.3
90	90.0	90.9	6.7	8.2	10.1	12.3
110	110.0	111.0	8.1	10.0	12.3	15.1
125	125.0	126.2	9.2	11.4	14.0	17.1
160	160.0	161.5	11.8	14.6	17.9	21.9

耐热聚乙烯（PE-RT）管材主要规格尺寸（mm）　**表 13-12**

公称外径 *dn*	平均直径		壁厚				
	最小	最大	S6.3	S5	S4	S3.2	S2.5
20	20.0	20.3	—	2.0	2.3	2.8	3.4
25	25.0	25.3	2.0	2.3	2.8	3.5	4.2
32	32.0	32.3	2.4	2.9	3.6	4.4	5.4
40	40.0	40.4	3.0	3.7	4.5	5.5	6.7
50	50.0	50.5	3.7	4.6	5.6	6.9	8.3
63	63.0	63.6	4.7	5.8	7.1	8.6	10.5
75	75.0	75.7	5.6	6.8	8.4	10.3	12.5
90	90.0	90.9	6.7	8.2	10.1	12.3	15.0
110	110.0	111.0	8.1	10.0	12.3	15.1	18.3
125	125.0	126.2	9.2	11.4	14.0	17.1	20.8
160	160.0	161.5	11.8	14.6	17.9	21.9	26.6

以上表中，SDR为标准尺寸比，系管材的公称外径与公称壁厚的比值；S8、S6.3、S5……等表示管系列，其值S为：

$$S=\frac{dn-en}{2en}$$

式中　*dn*——公称外径；

en——公称壁厚。

（四）管件

由于聚乙烯（PE）、耐热聚乙烯（PE-RT）管道主要采用热熔连接和电熔连接，只有管材与管件材质相同或相似时，才能获得可靠的连接质量，因此要求其管件应采用与管材相同材质的材料。

管件应采用注塑成型，以消除其因结构形式产生的内应力。若采用管材切割焊接成型的管件，将产生较大的内应力，容易造成应力集中，使用中容易在焊缝处破坏。同时，建筑给水管道系统所需的管件尺寸较小，聚乙烯（PE）、耐热聚乙烯（PE-RT）材料容易注塑成型。

1. 聚乙烯（PE）和耐热聚乙烯（PE-RT）的热熔承插管件的承口尺寸见表13-13。

热熔承插管件承口尺寸（mm） **表13-13**

公称外径 dn	承口内径				绝对不圆度	最小通径	承口长度	管件加热长度		管材长度	插入长度
	端口		根部								
	最小	最大	最小	最大				最小	最大	最小	最大
20	19.2	19.5	19.0	19.3	0.4	13	14.5	12.0	14.5	11.0	13.5
25	24.1	24.5	23.9	24.3	0.4	18	16.0	13.5	16.0	12.5	15.0
32	31.1	31.5	30.9	31.3	0.5	25	18.1	15.6	18.1	14.6	17.1
40	39.0	39.4	38.9	39.2	0.5	31	20.5	18.0	20.5	17.0	19.5
50	48.9	49.4	48.7	49.2	0.6	39	23.5	21.0	23.5	20.0	22.5
63	62.0	62.4	61.6	62.2	0.6	49	27.4	24.9	27.4	23.9	26.4

2. 聚乙烯（PE）和耐热聚乙烯（PE-RT）的热熔对接管件的端口尺寸见表13-14。

热熔对接管件端口尺寸（mm） **表13-14**

公称外径 dn	端口平均外径		绝对不圆度	最小通径	最小内切削长度	最小外切削长度
	最小	最大				
63	63.0	63.4	1.5	49	5	16
75	75.0	75.5	1.6	59	6	19
90	90.0	90.6	1.8	71	6	22
110	110.0	110.6	2.2	87	8	28
125	125.0	125.8	2.5	99	8	32
160	160.0	161.0	3.2	127	8	40

3. 聚乙烯（PE）和耐热聚乙烯（PE-RT）的电熔管件的承口尺寸见表13-15。

电熔管件承口尺寸（mm） **表13-15**

公称外径 dn	熔融区平均内径	熔融区加热长度	管材插入长度	
			最小	最大
20	20.1	10	20	41
25	25.1	10	20	41
32	32.1	10	20	44
40	40.1	10	20	49
50	50.1	10	20	55
63	63.1	11	23	63

续表

公称外径 dn	熔融区平均内径	熔融区加热长度	管材插入长度	
			最小	最大
75	75.2	12	25	70
90	90.3	13	28	79
110	110.3	15	32	82
125	125.4	16	35	87
160	160.6	20	42	98

4. 聚乙烯（PE）和耐热聚乙烯（PE-RT）的承插式柔性连接承口尺寸见表 13-16。

承插式柔性连接承口尺寸（mm） **表 13-16**

公称外径 dn	承口平均内径	承口长度	
		最小有效长度	承口总长度
63	64.5	83.0	119.0
75	76.5	87.0	123.0
90	92.0	89.0	135.0
110	112.0	95.0	145.0
125	127.0	98.0	150.0
160	162.5	106.0	164.0

注：承口最小有效长度为橡胶圈后的扩口部分长度。

三、聚乙烯类管道施工

（一）管道布置

1. 室外引入管应埋设在冰冻线以下 0.15m，穿越小区、厂区道路的管顶埋设深度不宜小于 0.70m。

引入管施工应先安装室内部分，且伸出墙外，并应进行临时封堵，在室外部分有条件施工后，再与室内管道连接。管道穿越房屋基础时，管道上方应预留不宜小于 150mm 的建筑物沉降量。引入管道穿出室内地坪时应设高度不小于 120mm 的钢质防护套管。

2. 在室内敷设聚乙烯类管道，宜采用暗敷，即采取嵌墙或在楼（地）面垫层内直埋敷设方式或布置在管井、管窿、吊顶内的非直埋敷设方式。由于其刚性较差，使支承点间挠度较大，如用于热水或冷热水交替的管道，纵向变形尤其明显。采用暗敷时，管壁外部的摩擦力能抵消其膨胀力，对管道系统运行不会产生影响。

室内埋地管道施工应先将回填土夯实，然后重新开挖管沟。如沟底有硬凸出物时，应铺 100mm 厚的砂垫层。回填土应在管道隐蔽工程验收合格后进行。回填时，管道周围的回填土不得有尖硬石、砖块。

3. 嵌墙敷设管道的管槽高度不应小于 $dn+30$mm，深度不应小于 $dn+20$mm；楼（地）面垫层内直埋敷设的管道顶面与垫层顶面的距离不得小于 10mm。

4. 管道经水压试验合格后，应采用 M10 水泥砂浆填补，并应分二次进行，第一次填补高度不应低于管中心，待初硬后，进行第二次填补，补至与土建墙面相平。

非直埋敷设或明敷的管道安装，应按设计要求采取因温度变化而引起的管道纵向变形的补偿措施。

5. 热水管道与冷水管道应平行敷设。水平敷设时热水管道应敷设在外侧，上下敷设时热水管应敷设在上方。立管并排时热水管应在右侧。

6. 由于聚乙烯类管材线膨胀系数大，为防止管道因介质或环境温度变化，纵向膨胀量叠加，影响安全运行和美观，在立管穿越楼板、屋面时，应结合楼层防水处理，浇筑细石混凝土将其固定，形成分段设固定支承。

7. 由于聚乙烯类管材强度低，管道不得埋设在钢筋混凝土结构的梁、板、柱和墙体内，否则会因交叉施工作业而损伤管道，日后会造成严重后果。管道也不得穿越风道、设备基础、配电间。

8. 管道穿墙应设套管，穿越地下室外墙或钢筋混凝土水池（箱）壁时，应预埋刚性防水套管。管道不宜穿越建筑物沉降缝、伸缩缝；当必须穿越时，应有相应的变形补偿措施。

9. 管道布置应与热源保持一定安全距离。立管距燃气灶具不得小于450mm，距燃气热水器不得小于200mm。严禁横管在燃气灶具、燃气热水器上方经过。

管道不得直接与热水器热水进出口连接，应采用长度不小于350mm的金属波纹软管作为过渡连接，以利安全并便于设备、连接管的更换。

10. 埋地、架空或地沟敷设的热水管道的保温层应按设计厚度施工。

（二）管道穿越墙体、地面和楼板

管道穿越墙体、地面和楼板与第一节建筑给水硬聚氯乙烯管基本相同。

1. 管道穿越楼板时，其与楼板的间隙应采用C20细石混凝土分二次嵌实填平，第一次宜填至楼板厚度的$\frac{2}{3}$，待初硬后进行第二次嵌填，并应填至与楼板结构面相平。实践表明，此种方法对防渗漏水是有效的，同时能对管段起固定支承作用。若用水泥砂浆嵌实填平，因其收缩量较大，防水性能反而较差。

2. 当楼层地面有垫层施工时，管道穿越楼板处还应埋设保护套管，套管底部应坐落在楼板结构面上，上口高出地坪不应小于120mm，周围应采用水泥砂浆筑阻水圈等防渗水措施。

3. 管道穿越屋面时，应结合屋面防水层施工，采用防水层包覆管壁和筑阻水圈等屋面防水措施。

4. 管道穿越地下室混凝土墙时，应预埋钢管防水套管，管道与预埋套管的间隙中间部位应采用防水胶泥嵌实，宽度不应小于预埋套管长度的50%，两侧可用M15防水水泥砂浆嵌实填平。

5. 热水管穿越楼板部位，应设套管。管道与套管的间隙宜采用发泡材料或纸筋石灰等柔性耐热或阻燃型填料填实。

（三）分水器供水系统

所谓分水器供水系统，就是给水、热水管进入住户后，各自进入分水器，该户所有的冷热水用水点均从分水器上引出一根管，中间不设分支或接头，以便于管道暗装供水的安全性。采用分水器供水系统应符合如下要求：

1. 每户住宅根据居住面积大小、卫生间数量和用水点多少，可设置 1～2 组分水器。分水器应安装在便于检修的位置；

2. 分水器宜设置分水器箱，冷、热水分水器可共用一个分水器箱，热水分水器一般布置在冷水分水器的上方；

3. 由分水器到各用水点应单独铺设配水管，管径一般为 dn20；

4. 分水器进水管前面的水表上必须安装进水控制阀门；从分水器引出的到各用水点的配水管一般不安装阀门，配水管与分水器的连接采用螺母锁紧式，一旦某用水点要修理，可临时关闭进水控制阀门，在配水管螺母锁紧处加橡胶垫临时封闭后，随即恢复其他用水点供水。

（四）管道支承件的设置

1. 明装或暗装管道的支承件间距应符合表 13-17 的规定，立管距地 1.20～1.40m 处应设支承件。

管道支承间距（m）　　　　**表 13-17**

公称外径 dn		20～25	32～40	50～63	75～90	110～125	160
冷水管	横管	0.70	0.90	1.10	1.35	1.70	1.90
	立管	1.00	1.30	1.80	2.20	2.60	2.80
热水管	横管	0.35	0.50	0.70	0.95	1.25	1.50
	立管	0.90	1.20	1.50	1.75	2.05	2.20

2. 明装管道可采用钢支承件，并刷防锈涂料；暗装直埋管道可用钩钉固定，间距可采用 1.0～1.5m；钢支承件与管道间应垫薄橡胶板；

3. 支承件应设在管件或管道一侧 50～100mm 处。干管在有支管分流处，且支管较长时，应在干管上分流处设固定支承件。

4. 管卡与管道表面之间应采用橡胶垫隔离，紧固管卡不得过紧。滑动支承件的管卡应允许管道纵向滑动，但不得产生横向位移。

5. 两个固定支承之间应按设计要求设不同形式的补偿。

（五）管道温差变形及补偿

1. 明装冷、热水管道因水温或环境气温变化而产生的伸缩量，可按下式计算：

$$\Delta L = \Delta t \cdot L \cdot \alpha$$

式中　ΔL——管道伸缩长度，mm；

L——计算管段长度，mm；

α——管材的线膨胀系数，mm/(m·℃)，聚乙烯（PE）、交联聚乙烯（PE-X）、耐热聚乙烯（PE-RT）管材一般取 0.15～0.20；

Δt——管道计算温差，℃，热水管按管道内水温最大温差变化值计算，一般可取 50；

冷水管的计算温差可按下面的公式计算确定：

$$\Delta t = 0.65\Delta t_s + 0.10\Delta t_g$$

式中　Δt_s——冷水管道内水温变化最大值，℃；

Δt_g——冷水管道外环境温度变化最大值，℃。

2. 直埋敷设管道因管壁与混凝土或土壤的摩擦力足以限制管道的纵向膨胀和伸缩，故不必考虑管道温差变形补偿措施。

3. 根据交联聚乙烯（PE-X）管道工程应用运行效果，以及国外聚乙烯（PE）、耐热聚乙烯（PE-RT）管道工程应用经验，热水管道计算管段长度宜取 4～6m；冷水管由于工作温度比热水管低，因此取为热水管计算长度的 2 倍，宜取 8～12m。

4. 固定支承间应设补偿器。直线管段宜设 U 形、Π 形、环形补偿器或多球橡胶伸缩节，可水平或竖直安装。补偿器顶端应设固定支承，如图 13-13 所示，最小自由臂长度及最大支承件间距见表 13-18。

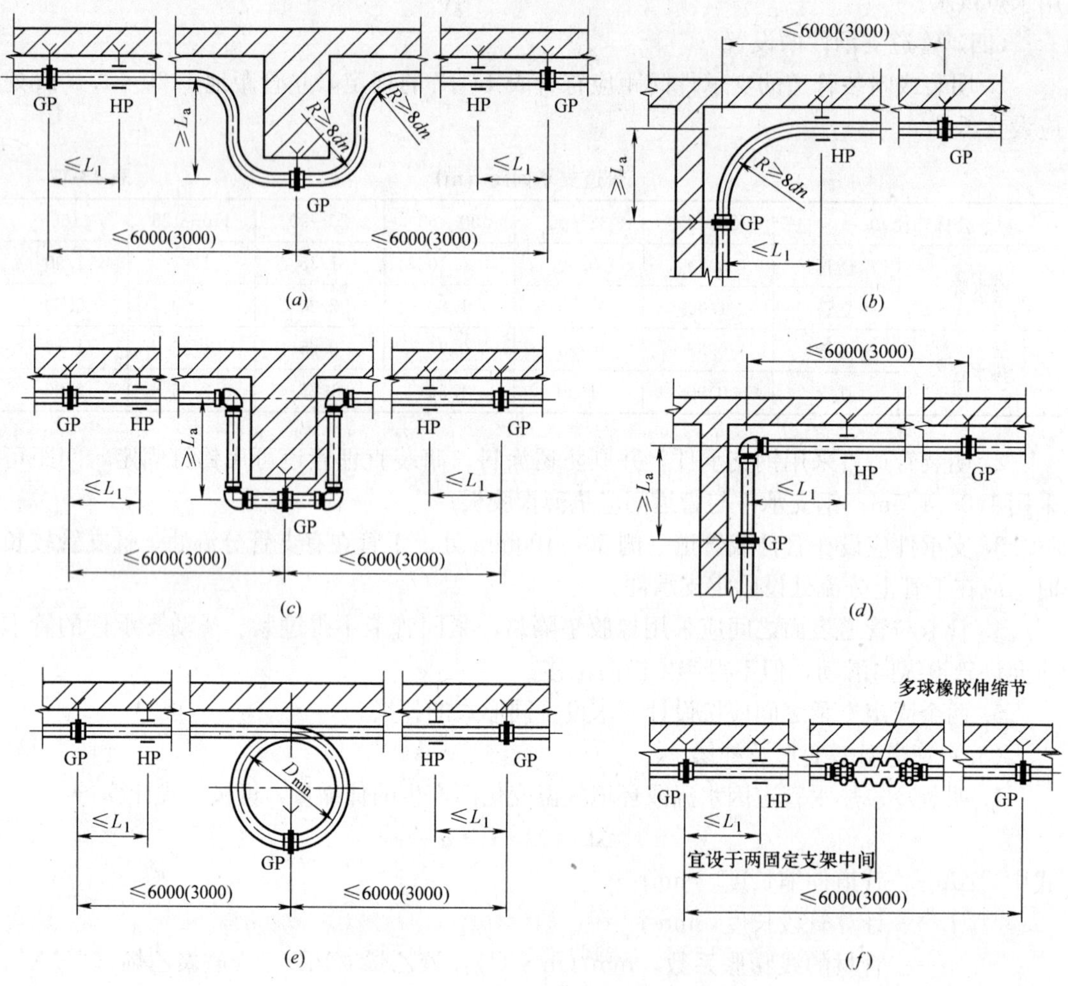

图 13-13　补偿器及支承件设置

(*a*) U 形补偿（$dn \leqslant 32$）；(*b*) 自由臂补偿（一）（$dn \leqslant 32$）；(*c*) Π 形补偿；(*d*) 自由臂补偿（二）；(*e*) 环形补偿；(*f*) 多球橡胶伸缩节补偿

注：1. L_a 为最小自由臂，L_1 为最大支承间距；2. "GP" 为固定支承代号，"HP" 为滑动支承代号；3. 图中括号内的数据用于热水管。

5. 当管道按表 13-17 规定的支承间距设置的支架全部为固定支承点时，管段可不再设补偿器。

最小自由臂长度及最大支承件间距 **表 13-18**

公称外径 dn		20	25	32	40	50	63
冷水管	L_a	340	380	430	480	530	600
	L_1	600	700	800	1000	1200	1400
热水管	L_a	300	340	380	470	600	680
	L_1	300	350	400	500	600	700

注：(1) 冷水管 Δt_s 取值 20℃，Δt_g 取值 25℃。

(2) 热水管 Δt_s 取值 65℃。

(3) 冷水管计算长度为 6m；热水管计算长度为 3m。

6. 最小自由臂长度的计算。关于最小自由臂长度已在本章第一节中介绍过。

聚乙烯（PE）、交联聚乙烯（PE-X）、耐热聚乙烯（PE-RT）管道最小自由臂长度应按下式计算：

$$L_a = K\sqrt{\Delta L \cdot dn}$$

式中 L_a——最小自由臂长度，mm；

K——管材常数，通常 PE、PE-RT 管材取 27，PE-X 管材取 20；

ΔL——按热水管道计算公式计算的伸缩长度，mm；

dn——管材公称外径，mm。

四、聚乙烯类管道的连接

管道与附件的连接，应采用带管螺纹金属镶嵌的管件，不得以任何形式直接在塑料管材、管件上加工管螺纹。下面介绍几种主要的连接方法。

（一）热熔连接

热熔连接就是用专用电加热工具加热连接部位，使其表面呈熔融状态后，施加压力使其连接成一体的连接方式。

1. 热熔承插连接。热熔承插连接是用电加热工具同时加热管件承口的内面和管子插口的外面，待其表面熔化后，将管端插入管件承口，即完成热熔连接，如图 13-14 所示。热熔承插连接适用于 $dn \leqslant 63$ 的 PE 冷水管和 PE-RT 冷热水管连接，管件用注塑成型，并与管材材质相同。

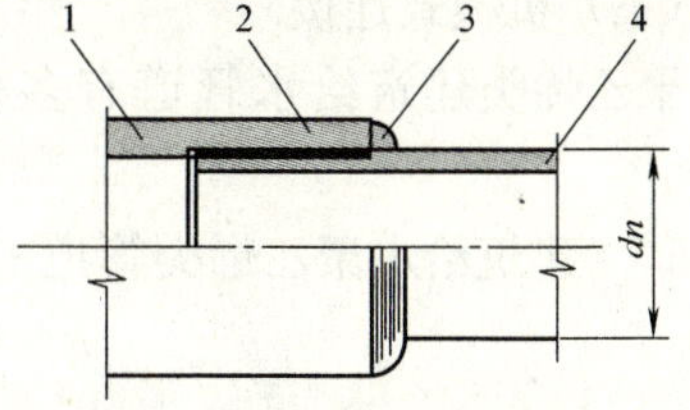

图 13-14 热熔承插连接

1—管件；2—承口；3—焊接凸缘；4—管材

热熔连接用的电加热工具一般由厂家供应，并有使用说明书，正式施工前可先做试验。

聚乙烯（PE）和耐热聚乙烯（PE-RT）管道热熔承插连接应符合如下要求：

(1) 管材端口外部应加工出长度不大于 4.0mm 的 30°角坡口；

(2) 用洁净棉布擦净，将管材、管件的待连接面擦拭干净，用热熔工具加热，面上不得有污物；

(3) 测量管件承口深度，并在管材插入端画出插入长度标志；

(4) 用热熔承插加热工具加热管材插口外表面和管件承口内表面，准确掌握加热时间；

(5) 待加热完成立即将连接件脱离加热器，将管子插口插入管件承口内，直至插入长度的标志位置，并保持一定压力和冷却时间；

(6) 对一个厂家不同规格的产品，上述操作过程应经过试验，找出最佳参数。

2. 热熔对接连接。热熔对接连接是用平板式电加热工具同时加热需连接的接口管壁断面（管件对管子或管子对管子），从而达到对接连接，如图 13-15 所示。热熔对接适用于 $dn \geqslant 63$ 的 PE 冷水管和 PE-RT 冷热水管的连接，材质要求与热熔承插连接相同。

聚乙烯（PE）和耐热聚乙烯（PE-RT）管道热熔对接连接，应先用热熔对接连接工具上的铣刀铣削待连接的管子端面，使其吻合并与管道轴线垂直。一般操作要求大体与热熔承插连接相同。

（二）电熔连接

电熔连接所用管件，在制作时其连接部位已埋入加热电阻丝。连接时将管材插入电熔管件内，再通电加热，即将连接部位熔融连接为一体，如图 13-16 所示。电热熔对接适用于 $dn \leqslant 160$ 的 PE 冷水管和 PE-RT 冷热水管的连接，材质要求与热熔承插连接相同。

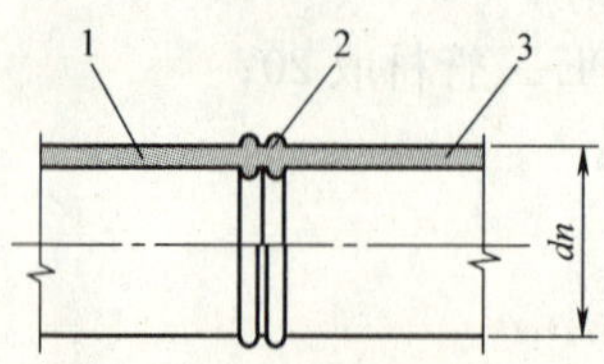

图 13-15　热熔对接连接
1—管件或管材；2—焊接凸缘；
3—管材

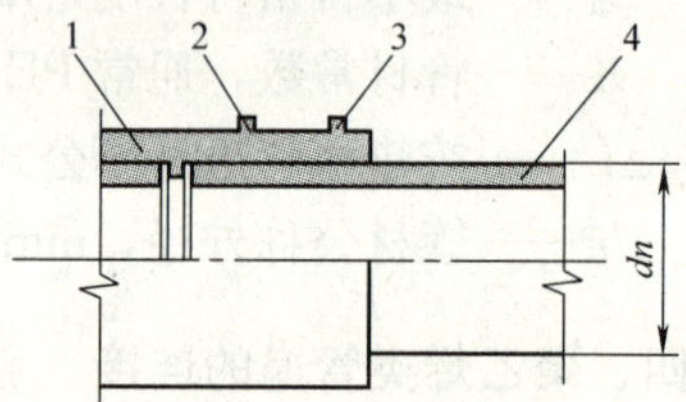

图 13-16　电熔连接
1—管件本体；2—信号眼；
3—电源插口；4—管材

电熔连接前，先用刮刀刮除管子连接部位表皮，管子端口外部坡口角度、长度等一般操作要求大体与热熔承插连接相同。电熔管件的通电电压、电流和时间应满足电熔连接工具说明书的要求，并应预先经过试验。

（三）机械式连接

聚乙烯类建筑给水管道有多种机械式连接方法，不同生产厂家采用的方法不完全相同。

1.《建筑给水聚乙烯类管道工程技术规程》CJJ/T 98 推荐的连接方式

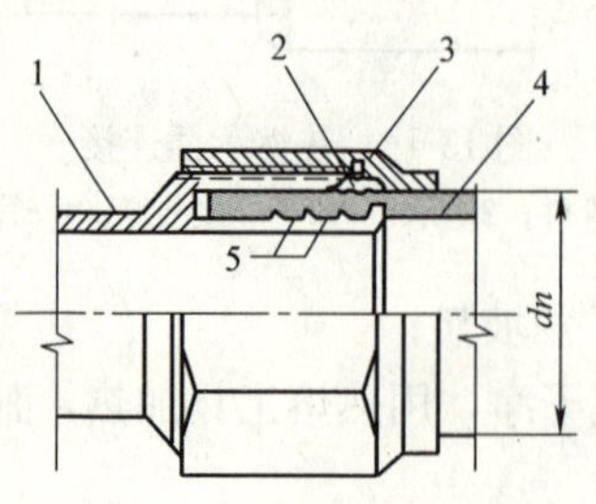

图 13-17　黄铜件卡套式连接
1—管件本体；2—C 形铜箍；3—锁紧螺母；
4—管材；5—O 形密封圈

机械式连接就是使用金属材料或高强度塑料制作的管件，用专用工具对管材与管件进行机械紧固，使之达到密封的连接方式。机械式连接方法较多，下面是较为常用的几种：

(1) 卡套式连接。黄铜件卡套式连接。图13-17所示的管件本体和锁紧螺母的材料为锻压黄铜，适用于 dn20～32 的 PE-X 冷热水管的连接。

此种连接方式的操作方法：

1) 用专用刮刀对管材端口进行坡口，角度不小于 30°，并把管子端部擦拭干净；

2）将锁紧螺母和C型铜箍依次套入管子端部；

3）把管子推入管件本体，直至管子端部到承口根部；

4）应将C形铜箍推至管件承口端，最后旋紧锁紧螺母。

（2）增强塑料卡套式连接。图13-18所示的管件本体和锁紧螺母的材料均为特种增强塑料，内插衬套材料为不锈钢（304），适用于dn20～32的PE-X、PE-RT冷热水管和PE冷水管的连接。

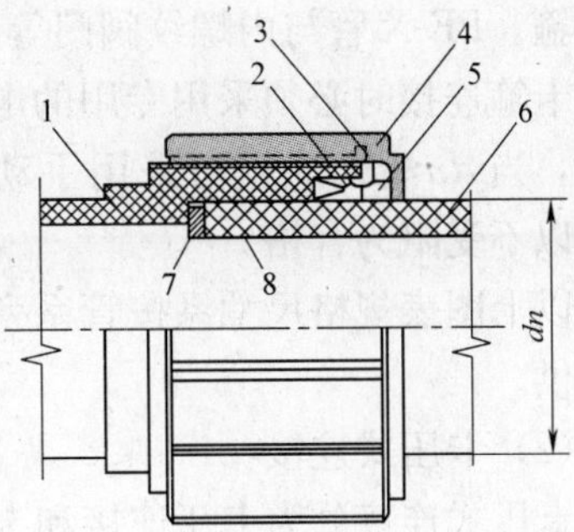

图13-18　增强塑料件卡套式连接

1—管件本体；2—橡胶密封圈；3—不锈钢压环；4—锁紧螺母；5—C形箍；6—管材；7—橡胶密封垫；8—不锈钢内衬套

此种连接方式的操作方法：

1）管子坡口及清洁要求与上述相同；

2）把不锈钢内衬套插入管材端口内；

3）把锁紧螺母（包括锁紧圈）、C形箍、密封圈依次套入管材端部；

4）管子端部插至管件承口根部，并将密封圈、C形箍、锁紧圈推至管材端部，最后旋紧锁紧螺母。

2. 标准图《交联聚乙烯（PE-X）给水管安装》02SS405-4推荐的连接方式

（1）卡箍式连接

卡箍式连接分为卡箍连接和卡箍套丝接两种，其连接形式和插口段详图如图13-19所示，插口段主要尺寸见表13-19。

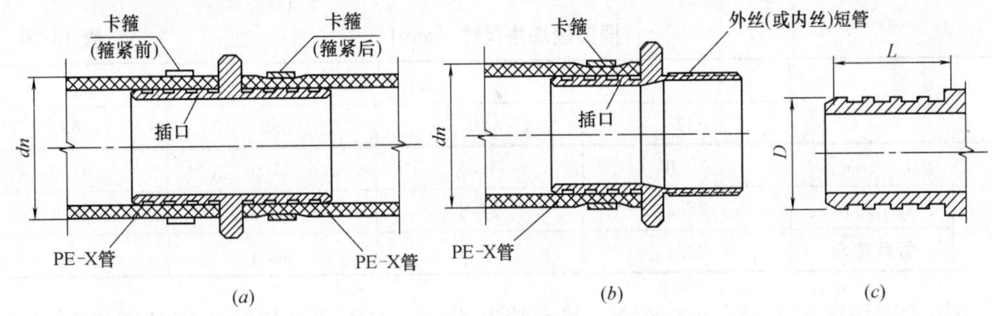

图13-19　卡箍式连接

（a）卡箍连接；（b）卡箍套丝接；（c）插口段详图

插口段主要尺寸（mm）　　**表13-19**

公称外径 dn	外径 D	单侧长度 L
20	15.9	16.1
25	20.3	16.1
32	26.1	20
40	32.5	23.8
50	40.7	23.8
63	51.3	23.8

卡箍式连接适用于$dn \leqslant 32$的热水管及$dn \leqslant 63$的冷水管。冷水管接头两侧均采用一个卡箍；热水管当$dn \leqslant 32$时接头两侧均采用一个卡箍，当$dn > 32$时接头两侧均采用两

个卡箍。PE-X 管与内螺纹阀门等附件连接时，需匹配卡箍式外丝直通件。

卡箍连接时必须采用专用的电动或液压夹紧钳夹紧卡箍环直至夹钳的卡头部二翼合拢为止，当 dn≤32 时也可采用手动长钳，卡箍环夹紧后须用专用定径卡板检查卡箍环周边，以不受阻为合格。

以上图表规格尺寸系按管系列 S5 编制，采用其他系列管材时管件尺寸由管材生产厂家提供。

（2）卡压式连接

卡压式连接分为卡压连接和卡压套丝接两种，其连接形式和插口段详图如图 13-20 所示，插口段主要尺寸见表 13-20。

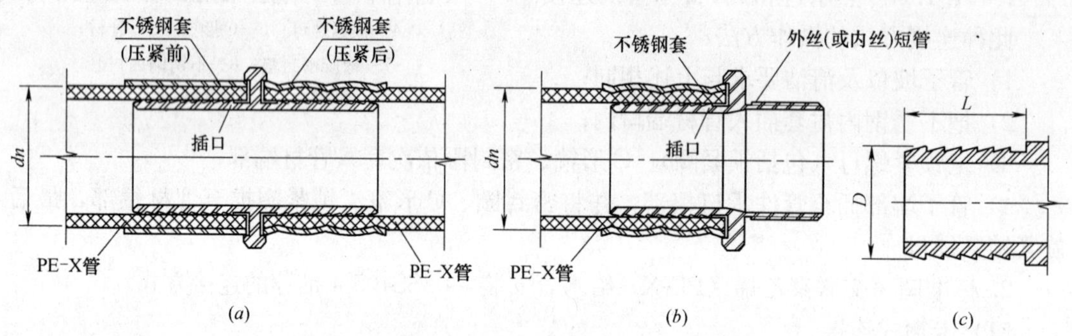

图 13-20　卡压式连接

（a）卡压连接；（b）卡压套丝接；（c）插口段详图

插口段规格尺寸（mm）　　**表 13-20**

尺　寸		公称外径 dn			
		32	40	50	63
L		26.0	31.0	41.0	51.0
D	管系列 S5	25.8	31.8	40.0	50.6
	管系列 S4	24.4	30.5	38.3	48.3

卡压式连接适用于 dn≤63 的冷、热水管道连接，卡压式连接前应用整圆扩孔器或铰刀将管口端部整圆扩孔，管件插入后套上不锈钢套环，然后采用专用的电动或液压工具将套环压紧，当 dn≤25 时也可采用手动长钳压紧。PE-X 管与内螺纹阀门等附件连接时，需匹配卡压式外丝直通件。订货时应分别注明热水管卡压接头和冷水管卡压接头的规格、数量，以满足匹配相同外径不同壁厚的管材要求。施工前应详读生产厂家的说明书。

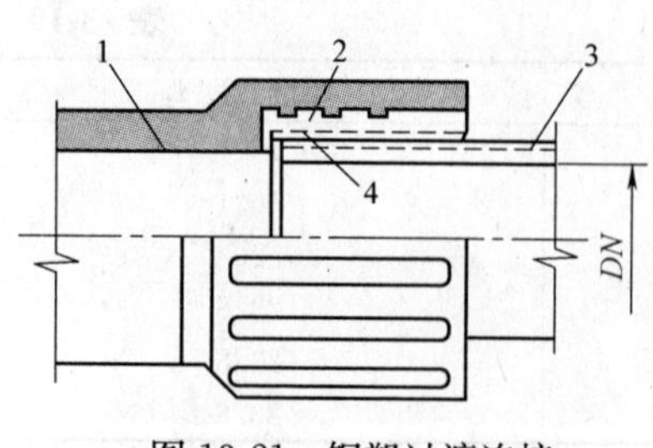

图 13-21　钢塑过渡连接

1—管件本体；2—金属内嵌件；3—钢管；4—管螺纹

（四）钢塑过渡连接

图 13-21 所示的钢塑过渡接头塑料端材料与管材材质为 PE 或 PE-RT，金属端为钢质，适用于 dn32～160 的 PE 冷水管或 PE-RT 冷热水管的连接。

此种连接方式就是聚乙烯（PE）或耐热聚乙烯（PE-RT）带有金属螺纹内嵌件的管件端口与钢管外螺纹的连接。当接口附近钢管施焊时，应注意避免高温对钢塑过渡接头塑料部分的不利影响。

（五）法兰连接

图 13-22 所示的法兰连接，塑料法兰连接件的材料由与管材材质相同的 PE 或 PE-RT 注塑成型，其凸缘就是密封面，其背面是钢质活套法兰。法兰连接适用于 $dn \geqslant 63$ 的 PE-X 冷水管或 PE-RT 冷热水管。

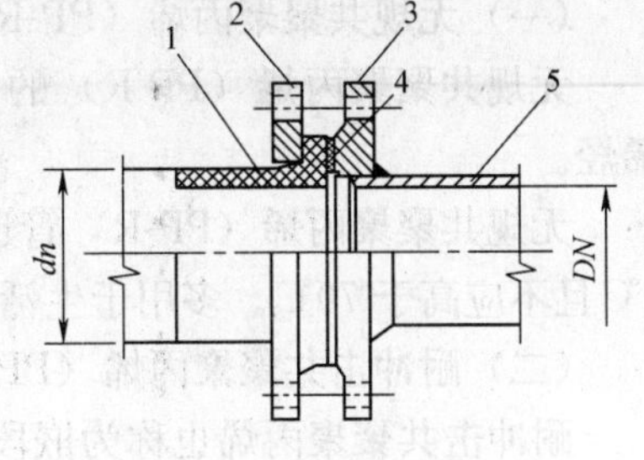

图 13-22　法兰连接
1—带凸缘的塑料端口；2—活套法兰；3—钢活套法兰；4—垫片；5—钢管或管件

此种连接方式的操作方法：

1. 先在聚乙烯（PE）或耐热聚乙烯（PE-RT）管的凸缘密封面后面套入钢质活套法兰；

2. 金属管道及其与法兰连接系按常规做法；

3. 将法兰垫片放入金属管道钢质法兰与带凸缘的塑料端口之间，并使连接面配合紧密；

4. 安装法兰螺栓，并按对称位置均匀适度紧固。

五、水压试验

（一）中间验收

中间验收应在管道安装完成之后隐蔽之前进行，并可根据施工进度分段进行。中间验收应符合下列要求：

（1）管道的敷设位置、规格和冷热水标志等项目应符合设计要求；

（2）管道的支承件的位置应正确，固定应牢靠，管道支承间距应按规程规定设置；

（3）按下一款的规定进行水压试验；

（4）检验合格后应填写验收记录并签字。

（二）水压试验

整个管道系统完工后必须再进行一次整体水压试验，并应符合下列要求：

1. 试验压力应为管道系统设计工作压力的 1.5 倍，但不得小于 0.6MPa。

2. 水压试验应按下列步骤进行：

（1）将试压管段各配水点关闭或封堵，缓慢注水，同时在系统高处排出空气；

（2）管道充满水后，进行水密封性检查；

（3）对系统加压应缓慢进行，升压时间不应小于 10min；

（4）升压至规定的试验压力后，停止加压，稳压 1h，压力降不得超过 0.05MPa；

（5）在工作压力的 1.15 倍状态下稳压 2h，压力降不得超过 0.03MPa，同时检查各连接处，不得渗漏。

3. 水压试验合格后，应填写水压试验记录并请有关方面签字。

第三节　给水聚丙烯（PP-R）管安装

一、适用范围

聚丙烯类管道适用于工业与民用建筑内的生活给水、热水和饮用净水系统。能在

70℃的温度下长期工作，瞬时使用温度可达95℃是它的主要优点，因而多用于热水系统。但不得用于消防系统，也不得用于生活给水和消防用水合用的管道系统。

（一）无规共聚聚丙烯（PP-R）管道

无规共聚聚丙烯（PP-R）的聚合方式为在聚丙烯的分子结构中无规则地嵌入其他烯烃。

无规共聚聚丙烯（PP-R）管道系统的设计压力不宜大于1.0MPa，设计温度不应低于0℃且不应高于70℃。多用于生活热水系统，也可用于给水和饮用净水系统。

（二）耐冲击共聚聚丙烯（PP-B）

耐冲击共聚聚丙烯也称为嵌段共聚聚丙烯，其共聚体由均聚聚丙烯PP-H和（或）无规共聚聚丙烯PP-R与橡胶相形成的两相或多相丙烯共聚物。

耐冲击共聚聚丙烯（PP-B）管道系统的设计压力不宜大于1.0MPa，设计温度不应低于0℃，且不应高于40℃。适用于给水和饮用净水系统，不能用于生活热水系统。

二、管系列及其选择

（一）管系列

按照《热塑性塑料管材选用壁厚表》GB 10798，用以表示管材规格的无量纲数值系列可用管系列“S”表示，其值为：

$$S=\frac{dn-en}{2en}=\frac{1}{2}\left(\frac{dn}{en}-1\right)$$

式中 dn——公称外径，mm；

en——公称壁厚，mm。

上式变形：
$$en=\frac{dn}{2S+1}$$

即知道了S系列和管外径，可以推算壁厚。

建筑给水聚丙烯管材的相关国家标准规定，其管系列S分为五档，即S5、S4、S3.2、S2.5、S2，数值越小、管壁越厚。相同材质管壁越厚，相应管道承压能力越大。

管系列S与环应力σ及内压P的关系，根据定义：

$\sigma=P\cdot\frac{dn-en}{2en}$，把$S=\frac{dn-en}{2en}$代入，得$\sigma=P\cdot S$

$$\therefore \quad S=\frac{\sigma}{P} \quad 或 \quad P=\frac{\sigma}{S}$$

需注意，这里的P是静压力，而环应力σ也称静液压应力。这是一种理想状态的理论值。实际工程应用时，除考虑管道承受内压力，还须考虑物理影响（温度、时间）、化学影响（接触反应）、外力影响（施工、安装、运输、装卸等）以及材料性质（长期性能、温度相关性，耐化学性）等因素，实际应用时应根据使用条件，按有关规定综合考虑一个大于1的安全系数。

（二）管系列选择

建筑给水聚丙烯管道的选用应根据管道系统设计压力、工作水温和使用环境确定。冷水管使用温度≤40℃，热水管长期使用温度≤70℃。冷、热水管道的管系列S可根据设计压力按表13-21选择。

冷水管、热水管设计压力的管系列选择　**表 13-21**

类　别	材　料	设计压力（MPa）		
		P≤0.6	0.6<P≤0.8	0.8<P≤1.0
冷水管	PP-R	S5	S5	S4
	PP-B	S5	S4	S3.2
热水管	PP-R	S3.2	S2.5	S2

三、管材和管件

一个管道系统或建筑物所使用的聚丙烯管材和管件，应采用同一厂家、同一配方原料的产品，其耐温、耐压性能应符合长期要求。PP-R 不能与 PP-B 或其他塑料管材（如 PE、PVC- U、ABS 等）热熔连接。

强调材料的长期耐压、耐温性能，是为了确保安全使用，合格产品应能通过国家产品标准所规定的 8760 h 耐压、耐温测试，而伪劣产品其长期耐压、耐温性能往往达不到，有时短时间（如 1 小时至几十小时）虽能通过性能测试，并不表明其产品质量符合要求。

管材和管件应具有正规检测机构的检测报告及生产厂家的质量合格证。为避免 PP-R 管与 PP-B 管混用，应在管材和管件上标示材料名称（PP-R 或 PP-B）。管材、管件上还应标示直径规格、生产日期和生产厂名或商标。

（一）管材和管件的外观质量要求

1. 管材、管件壁应不透光，且内外壁光滑平整、壁厚应均匀、无气泡、划痕，色泽一致；

2. 管件应表面光滑、平整，无变形、无合模缝，浇口应平整、无裂纹，管件壁厚不应小于同一管系列 S 的管材壁厚。

（二）管材规格

管材规格用 $dn \times en$（外径×壁厚）表示，不同管系列 S 的公称外径和公称壁厚应符合表 13-22 的规定。聚丙烯冷水管系列最小为 S5，聚丙烯热水管系列最小为 S3.2。

管材管系列和规格尺寸（mm）　**表 13-22**

公称外径 dn	平均外径		管系列				
			S5	S4	S3.2	S2.5	S2
	最小	最大	公称壁厚 en				
20	20.0	20.3	—	2.3	2.8	3.4	4.1
25	25.0	25.3	2.3	2.8	3.5	4.2	5.1
32	32.0	32.3	2.9	3.6	4.4	5.4	6.5
40	40.0	40.4	3.7	4.5	5.5	6.?	8.1
50	50.0	50.5	4.6	5.6	6.9	8.3	10.1
63	63.0	63.6	5.8	7.1	8.6	10.5	12,7
75	75.0	75.7	6.8	8.4	10.3	12.5	15.1
90	90.0	90.9	8.2	10.1	12.3	15.0	18.1
110	110.0	111.0	10.0	12.3	15.1	18.3	22.1

注：管材长度一般为 4m 或 6m，长度不应有负偏差。壁厚不得低于上表中的数值。

（三）管件的承口尺寸

1. 热熔承插管件承口尺寸。热熔承插管件的承口如图 13-23 所示，承口尺寸应符合表 13-23 的规定。

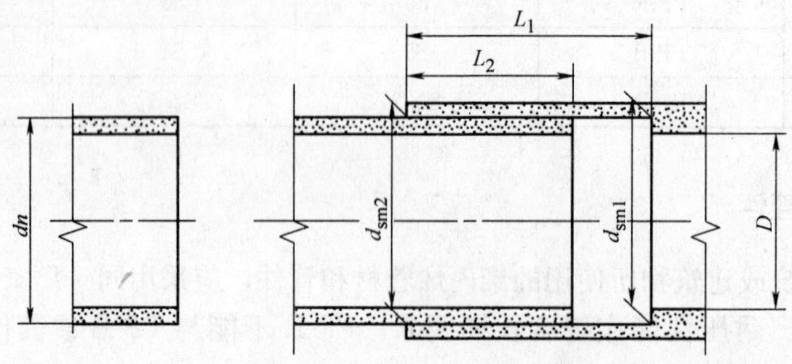

图 13-23　热熔承插管件承口

热熔承插管件承口尺寸（mm）　　表 13-23

公称外径 dn	最小承口长度 L_1	最小承插深度 L_2	承口的平均内径				最大不圆度	最小通径 D
			d_{sm1}		d_{sm2}			
			最小	最大	最小	最大		
20	14.5	11.0	18.8	19.3	19.0	19.5	0.6	13.0
25	16.0	12.5	23.5	24.1	23.8	24.4	0.7	18.0
32	18.1	14.6	30.4	31.0	30.7	31.3	0.7	25.0
40	20.5	17.0	38.3	38.9	38.7	39.3	0.7	31.0
50	23.5	20.0	48.3	48.9	48.7	49.3	0.8	39.0
63	27.4	23.9	61.1	61.7	61.6	62.2	0.8	49.0
75	31.0	27.5	71.9	72.?	73.2	74.0	1.0	58.2
90	35.5	32.0	86.4	87.4	87.8	88.8	1.2	69.8
110	41.5	38.0	105.8	106.8	107.3	108.5	1.4	85.4

注：公称外径 dn 是指与管件相连的管材的公称外径。

2. 电熔连接管件承口尺寸。电熔连接管件的承口如图 13-24 所示，承口尺寸应符合表 13-24 的规定。

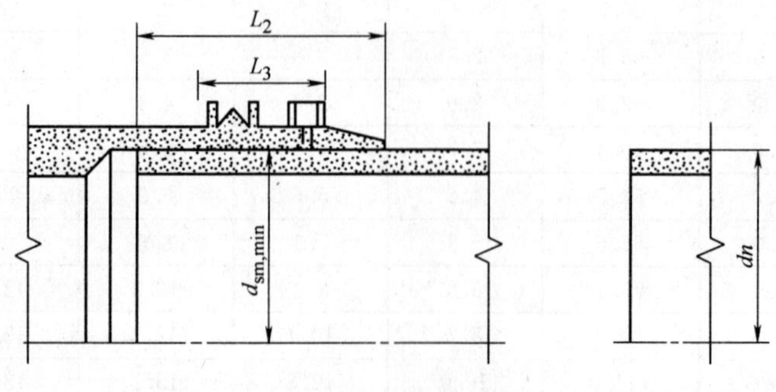

图 13-24　电熔连接管件承口

电熔连接管件承口尺寸（mm） 表13-24

公称外径 dn	熔合段最小内径 $d_{sm,min}$	熔合段最小长度 L_3	最小承插长度 L_2	
			最小	最大
20	20.1	10	20	37
25	25.1	10	20	40
32	32.1	10	20	44
40	40.1	10	20	49
50	50.1	10	20	55
63	63.2	11	23	63
75	75.2	12	25	70
90	90.2	13	28	79
110	110.3	15	32	85

注：公称外径 dn 是指与管件相连的管材的公称外径。

四、管道布置和敷设时应注意的事项

建筑给水聚丙烯管道宜采用暗敷，因为暗敷就是直接嵌墙或在建筑地平面层内敷设，能利用其与水泥砂浆的摩擦力，来克服管道温差变化引起的膨胀力，解决了其热膨胀问题，同时也有利于管道的隔热防火。

暗敷方式分直埋和非直埋两种。直埋形式有嵌墙敷设和地坪面层内敷设；非直埋形式有管道井、管窿、装饰板和吊顶内敷设。

（一）埋地引入管和室内埋地管的敷设

1. 埋地引入管敷设应先将室内地平以下管道敷设至外墙外约500mm处，待土建结构施工结束后，再进行室外部分的施工。

2. 埋地管道的沟槽底应平整，不得有突出的尖硬物体。必要时铺设100mm厚的砂垫层；室内埋地管道应在土建回填土夯实以后，重新开挖进行敷设。不得在回填土之前或未经夯实的土层中敷设。

3. 埋地管道回填土时，不得夹杂尖硬物与管壁接触。应先用砂土或细土回填至管顶上侧300mm处，经夯实后方可回填原土，室内埋地管道的埋设深度不宜小于500mm。

4. 管道出地坪处应设置套管，其高度应高出地平100mm。

（二）嵌墙和地坪面层的直埋管道

1. 嵌墙直埋管道需与土建协调，在墙面留出凹槽，凹槽内面应平整，不应有尖锐凸起；如未预留可用机械切割出凹槽宽度，再用手工剔出凹槽深度。凹槽的宽度为 $dn+(40\sim60)$mm、深度为 $dn+(20\sim30)$mm。当水平槽较长或开槽深度超过墙厚的$\frac{1}{3}$时，应征得结构专业的同意。凹槽内不得有尖角等突出物，管道应有固定措施；管道试压合格后，墙槽用M10级水泥砂浆填补密实。对于热水管，其表面覆盖水泥砂浆层厚度不得少于20mm。

管道暗敷在地平面层内时，应严格按图纸定位施工，如现场施工有更改，应有图示记录，以免装修时损坏管道。

管道不得直接埋在楼板、剪力墙及梁、柱等结构层内，如必须埋设时，应得到结构许可，外加钢套管保护，并采取防止施工堵塞的措施。

2. 直埋管道应有明确的定位尺寸，以避免二次装饰时被损坏。当有可能会遭到损坏时，应加钢套管保护。

3. 直埋于墙体或地坪面层的冷热水管道，由于墙体或地坪内的水泥砂浆限制住了管道的热膨胀，可不考虑伸缩补偿，一般地平面层厚度只有50mm，故直埋管道的外径不宜超过 $dn25$，当地平面层厚度小于50mm时，直埋管的外径应减小。直埋管道应采用热熔连接。

4. 直埋在地坪面层以及墙体内的管道，应在隐蔽前做好试压和隐蔽工程的验收记录工作。

（三）明敷和非直埋暗敷

明敷管道宜在土建粉饰完毕后进行，安装前应复核预留孔洞或预埋套管的位置的准确度。

管道安装时，不得有轴向扭曲，穿墙或穿楼板处，不宜强制校正。建筑给水聚丙烯管与其他金属管道平行敷设时应有一定的保护距离，其净距离不宜小于100mm。

管道明敷和非直埋暗敷时，应考虑管道因温度变形的补偿措施，即合理控制管道的轴向伸缩。后面有较详细的介绍。

（四）保护措施

1. 由于聚丙烯管道强度明显比钢管要差，故宜敷设在管道井、管窿等不易被碰撞的地方。管道明装时，可用薄钢板壳设在管道外面，防止碰撞。

2. 聚丙烯管道应避免靠近灶具、热水器、开水炉和热力管道等热源。管道距灶具或热水器等的净距不得小于400mm。当条件不具备时，应加隔热防护措施，且最小净距不宜小于200mm。

3. 聚丙烯管道靠近热水器或开水器的部位，温度较高，为防止管道受辐射热影响，应采用铜管、不锈钢波纹管等耐腐蚀金属管道。

（五）管道的穿越

管道穿越墙体、地面和楼板与第一节建筑给水硬聚氯乙烯管基本相同。

1. 管道穿越地下室外墙需设刚性或柔性钢制防水套管，并应有可靠的防渗和固定措施，防止温差变形引起渗漏。

2. 管道穿越水池、水箱的管段应采用金属管。

3. 管道不宜穿越建筑物沉降缝、伸缩缝，当必须穿过时，应采取防沉降、防伸缩措施，如在管道经过变形缝处，用四个弯头做成Π形，进行补偿，也可在穿越部位连接一段金属软管。

4. 管道穿过墙、梁时，应加钢套管保护，防止管道伸缩时与墙壁摩擦造成的损伤。

5. 管道不得穿越变配电室、烟道和风道。

6. 管道穿越楼板时应设套管，套管高出地面不小于50mm。管道穿越屋面时，前端设固定支架，目的是防止管道变形，造成穿越管道与套管间松动产生渗漏。穿越屋面应设防水套管。

五、管道的连接

给水聚丙烯管的管材和管件之间，可采用承插式热熔连接或电熔连接，当安装操作部位狭窄时，宜采用电熔连接。采用热熔或电熔连接时，应由管材生产厂提供专用的熔接机具或电熔管件。熔接机具应安全可靠，便于操作，并附有产品合格证书和使用说明书。

给水聚丙烯管与金属管件连接时，有专用管件，一端可与聚丙烯管热熔连接另一端带金属嵌件，有内螺纹和外螺纹可与金属管螺纹连接；如需法兰连接时，也有专门的法兰连接件。管道采用螺纹或法兰连接时，应由生产厂提供专用管件。直埋敷设的管道不得采用螺纹或法兰连接。

（一）承插式热熔连接

承插式热熔连接的加热构造如图 13-25 所示。热熔连接前，先检测热熔工具是否完好，加热头是否符合施工所需规格，电源电压是否符合使用要求。施工环境温度低时，热熔加热时间应稍长些。插入时用力要适度，插入深度要达到规定要求，插入太深会造成管道断面减小，插入太浅会造成接口搭接太少，使接口强度降低。

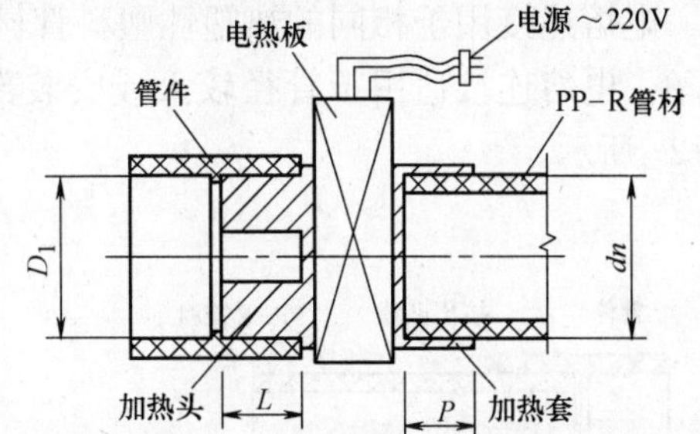

图 13-25　承插式热熔连接的加热构造示意

给水聚丙烯管道的热熔连接应按以下步骤进行：

1. 当管材端部有伤痕或不规则时，宜先截去一部分，切割管材应使端面垂直于管轴线，切割后的管口断面应去除毛边、毛刺。管材与管件连接面应清洁、干燥、无油污；

2. 测量并标示出承插深度，承插深度不应小于表 13-25 的要求；

3. 将欲连接的承、插接口分别无旋转地插入热熔工具的加热套和加热头，插入到所标志的深度，接通电源，待到达工作温度（260±10℃）指示灯亮后方能开始进行操作；

4. 不同规格管材、管件的加热时间、承插接口操作时间及冷却时间应按热熔机具生产厂家的要求掌握。如无要求时，可参照环境温度 20℃条件下表 13-25 所列的技术参数进行。当施工环境温度低于 20℃时，加热时间适当延长，若环境温度低于 5℃，加热时间应延长 50%；

热熔连接操作技术参数　　**表 13-25**

公称外径 *dn* (mm)	最小承口深度 (mm)	加热时间 (s)	承插接口操作时间 (s)	冷却时间 (min)
20	11.0	5	4	3
25	12.5	7	4	3
32	14.6	8	4	4
40	17.0	12	6	4
50	20.0	18	6	5
63	23.9	24	6	6
75	27.5	30	10	8
90	32.0	40	10	8
110	38.0	50	15	10

5. 承插接口加热完成后，立即从加热套与加热头上同时取下，迅速无旋转地插入到所标示的深度，使接头处形成均匀凸缘。*dn*<63 可人工操作，*dn*≥63 应采用专用进管机操作。熔接弯头、三通等具有方向性的管件时，应注意其方向应符合要求。管件与管材热熔连接剖面如图 13-26 所示；

6. 在规定的承插接口操作时间内，刚熔接好的接头还可校正，但不得旋转；

7. 在规定的冷却时间内，不得触动接口。

（二）电熔连接

电熔连接用于相同的热塑性塑料管材连接。电熔连接所用管件在制作时已埋入加热电阻丝。电熔连接适用于管径较大或安装部位较困难的管道安装。电熔连接加热构造如图 13-27 所示。

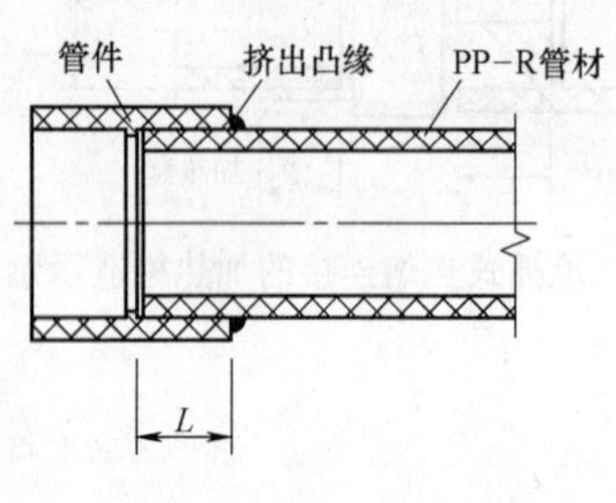

图 13-26　热熔连接剖面

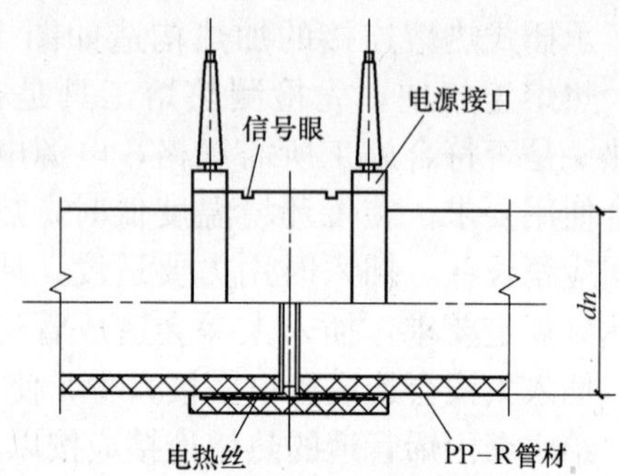

图 13-27　电熔连接加热构造

给水聚丙烯管道的电熔连接应按以下步骤进行：

1. 管材的切割断面应垂直。电熔管件与管材的熔合部位保持清洁干燥；

2. 测试出承插连接深度，并标示在插口端的管材上。管件、管材承插熔合连接部位的表皮应轻轻刮除；

3. 通电加热的电压应符合电熔管件技术要求，电熔连接机具与电熔管件的导线连通应正确；

4. 通电加热前校直对应的连接件，使其处于同一轴线上。如有三通、弯头，应注意其方向应符合要求；

5. 各种规格电熔管件的标准加热时间由电熔管件生产厂家提供。一般情况下，当环境温度高于或低于 20℃时，电熔连接的加热时间应按表 13-26 所列的加热时间修正系数进行调整。若电熔机具有温度自动补偿功能，则不需要人为调整加热时间；

6. 电加热过程中，当信号眼内熔体有突出沿口现象，通电加热即告完成。管件与管

电熔连接加热时间修正系数　　**表 13-26**

环境温度(℃)	加热时间修正系数	环境温度(℃)	加热时间修正系数
－10	1.12	＋30	0.96
0	1.08	＋40	0.92
＋10	1.04	＋50	0.88
＋20	1.00		

材电熔连接剖面如图 13-28 所示；

7. 在通电熔合及断电冷却过程中，不得触动电熔连接件管件，也不得在连接件上施加外力。

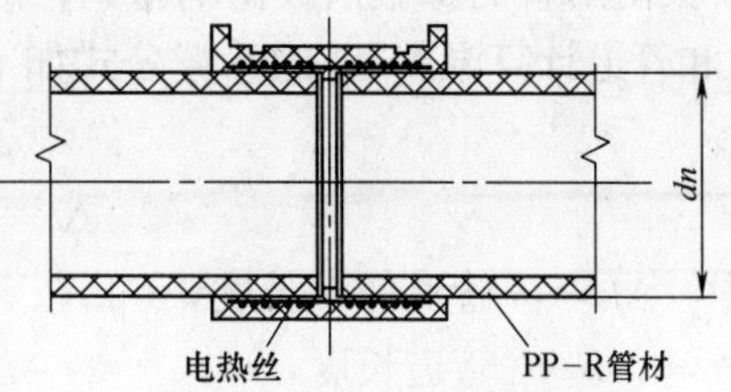

图 13-28　电熔连接剖面

（三）法兰连接

当聚丙烯管道需与钢管、阀门等采用法兰连接时，其构造如图 13-29 所示，主要尺寸见表 13-27。

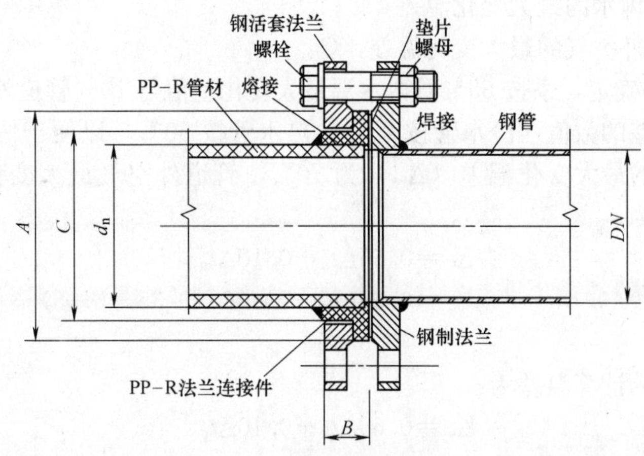

图 13-29　法兰连接

法兰连接主要尺寸（mm）　　**表 13-27**

dn	40	50	63	75	90	110
A	78	87	100	122	140	166
B	27	30	34	38	42	50
C	50	60	75	100	119	146

注：本表适用于管系列 S2.5。

法兰连接应符合下列要求：

1. 先把钢活套法兰套在管道上；

2. 聚丙烯法兰连接件与聚丙烯管道的热熔连接步骤与前面所述给水聚丙烯管道的热熔连接步骤和要求大体相同；

3. 使相互连接的两片法兰垂直于管道中心线，且表面相互平行。两片法兰面相互平行是最重要的；

4. 连接管道的长度应精确计算，以便紧固法兰螺栓时不使管道产生轴向拉力。法兰连接螺栓应采用镀锌件，安装方向应一致，螺栓应对称逐次紧固；

5. 在法兰连接部位旁应设置支、吊架。

六、管道的温差变形及补偿计算

（一）管道温差变化引起的长度伸缩量

聚丙烯管的膨胀系数比钢管大，故需进行变形量的计算。温度变化引起的长度伸缩量 ΔL 和管道计算温差 Δt 的计算公式如下：

$$\Delta L = \Delta t \cdot L \cdot \alpha$$

$$\Delta t = 0.65\Delta t_s + 0.10\Delta t_g$$

式中　ΔL——管道伸缩长度，mm；

L——管道长度，m；

α——线膨胀系数，mm/(m・℃)，可取 0.15；

Δt——计算温差，℃；

Δt_s——管道内水的最大变化温差，℃；

Δt_g——管道外空气的最大变化温差，℃。

计算温差 Δt 的确定，系按 65％管内水温最大变化差值与 10％管道外空气最大差值之和考虑的。计算温差的数值，冷水管按 20℃，热水管按 50℃，以便于估算变形量。以热水管为例，管内水的最大变化温差（Δt_s）为 70℃，管道外空气最大变化温差（Δt_g）为 40℃，则计算温差为：

$$\begin{aligned}\Delta t &= 0.65\Delta t_s + 0.10\Delta t_g \\ &= 0.65(75-5) + 0.10[35-(-5)] \\ &= 49.5 \approx 50\end{aligned}$$

同理，冷水管的计算温差为：

$$\begin{aligned}\Delta t &= 0.65\Delta t_s + 0.10\Delta t_g \\ &= 0.65(30-5) + 0.10[35-(-5)] \\ &= 20.25 \approx 20\end{aligned}$$

若实际工程差别较大，应根据工程具体情况按公式计算确定。

（二）最小自由臂长度的计算

计算聚丙烯冷、热水管道的最小自由臂长度时，K 值与给水硬聚氯乙烯管不同，可按下式计算：

$$L_a = K \cdot \sqrt{\Delta L \cdot dn}$$

式中　L_a——最小自由臂长度，mm；

K——聚丙烯管材常数，可取 20，有的资料取 15；

ΔL——自固定点起管道伸缩长度（mm），可按前面介绍的公式计算确定；

dn——公称外径，mm。

七、管道变形的补偿措施

聚丙烯给水横管的支承与补偿，可采取如图 13-30 所示的措施，冷水管不设固定支架的直线管段最大长度不宜超过 6m，热水管不设固定支架的直线管段最大长度不宜超过 3m；冷、热水管的最小自由臂和最大支承间距见表 13-28。

八、支、吊架安装

明敷和非直埋管道安装时应按不同管径和间距要求设置支、吊架，位置应适当，埋设应牢固。

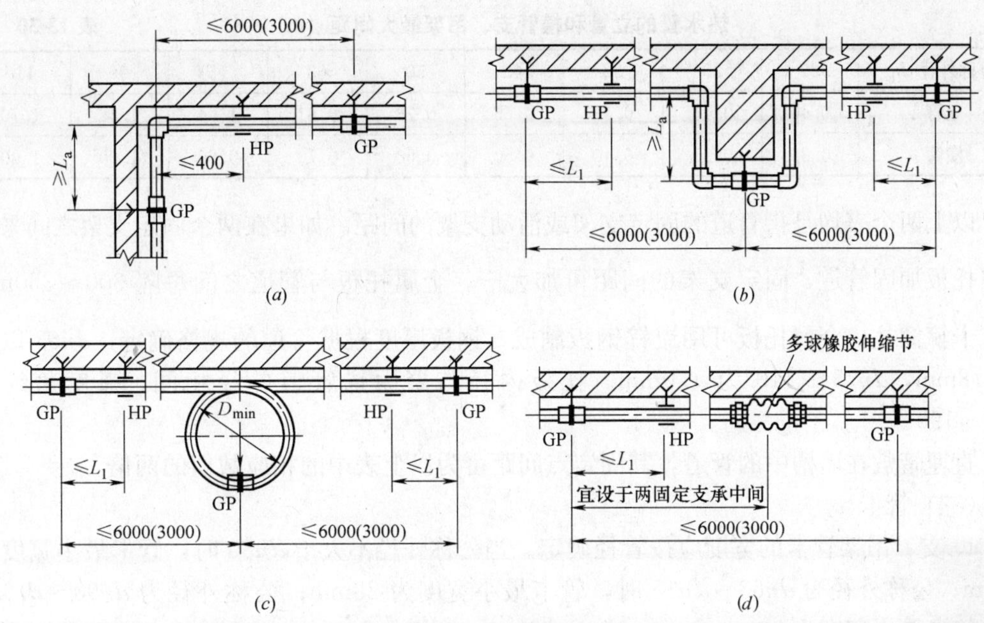

图 13-30　横管支承与补偿

（a）自由臂补偿；（b）Ⅱ形补偿；（c）环形补偿；（d）多球橡胶伸缩节补偿

注：GP 表示固定支承；HP 表示滑动支承；L_a 表示最小自由臂长度，L_1 为最大值；图中括号内的数据用于热水管

冷、热水管的最小自由臂和最大支承间距（m）　　表 13-28

公称外径 *dn*		20	25	32	40	50	63	75	90	110
冷水管	L_a	0.25	0.28	0.32	0.36	0.40	0.45	0.50	0.55	0.60
	L_1	0.65	0.80	0.95	1.10	1.25	1.40	1.50	1.60	1.90
热水管	L_a	0.37	0.41	0.46	0.52	0.58	0.65	0.71	0.77	0.85
	L_1	0.50	0.60	0.70	0.80	0.90	1.00	1.10	1.20	1.50

（一）固定支架

设置固定支架是为了把管道因温度变化引起的伸缩进行合理的控制。尽可能利用固定支架的合理布置形成自然补偿，无法利用自然补偿时，才设置补偿器。

靠近阀门、水表等给水附件处的管道上应设固定支架，与给水附件的净距离不宜大于 100mm。

（二）支、吊架的间距

冷水管的立管和横管支、吊架的间距不得大于表 13-29，热水管的立管和横管支、吊架的间距不得大于表 13-30 的规定。冷、热水管共用支、吊架时应根据热水管支、吊架间距确定。

冷水管道支、吊架最大间距（m）　　表 13-29

公称外径 *dn*	20	25	32	40	50	63	75	90	110
立管	0.90	1.00	1.10	1.30	1.60	1.80	2.00	2.20	2.40
横管	0.60	0.70	0.80	0.90	1.00	1.10	1.20	1.35	1.55

热水管的立管和横管支、吊架最大间距（m） 表 13-30

公称外径 dn	20	25	32	40	50	63	75	90	110
立管	0.40	0.45	0.52	0.65	0.78	0.91	1.04	1.56	1.70
横管	0.30	0.35	0.40	0.50	0.60	0.70	0.80	1.20	1.30

以上两个表均是指管道的固定支架或活动支架的间距。如果在两个固定支架之间采用金属托板加固管道，固定支架的间距可加大$\frac{1}{3}$。金属托板与管道之间每隔 300～350mm 应有卡箍捆扎。金属托板可用镀锌钢板制成，钢板厚度根据管道的规格确定：dn63 以下为 0.8mm，dn75～110 为 1.0mm。托板内径与聚丙烯管道外径相同，弧度角约为 186°～190°。

直埋暗敷在墙槽中的管道，其固定点间距可为以上表中的相应数值的两倍。

（三）管卡

1. 支、吊架管卡的宽度应按管径确定。当公称外径不大于 dn50 时，管卡最小宽度为 24mm；公称外径为 dn63～dn75 时，管卡最小宽度为 28mm；公称外径为 dn90～dn110 时，管卡最小宽度为 32mm。

2. 管卡与管道接触应紧密，但不得损伤管道表面，紧固程度适当。如采用金属管卡，管卡与管道之间应加橡胶垫，且不宜过分紧固。在金属管配件与聚丙烯管道连接部位，管卡应设在金属管配件一侧。

九、水压试验

对于管道系统的水压试验，现行的不同规范有不尽相同的规定。

（一）《建筑给水排水及采暖工程施工质量验收规范》GB 50242—2002 的规定

《建筑给水排水及采暖工程施工质量验收规范》GB 50242—2002 是国家强制性标准，却没有建筑给水聚丙烯管道方面的专门规定。对于输送冷水和热水的塑料管道，没有区分强度试验和严密性试验，而是称为水压试验，并作了如下规定：

1. 冷水管道。冷水管的试验压力应符合设计要求，当设计无规定时，各种塑料材质的给水（冷水）管道系统的试验压力均为工作压力的 1.5 倍，但不得小于 0.6MPa。

塑料给水系统应在试验压力下稳压 1 h，压力下降不得超过 0.05MPa；然后在工作压力的 1.15 倍状态下稳压 2 h，压力下降不得超过 0.03MPa。

2. 热水管道。热水管的试验压力应符合设计要求，当设计无规定时，各种塑料材质的热水管道系统的水压试验压力为系统顶点的工作压力加 0.1MPa，同时在系统顶点的试验压力不小于 0.3MPa。

塑料管道系统应在试验压力下稳压 1h，压力下降不得超过 0.05MPa；然后在工作压力的 1.15 倍状态下稳压 2h，压力下降不得超过 0.03MPa。

（二）《建筑给水聚丙烯管道工程规范》GB/T 50349—2005 的规定

《建筑给水聚丙烯管道工程规范》GB/T 50349—2005 是专门针对建筑给水聚丙烯管道工程国家推荐性标准，对给水聚丙烯管道的水压试验仍分为强度试验和严密性试验，并作了如下规定：

1. 强度试验

（1）聚丙烯冷水管的强度试验压力首先应符合设计要求，当设计无规定时，试验压力为工作压力的 1.5 倍，但不得小于 0.9MPa。当系统充满水，并排除空气后，用试压泵将压力缓慢增至试验压力，然后观察 10min，如压力下降，要重新加压至试验压力，如此重复两次，记录最后一次加压 10min 后及 40min 后的压力，其压差不大于 0.06MPa 为合格。

（2）聚丙烯热水管强度试验压力应按设计要求进行，当设计无规定时，强度试验压力应为设计工作压力的 2.0 倍，但不得小于 1.2MPa，其他要求与冷水管的强度试验压力相同。

2. 严密性试验

严密性试验应在强度试验合格后连续进行 2h，也就是说，记录强度试验合格 2h 后的压力，此压力比强度试验结束时的压力下降不应超过 0.02MPa。

以上两个版本的规范对试验压力做出了不同的规定。笔者认为，如果设计没有对试验压力做规定，还是应当按 GB 50242—2000 的规定执行，因为建筑冷水、热水系统的工作压力都不允许超过 0.6MPa，即使热水管是用冷水进行试压，也没有理由大幅度提高其试验压力，过高的试验压力会对管道系统造成伤害。

（三）水压试验要求及注意事项

1. 管道安装完毕，外观检查合格后，方可进行水压试验。

2. 建筑冷水、热水系统的工作压力和试验压力，除已指明位置者外，一般是指管道系统底部的压力。

3. 对于埋地和在墙槽内暗设的管道，在隐蔽前必须先进行水压试验。当建筑物的管道系统较大时，可分层、分区进行试验。

4. 进行水压试验时，应将管道系统与卫生器具的水嘴接口用丝堵封堵。卫生器具的水嘴不参与管道系统的水压试验。

5. 无论按设计或何种规范进行强度试验、严密性试验，尽管压力降在允许的范围内，均不允许接口存在渗漏。

6. 水压试验完毕应尽快在低点有序放水，同时高处的排气阀应打开进气。

第四节　给水钢塑复合管安装

钢塑复合管分为衬塑钢管和涂塑钢管两种。将塑料粉末涂料涂敷于钢管内表面并经加工而成的复合管，称为涂塑钢管；用紧衬复合工艺将塑料管材衬于钢管内壁而成的复合管，称为衬塑钢管。

一、适用范围

给水钢塑复合管适用于建筑给水工程，可用于生活冷水、热水管道系统。

（一）冷水管道

1. 当管道系统工作压力不大于 1.0MPa 时，宜采用涂（衬）塑焊接钢管，可锻铸铁衬塑管件。管径不大于100mm时宜采用螺纹连接，管径大于100mm时宜采用法兰或沟槽式连接。

2. 当管道系统工作压力大于1.0MPa，但不大于1.6MPa时，宜采用涂（衬）塑无缝钢管、无缝钢管件或球墨铸铁涂（衬）塑管件，法兰连接或沟槽式连接。

（二）热水管道

在热水供应管道系统中，当前采用较多的是内衬交联聚乙烯（PE-X）、氯化聚氯乙烯（PVC-C）的钢塑复合管和管件。

二、管材、管件

（一）管材

1. 涂塑镀锌焊接钢管、涂塑无缝钢管均应符合现行行业标准《给水涂塑复合钢管》CJ/T 120-2008的要求。

2. 衬塑镀锌焊接钢管、衬塑无缝钢管均应符合现行行业标准《给水衬塑复合钢管》CJ/T 136-2007的要求。

（二）管件

1. 涂塑钢管件、涂塑球墨铸铁管件、涂塑铸钢管件应符合现行行业标准《给水涂塑复合钢管》CJ/T 120的有关要求。

2. 衬塑可锻铸铁管件应符合现行行业标准《给水衬塑可锻铸铁管件》的要求。给水衬塑可锻铸铁管件行业标准正在报批中。

衬（涂）塑无缝钢管、钢制管件、球墨铸铁管件目前尚无行业标准，但内衬塑和内涂塑的技术要求基本上是一致的。

三、给水钢塑复合管安装

（一）一般规定

1. 钢塑复合管的切割应使用手工钢锯或锯床。不得采用砂轮切割机切割，否则容易产生高温而造成内衬（涂）塑料层的熔化损坏。当采用盘锯切割时，其转速不得大于800r/min，以免内衬（涂）塑料层受热损坏。

2. 如采用沟槽式连接，压槽应采用专用滚槽机。

3. 衬（涂）塑钢管一般可用45°弯头管件解决管道的轴向偏置，当偏置尺寸更小，不使用45°弯头时，管径不大于50mm的管子应采用弯管机冷弯，但弯曲半径不得小于8倍管径，弯曲角度不得大于10°。8倍、10°数据来源于前述行业标准的规定。因为衬（涂）塑钢管弯曲角度与内衬（涂）材料有关，弯曲角度不宜太大。随着材料科技的进步和加工工艺的改进，上述数据可能会发生改变，施工中应以生产厂家的说明书为准。

衬（涂）塑钢管不得采用热弯，因为高温会完全破坏钢塑复合管的内衬（涂）塑层。

4. 钢塑复合管不得埋设于钢筋混凝土结构层中。

5. 管道穿越楼板，应预留孔洞或预埋套管。管道穿越钢筋混凝土水箱（池）壁（底），应按设计要求，预埋刚性或柔性防水套管，安装管道时做好密封。

6. 管道在墙内暗设需开管槽，管槽的宽度为管道外径加30mm，管槽的坡度应与管道坡度要求一致。

7. 埋地的钢塑复合管，无论采用螺纹连接、法兰连接或沟槽式连接，均应与普通钢管一样按设计要求防腐等级采取防腐措施。

（二）螺纹连接

1. 管子套丝应采用套丝机。如采用手工管螺纹铰板，容易产生管螺纹轴偏心，当与衬塑可锻铸铁管件连接时，有可能造成衬塑接口损坏。套丝后用锉刀将金属管端的毛刺修光，清除管端和螺纹内的油污和金属细屑。

为了使衬（涂）塑钢管能顺利地旋入衬塑管件接口，而不至挤压坏管件接口的衬（涂）塑层，对于衬塑管应采用专用铰刀，将衬塑层厚度的$\frac{1}{2}$倒角，倒角坡度宜为10°～15°；对于涂塑管应用套丝机的铰刀加工出轻微内倒角。

2. 管端螺纹清理后，采用防锈密封胶和聚四氟乙烯生料带缠绕螺纹，再与衬塑管件连接。连接后，管子外露的螺纹部分及所有管子钳牙痕、表面损伤部位应涂防锈密封胶。

钢塑复合管系统不得采用非衬塑可锻铸铁管件。

3. 对于阀门之类的接口内无衬塑的附件，与管道连接时，显然与衬塑管件接口的连接公差不同，故需采用黄铜质内衬塑的内外螺纹专用过渡管接头。

4. 对用厌氧密封胶密封的管接头，养护期不得少于24h，其间不得进行水压试验。

（三）法兰连接

1. 通常采用突面板式平焊法兰，如采用突面带颈螺纹钢制管法兰应符合《突面带颈螺纹钢制管法兰》GB/T 9114.1～9114.3的要求，但只宜用于公称管径不大于100mm的钢塑复合管的连接；法兰的压力等级应与管道的工作压力相匹配。

2. 由于法兰与管道焊接会破坏钢塑复合管的内衬（涂）塑层，因而钢塑复合管的法兰连接应根据现场情况和技术条件的不同，采取一次安装法或二次安装法。

一次安装法就是经施工现场实际测量，绘制出单线管道图，然后送专业加工厂按图进行管段、管件制作和内衬（涂）塑层加工，再运回现场由施工单位进行安装。

二次安装法就是在现场用非涂（衬）钢管与管件或法兰焊接，并拼装成管段进行预安装，准确无误后，再拆卸成管段，运到专业厂进行内衬（涂）塑层加工，然后再运回现场进行二次安装。当采用二次安装法时，管段预安装后拆卸的管段、管件、阀件和法兰均应做出标记，以免二次安装时出差错。

（四）沟槽式连接

关于管道安装的沟槽式连接的基本方法已在第十一章第二节介绍过，这里仅就钢塑复合管的沟槽式连接做一些简要的补充。

1. 沟槽式连接适用于公称直径不小于65mm的涂（衬）塑钢管。

2. 沟槽式连接应采取在现场测量、机械切割断管、专用滚槽机压槽后，到专业厂进行内衬（涂）塑层加工，最后回现场安装的方法。但需注意以下细节：

（1）机械切割断管应垂直于管子轴线。管径不大于100mm时，偏差不大于1mm；管径大于125mm时，偏差不大于1.5mm；

（2）管壁端面应平整光滑，不得有划伤橡胶圈或影响密封的毛刺。管外壁端面应用机械加工出$\frac{1}{2}$～$\frac{1}{3}$壁厚的圆弧倒角；

（3）计算连接管段的实际长度，应考虑到管子断料占用的长度，沟槽式接口之间还应有一定的间隙，并且会因管子口径的大小而不同；

（4）用专用滚槽机压槽时管段应保持水平，钢管与滚槽机止面呈 90°。压槽深度控制应逐圈渐进，沟槽深度及公差参见表 13-31。沟槽过深会大大影响管子接口强度，应作废品处理；

沟槽深度及公差（mm）　　**表 13-31**

管　径	沟 槽 深 度	公　差
≤80	2.20	+0.3
100～150	2.20	+0.3
200～250	2.50	+0.3
300	3.00	+0.5

（5）管段的内涂（衬）塑层加工质量应符合相关标准的要求，除涂（衬）内壁外，还应涂（衬）管口端面和管端外壁与橡胶密封圈接触的部位；

（6）沟槽式连接采用的密封圈，既要有密封钢管与钢管对接接缝的止水功能，又要隔绝衬塑复合钢管断面与水的接触，达到防腐蚀的作用。热水管道的沟槽式管接头应采用耐温型橡胶密封圈，饮用水管道的橡胶材质应符合现行国家相关标准；

（7）管道采用沟槽式连接，无须另外考虑其热胀冷缩的补偿问题。

第五节　铝塑复合给水管安装

铝塑复合管（Plastic/Aluminum/Plastic Composite Pipe）代号为 PAP，是用铝合金和塑料为原料制成的一种复合型管材。它的外层和内层均为塑料，中间层用铝合金带材焊接成铝管，用胶粘和挤出成型的方法制成管材。

铝塑复合管管壁通常由五层结构组成：内、外层为聚乙烯或交联聚乙烯塑料；中间层为铝或铝合金，按焊接方式又分为超声波搭接焊和氩弧对接焊；铝合金层与内、外塑料层之间为胶粘层。

一、适用范围

铝塑复合管的不同品种规格可分别适用于民用建筑工程中长期工作温度不超过 40～95℃，工作压力为 0.6～0.8MPa，公称外径 dn≤75 的室内冷、热水管道。但不得用于室内消防管道和与消防管道系统相连接的其他给水系统。

建筑给水铝塑复合管安装，除参照执行《建筑给水铝塑复合管管道工程技术规程》CECSl05：2000、标准图 02SS405-3《铝塑复合给水管安装》外，尚应符合《建筑给水排水及采暖工程施工质量验收规范》GB 50242 的有关规定。

二、管材

（一）对管材的一般要求

1. 用于生活给水系统的铝塑复合管和配件应有国家法定的产品质量监督检验部门颁发的产品质量检验合格证。管材、管件和专用机具应由同一厂家配套供应，并应同时出具管材、管件的系统适用性检测报告。

2. 用于生活给水系统的铝塑复合管和配件应具备国家卫生部门的卫生合格检验报告。

3. 用于生活给水系统中的铝塑复合管产品，应有符合规定的标识，如产品名称、规格、公称压力等级、生产日期等，并应附有出厂检验合格证。

4. 在运输、装卸时应小心轻放，储存时排列整齐，避免油污和化学物污染，不得受到剧烈撞击及尖锐物品触碰，不得抛、摔、滚、拖。库房应通风良好，室温控制在－20～40℃。

铝塑复合管以盘卷或直管方式供货，盘卷铝塑复合管的盘内径不得小于铝塑复合管外径的 20 倍，且不得小于 400mm。公称外径 $dn \leqslant 32$ 的管材一般以盘卷方式供货。直管管材应分类水平堆放，支垫物间距不宜大于 1m，堆放高度不宜超过 1.0m。管材不得露天堆放和在阳光下长期暴晒，距热源应大于 1.0m。

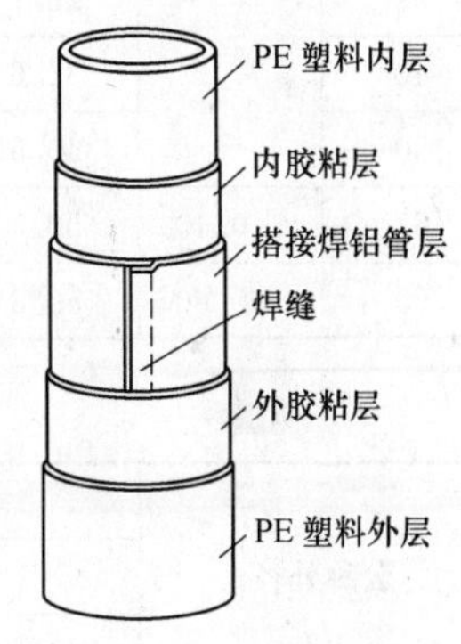

图 13-31　铝管搭接焊式铝塑管结构

（二）管材品种规格

铝塑复合管的现行国家标准为《铝塑复合压力管》第一部分：铝管搭接焊式铝塑管（GB/T 18997.1）和第二部分：铝管对接焊式铝塑管（GB/T 18997.2）。

1. 铝管搭接焊式铝塑管。铝管搭接焊式铝塑管的结构如图 13-31 所示，铝塑管的品种分类见表 13-32，结构尺寸见表 13-33。

铝塑管的品种分类　　**表 13-32**

流体类别	用途代号	铝塑管代号	长期工作温度 T_0（℃）	允许工作压力 P_0（MPa）
冷水	L	PAP	40	1.25
冷热水	R	PAP	60	1.00
			75	0.82
			82	0.69
		XPAP	75	1.00
			82	0.86

铝管搭接焊式铝塑管形式：

PAP 表示：聚乙烯/铝合金/聚乙烯

XPAP 表示：交联聚乙烯/铝合金/交联聚乙烯

铝塑管的类别从管材颜色上也有区分，冷水用管材为黑色、蓝色或白色，热水用管材为橙红色。

生产厂家应按有关标准对铝塑管管材进行液压强度试验，铝管搭接焊式铝塑管的静液压强度试验要求见表 13-34。

2. 铝管对接焊式铝塑管。铝管对接焊式铝塑管的结构如图 13-32 所示，管材的品种分类见表 13-35。

铝塑管的结构尺寸（mm）　　表 13-33

<table>
<tr><th rowspan="2">公称外径 dn</th><th rowspan="2">公差</th><th rowspan="2">参考内径 d_i</th><th colspan="2">圆度</th><th colspan="2">管壁厚度 e_m</th><th colspan="2">塑料层最小壁厚</th><th rowspan="2">铝管层最小壁厚 e_a</th></tr>
<tr><th>盘管</th><th>直管</th><th>最小值</th><th>公差</th><th>内层 e_n</th><th>外层 e_w</th></tr>
<tr><td>12</td><td rowspan="7">+0.30</td><td>8.3</td><td>≤0.80</td><td>≤0.4</td><td>1.6</td><td rowspan="5">+0.50</td><td>0.70</td><td rowspan="9">0.4</td><td rowspan="2">0.18</td></tr>
<tr><td>16</td><td>12.1</td><td>≤1.0</td><td>≤0.5</td><td>1.7</td><td>0.90</td></tr>
<tr><td>20</td><td>15.7</td><td>≤1.2</td><td>≤0.6</td><td>1.9</td><td>1.0</td><td rowspan="2">0.23</td></tr>
<tr><td>25</td><td>19.9</td><td>≤1.5</td><td>≤0.8</td><td>2.3</td><td>1.1</td></tr>
<tr><td>32</td><td>25.7</td><td>≤2.0</td><td>≤1.0</td><td>2.9</td><td>1.2</td><td>0.28</td></tr>
<tr><td>40</td><td>31.6</td><td>≤2.4</td><td>≤1.2</td><td>3.9</td><td>+0.60</td><td>1.7</td><td>0.33</td></tr>
<tr><td>50</td><td>40.5</td><td>≤3.0</td><td>≤1.5</td><td>4.4</td><td>+0.70</td><td>1.7</td><td>0.47</td></tr>
<tr><td>63</td><td>+0.40</td><td>50.5</td><td>≤3.8</td><td>≤1.9</td><td>5.8</td><td>+0.90</td><td>2.1</td><td>0.57</td></tr>
<tr><td>75</td><td>+0.60</td><td>59.3</td><td>≤4.5</td><td>≤2.3</td><td>7.3</td><td>+1.10</td><td>2.8</td><td>0.67</td></tr>
</table>

静液压强度试验要求　　表 13-34

<table>
<tr><th rowspan="3">公称外径 dn</th><th colspan="4">用　途</th><th rowspan="3">试验时间 (h)</th><th rowspan="3">要　求</th></tr>
<tr><th colspan="2">L</th><th colspan="2">R</th></tr>
<tr><th>试验压力 (MPa)</th><th>试验温度 (℃)</th><th>试验压力 (MPa)</th><th>试验温度 (℃)</th></tr>
<tr><td>12,16,20,25,32</td><td>2.72</td><td rowspan="2">—</td><td>2.72</td><td rowspan="2">—</td><td rowspan="2">10</td><td rowspan="2">应无破裂、局部球形膨胀、渗漏</td></tr>
<tr><td>40,50,63,75</td><td>2.10</td><td>2.0</td></tr>
</table>

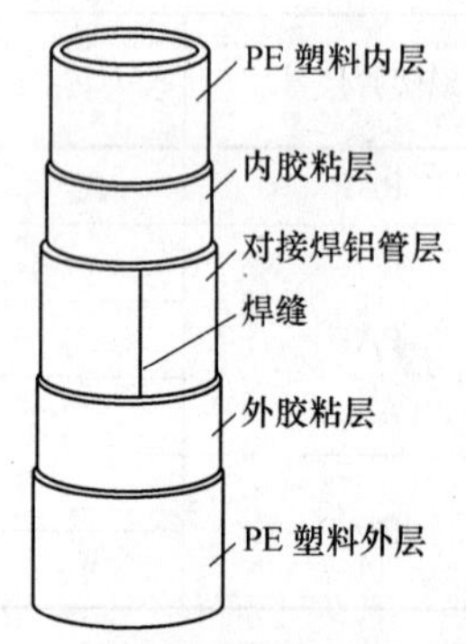

图 13-32　铝管对接焊式铝塑管结构

铝塑管的品种分类　　表 13-35

<table>
<tr><th>流体类别</th><th>用途代号</th><th>铝塑管代号</th><th>长期工作温度 T_0(℃)</th><th>允许工作压力 P_0 (MPa)</th></tr>
<tr><td rowspan="2">冷水</td><td rowspan="2">L</td><td>PAP3,PAP4</td><td rowspan="2">40</td><td>1.40</td></tr>
<tr><td>XPAP1,XPAP2</td><td>2.00</td></tr>
<tr><td rowspan="3">冷热水</td><td rowspan="3">R</td><td>PAP3,PAP4</td><td>60</td><td>1.00</td></tr>
<tr><td>XPAP1,XPAP2</td><td>75</td><td>1.50</td></tr>
<tr><td>XPAP1,XPAP2</td><td>95</td><td>1.25</td></tr>
</table>

铝管对接焊式铝塑管形式：

XPAP1 表示一型铝塑管：聚乙烯/铝合金/交联聚乙烯。适用于较高的工作温度和压力。

XPAP2 表示二型铝塑管：交联氯乙烯/铝合金/交联氯乙烯。适用范围基本上与一型相同，但具有更好的抗外部恶劣环境性能。

XPAP3 表示三型铝塑管：聚乙烯/铝/聚乙烯。适用于较低的工作温度和压力。

XPAP4 表示四型铝塑管：聚乙烯/铝合金/聚乙烯。适用范围基本上与一型相同，可用于输送燃气。

生产厂家应按有关标准对铝塑管管材进行液压强度试验，铝管对接焊式铝塑管的静液压强度试验要求见表 13-36。

静液压强度试验要求　　**表 13-36**

铝塑管代号	公称外径 *dn*	试验温度(℃)	试验压力(MPa)	试验时间(h)	要　求
XPAP1 XPAP2	16～32	95±2	2.42±0.05	1	应无破裂、局部球形膨胀、渗漏
	40,50		2.00±0.05		
PAP3,PAP4	16～50	70±2	2.10±0.05	1	

三、铝塑复合管连接方式

（一）卡压式接头

卡压式接头也称卡箍式接头，其金属部件材料为不锈钢或铜质。连接前先将铝塑复合管口端部擦拭干净，用专用整圆扩口器或铰刀将管口端部整圆，再将管件插入管口内，最后将套在管道外的紫铜套筒用专用压紧工具夹紧，即完成连接。卡压式接头压紧后不可拆卸。卡压式接头的结构如图 13-33 所示。

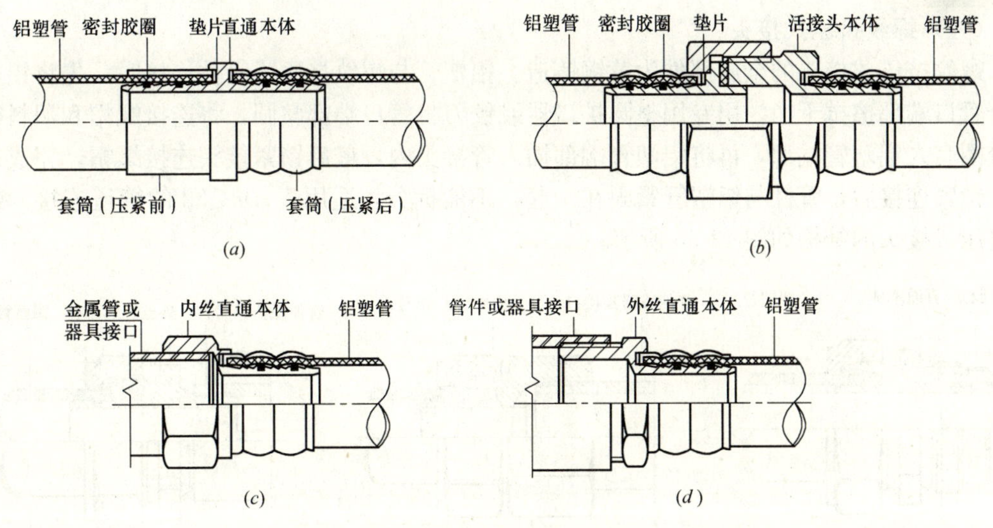

图 13-33　卡压式接头

(*a*) 直通连接；(*b*) 活接头连接；(*c*) 内丝直通连接；(*d*) 外丝直通连接

（二）卡套式接头

卡套式接头也称螺纹压紧式接头，其金属部件材料为不锈钢或黄铜。连接前将铝塑复合管口端部擦拭干净，用专用整圆扩口器或铰刀将管口端部整圆后，先将连接螺帽和卡套套入铝塑管端部，再将铝塑管端部插入管接头内，同时管件的内芯也就插入了铝塑管口内，最后锁紧接头连接螺帽，管道外的C型卡套收紧，即完成连接。卡套式接头拧紧后可以拆卸，但垫圈与管件紧固在一起，不能拆分。卡套式接头的结构如图13-34所示。

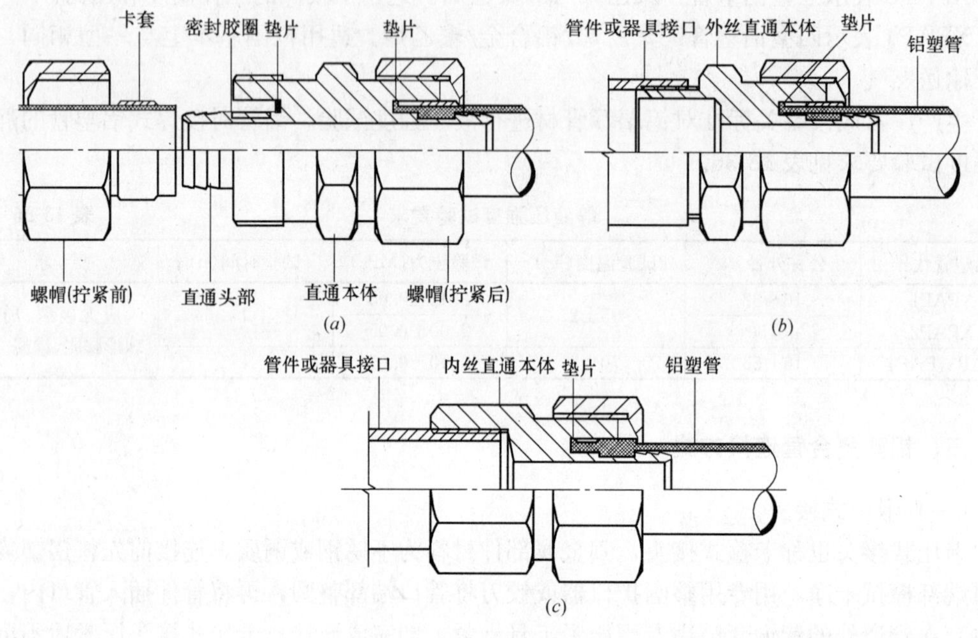

图13-34　卡套式接头
(a) 直通连接；(b) 外丝直通连接；(c) 内丝直通连接

(三) 螺纹挤压式接头

螺纹挤压式接头的金属部件为黄铜铸造。铝塑管与螺纹挤压式管件连接时，先将铝塑复合管口端部擦拭干净，用专用整圆扩口器或铰刀将管口端部整圆，将连接螺帽和塑料密封胶圈套入铝塑管端部，再将铝塑管端部插入管接头内，最后锁紧接头连接螺帽，完成连接。锁紧连接后，管件与铝塑管紧固在一起，不能拆分，适用于 $dn \leqslant 32$ 的管道连接。螺纹挤压式接头的结构如图13-35所示。

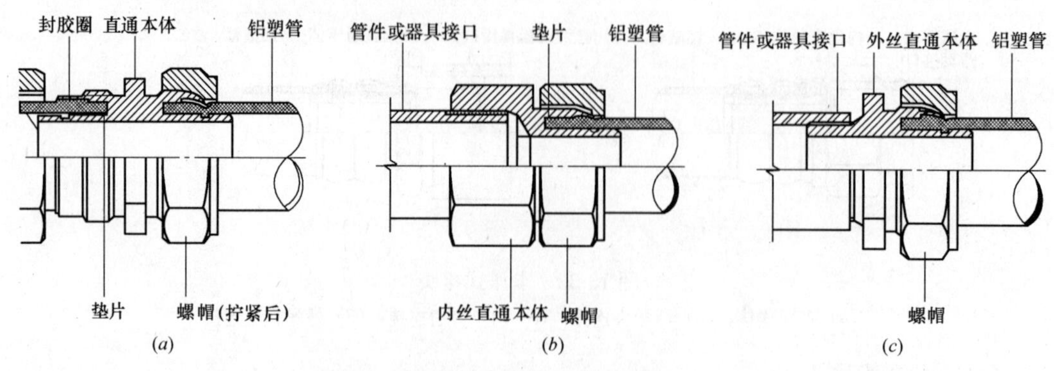

图13-35　螺纹挤压式接头
(a) 直通连接；(b) 内丝直通连接；(c) 外丝直通连接

（四）过渡连接

1. 铝塑管与 PVC-U、PP-R 管道的连接如图 13-36 所示，过渡接头各部的名称规格及材料见表 13-37。

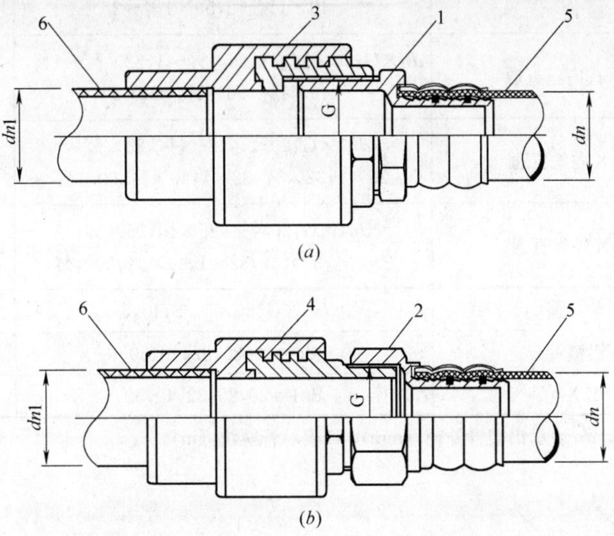

图 13-36　铝塑管与 PVC-U、PP-R 管道的连接

（*a*）内丝直通连接；（*b*）外丝直通连接

过渡接头各部的名称规格及材料　　表 13-37

件　号	名　　称	规　　格	材　料
1	卡压式外丝直通	*dn*×G：20×½～1，25×½～1，32×½～1¼，40×1¼～2，50×1¼～2	不锈钢
2	卡压式内丝直通	*dn*×G：20×½～1，25×½～1，32×¾～1¼，40×1½，50×1½，50×2	不锈钢
3	PVC-U 或 PP-R 内丝直通	*dn*1×G：20×½，25×½，25×¾，32×1，40×1¼，50×1½	PVC-U 或 PP-R 内嵌黄铜或不锈钢
4	PVC-U 或 PP-R 外丝直通	*dn*1×G：20×½，25×½，25×¾，32×1，40×1¼，50×1½	PVC-U 或 PP-R 内嵌黄铜或不锈钢
5	铝塑管	*dn*＝20，25，32，40，50	铝塑复合
6	PVC-U 或 PP-R 管	*dn*1＝20，25，32，40，50	PVC-U 或 PP-R

注：规格栏中 *dn*×G，*dn* 表示铝塑管外径（mm），G 表示管螺纹（in）。

2. 铝塑管与 PE-X 管道的连接如图 13-37 所示，过渡接头各部的名称规格及材料见表 13-38。

四、铝塑管复合管安装

用于生活给水系统的给水铝塑管可以明装，也可以暗敷。用什么方式敷设，取决于建筑物的使用性质、装修标准以及住户对美观的要求等多种因素。一般来说铝塑管宜暗埋敷设。

过渡接头各部的名称规格及材料 **表 13-38**

件号	名 称	规 格	材 料
1	卡压式外丝直通	*dn*×G:20×½～1,25×½～1,32×½～1¼,40×1¼～2,50×1¼～2	不锈钢
2	卡压式内丝直通	*dn*×G:20×½～1,25×½～1,32×¾～1¼,40×1½,50×1½,50×2	不锈钢
3	PE-X 内丝直通	*dn*1×G:20×½,25×½,25×¾,25×1,32×¾,32×1,40×¾,50×¾	PE-X 内嵌黄铜或不锈钢
4	PE-X 外丝直通	*dn*1×G:20×½,25×½,25×¾,25×1, 32×¾,32×1,40×¾,50×¾	PE-X 内嵌黄铜或不锈钢
5	卡 箍	*dn*1×G:20,25,32,40,50	黄铜或不锈钢
6	铝塑管	dn=20,25,32,40,50	铝塑复合
7	PE-X 管	dn1=20,25,32,40,50	PE-X

注：规格栏中 *dn*×G，*dn* 表示铝塑管外径（mm），G 表示管螺纹（in）。

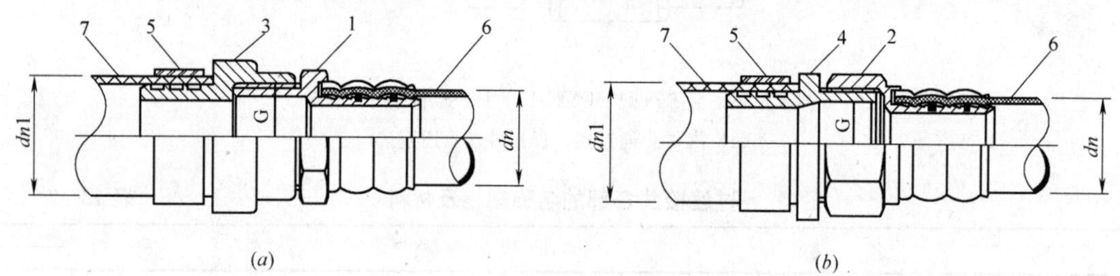

图 13-37 铝塑管与 PE-X 管道的连接

(*a*) 内丝直通连接；(*b*) 外丝直通连接

（一）铝塑管的暗敷

给水铝塑管的暗敷分直埋和非直埋两种形式：

直埋形式有：嵌墙敷设和地坪面层（找平层）内敷设。嵌墙敷设铝塑管要在墙上开槽。当管径较大时，嵌墙开槽较深，将影响建筑的结构。管径较大的管子在地坪的找平层内敷设，则需增加找平层的厚度，从而使结构荷载增加。因此，用直埋方式敷设铝塑管，其管径应受到限制。一般外径不大于 25mm 的管道可采用直埋式敷设，并且不能在墙内或地平找平层内设置管道接头，并宜套波纹护套管。

非直埋形式有管道井或吊顶内敷设、装饰板后敷设和地板的架空层或管沟内敷设。铝塑管抗冲击能力差，在外力冲击下极易损坏，给水立管宜暗设在管井或管廱内。明敷的给水立管和卫生器具较为集中及用水量较大的地方，铝塑管宜布置在墙角处，以避免遭受外力撞击。

住宅、宾馆等建筑中使用铝塑管，宜在立管的分支管上设分水器，采用分水器配水，即从分水器接出的每根支管只供应一个配水点，并以最短距离到达配水点。

埋设在墙面和楼（地）板垫层的管道，应采用整条管道，中间不应设接头，以杜绝日后漏水的可能性。

（二）铝塑管的明装

铝塑管不宜在室外明装，因为塑料在日光照射下，容易老化。如必须在室外明装时，应选用外表为黑色的管材，并采取措施防止日光照射或布置在不受日光直接照射处。在有可能冰冻的地区，应有防冻措施。

铝塑管在室内明装时，在有可能遭受碰撞、冰冻或阳光直射的场所应采取保护措施。

给水管在室内明设时，应避免热源烘烤，以免铝塑管的塑料层加速老化，故安装时应远离热源，距燃气灶边缘不应小于400mm，距燃气热水器边缘不得小于200mm，当条件不能满足时应采取隔热措施。铝塑管与水加热器或热水机组（器）连接时，应采用长度不小于400mm的金属管段过渡。

（三）铝塑管的穿越

铝塑管不得穿越或敷设在烟道、风道、排水沟内；不得穿过大便槽、小便槽；不得穿越配电间、库房、贮藏室。

铝塑管垂直穿越墙、板、梁、柱时应加钢制套管；穿越地下室外墙时应加钢制防水套管；穿楼板和屋面时应采取防水措施。

铝塑管不宜穿越伸缩缝、沉降缝，如必须穿过时，应采取补偿管道伸缩和剪切变形的技术措施。

对于水箱（池）的进（出）水管、排污管等，自水箱（池）至阀门的管段应改用金属管。

（四）铝塑管的支承与补偿

1. 固定支承点的间距。铝塑管固定支承点的间距为：冷水管不大于6m；热水管不大于3m。管道在三通、附件处的干管部位及穿楼板、屋面处均应设置固定支承。

2. 立管、横管的支承间距。立管、横管的最大支承间距见表13-39。

立管、横管的最大支承间距（m） **表13-39**

公称外径 *dn*	20	25	32	40	50	63	75
立管	0.90	1.00	1.20	1.40	1.60	1.80	2.00
横管	0.60	0.70	0.90	1.00	1.20	1.40	1.60

注：$dn \leqslant 32$暗装管段滑动支承间距可适当放宽。

管道支承的紧固件不得损伤管壁。金属管卡与管道接触部位应加橡胶垫或塑料软垫。

3. 铝塑管的伸缩补偿。管道应合理设置伸缩补偿装置与支承（包括固定支承和滑动支承），以控制管道伸缩方向，补偿管道伸缩。

当$dn \leqslant 32$，且冷水管的固定支承间距不大于6m或热水管的固定支承间距不大于3m的管段，均可不设置伸缩补偿装置。

常用的温度补偿装置包括利用管道折角自然补偿和多球橡胶伸缩节补偿等。有条件时优先选择自然补偿。以直管供货的管材，管道伸缩长度可按有关规定计算，铝塑复合管的线膨胀系数可采用0.025mm/(m·℃)，管道最小自由臂长度可按第一节介绍的方法计算，但自由臂长度不应小于300mm。以盘管供货的管材，安装时很难将管材捋直，故当直管段长度不大时，一般可不考虑进行温度补偿。

（五）铝塑管的截断、连接和弯曲

铝塑管的截断应使用专用管剪或割刀，截断面应垂直管材中心线。

铝塑管的连接已在前面介绍过，有卡压式、卡套式、螺纹挤压式和过渡连接等不同形式。

由于铝塑管没有90°弯头管件，管道的转弯采用管材弯曲成形，$dn \leqslant 32$时，宜采用插入相应规格的弹簧管芯弯曲的方法，使弯曲半径大于等于$5dn$，一次手工弯曲成型，不应反复弯曲；对$dn \geqslant 40$的管道，应采用专用的弯管器弯曲。

五、铝塑管的水压试验、冲洗消毒和验收

（一）水压试验

铝塑管给水管道安装完毕后，应按设计要求进行水压试验。当设计未规定试验压力时，试验压力应为工作压力的1.5倍，但不得小于0.6MPa。水压试验的检验方法可按《建筑给水排水及采暖工程施工质量验收规范》GB 50242的规定进行。

铝塑管热水供应系统安装完毕后，其水压试验及检验应按《建筑给水排水及采暖工程施工质量验收规范》GB 50242“室内热水供应系统安装”的规定进行。住宅内部的给水管道，可按同规范给水管道要求进行水压试验及检验。

管道系统的水压试验不包括用水配件如：水嘴、浮球阀等，在做水压试验时应将管口加以封堵。

（二）给水管道试压合格后，应进行冲洗和消毒。冲洗水应采用生活饮用水，流速不得小于1.0m/s，冲洗后用含有效氯量不小于20～30mg/L的清洁水浸泡24h消毒后，放空管道内消毒水，再用生活饮用水冲洗管道，使出水水质符合现行国家标准《生活饮用水卫生标准》GB 5749—2006后，方可交付使用。

（三）管道的验收

应检查冷热水管是否选材正确，管道接口是否牢固，有无漏水现象，管道支架是否牢固，间距是否正确，管道安装是否达到横平竖直，阀门、仪表、补偿装置是否安装正确等。

第六节 给水内衬不锈钢复合钢管安装

焊接钢管是20世纪90年代以前给水管道使用的主要管材，用于建筑给水管道已有近百年的历史。对于生活给水管道，长期以来使用镀锌焊接钢管，但从20世纪80年代中期以来，由于国家建设的飞速发展，冷镀锌焊接钢管日渐充斥建材市场。由于冷镀锌焊接钢管和热镀锌焊接钢管的镀锌层有很大差异，只需使用几个月甚至几周的时间，冷镀锌层即遭破坏，住宅用户每天早晨打开水龙头上放出来的全是“黄水”，因此，20世纪90年代以后，凡是需采用镀锌钢管时，设计方面都明确要用热镀锌焊接钢管。

从长期使用来说，无论是生活给水管道使用热镀锌焊接钢管，还是非生活给水管道使用的普通焊接钢管，其缺点主要是管内壁容易锈蚀结垢，影响输水水质。因此，有多种塑料管和铝塑复合管用于建筑给水管道系统，但他们共同的缺点是管材强度低，易老化，不耐高温，因而也不能用于水消防管道系统。

内衬不锈钢复合钢管可以说是兼有钢管的强度和塑料管、铝塑复合管清洁卫生的新型

管材。内衬不锈钢复合钢管就是在钢管内壁衬薄壁不锈钢层，这样，钢管内壁与水的接触面为不锈钢，其物理力学性能和膨胀系数与碳素结构钢基本相同，所以，内衬不锈钢复合钢管是一种可用于输送冷热水、饮用净水等压力给水管道的高级管材，同时也可以用于自动喷水灭火系统，不必担心天长日久管内会锈蚀结垢，造成喷头的堵塞。当然，这种管材的价格也相当昂贵。

一、适用范围

内衬不锈钢复合钢管适用于民用和工业建筑中压力不大于 2.0MPa，管径不大于 500mm 的输送冷热水、饮用净水、自动喷水灭火系统等给水压力管道工程。

二、管材、管件

内衬不锈钢复合钢管采用的管材、管件，应由专业生产厂家配套供应，并应符合有关产品标准的要求，具有相应的产品质量检测报告和出厂合格证明。

（一）内衬不锈钢复合钢管规格

内衬不锈钢复合钢管主要是采用按《低压流体输送用焊接钢管》（GB/T 3091—2001）或《输送流体用无缝钢管》（GB/T 8163—1999）标准生产的钢管，在其内壁用缩径法、冷扩法、爆燃法或钎焊法等复合工艺，根据管径大小，内衬一层厚度为 0.2～1.2mm 的薄壁不锈钢层。

缩径法就是将不锈钢管衬在钢管内侧，其外径略小于钢管内径，用轧辊挤压钢管使之缩小而与不锈钢管紧密贴合。

冷扩法就是将不锈钢管外径略大于钢管内径，用牵引装置将不锈钢管牵引至钢管内，使受力扩张的钢管与受力缩小的不锈钢管形成复合管。

爆燃法就是将不锈钢管衬在钢管内，在其内腔制造爆燃，用爆燃产生的压力和温度使不锈钢管向外扩张而紧贴在钢管内壁上。

钎焊法就是在不锈钢管外壁和钢管的内壁涂以钎料，将不锈钢管衬在钢管内，并加热使钎料熔化，熔化后的钎料渗入钢管和不锈钢管的分子结构里，使两者成为一个整体。

按照行业标准《内衬不锈钢复合钢管》CJ/T 192 的规定，确定内衬不锈钢最小厚度，内衬不锈钢与钢管内壁间的结合强度不小于 0.2MPa。内衬不锈钢复合钢管的规格尺寸见表 13-40。

在表 13-40 中，焊接钢管管材长度一般为 6m，无缝钢管为 9m。也可在此范围长度内定尺供货。公称直径不大于 300mm 的内衬不锈钢复合钢管的外层受力钢管可采用焊接钢管，焊接钢管采用《低压流体输送用焊接钢管》GB/T 3091 中的普通管壁厚；公称直径大于 300mm 的内衬不锈钢复合钢管的外层钢管宜采用无缝钢管。

当管道的设计压力大于 2.0MPa 时，可要求管材制造厂采用 GB/T 3091 和 GB/T 8163 中符合内压力要求的管材壁厚。

用于室内的内衬不锈钢复合钢管，其外层应采用热镀锌焊接钢管；用于室外埋地使用的内衬不锈钢复合钢管，其外层焊接钢管或无缝钢管应按工程设计的要求进行防腐处理。

内衬不锈钢复合钢管的规格尺寸（mm）　　**表 13-40**

	公称直径 *DN*	外径	壁厚	内衬不锈钢最小厚度
焊接钢管	6	10.0	2.00	0.20
	8	13.5	2.25	0.20
	10	17.0	2.25	0.20
	15	21.3	2.75	0.25
	20	26.8	2.75	0.25
	25	33.5	3.25	0.25
	32	42.3	3.25	0.30
	40	48.0	3.50	0.35
	50	60.0	3.50	0.35
	65	75.5	3.75	0.40
	80	88.5	4.00	0.45
	100	114.0	4.00	0.50
	125	140.0	4.00	0.50
	150	165.0	4.50	0.60
	200	219.1	5.0	0.70
	250	273.0	6.0	0.80
	300	323.9	7.0	0.90
无缝钢管	350	377	7.0	1.00
	400	426	8.0	1.20
	450	480	8.0	1.20
	500	530	8.0	1.20

内衬不锈钢复合钢管的内衬层所使用的内衬层不锈钢的牌号，当用于输送冷热水、饮用净水、消防给水时，可采用 0Cr18Ni9（304）；当用于输送腐蚀性较高的流体时，宜采用 0Cr17Ni12Mo2（316）；当用于输送海水时，宜采用 00Cr17Ni14Mo2（316L）。

（二）管件

与内衬不锈钢复合钢管配套使用的管件，有衬塑可锻铸铁管件、衬不锈钢可锻铸铁管件、镀合金可锻铸铁管件和不锈钢管件等多种，可根据输送介质性质选用。当用于输送对温度要求不高的生活冷热水时，可采用衬塑管件、衬不锈钢管件。当用于输送高温热水或蒸汽时，不能采用衬塑管件，宜采用镀合金可锻铸铁管件或不锈钢管件。

由于与内衬不锈钢复合钢管配套使用的管件在市场上不易买到，在订购内衬不锈钢复合钢管时，应按实际需要向复合钢管生产厂家订货。

三、管道安装

（一）一般规定

1. 内衬不锈钢复合钢管安装所需管材、管件、连接件及配套的密封圈、紧固件和阀门等附件等均应备全，并经核对产品合格证、质量保证书和外观检查，产品质量均符合标准要求。

2. 施工人员应经过内衬不锈钢复合钢管安装的技术培训，熟悉内衬不锈钢复合钢管的性能，掌握基本操作技能。

3. 管道切割应采用砂轮切割机、电动圆锯机等机械切割方法。管材的切口端面应垂直于管子轴线，管端平面倾斜度偏差为：公称直径不大于 80mm 时，不应大于 0.8mm；公称直径为 100～150mm 时，不应大于 1.2mm；公称直径不小于 200mm 时，不应大于 1.6mm。

内衬不锈钢复合钢管不会因管道切割和套丝过程产生的热量而导致内衬熔化变形，但需对切割工具作出严格限制，严禁使用氧乙炔焰切割，并对套丝过程做好润滑冷却。

4. 由于内衬不锈钢复合钢管的内外层金属材料其延展性不同，加之其贴合面的强度有限，当弯曲半径较小，弯曲角度较大时，容易出现内外层的分离现象，故一般不要进行弯曲。如一定需要弯曲，对管径、曲率半径和弯曲角度作以下限制：当管外径不大于 50mm 时，可采用弯管机冷弯，弯曲曲率半径不得小于 8 倍管外径，弯曲角度不得大于 10°。

5. 由于内衬不锈钢复合钢管的外层受力钢管为焊接钢管或无缝钢管，因此，连接方式也与焊接钢管或无缝钢管的连接方式相同，即小口径采用螺纹连接，中等口径采用沟槽式、法兰或焊接连接，大口径采用焊接连接。连接方式也与工作压力有关。

当管道公称直径不大于 100mm 时，可采用螺纹连接；当公称直径为 100～500mm 时，宜采用沟槽式卡箍连接、法兰连接或焊接连接。

当管道系统的工作压力不大于 1.0MPa 时，可采用螺纹连接；当工作压力大于 1.0MPa 时，宜采用沟槽式卡箍连接、法兰连接或焊接连接。

（二）螺纹连接

1. 管螺纹的加工与一般镀锌钢管相同，但因管壁为双金属，更需做好管螺纹加工过程的润滑冷却。

2. 用细锉将金属管端的毛边修理光滑，用棉丝或毛刷清除管端和螺纹内的油、水和金属切屑。

3. 用聚四氟乙烯生料带缠绕在螺纹上数层，以备与管件的内螺纹连接。

4. 内衬不锈钢复合钢管采用螺纹连接时，使用的管件种类有衬塑可锻铸铁管件（《给水衬塑可锻铸铁管件》CJ/T 137）、衬不锈钢可锻铸铁管件、镀合金可锻铸铁管件、不锈钢管件。

5. 管子与有内衬的可锻铸铁管件连接前，应检查管件内密封圈的位置。可先手工将管端螺纹拧入管件，在确认已入扣后，再用管钳适度拧紧。连接螺纹拧紧后不得逆向旋转，否则会导致泄漏。

6. 管材与管件连接处，由于管钳牙痕和外露螺纹的镀锌面已遭损坏，故所有的钳痕和镀锌表面损伤部位，均应涂防腐胶。

7. 如在接头处采用厌氧密封胶做密封处理时，养护时间不得少于 24h，且养护期间不得试压。

8. 内衬不锈钢复合钢管与卫生器具和设备附件相连接时，宜采用由管材生产厂提供的不锈钢或黄铜的专用配套内螺纹管接头。

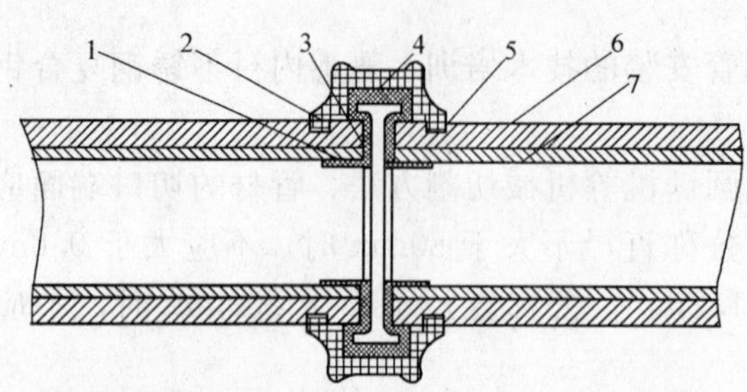

图 13-38　内衬不锈钢复合钢管的沟槽式连接

1—防腐套；2—卡箍；3—防腐胶；4—C 型橡胶密封圈；5—管子沟槽；6—外层钢管；7—内层不锈钢管

（三）沟槽式连接

1. 内衬不锈钢复合钢管采用沟槽式连接时，管道系统用的管件应采用配套的沟槽式管件和附件，其工作压力等级应与管道系统的工作压力等级相同。

2. 内衬不锈钢复合钢管的沟槽式连接与第十章第四节介绍的沟槽式连接基本相同，所不同的是，在接口两侧的管口端面上，要安置如图 13-38 所示的防腐套，用以保护管壁端面不与介质直接接触。

（四）法兰连接

1. 当内衬不锈钢复合钢管采用法兰连接时，法兰的压力等级应与管道系统的工作压力相匹配。

2. 安装法兰的管端端面必须垂直于管轴线。

3. 如管材生产厂家能配套提供法兰、螺栓，应优先采用。在现场存放时，应将法兰与螺栓配套放置。

4. 当需要用法兰与阀门或设备连接时，可采用衬塑带颈螺纹钢法兰或突面板式钢法兰。

衬塑带颈螺纹钢法兰与管端采用螺纹连接，如图 13-39 所示，为保证介质不与管口端面和钢制法兰接触，法兰内口要有密封圈和衬塑。

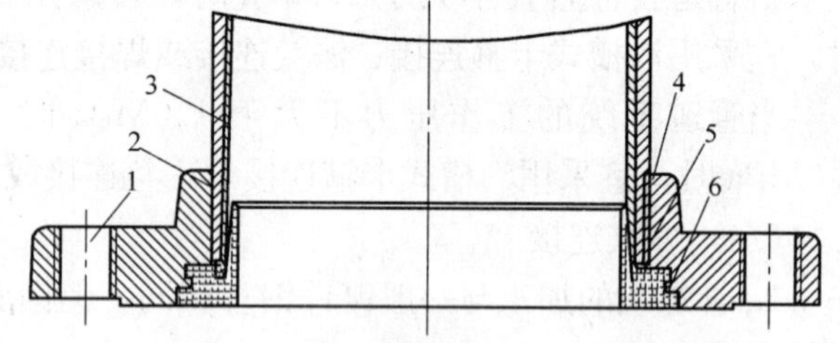

图 13-39　衬塑带颈螺纹钢法兰与管端连接

1—螺栓孔；2—外层钢管；3—内层不锈钢管；4—带颈内螺纹法兰；5—密封圈；6—衬塑

突面板式钢法兰与内衬不锈钢复合钢管的焊接与一般钢管相同，但需要注意的是，管端外层钢管与法兰内壁的封口焊缝外面及法兰内壁上，应涂防腐胶，以隔离碳钢材质不与介质直接接触，如图 13-40 所示。

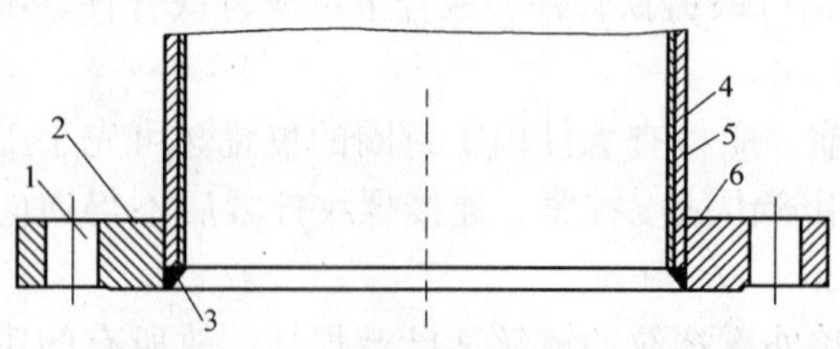

图 13-40　突面板式钢法兰与管端连接

1—螺栓孔；2—焊缝；3—防腐胶；4—内层不锈钢管；5—外层钢管；6—突面板式法兰

（五）焊接连接

内衬不锈钢复合钢管的焊接不同于一般复合钢板的焊接，且难于复合钢板的焊接，因为复合钢板可以采用双面焊，按焊接工艺的要求，应先焊碳钢部分再焊不锈钢部分；而内衬不锈钢复合钢管只能单面焊，要先焊不锈钢部分再焊碳钢部分，因而施焊难度较大。

西安某材料股份有限公司对焊接准备、焊接工艺、焊条要求和焊接方法分别进行了试验，并得到解决，从而作出下述规定。这些规定与国家标准《不锈钢复合钢板焊接技术条件》GB/T 13148 有所区别，并作了必要的调整。在此也希望从事此项工作的业内人士，在实际工作中进行探索，使内衬不锈钢复合钢管的焊接技术日臻完善。

1. 管端切割和坡口形式、尺寸应符合现行国家标准《工业金属管道工程施工及验收规范》GB 50235 的规定。管子焊口组对前，应将坡口内外表面不小于 10mm 范围内的油漆、污垢、锈迹、毛刺及镀锌层清理干净。

2. 管道对接焊口的组对应做到内壁齐平。内壁错位不宜超过内衬不锈钢厚度，且不应大于 1.2mm。

3. 焊条在使用前应按规定进行烘干，使用过程中应保持干燥，焊条使用前应清除表面的油污等杂质。

4. 焊接内衬不锈钢复合钢管时，应符合下列工艺要求：

(1) 定位焊缝应采用与根部焊道相同的焊接材料和焊接工艺，定位焊缝的长度、间距应保证焊缝在正式焊接过程中不致开裂；

(2) 对内衬不锈钢复合钢管，应先焊不锈钢部分和不锈钢与碳钢的过渡部分，并应采用 309 焊条，用氩弧焊焊接；底层氩弧焊焊接时，焊管内应充氩气保护，焊枪不允许横向摆动；

(3) 焊接复合管的碳钢管部分，焊缝底层应采用氩弧焊施焊，然后采用普通碳钢焊条用电弧焊焊接；

(4) 采用手工电弧焊焊接时，应在保证焊缝良好熔合的条件下尽量采用小电流多层施焊；

(5) 手工氩弧焊应采用直流电源正接法。

四、压力试验

（一）试验压力

内衬不锈钢复合钢管安装完毕后，应进行现场压力试验。压力试验按设计要求进行，当设计未提出要求时，应根据其用途或使用要求，分别按现行国家标准《建筑给水排水及采暖工程施工质量验收规范》GB 50242、《工业金属管道工程施工及验收规范》GB 50235、《自动喷水灭火系统施工及验收规范》GB 50261 和《给水排水管道工程施工及验收规范》GB 50268 等规范规定的试验压力、稳压时间和试压合格标准执行。

（二）冲洗与消毒

管道试压合格后，应将管道系统内的存水放空，并进行冲洗。输送生活饮用水和饮用净水的管道还应消毒。消毒后的管道应再次用生活饮用水冲洗，直至水质符合现行国家标准《生活饮用水卫生标准》GB 5749—2006 的要求。

对于内衬不锈钢复合钢管，试压、冲洗与消毒用水的氯离子含量有严格限制，不得超过 25ppm（即 25mg/L），否则应采取降低水中氯离子含量的措施。

第七节　建筑给水铜管安装

一、适用范围

建筑给水铜管是建筑给水工程中的高级管材。本节建筑给水铜管是指用于建筑给水、生活热水、饮用净水等系统的铜管安装工程。

二、管材、管件

建筑给水铜管通常采用TP2牌号的铜材。用于给水系统薄壁铜管有T2和TP2两个牌号，其主要区别是TP2牌号含有0.015%～0.04%的磷，且含氧量是T2牌号的1/6。铜管含磷，有利于钎料在承插缝隙间均匀分布，焊缝牢固；磷还能够吸收氧化物，降低焊缝处的含氧量，而钎焊缝处含氧量越低，焊口耐腐蚀能力就越强。同时，由于TP2牌号铜管含氧量低，其钎焊连接处耐腐蚀能力也较强。虽然TP2牌号铜管价格略高于T2牌号铜管，但工程实践表明，TP2牌号铜管比T2牌号铜管在建筑给水工程的使用中更安全和经济。

TP2牌号铜管的化学成分见表13-41，力学性能见表13-42。

管材的牌号及化学成分　　　　**表13-41**

<table>
<tr><th rowspan="2">牌号</th><th colspan="2">主要成分(%)</th><th colspan="10">杂质成分(%)</th></tr>
<tr><th>Cu+Ag</th><th>P</th><th>O</th><th>S</th><th>Fe</th><th>Ni</th><th>Pb</th><th>Zn</th><th>Sb</th><th>As</th><th>Sn</th><th>Bi</th></tr>
<tr><td>TP2</td><td>≥99.90</td><td>0.015～0.040</td><td>0.01</td><td colspan="5">≤0.005</td><td colspan="3">≤0.002</td><td>≤0.001</td></tr>
</table>

管材的力学性能　　　　**表13-42**

<table>
<tr><th rowspan="2">牌号</th><th rowspan="2">状态</th><th rowspan="2">公称直径 DN(mm)</th><th rowspan="2">抗拉强度 (MPa)</th><th colspan="2">伸长率(%)</th></tr>
<tr><th>δ_5</th><th>δ_{10}</th></tr>
<tr><td rowspan="4">TP2</td><td rowspan="2">硬(Y)</td><td>≤100</td><td>≥315</td><td rowspan="2">—</td><td rowspan="2">—</td></tr>
<tr><td>>100</td><td>≥295</td></tr>
<tr><td>半硬(Y_2)</td><td>≤50</td><td>≥250</td><td>≥30</td><td>≥25</td></tr>
<tr><td>软(M)</td><td>≤32</td><td>≥205</td><td>≥40</td><td>≥35</td></tr>
</table>

（一）建筑冷、热水用紫铜管

建筑冷、热水用拉制紫铜管的常用规格及工作压力见表13-43。

建筑冷、热水用拉制紫铜管的常用规格及工作压力　　　　**表13-43**

公称直径 DN	铜管外径 D_w(mm)	壁厚 T(mm)	理论重量 (kg/m)	工作压力(软态) (MPa)	铜管公差(mm)	
					外径	壁厚
10	12	1.0	0.307+0.029	7.4	0.20	±0.10
15	16	1.0	0.420+0.039	5.6	0.24	±0.10
15	19	1.5	0.735+0.067	7.0	0.24	±0.15
20	22	1.5	0.861+0.079	6.0	0.30	±0.15
25	28	1.5	1.113+0.104	4.8	0.30	±0.15
32	35	1.5	1.407+0.134	4.0	0.35	±0.15
40	44	2.0	2.352+0.223	4.2	0.40	±0.20
50	55	2.0	2.968+0.285	3.4	0.50	±0.20
65	70	2.5	4.725+0.454	3.4	0.60	±0.25
80	85	2.5	5.775+0.559	2.8	0.80	±0.25
100	105	2.5	7.175+0.699	2.3	±0.50	±0.25
125	133	2.5	9.140+0.890	1.8	±0.50	±0.25
150	159	3.0	13.120+1.054	1.8	±0.60	±0.25
200	219	4,0	24.080+1.770	1.8	±0.70	±0.30

建筑冷、热水用紫铜管所用的材质应符合 GB/T 1527 的有关规定，铜管外表缺陷允许度如下：

1. 壁厚小于或等于 2mm 时，纵向划痕深度不大于 0.04mm；壁厚大于 2mm 时，纵向划痕深度不大于 0.05mm；用作导管的铜和铜合金管材，无论壁厚大小，纵向划痕深度不应大于 0.03mm；

2. 偏横向的凸出或凹入，高度与深度不大于 0.35mm；

3. 瘢疤碰伤、起泡及凹坑，其深度不超过 0.03mm，其面积不超过管子表面积的 30%。

（二）无缝铜水管和铜气管

根据《无缝铜水管和铜气管》GB/T 18033 的规定，此类铜管适用于输送饮用水、卫生用水和民用天然气、煤气、氧气及对铜无腐蚀作用的其他介质。

铜管有硬态（外径 6～219mm）、半硬态（外径 6～54mm）、软态（外径 6～35mm）三种形式，其承压强度均能满足供水要求，考虑到管道敷设应保持横平竖直，故推荐采用硬态铜管。半硬态管可用专用机具直接弯管，既可节省管配件，又有利于供水的水力条件，提高供水安全、卫生程度，且施工方便。因此，小于 *DN*25 的铜管推荐使用半硬态铜管。

硬态铜管（Y）的硬度大于 100（HV/5）；半硬态铜管（Y2）的硬度介于 75～100（HV/5）之间；软态铜管（M）的硬度小于 75（HV/5）。

根据建筑给水工程的使用要求，为便于设计、施工及供货，现从该标准中选出了建筑给水工程中可采用钎焊、卡套、卡压连接的常用的管材规格，见表 13-44。如采用沟槽连接，铜管应选用硬态铜管，其壁厚不应小于表 13-45 规定的数值。

建筑给水铜管管材规格（mm）　　**表 13-44**

<table>
<tr><th rowspan="2">公称值径
DN</th><th rowspan="2">外径
D_w</th><th colspan="2">工作压力 1.0MPa</th><th colspan="2">工作压力 1.6MPa</th><th colspan="2">工作压力 2.5MPa</th></tr>
<tr><th>壁厚
δ</th><th>计算内径
d_j</th><th>壁厚
δ</th><th>计算内径
d_j</th><th>壁厚
δ</th><th>计算内径
d_j</th></tr>
<tr><td>6</td><td>8</td><td>0.6</td><td>6.8</td><td>0.6</td><td>6.8</td><td rowspan="11">—</td><td rowspan="11">—</td></tr>
<tr><td>8</td><td>10</td><td>0.6</td><td>6.8</td><td>0.6</td><td>6.8</td></tr>
<tr><td>10</td><td>12</td><td>0.6</td><td>10.8</td><td>0.6</td><td>10.8</td></tr>
<tr><td>15</td><td>15</td><td>0.7</td><td>13.6</td><td>0.7</td><td>13.6</td></tr>
<tr><td>20</td><td>22</td><td>0.9</td><td>20.2</td><td>0.9</td><td>20.2</td></tr>
<tr><td>25</td><td>28</td><td>0.9</td><td>26.0</td><td>0.9</td><td>26.2</td></tr>
<tr><td>32</td><td>35</td><td>1.2</td><td>32.6</td><td>1.2</td><td>32.6</td></tr>
<tr><td>40</td><td>42</td><td>1.2</td><td>39.6</td><td>1.2</td><td>39.6</td></tr>
<tr><td>50</td><td>54</td><td>1.2</td><td>51.6</td><td>1.2</td><td>51.6</td></tr>
<tr><td>65</td><td>67</td><td>1.2</td><td>64.6</td><td>1.5</td><td>64.0</td></tr>
<tr><td>80</td><td>85</td><td>1.5</td><td>82</td><td>1.5</td><td>82</td></tr>
<tr><td>100</td><td>108</td><td>1.5</td><td>105</td><td>2.5</td><td>103</td><td>3.5</td><td>101</td></tr>
<tr><td>125</td><td>133</td><td>1.5</td><td>130</td><td>3.0</td><td>127</td><td>3.5</td><td>126</td></tr>
<tr><td>150</td><td>159</td><td>2.0</td><td>155</td><td>3.0</td><td>153</td><td>4.0</td><td>151</td></tr>
<tr><td>200</td><td>219</td><td>4.0</td><td>211</td><td>4.0</td><td>211</td><td>5.0</td><td>209</td></tr>
</table>

沟槽连接时铜管的最小壁厚（mm）　　**表 13-45**

公称直径 *DN*	外径 D_w	最小壁厚 δ
50	54	2.0
65	67	2.0
80	85	2.5
100	108	3.5
125	133	3.5
150	159	4.0
200	219	6.0

（三）建筑用铜管件

建筑用铜管件见第十章第二节。

此外，还有按《铜管接头》GB/T 11618 和行业标准《建筑用铜管管件》（承插式）CJ/T 117 生产的铜管接头和管件，工作中可根据设计要求选用。

三、冷、热水铜管安装

（一）管道布置

1. 建筑冷、热水铜管管道系统中，为避免或减少电化学腐蚀，不宜直接连接钢管管材、管件，应当在整个管道系统中全部使用铜管。在施工过程中，应防止铜管与酸、碱性腐蚀性物质和污物接触。

2. 引入管不宜穿越建筑基础，可在外墙上预留孔洞，敷设铜套管进入室内，并应考虑到建筑沉降等因素的影响。

3. 由于建筑用铜管为薄壁管，如需埋地敷设，应采用外壁有塑料包覆层的塑覆铜管，以避免土壤对铜管产生酸碱腐蚀或硬物对管道造成机械损伤。

4. 与其他管道一样，铜管也不得浇筑在钢筋混凝土结构的梁、板、柱、墙内。除采用硬钎焊连接的铜管外，采用其他连接方式的铜管均不得暗设在墙内或地面垫层内。

5. 由于铜管的热膨胀系数较大，由干管或立管到用户的进户管敷设宜采用水平折弯方式，以减小管道线膨胀产生的应力。

6. 由于铜管的刚性差，当墙体结构为砖砌体结构时，管径不大于 *DN*25 的小口径铜管可嵌墙敷设，但应采用塑覆铜管。防止管道膨胀对墙面造成破坏，应采用专门的管卡固定管道。

7. 横管宜有 2‰～5‰的坡度，坡向泄水装置。

（二）铜管的补偿和绝热

1. 铜管的热膨胀系数为 0.017mm/(m·℃)，即如果温度每上升 60℃，1m 长的管子会增长 1mm。在直线管段上，温度上升会造成管道弯曲、偏移，并产生热应力，也容易造成管道接口的破坏。

给水和热水铜管道应尽可能利用其转弯处的自然转向弯曲，形成自然补偿。而当自然补偿不够时，可选择伸缩节进行补偿，对于管径较小（不大于 *DN*40）的管道，可用铜管直接弯曲成各种弧线形伸缩节，如图 13-41 所示。

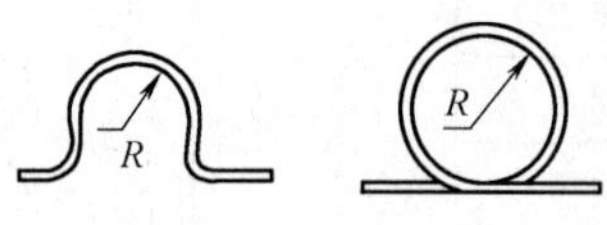

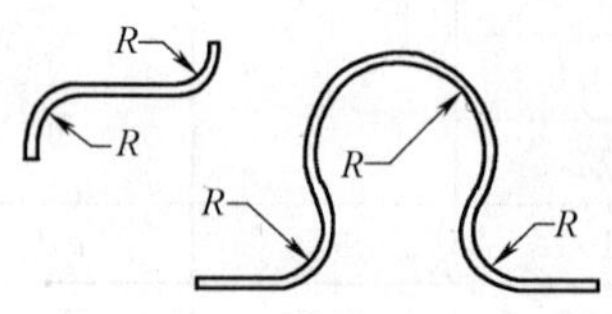

图 13-41　铜管弯制的各种弧线形伸缩节

当管径较大时（大于 $DN40$），10m 长的直线管段应采取补偿措施，宜采用波纹伸缩节。

如采用方形补偿器水平安装时，应与管道坡度一致，预拉伸长度可为其伸长量的一半。

安装铜质波形补偿器时，其直管长度不得小于 100mm。

安装套管补偿器的预拉伸长度可按表 13-46 的规定执行。

套管补偿器预拉伸长度（mm）　　　　**表 13-46**

补偿器规格 DN	15	20	25	32	40	50	65	80	100	125	150
预拉伸长度	20	20	30	30	40	40	56	59	59	59	63

2. 管道固定支架的间距应根据管道伸缩量、伸缩接头允许伸缩量等因素确定，固定支架间的线膨胀量应由其间设置的伸缩接头吸收。固定支架应设置在管道变径、分支处，立管应在其底部及楼板的一侧设置固定支架。

3. 冷水管应采取防结露措施，热水管应做保温处理。绝热材料应采用不腐蚀铜管的材料，绝热层厚度由设计确定。

（三）铜管的连接

铜管的连接可根据情况采用钎焊连接、卡套连接、卡压连接、螺纹连接、沟槽连接、法兰连接等方式。铜水管的连接方式中，以硬钎焊连接为最可靠、成本低，因此最为常用；卡套连接、卡压连接、沟槽连接较为简便，不需要技术水平高的焊工；另外，卡套连接、沟槽连接、螺纹连接、法兰连接还具有可拆卸的特点。

一般说来，铜管的连接方式以承插式钎焊连接为主，在不能动用明火的场所、钎焊难以操作的场所和要求具有可拆卸的场合可采用机械连接方式。下面仅介绍铜管连接常用的钎焊连接、卡套连接和卡压连接。沟槽连接、螺纹连接和法兰连接形式业内人士都比较熟悉，尤其是见到配件实物后，自然会触类旁通。

1. 钎焊连接。钎焊连接就是以熔点低于母材的钎料与母材一起加热，在母材不熔化的情况下，钎料熔化后润湿并填充母材连接处的缝隙，两者相互熔解和扩散，从而形成钎焊缝的连接方式。也就是说，铜管与管件的连接，是将铜管插入管件的承口内，加热熔点低于母材的钎料，使之熔化后润湿并填充到承插口的缝隙内，熔化的钎料完全冷却凝固后，钎焊即告完成，如图 13-42 所示。

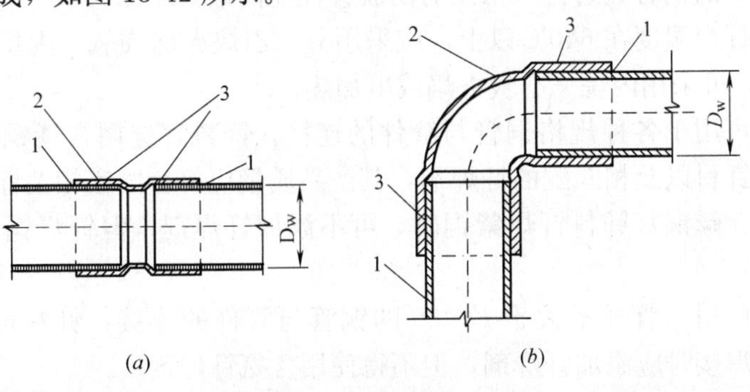

图 13-42　钎焊连接

（a）铜管与铜管连接；（b）铜管与配件连接

1—铜管；2—铜管配件；3—焊缝

钎焊连接方式宜采用硬钎焊连接，硬钎焊适用于各种规格铜管与管件的连接。非埋设的管径不大于 *DN*25 的支管可采用软钎焊连接。所谓硬钎焊连接，就是钎料熔点大于450℃的钎焊连接；所谓软钎焊连接，就是钎料熔点小于450℃的钎焊连接。

铜管的钎焊工艺对承插口间隙的要求较高，合适的承插口间隙是保证钎焊质量的基本条件。钎焊铜管承、插口的规格尺寸应符合表 13-47 的规定。

钎焊铜管承口、插口规格尺寸（mm）　　**表 13-47**

<table>
<tr><th rowspan="2">公称直径 DN</th><th rowspan="2">铜管外径 D_w</th><th rowspan="2">插口外径</th><th rowspan="2">承口外径</th><th rowspan="2">承口长度</th><th rowspan="2">插口长度</th><th colspan="3">最小壁厚</th></tr>
<tr><th>1.0MPa</th><th>1.6MPa</th><th>2.5MPa</th></tr>
<tr><td>6</td><td>8</td><td>8±0.03</td><td>$8^{+0.05}$</td><td rowspan="2">7</td><td rowspan="2">9</td><td colspan="3" rowspan="5">0.75</td></tr>
<tr><td>8</td><td>10</td><td>10±0.03</td><td>$10^{+0.05}$</td></tr>
<tr><td>10</td><td>12</td><td>12±0.03</td><td>$12^{+0.05}$</td><td>9</td><td>11</td></tr>
<tr><td>15</td><td>15</td><td>15±0.03</td><td>$15^{+0.05}$</td><td>11</td><td>13</td></tr>
<tr><td>20</td><td>22</td><td>22±0.04</td><td>$22^{+0.06}$</td><td>15</td><td>17</td></tr>
<tr><td>25</td><td>28</td><td>28±0.04</td><td>$28^{+0.08}$</td><td>17</td><td>19</td><td rowspan="5">1.0</td><td rowspan="2">1.0</td><td rowspan="2">—</td></tr>
<tr><td>32</td><td>35</td><td>35±0.05</td><td>$35^{+0.08}$</td><td>20</td><td>22</td></tr>
<tr><td>40</td><td>42</td><td>42±0.05</td><td>$42^{+0.12}$</td><td>22</td><td>24</td><td rowspan="2">1.5</td><td rowspan="2">—</td></tr>
<tr><td>50</td><td>54</td><td>54±0.05</td><td>$54^{+0.15}$</td><td>25</td><td>27</td></tr>
<tr><td>65</td><td>67</td><td>67±0.06</td><td>$67^{+0.15}$</td><td>28</td><td>30</td><td>2.0</td><td>—</td></tr>
<tr><td>80</td><td>85</td><td>85±0.06</td><td>$85^{+0.23}$</td><td>32</td><td>34</td><td>1.5</td><td>2.5</td><td>—</td></tr>
<tr><td>100</td><td>108</td><td>108±0.06</td><td>$108^{+0.25}$</td><td>36</td><td>38</td><td>2.0</td><td>3.0</td><td>2.5</td></tr>
<tr><td>125</td><td>133</td><td>133±0.10</td><td>$133^{+0.28}$</td><td>38</td><td>41</td><td>2.5</td><td>3.5</td><td>4.0</td></tr>
<tr><td>150</td><td>159</td><td>159±0.18</td><td>$159^{+0.28}$</td><td>42</td><td>45</td><td>3.0</td><td>4.0</td><td>4.5</td></tr>
<tr><td>200</td><td>219</td><td>219±0.25</td><td>$219^{+0.30}$</td><td>45</td><td>48</td><td>4.0</td><td>5.0</td><td>6.0</td></tr>
</table>

铜管钎焊连接应符合下列要求：

（1）钎焊前应用细砂纸或不锈钢丝刷把管端外壁和管件内壁的污垢与氧化膜清除干净；

（2）用于钎焊的铜合金管件宜采用有防脱锌性能的锻铜制品；

（3）铜管硬钎焊温度在640℃以上，应采用氧—乙炔火焰或氧—丙烷火焰。软钎焊温度在300℃以下，可采用丙烷—空气火焰或电加热；

（4）硬钎焊可用于各种规格铜管与管件的连接，钎料宜选用含磷铜基无银、低银钎料，锡基、锡银钎料以及相匹配的钎焊剂，其产品质量应符合国家相关标准。

硬钎焊采用含磷铜基钎料钎焊紫铜时，可不添加钎焊剂，但钎焊铜合金时应添加钎焊剂；

（5）软钎焊可用于管径不大于 *DN*25 的铜管与管件的连接，钎料可选用无铅锡基、无铅锡银钎料。焊接时应添加钎焊剂，但不得使用含氨钎焊剂；

（6）塑覆铜管焊接时，应先将钎焊接头处长度不小于200mm的塑覆层剥离，并在连接点两端缠绕湿布冷却，钎焊完成后再复原塑覆层；

（7）钎焊时应根据工件大小选用合适的火焰功率，对接头处铜管与承口实施均匀加热，只有接头处温度在钎焊温度以上时，即向接头处添加钎料，钎焊在毛细管作用下进入钎缝，待钎料填满钎缝后应立即停止加热，静置自然冷却结晶，严禁振动，也不可人工急冷而增加接头的焊接应力；

（8）由于焊剂对铜有腐蚀作用，因此，焊接完成后应将接头处的残留钎焊剂和反应物用干布擦拭干净。

考虑到铜管接口的钎焊是关系到工程质量的关键所在，下面还要详细介绍紫铜管的钎焊工艺。

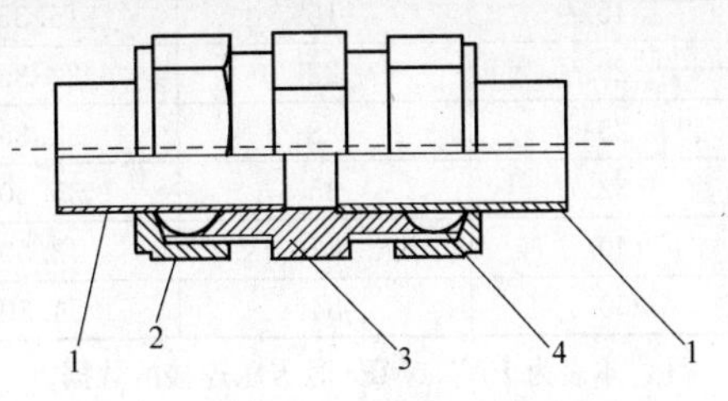

图 13-43　卡套连接

1—铜管；2—铜螺母；3—铜管接头；4—铜匝环

2. 卡套连接。卡套连接属于机械连接方式，如图 13-43 所示。连接时将管端插入连接件的鼓状形铜卡环内，拧紧螺母，使配件内鼓状形铜卡环被压紧固而封堵管道连接处缝隙。管径不大于 *DN*50、需拆卸的铜管接头可采用卡套连接。卡套连接铜管的规格尺寸应符合表 13-48 的规定。

卡套连接铜管的规格尺寸（mm）　　**表 13-48**

公称直径 *DN*	铜管外径 D_w	承口内径		铜管壁厚	螺纹最小长度
		最大	最小		
15	15	15.30	15.10	1.2	8.0
20	22	22.30	22.10	1.5	9.0
25	28	28.30	28.10	1.6	12.0
32	35	35.30	35.10	1.8	12.0
40	42	42.30	42.10	2.0	12.0
50	54	54.30	54.10	2.3	15.0

注：本表为 *PN*1.0MPa 时卡套连接的数据。

铜管卡套连接应符合下列要求：

（1）安装前清洁卡套及其连接件的接头部位；

（2）管口端面应与管子中心线垂直，将管口整圆，并应无毛刺、裂口等缺陷；

（3）按连接的先后顺序，将螺母、铜卡环套在连接管上，注意铜管一定要垂直于管件底平面。用活动扳手或专用扳手（不宜使用管子钳）拧紧螺母，直到铜卡环能夹紧管子，用手无法转动螺母或管子时，检查连接管段是否平直，无误后再将螺母拧紧$\frac{1}{3}$～$\frac{2}{3}$圈，使卡环刃口切入铜管外壁，但不得过紧，以免产生过量变形或损伤铜管；

（4）卡套连接如需采用二次装配，第一次装配不可过度拧紧螺母；第二次装配时，拧紧螺母应从力矩激增点起，再将螺母拧紧$\frac{1}{4}$圈。

3. 卡压连接。卡压连接是将铜管端头插入带有 O 形橡胶密封圈的管件承口内，在连接处用专用工具压紧，从而起密封和紧固作用的连接方式，如图 13-44 所示。卡压连接的管道可以明装或暗设，其给水系统最高压力为 1.6MPa。卡压连接铜管的规格尺寸应符合表 13-49 的规定。

卡压连接铜管的规格尺寸（mm）　　表 13-49

公称直径 DN	铜管外径 D_w	承口内径		壁　厚	承口最小深度 L_0
		最大	最小		
15	15	15.35	15.20	0.7	22
20	22	22.35	22.20	0.9	23
25	28	22.35	28.25	0.9	24
32	35	35.50	35.30	1.2	26
40	42	42.50	42.30	1.2	36
50	54	54.50	54.30	1.2	40

注：本表为 PN1.0MPa 时卡压连接的数据。

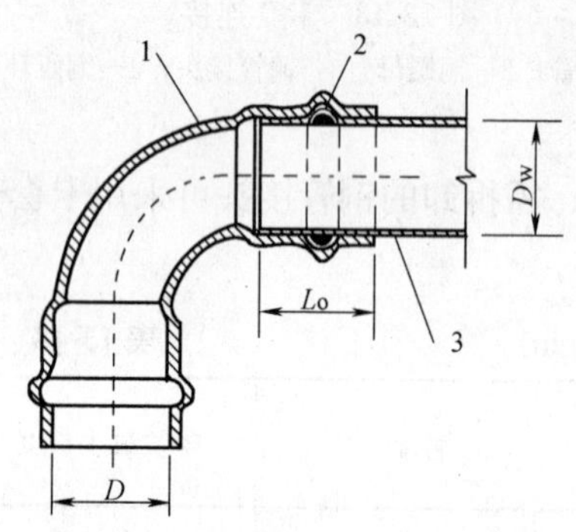

图 13-44　卡压连接

1—卡压式管件；2—O 形橡胶密封圈；3—铜管

铜管卡压连接应符合下列要求：

(1) 管径不大于 DN50 的铜管可采用卡压连接；

(2) 应采用专用的与管径相匹配的连接管件和卡压机具；

(3) 在铜管插入管件的过程中，管件内密封圈不得扭曲变形，管材插入管件到底后应轻轻转动管子，使管材与管件的结合段保持同轴后再进行卡压；

(4) 进行卡压时，卡钳端面应与管件轴线垂直，达到规定的卡压力后应保持 2～3s 方可松开卡钳；

(5) 卡压连接应采用硬态或半硬态铜管。

4. 可拆卸接头

在铜管管网中，有些地方需要采用可拆卸接头，这时，应选择螺纹连接接头。在应用选择上，公称直径 DN50 以下的可拆卸连接常选用单一螺纹活接头，DN50 以上可选择法兰连接。可拆卸接头常采用图 13-45 所示的几种形式。

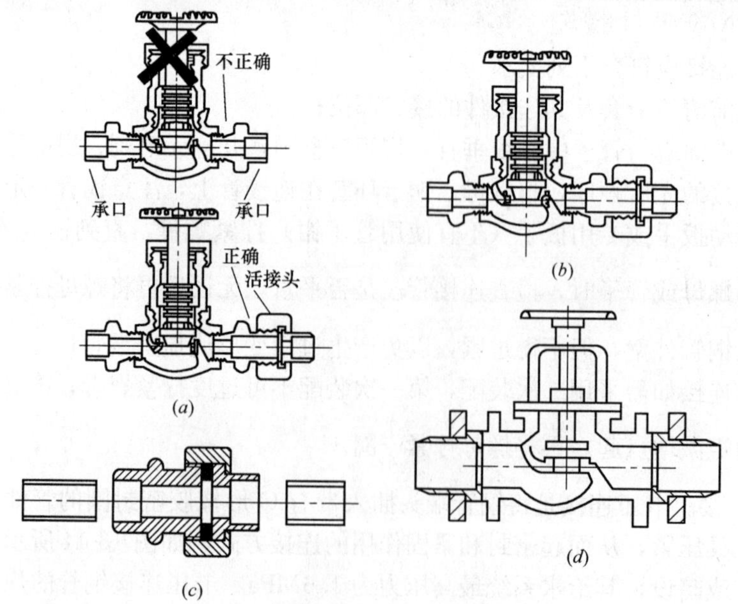

图 13-45　可拆卸接头的几种应用形式

（四）紫铜管钎焊工艺

现介绍紫铜管热水管道系统施工中采用的钎焊工艺。

1. 钎焊材料及其选用

（1）钎焊

钎焊是在母材不熔化的情况下，钎料熔融、润湿及填满两母材连接处的间隙，形成钎缝，得到牢固接头。但钎焊时并非任何液体金属均能填充接头间隙（统称填隙），必须具备一定的条件，此条件就是润湿作用和毛细作用。

1）钎料的润湿作用。润湿是液态物质与固态物质接触后相互沾附的现象。液体处于自由状态时，为使其本身处于稳定状态，它会力图保持球形表面。当液体与固体接触时，这种情况将发生改变，其变化取决于液体的内聚力和液固两相间附着力的相互关系。如果内聚力大于附着力，则液体不能沾附在固体表面上；当附着力大于内聚力时，液体就能沾附在固体表面，即发生润湿作用。

钎焊时，熔态钎料如果不能沾附在固态母材的表面，就不可能填充接头间隙，只有在熔态钎料能润湿母材，填隙作用才有可能实现。

2）毛细作用。钎焊过程是毛细作用的过程，即钎焊时液态钎料不是单纯地沿固态母材表面铺展，而是流入并填充接头间隙，通常间隙很小，类似毛细管，钎料就是依靠毛细作用在间隙内流动。因此，钎料的填缝效果与毛细作用有很大关系。

（2）钎料

钎料为了达到润滑和毛细作用，应满足以下要求：

1）合适的熔化温度，一般应低于被钎焊金属的熔点几十摄氏度以上；

2）在钎焊温度下能很好地润湿母材并易于填充钎缝的间隙；

3）与母材有适当的相互扩散和溶解能力，获得牢固的接头；

4）组分稳定、均匀，不含对母材及人体有害的元素；

5）钎焊接头应满足产品的技术要求。如机械性能（常温、高温或低温下的强度、塑性、冲击韧性等）和物理化学性能（气密性、导电性、导热性、抗氧化性、抗腐蚀性、色泽等）方面的要求；

6）应考虑钎料的经济性，尽量少用或不用稀有金属和贵重金属。

钎料可分为两类，一种是熔点在450℃以下的钎料，称为软钎料，又称为易熔钎料，常见的有锡、铅、铋、铟、镉、锌及其合金。另一种是熔化温度在450℃以上的钎料，称为硬钎料，根据硬钎料成分及用途可分为含磷铜基钎料、铝基钎料、银钎料、低银铜磷钎料等多种。

为了保证钎焊接头具有较高的强度及在较高的温度下工作，应用硬钎料进行钎焊。软钎焊适用于管径不大于 *DN*25 的铜管与管件的焊接，并应添加不含氨的钎焊剂。

（3）钎料的选用

对于紫铜管钎焊，应采用流动性能好，能充分发挥毛细作用的钎料，为此，有的施工单位选用 GB/T 11618 低银铜磷钎料。

该钎料含铜 92%、磷 6.9%、银 1.3%。铜中加磷起两个作用，一是大大降低熔点，二是磷可以还原氧化铜和氧化银，还原后的五氧化二磷与氧化铜形成复合化合物，在钎焊温度下呈液态覆盖于金属表面防止金属继续氧化，具有自钎剂的作用。银的加入也可降低熔点，且可提高钎焊接头的抗拉强度。低银铜磷钎料的熔点低，流动性很好，能充分发挥毛细的作用填满间隙，选用此钎料较为合适。

2. 钎焊工艺措施和焊接结果

（1）钎焊工艺措施

1）焊前处理。用专用工具将管口处的毛刺去除并整圆，再用细砂纸或不锈钢丝刷等器材，将钎焊处铜管外表面及管件内表面的污物及氧化膜清除干净后，立即进行钎焊。组对承插口时，不能强力组对，要保留有一定的间隙作为钎缝。钎焊前要进行预热，预热根据管径和壁厚大小而定，一般预热至暗红色为合适，预热的方法如图 13-46 所示。

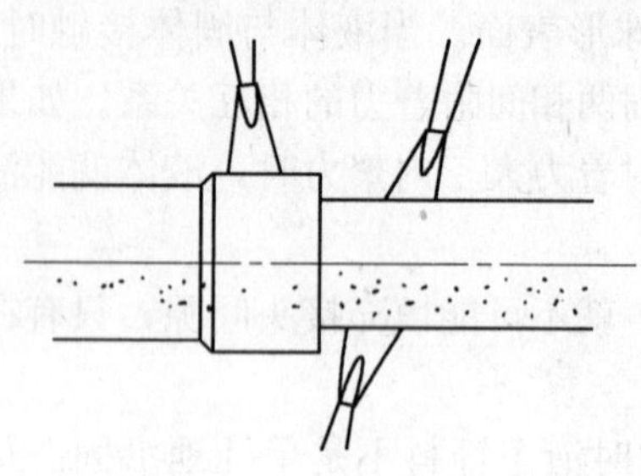
图 13-46 钎焊预热方法

2）需添加钎焊剂的接头，应先将调制成糊状的钎焊剂薄薄地均匀涂敷在铜管与管件的钎焊处表面，再将管子轻轻插入管件承口，并适度转动以保持四周均匀的间隙，然后用净布抹去接缝处多余的钎焊剂．无需添加钎焊剂的接头，应将管子轻轻插入管件承口，并适度转动以保持四周均匀的间隙。

3）热源采用氧—乙炔火焰或氧—丙烷火焰加热，焊丝直径、焊炬和焊嘴规格、乙炔流量按表 13-50 选择，焊接加热时，使钎焊区均匀加热，温度控制在 650～750℃之间。软钎焊也可采用丙烷—空气火焰加热或电加热。

采用电加热钎焊时，应配备相应功率的可调式专用焊接电源，以及与焊件规格相匹配的专用电加热夹具和连接用软电缆。

焊丝焊嘴与流量配合表 **表 13-50**

母材厚度(mm)	焊丝直径(mm)	焊炬和焊嘴	乙炔流量(L/min)
0.5～1.5	1.5	H01-2	150
1.5～2.5	2	H01-6	350
3.0～4.0	3	H01-12	500

接头形式为插入式，如图 13-47 所示。必须指出，钎焊工艺中，钎焊间隙的大小及其控制是十分重要的，所以，选用符合产品技术标准规定的铜管和铜管件尤为必要。

钎焊操作时，当采用气体火焰或专用电加热夹具对钎焊接头处实施均匀加热时，可用钎料接触被加热到高温的接头处的方法进行测温，若接头处的温度能使钎料迅速熔化，则表示接头处的温度已达到钎焊温度，即可一面加热，一面向接头的缝隙处添加钎料，直至将缝隙填满。

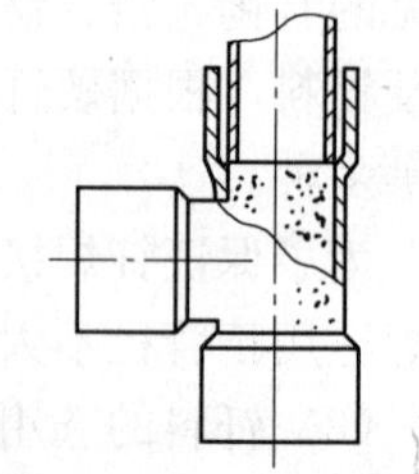
图 13-47 插入式钎焊接头示意

钎焊时应由接头处的温度和热量熔解钎料，并利用毛细作用填满接头缝隙．严禁用火焰直接加热熔化钎料。要注意接头处的温度，防止因承插口局部过热而使铜管或铜管件熔化，直接影响钎焊质量。

钎焊完成后，移去明火热源或切断电加热电源，使钎焊接头在静止状态下冷却结晶，在钎料未完全凝固前，严禁振动，也不应人工急冷而增加钎焊接头处的焊接应力。

4）焊后处理。接头冷却后，应及时将接头处的残余钎焊剂和反应物用热水与抹布清洗干净，也可用刷子等进行清理，必要时可在清洗干净的接头处喷涂清漆保护，以防腐蚀。

（2）焊接结果

检查焊接质量，焊接接头外观应达到如下水平：

1）焊缝所形成的角焊缝饱满，过渡圆滑、美观；

2）焊缝表面没有裂纹、气孔、咬边和未熔合等缺陷。

钎焊接头的机械性能应能达到如表 13-51 所示的要求。

钎焊接头的机械性能　　**表 13-51**

钎料熔点(℃)	抗拉强度(MPa)	抗剪强度(MPa)
560～700	185	172

（五）管道敷设

1. 管道穿过地下室或地下构筑物外墙时，应预埋防水套管，并采取防水措施。

2. 管道穿越墙壁、楼板时，应配合土建留孔洞，孔洞尺寸宜比管子外径大 50～100mm。

3. 管道嵌墙暗敷时，应配合土建留槽，墙槽表面应平整，无尖角等突出物。墙槽宽度可按管子外径加 50mm，深度可按管子外径加不少于 15mm。

4. 明装管道的外表面或保温层外表面与装饰墙面的净距离不少于 10mm。

5. 在顶棚或管井内暗装管道时，与墙面的净距离应根据管道支架的安装要求和管道的固定要求等条件确定。管道中心线距墙面、柱面的最大净距离可按表 13-52 的要求确定。架空敷设时管顶上部的净空不宜小于 200mm。

管道中心线距墙面、柱面的最大净距离（mm）　　**表 13-52**

公称直径 *DN*	不保温管	保温管
15	90	130
20	95	135
25	100	140
32	110	150
40	115	155
50	120	160
65	130	175
80	145	185
100	155	195
125	170	210
150	180	235
200	210	260

6. 铜管活动支架的最大间距可按表 13-53 确定。

铜管活动支架的最大间距（m） **表 13-53**

公称直径 DN	垂直管	水平管
15	1.80	1.20
20	2.40	1.80
25	2.40	1.80
32	3.00	2.40
40	3.00	2.40
50	3.00	2.40
65	3.50	3.00
80	3.50	3.00
100	3.50	3.00
125	3.50	3.00
150	4.00	3.50
200	4.00	3.50

7. 铜管的固定支架应采用铜套管式固定支架，以增加强度。有的厂家生产有固定支架专用的组件，施工时应优先采用。

8. 铜管采用型钢支架时，管道与支架之间应设软性隔垫，隔垫不得对铜管有腐蚀性。

9. 管径不大于 $DN25$ 的半硬态铜管可以采用专用工具冷弯；管径大于 $DN25$ 的铜管转弯时，宜使用成品弯头。

10. 管道的敷设宜先在地面预制成若干段，再移至支架上进行组装。需进行保温的管道，其接口部位应在压力试验合格后再进行保温施工。

（六）水压试验

水压试验应按下列步骤进行：

1. 将试压管端封堵，缓慢注水，同时将管内空气排出；

2. 管道系统充满水后，用试压泵缓慢加压，升压时间不应少于 10min；

3. 当设计未规定时，水压试验压力为工作压力的 1.5 倍，但不得小于 0.6MPa；

4. 在试验压力下观测 10min，压力降不应大于 0.02MPa，然后降至工作压力进行检查，不渗不漏为合格；

5. 热水管道试验压力应比同系统给水试验压力高 0.1MPa；

6. 在温度低于 5℃的环境下进行水压试验和通水能力检验时，应采取可靠的防冻措施，试压结束后，应将存水放空。

第八节 排水硬聚氯乙烯（PVC-U）管安装

一、适用范围

建筑排水硬聚氯乙烯管即 PVC-U 管，适用于建筑高度不大于 100m 的工业与民用建筑物内连续排放温度不大于 40℃，瞬时排放温度不大于 80℃的生活污水和废水。

当建筑高度大于 100m 时，能否采用 PVC-U 排水管，则应根据工程的具体情况与当地消防部门协商。

二、主要材料及管理

建筑排水硬聚氯乙烯（PVC-U）管道的管材与管件应分别符合现行的国家标准《建筑排水用硬聚氯乙烯管材》GB/T 5836.1、《建筑排水用硬聚氯乙烯管件》GB/T 5836.2 的要求。近年来，不少厂家已开始按《排水用芯层发泡硬聚氯乙烯管材》GB/T 16800 生产芯层发泡管材，这种新型管材有较好的隔声降噪功能，在欧美等发达国家的应用日益广泛。

（一）管材

硬聚氯乙烯（PVC-U）排水管的物理机械性能应符合相关标准的要求，管材内外壁应光滑、平整，不允许有明显的痕纹、凹陷、气泡、色泽不匀及分解变色线。直管及粘结承口如图 13-48、图 13-49 所示，规格见表 13-54。

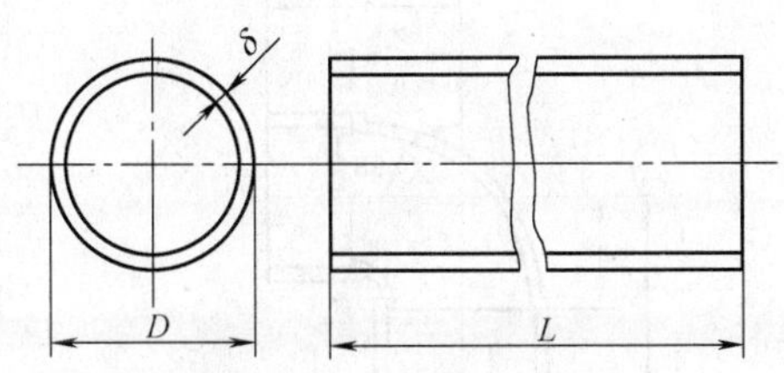

图 13-48 硬聚氯乙烯排水直管

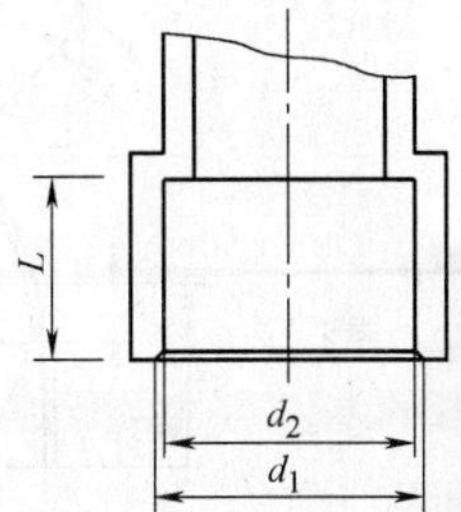

图 13-49 粘结承口

排水硬聚氯乙烯直管及粘结承口规格（mm） **表 13-54**

公称外径 D	直管		粘结承口		
	基本壁厚 δ	基本长度 L	承口中部内径		承口深度 L 最小
			最小尺寸	最大尺寸	
40	2.0		40.1	40.4	25
50	2.0		50.1	50.4	25
75	2.3		75.1	75.5	40
90	3.2	4000 或 6000	90.1	90.5	46
110	3.2		110.2	110.6	48
125	3.2		125.2	125.6	51
160	4.0		160.2	160.7	58

按《排水用芯层发泡硬聚氯乙烯管材》GB/T 16800 生产的芯层发泡 PVC-U 管材，如图 13-50 所示，规格见表 13-55。

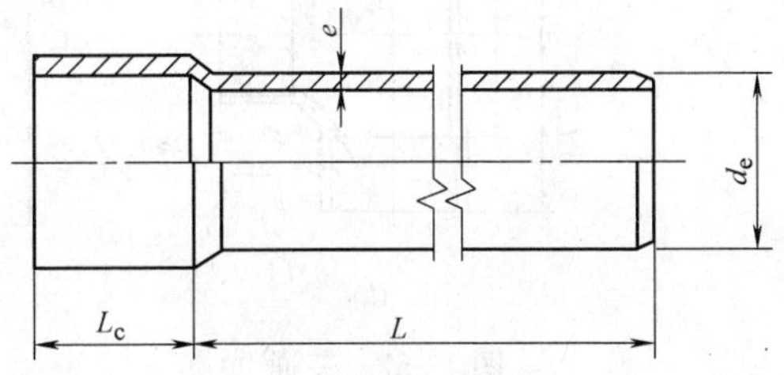

图 13-50 芯层发泡 PVC-U 直管

芯层发泡 PVC-U 直管规格（mm）　　表 13-55

产品编号	公称直径 d_e	规格		
		有效长度 L	承口长度 L_C	壁厚 e
401. 2. 1F	50	4000	34	2. 0
401. 3. 1F	75	4000	47	3. 0
401. 4. 1F	110	4000	61	3. 0
401. 6. 1F	160	4000	86	4. 0

注：管材配用 GB/T 5836 系列管件；本表摘自川路塑胶公司产品样本。

（二）管件

1. 弯头。PVC-U 管件常用 45°弯头、90°弯头，如图 13-51 所示，其规格见表 13-56。

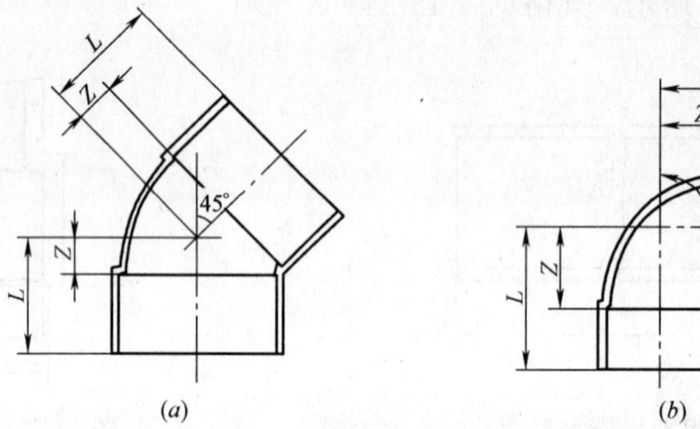

图 13-51　弯头

（*a*）45°弯头；（*b*）90°弯头

45°、90°弯头规格尺寸（mm）　　表 13-56

公称外径 D	45°弯头 Z	45°弯头 L	90°弯头 Z	90°弯头 L
50	12	37	40	65
75	17	57	50	90
90	22	68	52	98
110	25	73	70	118
125	29	80	72	123
160	36	94	90	148

2. 三通。PVC-U 管件的常用三通有 45°斜三通、90°顺水三通和瓶颈三通，如图 13-52 所示。

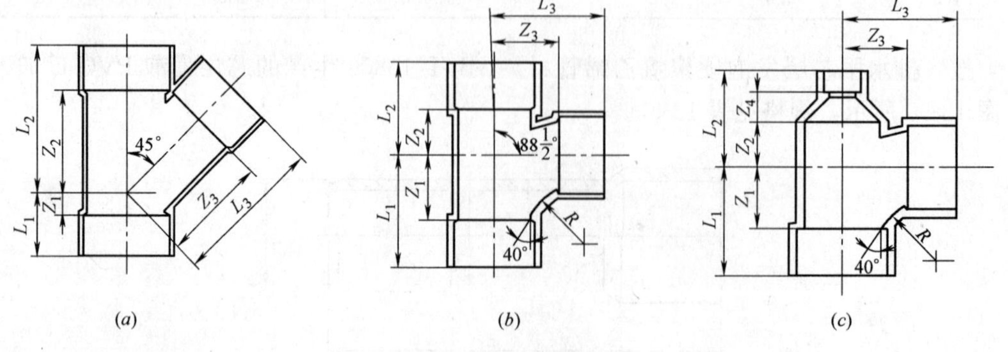

图 13-52　三通

（*a*）45°斜三通；（*b*）90°顺水三通；（*c*）瓶颈三通

由于三通规格尺寸较多，为节省篇幅，现只将其规格列于表13-57，各部尺寸不再列出。

45°斜三通、90°顺水三通和瓶颈三通的公称外径规格（mm）　　表13-57

45°斜三通	90°顺水三通	瓶颈三通
50×50，75×50，75×75，90×50，90×90，110×50，110×75，110×110，125×50，125×75，125×110，125×125，160×75，160×90，160×110，160×125，160×160	50×50，75×75，90×90，110×50，110×75，110×110，125×125，160×160	110×50，110×75

3. 四通。PVC-U管的常用四通有45°斜四通、90°正四通和直角四通，分别如图13-53、图13-54所示。各种四通的规格见表13-58。

4. 异径管和管接头。PVC-U管的异径管和管接头分别如图13-55、图13-56所示。其规格见表13-59。

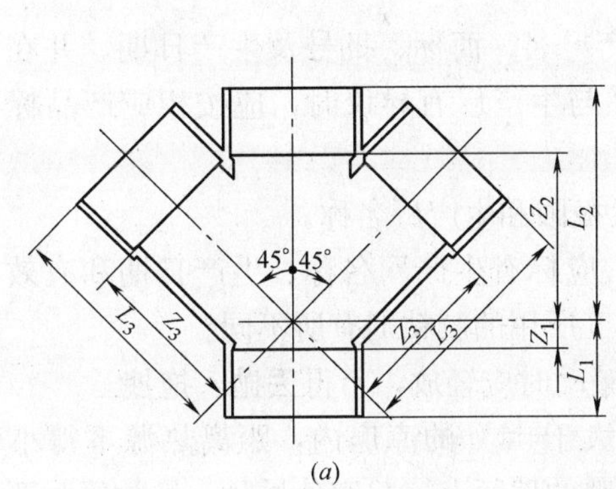

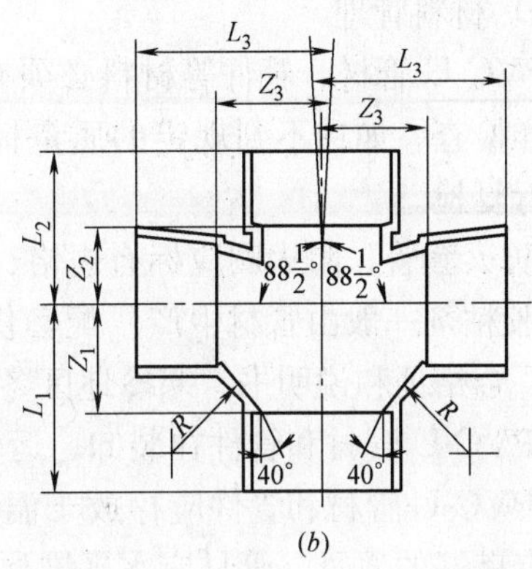

图13-53　斜四通和正四通

（a）45°斜四通；（b）90°正四通

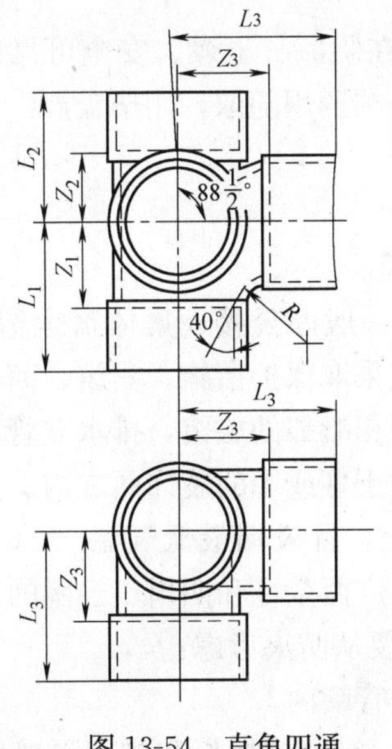

图13-54　直角四通

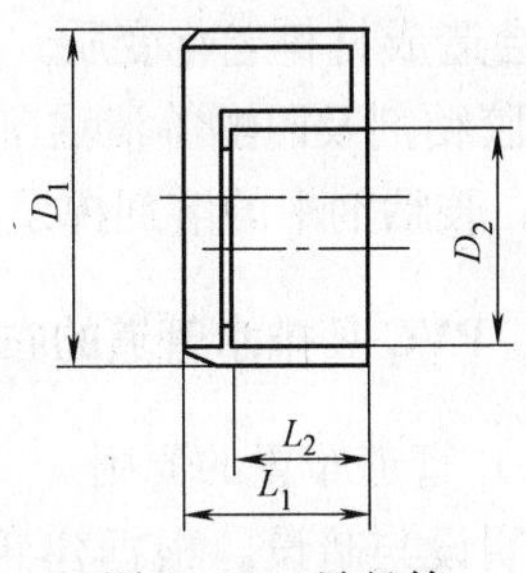

图13-55　异径管

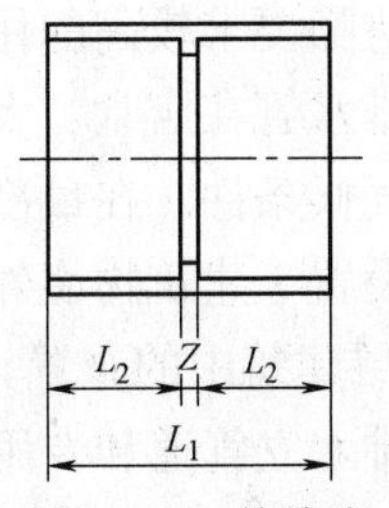

图13-56　管接头

45°斜四通、90°正通和直角四通的公称外径规格（mm）　　**表 13-58**

45°斜四通	90°正通	直角四通
50×50,75×50,75×75,90×50,90×90, 110×50,110×75,110×110,125×50, 125×75,125×110,125×125,160×75, 160×90,160×110,160×125,160×160	50×50,75×75, 90×90,110×50, 110×75,110×110, 125×125,160×160	50×50,75×75, 90×90,110×50, 110×75,110×110, 125×125,160×160

异径管和管接头的公称外径规格（mm）　　**表 13-59**

异径管(D_1×D_2)	管接头 D_1
50×50;75×50;90×50,90×75; 110×50,110×75,110×90; 125×50,125×75,125×90,125×110; 160×50,160×75,160×90,160×110,160×125	50,75,90,110,125,160

（三）材料管理

1. PVC-U 管材、管件等材料必须有生产厂名、商标、批号及生产日期。并在同一批次中抽样检查，如达不到规定的质量标准并与生产厂有异议时，应按相应产品标准的规定，进行复检。

2. 防火套管、阻火圈应标有规格、耐火极限和生产厂名称。

3. 胶粘剂一般由管材生产厂配套供应，应标有生产厂名称、生产日期和有效期，并应有出厂合格证和说明书。寒冷地区冬期施工所用的胶粘剂有所不同。

4. PVC-U 管材和管件在装卸、运输和搬动时应轻放，不得丢抛、拖拽。

5. PVC-U 管材和管件应存放于温度不大于 40℃的库房内，距离热源不得小于 1m。库房应有良好的通风。管材应水平堆放在平整的地面上，并避免暴晒。堆放管材要用支垫物支垫，支垫物宽度不得小于 75mm，其间距不得大于 1m，外悬的端部不宜大于 500mm，叠置高度不得超过 1.5m。在施工安装阶段只能在室外临时堆放，长期堆存时阳光曝晒会造成材料老化变质。

6. 胶粘剂及丙酮等清洁剂均属易燃品，应存放在阴凉、干燥、安全可靠的地方，远离火源。胶粘剂中的溶剂挥发后胶粘剂易干结，故必须随用随取，用毕盖严。

三、PVC-U 排水管道的布置

（一）管道布置的原则

1. 明设与暗设。根据建筑物性质，多层住宅、一般办公楼、集体宿舍盥洗卫生间、教学楼卫生间可明设；仓库内管道易受撞击，明设应采取保护措施。宾馆、商住楼、高级办公楼和防噪要求较高的住宅楼宜暗设；两个卫生间相毗邻的旅馆，排水立管应暗设在管道井内；排水管在店堂、大厅内经过时，一般应暗设于柱或墙的装饰面之内。

根据气候条件，在最冷月平均最低气温 0℃以上，且极端最低气温－5℃以上地区，可将管道设置于建筑物墙外，如海南、广东、福建、广西全境和四川、云南的局部地区。

2. 高层建筑中的布置。PVC-U 排水管的布置主要从防火考虑：

(1) 排水立管道和专用通气管应暗设在管道井或管窿内。

(2) 当明设立管管径大于或等于 110mm 时，在立管穿越楼板和防火隔墙处应采取后面图 13-60 所示的防止火焰贯穿的措施。

(3) 管径大于或等于 110mm 的明设排水横支管接入管道井、管窿内的立管时，在穿越管井、管窿壁处应采取如图 13-57 所示的防止火灾贯穿的措施。当管道井、管窿内每层楼板处有防火分隔时，则不必采取如图 13-57 所示的的措施。

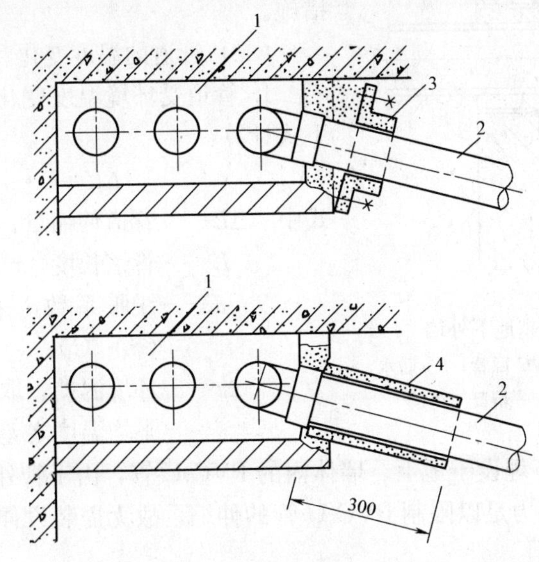

图 13-57 横支管接入管道井立管时阻火圈、防火套管的安装

1—管道井；2—PVC-U 横管；3—阻火圈；4—防火套管

3. 室内排水管道不得布置在遇水会引起燃烧、爆炸的原料、产品和设备的上面。排水横管不得布置在食堂、厨房烹调操作、备餐间的上方。当受条件限制不能避免时，应采取有效的防护措施。

4. 排水立管与伸顶通气管。对排水立管与伸顶通气管的要求主要有以下几点：

(1) 排水立管应设伸顶通气管。伸顶通气管能排除管道中的臭气，而且能向排水立管内补入空气，以平衡由于水流在立管中下落过程中形成的负压，防止卫生器具存水弯被虹吸破坏水封。当无条件设置伸顶通气管时，应设置补气阀向排水管道中补气，补气阀阀瓣由软塑料制成。

伸顶通气管顶端应设通气帽，防止杂物落入通气管内造成阻塞。

(2) 伸顶通气管管径。伸顶通气管管径通常与排水立管相等。参照国外做法，现行规程规定，对最冷月平均气温低于－13℃的地区，当伸顶通气管管径小于或等于 125mm 时，宜从室内顶棚以下 0.3m 处将通气管管径放大一号，且最小不宜小于 110mm。

(3) 伸顶通气管顶端高出屋面不得小于 0.3m，且应大于最大积雪厚度。在经常有人活动的屋面，通气管伸出屋面不得小于 2m。

5. 管道的穿越。埋地排出管穿越地下外墙时，不能将 PVC-U 管不作任何处理直接埋设于混凝土墙内，可采用如图 13-58 所示的钢制刚性防水套管，在施工时预埋，套管贯穿部位需作临时堵封。

PVC-U 管不得穿越烟道、沉降缝和抗震缝，因为高温烟气会造成 PVC-U 管熔化和损坏，沉降缝和抗震缝会使管道错位。管道也不宜穿越伸缩缝，当需要穿越时，应设置伸

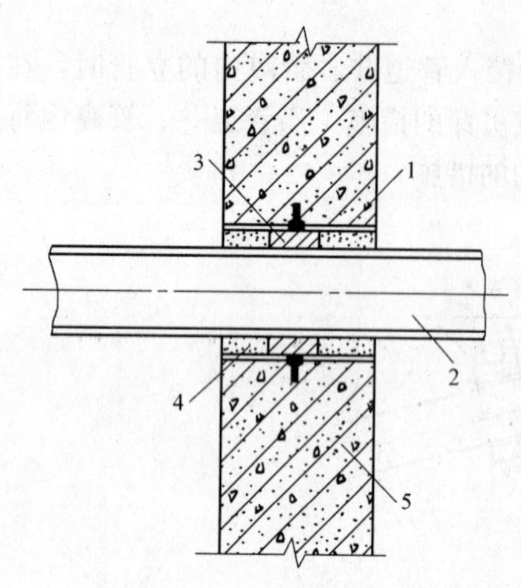

图 13-58　管道穿越地下外墙

1—预埋刚性套管；2—PVC-U 管；3—防水胶泥；4—水泥砂浆；5—混凝土外墙

缩节。

6. 与热源的距离。立管与家用灶具边缘净距不得小于 0.4m；管道如必须布置在热源附近，当管道表面温度可能大于 60℃时，一定要采取隔热措施。

（二）管道的温度变化和伸缩节设置

1. 管道受环境温度变化而引起的伸缩量可按下式计算：

$$\Delta L = L \cdot \alpha \cdot \Delta t$$

式中　ΔL——管道伸缩量，mm；

L——管道长度，m；

α——线胀系数，采用 0.05～0.08mm/(m·℃)；

Δt——环境温差，取最热月份和最冷月份平均温度之差，℃。

2. 伸缩节的设置。埋设于地下、墙体内的 PVC-U 管，由于管外壁与埋实的土壤、砂浆、混凝土之间的摩擦力足以限制 PVC-U 管的伸缩，故无需装设伸缩节。明装管道的伸缩节的设置有如下要求：

(1) PVC-U 管道如何设置伸缩节一直是有争议的问题。通常当层高小于或等于 4m 时，排水立管和通气立管应每层设一个伸缩节；当层高大于 4m 时，其伸缩节数量应根据管道设计伸缩量和伸缩节允许伸缩量计算确定。

(2) 排水横支管、横干管和各种通气横管上无汇合管件的直线管段大于 2m 时，应设伸缩节，伸缩节应设置在靠近排水立管和通气立管处。如直线管段过长，伸缩节之间最大间距也不得大于 4m。横管上设伸缩节系指直线管段长度而言，并非指横管的总长度。必须注意横管上只能使用质量确实可靠的伸缩节，否则容易造成漏水。横管上设置伸缩节应设于水流汇合管件的上游端。

(3) 管道设计伸缩量不应大于表 13-60 中伸缩节的允许伸缩量。为防止伸缩节漏水，确定的最大允许伸缩量约为伸缩节承口深度的$\frac{1}{3}\sim\frac{1}{2}$。

伸缩节最大允许伸缩量　　**表 13-60**

管径(mm)	50	75	90	110	125	160
最大允许伸缩量(mm)	12	15	20	20	20	25

3. 伸缩节的设置位置。伸缩节设置位置应靠近水流汇合管件处，并应符合图 13-59 所示的要求：

(1) 图 13-59 (*a*)、(*c*) 表示立管穿越楼层处为固定支承，排水支管在楼板下接入立管时，缩节应设置于三通的下面。

(2) 图 13-59 (*b*) 表示立管穿越楼层处为固定支承，排水支管在楼板上接入立管时，伸缩节应设置于三通的上面。

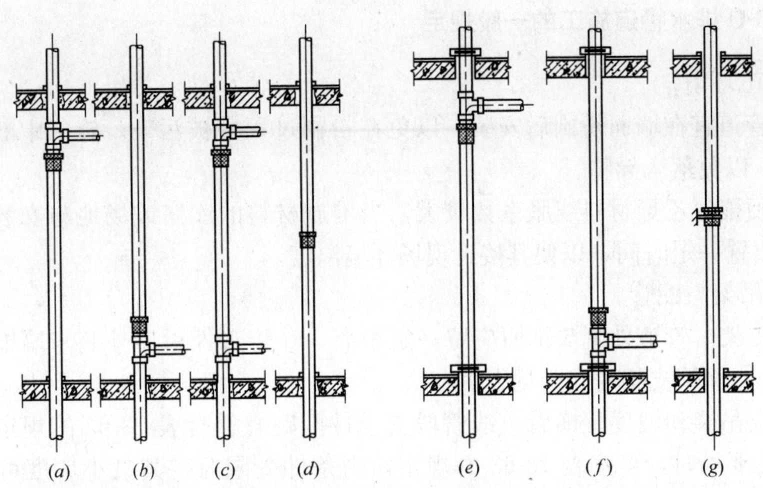

图 13-59　伸缩节的设置位置

(a)、(b)、(c)(d) 立管为固定支承；(e)、(f)、(g) 立管为非固定支承

(3) 图 13-59 (d)、(g) 表示立管上只要无排水支管接入时，不论立管穿越楼层处为何种支承，伸缩节可按伸缩节设计间距置于楼层任何部位。

(4) 图 13-59 (e)、(f) 立管穿越楼层处为非固定支承时，伸缩节应设置于三通的下面或上面。

以上 (1)～(4) 款之 (a)、(b)、(c)、(e)、(f) 表示的伸缩节设置位置，主要是为了尽可能减少直管段的伸缩对三通的不利影响。

(5) 伸缩节插口应顺水流方向。立管穿越楼层处为固定支承时，伸缩节不得固定；当伸缩节为固定支承时，立管穿越楼层处不得固定。

(三) 清扫口和检查口的布置

管道应按设计规定位置设置检查口和清扫口。立管上的检查口的朝向应便于日后检修操作，横干管上的检查口应垂直向上。当立管设置在管道井、管窿或横管设置在吊顶内时，在检查口或清扫口位置应设检修活门。

1. 塑料排水立管应设置检查口。GB 50242 规范规定每隔一层设一个检查口，CJJ/T 29—98 技术规程主张每六层设一个检查口。但在建筑物最低层和设有卫生器具的二层以上建筑物的最高层，应设置检查口。当立管水平拐弯或有乙字管时，在该层立管拐弯处和乙字管的上部应设检查口。

2. 在连接 4 个及其以上的大便器的塑料排水横管上宜设置清扫口。

3. 在水流偏转角大于 45°的排水横管上，应设检查口或清扫口。

4. 当排水立管底部或排出管上的清扫口至室外检查井中心的距离大于表 13-61 的最大长度时，应在排出管上设清扫口。

排水立管底部或排出管上的清扫口至室外检查井中心的最大长度　表 13-61

管径(mm)	50	75	100	100 以上
最大长度(m)	10	12	15	20

四、PVC-U 排水管道施工的一般规定

（一）施工环境

1. 楼层管道宜在墙面粉刷后安装，以免在粉刷过程中被污染。施工中断时管道敞口应临时封闭，以免落入异物。

2. 由于硬聚氯乙烯材料线胀系数较大，当堆放材料的库房或场地与安装现场温差较大时，应先放置一定时间，以使其接近现场环境温度。

（二）支吊架与配管

1. 立管支架。管道外侧与饰面应留一定距离，立管管件承口外侧与墙饰面的距离宜为 20～50mm。立管支架的间距见表 13-62。

2. 横管支吊架和坡度。横管直线管段支承件间距宜符合表 13-62 的规定。横管的标准坡度设计无要求时，可按表 13-63 的规定，当条件受限时，其最小坡度可为标准坡度的 50％。

直线管段支吊架的间距（m）　　**表 13-62**

管径(mm)	50	75	110	125	160
立管	1.2	1.5	2.0	2.0	2.0
横管	0.50	0.75	1.10	1.30	1.60

横管的标准坡度　　**表 13-63**

管径(mm)	50	75	110	125	160
标准坡度(‰)	25	15	12	10	7

3. 配管。由于土建施工可能产生偏差，因此配管长度应根据实测并结合连接件的尺寸逐段确定。管材切断应使用细齿锯，断面应平整并垂直于轴线，端面上的毛刺应清除干净。插口可用中号板锉加工成 15°～30°的坡口，坡口长度宜为管壁厚度的$\frac{1}{3}$～$\frac{1}{2}$，坡口完成后将残屑清除干净。

4. 非固定支承件。为了使管道在固定支承点之间能随着环境温度的变化自由伸缩，非固定支承件的内壁应光滑，与管道之间不应紧固，宜留有微小间隙。非固定支承件也应具有一定的强度和刚度，足以承受管道加水的重量或膨胀伸缩时所产生的摩擦力。

5. 塑料管与铸铁管连接。当塑料管与铸铁管采用水泥捻口连接时，宜采用专用配件，先将塑料管插入铸铁管承口部分的外表面用砂纸打毛，或涂刷胶粘剂后滚粘干燥的粗黄砂，插入后用油麻填嵌密实，用水泥捻口。塑料管与钢管、排水栓连接时应采用专用配件。

（三）检查口和清扫口安装

1. 在排水管上设置检查口应符合下列要求：

（1）当需要在埋地横管上设置检查口时，应设在砖砌的井内；

（2）地下室立管上设置检查口时，检查口应设置在立管底部之上；

（3）立管上设置检查口，应在地（楼）面以上 1.0m 处，并应高于该层卫生器具上边

缘 0. 15m。

2. 在排水管道上设置清扫口，应符合下列要求：

（1）硬聚氯乙烯管道上设置的清扫口应与管道同材质。

（2）管径小于 100mm 的排水管道上，清扫口应与管道同径；管径大于或等于 100 mm 的排水管道上，应采用直径 100mm 的清扫口。

（3）在排水横管上设清扫口，宜将清扫口设置在地坪或楼板上，并与地面相平。排水横管起点的清扫口与其端部相垂直的墙面的距离不得小于 0. 20m。

（4）排水横管起点设置堵头代替清扫口时，堵头与墙面应有不小于 0. 4m 的距离，以留出操作空间。

（5）排水横管连接清扫口的连接管管件应与清扫口同径，并采用 45°斜三通和 45°弯头或由 2 个 45°弯头组合的管件。

（四）管道穿越楼板和防火贯穿措施

1. 管道穿越楼板。当管道穿越楼板处为固定支承点时，管道安装结束应进行支模，用 C20 细石混凝土分二次将洞口浇捣密实，在管道周围应筑成厚度不小于 20mm，宽度不小于 30mm 的阻水圈，使之严密牢靠；如管道穿越楼板处为非固定支承时，应加装金属或塑料套管，套管内径应比穿越管外径大 10～20mm，套管高出楼板或地面不得小于 50mm。

2. 高层建筑中明设 PVC-U 排水管的防火贯穿措施。由于 PVC-U 管不耐火，当建筑物内发生火灾时，穿过楼板和防火分区隔墙的 PVC-U 排水管会很快被烧坏，形成孔洞，而火势竖向蔓延比横向蔓延的穿透力强的多，因此必须在 PVC-U 排水管穿过楼板和防火分区隔墙时采取设置阻火圈或防火套管作为防火贯穿措施。

阻火圈是由阻燃膨胀剂制成的，当火灾发生时，PVC-U 排水管受热软化，与此同时，套在 PVC-U 管外的阻火圈内的阻火材料膨胀，形成隔热性好且有一定强度的泡沫体，迅速封堵贯穿处形成的孔洞，阻止火焰经由孔洞蔓延。

防火套管是由耐火材料和阻燃剂制成的，长约 500mm。PVC-U 排水管安装时就套在管子外面，可起到防火保护作用。当 PVC-U 管在套管端部燃烧时会膨胀炭化，套管可保护膨胀碳化物，使其免受火焰高温的直接作用，封堵穿越的管道孔。套管内未直接受火焰高温接触的 PVC-U 管，受热后变软弯曲塌落，也对贯穿部位实现封堵，从而防止火焰及烟毒气体通过管道扩散蔓延。

当立管管径大于或等于 110mm 时，明设 PVC-U 排水管在楼板贯穿部位应设置阻火圈或长度不小于 500mm 的防火套管。阻火圈明装时要先套在 PVC-U 排水管上，再用金属膨胀螺栓固定在楼板或防火隔墙上；阻火圈暗装时也要先套在 PVC-U 排水管上，安装在 PVC-U 排水管贯穿楼板或防火隔墙的孔洞处，排水管外壁与排水管之间的缝隙用防水密封胶封严，楼板上面筑阻水圈。防火套管设置在楼板上面，其底部也要筑阻水圈。

明装阻火圈和防火套管贯穿楼板的安装如图 13-60 所示。

当 PVC-U 横干管穿越防火分区隔墙时，墙体两侧的管道应如图 13-61 所示，均设置阻火圈或长度不小于 500mm 的防火套管。

（五）承插口粘接

1. 承插口粘接面。承插口粘接前，承口内面和插口外面如有污物、水渍或潮湿，会

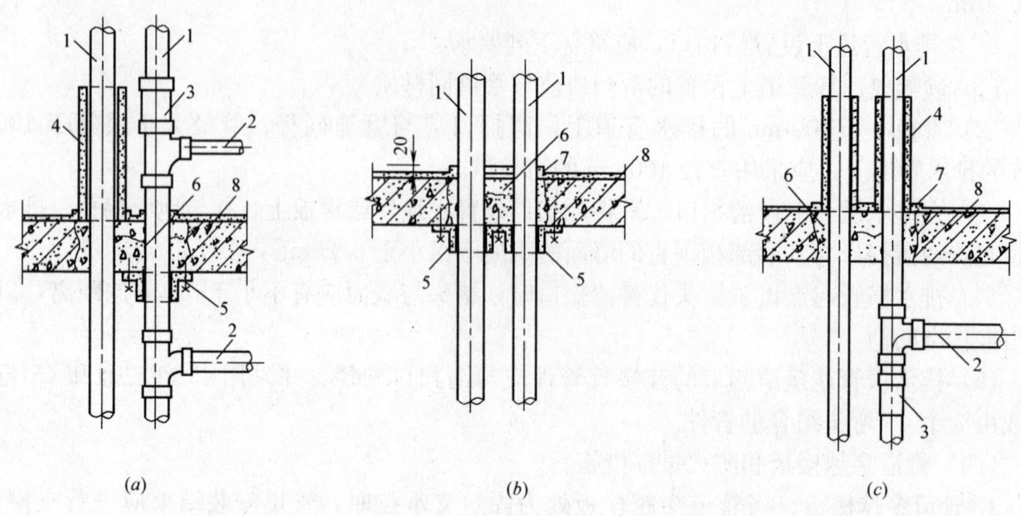

图 13-60　立管穿楼板阻火圈及防火套管安装

(*a*) 从楼板上、下层防火保护；(*b*) 从楼板下层防火保护；(*c*) 从楼板上层防火保护
1—PVC-U 立管；2—PVC-U 横支管；3—立管伸缩节；4—防火套管；5—阻火圈；
6—细石混凝土；7—阻水圈；8—楼板

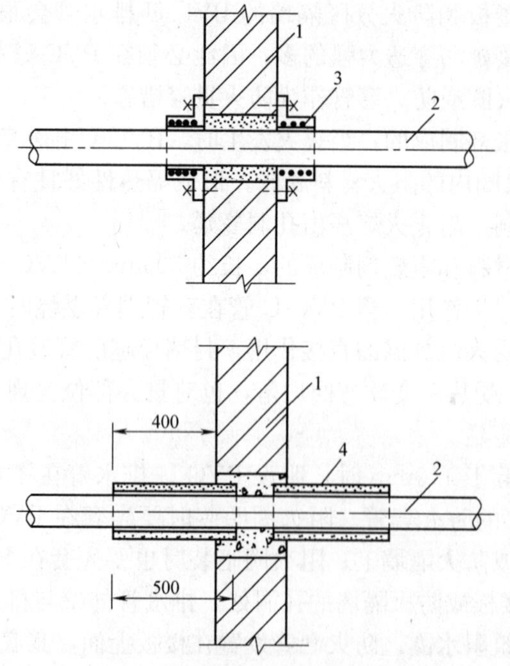

图 13-61　管道穿越防火分区隔墙的阻火圈、防火套管安装
1—墙体；2—横干管；3—阻火圈；4—防火套管

影响粘结强度和密封性能，因此必须用棉布或棉纱擦净，必要时蘸丙酮等清洁剂擦净，对难擦净的粘附物，可用细砂纸打磨后，再用清洁布揩净。

2. 管端插入承口深度。插口插入承口的深度应在试插后做出标记，划标记应避免用尖硬工具划伤管材，管端插入承口必须有足够深度，以保证有足够的粘接面。

3. 承插口涂刷胶粘剂。胶粘剂涂刷应先涂承口内面，后涂管材管端至插入深度标记范围内。涂胶宜采用鬃刷，当采用其他材料时应防止与胶结剂发生化学作用。涂刷胶粘剂应迅速，厚薄均匀适度，无漏涂。

4. 承插口粘接。承插口涂刷完胶粘剂后，应立即将管子插入承口，需轴向用力，并加以旋转，使管端插入至预先划出的插入深度标记处，管道承插过程不得用锤子击打，不可弯曲。如管子上有弯头、三通等有管件，需保证其最后的方向、位置应准确。承插接口粘接后，将挤出的多余胶粘剂及时擦除，保持管道外壁美观。

5. 承插粘接的管段，根据胶粘剂的性能和气候条件，按管材和胶粘剂生产厂家提供的说明书要求，静置至接口固化为止。

6. 胶粘剂的安全使用。粘接管道使用的胶粘剂和清洁剂，既易燃又易挥发，并具有一定毒性和腐蚀性，因此操作场地应保持通风，操作人员应站在上风处，要戴手套、口罩和防护眼镜，要特别注意防止胶粘剂溅入眼中。

五、埋地 PVC-U 管道施工

（一）埋地管道的分段施工

1. 埋地管道是指室内排水管道系统的排出管和埋在室内地坪以下的管道。由于一个建筑物有若干个排水系统，所以埋地排出管也比较多。埋地管道分为两个阶段施工，即先做室内标高±0.00 以下的部分至伸出外墙约 500mm，待土建施工结束后，再从墙外继续敷设管道接入检查井。

2. 埋地管道沟底必须平整，无突出的尖硬物，并最好铺设厚度为 100～150mm 砂垫层，垫层宽度不应小于管外径的 2.5 倍，沿管道流水方向坡度要均匀，填层不应夹有石块等尖硬物质，以防止管道不均匀受压而损伤。管沟回填时应采用细土回填至管顶以上 200mm 处，压实后再回填至设计标高。

（二）埋地管道穿墙

1. 埋地管穿越基础预留孔洞时，管顶上部净空不宜小于 150mm，并符合设计的位置与标高。

2. 管道穿越地下室外墙时可预埋如前面图 13-58 所示的刚性防水套管，套管与管道之间的防水施工必须可靠。套管贯穿部位在管道穿越施工前作临时堵封，以免室外雨水或地下水流入室内。

3. 埋地排出管与室外检查井的连接应严密、不漏水，以免地下水或管内污水互相渗透，造成排水量增加或污染周围土壤。

为此，与检查井连接的埋地排出管，其管端外侧应先涂刷胶粘剂，再滚粘干燥的黄砂，以便于水泥砂浆严密封堵。水泥砂浆采用 M7.5 强度等级，分两次嵌实，第一次在井壁中段嵌水泥砂浆，并在井壁内外各留 20～30mm，待水泥砂浆初凝后，再在井壁两端用水泥砂浆进行第二次嵌实，表面抹光。

（三）灌水试验

1. 埋地管道属于隐蔽工程，在回填前应先做灌水试验。灌水试验的灌水高度不得低于底层卫生器具的上边缘或底层地面高度。埋地管道灌满水 15min 后，若水面下降，再灌满观察 5min，应以液面不下降，管道及接口无渗漏为合格。

试验结束应将存水排除，管内可能结冻处应将存水弯水封内积水沾出。并应封堵各受水管管口，防止掉入建渣杂物。

2. 埋地管道应经灌水试验合格，并经监理方中间验收后，方可回填。回填应分层，每层厚度宜 0.15m，回填土应有足够的密实度。当用机械回填土时，由于冲击力大，应先用人工回填一层作为缓冲。

六、楼层 PVC-U 管道安装

楼层管道安装应自下而上分层进行，先装立管，后装横支管；在需要安装防火套管或阻火圈的部位，先将防火套管或阻火圈套在管段外，然后进行管道接口连接。

（一）立管的安装

1. 立管安装前，应先在墙面定位并安装立管支架。

2. 安装立管前，应先在地面将管子与管件、伸缩节组装好，然后找直后用立管支架固定。伸缩节安装要防止橡胶圈歪斜，并预留 10～20mm 间隙，使管道有胀缩余地。

3. 立管穿越楼板的做法见前述，不再重复。

（二）横支管的安装

1. 根据实际情况将横支管在地面预制连成管段，然后再采取吊挂措施并与立管承口粘接。

2. 粘接后应迅速摆正位置，找好管道坡度，并临时加以固定，待粘接固化后，再用支承件紧固，但不宜卡箍过紧。

3. 横支管的直线管段大于 2m 时，应设伸缩节。有的生产厂家在说明书中要求当横支管的直线管段大于 3.6m 时才设伸缩节。当直线管段较长时，伸缩节的间距不得超过 4m。用于横支管的伸缩节一定要质量可靠，否则容易漏水。

七、管道检验

（一）管道安装允许偏差及检验方法

室内排水 PVC-U 管道安装允许偏差及检验方法见表 13-64。

室内排水 PVC-U 管道安装允许偏差及检验方法 **表 13-64**

序号	检验项目	允许偏差	检验方法
1	立管垂直度	(1)每 1m 高度，不大于 3mm (2)全高(5m 以上)，不大于 15m	挂线坠和用钢卷尺测量
2	横管弯曲度	(1)每 1m 长度不大于 1.5mm (2)全长(25m 以上)，不大于 38mm	用水平尺、直尺和拉线测量
3	卫生器具的排水管口及横支管口的纵横坐标	单独器具不大于±10mm 成排器具不大于±5mm	用钢卷尺测量
4	横干管坡度	不得小于最小坡度	用水平尺或钢卷尺测量
5	卫生设备接口标高	单独器具不大于±10mm 成排器具不大于±5mm	用水平尺和钢卷尺测量

（二）通球试验

排水立管和水平干管应做通球试验，通球直径不小于排水管道内径的$\frac{2}{3}$，通球率必须达到100%。

第九节　排水硬聚氯乙烯（PVC-U）内螺旋管安装

排水硬聚氯乙烯（PVC-U）管内壁光滑，立管排水时一泻而下，水流夹带的空气而从水中分离成气泡时产生的噪声远比排水铸铁管大。为了有效的减小噪声，采用硬聚氯乙烯（PVC-U）内螺旋管作为排水立管是有效的。采用内螺旋立管排水可改善水流条件，降低排水噪声，改善居住环境，这是经试验和实践所证实了的。

一、管材、管件

（一）立管管材

硬聚氯乙烯（PVC-U）内螺旋管就是在管材内壁有数条挤压成型的凸出三角形螺旋肋的圆管，直径75、110、160mm三种管材内螺旋的肋高分别为2.3mm、3.0mm、3.8mm。三角形肋具有引导水流沿管内壁呈螺旋状下落的功能，从而有效降低噪声，是建筑物内生活排水管道系统中立管的专用管材。

硬聚氯乙烯（PVC-U）内螺旋管排水立管的内部结构和尺寸如图13-62所示，可按表13-65采用。

PVC-U内螺旋管排水立管规格尺寸（mm）　　**表13-65**

公称外径 dn		壁厚 e		螺旋高 E		长度 l	
基本尺寸	偏差	基本尺寸	偏差	基本尺寸	偏差	基本尺寸	偏差
75 110 160	+0.3 +0.4 +0.5	2.1 3.1 3.8	+0.2 +0.3 +0.6	2.3 3.0 3.8	+0.2 +0.3 +0.4	4 000 或 6 000	±10

排水横管用硬聚氯乙烯（PVC-U）管材大体上与第八节介绍的普通排水硬聚氯乙烯（PVC-U）管材相同，如图13-63所示，规格尺寸见表13-66。

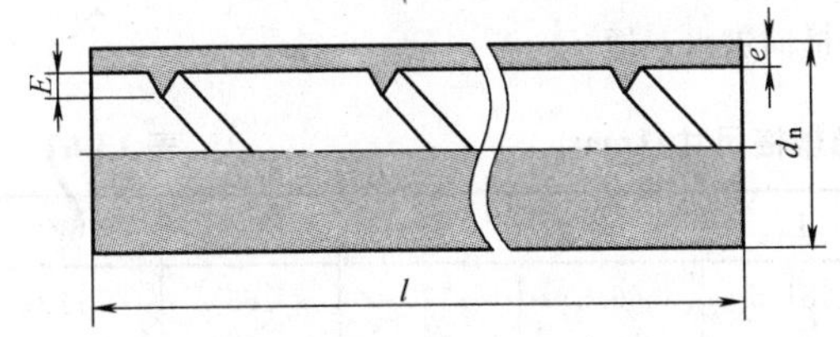

图13-62　内螺旋立管内部结构和尺寸

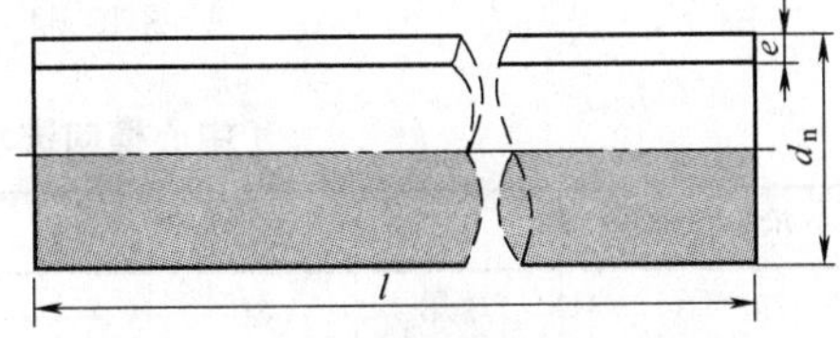

图13-63　横管的尺寸

（二）旋转进水型管件

螺旋管立管上接入排水支管所用的三通和四通也是立管的组成部分，为了降低立管水流的噪声而采用旋转进水型管件，以使其接入口中线不是正对立管中线，而是偏向立管中线右侧，使之具有侧向导流功能，以便使进水沿立管内壁的三角形螺旋肋呈螺旋状下落，以达到减速降噪的目的。

PVC-U 排水横管规格尺寸（mm） **表 13-66**

公称外径 dn	平均外径极限偏差	壁厚 e		长度 l	
		基本尺寸	允许偏差	基本尺寸	允许偏差
40	+0.3	2.0	+0.4	4000或6000	±10
50	+0.3	2.0	+0.4		
75	+0.3	2.3	+0.4		
110	+0.4	3.2	+0.6		
160	+0.5	4.0	+0.6		

管道系统可采用硬聚氯乙烯（PVC-U）或玻璃纤维增强聚丙烯（FRPP）等热塑性塑料注塑成型制造的专用管件。近年来有些厂家研制开发了用玻璃纤维增强聚丙烯（FRPP）制造的排水管材和管件，在玻璃纤维含量超过10%的条件下，FRPP的物理力学性能均比PVC-U高。

为了在建筑排水管道工程中进一步推广PVC-U内螺旋管立管的管道系统，有必要将配套管件的材质多样化，因此，物理力学性能高于《建筑排水用硬聚氯乙烯》GB/T 5836规定的FRPP等热塑性塑料，可用于连接管件的制作。

1. 三通。旋转进水型管件中，中心横向进水三通如图13-64所示，规格尺寸见表13-67。

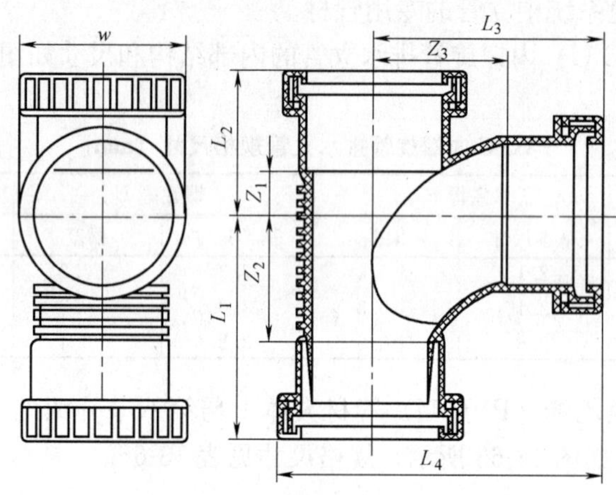

图13-64 中心横向进水三通

中心横向进水三通规格尺寸（mm） **表 13-67**

公称外径 dn	Z_1	Z_2	Z_3	L_1	L_2	L_3	L_4	W
75×50	73.5	30	74	131.5	86.5	110	165	110
75×75	73.5	30	84	131.5	91	143	198	110
110×50	95	31	96	149	96	132	204	144
110×75	84	33	104	148	97	160	232	144
110×110	83	33	113	146	96	176	248	144
160×110	107	54	126	182	129	199	299	200

2. 四通。旋转进水型四通管件中，中心横向对称进水四通如图13-65所示，规格尺寸见表13-68；中心横向直角进水四通如图13-66所示，规格尺寸见表13-69。

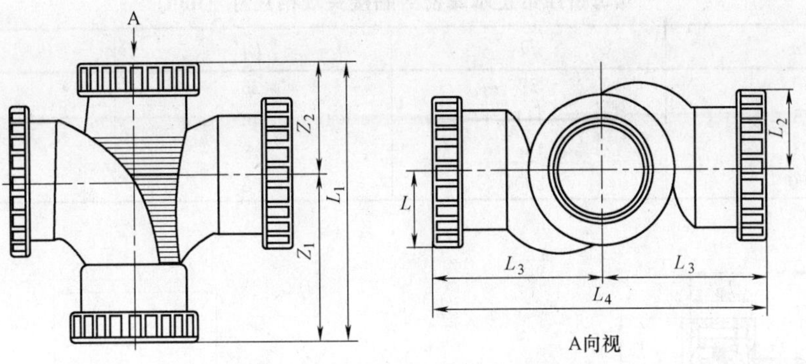

图 13-65 中心横向对称进水四通

中心横向对称进水四通规格尺寸（mm） **表 13-68**

公称外径	Z_1	Z_2	L_1	L_2	L_3	L_4
110×110	162	106	268	84	167.5	335
160×110	183	127	310	86	203	406

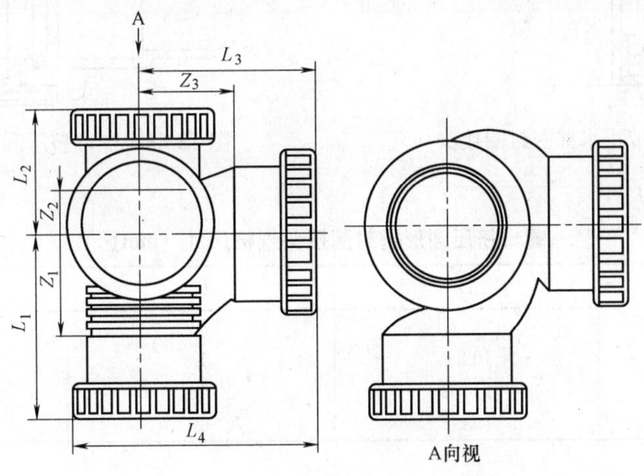

图 13-66 中心横向直角进水四通

中心横向直角进水四通规格尺寸（mm） **表 13-69**

公称外径	Z_1	Z_2	Z_3	L_1	L_2	L_3	L_4
110×110	91	36	115	146	100	179	251
160×110	107	54	107	179	129	199	300

（三）横管管件

用于横管系统的是螺母挤压密封圈接头管件，有各种规格的弯头、三通、四通、异径管等。螺母挤压密封圈接头是一种由螺母、弹性密封圈等组成的管接头，用螺母拧紧管端丝扣来压缩管口弹性密封圈以达到密封目的，属于管端可在一定范围内伸缩而不渗漏的滑动接头。

螺母挤压密封圈接头管件有两种，一种是螺母挤压带止水翼密封圈接头，如图 13-67 所示，其规格尺寸见表 13-70；另一种是螺母挤压圆形密封圈接头，如图 13-68 所示，其

螺母挤压带止水翼密封圈接头规格尺寸（mm）　　表 13-70

dn	D	L_1	L_2
50	77	25	22
75	111	40	24
110	144	48	29
160	200	58	33

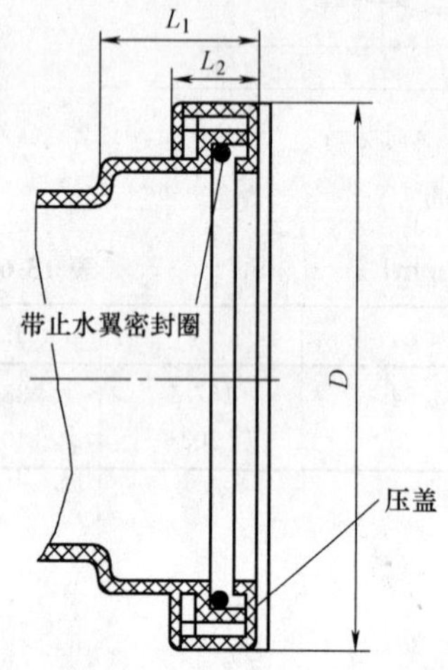

图 13-67　螺母挤压带止水翼密封圈接头

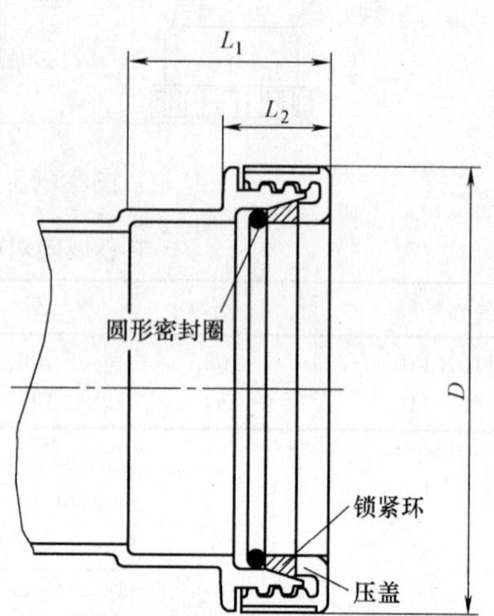

图 13-68　螺母挤压圆形密封圈接头

规格尺寸见表 13-71。

螺母挤压圆形密封圈接头规格尺寸（mm）　　表 13-71

d_n	D	L_1	L_2
50	75.8	33	22.5
75	102.4	47	25
110	114.2	58	31
160	198.2	68	34

二、管道布置

管道的布置要求基本与“第八节排水硬聚氯乙烯（PVC-U）管安装”相同。但应注意符合下列要求：

1. 横管接入立管上的三通和四通时，三通、四通管件必须采用螺母挤压密封圈接头的旋转进水型管件，以保证螺旋状进水，达到降噪目的。立管连接管件的螺丝帽外侧与墙饰面的距离不得小于 25mm。

2. 横管接头宜采用螺母挤压密封圈接头，亦可采用粘接接头。螺母挤压密封圈接头属于轴向滑动式接头，施工方便快捷，安装后不需固化时间，因此推荐采用这种接头。但螺母挤压密封圈接头目前尚无相应的国家标准，生产这种接头的厂家也较少，因此横管接头亦可采用承插口粘接连接。

3. 当层高不大于 4m 时，内螺旋管立管可不设置伸缩节。

4. 当横管采用螺母挤压密封圈接头时，因其为其滑动式接头，直线管段长度如不大于 4m 时，可不设置伸缩节。

当采用承插粘接连接时，横管伸缩节的设置应符合下列要求：横管上固定支承到立管距离小于 4m 时，可不设置伸缩节；横管上固定支承（或三通、弯头等连接管件）之间直线距离大于 2m 时应设置伸缩节，二个伸缩节之间的距离不宜大于 4m；横管上直线距离大于 4m 时，应根据管道设计伸缩量和伸缩节最大允许伸缩量，由计算确定。

横管伸缩节宜设在水流汇合管件上游端。

管道设计伸缩量不得大于伸缩节的允许伸缩量。明设管道受内外介质温度变化产生的伸缩量，可按下式计算：

$$\Delta L = 0.07 L \Delta t$$

式中 ΔL——由温差引起的伸缩量，mm；

L——管段长度，m；

Δt——温差，℃；

0.07——PVC-U 管材线膨胀系数，mm/(m·℃)。

上式中 Δt 为闭合温差，应采用安装时温度与使用中可能出现的最高或最低温度的温差，一般取 25℃，是指在正常温度（10～25℃）时施工的情况。如在寒冷地区或高温环境下施工，闭合温差应按实际可能产生的最大温差计算或参照表 13-72 计算确定管端插入接头允许滑动部分的伸缩量。

管长 4m 时管口伸缩量 **表 13-72**

施工现场温度（℃）	设计最大升温（℃）	设计最大降温（℃）	伸量(mm)	缩量(mm)
10～25	30	30	8.4	9.2
20～35	20	45	5.6	12.6
0～15	40	25	7.0	7.0

注：(1) 本表以室内最高温度 40℃，最低温度 −10℃的温差计算。

(2) 长度小于 4m 时可按长度比例增减。

(3) 温差小的地区可按实际温差计算伸缩量。

5. 由于 PVC-U 管的耐火性能远低于铸铁管，在高层建筑中应避免火势沿管井或立管穿越楼板处向上蔓延，在高层建筑中，管道布置还应符合下列规定：

(1) 立管宜敷设在建筑物的管道井内，并靠近井墙的一端。

(2) 管径不小于 110mm 的明设立管，在穿越楼板处应采取防火套管或阻火圈等防火贯穿的措施。防火套管和阻火圈的安装可参照标准图 96S406。

(3) 管径不小于 110mm 的明设排水横管接入管道井内立管时，在穿越井壁处应有防火贯穿的措施。当管道井内在每层楼板处有防火分隔时，上述横管在穿越井壁处可不设防火措施。

三、管道安装

管道的安装要求基本与“第八节排水硬聚氯乙烯（PVC-U）管安装”相同。但应注意符合下列要求：

(一) 管道的连接

1. 管道的螺纹胶圈滑动接头应符合下列要求：

（1）采用注塑螺纹管件，不得在管件上车制螺纹；

（2）将管子和管件上的油污杂物清除干净，接头保持洁净，管端插入接头允许滑动部分的伸缩量应按闭合温差计算确定，亦可按表 13-72 的规定采用；

（3）插入承口深度确定后应试插一次，并按插入深度要求在管口表面作出标记；

（4）组装时，在确认密封圈、螺帽等位置方向正确无误后，可将管端平直插入承口并到底，再拔出到管壁有标记的位置。螺帽用手拧紧后再用专用工具适当紧固。如紧固过度，螺帽虽不会立即破裂，但有可能在几天或几周内被胀裂。

2. 管道的螺纹胶圈滑动接头应符合下列要求：

（1）应采用注塑螺纹管件，不得在管件上车制螺纹；

（2）把管子和管件上的污物清除干净，接头保持洁净，管端插入接头允许滑动部分的伸缩量应按闭合温差计算确定，亦可按表 13-72 的规定采用；

（3）插入深度确定后应试插一次，并按插入深度要求在管口表面作出标记；

（4）组装滑动接头时，在确认密封圈、螺帽等位置方向正确无误后，可将管端插入到承口底部，然后再拔出到管壁有标记的位置，螺母用手拧紧后再用专用工具适度紧固，不可用力过大。

3. 粘接工艺应符合下列要求：

（1）管道接头粘接不宜在低于 0℃以下的环境中操作，并应防止胶粘剂结冻。不得采用明火或电炉等设施加热胶粘剂。操作场所应远离火源，防止撞击；

（2）管子和管件在粘接前，应用清洁棉纱或干布将承口内侧和插口外侧擦拭干净，并保持粘接面洁净、干燥。若表面有油污，应用棉纱蘸丙酮等清洁剂擦拭干净；

（3）用刷子涂抹胶粘剂时，应先涂承口内侧，后涂插口外侧；涂抹承口时应向由里向外均匀、适量，不得漏涂或涂抹过厚；

（4）承插口涂刷胶粘剂后，应在 20s 内对准轴线一次连续插入连接。管端插入承口深度应根据实测承口深度，在插入管端表面作出标记。插入时需注意管子上的弯头、三通接口方向要正确；

（5）插接完毕，应立即将接头处挤出的胶粘剂擦揩干净。静置至接口胶粘剂固化，此时应避免受力，待接头胶粘牢固后再继续安装作业。

（二）室内管道安装

1. 室内明装管道安装应在墙面粉饰完成后连续进行。安装前应复核预留孔洞的标高及位置，使之符合安装要求。

2. 管道安装宜自下向上分层进行，先安装立管，后安装横管，连续施工。

3. 安装前应先进行尺寸实测，实行分段预制，然后组对安装就位。

4. 管道的固定支承和滑动支承座应符合设计要求，并优先采用管材生产厂家配套供应的定型注塑支承件。当支承件不能满足要求时，也可采用型钢材料制作。支承件应按设计或规范规定位置锚固在墙或板内，安装应平整牢固，管卡与管箍等紧固件与管道外壁的紧密度应按活动或固定支座的不同要求控制。

5. 钢制支承件的非埋入墙内部分应作防腐处理，与塑料管间应采用塑料、橡胶等弹性物质隔垫，且管卡紧固不得过紧，以免损伤管道表面。

（三）立管安装

1. 应先按设计要求设置固定支座和滑动支座后，再进行立管安装。

2. 立管采用旋转进水型管件，连接管管端插入深度应按施工现场温度计算确定，亦可按前表13-72采用。

3. 安装时立管固定在预设的支承上，并找正。立管管件螺帽外缘与墙面的距离不得小于25mm，不宜大于50mm。

4. 立管安装完毕后，应按设计要求将穿板处的孔洞封严。

5. 立管顶端伸出屋顶的通气管安装后，应立即安装通气帽，以防异物落入。

（四）横管安装

1. 应按设计要求先设置固定支座和滑动支座；楼板下的悬吊管应采用固定吊架和吊杆。

2. 先将在地面预制好的管段临时吊挂在支承件或临时设置的吊件上，无误后再进行伸缩节安装及管段间的连接。横管上安装的伸缩节，质量必须可靠，否则使用一段时间后容易漏水，且不易修理和更换。

3. 管道连接后应及时调正位置，其坡度当设计无规定时，可设置为0.02～0.025。

4. 采用粘接接头的管道可采取临时固定措施，待粘接固化后再紧固支座上的管卡，拆除其临时绑扎固定物。

5. 采用螺纹胶圈接头连接的管道，管端插入深度应按施工现场温度计算确定，亦可按前表13-72的规定采用。

参考文献

［1］ 陈耀宗，姜文源等主编．建筑给水排水设计手册．北京：中国建筑工业出版社，1994

［2］ 中国安装协会组织编写．管道施工实用手册．北京：中国建筑工业出版社，1998

［3］ 胡必俊编著．新型供暖散热器的选用．北京：机械工业出版社，2003

［4］ 柳金海编．管道工程安装维修手册．北京：中国建筑工业出版社，1994

［5］ 周庆，张志贤主编．安装工程材料手册．北京：中国计划出版社，2004

［6］ 赵培森，竺士文，赵炳文主编．设备安装手册．北京：中国建筑工业出版社，1997

［7］ 建设部人事教育司组织编写．管道工．北京：中国建筑工业出版社，2002

［8］ 化工技校教材．管道安装工程．北京：化学工业出版社，1986

［9］ 李向东，于晓明主编．分户热计量采暖系统设计与安装．北京：中国建筑工业出版社，2004

［10］ 朴芬淑，吴昊主编．建筑给水排水．北京：机械工业出版社，2006